普通高等教育“十二五”规划教材

动物生理学

（第二版）

欧阳五庆　主编

科学出版社
北京

内 容 简 介

本书系统地讲解了动物生命活动规律及其调控的基础，着重讨论动物生理学的基础理论和基本知识，并突出介绍牛、羊、鸡、猪等与人类生产活动密切相关的动物的生理学知识。

本书共11章，包括绪论、细胞的基本功能、血液、循环系统、呼吸、消化和吸收、能量代谢与体温调节、泌尿、神经系统、内分泌和生殖与泌乳。全书结构编排科学合理，在第一版的基础上删除和精简了部分内容，使内容更加充实、新颖，更具可读性。

本书可供高等农林院校动物科学、动物医学、生命科学、生物技术、生物工程、经济动物、野生动物、实验动物等专业的本科生及相关专业的科教人员使用，也可作为畜牧兽医工作人员的自学教材和参考书。本书充分体现了考研大纲的基本精神和要求，同样可作为考生的参考用书。

图书在版编目（CIP）数据

动物生理学/欧阳五庆主编. —2版.—北京：科学出版社，2012

（普通高等教育“十二五”规划教材）

ISBN 978-7-03-033315-5

Ⅰ.①动… Ⅱ.①欧… Ⅲ.①动物学：生理学-高等学校-教材 Ⅳ. ①Q4

中国版本图书馆CIP数据核字(2012)第004841号

责任编辑：丛 楠/责任校对：张怡君

责任印制：吴兆东/封面设计：谜底书装

科学出版社 出版

北京东黄城根北街16号

邮政编码：100717

http://www.sciencep.com

北京凌奇印刷有限责任公司印刷

科学出版社发行 各地新华书店经销

*

2006年8月第 一 版 开本：787×1092 1/16

2012年1月第 二 版 印张：20 1/2

2024年7月第十三次印刷 字数：510 000

定价：79.80元

（如有印装质量问题，我社负责调换）

《动物生理学》（第二版）编写人员

主　编　欧阳五庆

副主编　张才乔　江青艳　胡建民　马恒东

编　者　（按姓氏笔画排序）

马恒东（四川农业大学）
艾晓杰（上海交通大学）
江青艳（华南农业大学）
杨焕民（黑龙江八一农垦大学）
张才乔（浙江大学）
张淼涛（西北农林科技大学）
欧阳五庆（西北农林科技大学）
胡建民（沈阳农业大学）
柳巨雄（吉林大学）
姚　刚（新疆农业大学）
贾　斌（石河子大学）
郭慧君（山东农业大学）
程天印（湖南农业大学）
滑　静（北京农学院）

第二版前言

全国高等农林院校规划教材《动物生理学》（第一版）自2006年出版以来，至今已使用了5年。5年来，我们与科学出版社密切合作，广泛收集了各院校对第一版教材的意见。同时我们在历次全国动物生理生化大会期间，直接聆听了广大动物生理学教学工作者对第一版教材在使用过程中的意见，为第二版的修订提供了可贵的帮助。

根据学科的新进展，本版教材在保留第一版教材诸多优点的基础上对内容做了调整，使其更好地满足和适应动物生理学的教学要求。特别是为了满足部分学生考研的需要，我们按照最新考研大纲的要求，重新对章节的编排顺序进行了适当的调整，在内容上进行了压缩和精简，使其与考研大纲高度一致。

在此次教材修订过程中，各位编辑为本教材的顺利完稿和付印付出了辛勤的劳动，在此表示诚挚的谢意。在本次书稿修订过程中，研究生周莹、兰莹、郑星星和郭建军付出了辛勤的劳动，在此一并致谢。此外，我们在修订本教材的过程中还受到全国许多院校教授动物生理学的老师对我们的关心和帮助，我们一并向关心和支持我们工作的同行们表示深切的感谢，并恳切地希望广大读者对本教材中尚存的问题和不足提出批评和建议。

欧阳五庆

2011年12月

第一版前言

本教材是科学出版社“农林院校优秀教材系列”内容之一。

本教材以高等农林院校相关专业的本科生为主要阅读对象。在编写的指导思想上，参考了国际流行的动物生理学教材，融合了现代教学成果和教学观念，力求反映动物生理学发展的新概念、新成果、新理论和新技术。强调内容的专业性、科学性、启发性和教学适用性。

在内容上突出了农林类院校的专业特色，充分体现动物生理学相关专业的教学需要。

在结构体系上，以生理功能及其调控为主线，以系统为基本单元，同时注重各系统的内在联系和协调。本教材广泛吸收现代信息技术成果，构筑立体化精品教材系列，将陆续编著教学课件和实验指导等部分，为本教材的学习提供系统的解决方案。

在写作上尽量做到结构合理、逻辑严密、重点突出、特色鲜明、叙述严谨、条理清楚、体例统一。

参加编写的人员都是一线教师，有丰富的教学经验。

由于我们知识水平和编写能力有限，本教材缺点和错误在所难免，恳请读者给予批评指正。

欧阳五庆

2006年5月

目　录

第一章 绪 论

第一节 动物生理学研究的对象、任务和方法

一、动物生理学研究的对象

动物生理学是研究动物机体正常生命活动规律及其调控的科学。动物生理学的主要研究对象是与人类生产活动密切相关的动物，如牛、猪、羊、鸡等。通过研究机体内部各系统的生命活动及其相互联系以及动物与外界环境的关系来认识动物机体的正常生命活动规律，从而利用这些规律提高动物的生产性能，更好地为人类的生产活动服务。

二、动物生理学研究的任务

动物机体的结构和功能十分复杂，在研究其生理功能及其产生的机制时，必须从机体的不同角度进行讨论。构成机体的最基本单位是细胞，许多不同的细胞构成器官，行使某种生理功能的不同器官互相联系，构成一个器官系统，如由心脏、动脉、毛细血管和静脉构成的循环系统，由鼻腔、喉、气管、支气管和肺构成的呼吸系统等。整个机体就是由各个器官系统互相联系、互相作用而构成的一个复杂的整体。因此，生理学研究可以在细胞甚至分子水平上进行，也可以在器官和系统水平，甚至在整体水平上进行。把在不同水平上研究所得到的知识综合起来，才能对动物机体的功能有全面、完整的认识。

（一）细胞和分子水平的研究

各个器官的功能都是由构成该器官的各种细胞的特性决定的。例如，肌肉的收缩功能和腺体的分泌功能，分别是由肌细胞和腺细胞的生理学特性决定的。因此，研究一个器官的功能，就要从细胞水平上进行。而细胞的生理特性又是由构成细胞的各个成分，特别是细胞中各种生物大分子的物理和化学特性决定的。例如，肌细胞发生收缩，是由于在某些离子浓度改变及酶的作用下肌细胞内若干种特殊的蛋白质分子的排列方式发生变化的结果。各种细胞的生理特性取决于它们所表达的各种基因，而在不同的环境条件下，基因的表达又可以发生改变。因此生理学研究还必须深入到分子水平。分子生物学理论和研究技术的不断发展，对于从分子水平进行生理学研究起了很大的促进作用。

在细胞水平上的研究，多数情况下需要将所研究的细胞从整体中分离出来，放在适当的环境中培养，使细胞仍能保持良好的状态，然后对其功能进行研究。分子生物学和生物化学的实验常常还要把细胞打碎，以获取所要观察的分子并对其进行研究。对离体培养的细胞进行研究时，往往把细胞放在某种特殊的环境中，然后对细胞的功能进行研究观察，因此在分析这类实验结果时，必须注意实验当时细胞所处的特殊条件，不能简单地把在离体实验中观察到的结果直接用来推论或解释这些细胞在完整机体中的活动和功能。在完整机体内，细胞所处的环境比在离体实验条件下复杂得多。对于任何一种细胞在完整机体中所表现的生理功能的分析，必须考虑到这些细胞在体内所处的环境条件以及各种环境条件可能发生的变化。

在细胞和分子水平上进行的研究，其研究对象是细胞和构成细胞的分子。在这个水平上进行

研究和获取知识的学科称为细胞生理学（cell physiology）或普通生理学（general physiology）。

（二）器官和系统水平的研究

要了解一个器官或系统的功能，它在机体中所起的作用，它的功能活动的内在机制，以及各种因素对它活动的影响，都需要从器官及系统的水平上进行观察和研究。例如，要了解循环系统中心脏如何射血、血液在心血管系统中流动的规律、各种神经和体液因素对心脏和血管活动的影响等，就要以心脏、血管和循环系统作为研究对象。在这个水平上的研究和所获得的知识，就是器官生理学（organ physiology）的内容，如循环生理学、消化生理学、肾脏生理学等。

（三）整体水平的研究

在整体中，体内各个器官、系统之间发生相互联系和相互影响。在生理情况下，各个器官和系统的功能互相协调，从而使机体能够成为一个完整的整体，并在不断变化着的环境中维持正常的生命活动。从整体水平上的研究，就是要以完整的机体为研究对象，观察和分析在各种环境条件和生理情况下不同的器官、系统之间互相联系、互相协调，以及完整机体对环境变化发生各种反应的规律。所以整体水平上的研究比细胞水平和器官、系统水平上的研究更加复杂。

上述三个水平的研究之间不是相互孤立的，而是互相联系、互相补充的，构成了动物生理学研究的任务。要阐明某一个生理功能的机制，一般都需要从细胞和分子、器官和系统，以及整体三个水平进行研究，对在不同水平上的研究结果进行分析和综合，然后得出比较全面的结论。目前已经可以用基因转移和基因敲除的方法建立各种特殊的转基因动物和基因敲除动物，这对于在整体中观察和研究各种基因的功能起了很大的推动作用。

三、动物生理学研究的方法

动物生理学是一门实验科学，每一种生理功能的发现及其机理的揭示，都是通过科学实验获得的。回顾生理学的发展历史，每种实验方法的创新都将带来新规律的发现。17 世纪初，英国学者 William Harvey 首先在动物身上用活体解剖和科学实验的方法研究了血液循环，证明心脏是循环系统的中心，血液由心脏射入动脉，再由静脉回流入心脏，不断循环。1628 年 William Harvey 出版了《心与血的运动》，这是第一本基于实验证据的生理学著作。

动物生理学的研究方法总体可分为急性实验和慢性实验两类。

（一）急性实验

急性实验按研究目的和需要又可分为两种。

（1）离体器官实验（*in vitro*）。从活的动物体内取出器官、组织或细胞，置于与体内环境相似的人工模拟环境中，使其在短时间内保持生理功能，以便进行研究。

（2）活体解剖实验（*in vivo*）。在麻醉或毁坏大脑的情况下，暴露所要研究的器官，以便进行各种实验。

这两种方法通常都不能持久，一般实验后动物都死亡，所以通称为急性实验。此类方法的优点在于实验条件简单，而且可以尽量消除与研究无关的因素。它的不足之处是不能完全代表正常生理条件下的功能状态，实质上它属于分析性研究。

（二）慢性实验

在无菌条件下对健康动物进行手术，并在不损害动物机体完整性的前提下暴露、摘除、破坏以及移植所要研究的器官，然后在可能接近正常的生活条件下，观察实验动物的功能或功能紊乱等。由于这种动物可以在较长时间内用于实验，故此方法称为慢性实验（chronic experiment）。慢性实验方法的特点是保存了各器官的自然联系和相互作用，便于观察某一器官在正常情况下的生理功能及其与整体的关系，可以在动物清醒条件下长期观察某一活动，使所获得的结果更接近正常生理状态，但不便于分析诸多的影响因素。

上述研究方法各有利弊，在实验工作中，必须根据需要，有机地将各种研究技术结合起来应用，才能更正确地认识生理功能的确切规律。

第二节　机体与内环境

一、生命现象的基本特征

动物的生命活动是指动物在生命过程中所表现的一切功能活动，如呼吸、消化、排泄、血液循环、生殖和肌肉运动等，也包括思维等心理活动在内，是一种高级的物质运动。通过对各种生物体、特别是对细菌和原生动物等简单生物的研究，发现生命现象至少包括4种基本活动，这就是新陈代谢、兴奋性、生殖和适应。因为这些活动是活的生物体所特有的，可以认为是生命的基本特征。

（一）新陈代谢

机体与周围环境之间不断地进行物质和能量交换，以实现自我更新的过程，称为新陈代谢。它包括合成代谢（同化作用）和分解代谢（异化作用）两个方面。合成代谢是指机体不断从外环境中摄取营养物质来合成自身成分的过程。分解代谢是指机体不断分解自身物质，并将废物排出体外的过程。生活在适宜环境中的生物体，总是在不断地重新建造自身的特殊结构，同时又在不断地破坏自身已衰老的结构。虽然从生物体的外表可能看不出明显变化，但实际上它的各个部分都在不断地以新合成的生物分子代替旧的。一方面生物体要从环境中摄取各种营养物质，经过改造或转化，以提供建造自身结构所需的原料和能量；另一方面，生物体内的分解产物，均需排出体外。这就是说，生物体只有在与环境进行物质与能量交换的基础上才能实现自我更新。新陈代谢的实质是与周围环境进行物质代谢和能量代谢。机体在物质代谢的同时，始终伴随着能量代谢。一般物质分解时释放能量，物质合成时吸收能量。后者所需要的能量正是由前者提供的。因此，新陈代谢既包括物质代谢又包括能量代谢，二者是密不可分的。正如恩格斯所说："有机体的新陈代谢是生命的最一般和最显著的现象。"可见，新陈代谢是生命的最显著的特征，任何有生命的个体，都具有这一基本特征。如果机体的新陈代谢过程逐步减弱，机体就开始衰老；一旦停止，生命就必然终结。从单细胞生物到高等动植物的生命，均是如此。

在新陈代谢过程中，生物体内各种物质的合成、分解、转化、利用等，大都是各种生物分子在水溶液中进行的成系列的化学反应。例如，糖或脂肪在生物体内分解供能的过程，就是通过一系列循序进行的化学变化，利用从环境中吸入的氧，将这些物质氧化分解，释放出能量并同时形成二氧化碳和水。这些化学变化和一般无机物的化学变化都服从同样的物理化学规律；然而这些化学反应基本上都是由蛋白质构成的生物催化剂——酶所催化的，因此又是以复杂的特殊形式表现出这些物理化学规律的。等量的糖在体内氧化与在体外燃烧所消耗的氧、产生的二氧化碳和释放的能量都相同；但在体内的氧化过程却是在远低于100℃的温度条件下完成的。在生物分子的合成中，由于酶的催化作用对底物都有高度特异性，因此可以在细胞的同一部分内同时进行多个不同的反应而能井井有条、互不干扰，这在一般化学试管里是不能实现的。所以生命也是一种物质运动的形式，而且是一种“高级”的运动形式。

（二）兴奋性

20世纪中后期的生理学家用两栖类动物做实验时，发现青蛙或蟾蜍的某些组织在离体的情况下，也能在一定的时间内维持和表现出某些生命现象。这些生命现象的表现之一是：当这些组织受到一些外加的刺激因素（如机械的、化学的、温热的或适当的电刺激）作用时，可以应答性出现一些特定的反应或暂时性的功能改变。这些活组织或细胞对外界刺激发生反应的能力，就是生理学最早对于兴奋性（excitability）的定义。例如，把蟾蜍的腓肠肌和支配它的神经由体内剥离出来，制成神经-肌肉标本，这时如果在神经游离端一侧轻轻地触动神经，或通以适当的电流，那么在经过一个极短的潜伏期后，可以看到肌肉出现一次快速的缩短和舒张；如把刺激直接施加于肌肉，也会引起类似的收缩反应；而且只要刺激不造成组织的损伤，上述反应可以重复出现。这就是神经和肌肉组织具有兴奋性的证明。兴奋性是指机体或组织对刺激发生反应的能力或特性。实际上，几乎所有活组织或细胞都具有某种程度的对外界刺激发生反应的能力，只是反应的灵敏度和反应的表现形式有所不同。机体接受刺激后功能活动的变化则称为反应。在各种动物组织中，一般以神经和肌细胞，以及某些腺细胞表现出较高的兴奋性；这就是说它们只需接受较小程度的刺激，就能表现出某种形式的反应，因此称之为可兴奋细胞或可兴奋组织。刺激是指能引起组织细胞发生反应的各种内外环境的变化。刺激既可能是化学信号，如蛋白质、多糖、核酸的结构信息、激素、神经递质与神经肽、局部化学介导因子、抗体、淋巴因子、细菌、病毒等；也可能是化学信号以外的其他性质的刺激，如机械、电、光和一定波长电磁波等来自外界环境的影响。不同组织或细胞受刺激而发生反应时，外部可见的反应形式有可能不同，如各种肌细胞表现机械收缩，腺细胞表现分泌活动等，但所有这些变化都是由刺激引起的，因此把这些反应称之为兴奋（excitation）。例如，骨骼肌接受电流刺激后引起收缩；外环境气温升高时，引起汗腺分泌等。不同的组织对刺激发生反应的形式不同，归纳起来具有两种带共性的基本反应形式，即兴奋和抑制。兴奋是指机体或组织接受刺激后，功能活动由弱变强或由静止到活动的变化。例如，电刺激动物的交感神经，可引起动物心跳加强加快，是一种兴奋反应。抑制是指组织受刺激后，组织或机体活动减弱或变为相对静止。例如，电刺激动物的迷走神经，引起动物心跳减慢减弱，是一种抑制反应。

随着电生理技术的发展和资料的积累，兴奋性和兴奋的概念有了新的含义。大量事实表明，各种可兴奋细胞处于兴奋状态时，虽然可能有不同的外部表现，但它们都有一个共同的、最先出现的反应，这就是受刺激处的细胞膜两侧出现一个特殊形式的电变化（它由细胞本身所产生，不应与作为刺激使用的外加电刺激相混淆），这就是动作电位；而各种细胞所表现的其他外部反应，如机械收缩和分泌活动等，实际上都是由细胞膜的动作电位进一步触发和引起的。在神经细胞，特别是它的延续很长、起着信息传送作用的轴突（神经纤维），在受刺激而兴奋时并无肉眼可见的外部反应，其反应是只能用灵敏的电测量仪器才能测出的动作电位。在多数可兴奋细胞（以神经和骨骼肌、心肌细胞为主），当动作电位在受刺激部位产生后，还可以沿着细胞膜向周围扩布，使整个细胞膜都产生一次类似的电变化。既然动作电位是大多数可兴奋细胞受刺激时共有的特征性表现，它不是细胞其他功能变化的伴随物，而是细胞表现其他功能的前提或触发因素，因此在近代生理学中，兴奋性被理解为细胞在受刺激时产生动作电位的能力，而兴奋一词就成为产生动作电位的过程或动作电位的同义词了。只有那些在受刺激时能出现动作电位的组织，才能称为可兴奋组织；只有组织产生了动作电位时，才能说组织产生了兴奋。

具有兴奋性的组织和细胞，并不对任何程度的刺激都能表现兴奋或出现动作电位。刺激可以泛指细胞所处环境因素的任何改变，即各种能量形式的理化因素的改变，都可能对细胞构成刺激。但实验表明，刺激要引起组织细胞产生兴奋，必须要求以下三个参数，即刺激的强度、刺激的持续时间以及刺激强度对于时间的变化率（即强度对时间的微分）达到某一临界值；不仅如此，这三个参数对于引起某一组织和细胞的兴奋并不是一个固定值，它们存在着相互影响的关系。在实验室中，常用各种形式的电刺激作为人工刺激，用来观察和分析神经或各种肌肉组织的兴奋性，度量兴奋性在不同情况下的改变。这是因为电刺激可以方便地由各种电仪器（如电脉冲和方波发生器等）获得，它们的强度、作用时间和强度-时间变化率可以容易地控制和改变；并且在一般情况下，能够引起组织兴奋的电刺激并不造成组织损伤，因而可以重复使用。

为了说明刺激的各参数之间的相互关系，可以先将其中一个参数固定于某一数值，然后观察其余两个参数的相互影响。例如，当使用方波刺激时，由于不同强度和持续时间的方波上升支都以同样极快的增加速率达到某一预定的强度值，因而可以认为上述第三个参数是固定不变的，而每一方波电刺激能否引起兴奋，就只取决于它所达到的强度和持续的时间了。在神经和肌组织进行的实验表明，在强度-时间变化率保持不变的情况下，在一定的范围内，引起组织兴奋所需的最小刺激强度，与这一刺激所持续的时间呈反比的关系。这就是说，当刺激的强度较大时，它只需持续较短的时间就足以引起组织的兴奋；而当刺激的强度较弱时，这个刺激就必须持续较长的时间才能引起组织的兴奋。但这个关系只有当所用强度或时间在一定限度内改变时才如此。如果将所用的刺激强度减小到某一数值时，则这个刺激不论持续多长时间也不会引起组织兴奋；与此相对应，如果刺激持续时间逐渐缩短时，最后也会达到一个临界值，即在刺激持续时间小于这个值的情况下，无论使用多么大的刺激强度，也不能引起组织的兴奋。因此，简单地用刺激强度这一个参数表示不同组织兴奋性的高低或同一组织兴奋性的波动，就必须使所用刺激的持续时间和强度-时间变化率固定在某一（应是中等程度的）数值；这样，才能把引起组织兴奋，即产生动作电位所需的最小刺激强度，作为衡量组织兴奋性高低的指标，这个刺激强度称为阈强度或阈刺激，简称阈值（threshold）。强度小于阈值的刺激，称为阈下刺激。阈下刺激不能引起兴奋或动作电位，但并非对组织细胞不产生任何影响。阈值越小，说明该组织越易兴奋，即兴奋性越高；反之，阈值越大，说明组织兴奋性越低。可见，组织的兴奋性与阈值呈反比关系。各种刺激只有作用于具有兴奋性的活体上，才会产生反应，说明兴奋性是反应产生的基础。机体对各种刺激做出适当反应是一种普遍的生命现象，是机体生存的必要条件。

（三）生殖

生殖是指机体在生长发育到一定阶段后能够产生与自己相似的子代个体的功能，这种功能称为生殖或自我复制（self-replication）。烟草斑纹病毒颗粒进入烟叶毛细胞后，迅速复制出大量烟草斑纹病毒颗粒，这就是最原始的生殖过程。单细胞生物的生殖过程，就是一个亲代细胞通过简单的分裂（fission）或较复杂的有丝分裂（mitosis），分成两个子代细胞。在此过程中，亲代细胞核内的染色质将均分给两个子代细胞，其中的脱氧核糖核酸将亲代的遗传信息带到子代细胞内，控制子代细胞中各种生物分子的合成。子代细胞中的各种生物分子，包括各种酶系，均与亲代细胞相同，于是子代细胞具有与亲代细胞相同的结构与功能。高等动物发育到一定阶段，同样具有生殖功能。但是它们已经分化为雄性与雌性个体，要由两性生殖细胞结合以生成子代个体。这种生殖过程虽然复杂得多，但父系与母系的遗传信息也是分别由雄性和雌性生殖细胞的脱氧核糖核酸带给子代的。任何机体的寿命都是有限的，必然要衰老、死亡，都要通过繁殖子代使种系得以延续，所以生殖也是生命的基本特征之一。

（四）适应

生物体能够根据外界情况调整其内部关系的生理特性，称为适应性。自然界中的生物、物理、化学等因素的变化达到一定阈值时，均可构成对动物机体的刺激而影响其生命活动。而机体则能随着环境条件的变化，不断地调整各个部分的生理功能和活动，使其与环境保持协调平衡。动物机体针对外环境的变化调整体内自身各部分生理功能和活动的过程称为适应，目的是保持内环境的稳定，以利于正常的生命活动，维持生存。例如，当动物机体变换生活环境时，会产生不适应，出现应激现象，经过一段时间的自我调适，就能适应新的生活环境。根据反应可将适应分为行为适应和生理适应。

行为适应常有躯体活动的改变，如机体处在低温环境中会出现趋热活动，遇到伤害性刺激时会出现躲避活动。这种适应在生物界普遍存在，属于本能性行为适应。在人类，由于大脑皮层发达，使其行为适应更具有主动性，通过意识活动和社会劳动来改造世界，创造更有利于自身生存的条件。因此机体不仅有被动适应，还能主动适应。

生理适应是指身体内部的协调性反应，如动物到高海拔低氧环境中生活时，血液中红细胞和血红蛋白均增加，以增强运输氧的能力，使机体在低氧条件下仍能进行正常活动；又如在强光照射时，瞳孔缩小，以减少光线进入眼内，使视网膜免遭损伤。这些反应都是适应性的表现。生理适应是以体内各器官、系统活动的改变为主。

二、机体的内环境、稳态及生理意义

（一）内环境与稳态

不论是单细胞生物或组成多细胞有机体的每一个细胞，在它们的生命过程中，都会不断受到来自外部环境的各种理化因素的影响。在多细胞动物中，由于绝大多数细胞生活在直接浸浴它们的细胞外液之中，细胞外液是细胞在体内直接所处的环境（包括血浆、组织液、淋巴液、各种腔室液等），故将细胞外液称之为内环境（internal environment），以区别于整个机体所处的外环境。成年动物身体重量约 60%由液体构成。体内的液体称为体液（body fluid），按其分布可分为两大类：约 2/3 的体液（约占体重的 40%）分布在细胞内，称为细胞内液（intracellular fluid）；约 1/3 的体液（约占体重的 20%）分布在细胞外，称为细胞外液（extra cellular fluid）。细胞外液的 1/4（约占体重的 5%）分布在心血管系统的管腔内，也就是血浆，其余 3/4（约占体重的 15%）分布在全身的组织间隙中，称为组织液（interstitial fluid)。

细胞外液和细胞内液的成分有很大的差别。细胞膜的结构以及细胞膜上的一些特殊的蛋白质分子的功能对于维持细胞外液和细胞内液成分的差别起着重要的作用。细胞外液中含有较多的钠、氯、重碳酸根离子和磷酸根以及细胞所需的养分（如 O_2、葡萄糖、氨基酸、脂肪酸和多种维生素等），还含有 CO_2 及其他限量的细胞代谢产物。对动物而言，最主要的是蛋白质和核酸代谢的产物，这些产物都是含氮的，如氨、尿素、尿酸，其毒性不等，但一般都要及时排出，以免细胞受害。在正常状况下，它们的含量都只能在一个很小的范围内变动。细胞通过细胞膜与细胞外液之间发生物质交换：从细胞外液摄取氧和其他营养物质，同时将 CO_2 和其他代谢产物排入细胞外液。细胞外液在体内不断地流动。血浆与血细胞一起构成血液，在心血管系统内不停地循环。组织液则通过毛细血管壁以扩散等方式与血浆发生物质交换。因此，内环境的各种物理、化学性质是保持相对稳定的，称为内环境稳态（homeostasis），是内环境最基本的特点。所谓保持相对稳定或稳态，是指在正常生理情况下内环境的各种理化性质只在很小的范围内发生变动。例如，体温维持在 37℃ 左右，血浆 pH 维持在 7.4 左右等。

（二）机体内环境的稳态及生理意义

正常情况下，由于机体不断地摄取、合成、分解和排泄，以及受到外界环境的影响，内环境的稳态不断地受到扰乱和破坏，但变化很小。这是因为机体可以很快地感知环境的变化，通过补偿恢复平衡。体内各个器官、组织往往都是从某个方面参与维持内环境的稳态的。通过肺的呼吸、胃肠道的消化吸收、肾的排泄等功能，以及神经、内分泌系统对各器官、系统功能的调节，可保持细胞外液中 O_2 分压和 CO_2 分压，以及各种营养物质和代谢产物的浓度相对稳定。例如，肺的呼吸活动可从外界环境摄取细胞代谢所需的 O_2，排出代谢产生的 CO_2，维持细胞外液中 O_2 和 CO_2 分压的稳态；胃肠道的消化、吸收可补充细胞代谢所消耗的各种营养物质；肾脏的排泄功能可将多种代谢产物排出体外；血液循环则能保证体内各种营养物质和代谢产物的运输。身体各个器官系统正常功能活动的综合，使内环境的各种理化性质维持相对稳定。所以，体内所有生命活动的机制，尽管种类不同，功能各异，但只有一个目的：保持内环境的稳态。

内环境的稳态是一种动态的相对稳定，其理论的发展经历多个阶段。1852 年，法国生理学家贝尔纳推测：内环境的恒定主要依赖于神经系统的调节。1929 年，美国生理学家坎农提出内环境是在神经调节和体液调节的共同作用下实现的。之后，人们发现，免疫系统能发现并清除异物、外来病原微生物等引起内环境波动的因素，对内环境的稳态起重要的调节作用。因此，各个器官、系统协调一致地正常运行是维持内环境稳态的基础，直接相关的系统包括消化系统、呼吸系统、循环系统和泌尿系统，起调节作用的系统包括神经系统、内分泌系统、免疫系统，神经-体液-免疫调节网络是内环境稳态的主要调节机制。因此出现在内环境中的各种化学分子，是它们最常能感受到的外来刺激：这不仅是指存在于细胞外液中的激素或其他体液性调节因子；而且就是在神经调节过程中，当神经信息由一个神经元向其他神经元传递或由神经元传给它的效应器细胞时，在绝大多数情况下，也都要通过一种或多种神经递质和调质为中介，通过这些化学分子在距离极小的突触间隙液中的扩散，才能作用到下一级神经元或效应器细胞。尽管激素和递质（或调质）等分子作为化学信号在细胞外液中播散的距离和范围有所不同，但对接受它们影响的靶细胞并不存在本质的差别。

机体生存在两个环境中，一个是不断变化的外环境，另一个是相对稳定的内环境。内环境的稳态（体温、pH、血液葡萄糖水平、各种离子、水和渗透压平衡、能量产生、营养成分、代谢废物、生长和死亡）是机体和细胞维持正常生理功能的基本条件。总之，内环境稳态的维持是各种细胞、器官的正常生理活动的结果，内环境的稳态又是体内细胞、器官维持正常生理活动和功能的必要条件。

生活机体的细胞和组织经常不断地接受内外环境各种刺激因子（缺氧、机械性损伤、高温、低温、电流、射线、高浓度氧、酸碱失衡、电解质紊乱、砷、汞、氰化物、杀虫剂、除草剂、一氧化碳、石棉酒精、病毒、有原体、支原体、立克次体、细菌、霉菌、寄生虫、免疫反应、遗传因素、营养因素甚至治疗性药物）的影响，使内环境的理化性质偏离正常，而机体通过自身的反应和调节机制对刺激作出应答反应，一些细胞和器官的活动可发生代偿性的改变。这种反应能力可保证细胞和组织的正常功能，使改变了理化性质的内环境重新恢复，或建立一个新的平衡，维护细胞、器官乃至整个机体的生存。但细胞和组织并非能适应所有刺激的影响，当刺激的性质、强度和持续时间超越了一定的界限时，如果器官、细胞的活动改变不能使内环境的理化性质恢复正常，内环境的各种理化性质的变动超出一定的范围，甚至更加偏离正常水平，内环境稳态失调时，必将引起细胞代谢紊乱，则细胞和整个机体的功能就会发生严重障碍，细胞受损，就可能引起疾病，甚至导致死亡。然而，在正常和发生了适应性改变的、损伤的、死亡的细胞之间，在结构和功能上往往无截然的界限。可复性的和不可复性的改变之间，也常难以截然区分。总之，这些过程都是逐渐过渡的。至于一个刺激究竟会引起细胞的适应性改变、损伤还是死亡，也只有待其作用一定的时间（潜伏期），细胞和组织出现明确的结构变化以后，才能从形态上加以判断。内环境稳态失调的病例有尿毒症、高山缺氧反应、发高烧、严重腹泻、酸碱中毒等。血糖浓度过低可能出现低血糖症，血糖浓度过高可能出现糖尿病。当血液中钙含量过低时，会影响骨发育，出现佝偻病等；血钙过高则会引起肌无力等症状。肾脏是形成尿液的器官，当发生肾衰竭时，就会出现尿毒症，最终会引起死亡。

第三节　动物生理功能的调节

细胞新陈代谢所需的养料由细胞外液提供，细胞的代谢产物也排到细胞外液中，而后通过细胞外液再与外环境发生物质交换。由于细胞不断进行着新陈代谢，新陈代谢本身又不断扰乱内环境的稳态，外环境的强烈变动也可影响内环境的稳态，而细胞的生存对内环境条件的要求很严格，为此，机体的血液循环、呼吸、消化、排泄等生理功能必须不断地进行调节，以纠正内环境的过分变动，使被扰乱的内环境重新得到恢复，这种过程称为生理功能的调节。机体对各种功能活动进行调节的方式主要有三种，即神经调节（nervous regulation）、体液调节（humoral regulation）和自身调节（autoregulation）。

一、神经调节

机体的许多生理功能是由神经系统的活动来进行调节的。神经调节是指通过神经系统的活动对机体各组织、器官和系统的生理功能所发挥的调节作用。神经调节的基本过程是反射。所谓反射是指在中枢神经系统的参与下，机体对内外环境变化产生的有规律的适应性反应。反射的结构基础是反射弧，包括感受器、传入神经、神经中枢、传出神经和效应器 5 个基本环节。感受器感受体内某部位或外界环境的变化，并将这种变化转变成一定的神经信号（电活动），通过传入神经传导至相应的神经中枢，神经中枢对传入信号进行分析，做出反应，通过传出神经改变效应器（如肌肉、腺体）的活动。反射弧的各组成部分都很重要，如果其中任何一个部分被破坏，都会导致反射活动的消失。反射性调节是机体重要的调节机制，神经系统功能不健全时，调节将发生紊乱。人类和高等动物的反射可分为非条件反射和条件反射两类。非条件反射是先天遗传的同类动物都具有的反射活动，是一种初级的神经活动；条件反射是后天获得的，是大脑的高级的神经活动。一般来说，神经调节的特点是：反应迅速、反应准确、作用部位局限和作用时间短暂。

二、体液调节

体液调节是指体内的一些细胞能合成并分泌某些特殊的化学物质，由体液运输到达全身的组织细胞或某些特殊的组织细胞，通过作用于细胞上相应的受体（receptor），对这些细胞的活动进行调节。体内有多种内分泌腺细胞，能分泌各种激素（hormone）。激素是一些能在细胞与细胞之间传递信息的化学物质，由血液或组织液携带，作用于具有相应受体的细胞，调节这些细胞的活动。接受某种激素调节的细胞，称为该种激素的靶细胞（target cell）。例如，胰岛 B 细胞分泌的胰岛素，是一种调节全身组织细胞糖代谢的激素，能促进细胞对葡萄糖的摄取和利用，在维持血浆葡萄糖浓度的稳定中起重要的作用。有一些激素可以在组织液中扩散至邻近的细胞，调节邻近细胞的活动。这种调节是局部性的体液调节，也称为旁分泌（paracrine）调节。

神经系统与内分泌系统在功能上关系密切，有相互调节的作用，因此在生理功能调节中它们的调节又合称为神经-体液调节。下丘脑的某些神经细胞具有明显的腺体细胞特征，也能合成和分泌激素，并将其由轴突末梢释放入血液。例如，高等脊椎动物的下丘脑视上核（相当于某些硬骨鱼类的视前核）和室旁核的神经元可分泌抗利尿激素（血管升压素）和催产素，激素经其轴突运输到神经垂体，被轴突末梢释放进入血液，这些细胞称为“神经内分泌神经元”，其激素的分泌方式称为神经分泌（neurosecretion）。下丘脑还有一些神经内分泌细胞，其轴突可以延伸到垂体门脉系统，通过垂体门脉系统控制腺垂体的活动。下丘脑和垂体间的结构和功能联系，称为神经内分泌系统（neuroendocrine system）。由下丘脑、腺垂体和内分泌腺组成的从上到下三级管理的功能轴，即下丘脑-腺垂体-甲状腺功能轴、下丘脑-腺垂体-肾上腺皮质功能轴、下丘脑-腺垂体-性腺功能轴是内分泌系统的主要部分，神经系统可在各个层次对内分泌腺的活动进行调节。现已发现，在下丘脑某些神经内分泌神经元周围有密集的去甲肾上腺素能纤维，去甲肾上腺素能促进促甲状腺激素释放激素（thyrotropin releasing hormone，TRH）、促性腺激素释放激素（gonadotropin releasing hormone，GnRH）的分泌，而抑制促肾上腺皮质激素释放激素（corticotropin releasing hormone，CRH）的分泌。另外，一些中枢神经递质，如多巴胺、乙酰胆碱、5-羟色胺、β-内啡肽（β-endorphin）、强啡肽都对下丘脑的神经内分泌神经元的分泌活动有调节作用。此外，神经系统对腺垂体、内分泌腺和散在的内分泌细胞分泌活动也有不同程度的调节作用。例如，肾上腺髓质受交感节前纤维的支配；甲状腺腺泡、肾近球小体分泌肾素的颗粒细胞受交感神经纤维的支配；许多分泌胃肠激素的细胞，如分泌胃泌素的 G 细胞、分泌胰岛素和胰高血糖素的胰岛 B 细胞和 A 细胞，都受迷走神经和交感神经纤维的双重支配。内分泌腺激素也影响着神经系统的功能。许多激素存在于中枢和外周神经系统，调节突触传递的效率，使神经调节功能更加准确和有效。例如，TRH 除了作为激素控制腺垂体分泌促甲状腺素（thyroid-stimulating hormone，TSH）外，还广泛分布于其他脑区，参与抗抑郁、促醒觉、促运动和升体温等的神经活动。TRH 在神经垂体中浓度较高，可能参与血管升压素的分泌调节。视上核及室旁核分泌血管升压素和催产素的神经元除发出纤维到达神经垂体外，其纤维还可分布到脑的其他部位和脊髓等处。在脑内许多神经核中也发现了能产生血管升压素和催产素的神经细胞。血管升压素对中枢的作用有行为调节、自主神经调节（升高血压和加快心率）、促进腺垂体分泌 ACTH 以及促进学习记忆等功能。生长抑素广泛分部于脑内外，普遍地起着抑制性作用。胃肠激素、血管紧张素Ⅱ、心房钠尿肽、类固醇激素（包括肾上腺皮质激素和性激素）等在脑中都有发现，或找到了它们的相应受体。激素对外周神经的作用普遍存在，如血管紧张素Ⅱ能作用于分布在血管平滑肌上的交感神经末梢，促进去甲肾上腺素的释放，导致血管的收缩；而前列腺素（PCE_2 和 PG_{12}）则抑制去甲肾上腺素的释放，并降低血管平滑肌对去甲肾上腺素和血管紧张素Ⅱ的敏感性，使血管的口径更好地适应于血压的调节。激素还可通过其允许作用来影响神经调节，如交感神经末梢释放去甲肾上腺素使血管收缩的作用，需要有肾上腺糖皮质激素存在，否则，去甲肾上腺素将不能很好地发挥调节作用。

近年来的研究还发现，神经、内分泌和免疫功能间也有密切的关系，三者共同构成一个完整的调节网络，对它们自身以及机体各器官、系统进行调节，使机体内环境在各种不同的条件下保持稳态。

三、自身调节

许多组织、细胞自身也能对周围环境变化发生适应性的反应，这种反应是组织、细胞本身的生理特性，并不依赖于外来的神经或体液因素的作用，所以称为自身调节。例如，血管平滑肌在受到牵拉刺激时，会发生收缩反应。当小动脉的灌注压力升高时，对血管壁的牵张刺激增强，小动脉的血管平滑肌就发生收缩，使小动脉的口径缩小，因此当小动脉的灌注压力升高时，其血流量不致增大。这种自身调节对于维持局部组织血流量的稳态起一定的作用。肾脏小动脉有明显的自身调节能力，因此当动脉血压在一定范围内变动时，肾血流量能保持相对稳定。例如，在血浆中碘的浓度发生改变的情况下，甲状腺具有自身调节对碘的摄取以及合成和释放甲状腺激素的能力。

第四节　机体生理功能的控制系统

在用数学和物理学的原理和方法研究工程技术控制时，人们也用这些原理和方法来分析、研究机体内许多功能的调节过程，可以看到机体功能调节过程和工程控制有许多共同的规律。机体内存在数以千计的各种控制系统（control system)，甚至在一个细胞内也存在着许多极其精细复杂的控制系统，对细胞的各种功能进行调节。传统上，一般将有关细胞和分子水平上各种控制系统的知识在细胞生物学、分子生物学和生物化学等课程中讨论，而在生理学课程中则主要讨论器官水平和整体水平上的各种控制系统。例如，神经系统对肌肉活动的调控，神经和体液因素对心血管、呼吸、胃肠道、肾脏等功能活动的调控，许多内分泌细胞活动的调控等。

任何控制系统都由控制部分和受控部分组成。从控制论的观念来分析，控制系统可分为非自动控制系统、反馈控制系统和前馈控制系统三大类。

一、非自动控制系统

非自动控制系统（non-automatic control system）是一个开环系统（open-loop system），受控部分的活动不会反过来影响控制部分，是单方向的。即仅由控制部分向受控制部分发出活动的指令，控制受控部分的活动，完全无自动控制的能力。在正常的生理功能调节中，非自动控制系统的活动并不多见，仅在体内的反馈机制受到抑制时，机体的反应才表现出非自动控制方式。例如，在应激情况下，心脏、血管的压力感受性反射受到抑制，应激刺激引起交感神经系统高度兴奋，使血压升高、心率加快，而这些信息不能引起明显的神经反射调节活动，故应激反应时，血压和心率一直维持在很高的水平；应激反应时，体液因素的反馈调节也受到抑制，强烈的刺激使下丘脑和垂体对肾上腺素的敏感性降低，故血液中的促肾上腺皮质激素和肾上腺皮质激素都高于正常水平。

二、反馈控制系统

反馈控制系统（feedback control system）是一种"闭环"系统，即控制部分发出信号，指示受控部分活动，而受控部分的活动可被一定的感受装置感受，感受装置再将受控部分的活动情况作为反馈信号送回到控制部分，控制部分可以根据反馈信号来改变自己的活动，调整对受控部分的指令，因而能对受控部分的活动进行调节。可见，在这样的控制系统中，控制部分和受控部分之间形成一个闭环联系。在反馈控制系统中，反馈信号对控制部分的活动可发生不同的影响，从而实现对受控部分活动的调节。如果经过反馈调节，受控部分的活动向和它原先活动相反的方向发生改变，这种方式的调节称为负反馈（negative feedback）调节；相反，如果反馈调节使受控部分继续加强向原来方向的活动，则称为正反馈（positive feedback）调节。在正常动物体内，绝大多数控制系统都是负反馈方式的调节，只有少数是正反馈调节。

（一）负反馈控制系统

当一个系统的活动处于某种平衡或稳定状态时，如果因某种外界因素使该系统的受控部分活动增强，则该系统原先的平衡或稳定状态遭受破坏。在存在负反馈控制机制的情况下，如果受控部分的活动增强，可通过相应的感受装置将这个信息反馈给控制部分；控制部分经分析后，发出指令使受控部分的活动减弱，向原先的平衡状态的方向转变，甚至完全恢复到原先的平衡状态。反之，如果受控部分的活动过低，则可以通过负反馈机制使其活动增强，结果也是向原先平衡状态的方向恢复。所以，负反馈控制系统的作用是使系统的活动保持稳定。机体的内环境和各种生理活动之所以能够维持稳态，就是因为体内许多负反馈控制系统的存在和发挥作用。例如，脑内的心血管活动中枢通过交感神经和迷走神经控制心脏和血管的活动，使动脉血压维持在一定的水平。当由于某种原因使心脏活动增强、血管收缩而导致动脉血压高于正常时，动脉压力感受器就立即将这一信息通过传入神经反馈到心血管中枢，心血管中枢的活动就会发生相应的改变，使心脏活动减弱，血管舒张，于是动脉血压向正常水平恢复。在另一些情况下，如动物在起卧转位的时候，体内有一部分血液滞留在下肢静脉内，使单位时间内流回心脏的血量减少，动脉血压降低，此时动脉压力感受器传入中枢的神经冲动立即减少，使心血管中枢活动发生改变，其结果是心脏活动加强，血管收缩，动脉血压回升至原先的水平。许多内分泌细胞也受到各种负反馈机制的调控，使其活动能够维持在一定的水平。

体内许多负反馈调节机制中都设置了一个调定点（set point），负反馈机制对受控部分活动的调节就以这个调定点为参照水平，即规定受控部分的活动只能在靠近调定点的一个狭小范围内变动。在上述动脉血压的负反馈调节机制中，就有一个动脉血压的调定点。假如正常情况下动脉血压的调定点设置在13.3kPa（100mmHg），则当各种原因使血压偏离这个水平时，上述的负反馈调节机制就会使血压重新回到接近13.3kPa的水平。在不同的条件下，调定点是可以发生变动的。例如，在原发性高血压中，血压的调定点被设置在较高的水平，因此动脉血压就保持在一个高于正常的水平。生理学中将调定点发生变动的过程称为重调定（resetting）。

（二）正反馈控制系统

在正反馈的情况下，受控部分的活动如果增强，通过感受装置将此信息反馈至控制部分，控制部分再发出指令，使受控部分的活动更加加强，如此循环往复，使整个系统处于再生状态。可见，正反馈控制不是维持系统的稳态或平衡，而是破坏原先的平衡状态。前文已经提到，在正常生理情况下，体内的控制系统绝大多数都是负反馈控制系统，它们在维持内环境稳态中起着重要作用；而正反馈控制系统则仅有很少几个。例如，当一处血管破裂时，各种凝血因子相继激活，最后形成血凝块，将血管破口封住；又如，在正常分娩过程中，子宫收缩导致胎儿头部下降并牵张子宫颈，子宫颈部受牵张时可进一步加强子宫收缩，再使胎儿头部进一步牵张子宫颈，子宫颈牵张再加强子宫收缩，如此反复，直至整个胎儿娩出。

在病理情况下，则会有许多正反馈的情况发生。例如，在大量失血时，心脏射出的血量减少，血压明显降低，冠状动脉的血流量就减少，使心肌收缩力减弱，心脏射出的血量就更少，如此反复，最后可导致死亡。在这个过程中，心脏活动减弱，经过反馈控制，使心脏活动更弱，所以是正反馈。这类反馈控制过程常被称为恶性循环（vicious circle）。

三、前馈控制系统

前馈（feedforward control）机制是指在某一方面的信息（干扰信息）作用于受控部分引起输出效应发生变化的同时，又通过另一快捷途径作用于受控部分，使其及时地调整活动。一般来说，这些调整都发生在受控部分发出反馈信息之前，使机体的调控过程不致出现大的波动和反应滞后现象，从而更有效地保持生理功能的相对稳定。例如，动物见到食物可引起唾液分泌，这种分泌比食物进入口腔中所引起的唾液分泌快，而且具有预见性，更具有适应性意义。但前馈控制引起的反应有时也可能产生失误。例如，动物见到食物后并没有吃到食物，而唾液分泌就是一种失误。

复习思考题

1. 动物生理学研究的对象和任务是什么？
2. 动物生理学可以从动物机体的哪几个水平来研究其生命活动？简述其研究内容。
3. 动物生理学实验方法有几种？
4. 试述机体生理功能调节的意义、方式、特点。
5. 何为负反馈性、正反馈性调节，在机体功能性调节中有何意义？

第二章　细胞的基本功能

细胞是生物体的基本结构单位。机体内所有生理功能和生化反应，都以细胞及其代谢产物为基础。离开了对细胞及各种细胞器的分子组成和功能的认识，要阐明物种进化，生物遗传，个体的新陈代谢，各种生命活动，生长、发育、衰老等生物学现象，以及整体和各系统、器官功能活动的机制是不可能的。50 多年来，细胞生物学的发展突飞猛进，给生理学发展提供了契机，细胞生理学和分子生物学的基本理论和实验技术，已经迅速地向畜牧兽医等基础学科渗透。因此，细胞生理学是动物生理学的重要组成部分。

第一节　细胞膜的结构特点和物质转运功能

细胞膜是包围在细胞外围的一层薄膜。在漫长的进化过程中，细胞膜的形成可视为由非细胞的原始生命体演化成细胞生物的一个转折点。细胞膜的形成使生命具有更大的相对独立性，并由此获得一个相对稳定的内环境。细胞通过膜有选择地从周围环境摄取原料，排出代谢产物，从而大大提高了原始生命的生存和发展能力，也推动了细胞内结构向更高级形式的分化。

光学显微镜下看不清细胞膜的结构，只能看到细胞与环境之间有一个折光性和着色程度不同的界限。电子显微镜下对细胞超微结构研究的进展大大地扩充了关于“膜”的含义。广义细胞膜的概念是：细胞内两个不同部分之间或细胞与环境之间的屏障。构成细胞外层的界膜，称为细胞膜或质膜（plasma membrane）。包围各种细胞器的膜，如内质网膜、高尔基体膜、溶酶体膜等，称为细胞内膜。各种细胞器的特殊功能都与其膜所具有的特殊结构和功能有关。

细胞膜的基本功能是维持细胞内微环境的相对稳定并与外界环境进行物质交换。但细胞膜不是一种简单的屏障和支架，生物体内许多代谢过程都与分布在膜上的酶的活动有关，如能量转换、物质转运、兴奋传递等。此外，各种抗原、抗体分子也存在于生物膜中。

一、细胞膜的结构特征

在电子显微镜下观察，细胞膜总厚度约 7.5nm，可分为三层：内外两侧各有一层厚约 2.5nm 的电子致密带，中间夹有一层厚约 2.5nm 的透明带。这种结构不仅见于各种细胞的细胞膜，亦见于各种膜性细胞器的膜，如线粒体膜、内质网膜、高尔基体膜、溶酶体膜等，因而三层膜是细胞中普遍存在的基本结构，称为单位膜。

细胞膜主要由脂质、蛋白质和糖类组成。此外，还含有少量的水分和无机离子。不同类型细胞的膜中各种物质的比例和组成有所不同，但一般均以蛋白质和脂质为主，糖类含量很少。

关于细胞膜的分子结构形式，20 世纪 70 年代，Singer 和 Nicholson 提出了液态镶嵌模型（fluid mosaic model）。该模型的基本内容是：细胞膜呈脂质双分子层结构，其中镶嵌着具有不同生理功能的蛋白质。镶嵌的膜蛋白与磷脂双层分子交替排列。镶嵌蛋白的状态有多种形式，有的镶嵌蛋白的极性端伸出膜表面，被水相包围，而非极性端埋在膜脂的疏水部分，被非水相包围；也有些蛋白质贯穿全膜，两端的极性部分伸向水相，中间的疏水部分与膜中间双分子层的脂肪酸链呈疏水性结合。外周蛋白可与镶嵌蛋白的极性部分呈离子键结合。流动的脂质双分子层构成膜的连续主体，蛋白质分子游动在脂质的“海洋”中（图 2-1)。液态镶嵌模型比较合理地解释了膜中所发生的生理现象，特别是它以动态的观点分析膜中各种化学组分的相互关系，受到了人们的广泛关注。

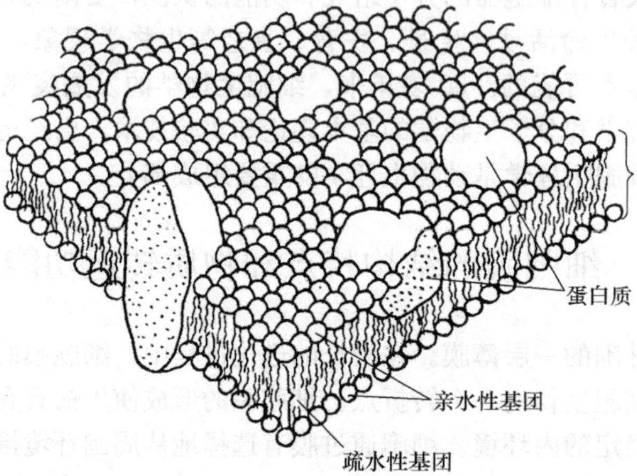

图 2-1　细胞膜的液态镶嵌模型

（一）脂质双分子层

细胞膜上的脂质主要是磷脂，约占脂质总量的 70%以上，其次为胆固醇，还有少量的糖脂。

1. 磷脂　　磷脂是最重要的脂类，几乎所有细胞膜中都含有磷脂，主要是磷酸甘油酯和鞘磷脂。最简单的磷酸甘油酯是磷脂酸，它的基本结构是以甘油为基架，甘油的两个羟基与两分子的脂肪酸相结合形成酯键，另一个羟基与磷酸形成酯键，磷酸又与一个碱基结合。根据碱基的不同，形成了 4 种磷脂：磷脂酰胆碱（即卵磷脂)、磷脂酰乙醇胺（即脑磷脂)、磷脂酰丝氨酸和磷脂酰肌醇。膜中含量最多的是磷脂酰胆碱，其次是磷脂酰乙醇胺。鞘磷脂的结构与磷脂基本相似（图 2-2)。

2. 胆固醇　　胆固醇是中性脂类，在各种动物细胞膜中含量均较高。其结构比较特殊，它含有一个甾体结构（环戊烷多氢菲）和一个 8 碳支链。生物膜中的胆固醇与磷脂碳氢链有相互作用，可阻止磷脂凝集成晶体结构，对膜脂的物理状态起调节作用。

3. 糖脂　　糖脂为含有一个或几个糖基的脂类，大约占细胞膜外层脂类的 5%。主要的糖脂有：①脑苷脂，是髓鞘的重要组成成分；②神经节苷脂，是神经细胞膜的重要组成成分。

膜脂的种类虽多，但它们的分子结构具有共同的特点，即都具有亲水的和疏水的两部分。以磷脂酰胆碱为例，在其分子中含磷酸和胆碱的一端是亲水的，为极性头部；两条几乎平行的脂肪酸链是疏水的，为非极性尾部。脂类分子的结构特点使它们在水相中会形成团粒或片状双层结构。它们的极性头部通过静电引力对水有亲和力，因而面向水。而疏水的尾部

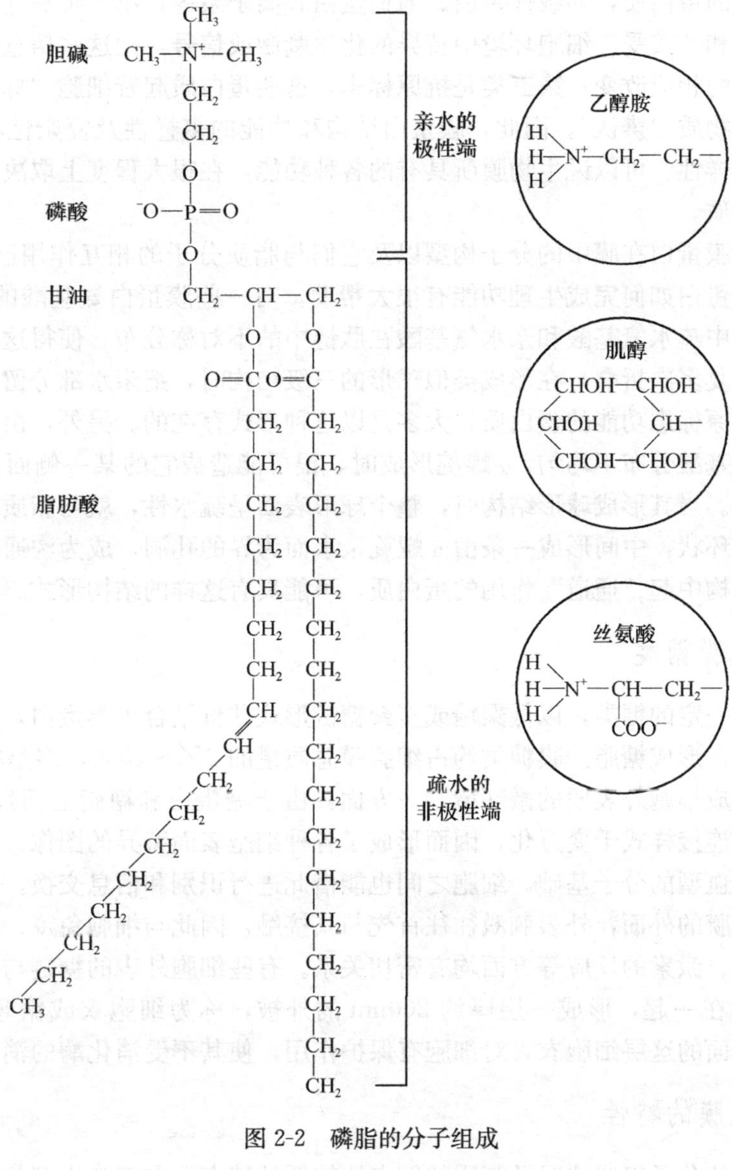

图 2-2　磷脂的分子组成

则互相聚集，避开水相，游离的两端有自动闭合趋势。由于脂质分子本身的理化特性和热力学特点，使其在细胞膜中呈定向整齐的双层排列。亲水端朝向膜的内表面和外表面，疏水端朝向膜的中央。

（二）蛋白质

液态镶嵌模型指出：脂质双分子层中镶嵌有不同生理功能的蛋白质。

膜蛋白具有以下特点。①分子大小不同。②形态不一。膜蛋白的种类繁多，其形态亦不完全相同，基本上是以α螺旋结构及球形结构存在。③镶嵌在膜上的深浅不同。有些蛋白质分子贯穿整个脂质双分子层；有的不同程度地伸入膜的内部；有的则镶嵌较浅，仅附着在膜的内表面或外表面。④功能不同。

根据膜蛋白的功能可将其分为以下几类：第一类是与物质（离子、营养物质或代谢产物）的转运有关的蛋白质，如载体蛋白、通道蛋白和离子泵等；第二类是受体蛋白，这类蛋白质可“辨认”和“接受”细胞环境中特异的化学刺激或信号，把这些信息传到细胞内，从而引起细胞功能的相应改变；第三类是抗原标志，这些蛋白质起着细胞“标志”的作用，供免疫系统或免疫物质“辨认”。因此，膜蛋白结构和功能的多样性及复杂性将导致细胞膜功能的复杂性及多样性。可以说生物膜所具有的各种功能，在很大程度上取决于膜内所含的蛋白质的种类和性质。

近年来，对膜蛋白在膜中的分子构型以及它们与脂质分子的相互作用已有较多的了解，这对于阐明膜内蛋白如何完成生理功能有很大帮助。对一些膜蛋白氨基酸的序列分析表明，由于蛋白质分子中疏水氨基酸和亲水氨基酸在肽链中的不对称分布，使得这些蛋白质的肽链在脂质结构中反复多次折叠，在形成类似球形的三级结构时，把亲水部分留在膜的表面。一些具有受体或抗原标志功能的蛋白质，大多是以这种形式存在的。另外，由于肽链表面亲水氨基酸和疏水氨基酸分布不均匀，α 螺旋形成时，很可能造成它的某一侧面是亲水的，而另一侧面为疏水的。当其形成球形结构时，整个球形表面呈疏水性，就与脂质相吸引，而各折叠部分则并列成环状，中间形成一条由 α 螺旋亲水面为界的孔洞，成为沟通膜两侧的水相通路。一些在膜结构中起“通道”作用的蛋白质，可能具有这样的结构形式。

（三）细胞膜糖类

细胞膜含有一定的糖类，以低聚糖或多聚糖链形式共价结合于膜蛋白，形成糖蛋白；或与膜脂共价结合，形成糖脂。膜糖类约占细胞膜总质量的 2%～10%，多呈树枝状伸向细胞膜的外表面，构成细胞外表面的微环境。一方面，由于糖蛋白和糖脂上糖残基的结合方式、排列顺序、分枝连接样式千变万化，因而形成了各种细胞表面特异的图像，这是各种细胞具有各自抗原性及血型的分子基础，细胞之间也能借此进行识别和信息交换。另一方面，由于它们突出在细胞膜的外面，外表刺激往往首先与其接触，因此与细胞免疫、细胞黏附、细胞癌变以及对药物、激素的反应等方面均有密切关系。有些细胞外表的糖链与该细胞分泌出来的糖蛋白等黏附在一起，形成一层厚约 200nm 的外被，称为细胞衣或糖萼（glycocalyx）。小肠上皮细胞表面的这层细胞衣，对细胞有保护作用，使其不受消化酶的消化作用。

（四）细胞膜的特性

根据细胞膜的分子组成情况及脂质的熔点比较低的特点，在正常生理状态下，细胞膜既不是固态，亦不是液态，而是介于液态、固态之间的液晶态。因此，细胞膜就具有两个明显的特性，即流动性和不对称性。

1. 细胞膜的流动性　细胞膜的流动性是指膜脂和膜蛋白处于不断运动的状态。脂质双分子层在热力学上的稳定性和流动性，能够说明细胞为什么能够承受相当大的张力和外形改变而不破裂，而且当膜结构发生较小断裂时，可以自动修复，仍保持双分子层的形式。膜的流动性一般只允许脂质分子在同一单层内做横向扩散运动。此外，脂质分子还可沿自身长轴做旋转运动。膜蛋白的运动以横向扩散和旋转运动为主。不同蛋白质运动速度不同。膜蛋白的运动往往局限于某一特定区域，这种现象有其重要的生理意义。例如，在小肠上皮细胞的顶部、基底部和侧面细胞膜上的酶和转运蛋白不同，这决定了小肠上皮细胞靠近肠腔的游离面细胞膜以吸收功能为主，而基底部和侧面细胞以转运及连接功能为主。用荧光抗体标记精子细胞膜蛋白，也发现精子头部前段、头部后段及尾部呈现出三个截然不同的蛋白质区域。膜蛋白的运动受多方面因素调控，使具有不同功能的蛋白质处于有利于起作用的位置。

膜的流动性具有十分重要的生理意义。例如，物质转运、能量转换、细胞识别、免疫、药物对细胞的作用等都与膜的流动性密切相关，可以说一切膜的基本活动均在细胞膜的流动状态下进行。

2. 膜的不对称性　细胞膜内外两层的结构和功能有很大差异，此现象称为细胞膜的不对称性。首先，脂质分布不对称。一般来说，在脂质双分子层中，脂质的含量和比例有一定差异。含胆碱的磷脂大部分位于外侧层，糖脂全部分布于外侧层，而含氨基的磷脂多分布于内侧层。其次，膜蛋白的分布也不对称，如红细胞膜的冰冻蚀刻标本显示，靠胞质断裂面每平方微米的颗粒数为 2800 个，靠外表面断裂面每平方微米的颗粒数只有 1400 个。跨膜蛋白突出膜内外表面的部分不仅长度不等，其氨基酸的排列顺序亦差异悬殊。具有酶活性的特异性膜蛋白如 5′-核苷酸酶、磷酸二酯酶等多为外侧层表面膜携带酶，而膜内侧层表面多含有腺苷酸环化酶。糖类分布的不对称性是最明显的，它们只见于质膜的外侧面。

生物膜结构的不对称性决定了膜内、外表面功能的不对称性，同时使膜功能保持方向性，使膜两侧具有不同的功能，有的功能只发生在膜的外层，有的则发生在膜的内层。

二、细胞膜的物质跨膜转运功能

活的细胞和它的环境之间进行着活跃的物质交换。交换的物质种类繁多，理化特性各异，大多数是非脂溶性或者水溶性大于脂溶性的物质。由于细胞膜主要是由液态的脂质分子构成的，理论上讲只有脂溶性物质才有可能通过，其他物质要通过细胞膜就需要借助于膜蛋白的帮助，或者更为复杂的生物学过程来完成。总的来说，物质跨膜转运有以下几种形式（图 2-3）。

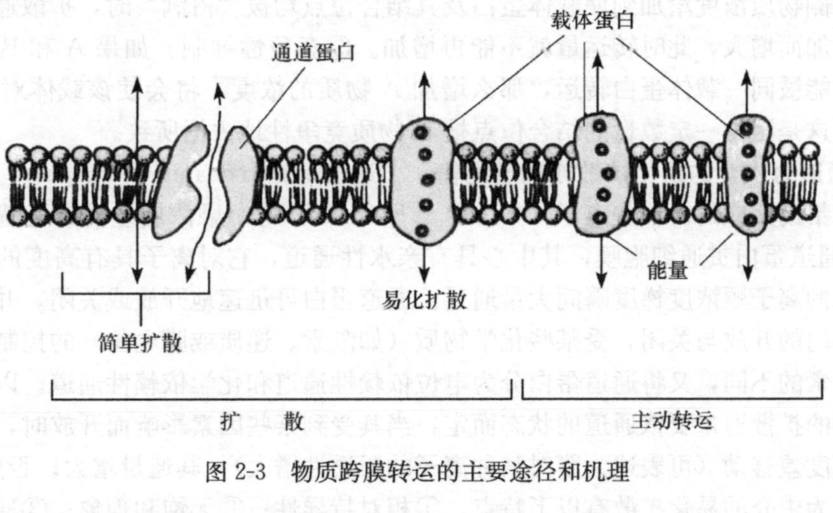

图 2-3　物质跨膜转运的主要途径和机理

（一）简单扩散

简单扩散（simple diffusion）是一种最简单的物质转运方式，是指脂溶性物质由膜的高浓度侧向低浓度侧扩散的现象。根据物理学原理，溶液中的一切分子均处于不断的热运动中，当温度恒定时，分子因运动离开某区域的量与该物质的浓度成正比，浓度越高，离开某区域的量就越多。物质移动的方向取决于物质的浓度梯度。物质分子移动量的大小，可用通量来表示，即某物质在每秒内通过每平方厘米的假想平面的摩尔（或毫摩尔）数。决定扩散通量的主要因素有两个。①细胞膜两侧物质的浓度梯度。一般条件下，扩散通量与平面两侧的溶质分子的浓度差或浓度梯度成正比。如果是混合溶液，那么每一种物质的移动方向和通量都只决定于各物质的浓度梯度，而与其他物质的浓度或移动方向无关。但是，如果是电解质溶液，离子的移动不仅取决于平面两侧的浓度梯度，也取决于离子所受的电场力。②细胞膜对该物质的通透性。所谓通透性是指该物质通过膜的难易程度或阻力大小。机体内脂溶性的物质不多，因而靠单纯扩散通过细胞膜的物质甚少，比较肯定的物质是氧和二氧化碳。机体内甾体类激素虽亦是脂溶性物质，但因其相对分子质量大，必须借助膜上蛋白质协助才能加速其转运。简单扩散在物质扩散时是不消耗细胞本身的能量的，扩散时所需能量来自高浓度本身所包含的势能。

（二）易化扩散

非脂溶性物质或脂溶性小的物质，在特殊膜蛋白的帮助下，由高浓度一侧通过细胞膜向低浓度一侧扩散的现象称为易化扩散（facilitated diffusion）。易化扩散的特点是：①物质移动的动力来自高浓度的势能，细胞不耗能；②顺浓度差或浓度梯度移动；③膜蛋白参与。

根据参与易化扩散的膜蛋白的不同，易化扩散可分为两类。

1. 以载体为中介的易化扩散或载体运输 细胞膜上的某些蛋白质具有载体功能，即能与某些物质结合，并发生结构改变，将该物质由高浓度一侧运向低浓度一侧，再与该物质分离。所以载体蛋白在运输中并不消耗。以载体为中介的易化扩散具有以下特点。①高度的结构特异性，即某种载体只能选择性地与某种物质特异性结合。②饱和现象。易化扩散的扩散通量虽然与膜两侧物质的浓度差成正比，但膜载体蛋白数量及其结合位点总量是相对固定的。当膜一侧物质浓度增加到使载体蛋白及其结合位点均被“占满”时，扩散通量就不再随浓度差的增加而增大，此时转运量就不能再增加。③竞争性抑制。如果 A 和 B 两种结构相似的物质都能被同一载体蛋白转运，那么增加 A 物质的浓度，将会使该载体对 B 物质的转运量减少。这是因为一定数量的结合位点被 A 物质竞争性地占据所致。

2. 以通道为中介的易化扩散或通道运输 通道运输（channel transport）是由在膜上的通道蛋白帮助完成的。一些离子（如 Na^+、K^+、Ca^{2+} 等）顺浓度差的转运就属通道运输（图 2-4）。通道蛋白贯通细胞膜，其中心具有亲水性通道，它对离子具有高度的亲和力，允许适当大小的离子顺浓度梯度瞬间大量通过。通道蛋白可迅速地开放或关闭，并受通道闸门的控制。闸门的开放与关闭，受某些化学物质（如激素、递质或膜电位）的控制。因此根据所受控制因素的不同，又将通道蛋白分为电位依赖性通道和化学依赖性通道。以通道为中介的易化扩散的扩散通量要依通道的状态而定，当其受到某些因素影响而开放时，允许某种离子迅速顺浓度差移动（可表述为膜对某种离子的通透性增大），其通量增大；否则通量减小。

以通道为中介的易化扩散有以下特点：①相对特异性；②无饱和现象；③通道有开放和关闭两种不同的机能状态。离子选择性和门控特性是离子通道的两个重要特征。

（三）主动转运

主动转运（active transport）是指细胞通过本身的耗能过程，将某些物质的分子或离子由膜的低浓度一侧向高浓度一侧转运的过程。主动转运的特点有以下几点。①在物质转运过程中，细胞本身要消耗能量，能量来自细胞的代谢活动。因此，主动转运与细胞代谢有关。

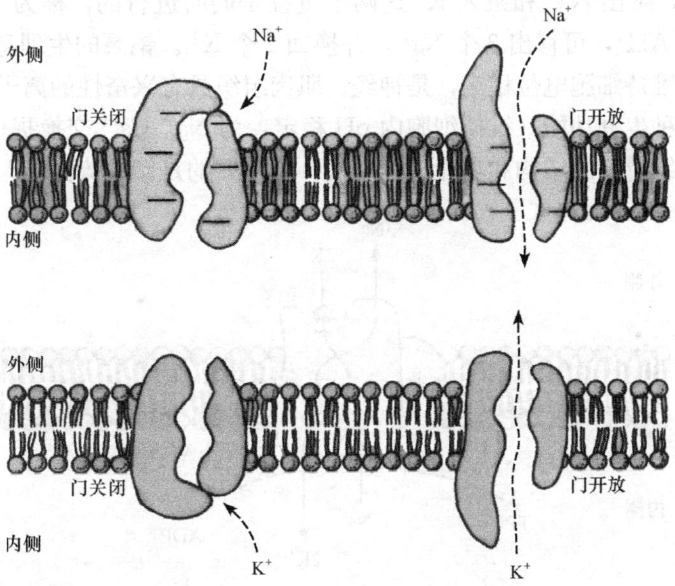

图 2-4　Na^+、K^+转运的蛋白质通道

②逆浓度梯度和电位梯度进行物质转运。例如，小肠上皮细胞对葡萄糖的吸收（图 2-5）、细胞内外各种离子浓度差的维持等都与细胞膜的主动转运密切相关。③转运的为小分子物质。④原发性主动转运主要是通过离子泵转运离子，继发性主动转运是指依赖离子泵转运而储备势能从而完成其他物质的逆浓度跨膜转运。

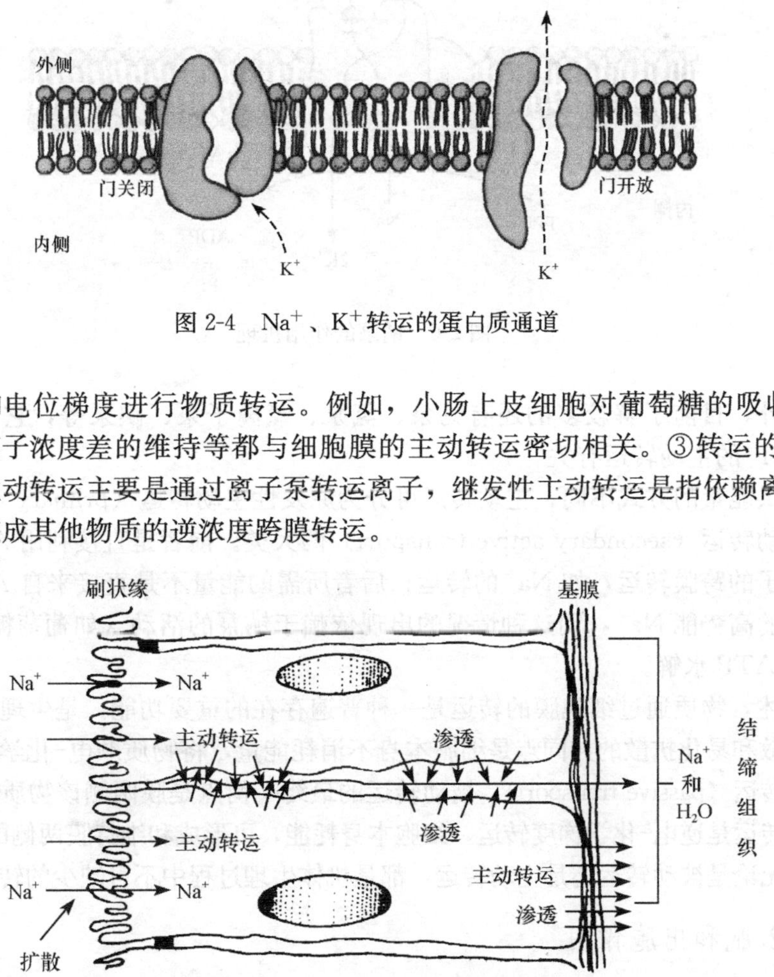

图 2-5　小肠上皮细胞吸收葡萄糖的过程

目前，对主动转运研究最多、最充分的是 Na^+ 和 K^+ 的转运。细胞内液 K^+ 浓度高于细胞外液，细胞外液 Na^+ 浓度高于细胞内液。这种明显的离子浓度差的形成和维持，是靠普遍存在于细胞膜中的特殊蛋白质 Na^+-K^+泵来完成的。其作用是逆着浓度梯度将 Na^+ 由细胞内液移向细胞外液，同时将细胞外液中的 K^+ 移向细胞内液，形成并维持细胞内、外离子浓度梯度。Na^+-K^+泵亦称为钠泵，是镶嵌在膜上的一种特殊蛋白质，通过构型的改变来转运物质。钠泵还具有酶的功能，当细胞内 Na^+浓度升高或细胞外 K^+浓度升高时可被激活，被激活的钠泵可分解 ATP，同时释放出能量，用于物质转运。因此，钠泵亦称为Na^+-K^+ 依赖式 ATP 酶（图

2-6）。钠泵活动时，泵出 Na^+ 和泵入 K^+ 这两个过程是同时进行的，称为"耦联"。一般情况下，每分解 1 分子 ATP，可移出 3 个 Na^+，并换回 2 个 K^+。钠泵的生理意义在于维持细胞内外离子浓度梯度，维持细胞电位稳定，是神经、肌肉组织具有兴奋性的离子基础，建立起离子势能储备，参与多种生理功能（维持细胞内 pH 稳定，为 Na^+-Ca^{2+} 交换提供动力），从而完成正常代谢及功能。维持细胞结构和功能的完整性，最重要的是储备势能。

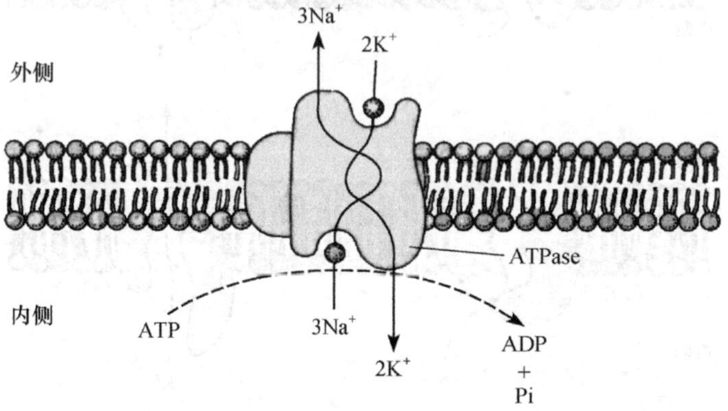

图 2-6　钠泵的作用机理

除钠泵外，目前了解较多的还有钙泵、氢泵、氯离子泵、碘泵等，它们分别与 Ca^{2+}、H^+、Cl^- 和 I^- 的主动转运有关。

由于提供能量的方式不同，主动转运可分为原发性主动转运（primary active transport）和继发性主动转运（secondary active transport）两大类。前者是直接利用 ATP 水解产生的能量进行离子的跨膜转运，如 Na^+ 的转运；后者所需的能量不是直接来自 ATP 的水解，而是来自膜外的高势能 Na^+，而这种情况的出现依赖于钠泵的活动（如葡萄糖的转运），因此是间接利用 ATP 水解。

综上所述，物质通过细胞膜的转运是一种普遍存在的重要功能，是生理学的基本理论之一。简单扩散和易化扩散的共同点是细胞本身不消耗能量，将物质顺电-化学梯度转运，因此称之为被动转运（passive transport）。被动转运的最终平衡点是膜两侧该物质浓度差和电位差为零。主动转运是逆电-化学梯度转运，细胞本身耗能，可形成和维持膜两侧的浓度梯度或电-化学势差。无论是被动转运还是主动转运，都是机体生理过程中不可缺少的转运方式。

（四）入胞和出胞作用

大分子物质或团块物质不能渗透通过细胞膜，可是细胞却能整批地转运这些物质，这是通过细胞本身的入胞（内吞）作用和出胞（胞吐）作用进行的。

1. 入胞作用　入胞作用（endocytosis）是指细胞外的大分子物质或团块进入细胞内的过程。这些物质主要是侵入体内的细菌、病毒、异物或大分子营养物质。细胞膜首先"识别"并与其接触，然后细胞膜内陷，把这些物质包围成小泡，脱离细胞膜进入细胞内。根据吞入物质的性状不同，入胞作用可分为吞噬和吞饮两类：如果进入的物质是固体的，谓之吞噬（phagocytosis），形成的小泡称为吞噬体；如果进入的物质是液体，则称之为吞饮（pinocytosis），形成的小泡称为吞饮泡。吞噬的主要作用是消灭异物，典型的吞噬细胞有巨噬细胞、单核细胞等，它们存在于组织和血液中，共同防御微生物的入侵，消除衰老和死亡的细胞等。吞饮作用与能形成伪足的细胞及具有高度可活动膜的细胞有关，主要有小肠上皮细胞、黏液细胞、毛细血管内皮细胞、肾小管上皮细胞和巨噬细胞等。

一些物质的入胞是由受体介导的。受体介导的内吞作用是大多数动物细胞网格蛋白通过有被小泡从胞外摄取特定大分子的有效途径。被摄取的大分子物质首先与细胞膜表面的受体结合，形成复合物，接着该处质膜凹陷形成有被小窝；然后，内陷的小窝脱离质膜，形成有被小泡，此过程称为受体介导的内吞作用。各种受体介导的内吞作用都有一个共同特征，即受体都要移动到细胞膜的特化区——有被小窝区，在此处凹陷成为有被小泡。

受体介导的内吞作用是一种选择性浓缩机制，这样既可保证细胞大量摄取特定的大分子，同时又可避免吸收细胞外大量的液体。其与非特异性的胞吞作用相比，可使特殊大分子的内化效率提高1000多倍。

受体介导的内吞作用是一种较普遍的现象，如动物细胞对胆固醇的摄取、鸟类卵细胞对卵黄蛋白的摄取、肝细胞对转铁蛋白的摄取、胰岛素靶细胞对胰岛素的摄取等都是通过受体介导进入细胞的。此外，巨噬细胞通过表面受体对免疫球蛋白及其复合物、病毒、细菌乃至衰老细胞的识别和摄入，以及其他一些代谢产物（如维生素 B_{12} 和铁）的摄取都是通过受体介导的入胞作用进行的（图 2-7）。

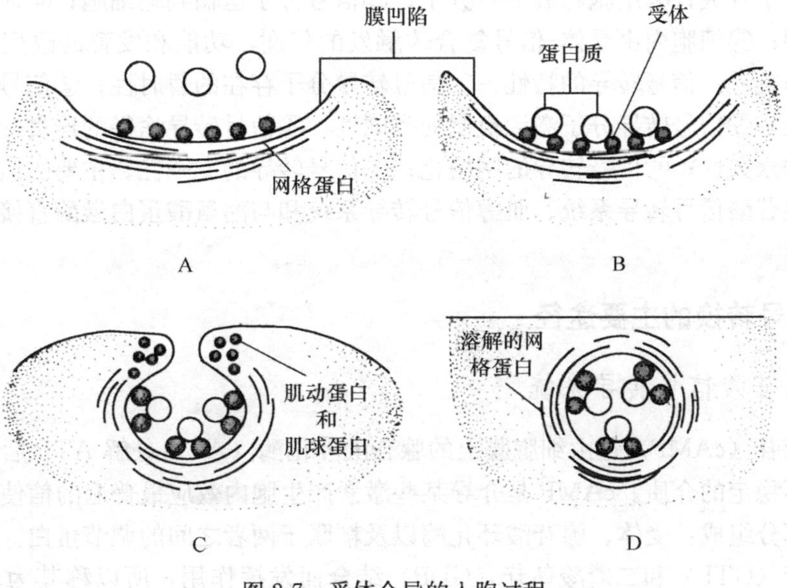

图 2-7　受体介导的入胞过程

2. 出胞作用　出胞作用（exocytosis）指细胞把大分子或团块物质由细胞内向细胞外排出的过程。这是将细胞产生的蛋白质、激素、酶类、神经递质等物质运出细胞的主要方式。以腺细胞分泌酶蛋白为例，这些酶蛋白在高尔基复合体内经过修饰、浓缩、分选，最后包装入小泡。小泡逐渐移向细胞膜并与其融合，酶蛋白被释放到细胞外。从膜变化、融合的角度看，入胞和出胞是两个方向相反的过程。

第二节　细胞的跨膜信号转导

无论是单细胞生物还是组成多细胞有机体的各个细胞，在其生命过程中，都会受到各种理化因素的影响，如机械、电和电磁波等刺激的影响。在动物进化过程中，这些刺激信号大都由一些在结构和功能上高度分化了的、具有特殊感受器的细胞来感受，引起相应的感受器细胞出现某种电反应。仔细分析各种感受器细胞接受信号的过程时发现，刺激信号要先作用于膜结构中的感受性结构，才能引起感受器细胞的电变化和随后的传入神经冲动（如耳蜗毛细胞接受声波振动、视网膜光感受细胞接受光刺激等）。

一、细胞信号转导的概念和一般特性

无论是化学信号中的激素分子还是递质分子，或是非化学性外界刺激信号，都涉及外来刺激信号的跨膜传递。它们作用于相应的靶细胞时，也是通过作用形式类似的通路来完成跨膜信号转导的。跨膜信号转导通常是指激素、神经递质、细胞因子等细胞外液的化学信号以及其他性质的信号，通过细胞表面（或细胞内）受体接受外界信号，以级联传递机制，将细胞外信号转导为细胞内信号，最终引起细胞生理反应或诱导特定基因的表达，引起细胞的应答反应。这种特定的反应系统称为细胞信号通路。信号（signal）是指在生物体生长发育过程中所受到的各种刺激，又称为初级信使或第一信使（primary messenger）。应答（response）是指被转导的信号引发（triggers）特异的生理生化过程的改变。信号转导过程包括：①信号分子合成；②细胞释放信号分子；③信号分子运输到靶细胞；④通过特定受体蛋白的信号检测；⑤细胞内由受体-信号复合体触发的代谢、功能和发育的改变；⑥信号的消除，终止细胞响应。信号转导的特性：①信号转导分子存在的暂时性；②信号转导分子活性变化的可逆性；③信号转导分子激活机制的类同性；④信号转导途径的连贯性；⑤作用的瞬时性与效果的永久性；⑥信号转导的网络化；⑦信号转导的专一性。主要的信号转导系统有三条，即环腺苷酸信号转导系统、肌醇信号转导系统和与酪氨酸蛋白激酶直接相连的信号转导系统。

二、跨膜信号转换的主要途径

（一）腺苷酸信号转导系统

环磷酸腺苷（cAMP）是由细胞膜上的腺苷酸环化酶（AC）分解 ATP 后，在胞内产生的一种对热不稳定的介质。cAMP 是介导某些激素产生胞内效应最普遍的信使。cAMP 信号通路由三大部分组成：受体、腺苷酸环化酶以及耦联于两者之间的调节蛋白。调节蛋白通过与三磷酸鸟苷（GTP）和二磷酸鸟苷（GDP）结合而发挥作用，所以称其为鸟苷酸结合蛋白（简称 G 蛋白）。当配体分子与受体结合后，首先诱发受体分子构象改变，继而上述几种成分相互协作进行信号转导（transduction），诱发促进或抑制作用，调节细胞内的第二信使 cAMP 水平，引起细胞产生相应的生物学效应。腺苷酸环化酶可被多种受体激活，也就是说有多种配体可引起 cAMP 的含量升高，但对不同的靶细胞，引起的细胞效应却可完全不同。例如，肾上腺素对不同的靶细胞所起的作用就不同，对脂肪细胞，可促进脂肪分解；对心肌细胞，可加强心肌收缩力并影响心率。

细胞膜上还有一类受体（如乙酰胆碱 M 受体），它的效应部分是鸟苷酸环化酶，这种酶可使细胞内的环磷酸鸟苷（cGMP）水平增高。通常细胞中 cGMP 的含量不到 cAMP 的 1/10，所起的作用与 cAMP 相反，但二者的协调又是维持细胞正常代谢所必需的。一般细胞内 cAMP 升高可促进某些特殊蛋白质的合成，导致细胞分化；而 cGMP 增高则促进 DNA 合成，导致细胞分裂，抑制细胞分化。

（二）肌醇信号转导系统

这是20世纪80年代早期发现的另一类第二信使系统，它比cAMP第二信使的作用更广泛，可以触发细胞对神经介质、激素及生长因子等第一信使发生效应。与该途径有关的细胞表面受体已知达25种以上。当配体（如激素）与表面受体结合后，耦联G蛋白可活化质膜上的磷脂酶C，该酶可催化位于膜内层的磷脂酰肌醇水解，产生两个重要的细胞内信使——二酰甘油（DG）和三磷酸肌醇（IP_3），它们扩散到细胞质中，行使各自的功能。例如，DG可激活蛋白激酶C，激活后的蛋白激酶C可催化细胞的生理活动，如活化细胞膜上的Na^+-H^+交换通道，使H^+出胞并促进Na^+入胞，从而使细胞内的pH升高。而细胞内pH升高是促使细胞增殖的重要因素之一。

IP_3为一种水溶性分子，在细胞质中可与储存Ca^{2+}的滑面内质网膜上的特异受体结合，使该膜上的Ca^{2+}通道开放，Ca^{2+}释放出来。Ca^{2+}也是细胞内重要信使物质之一，能引起多种细胞内的生物学效应。例如，微管、微丝的组装、解聚，肌肉的收缩及某些酶的激活等，都需Ca^{2+}的参与。

（三）与酪氨酸激酶直接相连的信号转导系统

近年来，发现了酪氨酸激酶受体（tyrosine kinase receptor）的存在，神经生长因子、上皮生长因子、成纤维细胞生长因子、血小板源生长因子等的信号都是通过这一途径传递的。这类受体结构比较简单，只有一个跨膜α螺旋。当位于膜外侧的特异的肽链与配体结合后，可直接引起受体膜内侧肽段的激活，使之具有磷酸激酶活性，进而使酪氨酸残基发生磷酸化，调节细胞内效应。

第三节　细胞的兴奋性与生物电现象

一、细胞生物电现象及其产生机制

（一）细胞生物电

生物电现象是一切活细胞共有的基本特性。机体各器官表现的生物电现象，是以细胞水平的生物电现象为基础的，而细胞生物电又是质膜两侧带电离子的不均匀分布和跨膜移动的结果。在各种感受器细胞，电反应是其接受外界各种刺激的结果；在神经纤维上，电信号是信息传输的载体；而在神经元和效应器细胞（如肌肉和腺体细胞）的突触后膜上，电变化是突触前成分作用的结果。细胞生物电变化是细胞功能改变的前提，因此，细胞的跨膜电变化在细胞和整体功能活动中都是关键性的。

细胞水平的生物电有两种表现形式：静息时的静息电位和受刺激时的动作电位。

1. 静息电位　静息电位（resting potential）是指细胞未受到刺激时存在于细胞膜两侧的电位差，有时也称膜电位。表现为外正内负，说明静息状态下膜内电位比膜外低。若规定膜外电位为0，则膜内为负电位，高等哺乳动物神经和肌肉细胞膜静息膜电位一般为－90～－70mV。只要细胞未受到刺激且保持正常代谢水平，静息电位就稳定在某一恒定水平。静息状态下外正内负的状态称为极化（polarization），当膜内负值减小时称为去极化

(depolarization)。去极化后，膜内电位向极化状态恢复，称为复极化（repolarization）。膜内负值进一步增大时称为超极化（hyperpolarization）（图 2-8）。

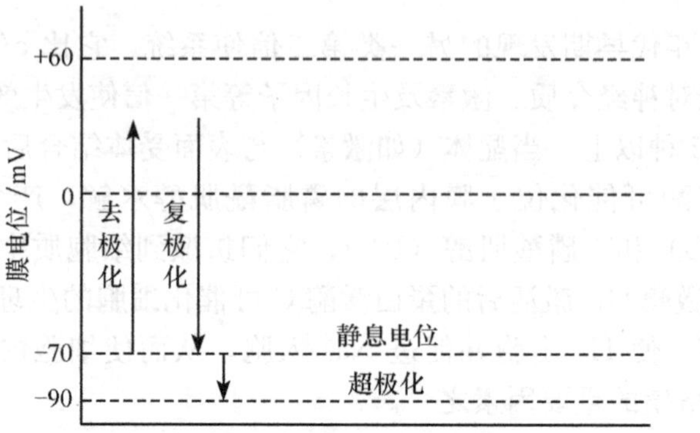

图 2-8　膜电位示意图

膜电位的去极化、复极化和超极化。当膜电位变得比静息电位更正，就称为去极化；向静息电位恢复称为复极化；变得比静息电位更负，则称为超极化

2. 动作电位　动作电位（active potential）是细胞受到刺激时膜电位的变化过程。当细胞受到一次适当强度的刺激后，膜内原有的负电位迅速消失，进而变为正电位，如由原来的−90～−70mV变为＋20～＋40mV，整个膜电位的变化幅度达到 90～130mV，这构成了动作电位的上升支。动作电位在 0 电位以上的部分称为超射（overshoot potential）。此后，膜内电位急速下降，构成了动作电位的下降支。由此可见，动作电位实际上是膜受到刺激后，膜两侧电位的快速倒转和复原。把构成动作电位主体部分的脉冲样变化称为峰电位（spike potential）。在峰电位下降支最后恢复到静息电位以前，膜两侧电位还有缓慢的波动，称为后电位，一般是先有负后电位，再有正后电位（图 2-9）。

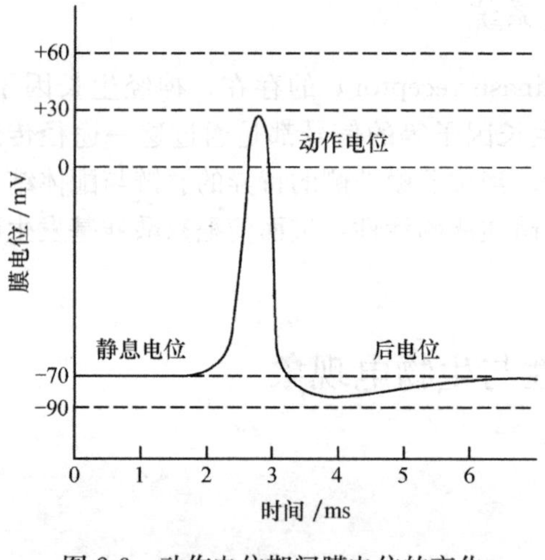

图 2-9　动作电位期间膜电位的变化

（二）生物电产生的机制

1. 静息电位产生的机制　细胞内外 K^+ 的不均衡分布和静息状态下细胞膜对 K^+ 的通透性是细胞在静息状态下保持极化状态的基础。静息状态下，膜内的 K^+ 浓度远高于膜外，且此时膜对 K^+ 的通透性高，结果 K^+ 以易化扩散的形式移向膜外，但带负电荷的大分子蛋白质不能通过膜而留在膜内。故随着 K^+ 的移出，膜内电位变负而膜外变正，当 K^+ 外移造成的电场力足以对抗 K^+ 继续外移时，膜内外不再有 K^+ 的净移动，此时存在于膜内外两侧的电位即为静息电位。因此，静息电位是 K^+ 的平衡电位，静息电位主要是 K^+ 外流所致。

2. 动作电位产生的机制　细胞受到刺激后，膜的通透性发生改变，对 Na^+ 的通透性突然增大，膜外高浓度的 Na^+ 在膜内负电位的吸引下以易化扩散的方式迅速内流，结果造成膜内负电位迅速降低。由于膜外 Na^+ 具有较高的浓度势能，当膜电位减小到 0 时仍可继续内移转为正电位直至膜内正电位足以阻止 Na^+ 内移为止，此时的电位即为动作电位。动作电位就是 Na^+ 的平衡电位。

3. Na^+ 通道失活与膜电位复极 在去极化后期，Na^+ 通道很快失活，峰电位迅速下降，细胞处于快速复极阶段。在这一短暂的时间内，细胞不再接受新的刺激而出现新的峰电位，这一时期称为绝对不应期。此后，一些失活的 Na^+ 通道开始恢复，如有较强的刺激可引起新的兴奋，故称为相对不应期（图 2-10）。在 Na^+ 通道失活的同时，K^+ 通道开放，于是膜内 K^+ 外流，使膜内电位变负直至复极到静息电位水平。并在 Na^+-K^+ 泵的作用下，Na^+ 被主动转运到胞外而 K^+ 被泵回胞内，以维持正常的离子分布。

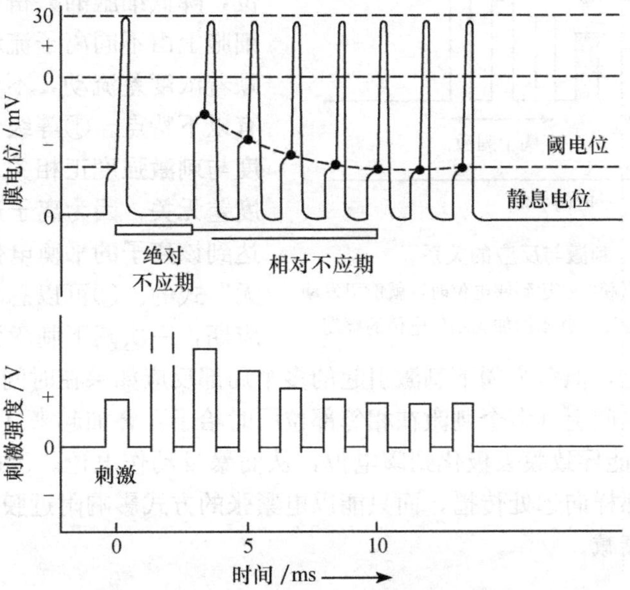

图 2-10 生物电产生的机制

在相对不应期，比阈刺激强大的刺激可以引起细胞产生一次新的动作单位，在动作电位之后的短时间内，膜对任何强度的刺激都绝对不反应

4. 阈电位与峰电位 引起细胞兴奋或产生动作电位的最小刺激强度称为阈刺激，比阈刺激弱的刺激称为阈下刺激，比阈刺激强的刺激则称为阈上刺激。决定峰电位的 Na^+ 通道是电位依赖性的，只有当静息电位的绝对值减小到某一特定值时，才能激发 Na^+ 通道迅速而大量地开放，使 Na^+ 迅速内流而出现峰电位的上升支。这个上升支实际上是膜的进一步去极化，不过它已不再依赖于原初的刺激，而是以它特有的速度达到 Na^+ 的平衡电位。我们把这个特定值称为阈电位（图 2-11）。因此，更确切地说，能引起细胞去极化达到阈电位的刺激称为阈刺激。阈电位是所有可兴奋细胞兴奋性的一项重要功能指标，是细胞产生动作电位的临界值。刺激引起的去极化必须达到这个程度才能产生峰电位。阈电位比静息电位的绝对值小 10～20mV。

不论何种性质的刺激，只要达到一定的强度，在同一细胞所引起的动作电位的波形和变化过程都是一样的。并且在刺激强度超过阈刺激以后，即使再增加刺激强度，也不能使动作电位的幅度进一步加大，这个现象称为“全或无”现象。这是因为，产生动作电位的关键是去极化能否达到阈电位的水平，而与原刺激的强度无关。

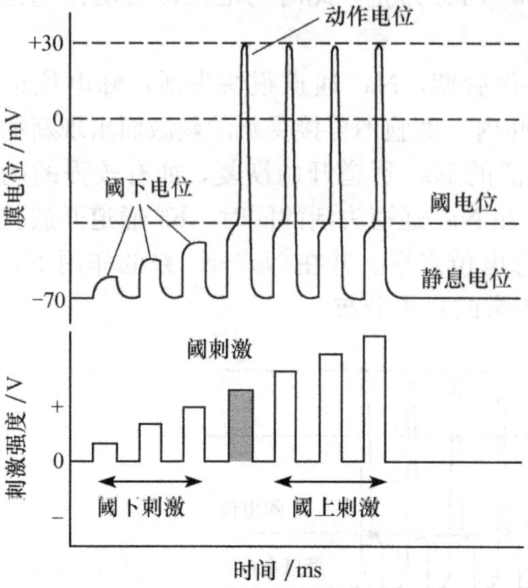

图 2-11　刺激与反应的关系

刺激强度与膜电位，当膜电位达到阈电位时，就能引发动作电位，增加刺激强度，并不能加大动作电位的幅度

5. 阈下刺激与局部兴奋　细胞受到阈下刺激时并非毫无反应，而是在细胞膜两侧产生的微弱电变化（较小的膜去极化或超极化反应），或者说是细胞受刺激后去极化未达到阈电位的电位变化。阈下刺激使膜通道部分开放，产生少量去极化或超极化，故局部电位可以是去极化电位，提高细胞的兴奋性；也可以是超极化电位，降低细胞的兴奋性。局部电位在不同细胞上由不同离子流动形成，而且离子是顺着浓度差流动，不消耗能量。局部电位有以下特点。①等级性。指局部电位的幅度与刺激强度正相关，而与膜两侧离子浓度差无关，因为离子通道仅部分开放无法达到该离子的平衡电位，因而不是“全或无”式的。②可以总和。局部电位没有不应期，一次阈下刺激引起一个局部反应虽然不能引发动作电位，但多个阈下刺激引起的多个局部反应如果在时间上（多个刺激在同一部位连续给予）或空间上（多个刺激在相邻部位同时给予）叠加起来（分别称为时间总和或空间总和），就有可能导致膜去极化到阈电位，从而暴发动作电位。③电紧张扩布。局部电位不能像动作电位那样向远处传播，而只能以电紧张的方式影响附近膜的电位。电紧张扩布随扩布距离增加而衰减。

二、细胞的兴奋性及其周期性变化

体内不同组织具有不同的兴奋性；而且同一组织在不同生理和病理情况下，环境中离子成分（特别是钙离子）、酸碱度、温度的改变，以及存在着特殊毒物或药物等情况，都可以引起兴奋性的改变。但一个普遍存在于各种可兴奋细胞的现象是，在细胞接受一次刺激而出现兴奋的当时和以后的一个短时间内，它们的兴奋性将经历一系列有次序的变化，然后才恢复正常（图 2-12）。这一特性说明，在细胞或组织接受连续刺激时，有可能由于它们接受前一刺激而改变了对后来刺激的反应能力，因而是一个有重要功能意义的生理现象。

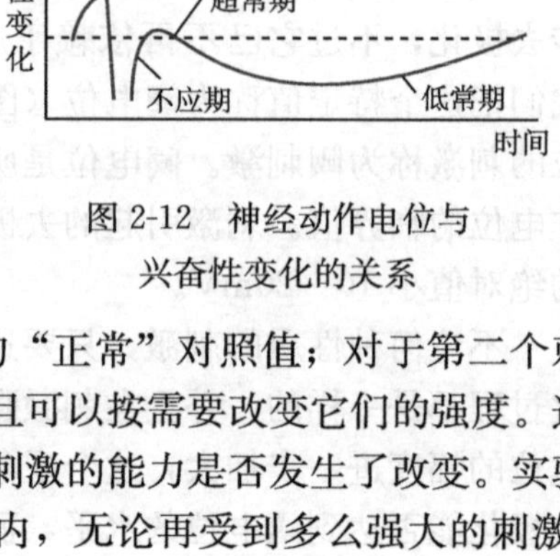

图 2-12　神经动作电位与兴奋性变化的关系

为了示证这一特性，可以让两个刺激连续作用于组织，这时让第一个刺激的强度相当于阈强度，以便使它能引起组织兴奋，并以此阈强度的值作为该组织兴奋性的“正常”对照值；对于第二个刺激，在实验中要能任意地选定它们和第一刺激的间隔，并且可以按需要改变它们的强度。这样，可以检查组织在第一个刺激后的不同时间内，接受新刺激的能力是否发生了改变。实验证明，在组织接受前面一个刺激而兴奋后一个较短的时间内，无论再受到多么强大的刺激，

都不能再产生兴奋，即在这一时期内出现的任何刺激均“无效”，这一段时期，称为绝对不应期。在绝对不应期之后，第二个刺激有可能引起新的兴奋，但使用的刺激强度必须大于该组织正常的阈强度，即必须使用阈上刺激，这个时期称为相对不应期。上述绝对不应期和相对不应期的存在，反映出组织在一次兴奋后所经历的兴奋性改变的主要过程，即在绝对不应期内，由于阈强度成为无限大，故此时的兴奋性可认为下降到零，主要是 Na^+ 通道失活产生的；在相对不应期内，兴奋性逐渐恢复，但仍低于正常值，此时需使用超过对照阈强度的刺激强度才能引起组织的兴奋，此时一部分失活的 Na^+ 通道开始恢复，一部分 Na^+ 通道仍处于失活状态。到相对不应期结束时，兴奋性才逐渐恢复到正常。用更精密的实验发现，在相对不应期内之后，组织还经历了一段兴奋性先是轻度增高，继而又低于正常的时期，分别称为超常期和低常期，这是因为在锋电位下降支最后恢复到静息电位水平以前，膜两侧电位还要经历一些微小而较缓慢的波动，称为后电位，一般是先有一段持续 5～30ms 的负后电位，再出现一段延续更长的正后电位。确切地说，负后电位应称为去极化后电位，而正后电位应称为超极化后电位。正后电位是由于泵出的 Na^+ 量有可能明显超过泵入的 K^+ 量，使膜内负电荷相对增多，膜两侧电位向超极化的方向变化，这时的钠泵称为生电性钠泵。至于负后电位，则一般认为是在复极时迅速外流的 K^+ 蓄积在膜外侧附近，因而暂时阻碍了 K^+ 外流的结果。以上各期的长短，在不同细胞可以有很大差异；一般绝对不应期较短，相当于或略短于前一刺激在该细胞引起的动作电位主要部分的持续时间，如它在神经纤维或骨骼肌只有 0.5～2.0ms，在心肌细胞可达 200～400ms；其他各期的长短变化较大，易受代谢和温度等因素的影响。在神经纤维，相对不应期约持续数毫秒，超常期和低常期可达 30～50ms。

组织在每次兴奋后都要发生一系列兴奋性的改变，如果在这期间组织受到新的刺激，它的反应能力将异于“正常”。既然绝对不应期的持续时间相当于前次刺激所引起的动作电位主要部分的持续时间，那么在已有动作电位存在的时期就不可能产生新的兴奋或动作电位，亦即细胞即便受到连续的快速刺激，也不会出现两次动作电位在同一部位重合的现象；由于同样的理由，不论细胞受到频率多么高的连续刺激，它在这一细胞所能引起的兴奋或动作电位的次数，总不会超过某一个最大值；因为落于前一刺激所产生的绝对不应期内的后续刺激将“无效”，因此这个最大值理论上不可能超过该细胞和组织的绝对不应期的倒数。例如，蛙的有髓神经纤维的绝对不应期或动作电位的持续时间约为 2ms，那么此纤维每秒内所能产生的动作电位的次数不可能超过 500；实际上神经纤维在体内自然情况下所能产生和传导的神经冲动的频率，远远低于它们理论上可能达到的最大值。

因此，动作电位是一种快速、可逆的电变化，产生动作电位的细胞膜将经历一系列兴奋性的变化：绝对不应期→相对不应期→超常期→低常期，它们与动作电位各时期的对应关系是：锋电位——绝对不应期；负后电位——相对不应期和超常期；正后电位——低常期。在峰电位下降支最后恢复到静息电位以前，膜两侧电位还有缓慢的波动，称为后电位，一般是先有负后电位，再有正后电位。动作电位期间 Na^+、K^+ 的跨膜转运是通过通道蛋白进行的，通道有开放、关闭、备用三种状态，由当时的膜电位决定，故这种离子通道称为电压门控的离子通道，而形成静息电位的 K^+ 通道是非门控的离子通道。当膜的某一离子通道处于失活（关闭）状态时，膜对该离子的通透性为零，同时膜电导就为零（电导与通透性一致），而且不会受刺激而开放，只有通道恢复到备用状态时才可以在特定刺激作用下开放。

三、动作电位的引起和兴奋在同一细胞上的传导

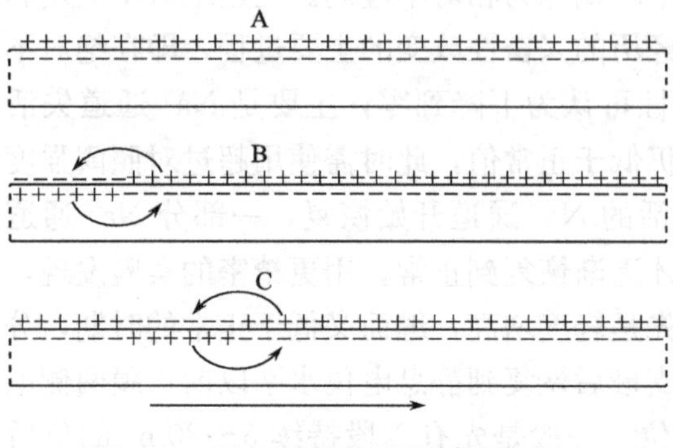

图 2-13　神经纤维传导机制的模式图

A. 静息时 B. 发生兴奋后 C. 传导过程中

弯箭头表示膜内外局部电流的流动方向，下方直箭头表示冲动传导方向

可兴奋细胞的特征之一是它任何一处的膜产生的动作电位都可沿着细胞膜向周围传播，使整个细胞的膜都经历一次类似于被刺激部位的离子电导的改变，表现为动作电位沿整个细胞膜的传导。传导的机制实际已包含在兴奋膜的上述特性之中。设想一条枪乌贼的无髓神经纤维的某一小段，因受到足够强的外加刺激而出现了动作电位（图 2-13，B左端），即该处出现了膜两侧电位的暂时性倒转，由静息时的外正内负变为外负内正，但和该段神经相邻接的神经段仍处于安静时的极化状态。由于膜两侧的溶液都是导电的，于是在已兴奋的神经段和与它相邻的未兴奋的神经段之间，将由于电位差的存在而有电荷移动，称为局部电流。它的运动方向是：膜外有正电荷由未兴奋段移向已兴奋段，膜内有正电荷由已兴奋段移向未兴奋段。这样流动的结果造成未兴奋段膜内电位升高而膜外电位降低，即引起该处膜的去极化；这一过程开始时，就相当于电紧张性扩布。根据上述关于兴奋产生机制的分析，当任何原因使膜的去极化达到阈电位的水平时，都会大量激活该处的 Na^+ 通道而导致动作电位的出现。因此，当局部电流的出现使邻接的未兴奋的膜去极化到阈电位时，也会使该段出现它自己的动作电位。所谓动作电位的传导，实际是已兴奋的膜部分通过局部电流“刺激”了未兴奋的膜部分，使之出现动作电位。这样的过程在膜表面连续进行下去，就表现为兴奋在整个细胞的传导。由于锋电位产生期间电位变化的幅度和陡度相当大，导致在单一细胞局部电流的强度超过了引起邻近膜兴奋所必需的阈强度数倍以上，因此以局部电流为基础的传导过程是相当“安全”的，即一般不易因某处动作电位不足以使邻接的膜产生兴奋而导致传导“阻滞”，这一点与一般化学性突触处的兴奋传递有明显的差别。

兴奋传导机制虽然以无髓神经纤维为例，但在其他可兴奋细胞（如骨骼肌细胞）的兴奋传导，基本上遵循同样的机制。有髓神经纤维在轴突外面包有一层相当厚的髓鞘，髓鞘主要成分的脂质是不导电或不允许带电离子通过的，因此只有在髓鞘暂时中断的朗飞氏结处，轴突膜才能和细胞外液接触，使跨膜离子移动得以进行。因此，当有髓纤维受到外加刺激时，动作电位只能在邻近刺激点的朗飞氏结处产生，而局部电流也只能发生在相邻的朗飞氏结之间，其外电路要通过髓鞘外面的组织间液，因此，动作电位表现为跨过每一段髓鞘而在相邻朗飞氏结处相继出现，这称为兴奋的跳跃式传导（图 2-14）。

跳跃式传导时的兴奋传导速度显然比上述无髓神经纤维或一般细胞的传导速度快得多；而且在跳跃式传导时，单位长度内每传导一次兴奋所涉及的跨膜离子运动的总数要少得多，因此它还是一种“节能”的传导方式。看来，神经髓鞘的出现是进化过程中既能增加神经纤维传导速度、又能减少生物能量消耗的一种方式。无脊椎动物没有有髓神经纤维，而无髓神经纤维增加传导速度的一个可能途径是增大轴突的直径，因为这样可以减少膜内液体的电阻而增加局部电流的强度，使动作电位的传导速度加快；这大概就是需要进行快速神经反应的

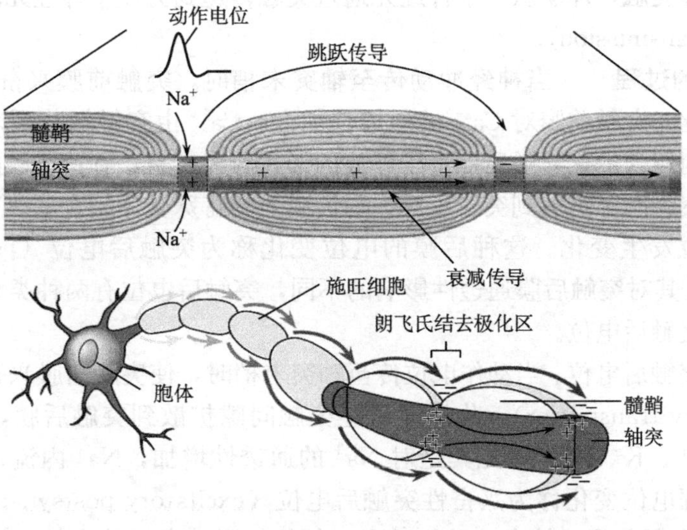

图 2-14　有髓神经纤维的跳跃式传导

枪乌贼在进化中出现巨大的无髓神经纤维的道理所在。某些无脊椎动物的神经纤维也可以以一种特殊的方式进行跳跃式传导。

如果一条神经纤维在它的中间部受到刺激，将会有动作电位由中间向神经纤维两端传送，这是由于局部电流可以出现在原兴奋段两侧之故。由此可以理解，兴奋在同一细胞上的传导并不限于朝向某一方向；体内神经纤维所以有传入和传出之分，只是由于在整体的自然条件下，传入神经纤维只能在它们和感受器相连接的外周端被刺激，而传出神经纤维只能在它们的细胞体产生冲动而传向外周，并非是由于这些神经纤维本身只能单方向传导兴奋的缘故。以动作电位为兴奋出现的指标，可以测定兴奋在各种细胞的传导速度。例如，人体一些较粗的有髓神经纤维的传导速度，最快可达每秒 100m 以上，而一些细胞的无髓神经纤维每秒传导距离还不到 1m；构成心脏内部传导系统的浦肯野细胞，每秒传导速度 4～5m，是心肌细胞中传导速度最快的细胞。

第四节　兴奋在细胞间的传递

机体作为一个整体，其生命活动不可能只靠一个细胞来完成，因此，每一个细胞活动（兴奋）的信息必须传递给相关的细胞。然而细胞之间在结构上没有原生质的直接连续，只是彼此发生接触，因此细胞之间必然按一定的方式建立起一定形式的联系以完成信息（兴奋）的传递。兴奋在神经元之间的传递靠突触；在神经元和效应器之间的传递靠接头；有些器官的细胞，如心肌细胞、平滑肌细胞、大脑皮层感觉区形状细胞、小脑皮层蓝状细胞、视网膜的水平细胞和双极细胞、嗅球的僧帽细胞等则靠缝隙联结传递信息。

一、化学突触

（一）经典突触传递的方式

经典突触是指一个神经元的轴突末梢与另一个神经元的胞体或突起相接触的部位。经典突触又称为化学性突触，冲动从一个神经元通过突触传递到另一个神经元的过程，称为突触传递（synaptic transmission）。

1. 突触传递的过程 当神经冲动传至轴突末梢时，突触前膜兴奋，暴发动作电位，发生离子转移。此时突触前膜对 Ca^{2+} 的通透性加大，Ca^{2+} 由突触间隙顺浓度梯度进入突触小体，然后小泡内所含的化学递质以量子释放的形式释放出来，到达突触间隙。化学递质释放出来后，通过突触间隙扩散到突触后膜，与后膜上的特殊受体结合，改变后膜对离子的通透性，使后膜电位发生变化。这种后膜的电位变化称为突触后电位（postsynaptic potential）。由于递质及其对突触后膜通透性影响的不同，突触后电位有两种类型，即兴奋性突触后电位和抑制性突触后电位。

（1）兴奋性突触后电位。当动作电位传至轴突末梢时，使突触前膜兴奋，释放兴奋性化学递质（excitatory transmitter），化学递质经突触间隙扩散到突触后膜，与后膜的受体结合，使后膜对 Na^+、K^+、Cl^-，尤其是对 Na^+ 的通透性增加，Na^+ 内流，使后膜出现局部去极化，这种局部电位变化称为兴奋性突触后电位（excitatory postsynaptic potential，EPSP）。EPSP 能以电紧张形式扩布，并能总和。例如，同一突触前末梢连续传来多个动作电位（时间总和），或多个突触前末梢同时传来一排动作电位（空间总和）时，则兴奋性突触后电位就可叠加起来，使电位幅度加大，当达到阈电位时，即膜电位大约由 −70mV 去极化达 −52mV 左右时，便引起突触后神经元的轴突始段首先暴发动作电位，产生可扩布的动作电位，并沿轴突传递，传至整个突触后神经元，表现为突触后神经元的兴奋，此过程称为兴奋性突触传递。

（2）抑制性突触后电位。当抑制性中间神经元兴奋时，其末梢释放抑制性化学递质（inhibitory transmitter），化学递质扩散到后膜与其上的受体结合，使后膜对 K^+、Cl^-，尤其是对 Cl^- 的通透性升高，K^+ 外流、Cl^- 内流，使后膜两侧的极化加深，即呈现超极化现象，此超极化电位称为抑制性突触后电位（inhibitory postsynaptic potential，IPSP）。该电位也可以总和，最终使突触后神经元对其他刺激的兴奋性降低或表现为突触后神经元的抑制，此过程称为抑制性突触传递。

2. 化学性突触的传递 化学性突触的传递可概括为：突触前神经元末梢兴奋→释放兴奋性递质→兴奋性突触后电位（突触后膜去极化）→突触后神经元兴奋；突触前神经元末梢兴奋→释放抑制性递质→抑制性突触后电位（突触后膜超极化）→突触后神经元抑制。

由于一个神经元的树突或胞体可和多个神经元的轴突末梢构成突触，因此，它必然同时受到多个突触前神经元的影响。如果兴奋性影响大于抑制性影响，则呈现兴奋；反之则呈现抑制。在突触传递过程中，递质发生效应后迅速失活而停止作用，即被酶所破坏（如乙酰胆碱被胆碱酯酶破坏，去甲肾上腺素被儿茶酚胺氧位甲基转移酶和单胺氧化酶所破坏）或者被移走（如去甲肾上腺素大部分被突触前膜所摄取）。因此，一次冲动只引起一次递质释放，产生一次突触后电位的变化，呈现 1∶1 的关系。

（二）接头的传递方式

在神经生理章节中提到神经系统可以对外界的刺激产生信号——神经冲动，并能传导到肌肉，引起肌肉产生舒缩，完成各种动作。这种信号从神经到肌肉需经过一种特殊的结构来完成，这种特殊的结构就是神经肌肉接头。它类似于神经细胞间传递兴奋的化学突触，可以把神经纤维传来的动作电位通过化学物质——神经递质传递给肌肉细胞，再转化为动作电位沿肌细胞向下传递，是一种可把电能转化为化学能再转化为电能的装置。

1. 神经-肌肉接头　神经-肌肉接头也称为运动终板（motor endplate），是神经纤维末梢与肌肉纤维的连接部位。由神经中枢发出的信号经运动神经元的纤维末梢支配所连接的肌肉收缩，这种活动是通过运动单位进行的。一般把一个运动神经元及其所支配的全部肌纤维组成的功能单位称为一个运动单位（图 2-15A）。从神经-肌肉接头的超显微结构（图 2-15B、C）来看，运动神经纤维到达神经末梢处先失去髓鞘，裸露的神经纤维末梢嵌入到肌细胞膜的凹陷中，这部分神经纤维末梢也称为接头前膜。接头前膜与肌细胞膜并不是直接接触，而是被充满了细胞外液、宽约 50nm 的间隙隔开，这种间隙称为接头间隙。肌细胞所接触部位是一个特化结构，称为接头后膜，又称为终板膜。在接头前膜内除线粒体外，还含有许多囊泡，内含大量的乙酰胆碱（acetylcholine，ACh）。据测定，一个运动神经元的末梢大约含有 30 万个囊泡，每个囊泡中储存 5000～10 000 个 ACh 分子。接头后膜厚并有许多小凹褶，褶上有高密度的 ACh 受体，每平方微米 1000 个，即 N_2 型乙酰胆碱受体阳离子通道分布于凹褶的开口处，能与乙酰胆碱结合。另外，在接头后膜的表面还分布有乙酰胆碱酯酶，它可将 ACh 分解为胆碱和乙酸。

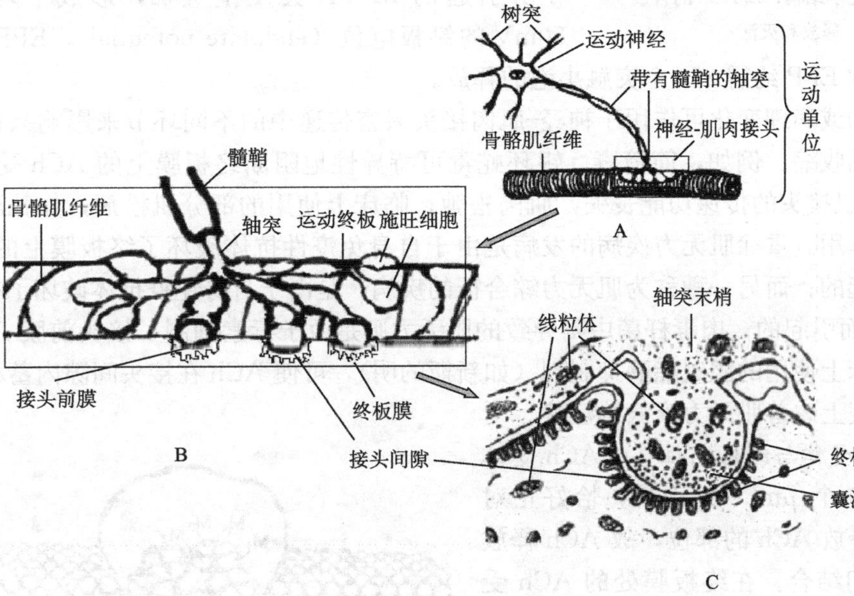

图 2-15　神经-肌肉接头处的超微结构示意图

2. 神经-肌肉接头的兴奋传递

1）*ACh 的合成与储存*　ACh 包含一个乙酸分子和胆碱分子（图 2-16A），是在神经末梢中由乙酰辅酶 A 和胆碱在胆碱乙酰化酶的作用下合成的。乙酰辅酶 A 主要来自神经末梢内的线粒体；胆碱则是由细胞外借助于膜上的特殊载体转运到神经末梢内的，其中 50% 来自释放到突触间隙中的 ACh 水解产物。合成的及摄取回来的 ACh 均以小泡形式包装储存，以备释放。

2）*ACh 的释放*　接头前膜释放 ACh 呈现量子释放的方式（图 2-16B）。一个突触小泡中所含的 ACh，即一“小泡”ACh，称为 ACh 的一个量子。在静息状态下，接头前膜也会发生 1～3 次/s ACh 量子的自发释放，并引起终板膜电位的变化。这种由一个 ACh 量子

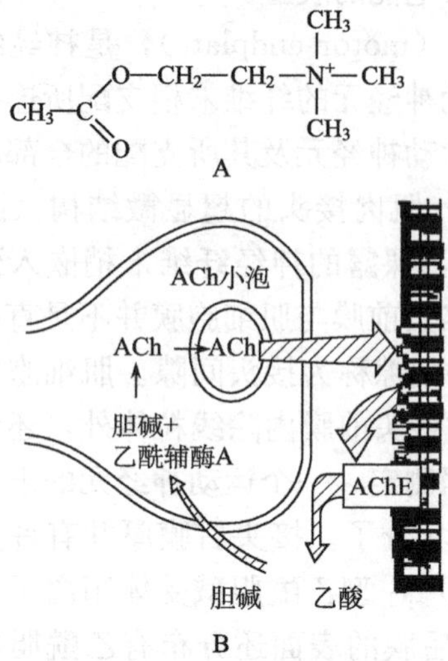

图 2-16　ACh 的递质化学
A. ACh 的化学结构；B. ACh 的合成、释放和灭活

引起的终板膜电位称为微终板电位（miniature endplate potential，MEPP），每个 MEPP 的幅度平均仅有 0.4mV。当接头前膜产生动作电位时，接头前膜的电压门控 Ca^{2+} 通道打开，因为胞外 Ca^{2+} 浓度约为 1.8mmol/L，比神经末梢内 Ca^{2+} 浓度（0.1mmol/L）高，因此大量 Ca^{2+} 由胞外进入，由于 Ca^{2+} 通道主要分布在活化区附近，Ca^{2+} 内流时使小泡周围的 Ca^{2+} 浓度突然大大增加。一次动作电位引起的 Ca^{2+} 内流，可导致 100～300 个突触小泡几乎同步地在突触前膜以胞吐形式将其中的 ACh 分子释放到接头间隙。如果降低胞外 Ca^{2+} 浓度或用 Mg^{2+} 阻断 Ca^{2+} 内流，动作电位并不能引起神经递质释放。由此说明，由动作电位诱发的 ACh 释放是 Ca^{2+} 依赖性的。

大量的突触小泡几乎同步释放 ACh，每个 ACh 量子所引起的 MEPP 会发生叠加，形成平均幅度约 50mV 的终板电位（endplate potential，EPP）。据计算，产生正常 EPP 约需 250 个突触小泡的释放。

许多药物或病理变化可作用于神经-肌肉接头兴奋传递中的不同环节来影响兴奋的正常传递和肌肉的收缩。例如，筒箭毒、银环蛇毒可特异性地阻断终板膜上的 ACh 受体通道，使神经-骨骼肌接头的传递功能丧失，肌肉松弛；临床上使用的部分肌松剂，如弛肌碘，也具有同样的作用。重症肌无力疾病的发病是由于自身免疫性抗体破坏了终板膜上的 ACh 受体通道而引起的；而另一种称为肌无力综合征的疾病，是由于自身免疫抗体破坏了神经末梢的 Ca^{2+} 通道而引起的；肉毒杆菌中毒导致的肌无力则是由于毒素抑制了接头前膜 ACh 释放的结果。临床上使用的胆碱酯酶抑制剂（如新斯的明），可使 ACh 在接头间隙内蓄积，从而能在一定程度上改善肌无力疾病的症状。

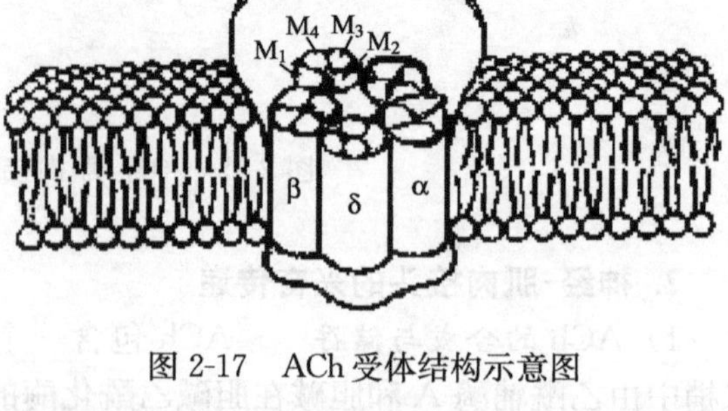

图 2-17　ACh 受体结构示意图

3）*ACh 受体与终板电位*　ACh 受体密集（10 000 个/μm^2）的部位，恰好正对着接头前膜释放 ACh 的部位，故 ACh 释放后很快与它们结合。在终板膜处的 ACh 受体是 N 型 ACh 受体（N-ACh-R），受体与通道在一个分子上，也称为 ACh 受体通道分子。其结构（图 2-17）是最早被研究，也是开始研究得较为清楚的。N-ACh 受体的相对分子质量很大，约 270 000，是由 5 个亚基组成的五聚体，每一个亚基都有 4 个跨膜疏水区的 α 螺旋，分别称为 M_1、M_2、M_3 和 M_4，5 个亚基中的 M_2 组成通道内壁。由于 M_2 带负电，故认为是通道选择阳离子的原因。两个 α 亚基上各有与 ACh 分子结合的位点，当两个 ACh 分子与受体分子上的两个 α 亚基结合后，受体通道分子的构象改变，通道打开，因此这种通道是化学门控离子通道。当通道打开时，Na^+ 和 K^+ 都能通过，甚至还可通过 Ca^{2+}，但不能通过阴离子，由于肌膜的静息电位是－90mV、Na^+ 平衡电位是＋55mV、K^+ 平衡电位是－100mV，实际上 Na^+ 内流远远超过

K^+外流，两者综合的结果是终板膜出现去极化。当神经末梢一次动作电位传来时，所释放的100～300个囊泡中的ACh分子可使相当多的ACh受体通道打开，Na^+内流引起的去极化电位约为＋60mV、持续1～2ms，即为终板电位。

4）ACh对通道作用的终止　由于多个小泡的ACh释放至接头间隙几乎是同步的，ACh的浓度突然升高，在与ACh受体结合后可引起大量的化学门控通道打开，出现快速的Na^+内流，故EPP升高很快。但接头间隙中的ACh也很快（0.2ms）被基膜中的大量胆碱酯酶破坏（也有少部分从接头间隙弥散至周围流走），ACh浓度下降，导致结合的ACh与受体分离，此时已被激活的通道关闭，引起EPP下降。

5）终板电位的特点及肌膜动作电位的引起　终板电位是一种局部去极化电位，可随ACh释放增多而幅度增高，是有等级性的（但在一般情况下显示不出来），不能传导，只能在局部电紧张性扩布，约在距终板膜2mm处基本消失。

由于在终板膜以外的肌膜上有电压门控Na^+通道和K^+通道分布（图2-18），当终板膜去极化时，终板膜与周围肌膜形成局部电流，导致周围肌膜去极化达到阈电位，肌膜产生动作电位。因为运动神经末梢的一次动作电位经神经-肌肉接头传递，可使终板膜的终板电位幅度达到＋60mV，故终板电位的安全系数很大，与周围肌膜形成的局部电流，使肌膜去极化达到阈电位的3～4倍，故神经末梢的每一次动作电位均能引起肌膜产生一次"完全"的动作电位。

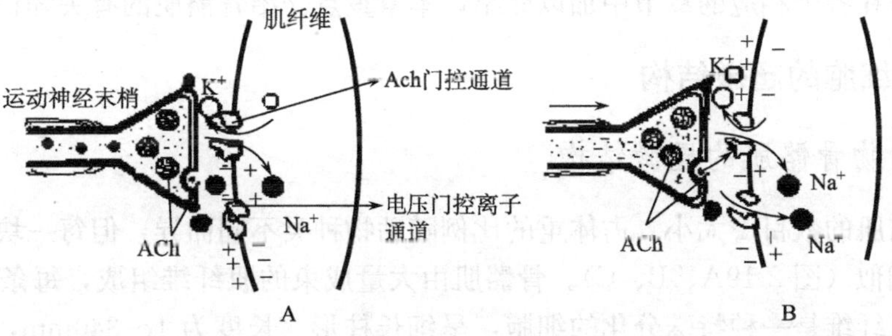

图2-18　肌纤维上的化学门控离子通道和电压门控离子通道

A. ACh门控通道开放引起Na^+内流和K^+外流产生EPP；B. MEPP扩布引起邻近电压门控离子通道开放产生动作电位

总之，当神经纤维传来的动作电位到达神经末梢时，造成接头前膜的去极化和膜上电压门控Ca^{2+}通道的瞬间开放，Ca^{2+}借助于膜两侧的电化学驱动力流入神经末梢内，神经末梢内Ca^{2+}浓度升高。Ca^{2+}可启动突触小泡的出胞机制，使其与接头前膜融合，并将突触小泡内的ACh释放到接头间隙中。ACh扩散至终板膜，与ACh受体阳离子通道结合并使它激活，导致Na^+和K^+的跨膜流动。因为在静息状态下，细胞对Na^+的内向驱动力远大于对K^+的外向驱动力，因而跨膜的Na^+内流远大于K^+外流，使终板膜发生去极化。这一去极化的电位即为终板电位。终板膜本身没有电压门控Na^+通道，因而不会产生动作电位，但是，具有局部反应特征的终板电位可通过电紧张电位刺激周围的肌膜产生动作电位，并扩布至整个肌细胞膜。终板电位产生是很短暂的，因为接头间隙内的ACh可迅速被终板膜上的胆碱酯酶分解。

二、电突触

电突触（electrical synapse）的突触前膜和突触后膜紧紧贴在一起形成缝隙连接，两层膜之间的间隙仅 20～30nm，电流经过此处很容易从一个细胞流到另一个细胞。其突触前神经元的轴突末梢内无突触小泡，也无神经递质。连接部位存在沟通两细胞胞浆的通道，带电离子可通过这些通道传递电信号，这种信号传递一般是双向的。因此这种连接部位的信息传递是一种电传递，与经典突触的化学递质传递完全不同。电突触的功能可能是促进不同神经元产生同步性放电，传递速度快，几乎不存在潜伏期。电突触可存在于树突与树突、胞体与胞体、轴突与胞体、轴突与树突之间。电突触的传递是通过电的作用，即突触前神经元的动作电位到达神经末梢时，通过局部电流的作用引起突触后膜发生动作电位，并以局部电流进行传播。

第五节　骨骼肌的收缩

动物肌肉根据形态学特点可分为横纹肌和平滑肌；根据神经支配可分为躯体神经支配的随意肌和植物性神经支配的非随意肌；根据肌肉的功能特性又可分为骨骼肌、心肌和平滑肌。心肌和平滑肌分别位于动物心脏、胃肠和血管等器官，受植物性神经的支配，维持心脏和其他器官的正常形状和功能，也称为非随意肌。骨骼肌大多附着在骨骼上，重量约占动物体重的 40%，受中枢神经和躯体运动神经的支配，因而也称为随意肌。它的收缩引起骨骼的运动，主要与动物适应外部环境有关。从显微结构上来看，骨骼肌和心肌都属于横纹肌。三种肌肉虽在结构、收缩和控制方面各有其特点，但收缩机制却基本一致。有关心肌和平滑肌的生理知识在各个相应的章节中加以介绍，本章重点介绍骨骼肌的有关知识。

一、骨骼肌细胞的超微结构

（一）动物骨骼肌的显微结构

动物骨骼肌的数目、大小、占体重的比例随动物种类不同而异，但每一块完整的骨骼肌结构却基本相似（图 2-19A、B、C）。骨骼肌由大量成束的肌纤维组成，每条肌纤维就是一个肌细胞。肌纤维是一种特殊分化的细胞，呈细长柱形，长度为 1～340mm，大多数为 1～40mm，平均为 20～30mm。肌纤维的直径因部位不同而不同，与动物种类、肌肉类型、训练状况、成熟程度和纤维类型密切相关。不同动物的肌纤维直径从大到小排列为：鱼＞两栖类＞爬行类＞哺乳动物＞鸟类。在同一种动物，短而粗的肌纤维一般比长而细的肌纤维收缩力大。

肌纤维外有细胞膜（图 2-19D），也称肌膜，内有细胞质、细胞器及肌原纤维。骨骼肌细胞为多核细胞，平均每个细胞含 100～200 个细胞核。肌细胞的细胞质在成分上和功能上与其他细胞类似，但肌红蛋白却为快肌细胞所特有。此外，细胞内糖酵解酶的含量与别的细胞也有所不同。快肌细胞在进行生理活动的过程中，需要消耗大量氧来进行有氧代谢生成能量，这些氧需肌红蛋白供给。肌肉中所含肌红蛋白的量决定肌肉的颜色，与动物活动时对氧需求量有关。潜水哺乳动物（如鲸、海豹和海豚）的肌肉由于含有大量肌红蛋白而呈棕红色，肌红蛋白储存的氧可以使这些动物长时间潜在水下。骨骼肌细胞在结构上最突出的特点是含有大量高度有序排列的肌原纤维和肌管系统，作为肌肉生理活动的结构基础。

1. 肌原纤维　　每个肌细胞内含有上千条沿细胞长轴走行的肌原纤维，图 2-19D 为骨骼肌显微结构示意图。每条肌原纤维沿长轴呈现规律的明、暗交替分布，分别称为明带和暗带。细胞内每条肌原纤维的明带和暗带在横向上都位于相同水平，因而整个肌细胞也呈现

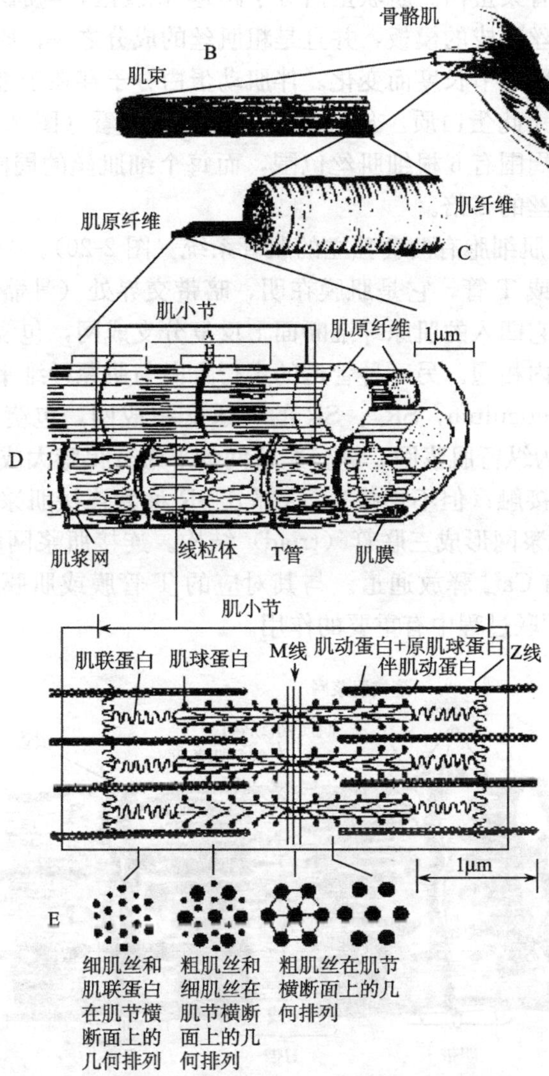

图 2-19　骨骼肌的显微和超微结构示意图

明、暗交替的横纹。暗带的中央有一段相对较亮的区域，称为 H 带；H 带的中央，即暗带的中央，有一条横向的线，称为 M 线；明带中央也有一条线，称为 Z 线或 Z 盘。两个相邻 Z 线之间的区域称为一个肌小节，是肌肉收缩和舒张的基本单位，它包含一个中间部分的暗带和两侧各 1/2 明带。其长度往往随明带长度的变化而变化，骨骼肌安静时肌小节的长度为 2.0～2.2μm。肌原纤维之所以出现明带和暗带，是由于肌小节中含有两套不同的肌丝。暗带中主要含有直径较大的粗肌丝，直径 14～16nm，长度约 1.6μm，与暗带的长度相同，中间有细胞骨架蛋白形成的 M 线将它们固定；明带主要含有直径 6～8nm 的细肌丝，每条细肌丝的长度为 1.0μm，一端锚定在 Z 线的骨架结构中，另一端可插入暗带的粗肌丝之间。所以暗带中除了粗肌丝之外，也含有细肌丝，M 线两侧没有细肌丝插入的部分则形成 H 带。肌小节中除了肌丝之外，还有维持粗、细肌丝精确几何位置和作为收缩蛋白附着点的细胞骨架，M 线区和 Z 线都是横向的细胞骨架，能维持粗、细肌丝的空间排列；肌联蛋白和伴肌动蛋白是两个主要的纵向骨架蛋白。肌联蛋白分子跨越M线区，与肌小节两侧的Z线相连，分子的中间部分作为粗肌丝形成的模板，并且是粗肌丝的成分之一；肌联蛋白位于明带中的部分富有弹性，其长度随肌小节长度而变化。伴肌动蛋白分子存在于细肌丝中，作为细肌丝形成的模板；心肌细胞中无此蛋白质。从肌小节的横断面来看（图 2-19E），在粗、细肌丝的重叠区，每个粗肌丝的周围有6根细肌丝包围，而每个细肌丝的周围有3根粗肌丝包围，因此细肌丝的数量是粗肌丝的2倍。

2. 肌管系统 横纹肌细胞有两套独立的肌管系统（图 2-20）。一种管道的走行方向与肌原纤维垂直，称为横管或T管，它是肌膜在明、暗带交界处（骨骼肌）或Z线附近（心肌）向内凹陷形成的。在它凹入的肌原纤维断面上反复分支成网，包绕每条肌原纤维，细胞外液经肌膜上的开口与管内相通。另一种管道的走行方向与肌原纤维平行，称为纵管，也就是肌浆网（sarcoplasmic reticulum，SR）。SR的管道交织成网，包绕在肌原纤维周围。在肌原纤维周围的SR也称为纵行肌浆网。纵行肌浆网的末端变得膨大或呈扁平形状，与T管膜或肌膜（见于心肌）相接触（但不连接），这部分SR称为连接肌浆网。在骨骼肌，80％的T管与其两侧的连接肌浆网形成三联管（triad）结构。连接肌浆网内的 Ca^{2+} 浓度约比胞浆内的高1000倍，膜上有 Ca^{2+} 释放通道。与其对应的T管膜或肌膜上有L型 Ca^{2+} 通道。三联管结构在兴奋-收缩耦联过程中有重要的作用。

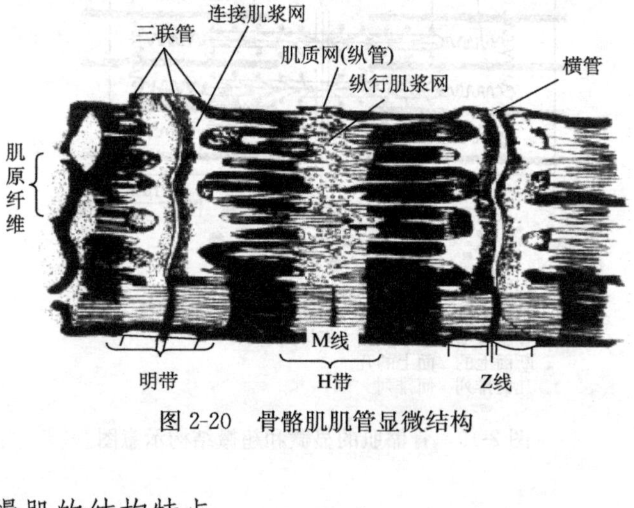

图 2-20 骨骼肌肌管显微结构

（二）快肌和慢肌的结构特点

骨骼肌根据功能不同可分为快肌纤维和慢肌纤维，它们在形态结构和神经支配上存在差异。快肌相对较粗短，肌原纤维排列整齐，明暗带清晰，Z线呈直线型，微管系统广泛存在，肌纤维中不含肌红蛋白，颜色浅，因此也称白肌，白肌中的肌糖原和乳酸脱氢酶含量高，适于糖原酵解代谢，所以快肌适于快速收缩，但容易疲劳。慢肌的肌原纤维束大小不一致，Z线呈锯齿状，微管系统不发达，慢肌中肌红蛋白含量高，肌红蛋白能结合氧，颜色鲜红，因此又称为红肌，红肌内磷酸化酶、细胞色素氧化酶、琥珀酸脱氢酶含量高，能够进行糖原有氧代谢，因而慢肌适于持久、缓慢的运动，不易疲劳。快肌、慢肌在不同动物中分布不同（表 2-1）。慢肌的作用在于维持机体正常姿势，即在动物没有运动时，它们能够产生足够的张力以使肌肉保持在一个特殊的位置上。动物机体的肌肉绝大多数是由快肌和慢肌混合组成，只有少数肌肉完全（或主要）由快肌纤维或慢肌纤维组成。

表 2-1 不同动物中快肌和慢肌分布举例

动物	快肌	慢肌
两栖类	缝匠肌	腹直肌
鸟类	后背阔约肌	前背阔约肌
哺乳类	趾长伸肌	比目鱼肌

快肌和慢肌的形成与其神经支配有关，而且可以相互转化。支配快肌的神经纤维粗、传导速度快、每个肌纤维上只有一个运动终板，神经末梢含突触小泡多，快肌纤维都可产生动作电位。支配慢肌的神经纤维较细、传导速度慢。初生动物，四肢肌肉收缩的速度都很缓慢，出生 3～6 周后，收缩速度普遍增加，以后发育过程中，快肌的速度继续增加，而慢肌不再增加，因而在个体发育中出现了快肌和慢肌的差别。在成年动物中进行神经移植，可以使快肌转化为慢肌，慢肌转化为快肌。目前认为，神经冲动的发放形式可影响到肌纤维的性质，运动神经元持续不断地发放冲动，促使肌纤维长时间处于紧张性收缩状态，因而形成慢肌的特点。运动神经元快速发放脉冲式冲动引起肌纤维快速收缩形成了快肌的结构和功能。另外，神经元可能释放某些营养物质参与纤维结构的形成。

二、骨骼肌细胞的收缩和兴奋-收缩耦联

（一）肌丝滑行理论的提出

19 世纪 50 年代初，Huxley 等根据骨骼肌微细结构的形态学特点以及它们在肌肉收缩时长度的变化提出肌肉收缩机制——肌丝滑行理论（myofilament sliding theory）。其主要内容是：骨骼肌的肌原纤维是由粗、细两组与其走向平行的蛋白丝构成，肌肉的伸长或缩短均通过粗、细肌丝在肌小节内的相互滑动而发生，即由 Z 线发出的细肌丝向暗带中央移动，结果相邻的 Z 线都相互靠近，肌小节长度变短，造成整个肌原纤维、肌细胞乃至整条肌肉长度缩短，但在肌细胞内并无肌丝或它们所含的蛋白质分子结构缩短（图 2-21）。这一理论最直接的证据是，肌肉收缩时暗带长度不变，只有明带长度缩短，同时看到 H 带相应变窄，这说明细肌丝在肌肉收缩时没有缩短，只是它们向暗带中央移动，与粗肌丝发生了更大程度的重叠。这个理论自提出以后，已累积了大量的实验证据，而且随着生物化学和细胞生物学技术的发展，肌丝滑行的机制将得到进一步阐明。

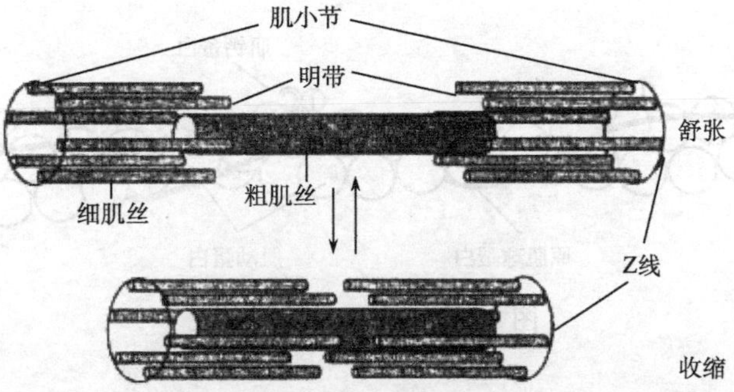

图 2-21 肌丝滑行学说图解

肌肉收缩时，细肌丝向粗肌丝滑动，明带变窄，肌小节缩短

（二）肌丝滑行的分子结构基础

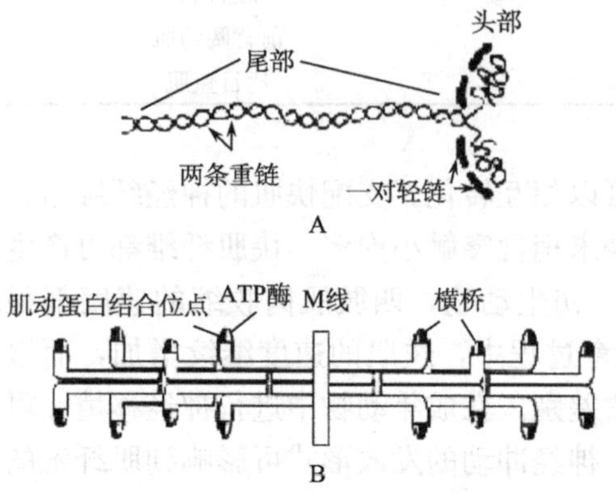

图 2-22　粗肌丝的分子组成
A：肌球蛋白分子组成的肽链；B：粗肌丝头部和尾部有序排列

粗肌丝主要由肌球蛋白分子构成（图 2-22）。每个肌球蛋白分子呈杆状，杆的一端有两个球形的头部，形似豆芽。它由 6 条肽链构成，包括一对重链和两对轻链。肌球蛋白的杆状部分由两条重链的尾部相互缠绕形成，头部由两条重链的末端分别结合两对轻链中的各一对构成。肌球蛋白分子在粗肌丝中呈独特的有规则排列。在粗肌丝中，肌球蛋白的杆部朝向 M 线平行排列，形成粗肌丝的主干，球形的头部连同与它相连的一小段称为“桥臂”的杆状部分，一起由肌丝向外伸出，形成横桥。每条粗肌丝上伸出的横桥有 300～400个。当肌肉安静时，横桥与主干的方向垂直，由粗肌丝表面突出约 6nm。横桥在粗肌丝表面的分布位置也是严格有序的，每个横桥都能分别同环绕它们的 6 条细肌丝相对，有利于它们之间相互作用。一方面，横桥在一定条件下可以和细肌丝上的肌动蛋白可逆性结合，出现横桥向 M 线方向的扭动；另一方面，横桥具有 ATP 酶的活性，可以分解 ATP 获得能量，作为横桥扭动和做功的能量来源。

细肌丝至少由 3 种蛋白质构成（图 2-23），即肌动蛋白、原肌球蛋白和肌钙蛋白，它们在细肌丝中的比例为 7∶1∶1。肌动蛋白是球形分子，它在肌丝中聚合成两条链并相互缠绕形成螺旋，构成细肌丝的主干，与肌丝滑行有直接关系，故和肌球蛋白一同被称为收缩蛋白。原肌球蛋白和肌钙蛋白不直接参与肌丝间的相互作用，但可影响和控制收缩蛋白间的相互作用。原肌球蛋白呈长杆状，也是由两条肽链形成的双螺旋分子，其长度相当于约 7 个肌动蛋白单体。在细肌丝中，原肌球蛋白分子首尾相连，走行于肌动蛋白双螺旋的浅沟附近，能阻止肌动蛋白分子与横桥头部结合，在肌肉收缩过程中起调节作用。肌钙蛋白由 3 个亚单位组成。3 个亚单位为肌钙蛋白 T（TnT）、肌钙蛋白 I（TnI）和肌钙蛋白 C（TnC）。肌钙蛋白 T 是与原肌球蛋白结合的亚单位；肌钙蛋白 I 是与肌动蛋白结合的亚单位；肌钙蛋白 C 是结合 Ca^{2+} 的亚单位，每个肌钙蛋白 C 可结合 4 个 Ca^{2+}，并在结合 Ca^{2+} 后启动收缩过程。

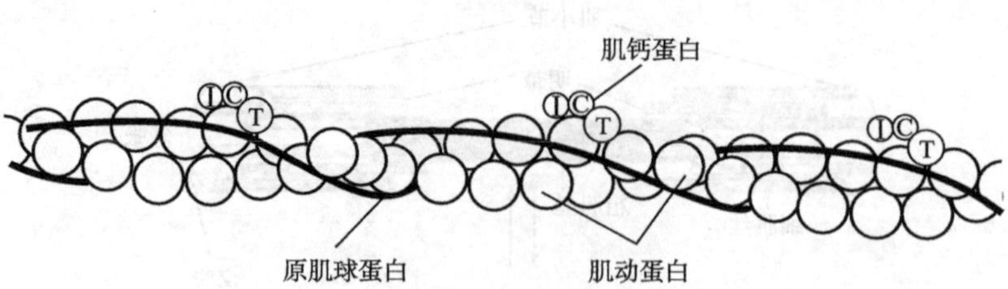

图 2-23　细肌丝的分子组成

（三）肌肉收缩过程

肌肉收缩的基本过程是在肌动蛋白与肌球蛋白的相互作用下将分解 ATP 释放的化学能

转变为机械能的过程，能量转换发生在肌球蛋白头部与肌动蛋白之间。其主要过程包括以下几个步骤（图 2-24）。①横桥头部具有 ATP 酶活性，在肌肉处于舒张状态时，横桥结合的 ATP 被分解，分解产生的 ADP 和无机磷酸仍留在头部；此时，横桥处于高势能状态，其方位与细肌丝垂直，并对细肌丝中的肌动蛋白有高度亲和力，但并不能与肌动蛋白结合，因为细肌丝上肌钙蛋白与原肌球蛋白的复合物掩盖了肌动蛋白的活化位点。②当胞浆内 Ca^{2+} 浓度升高时，肌钙蛋白与 Ca^{2+} 结合并发生构象变化，这种变构导致 TnI 与肌动蛋白的结合减弱，使原肌球蛋白向肌动蛋白双螺旋沟槽的深部移动，从而暴露肌动蛋白的活化位点，使肌球蛋白的头部与肌动蛋白结合。③肌动蛋白与横桥头部的结合造成横桥头部构象的改变，使头部向桥臂方向摆动 45°，并拖动细肌丝向 M 线方向滑动，从而将横桥头部储存的能量（来自 ATP 的分解）转变为克服负荷的张力并使肌小节缩短，在横桥头部发生变构和摆动的同时，ADP 和无机磷酸便与横桥分离。④在 ADP 解离的位点，横桥头部马上结合一个 ATP 分子，结合 ATP 后，横桥头部对肌动蛋白的亲和力明显降低，遂使它与肌动蛋白解离。横桥头部与肌动蛋白解离后，便分解与之结合的 ATP 为 ADP 和无机磷酸，并恢复垂直于细肌丝的高势能状态。此时如果胞浆内 Ca^{2+} 浓度较高，便又可与下一个新的肌动蛋白活化位点结合，重复上述收缩过程。如果胞浆内 Ca^{2+} 浓度降低到静息水平，则肌钙蛋白 C 与 Ca^{2+} 解离，肌钙蛋白与原肌球蛋白复合物恢复原来的构象，竖起的横桥头部便不能与肌动蛋白上新的位点结合，肌肉进入舒张状态（步骤①）。上述横桥与肌动蛋白结合、摆动、复位、再结合的过程，称为横桥周期（cross-bridge cycling）。在横桥周期中，细肌丝不断向暗带中央

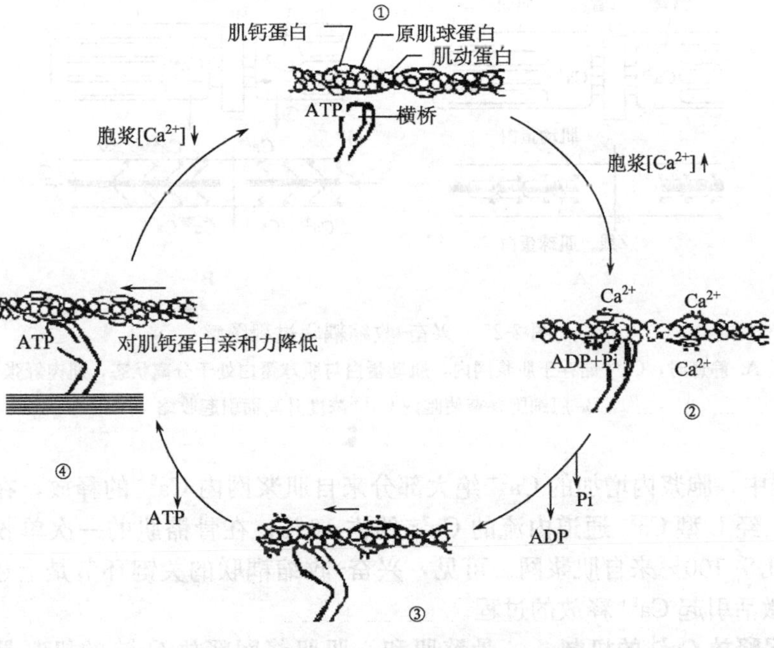

图 2-24 肌肉收缩过程及能量转换图解

①→②过程：ATP 水解为 ADP＋Pi，肌球蛋白获能，旋转，垂直于肌动蛋白纤维；在依赖 Ca^{2+} 的条件下，肌钙蛋白结合 Ca^{2+}，肌动蛋白发生旋转，暴露与肌球蛋白结合的位点。②→③过程：肌球蛋白头部结合于相邻的肌动蛋白纤维，肌动蛋白与横桥头部的结合造成横桥头部构象的改变，使头部向桥臂方向摆动 45°，并拖动细肌丝向 M 线方向滑动，同时 ADP 和无机磷酸便与之分离。③→④过程：肌球蛋白头部结合 ATP，减弱肌动蛋白与肌球蛋白的结合；④→①过程：胞浆 Ca^{2+} 浓度降低，减少与肌钙蛋白结合，肌动蛋白恢复静息状态时的构象，肌球蛋白与肌动蛋白分离

移动；如果肌肉的负荷受阻，则会产生张力。与横桥移动相伴随的是ATP的分解和化学能向机械能的转换，是肌肉收缩的能量来源。横桥周期在一个肌小节以至整个肌肉中都是非同步进行的，这样肌肉产生恒定的张力并持续缩短。参与循环的横桥数目和横桥周期的大小对肌肉收缩的效能（如收缩张力的大小、收缩速度和缩短长度等）起决定性作用。

（四）横纹肌的兴奋-收缩耦联

将电兴奋和机械收缩联系起来的中介过程，称为兴奋-收缩耦联（exciting-contraction coupling）。上述肌肉收缩的过程表明，胞浆内Ca^{2+}浓度升高和降低是引起肌肉收缩和舒张过程的关键，而胞浆内Ca^{2+}浓度的变化是一个涉及许多Ca^{2+}转运蛋白活动的复杂过程。

1. 兴奋-收缩耦联的基本过程　当一个动作电位引起肌细胞发生一次收缩时，其过程（图2-25）包括：①肌膜上的动作电位沿肌膜和肌膜延续形成的T管膜扩布至连接肌浆网，同时激活T管膜和肌膜上的L型Ca^{2+}通道；②L型Ca^{2+}通道的激活，通过变构作用（在骨骼肌）或内流的Ca^{2+}（在心肌）激活连接肌浆网膜上的Ca^{2+}释放通道，它的激活使连接肌浆网中的Ca^{2+}释放入胞浆，胞浆内的Ca^{2+}浓度由静息时0.1μmol/L的水平升高至1～10μmol/L；③胞浆内Ca^{2+}浓度的升高促使肌钙蛋白C与Ca^{2+}结合并引发肌肉收缩；④肌浆内Ca^{2+}浓度升高的同时，激活肌浆网膜上的钙泵，钙泵将胞浆中Ca^{2+}回收至肌浆网，使胞浆中Ca^{2+}的浓度降低，肌肉舒张。

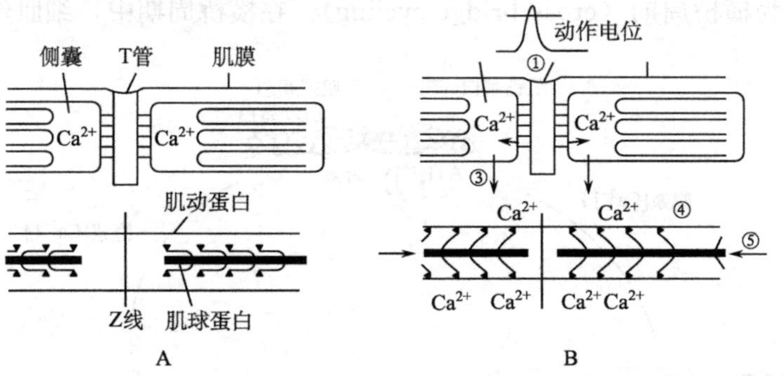

图2-25　兴奋-收缩耦联过程图解

A. 静息时，Ca^{2+}储存于肌浆网内，肌动蛋白与肌球蛋白处于分离状态，肌肉舒张；

B. 肌细胞兴奋使胞内Ca^{2+}浓度升高而引起收缩

上述过程中，胞浆内增加的Ca^{2+}绝大部分来自肌浆网内Ca^{2+}的释放，在心肌细胞中约占90%左右，经L型Ca^{2+}通道内流的Ca^{2+}约占10%；在骨骼肌的一次单收缩中，胞浆内增加的Ca^{2+}几乎100%来自肌浆网。可见，兴奋-收缩耦联的关键环节是上述步骤①，即L型Ca^{2+}通道激活引起Ca^{2+}释放的过程。

2. 肌浆网释放Ca^{2+}的机制　骨骼肌和心肌肌浆网释放Ca^{2+}的机制是不同的。在无Ca^{2+}溶液中，心肌动作电位不能引起肌浆网释放Ca^{2+}和心肌收缩，而骨骼肌则不受影响。这是因为心肌细胞的兴奋-收缩耦联过程高度依赖于细胞外Ca^{2+}。当去极化使L型Ca^{2+}通道激活时，内流的Ca^{2+}可激活连接肌浆网上的Ca^{2+}通道，并引起连接肌浆网内Ca^{2+}的释放。经L型Ca^{2+}通道内流的Ca^{2+}触发肌浆网释放Ca^{2+}的这一过程，称为钙触发钙释放。骨骼肌和心肌释放Ca^{2+}的机制不相同，主要是由于L型Ca^{2+}通道和ryanodine受体（ryanodine receptor，RYR）分子的特性不同所致。

RYR是一种对生物碱ryanodine有高亲和力的Ca^{2+}释放通道，只存在于肌浆网的连接肌浆网部分。RYR结构示意图（图2-26）显示，RYR分子是由4个亚单位构成的同源四聚体（M_1～M_4），每条肽链可分为C端（占肽链的1/10）和N端（占肽链9/10）两部分。C端4次跨膜，是形成孔道的部分；N端伸出在肌浆中，形成足结构，与T管膜或肌膜接触，可能具有传递信号的作用。RYR有3个亚型，分别称为RYR1、RYR2和RYR3；分布于骨骼肌的主要是RYR1，心肌是RYR2，RYR3主要分布于脑细胞。与RYR1相比，RYR2和RYR3对Ca^{2+}较敏感，μmol/L级的Ca^{2+}浓度便可将它们激活。

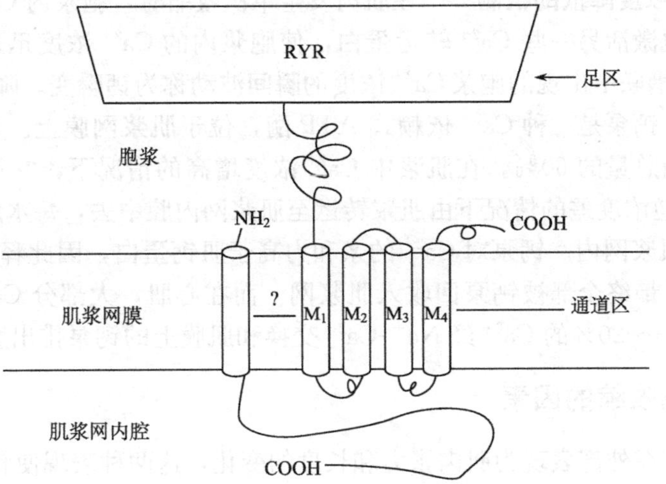

图2-26　RYR分子结构示意图

L型Ca^{2+}通道（图2-27）也称双氢吡啶受体（dihydropyridine receptor，DHPR），因其对双氢吡啶类Ca^{2+}通道阻断剂敏感而得名。由5个业单位组成，其中形成孔道的Q1亚单位的二维结构与电压门控Na^+通道非常相似。肽链中包括4个同源结构域（Ⅰ～Ⅳ），每个结构域中包含6个跨膜α螺旋（S_1～S_6）。由S_5和S_6之间细胞外环向内凹入形成孔道内壁；S_4是带正电的α螺旋，对膜电位变化敏感，与通道的激活有关。膜去极化时，DHPR分子中带正电的S_4发生移动。在心肌，S_4的移动迅速引发L型Ca^{2+}通道的开放和Ca^{2+}的跨膜内流，流入的Ca^{2+}对触发肌浆网释放Ca^{2+}是必需的；但在骨骼肌，从S_4段移动至Ca^{2+}通道完全开放需要长达几百毫秒的时间，以至在动作电位持续的几毫秒期间几乎没有Ca^{2+}内流。目前认为，在骨骼肌肌膜去极化时，S_4段移动所形成的电荷移动，直接触发了RYR1

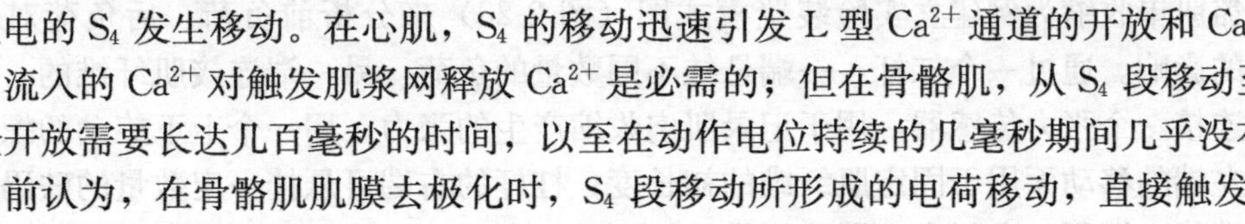

图2-27　L型Ca^{2+}通道分子结构示意图

的构象变化，使L型Ca^{2+}通道开放和Ca^{2+}释放。因此，DHPR在引起骨骼肌释放Ca^{2+}的过程中，是作为一个对电位变化敏感的信号转导分子，而不是作为离子通道来发挥作用的。

L型Ca^{2+}通道与RYR的比例在两种肌肉中相差很大。骨骼肌快肌T管膜上的L型Ca^{2+}通道与连接肌浆网膜上RYR之比多数为1∶1，这与骨骼肌L型Ca^{2+}通道分子通过变构作用触发RYR释放Ca^{2+}的机制是一致的。在心肌的连接肌浆网上，L型Ca^{2+}通道与RYR的比为1∶（7～10），很显然，一个L型Ca^{2+}通道只有通过内流的Ca^{2+}才能触发若干个RYR的活动。

3. 胞浆Ca^{2+}浓度降低的机制 在肌肉发生单次收缩时，胞浆内Ca^{2+}浓度升高引发肌肉收缩的同时，也激活另一些Ca^{2+}转运蛋白，使胞浆内的Ca^{2+}浓度迅速下降至静息水平。这种在兴奋-收缩耦联中出现的胞浆Ca^{2+}浓度的瞬间波动称为钙瞬变。降低Ca^{2+}浓度的转运蛋白主要是钙泵，钙泵是一种Ca^{2+}依赖式ATP酶，位于肌浆网膜上。目前已被分离提纯，它占肌浆网膜蛋白总量的60％。在肌浆中Ca^{2+}浓度增高的情况下，它可以分解ATP获得能量，将Ca^{2+}在逆浓度差的情况下由肌浆转运至肌浆网内腔中去，每水解1分子ATP可将2个Ca^{2+}转运至肌浆网内。钙泵对Ca^{2+}的亲和力高于肌钙蛋白，因此释放的Ca^{2+}在与肌钙蛋白短暂结合后，最终全部被钙泵回收入肌浆网。而在心肌，大部分Ca^{2+}被肌浆网上的钙泵回收，另外10％～20％的Ca^{2+}经Na^{+}-Ca^{2+}交换和肌膜上的钙泵排出胞外。

三、影响骨骼肌收缩的因素

骨骼肌的收缩在外部表现为肌肉张力和长度的变化，这两种表现使骨骼肌分别呈现两种收缩形式。在肌肉收缩活动过程中，往往既有张力的变化，也有长度的变化，究竟以哪一种变化为主，取决于肌肉收缩时遇到负荷的大小和肌肉自身的功能状态。

肌肉在收缩过程中可能遇到两种主要的负荷。一种负荷是在肌肉收缩前就加到肌肉上，称前负荷，如在一条一端固定的肌纤维的另一端悬挂一定质量的重物。在前负荷的作用下，肌纤维在收缩前就处于某种拉长状态，使它具有一定的长度，称为初长度；这样由于前负荷不同，同一肌肉将在不同的初长度下进行收缩。另一种负荷是肌肉收缩时才遇到的负荷或阻力，这时肌肉承受的负荷称为后负荷。它虽不增加肌肉的初长度，但能阻碍肌肉的收缩。

以骨骼肌单收缩为例建立实验装置模式图（图2-28）来分析前负荷、后负荷对骨骼肌收缩张力的影响。通过一个杠杆，一端悬挂不同数量的负荷，另一端连接肌纤维的一端，肌肉的下端连接一个张力传感器，用于记录肌肉收缩产生的张力。用一个上下旋动的螺钉通过限制杠杆左端的移动而用于固定肌纤维的初长度；杠杆的右端可悬挂一定数量的砝码，这时杠杆的左端将上翘到一定程度，即肌纤维被拉到某一初长度，该砝码的重量负荷相当于前负荷。把螺钉下移，让它刚好和杠杆接触，如果再增加砝码时，这些砝码不再改变肌肉的初长度，却能对抗肌肉的缩短，该增加的负荷就是一种后负荷。在这种情况下，给予肌肉适当的刺激使之收缩，通过张力传感器记录肌肉收缩的张力，肌肉的缩短可由杠杆右端上翘的距离算出，同时也可计算肌纤维收缩的速度。

（一）前负荷对肌肉收缩的影响

当将离体肌肉标本的后负荷固定，改变肌肉的前负荷（即不同的初长度）时，观察肌肉收缩所产生的张力，并以所产生的最大张力与初长度作图（图2-29），可以看出初长度与肌肉收缩时最大张力的关系。在一定的初长度范围内，随着肌肉初长度增加，肌肉收缩力也增

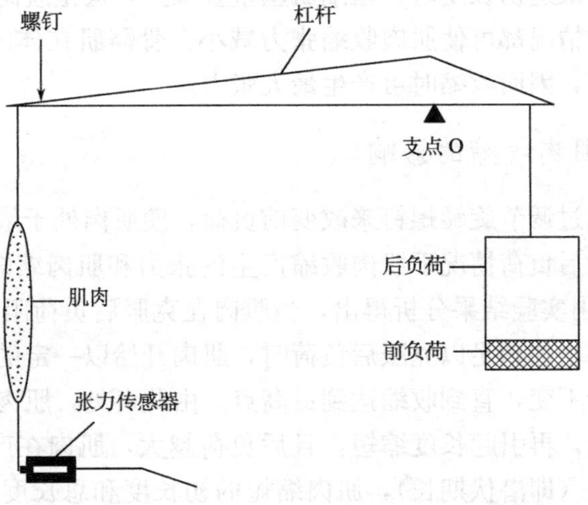

图 2-28 前、后负荷对骨骼肌纤维收缩张力的影响

加，当初长度为 2.0～2.2μm 时，肌肉收缩张力的效果最好，这一长度称为最适初长度或最适前负荷；小于或大于最适初长度，肌肉收缩力都会下降。这种现象可以根据肌肉被前负荷拉长时对每一肌小节中粗、细肌丝相互重合情况的改变来解释。前已述及，肌肉产生张力或缩短主要依靠粗肌丝表面的横桥和细肌丝之间的相互作用。肌肉的初长度决定每一个肌小节的长度，也决定细肌丝和粗肌丝相重合的程度，而这又决定肌肉收缩时有多少横桥可以与附近的细肌丝相互作用。理论上，粗肌丝的长度是 1.5μm，但由于在 M 线两侧各 0.1μm 的范围内没有横桥，因此在 M 线两侧有横桥的粗肌丝长度各为 0.65μm，这样当每侧细肌丝伸入暗带 0.65μm 时（加上位于明带细肌丝长度 0.35μm，得出肌小节总长度为 2.2μm），粗肌丝上的每个横桥都可以与细肌丝相互作用，产生最佳收缩效果，这就是最适初长度。小于最适初长度时，由于细肌丝过分伸入穿过 M 线而相互重叠或不穿过 M 线而在一侧发生卷曲，妨

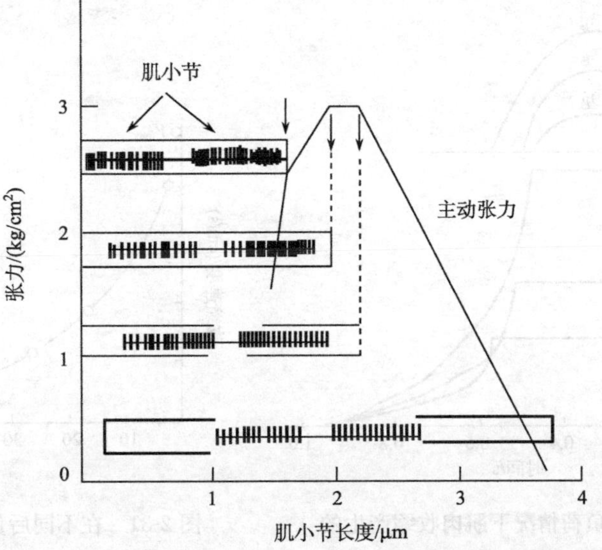

图 2-29 不同前负荷（初长度）对骨骼肌收缩张力的影响

碍了横桥的作用；大于最适初长度时，粗细肌丝重叠减少，甚至脱离，部分或全部横桥不能发挥作用。所以这两种情况都可使肌肉收缩张力减小。骨骼肌在体内附着在骨骼上的长度，大致相当于最适初长度，因而收缩时可产生最大张力。

（二）后负荷对肌肉收缩的影响

在上述实验中可通过调节旋转螺钉来改变前负荷，使肌肉处于最适初长度；然后改变后负荷，同时测定在不同后负荷情况下肌肉收缩产生的张力和肌肉缩短的速度，可得到张力-速度曲线（图 2-30）。由实验结果分析得出，当肌肉在克服后负荷阻力前仅表现张力增加而不缩短其长度；当张力增加到足以克服后负荷时，肌肉开始以一定的速度缩短，而相当于前负荷的肌肉张力却保持不变，直到收缩达到最高点。由此可见，肌肉在有后负荷的条件下收缩时，总是先产生张力，再引起长度缩短，且后负荷越大，肌肉在产生缩短前的张力越大，肌肉缩短前的时间越长（即潜伏期长），肌肉缩短的初长度和总长度也越小。这是由于一方面肌肉本身具有弹性，对后负荷是一种对抗和缓冲，肌肉必须对后负荷产生的伸展加以对抗，之后才出现长度缩短。后负荷越大，则潜伏期越长，缩短的长度越小。另一方面，无论后负荷怎样增加，引起肌肉收缩的动作电位是相同的，即肌浆中 Ca^{2+} 浓度增加的时间是相同的，因此后负荷增加时开始肌肉收缩晚，错过了高 Ca^{2+} 水平时间，致使肌肉缩短时间少，肌肉缩短的长度也就变小。

此外，根据在不同后负荷条件下，对肌肉产生的张力和缩短的初速度作图（图 2-31）进行比较发现，后负荷减小时，肌肉产生的张力减小，但可得到一个较大的缩短速度。后负荷理论上为零时，肌肉能产生最大的缩短速度，但此时因无负荷，肌肉并未做功，亦无功率输出。同样，后负荷与肌肉内最大张力相等时，肌肉不能缩短和移动负荷，也没有做功和功率输出。在两个极端之间，在不同后负荷条件下，肌肉产生与后负荷相同张力的情况下，将负荷移动一定的距离，肌肉此时都可做功并有功率输出。据测定，当后负荷相当于最大张力的 30%左右时，肌肉输出功率最大。

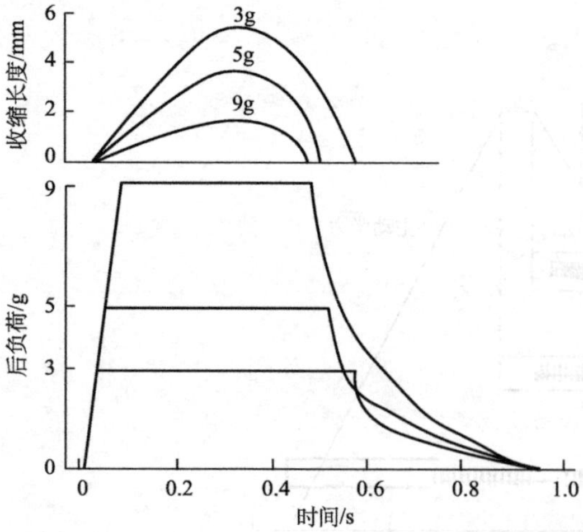

图 2-30　不同后负荷情况下肌肉收缩产生的张力和缩短的速度曲线

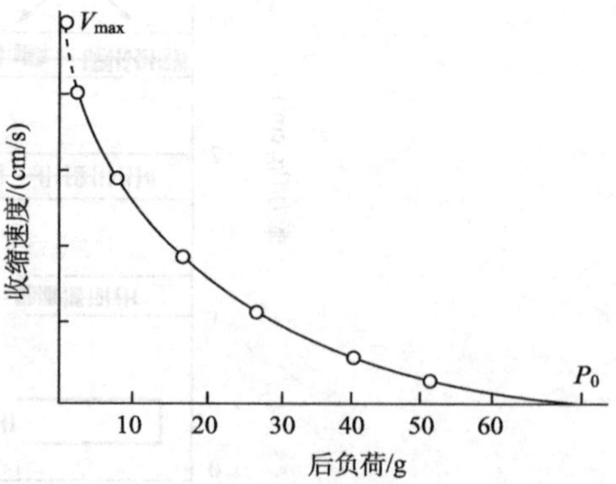

图 2-31　在不同后负荷条件下，对肌肉产生的张力和缩短的初速度曲线

（三）肌肉收缩能力对肌肉收缩的影响

肌肉收缩能力是指与负荷无关的、决定肌肉收缩效能的内在特性。这种内在特性区别于上述提到的前负荷和后负荷作为外部条件对肌肉的影响，而后负荷对肌肉收缩的影响是在肌肉内在功能完好的条件下进行的，事实上，肌肉的功能状态也会发生改变，也影响肌肉的收缩效果。很显然，肌肉收缩能力提高后（如钙离子、咖啡因、肾上腺素等体液因素通过影响肌肉的收缩机制而提高肌肉的收缩能力），收缩时产生的张力和（或）肌肉收缩的速度都会提高。肌肉收缩能力降低时（如缺氧、酸中毒、肌肉中能源物质缺乏以及某些原因引起兴奋-收缩耦联，肌肉内蛋白质或横桥器质性或功能性改变，都可降低肌肉的收缩能力）则发生相反的情况。由于很难简单根据肌肉某项力学指标的改变，确定是否发生了肌肉收缩能力的改变，因而准确地认识或界定某种情况下肌肉收缩的改变是否由于肌肉收缩能力的变化引起的是相当困难的。但在实验条件下，如果同一肌肉在所处的前、后负荷不变的条件下肌肉缩短速度发生改变或者肌肉在维持最适长度的情况下发生最大张力的改变，则都可以认为是肌肉收缩能力发生了改变。

（四）肌肉的单收缩和单收缩的总和

骨骼肌受到一次短促的刺激时，可发生一次动作电位，随后出现一次收缩和舒张，这种形式的收缩称为单收缩。单收缩包括三个时相（时程）：潜伏期、收缩期和舒张期（图 2-32）。肌肉从接受刺激到开始收缩前的时期称为潜伏期，在潜伏期内，肌肉内部发生一系列如兴奋的产生、传导及兴奋-收缩耦联等复杂的变化过程。潜伏期的长短与刺激部位有关。从收缩开始到收缩达到最高的时期称为收缩期。此期出现细肌丝向粗肌丝中央滑行。从最大收缩恢复到静息状态的过程称为舒张期。根据肌肉收缩时期张力及长度是否变化，单收缩又可分为两种：等张收缩和等长收缩。等张收缩时，肌肉的张力几乎不发生变化，而肌肉的长度却缩短；等长收缩是肌肉收缩时肌纤维长度几乎不发生变化，而张力却发生变化。例如，提一重物，在未提起前，肌肉的长短未变，而张力不断增加，直到克服物体的质量，此即为等长收缩；提起后，肌肉的张力等于物体的质量，不再发生变化，但肌纤维缩短，此为等张收缩。在肌肉活动过程中，肌肉的等张收缩和等长收缩很难彼此分开，二者相互复合。单根肌纤维收缩时，产生的张力大小还与刺激的频率有关。在一次单收缩中，动作电位的时程（相当于绝对不应期）仅 1～2ms，而收缩过程可达 100ms 以上，因而有可能在机械收缩过程中接受新的刺激并发生新的兴奋和收缩；新的收缩可与前次尚未结束的收缩发生总和（图 2-33）。当骨骼肌受到频率较高的连续刺激时，可发生以上述总和过程为基础的强直收缩。如果刺激频率相对较低，总和过程发生于舒张期，会出现不完全强直收缩，实验条件下就可得到锯齿状收缩曲线；如果进一步提高刺激的频率，使总和过程发生于收缩期，可出现完全性强直收缩，锯齿状收缩曲线消失而得到一条平滑的上移收缩曲线。通常所说的强直收缩是指完全强直收缩，这是由于单收缩时胞浆内 Ca^{2+} 浓度升高持续的时间太短，被激活的收缩蛋白尚未产生最大张力，胞浆内 Ca^{2+} 浓度即已开始下降，因而单收缩产生的张力不能达到与胞浆内 Ca^{2+} 浓度

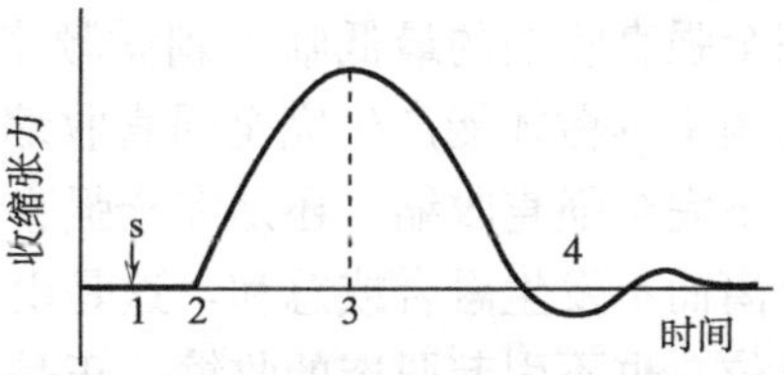

图 2-32　骨骼肌单收缩曲线

1. 给予刺激；1～2. 潜伏期；2～3. 收缩期；3～4. 舒张期

相应的最大张力。强直收缩时，肌细胞连续兴奋，使胞浆内 Ca^{2+} 浓度持续升高，故收缩张力可达到一个稳定的最大值。

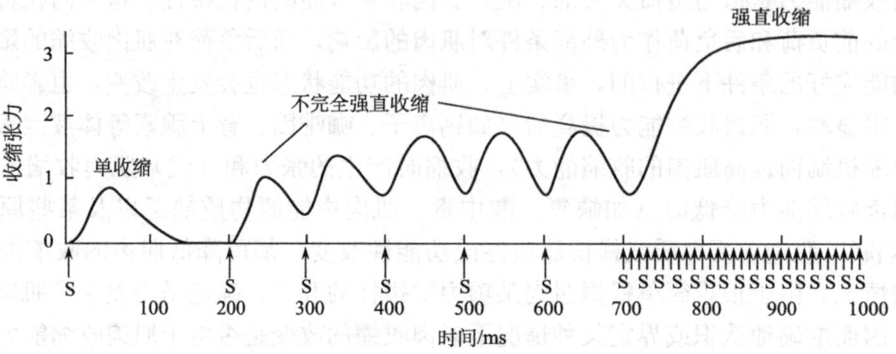

图 2-33　不同刺激频率对骨骼肌收缩的影响

在骨骼肌收缩活动中，支配骨骼肌的传出神经发出的冲动总是连续的，所以骨骼肌的收缩几乎全是强直收缩。强直收缩显然产生更大的收缩效果。例如，在等长收缩条件下，强直收缩产生的张力可达单收缩的 3～4 倍。不同肌肉单收缩持续的时间不同，因而引起肌肉出现完全强直收缩的最低临界刺激频率也不同。例如，单收缩快速的眼内直肌需约 350 次/s 的高频率刺激才能产生完全强直收缩，而收缩缓慢的比目鱼肌仅需约 30 次/s 的刺激。但不论是不完全强直收缩，还是完全强直收缩，引起收缩的动作电位仅出现频率加快，却始终各自分离而不发生融合或总和，这是由于肌肉动作电位的绝对不应期对新的刺激不产生新的动作电位，也不引起肌肉的收缩。正是由于这个原因，通过收缩的总和来改变骨骼肌收缩效能的调节途径并无很大的意义。

复习思考题

1. 简述细胞膜的结构特点。
2. 细胞膜转运物质的形式有几种？他们是怎样进行物质转运的？
3. 什么叫静息电位、动作电位？叙述其产生机制。
4. 简述兴奋-收缩耦联的过程。
5. 试述在肌肉收缩和舒张过程中，Ca^{2+} 起何作用？
6. 简述肌丝滑行机制。
7. 负荷对肌肉收缩做功有何影响？

第三章 血 液

血液（blood）是一种流体组织，充满于心血管系统，在心脏的驱动下，不停地循环流动。血液在机体代谢中起着十分重要的作用，如果流经体内任何器官的血流量不足，就会造成严重的代谢紊乱和组织损伤，甚至危及生命。此外很多疾病又可导致血液的成分或性质发生特征性变化，因此，血液学检查对临床诊断具有重要意义。

第一节 血液的组成和理化特性

一、血液的组成和血量

血液由血浆和悬浮于血浆中的血细胞组成。一定量的血液与适量的抗凝剂于比容管中混匀，以 3000r/min 的速度离心 30min 后，管中的血液便分为三层：上层浅黄色的液体为血浆，下层是深红色不透明的红细胞，二者之间白色不透明的薄层为白细胞和血小板（其容积大约占血液总量的 1%，计算容积时常忽略不计）。利用这种方法可测出红细胞在全血中所占的体积分数，即血细胞比容（hematocrit）（图 3-1）。不同种类动物的红细胞比容不同。同种动物，不同年龄或性别的个体也有一定差异。

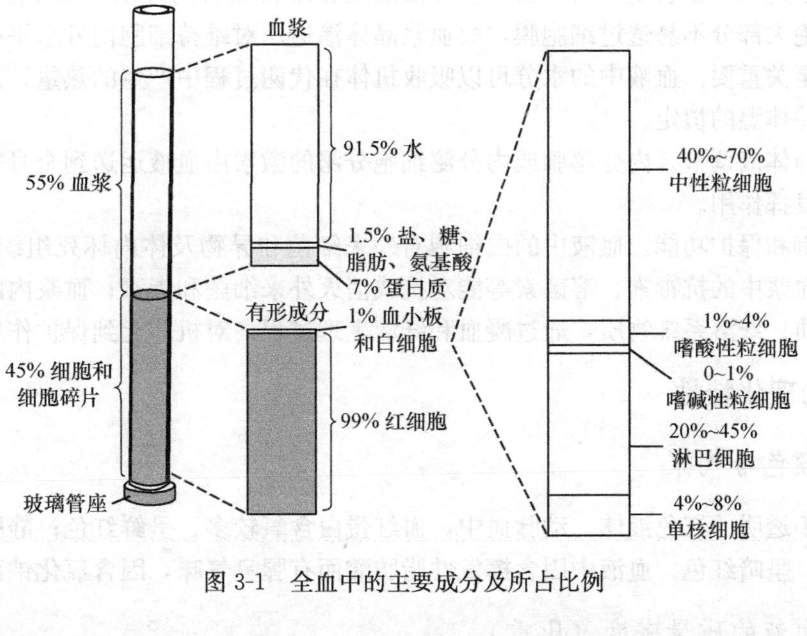

图 3-1 全血中的主要成分及所占比例

动物体内血浆量和血细胞量的总和，即血液的总量称为血量。不同种类的动物血量不同，软骨鱼类占体重的 5%，真骨鱼类占 1.5%～3.0%，哺乳动物占 5%～10%。正常成年人的血量为体重的 7%～8%。另外，同种动物也因年龄、性别不同而血量略有差异。在安静状态下，大部分血液在心血管内流动，这部分血量称为循环血量；少部分滞留在肝脏、肺脏、脾脏、皮下静脉丛和皮肤等处，称为储备血量。在剧烈运动、情绪激动或失血时，储备血量释放出来补充循环血量的相对不足，以满足机体的急需。

血量的相对恒定对维持动物正常动脉血压和各器官血液供应十分重要。健康动物一次失血不超过血液总量的10%，一般不会影响健康，而且能很快恢复，其中血浆中的水分和无机物可在1～2h内由组织液进入血管而得到补偿，血浆蛋白可以由肝脏加速合成来弥补，血细胞先由储备血液暂时补充，再由造血器官缓慢生成、逐渐恢复。但如果一次急性失血超过总血量的20%，就将引起机体活动的明显障碍。如果一次急性失血超过总血量的30%，就有可能危及生命。

二、血液的主要机能

血液在心血管系统中不断循环流动，实现以下几方面功能。

(1) 营养功能。血浆中的蛋白质起着营养储备的作用。机体内的某些细胞，特别是单核巨噬细胞系统，能吞饮完整的血浆蛋白，并由细胞内的酶将其分解为氨基酸。生成的氨基酸再经扩散进入血液，随时供给其他细胞合成新的蛋白质。

(2) 运输功能。血液运输是机体转运物质的主要手段，它携带物质从机体的一个地方转移到另一个地方，以满足组织细胞代谢的需要。将机体所需的O_2、营养物质和激素等运送到全身各部分的组织细胞，将组织细胞的代谢产物（如CO_2、尿素、尿酸、肌酐等）运送至肺脏、肾脏、皮肤和肠腔而排出体外，使机体的新陈代谢得以顺利进行。血液运送的物质可以游离在血浆和血细胞中，也可以与血浆或其他结合蛋白结合进行转运。

(3) 维持内环境稳定。血浆和红细胞中有许多缓冲物质，可维持体液酸碱平衡。血浆蛋白一般不能透过毛细血管壁，所以血浆胶体渗透压在维持血管内外水平衡中起着重要作用。晶体物质中绝大部分不易透过细胞膜，故血浆晶体渗透压对维持细胞内外水平衡和维持细胞的正常形态至关重要。血液中的水分可以吸收机体在代谢过程中产生的热量，并运送到体表散发，以维持体温的恒定。

(4) 参与体液调节。内分泌腺或内分泌细胞分泌的激素由血液运送到全身并作用于相应的靶细胞而发挥作用。

(5) 防御和保护功能。血液中的白细胞对外来细菌和异物及体内坏死组织等具有吞噬、分解作用；血浆中的抗毒素、溶菌素等能对抗或消灭外来细菌和毒素；血浆内的各种凝血因子、抗凝物质、纤溶系统物质，通过凝血和纤溶生理过程，对机体起到保护作用。

三、血液的理化特性

（一）颜色与气味

血液为不透明的红色液体。动脉血中，血红蛋白含氧较多，呈鲜红色；静脉血中血红蛋白含氧较少，呈暗红色。血液中因含挥发性脂肪酸而有腥臭气味，因含氯化钠而带咸味。

（二）血液的质量密度（比重）

正常哺乳动物血液的质量密度为1.050×10^3～1.060×10^3kg/m^3，红细胞的质量密度为1.070×10^3～1.090×10^3kg/m^3，血浆的质量密度为1.025×10^3～1.030×10^3kg/m^3。血液的质量密度主要取决于红细胞的数量和血浆中蛋白质的浓度，即血液中红细胞数越多，全血质量密度越大；血浆中蛋白质含量越多，血浆质量密度越大。红细胞的相对质量取决于胞质中血红蛋白的浓度，血浆的相对质量主要取决于血浆中蛋白质的浓度。

（三）血液的黏滞性

液体流动时，由于其内部分子摩擦而产生的阻力，以致流动缓慢并表现出黏着的特性，称为黏滞性（viscosity）。血液或血浆的黏滞性通常是相对于水而言的，血液的黏滞性为水的4～5倍，血浆为水的1.6～2.4倍。血液的黏滞性主要取决于红细胞的含量，血浆的黏滞性则取决于血浆蛋白的含量。在血流速度很快时，血液的黏滞性不随流速而变化，但当血流速度缓慢时，红细胞可叠连或聚集成团，使血液黏滞性增大，血流阻力增加，从而影响血液循环的正常进行。

（四）血浆渗透压

渗透压（osmotic pressure）是指溶液中的溶质颗粒通过半透膜吸取水分子的一种力量。渗透压的大小由单位体积溶液中溶质颗粒的数目决定，而与其溶质分子种类和溶质颗粒大小无关。在正常情况下，细胞内液的渗透压与血浆的渗透压基本相等。哺乳动物的血浆渗透压为313mOsm/kgH_2O，相当于7个标准大气压或711kPa（5330mmHg）。血浆渗透压主要来源于血浆中的晶体物质，特别是电解质，其次来源于蛋白质。由晶体物质所形成的渗透压称为晶体渗透压（crystal osmotic pressure），其中80％来自Na^+和Cl^-；由血浆蛋白形成的渗透压称为胶体渗透压（colloid osmotic pressure），血浆中虽然含有多种蛋白质，但因这些蛋白质的相对分子质量大、分子数量少，故所产生的渗透压很小，通常不超过3.3kPa（1.5mOsm/kgH_2O，25mmHg）。在血浆蛋白中，白蛋白的分子数量远多于球蛋白，故血浆胶体渗透压主要来自白蛋白。由于血浆白蛋白的相对分子质量远远小于球蛋白，故即使白蛋白明显减少，球蛋白增加，血浆蛋白总含量基本不变，血浆胶体渗透压也将明显降低。引起血浆晶体渗透压的晶体物质可以自由通过毛细血管壁，故血浆和组织液的晶体渗透压基本相等。血浆蛋白分子大，不能透过毛细血管壁进入组织液，所以血浆的胶体渗透压始终高于组织液，这对维持血管内外水平衡十分重要。

与血浆渗透压相等的溶液称为等渗溶液（如0.9％NaCl溶液），高于或低于血浆渗透压的溶液分别称为高渗溶液或低渗溶液。在等渗NaCl溶液中的红细胞保持正常大小和形状，如果逐渐降低溶液渗透压，红细胞逐步膨胀，直至破裂而发生所谓的溶血。并非所有的等渗溶液都能使红细胞的体积和形态保持正常。例如，1.9％的尿素溶液，它的渗透压与血浆渗透压相等，但将红细胞置于其中立即出现溶血，这是因为尿素分子能自由通过细胞膜。能使悬浮于其中的红细胞保持正常体积和形状的盐溶液，称为等张溶液，1.9％的尿素溶液为等渗溶液，但并非等张溶液。

（五）血浆酸碱性

血液呈弱碱性，pH一般为7.2～7.5，但以动物种类不同而略有差异。畜禽中马为7.20～7.55、牛为7.27～7.49、绵羊为7.32～7.54、猪为7.36～7.79、狗为7.31～7.42、猫为7.24～7.40、鸡为7.45～7.63。机体在代谢过程中总是不断地产生一些酸性或碱性物质，而血液的pH却始终保持相对稳定，这得益于血液中的各种缓冲物质。缓冲物质在血液中以缓冲对的形式存在，每一缓冲对都是由一种弱酸和其对应的弱酸强碱盐组成，在一定范围内它既能抗酸又能抗碱。血浆中有$NaHCO_3/H_2CO_3$，Na_2HPO_4/NaH_2PO_4、蛋白质钠盐/蛋白质等缓冲对，在红细胞内有血红蛋白钾盐/血红蛋白、氧合血红蛋白钾盐/氧合血红蛋白、K_2HPO_4/KH_2PO_4、$KHCO_3/H_2CO_3$ 等缓冲对。在诸多的缓冲对中，以 $NaHCO_3/H_2CO_3$ 缓冲能力最强，血浆中 $NaHCO_3$ 和 H_2CO_3 的比值通常为 20∶1。$NaHCO_3$ 的浓度变化影响着血液对酸碱度的缓冲能力，因此血液中 $NaHCO_3$ 的含量（或浓度）称为碱储。

血液缓冲对的作用必须与呼吸系统和泌尿系统配合。例如，剧烈运动时，骨骼肌产生大量乳酸（HL）。乳酸进入血液，解离而释放出 H^+，H^+ 与血浆中的碳酸氢盐结合形成碳酸，后者进一步分解为水和 CO_2，CO_2 由呼吸器官（肺）排出体外，缓解了体内产生过多的酸，使血浆 pH 能保持相对稳定，其反应过程如下：

$$HL + NaHCO_3 \longrightarrow NaL + H_2CO_3$$

$$H_2CO_3 \longrightarrow H_2O + CO_2$$

当碱性物质（如 Na_2CO_3）进入血液时，碳酸与之反应生成弱酸盐，于是碱度下降，而产生的大量碳酸氢盐可由肾脏排出，其反应过程如下：

$$Na_2CO_3 + H_2CO_3 \longrightarrow 2NaHCO_3$$

在正常情况下，乳酸和酮体等非挥发性酸所产生的 H^+ 最终要随尿排出，挥发性酸则直接通过肺脏排出。当体内的挥发性酸或碱增加且不能及时排出时，便发生呼吸性酸中毒或碱中毒。

第二节 血细胞及其功能

血细胞包括红细胞、白细胞和血小板（非哺乳动物为血栓细胞）三类细胞，它们均源于造血干细胞。成熟的各类血细胞在血液中存在的时间只有几小时（如中性粒细胞）到几个月（如红细胞）。与这种特性相适应，骨髓造血干细胞以自我更新和增殖的方式，每小时生成 10^{10} 个红细胞、$10^8 \sim 10^9$ 个白细胞，从而保障了对血细胞的及时补充，保持血液各有形成分的动态平衡。

一、红细胞生理

（一）红细胞的形态、数量及其功能

红细胞（erythrocyte 或 red blood cell，RBC）是脊椎动物血液中数量最多的血细胞。

鱼、两栖类、爬行类和鸟类等脊椎动物的红细胞形态呈扁卵圆形，有细胞核。哺乳动物的成熟红细胞没有细胞核，呈中央双凹的圆盘状（驼科和鹿科呈卵圆形），直径为 5～10μm。哺乳动物红细胞的双凹圆盘形这种形状，一方面使其表面积和体积之比较球形细胞大，气体通过的表面积大，由细胞中心到大部分表面的距离短，即气体进出红细胞的扩散距离缩短；另一方面这种形状也有利于红细胞的可塑性变形，较易通过比其直径还小的毛细血管和血窦空隙。和其他细胞膜一样，红细胞膜对物质具有选择通透性，O_2 和 CO_2 等脂溶性气体分子可以自由通过，负离子（如 Cl^- 和 HCO_3^-）一般较易通过，而正离子很难通过。细胞内外的 Na^+ 和 K^+ 浓度差主要依靠膜上的 Na^+-K^+ 泵活动来维持。

不同种类动物的红细胞数目不同（表 3-1），同种动物的红细胞数目可随品种、年龄、性别、生理状态、生活环境等因素改变而改变：幼年动物高于成年动物，雄性动物高于

雌性动物，营养条件好的动物高于营养不良的动物，高海拔地区的动物高于低海拔地区的动物。

表 3-1　不同动物血液学部分参考值

动物	比容/(mL/100mL)	红细胞体积/μm^3	红细胞数/(10^{12}/L)	血红蛋白/(g/L)
黄牛	40.8 (38~47)	50.1 (47~54)	6.5 (6.1~10.7)	115 (87~145)
水牛	38.7 (31~45)	69.8 (68~71)	5.9 (4.06~7.74)	207 (19~23)
马	33.4 (26~42)	35.5 (26~45)	7.5 (6.00~11.0)	111 (80~140)
猪	43.2 (37~44)	60.0 (54~62)	6.5 (5.0~8.0)	171 (178~188)
绵羊	32.9 (24~50)	31.0 (28~32)	12.0 (8.0~16.0)	120 (80~160)
山羊	33.0 (29~37)	17.7 (15~20)	13.0 (8.0~18.0)	110 (80~140)
兔	41.5 (35~45)	62.5 (57~66)	6.9 (5.1~7.9)	123 (98~174)
猫	40.5 (37~44)	56.6 (54~59)	7.5 (5.0~10.0)	120 (80~150)
狗	53.9 (47~59)	77.2 (72~86)	6.9 (5.7~8.2)	112 (70~155)
骆驼	(30~43)	4.0×7.3*	(3.8~12.6)	(106~203)
鸡	34.2 (25~45)	6.8×11.2	3.5 (3.0~3.8)	100 (75~131)
鹅	45	7.5×12.0	3.4	(127~157)
火鸡	41.2 (30~45)		(1.7~3.7)	(88~134)
鸭	39.5 (32~47)	6.6×12.8	2.5 (1.8~3.3)	148 (90~210)

*红细胞呈卵圆形，此为长径×短径

红细胞的主要功能是运输 O_2 和 CO_2，其次对机体所产生的酸、碱物质有缓冲作用。红细胞中缺乏线粒体，能通过厌氧代谢产生 ATP 供能，因而红细胞结合和携带 O_2 的过程并不消耗 O_2，这就有效地提高了运输 O_2 的效率。红细胞的这种机能由血红蛋白（hemoglobin，Hb）来完成，但血红蛋白只有在红细胞内才能发挥作用，一旦红细胞破裂，血红蛋白逸出，即丧失其作用。近年来还发现，红细胞还具有免疫功能。红细胞表面存在补体 C_{3b} 受体，可吸附抗原-补体形成免疫复合物，再由吞噬细胞消灭。

血红蛋白的相对分子质量约为 68 000，由 1 个珠蛋白和 4 个血红素组成。珠蛋白由两条 α 链和两条 β 链（或 γ、δ、ε）组成。每个血红素由 4 个吡咯基形成一个环，Fe^{2+} 在中心。在 O_2 运输过程中，Fe^{2+} 与 O_2 结合。血红蛋白的携 O_2 能力很容易被一些化学物质阻断。例如，CO 与 Hb 的亲和力高于 O_2，很容易取代血红蛋白中 O_2，并形成稳定的碳氧血红蛋白（HbCO）。亚硝酸盐等氧化剂能够使 Fe^{2+} 转变为 Fe^{3+}，形成高铁血红蛋白（metHb）。高铁血红蛋白中的 Fe^{3+} 与 O_2 结合的非常牢固，O_2 不能释放出来，造成组织细胞缺氧。

（二）红细胞的可塑性变形和渗透脆性

红细胞经常要挤过口径比它小的毛细血管和血窦孔隙，这时红细胞发生变形，呈子弹或降落伞状，然后又恢复原形，这种变形称为可塑性变形（plastic deformation）。影响红细胞变形能力的因素包括以下几个方面。①红细胞表面积/体积的值越大，变形能力越强。一般说来，正常红细胞静息时的形态为双凹圆盘形，是表面积/体积的值适宜的标志。②红细胞膜的流动性、弹性与可塑性变形能力成正比。膜内胆固醇/磷脂的值、磷脂中饱和脂肪酸与不饱和脂肪酸的比值均影响膜的流动性。③红细胞内黏度与可塑性变形能力成反比，而红细胞内黏度主要取决于细胞内血红蛋白含量和空间构型，血红蛋白变形或浓度增高使红细胞内黏度升高。此外，胞浆中 Ca^{2+} 浓度升高可导致胞浆由溶胶变为凝胶，细胞内黏度增高。当红细胞的可塑性变形能力降低时，细胞挤过小口径的毛细血管时就容易发生“破裂”。

红细胞容易破裂的特性称为红细胞脆性（erythrocyte fragility）。由于物理的原因（碰撞、挤压等）而引起的红细胞破裂称为机械性脆性（mechanical fragility）。正常情况下，动物红细胞内的渗透压与血浆渗透压相等，若将红细胞置于等渗的 NaCl 溶液中，其形态和容积可保持不变。如果将红细胞置于低渗的 NaCl 溶液中，水分进入红细胞内使之膨胀，严重时红细胞因过度膨胀而破裂，血红蛋白逸出，这一现象称为红细胞溶解，简称溶血。红细胞在低渗溶液中发生膨胀、破裂和溶血的特性，称为渗透脆性（osmotic fragility）。脆性是红细胞对低渗盐溶液的抵抗力，渗透脆性越大的红细胞，对低渗盐溶液的抵抗力越小。衰老的红细胞渗透脆性大，初成熟的红细胞渗透脆性小。临床上常常通过测定红细胞的脆性来了解红细胞的生理状态，并作为某些疾病诊断的辅助方法。

（三）红细胞的悬浮稳定性

红细胞的质量密度虽然比血浆大，但在血浆中却能够保持悬浮状态而不易下沉，这一特性称为红细胞的悬浮稳定性（suspension stability）。通常以红细胞第一小时末在血沉管中下沉的距离表示红细胞沉降的速度，称为红细胞沉降率或血沉（erythrocyte sedimentation rate，ESR）。ESR 越小表示红细胞悬浮稳定性越大。动物种类不同血沉也不同，1h 时，牛为 0.58mm、马为 55mm、猪为 30mm、绵羊为 0.8mm、山羊为 0.5mm、狗为 2.5mm、兔为 1.5mm、母鸡为 18.5mm。生理情况下，ESR 因动物性别、种别、生理状况（妊娠）而异；病理情况下，如急性感染、风湿、结核时 ESR 加快。

红细胞悬浮稳定性是由于红细胞重力和红细胞与血浆之间摩擦力相互作用的结果。某些疾病可使红细胞相互叠连（rouleaux formation）起来，其总的外表面积与容积之比减小，因而摩擦力减小，下沉速度加快。促使红细胞发生叠连的因素主要决定于血浆性质，而不是红细胞本身。血浆中球蛋白，特别是纤维蛋白原及胆固醇增多时，能促使红细胞叠连，从而使红细胞沉降加速；而白蛋白、卵磷脂含量增多时，可使红细胞沉降减慢。

（四）红细胞生成及破坏

红细胞存活的时间因物种不同而有很大差异。例如，马的红细胞平均寿命为 140～150d、牛为 135～162d、猪为 75～97d、鸡为 28～35d、鸭为 42d。正常动物体的红细胞数量之所以在一定范围内波动，是红细胞生成与破坏之间经常保持动态平衡的结果，每分钟有成千上万衰老的红细胞死亡，同时又有相当数量的红细胞生成并投入血流。

1. 红细胞的生成　与白细胞、血小板一样，红细胞起源于造血干细胞。在个体发育过程中，造血器官有一个变迁的过程。在胚胎发育的早期，由中胚层起源的主动脉、性腺细胞和中肾造血区为主要造血器官；胚胎进一步发育，造血干细胞迁移至卵黄囊、肝脏、脾脏；胚胎发育中期，骨髓开始造血并逐渐增强；到动物出生时，几乎完全依靠骨髓造血。在造血需要增加时，肝脏、脾脏可再参与造血以补充骨髓造血功能的不足。进入成年后，只有脊椎骨、肋骨、胸骨、颅骨和长骨近端骨骺处才有造血骨髓，但造血组织的总量已很充裕。

造血过程，也就是各类血细胞发育、成熟的过程，是一个连续而又区分为阶段的过程。第一个阶段是造血干细胞（hemopoietic stem cell）阶段，处于这一阶段的造血细胞为干细胞，它们既能通过自我复制（self renewal）保持本身数量的稳定，又能分化形成各系定向祖细胞（committed progenitor）。第二个阶段是定向祖细胞阶段，处于这个阶段的造血细胞，进一步分化的方向已确定，它们可以区分为：红系祖细胞，即红系集落形成细胞（CFU-E）；粒-单核系祖细胞（CFU-GM）；巨核系祖细胞（CFU-MK）和TB淋巴系祖细胞（CFU-TB）。第三个阶段是前体细胞（precursors）阶段，此时的造血细胞已经发育成为形态上可以辨认的各系幼稚细胞，这些细胞进一步分化成熟为具有特殊细胞功能的各类终末血细胞，然后释放进入血液循环。造血细胞在经历上述发育成熟过程中，细胞自我复制的能力逐渐降低，而分化、增殖的能力逐渐增强，细胞数量逐步增大（图3-2)。

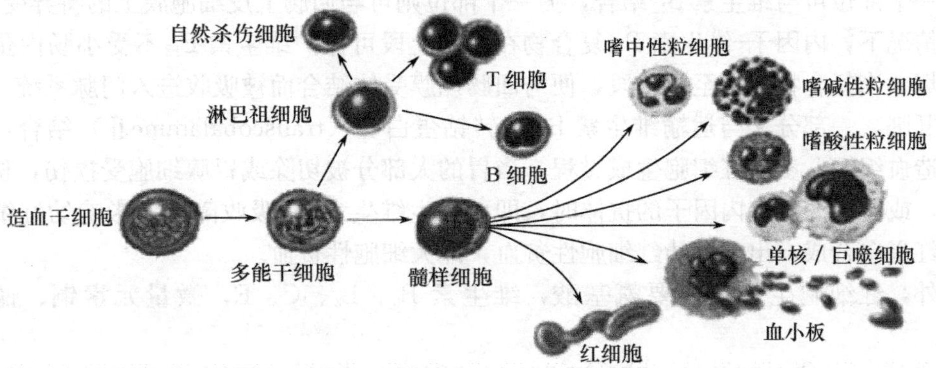

图3-2 造血细胞发育模式图

在哺乳动物，红细胞来自定向红系祖细胞，红系祖细胞进一步分化，依次经过原始红细胞→早幼红细胞→中幼红细胞→晚幼红细胞→网织红细胞→成熟红细胞发育阶段（图3-2)。在促红细胞生成素的作用下，红系祖细胞增殖分化为原红细胞，一个红系祖细胞可生成约16个原红细胞。从造血干细胞到网织红细胞需要3～5d，网织红细胞进入血液循环后还需要2d才能最终成为成熟的红细胞。整个发育过程历时6～7d，其中有5%～10%的幼红细胞凋亡（apoptosis)，不能进入血液循环。

1）*红细胞生成所需要的原料* 除要求骨髓造血功能正常外，红细胞的生成还必须有造血原料和促进红细胞发育成熟的物质。蛋白质、铁、叶酸和维生素B_{12}等是红细胞生成的基本原料。蛋白质和铁是合成血红蛋白的重要原料。在幼红细胞的发育成熟过程中，维生素B_{12}和叶酸是DNA合成所必需的辅酶。缺乏维生素B_{12}和叶酸可导致红细胞分裂和成熟障碍，使红细胞停留在幼稚期，发生巨幼红细胞性贫血。

铁是合成血红蛋白的重要原料。生成1mL红细胞需要1mg铁，每天成人需要20～25mg铁，其中5%来自食物，其余95%均来自体内铁的再利用，故每天只需摄取1mg铁即可满足机体生成红细胞的需要。食物中的铁多为三价高铁（Fe^{3+}）化合物，需要通过胃酸作用将Fe^{3+}还原成亚铁（Fe^{2+}），才能被十二指肠和小肠吸收。衰老的红细胞被巨噬细胞吞噬后，释放出血红素中的Fe^{2+}。Fe^{2+}与铁蛋白（ferritin）结合后变成Fe^{3+}，储存于巨噬细胞内。存在于铁蛋白中的Fe^{3+}先还原成Fe^{2+}，脱离铁蛋白后与转铁蛋白结合。每一个转铁蛋白分子一次运送两个Fe^{2+}至幼红细胞。血浆中的转铁蛋白来往于巨噬细胞和幼红细胞之间，以运送铁。无论是从小肠吸收的Fe^{2+}还是从铁蛋白脱离下来的Fe^{2+}，进入血浆后均与转铁蛋白结合，被运至骨髓以供血红蛋白合成。如果体内缺铁，血红蛋白合成不足，可引起小细胞性贫血。

叶酸广泛存在于动物性和植物性食品中，在小肠黏膜，叶酸是以碟酰单谷氨酸的形式被吸收。在双氢叶酸还原酶的催化下，形成四氢叶酸。存在于血浆中的叶酸几乎全是四氢叶酸的单谷氨酸盐，但其进入组织细胞后，又通过酶促作用，再转变为多谷氨酸盐，才具有活性。叶酸缺乏时也引起与维生素 B_{12} 缺乏时相似的巨幼红细胞性贫血。在维生素 B_{12} 缺乏时，还伴有神经系统和消化道不良症状。

维生素 B_{12} 是含钴的有机化合物，在酸性的胃液中，维生素 B_{12} 主要与 R 蛋白结合，到了小肠上段处胰蛋白酶将这种结合断裂，维生素 B_{12} 转而与内因子结合。内因子有两个活性部位，一个部位可与维生素 B_{12} 结合，另一个部位则可与回肠上皮细胞膜上的特异受体结合。在正常情况下，内因子-维生素 B_{12} 复合物在小肠上段可保护维生素 B_{12} 不受小肠内蛋白水解酶的破坏。当复合物运行至回肠段，便与回肠黏膜受体结合而被吸收进入门脉系统，一部分储存在肝脏，一部分又与运输维生素 B_{12} 的转钴蛋白Ⅱ（transcobalamineⅡ）结合，沿血液输送到造血组织，参与红细胞生成过程。当胃的大部分被切除或胃腺细胞受损伤，机体缺乏内因子，或体内产生抗内因子的抗体时，即可发生维生素 B_{12} 吸收障碍，影响幼红细胞的分裂和血红蛋白合成，出现巨幼红细胞性贫血，即大细胞性贫血。

此外，红细胞生成还需要氨基酸，维生素 B_6、B_2、C、E，微量元素铜、锰、钴和锌等。

2）红细胞生成的调节　两种调节因子分别调节着两个不同发育阶段的红系祖细胞的生长发育过程，一种是爆式促进因子（burst promoting activator，BPA），另一种是促红细胞生成素（erythropoietin，EPO）。BPA 是一类相对分子质量为 25 000～40 000 的糖蛋白，以早期红系祖细胞 BFU-E 为靶细胞，可能是促进 BFU-E 从静息状态进入 DNA 合成期，从而使早期红系祖细胞增殖活动加强。EPO 是一种相对分子质量为 34 000 的糖蛋白，主要由肾皮质管周细胞合成，肝脏也可少量生成，具有促进晚期红系祖细胞增殖并促使其向形态可辨的前体细胞分化，加速前体的增殖、分化并促进骨髓网织红细胞释放等多方面的功能。血液中成熟的红细胞增加，从而使机体的缺氧得到缓解，这是一种负反馈调节。EPO 也能促进早期红系祖细胞的增殖与分化。EPO 作用迅速，血液中 EPO 水平升高 1～2d 后，即可观察到红骨髓中网织红细胞数量快速增加。

图 3-3　EPO 调节红细胞生成的反馈调节环

早在 20 世纪 50 年代，动物实验已显示了 EPO 活性的存在，以后又确定 EPO 主要由肾组织产生。切除双肾后，血浆中 EPO 的浓度急剧降低。用分子生物学手段从肾组织细胞中已提取出编码 EPO 的 mRNA，并确定 EPO 基因定位在 7 号染色体上。近年来有迹象提示人类的某些血液病，如再生障碍性贫血是红系祖细胞的 EPO 受体有缺陷所致（图 3-3）。

影响 EPO 合成的因素很多，如氧分压或红细胞数量、雄激素、甲状腺素和生长素。白细胞、血小板甚至网织红细胞释放的一些化学因子等都能引起 EPO 合成增加。雌激素则有抑制红细胞生成的作用，这可能是男性的红细胞数和血红蛋白量高于女性的原因之一。

2. 红细胞的破坏　人的红细胞平均寿命为 120d，马和牛为 150d，猪为 85d，兔 57d。衰老的红细胞除少数因脆性增加而直接发生溶血外，大部分因变形能力下降、难以通过微小孔隙而被滞留在肝脏、脾脏中。红细胞破损所释放的血红蛋白立即与血浆中的触珠蛋白结合，或者被降解成珠蛋白和血红素。滞留于肝脏和脾脏的衰老红细胞被巨噬细胞吞噬，血红蛋白被消化、降解成珠蛋白和血红素，血红素再分解为 Fe^{2+} 和脱铁血红素。释放出的铁以铁黄素的形式沉积于肝细胞。当溶血达到 100mL 血浆中含 100mg 血红蛋白时，部分血红蛋白不能与触珠蛋白结合，经肾脏排出。

二、白细胞生理

（一）白细胞的数量及分类

白细胞（leukocyte）是一类有核的血细胞。根据其形态、功能和来源可分为粒细胞、单核细胞和淋巴细胞，而粒细胞又因其胞浆颗粒的嗜色性质不同被分为嗜中性粒细胞、嗜酸性粒细胞和嗜碱性粒细胞三类（表 3-2）。

表 3-2 不同动物的白细胞分类计数

动物种类	白细胞总数/10^9	嗜中性粒细胞/%	嗜酸性粒细胞/%	嗜碱性粒细胞/%	淋巴细胞/%	单核细胞/%
牛	7.62	36.5	4.0	0.5	57.0	2.0
马	8.77	58.5	4.5	0.5	34.5	2.5
猪	14.66	35.7	3.0	0.2	58.5	2.6
绵羊	8.25	34.7	3.0	0.5	60.3	2.0
山羊	9.70	38.4	4.2	0.2	55.1	2.1
梅花鹿	3.0	47.0	10.0	—	33.0	10.0
骆驼	24.00	54.5	8.0	0.5	35.0	2.0
狗	11.50	68.0	5.1	0.7	21.0	5.2
猫	12.50	59.5	5.4	0.1	31.0	4.0
兔	7.60	46.0	2.0	5.0	39.0	8.0
鸡（♂）	16	25.8	1.4	2.4	64.0	6.4
鸡（♀）	29	13.3	2.5	2.4	76.1	5.7
鹅	18.20	34.3	3.4	1.5	57.4	3.4
鸽	13.00	23.0	2.2	2.6	65.6	6.6

在不同生理状态下，白细胞数目波动较大。例如，运动、寒冷、消化期、妊娠及分娩期等，白细胞数目均增加。此外，在机体失血、剧痛、急性炎症、慢性炎症等病理状态下，白细胞也增多。

（二）白细胞的生理特性与功能

除淋巴细胞外，所有白细胞都能伸出伪足做变形运动，凭借这种运动白细胞得以穿过血管壁，这一过程称为血细胞渗出（diapedesis）。白细胞具有向某些化学物质游走的特性，称为趋化性（chemotaxis）。体内具有趋化作用的物质包括机体细胞的降解产物、抗原-抗体复合物、细菌毒素和细菌等。白细胞可循着这些物质的浓度梯度游走到这些物质的周围，把异物包围起来并吞入胞浆内，此过程称为吞噬作用（phagocytosis）。在全部白细胞中，有一半以上存在于血管外的细胞间隙内，有30%以上储存在骨髓内，其余的才是在血管中流动的。这些白细胞依赖血液的运输，从它们生成的器官，即骨髓和淋巴组织，到达发挥作用的部位。

1. 中性粒细胞　在脊椎动物的血液中中性粒细胞（neutrophil）最多。由于细胞核形态特殊，这些细胞又称为多形核白细胞。中性粒细胞在血管内停留的时间平均只有6～8h，它们能很快穿过血管壁进入组织发挥作用，而且进入组织后不再返回血液中。在血管中的中性粒细胞，约有一半随血流循环，通常的白细胞计数只是这部分中性粒细胞的数量；另一半则附着在小血管壁上。同时，在骨髓中尚储备了一定数量的成熟中性粒细胞，在机体需要时大量的储备中性粒细胞进入循环血流。

中性粒细胞具有活跃的变形能力、高度的趋化性和很强的吞噬及消化细菌的能力，是吞噬外来微生物和异物的主要细胞。当局部受损组织发生炎症反应并释放化学物质时，中性粒细胞能被趋化物质所吸引，向细菌所在处集中，并将其吞噬，靠细胞内的溶酶体将细菌和组织碎片分解。这样，入侵的细菌被包围在一个局部区域，可防止病原微生物在体内扩散。当中性粒细胞吞噬了数十个细菌后，本身也随之分解死亡。当中性粒细胞本身解体时，释放出的溶酶体酶类能溶解周围组织而形成脓汁。因此，中性粒细胞在血液的非特异性细胞免疫系统中起着十分重要的作用，它处于机体抵御微生物病原体，尤其是化脓性细菌入侵的第一线；此外，中性粒细胞也参与淋巴细胞特异性免疫反应的初期阶段。

中性粒细胞的细胞膜能释放出一种不饱和脂肪酸——花生四烯酸。在酶的作用下，花生四烯酸进一步生成一组旁分泌激素物质（如血栓素和前列腺素等），这类物质对调节血管口径和通透性有明显的作用，还能引起炎症反应和疼痛，并影响血液凝固。

2. 嗜碱性粒细胞　血液中嗜碱性粒细胞（basophil）含量较少，其平均循环时间约12h。这类粒细胞的胞质中有较大和碱性染色很深的颗粒，颗粒内含有肝素（heparin）和组织胺（histamine）。在致敏物质作用下，嗜碱性粒细胞释放组胺、过敏性慢反应物质、肝素、过敏性趋化因子，从而引起过敏反应（如哮喘、荨麻疹等）。组胺能使局部毛细血管扩张、通透性增加，但作用时间短暂；过敏性慢反应物质作用时间缓慢持久，能增加毛细血管通透性，加强消化道平滑肌和呼吸道平滑肌收缩；肝素有抗凝血作用；过敏性趋化因子有吸引嗜酸性粒细胞聚集到过敏反应区的作用。

近年来发现嗜碱性粒细胞参与体内的脂肪代谢。当食物中的脂肪被肠吸收后，周围血液中的嗜碱性粒细胞数随即增加。嗜碱性粒细胞释放出肝素，激活血浆中的脂肪分解。

3. 嗜酸性粒细胞　嗜酸性粒细胞（eosinophil）的胞质中含有较大的、椭圆形的嗜酸性颗粒，其中含有过氧化物酶和碱性蛋白，但缺乏溶菌酶，基本上没有杀菌能力。嗜酸性粒细胞在体内的主要作用有以下两个方面。①限制嗜碱性粒细胞和肥大细胞在速发性过敏反应中的作用。嗜酸性粒细胞能释放前列腺素E，抑制嗜碱性粒细胞生物活性物质的合成与释放；吞噬嗜碱性粒细胞排出的颗粒，使其中所含的生物活性物质失活；还能释放组胺酶等酶类，破坏嗜碱性粒细胞所释放的组胺等活性物质。②参与对蠕虫的免疫反应。在已经对某种蠕虫产生了特异性的免疫球蛋白IgE的机体，蠕虫经过特异性免疫球蛋白IgE和C_3调理后，嗜酸性粒细胞可借助于细胞表面的Fc受体和C_3受体黏着于蠕虫上，释放颗粒内所含的碱性蛋白和过氧化物酶等酶类损伤蠕虫体，所以，在有寄生虫感染、过敏反应等情况时，常伴有嗜酸性粒细胞增多。

很多动物的嗜酸性粒细胞数目有明显的昼夜周期性波动，清晨嗜酸性粒细胞数减少，午夜时嗜酸性粒细胞数增多。这种嗜酸性粒细胞数的周期性变化是与肾上腺皮质释放糖皮质激素量的昼夜波动有关的。当血液中糖皮质激素浓度增高时，嗜酸性粒细胞数减少；而当糖皮质激素浓度降低时，嗜酸性粒细胞数增加。

4. 单核细胞 单核细胞（monocyte）胞体较大，胞质内没有颗粒，但有较其他血细胞更多的非特异性脂酶，具有更强的吞噬作用。它的功能与中性粒细胞很相似。当它迁移至肝脏、脾脏和淋巴结等组织后，即转变为体积大、溶酶体多、吞噬能力最强的巨噬细胞（macrophage）。激活了的单核-巨噬细胞能生成并释放多种细胞毒素、干扰素和白细胞介素，参与机体防卫机制，还产生一些能促进内皮细胞和平滑肌细胞生长的因子。在炎症周围单核细胞能进行细胞分裂，并包围异物。

在免疫反应的初期阶段，单核细胞能把它所带的抗原物质一部分提呈给淋巴细胞，从而使淋巴细胞在免疫中发挥作用。

5. 淋巴细胞 淋巴细胞（lymphocyte）是免疫细胞中的一大类，在免疫应答中起核心作用。根据淋巴细胞的发育过程、表面标志和功能等特点，可分为T淋巴细胞和B淋巴细胞两种。血液中80%～90%的淋巴细胞属T淋巴细胞，B淋巴细胞主要留在淋巴组织内。它们的区别是B淋巴细胞上的抗体直接识别天然抗原，而T淋巴细胞所能识别的抗原多肽必须经抗原提呈细胞的加工。

T淋巴细胞主要负责细胞免疫，B淋巴细胞则主要参与体液免疫，二者相辅相成。T细胞被特异性的抗原物质激活后，可分化为功能不同的两类细胞，即效应T细胞和记忆T细胞。效应T细胞对被病毒感染的细胞进行杀灭。效应T细胞还激活巨噬细胞使其进行非特异性的免疫反应，激活B淋巴细胞使其产生抗体。长寿命的记忆T细胞在血液中不断循环，当它们再次遇到曾经接触过的抗原时，即使相隔几年之久仍能加以“识别”，并激发一种继发反应，这种反应比原发反应更强烈的引起细胞增殖，在短时间内形成大量的效应T细胞。

B细胞膜表面的免疫球蛋白（主要是单体IgM和IgD）是抗原的特异性受体。当它们初次与某一个抗原接触而被致敏时，一部分B细胞即分化成熟为浆细胞。浆细胞可产生大量具有抗原特异性的免疫球蛋白（immunoglobulin，Ig），称为抗体（antibody）。按照化学结构和生物学机能抗体被分为IgG、IgM、IgA、IgD和IgE 5种。释放到血液中的抗体能中和病原体和毒素，亦可对病原体进行调理以增加吞噬细胞的吞噬功能。B淋巴细胞也可作为T淋巴细胞的抗原提呈细胞。

（三）白细胞的生成

与红细胞一样白细胞也起源于骨髓中的造血干细胞，在细胞发育过程中又都是经历定向祖细胞、前体细胞，而后成为具有各种细胞功能的成熟白细胞。

白细胞的分化和增殖受一组造血生长因子（hematopoietic growth factor，HGF）的调节。这些因子是一类糖蛋白，由淋巴细胞、单核细胞和成纤维细胞生成并分泌。有些造血生长因子在体外可刺激造血细胞生成集落，故又称为集落刺激因子（colony stimulating factor，CSF）。目前从结构到功能已经充分阐明的集落刺激因子有M-CSF、G-CSF、GM-CSF、Multi-CSF和M-CSF等多种。这些因子中有的作用极为广泛，如Multi-CSF和GM-CSF可以影响多系造血祖细胞的生成和发育。有的集落刺激因子（如G-CSF、M-CSF、GM-CSF）作用较为局限，只作用于某一系的造血祖细胞。此外，还有一类抑制性因子，如粒细胞抑素、乳铁蛋白和转化生成因子-β等，它们或是直接抑制白细胞的增殖、生长，或是限制上述一些生长因子的释放或作用。

淋巴细胞的生成过程与其他白细胞稍有不同。在干细胞分化的早期，淋巴干细胞首先从多能干细胞分化出来，并随血流进入初级（或中枢）淋巴器官（即骨髓和胸腺），并发育成定向淋巴细胞。在骨髓中发育的称为B细胞，在胸腺中发育的称为T细胞。随后，B细胞和T细胞均随血流转移到二级（或外周）淋巴器官，即淋巴结和脾脏，在那里它们与某种抗原接触后即分化和增殖成为真正具有免疫功能的细胞，如浆细胞和T效应细胞。淋巴细胞在生长成熟过程中接受一组称为白细胞介素的细胞因子的调节，T细胞在胸腺中还接受胸腺激素的作用（图3-4）。

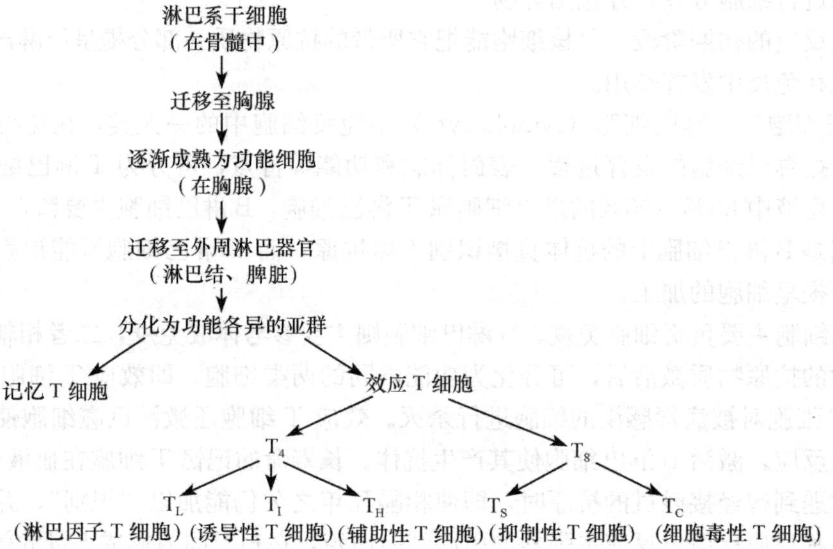

图3-4　T细胞的成熟和分化

三、血小板生理

（一）血小板的形态和结构

哺乳动物的血小板呈双凸圆盘形或卵圆形，无细胞核，直径2～4μm，体积仅相当于红细胞的1/4～1/3。血小板（platelet）是骨髓巨核细胞裂解脱落下来的、具有生物活性的细胞质块。非哺乳类动物的凝血细胞（thrombocyte）相当于血小板，有纺锤形核。

血小板质膜上有大量的蛋白质，其中大部分为多种糖蛋白（GP），如GPIa-Ⅱa、GPIIb-Ⅲa等。这些膜蛋白在血小板的黏附、聚集等生理过程中充当受体。例如，GPIa-Ⅸ是抗血管性血友病因子（von willebrand factor，vWF）和凝血酶受体，GPIa-Ⅱa是胶原的受体，GPIIb-Ⅲa是纤维蛋白原、vWF、纤维连接蛋白的受体。血小板质膜内侧的微管、微丝和膜下细丝共同构成血小板的骨架，维持其形态结构，同时也是血小板收缩系统的主要成分，在血小板变形、颗粒释放、伸展和血块收缩中发挥重要作用。血小板中除含有细胞器外，还含有大量的颗粒，其中的α-颗粒中含有Ⅴ因子、Ⅲ因子、纤维蛋白原等；δ-颗粒含有ADP、Ca^{2+}等。

（二）血小板的生理特性

血小板的主要功能与其生理特性是密切相关的，现将血小板的生理特性分述如下。

1. 黏附　血小板黏附（thrombocyte adhesion）是指它与血管内皮下成分结合的过程。当血管内皮损伤而暴露胶原组织时，立即引起血小板的黏着。参与血小板黏附的蛋白质有多种，如血小板质膜的糖蛋白（glycoprotein，GP）、内皮下胶原纤维和抗血管性血友病因子（von willebrand factor，vWF）。此外，血小板与胶原黏着引起血小板膜中的花生四烯酸生成血栓烷 A_2（thromboxane，TXA_2），TXA_2 具有极强的促血小板聚集和促血管收缩作用。

2. 聚集　血小板彼此之间互相黏附、聚合成团的过程，称为血小板聚集（thrombocyte aggregation)。聚集过程可分为两个时相：第一时相发生迅速，主要由受损伤组织释放的外源性 ADP 所引起，其特点是聚集后可解聚，又称为可逆聚集；第二时相发生缓慢，主要由血小板释放的内源性 ADP 所引起，其特点是一旦发生则不再解聚，又称为不可逆聚集。

3. 释放反应　在激动剂（如 ADP、TXA_2、胶原、凝血酶）的刺激下，血小板主动向外释放胞质颗粒中的 ADP、5-羟色胺（5-HT）、儿茶酚胺、Ca^{2+}、血小板因子Ⅲ（PF_3）等活性物质，促使血小板聚集、血液凝固和引起血管收缩作用。

4. 收缩　指血小板内的收缩蛋白发生的收缩过程。它可导致血凝块回缩、血栓硬化，有利于止血过程。

（三）血小板的生理功能

血小板的主要生理功能是维持血管内皮的完整性，参与生理性止血和血液凝固过程。

1. 生理性止血　当小血管受损时，首先由于神经调节反射性引起局部血管收缩，继之血管因内皮细胞和黏附于损伤处的血小板释放缩血管物质（5-HT、ADP、TXA_2、内皮素等)，使血管进一步收缩封闭创口。血管内膜损伤，暴露的内膜下组织激活血小板，使血小板迅速黏附、聚集，形成松软的止血栓堵住伤口，实现初步止血。血小板血栓形成的同时，激活血管内的凝血系统。在局部形成血凝块，加固止血栓，起到有效止血作用。

2. 参与凝血　激活的血小板为凝血因子提供磷脂表面，参与内、外源性凝血途径中凝血因子Ⅹ和凝血酶原的激活。据估计，血小板提供的磷脂表面（PF_3）可使凝血酶原的激活加速 20 000 倍。血小板因子Ⅱ（PF_2）能促进纤维蛋白原转变为纤维蛋白单体，血小板因子Ⅳ（PF_4）有抗肝素作用，从而有利于凝血酶生成和加速凝血。

3. 保持血管内皮细胞的完整性　血小板可以融合并进入血管内皮细胞，因而可能对保持内皮细胞完整或对内皮细胞修复有重要作用。例如，内皮细胞脱落，血小板能及时填补，促进内皮修复。当血小板减少时，血管脆性增加，易造成出血。

第三节　血液凝固与纤维蛋白溶解

一、血液凝固

血液凝固（blood coagulation）是指血液由流动的溶胶状态转变成不能流动的凝胶状态的过程，简称血凝。在血液凝固过程中，血浆中的可溶性纤维蛋白原转变为不溶的纤维蛋白，并交织成网，网罗许多血细胞。血液凝固后 1～2h，血块发生回缩，析出淡黄色的液体，称为血清（serum）。血清和血浆的区别是血清去除了纤维蛋白原和少量参与凝血的血浆蛋白，增加了血小板释放的物质。

脊椎动物的血液凝固过程基本相同，是一系列十分复杂的生物化学反应过程，有许多因素参与其中，现以哺乳动物为代表叙述其凝血过程。

（一）凝血因子

血浆与组织中直接参与血液凝固的物质，统称为凝血因子（blood clotting factor）。国际凝血因子命名委员会根据这些因子发现的先后顺序，用罗马数字予以命名（表 3-3）。除 Ca^{2+}（因子Ⅳ）与磷脂外，其余的凝血因子均为蛋白质。凝血因子Ⅱ、Ⅶ、Ⅸ、Ⅹ、Ⅺ、Ⅻ、XⅢ及前激肽释放酶均为丝氨酸蛋白酶（内切酶），只能对特定的肽键进行有限的水解。血液中具有酶特性的凝血因子都以无活性的酶原形式存在，必须通过其他酶的有限水解、暴露或形成活性中心后，才具有酶的活性，这一过程称为凝血因子的激活。习惯上在被激活了的凝血因子代号的右下角加"a"（指 activated），如凝血酶原（Ⅱ）被激活为凝血酶（Ⅱa），FⅩ被激活为FⅩa。此外，除FⅢ［又称组织因子（TF）］存在于组织中外，其他凝血因子均存在于血浆中。多数凝血因子由肝脏合成，其中FⅡ、FⅦ、FⅨ、FⅩ的生成必须有维生素 K 的存在。

表 3-3 按国际命名法编号的凝血因子

名称	同义名	合成部位	合成时是否需维生素 K	化学本质	血浆中含量/(g/L)	血清中是否存在
因子Ⅰ	纤维蛋白原	肝脏	不	糖蛋白	200～400	无
因子Ⅱ	凝血酶原	肝脏	需	糖蛋白	10～15	几乎没有
因子Ⅲ	组织因子（组织凝血活素）	各种组织	不	糖蛋白	—	—
因子Ⅳ	钙离子（Ca^{2+}）	—	—	—	—	存在
因子Ⅴ	血浆加速球蛋白（前加速素、易变因子）	肝脏	不	糖蛋白	5～10	无
因子Ⅶ	血清凝血酶原转变加速素（前转变素）	肝脏	需	糖蛋白	0.4～0.7	存在
因子Ⅷ	抗血友病球蛋白（抗血友病因子 A）	肝脏为主	不	糖蛋白	15～20	无
因子Ⅸ	血浆凝血活素成分（抗血友病因子 B）	肝脏	需	糖蛋白	3～5	无
因子Ⅹ	Strart-Prower 因子	肝脏	需	糖蛋白	5～10	存在
因子Ⅺ	血浆凝血致活素前质（抗血友病因子 C）	肝脏	不	糖蛋白	0.5～0.9	存在
因子Ⅻ	接触因子（Hageman 因子）	不明	不	糖蛋白	0.1～0.5	存在
因子XⅢ	纤维蛋白稳定因子	血小板	不	糖蛋白	1～2	几乎没有

（二）凝血过程

1964 年，麦克法兰（Macfarlane）、戴维（Davies）和拉特诺夫（Ratnoff）几乎同时提出了凝血过程的瀑布学说。经典的瀑布学说认为，凝血过程是一系列凝血因子相继酶解激活，反应逐步放大，最终形成凝血酶和纤维蛋白凝块的过程。凝血过程大致经历三个阶段（图 3-5）。第Ⅰ阶段是凝血因子FⅩ激活成FⅩa 并形成凝血酶原复合物（凝血酶原激活物），第Ⅱ阶段是凝血酶原（prothrombin，FⅡ）激活成为凝血酶（thrombin，FⅡa），第Ⅲ阶段是纤维蛋白原（FⅠ）转变成纤维蛋白（fibrin，FⅠa）。凝血酶原激活物的形成有内源性和外源性两条途径，二者的主要区别在于启动方式和参与的凝血因子不同。

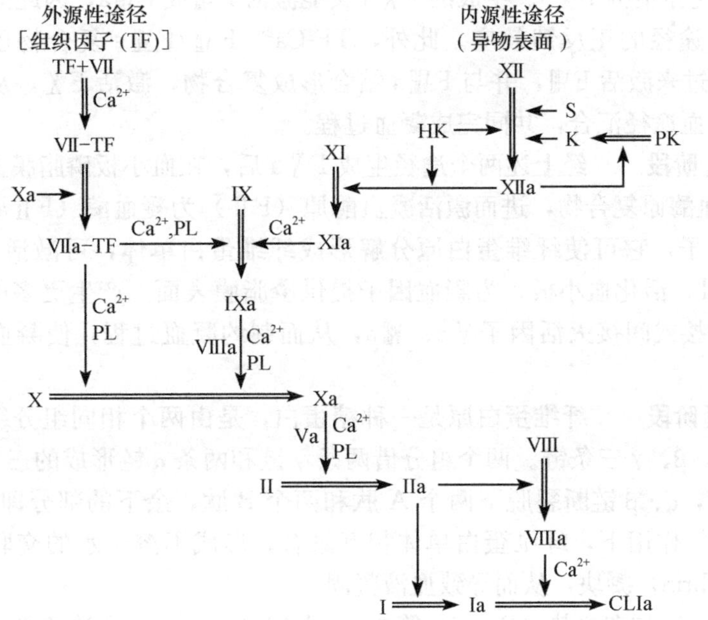

图 3-5 凝血过程示意图

→为催化作用；⇒为变化的方向

PL. 磷脂；S. 血管内皮下组织；PK. 前激肽释放酶；K. 激肽释放酶；

HK. 高分子激肽原；Ⅰa. 纤维蛋白单位；CLⅠa. 纤维蛋白交联成网

1. 凝血第Ⅰ阶段 FⅩ的激活包括内源性、外源性两条启动途径。完全依靠血浆中的凝血因子逐步激活FⅩ，称为内源性激活，其发生的凝血，称为内源性凝血途径（intrinsic pathway of blood coagulation）；依靠血管外组织释放的组织因子FⅢ（TF）来参与激活FⅩ，称为外源性激活，其发生的凝血，称为外源性激活途经（extrinsic pathway of blood coagulation）。

内源性激活途径的启动是由FⅫ被激活开始的。当血液与带负电荷的异物表面（如白陶土、玻璃、胶原等）接触时，首先是FⅫ结合到异物表面上，并立即被激活为FⅫa。FⅫa可裂解前激肽释放酶（PK），使之成为激肽释放酶（KK）；该酶又反过来激活FⅫ，形成更多的FⅫa。在FⅫa的作用下，FⅪ转变为FⅪa。从FⅫ结合于异物表面到FⅪa形成的全过程称为表面激活。在Ca^{2+}存在的条件下，表面激活生成的FⅪa可再使FⅨ激活成为FⅨa。生成的FⅨa与FⅧa、Ca^{2+}在血小板磷脂膜上结合成为复合物，并激活FⅩ为FⅩa。只有当FⅨa和FⅩ分别通过Ca^{2+}而同时连接在磷脂膜的表面，FⅨa才可激活FⅩ，故这一过程十分缓慢。FⅧ本身不是蛋白酶，不能激活FⅩ，但只要它存在，可使上述反应速度提高20倍，因此FⅧ是一种重要的辅助因子。FⅧ存在于血浆中，通常与vWF以非共价键结合成复合物。FⅧ从复合物中释放出来，经裂解而成FⅧa。FⅩa生成后的凝血过程是进入内源性和外源性两条途径的共同通路。

外源性激活途径的始动因子来自于组织因子FⅢ（TF）。组织因子是一种跨膜糖蛋白，存在于大多数的组织细胞中，生理条件下血细胞和血管内皮细胞不表达。当血管损伤或血管内皮细胞、单核细胞受到细菌内毒素、免疫复合物等物质刺激时组织因子才得以暴露或表达。在Ca^{2+}存在下，TF与FⅦ/FⅦa结合，形成TF-Ca^{2+}-FⅦ/FⅦa复合物，迅速使FⅨ激活为FⅨa、FⅩ激活为FⅩa。生成的FⅩa又能激活FⅧ成FⅧa，因此能生成更多的FⅩ，这是外源性凝血途径的正反馈效应。此外，TF-Ca^{2+}-FⅦ/FⅦa复合物还可激活FⅨ成为FⅨa,FⅨa又反过来激活FⅧ，并与FⅧa结合形成复合物，激活FⅩ，从而使内源性凝血途径和外源性凝血途径汇合，共同完成凝血过程。

2. 凝血第Ⅱ阶段　经上述两个途径生成FⅩa后，在血小板磷脂膜上形成FⅩa-FⅤa-Ca^{2+}-磷脂的凝血酶原复合物，进而激活凝血酶原（FⅡ）为凝血酶（FⅡa)。凝血酶是一个多功能的凝血因子，它可使纤维蛋白原分解形成纤维蛋白单体，可激活FⅤ、FⅦ、FⅧ、FⅪ、FⅫ、FⅩⅢ，活化血小板，为凝血因子提供磷脂膜表面，产生更多的凝血酶，使凝血过程加强，可直接或间接灭活因子Ⅴa、Ⅷa，从而制约凝血过程，使凝血过程局限于损伤部位。

3. 凝血第Ⅲ阶段　纤维蛋白原是一种糖蛋白，是由两个相同组分组成的二聚体。每个组分都含有α、β、γ三条链。两个组分借两条γ链和两条α链形成的三个二硫键连接。在凝血酶的作用下，α、β链断裂脱下两个A肽和两个B肽，余下的部分即为纤维蛋白单体。在FⅩⅢa和Ca^{2+}作用下，纤维蛋白单体相互聚合，形成不溶于水的交联纤维蛋白多聚体(cross linking fibrin）凝块，从而导致血液凝固。

戴维（Davies）与布洛热（Broze）等在20世纪90年代先后对经典“瀑布学说”进行了修正，提出了目前较为公认的凝血过程两阶段学说。修正后的“瀑布学说”认为：体内凝血过程几乎都是由外源性途径启动的。故在1993年国际血栓与止血学会标准化委员会决定将外源性途径更名为组织因子途径。在体内多数情况下，由于组织因子途径抑制物（TFPI)存在，通过组织因子途径生成的凝血酶极少，因此凝血过程由外源性途径启动后，微量的凝血酶一方面要通过激活血小板和FⅤ、FⅧ、FⅨ、FⅪ继续促进凝血；另一方面又通过FⅦa-TF复合物直接激活FⅨ，进一步加强内源性凝血途径，生成足量凝血酶，维持和巩固凝血过程。

二、抗凝系统

在生理情况下，机体常不可避免会发生血管内皮损伤，并由此发生凝血，但这一过程仅限于受损局部，而不会扩展到全身并阻碍血液循环，除因血管内膜光滑完整、血液流动快对已被激活的凝血因子进行稀释和纤维蛋白溶解系统的作用外，抗凝系统（anticoagulative system）也起了重要作用。体内的抗凝系统包括细胞抗凝系统和体液抗凝系统，细胞抗凝系统是指网状内皮系统对已激活的凝血因子、组织因子、凝血酶原复合物和可溶性纤维蛋白单体的吞噬；体液抗凝系统包括丝氨酸蛋白酶抑制物、蛋白质C系统、组织因子途径抑制物和肝素，其中血浆中最重要的抗凝物质是抗凝血酶Ⅲ和肝素。现主要介绍体液抗凝系统。

（一）丝氨酸蛋白酶抑制物

血液中含有多种丝氨酸蛋白酶抑制物，如抗凝血酶Ⅲ（antithrombin Ⅲ)、α_1抗胰蛋白酶、α_2巨球蛋白等，其中最重要的是抗凝血酶Ⅲ。抗凝血酶Ⅲ是一种脂蛋白，由肝细胞和血管内皮细胞分泌，它能通过与FⅦa、FⅨa、FⅩa、FⅪa和FⅫa以及凝血酶的活性中心——丝氨酸残基结合，封闭这些酶的活性位点而使凝血因子失活，达到抗凝作用，是一种抗丝氨酸蛋白酶（serine protease inhibitor）。在正常情况下，抗凝血酶Ⅲ的直接抗凝血作用缓慢而微弱，不能有效地抑制凝血，但与肝素结合后抗凝活性增加约2000倍。

（二）肝素

肝素是血浆中的一种酸性黏多糖，主要由肥大细胞和嗜碱性粒细胞产生，存在于大多数组织中。肝素抗凝作用主要表现在两个方面。①肝素与抗凝血酶Ⅲ结合，可使抗凝血酶Ⅲ与凝血酶的亲和力增强约100倍，对FⅫa、FⅪa、FⅨa、FXa抑制作用也大大加强；与肝素辅助因子Ⅱ结合后，灭活凝血酶的速度加快1000倍。②肝素还可刺激血管内皮细胞大量释放组织因子途径抑制物，抑制凝血过程。

此外，肝素还能提高蛋白质C的活性、刺激血管内皮细胞释放纤溶酶原激活物，增强对纤维蛋白的溶解。

（三）蛋白质C系统

蛋白质C系统主要包括蛋白质C（protein C，PC）、凝血酶调理素（thrombomodulin，TM）、蛋白酶S和蛋白质C的抑制物。蛋白质C是由肝脏合成的维生素K依赖因子，以酶原形式存在于血浆中，在凝血酶的作用下裂解而获得生物活性。激活的蛋白质C具有如下作用：①在磷脂和Ca^{2+}存在条件下，灭活FⅤa、FⅧa；②阻碍FⅩa与血小板上的磷脂结合，削弱FⅩa对凝血酶原的激活作用；③刺激纤溶酶原激活物的释放，增强纤溶酶的活性，从而促进纤维蛋白溶解。

（四）组织因子途径抑制物

组织因子途径抑制物（TFPI）主要来自小血管内皮细胞，是体内主要的生理性抗凝物质。TFPI的抗凝作用分两步进行：第一步是K_2与FⅩa结合，直接抑制FⅩa的催化活性，并使TFPI变构；第二步是在Ca^{2+}存在条件下，变构的TFPI与FⅦa-TF结合，形成FⅩa-TFPI-FⅦa-TF四聚体，灭活F～Ⅶa-TF复合物，发挥负反馈性抑制外源性凝血途经的作用。

三、纤维蛋白溶解与抗纤溶系统

血液凝固过程中形成的纤维蛋白被分解、液化发生溶解的过程，称为纤维蛋白溶解，简称纤溶（fibrinolysis）。参与纤溶的物质有：纤维蛋白溶解酶原（纤溶酶原，plasminogen）、纤维蛋白溶解酶（纤溶酶，plasmin）、纤溶酶原激活物和纤溶酶原抑制物，总称纤维蛋白溶解系统，简称纤溶系统。纤溶的基本过程可分两个阶段，即纤溶酶原的激活与纤维蛋白及纤维蛋白原的降解（图3-6）。

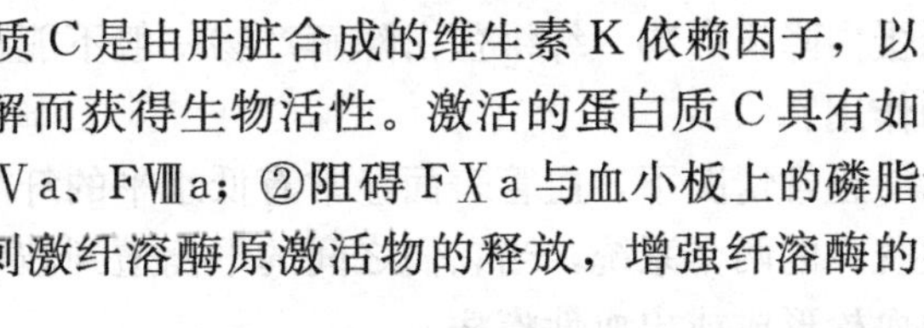

图3-6　纤维蛋白溶解系统

（+）：促进作用；（−）：抑制作用

（一）纤溶酶原的激活阶段

纤溶酶原主要在肝脏、骨髓、肾脏和嗜酸性粒细胞等处合成。在激活物的作用下，纤溶酶原脱下一段肽链，成为纤溶酶。纤溶酶原激活物主要有三类。①血管激活物，在小血管内皮细胞中合成，随后释放于血中。②组织激活物，存在于很多组织中。由血管内皮细胞和各种组织合成的组织型纤溶酶原激活物（tissue-type plasminogen activator，TPA）活性很强。③内源性凝血系统的有关凝血因子，如凝血因子 FⅪa、激肽释放酶。由前两类激活物使纤溶酶原转变为纤溶酶的途径被称为外源性激活途径，而凝血相关因子激活纤溶酶原为纤溶酶的途径称为内源性激活途径。

（二）纤维蛋白（与纤维蛋白原）的降解

纤溶酶是血浆中活性最强的蛋白酶，但特异性较小，除能水解纤维蛋白原或纤维蛋白外，还能水解凝血酶、FⅤ、FⅧ、FⅫa；促使血小板聚集和释放 5-羟色胺、ADP 等；激活血浆中的补体系统。纤溶酶和凝血酶对纤维蛋白原的作用不同，凝血酶只是使纤维蛋白原从其中两对肽链的 N 端各脱下一个小肽，使纤维蛋白原转变成纤维蛋白。纤溶酶却是水解肽链上的赖氨酸-精氨酸键，使整个纤维蛋白原或纤维蛋白分割成很多可溶的小肽，总称为纤维蛋白降解产物。纤维蛋白降解产物一般不能再发生凝固，相反，其中一部分还具有抗血凝的作用。

正常情况下，血管表面经常有低水平的纤溶活动和低水平的凝血过程，凝血与纤溶是对立统一的两个系统，当它们之间的平衡遭到破坏，将会导致纤维蛋白形成过多或不足，而引起血栓形成或出血性疾病。

（三）纤溶抑制物及其作用

动物体内还存在许多物质能抑制纤溶系统的活性，如纤溶酶原激活物的抑制剂-1（plasminogen activator inhibitor type-1，PAI）、补体 C_1 抑制物、α_2-巨球蛋白、蛋白酶 C 抑制物和抗凝血酶Ⅲ等。PAI 由内皮细胞及血小板分泌，能抑制组织型纤溶酶原激活物和尿激酶的活性；补体 C_1 抑制物可灭活激肽释放酶和 FⅫa，阻止尿激酶原的活化。

上述纤溶抑制物多数是丝氨酸蛋白酶抑制物，特异性不高，除能抑制纤溶酶外，还可抑制凝血酶、激肽释放酶。因此，纤溶抑制物既能抑制纤溶，又能抑制凝血，这对于凝血和纤溶局限在创伤局部有重要意义。

第四节　血　型

1901 年 Landsteiner 发现第一个人类血型系统 ABO 血型系统，为人类揭开了血型的奥秘，使输血成为安全度较高的临床治疗手段。近年来，随着免疫化学的发展，对血型本质有了新的认识。通常血型（blood type）就是指红细胞膜上存在的特异性抗原的类型。

一、红细胞凝集与血型

在正常情况下，红细胞是均匀分布在血液中的，如果将血型不相容的两个个体的血滴放在玻片上混合，其中的红细胞即聚集成团，这种现象称为凝集（agglutination），是一种免疫现象。在补体作用下，红细胞的凝集伴有溶血。红细胞凝集的本质是抗原-抗体反应。凝集原的特异性取决于镶嵌在红细胞膜上的特异性糖蛋白或糖脂，它们在凝集反应中起抗原作用，因而称为凝集原（agglutinogen）。将能与红细胞膜上的凝集原起反应的特异抗体称为凝集素（agglutinin）。凝集素是溶解在血浆的 γ-球蛋白，在其结构中有 2～10 个能与抗原反应的部位，抗体可将许多具有相应抗原的红细胞聚集成团。

至 1995 年，被国际输血协会认可的人红细胞血型系统共 23 个，如 ABO、Rh、P、MNSs 等血型系统。在临床实践中有重要意义的是 ABO 和 Rh 两种血型系统，它广泛存在于绝大多数人群中。

（一）ABO 血型系统

ABO 血型是根据红细胞膜上是否存在凝集原 A 与凝集原 B 而将血液分为 4 种血型。凡红细胞膜上只含凝集原 A 的为 A 型，只存在凝集原 B 的为 B 型，A 和 B 两种凝集原都有的为 AB 型，两种凝集原都没有的为 O 型。H 抗原是 A、B 抗原的结构基础，4 种血型的红细胞上都含有 H 抗原，但其抗原性较弱。不同血型人的血清中含有不同的凝集素，但不含对抗它本身红细胞凝集原的凝集素。在 A 型血中只有 B 凝集素，B 型血中只有 A 凝集素，AB 型血中没有任何凝集素，O 型血中两种凝集素均有（表 3-4）。

表 3-4 ABO 血型系统凝集原和凝集素

血型	亚型	红细胞膜上的凝集原	血清中的凝集素
A 型	A_1	$A+A_1$	抗 B
	A_2	A	抗 B+抗 A_1
B 型		B	抗 A
AB 型	A_1B	$A+A_1+B$	无
	A_2B	A+B	抗 A_1
O 型		无 A，无 B	抗 A+抗 B

在 ABO 血型中还有亚型，与临床关系密切的是 A 型中的 A_1、A_2 亚型。在 A_1 型红细胞膜上含有 A 与 A_1 凝集原，A_2 型红细胞膜上仅含有 A 凝集原。在 A_1 型血清中只有 B 凝集素，而 A_2 血型的血清中含有 B 凝集素和抗 A_1 凝集素（表 3-4）。

血型是先天遗传的，ABO 血型受一组复等位基因（I_A、I_B 和 i）的控制，基因座在 $9q_{34}$ 上。任何一个个体只能具备三个基因中的两个，I_A 或 I_B 对 i 是显性，i 为隐性。I_A 与 I_B 为共显性。因此，血型相同的两个人，基因型可能相同也可能不同。

检查 ABO 血型的方法是：在玻片上分别滴入抗 A、抗 B、抗 A-抗 B 的鉴定血清，在每一滴血清上再加入一滴待检红细胞悬液，混合后观察是否有凝集现象（图 3-7）。

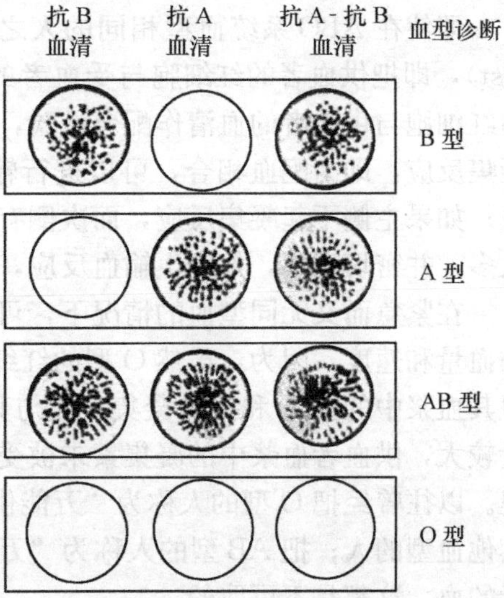

图 3-7 ABO 血型的测定

（二）Rh 血型系统

1940 年，Landsteiner 和 Wiener 又发现 Rh 血型系统。Rh 血型系统是人类红细胞血型中最复杂的一个系统，其抗原多达 40 余种，但与临床关系密切的是 D、E、C、c、e 5 种。在 5 种抗原中，D 抗原的抗原性最强，因此通常将红细胞膜上含有 D 抗原的称为 Rh 阳性，而缺乏 D 抗原的称为 Rh 阴性。在人类的血清中不存在抗 Rh 的天然抗体。但是，Rh 阴性的个体在接受了 Rh 阳性的血液输血后，通过体液免疫产生抗 Rh 的抗体。

在临床上 Rh 血型具有重要意义。Rh 阴性的受血者第一次接受 Rh 阳性的血液后一般不产生明显的反应，但如果第二次或多次输入 Rh 阳性血液，将会发生抗原-抗体反应，使输入的 Rh 阳性红细胞凝集。如果 Rh 阴性的母亲怀有 Rh 阳性的胎儿，而 Rh 阳性胎儿的红细胞或 D 抗原通过胎盘进入母亲血液，则诱发母体产生抗 D 抗体。母体内的抗 D 抗体可以透过胎盘进入胎儿的血液，使胎儿的红细胞发生凝集和溶血，造成新生儿溶血性贫血，严重时可致胎儿死亡。

在我国各民族中，99%以上汉族人为 Rh 阳性，Rh 阴性者不足 1%。但个别少数民族 Rh 阴性者较多，如苗族为 12.3%、塔塔尔族为 15.8%。白种人中约 85%为 Rh 阳性，15%为 Rh 阴性。

二、输血原则及交叉配血

输血（transfusion）是治疗某些疾病、抢救伤员生命和保证手术进行的一项重要的治疗措施。但是，不恰当的输血，可造成红细胞凝集，阻塞微血管，继而发生红细胞破裂等一系列的输血反应，严重者可引起休克，甚至危及生命。为了确保输血安全，提高输血效果，必须严格遵守输血的基本原则。

在准备输血时，首先必须鉴定血型，保证供血者与受血者的 ABO 血型相合，因为这一系统的不相容输血常引起严重的反应。对于生育年龄的妇女和需要反复输血的患者，还须使供血者与受血者的 Rh 血型相合，以避免受血者在被致敏后产生抗 Rh 的抗体。

即使在 ABO 系统血型相同的人之间进行输血，也须进行交叉配血试验（cross match test），即把供血者的红细胞与受血者的血清进行配合试验，称为交叉配血主侧；把受血者的红细胞与供血者的血清作配合试验，称为交叉配血次侧。如果交叉配血试验的两侧都没有凝集反应，即为配血相合，可以进行输血；如果主侧有凝集反应，则为配血不合，不能输血；如果主侧不起凝集反应，而次侧有凝集反应，只能在应急情况下输血，输血时不宜太快太多，并密切观察，如发生输血反应，应立即停止输血。

在紧急而又无同型血的情况下，可以给其他血型的人输入 O 型血，但应注意控制输注的血量和速度，因为，虽然 O 型的红细胞上没有 A 和 B 凝集原，不会被受血者的血浆凝集，但其血浆中的抗 A 和抗 B 凝集素能与其他血型受血者的红细胞发生凝集反应。当输入的血量较大，供血者血浆中的凝集素未被受血者的血浆足够稀释时，受血者的红细胞会被广泛凝集。以往曾经把 O 型的人称为“万能供血者”（universal donor），认为他们的血液可以输给其他血型的人；把 AB 型的人称为“万能受血者”，认为 AB 型的人可以接受其他血型供血者的血，这都是不可取的。

随着医学和科学技术的进步，输血疗法已经从原来的单纯输全血，发展为成分输血（transfusion or blood component）。成分输血，就是把人血中的各种有效成分，如红细胞、粒细胞、血小板和血浆分别制备成高纯度或高浓度的制品再输入。这样既能提高疗效，减少不良反应，又能节约血源。

三、动物的血型及其应用

（一）动物的血型

20世纪30年代初至50年代末，人类已经完成了多种畜禽血型的分类。动物的血型有狭义和广义之分。广义的血型是指血细胞、血清、脏器及其分泌液等，凡是能用一定方法加以分类的型。采用凝胶电泳的方法，按血清或血浆中所含蛋白质成分划分血型：血清蛋白型（Alb型）、后清蛋白型（Pa型）、前清蛋白型（Pr型）、转铁蛋白型（Tf型）、结合珠蛋白型（Hp型）、血浆铜蓝蛋白型（Cp型）、血清域性磷酸酶型（Ap型）和血细胞碳酸酐酶型（CA型）、血清淀粉酶型（Am型）。也有人按血清中各种酶的同工酶电泳图谱进行血型分类。

狭义的血型即为根据红细胞上抗原差异对血液加以分类的血细胞抗原型。对动物血液的研究，发现动物的血型也很复杂。例如，狗的血型有5种，猫的血型有6种，绵羊的血型有9种，马的血型有9～10种，猪的血型有15种，牛的血型达40种以上。

（二）家畜血型的应用

家畜血型在畜牧和兽医实践中具有广泛的用途。

1. 血型与品种或品系间亲缘程度分析 血型也可以用于品种资源的分类，不同品种的猪血型频率有显著差异。

当进行杂交育种或杂种优势利用时，品种或品系间的血型因子的相似程度或差异大小，显示出二者在遗传基础上差异的程度，可以预计杂种优势的大小。

2. 血型与亲子鉴定和血统登记 血型的遗传相当稳定，并按遗传基本规律产生分离现象，在出生后就能客观检查，所以不论人和家畜的血型都可以作为鉴别亲子关系的一种手段。在畜牧实践中，精液混杂，在同一发情期或相继发情期初，使用2头以上公牛精液配种；用混合精液受精；偷配或把2头以上的公牛放在母牛群中造成轮配；分娩牛混杂；移植受精卵或发情期内用不同的公牛精液受精等情况普遍存在，通过血型鉴定确定幼畜的父亲十分有效。

做好动物血型鉴定，记载能稳定遗传给后代的血型，把祖先和后代的登记联系起来即可建立准确的系谱资料，可防止血统混乱，保证育种工作的可靠性。

3. 血型与经济性状 动物的经济性状在某种程度上受遗传因子控制，而控制血型和某种经济性状的基因之间可能存在着直接或间接的联系。例如，乳牛的血型与乳牛含脂率、肉的生产力、受胎率密切相关，O_1 和 B_1 血型的挤奶量好，B'血型的含脂率优良，Z_1、Z_2 血型的奶量最差，A_1、A_2、D血型的含脂率最差。有人认为，B血型系统与家鸡的一些重要经济性状（如产蛋力、孵化率、疫病易感性）与体重有关。因此，血型可作为优良个体选育和品种改良的依据之一。

4. 血型与动物疾病 在马、驴、牛和猪都发现母畜与胎儿血型不合导致的新生幼畜溶血病，特别是在母马和公驴杂交中，新生骡驹的溶血病发病率高达30%。有研究表明，鸡B血型系统中的某些因子与白血病、马立克氏病、白痢等疾病密切相关。

5. 诊断异性孪生不育　牛怀异性双胎时，在发生血管吻合的情况下，一方面雄性胎儿性腺产生的雄激素可作用于尚未分化的雌性胎儿性腺，影响雌性胎儿性腺的分化，使产出的母犊日后缺乏生殖力。另一方面，胎儿血管吻合后，造血器官中的红细胞能进入对方体内，使其具有两种红细胞，这一现象称为红细胞嵌合。对具有红细胞嵌合的个体进行血型实验时，常发生溶血反应；没有嵌合的个体，无溶血反应，由此可以推断异性双胎的母犊长大后是否具有生育能力。

复习思考题

1. 简述血液的生理功能。
2. 简述血浆蛋白的种类和功能。
3. 何谓血浆晶体渗透压、胶体渗透压？它们有何生理意义？
4. 简述红细胞生成过程。
5. 试述各类白细胞的生理功能。
6. 简述血液凝固的过程及其机制。
7. 何谓纤维蛋白溶解？阐述纤溶的基本过程。
8. 人类 ABO 血型系统的分类依据是什么？鉴定 ABO 血型有何临床意义？

第四章 循环系统

第三章学习过血液具有营养运输、维持稳态、调节、防御和保护等机能，但如果血液不流动，这些机能就无法正常发挥。心脏和血管组成机体的血液循环系统，血液在这一闭锁系统中沿一定方向周而复始地流动，称为血液循环（blood circulation）。其中，心脏收缩提供动力，各类血管作为“轨道”。血液循环是循环系统的主体，此外还有淋巴循环、脑-脊液循环等作为补充。

第一节 心 脏

一、心肌的生物电现象

心肌细胞与神经细胞、骨骼肌细胞等可兴奋细胞一样，生物电现象也有静息电位（或舒张电位）和动作电位两种基本的表现形式。非自律细胞的静息电位也是由 K^+ 外流所产生的 K^+ 跨膜平衡电位。在不同类型的心肌细胞中，静息时膜电位的幅度有差别，心室肌细胞为 −90～−80mV；而窦房结 P 细胞等慢反应自律细胞为 −70～−40mV。没有受到外来刺激时，自律细胞的跨膜电位也不稳定，会发生规律性的复极化和自动去极化，故称其为舒张电位（diastolic potential）。首先以心室肌细胞为例，介绍快反应非自律细胞的生物电现象。

（一）心室肌细胞的动作电位

心室肌细胞与神经细胞、骨骼肌细胞一样，离子在细胞膜两侧的不均匀分布所形成的浓度梯度以及细胞膜选择通透性所允许的离子跨膜移动是心室肌细胞跨膜电位形成的物质基础。心室肌细胞膜上具有更多类型和数目的离子通道，跨膜电位形成机制中涉及的离子流远比骨骼肌中复杂得多。

心室肌细胞静息电位与神经细胞相似，是稳定的。受到外来有效刺激时可暴发动作电位。通常把心室肌细胞的动作电位分为 0 期、1 期、2 期、3 期、4 期 5 个时期（图 4-1）。

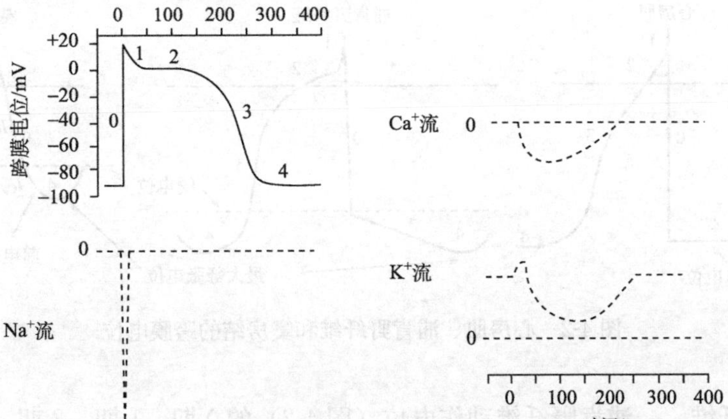

图 4-1 心室肌细胞跨膜电位及其形成的离子基础

0期（去极或除极过程）。外来刺激引起的去极化达到阈电位水平，引发Hoghkin循环，膜电位从-90mV的静息水平迅速变为$+30$mV，历时1～2ms，变化率高达800～1000V/s，这是由于Na^+快道开放产生的，表现为Na^+第一内向电流（I_{Na}）。Na^+快道在膜电位为0mV时开始失活而关闭。该类通道可被河豚毒（TTX）阻断。

1期（快速复极初期）。跨膜电位从$+30$mV快速降为0mV左右，历时约10ms。机理尚不十分清楚，20世纪70年代认为是Cl^-内流，近年来认为是以K^+外流为主，还有Na^+参与。

2期（坪或平台期）。跨膜电位-20～0mV，历时100～150ms，一方面K^+通道缓慢恢复，另一方面慢Ca^{2+}通道（就心肌细胞总体而言，不是仅指单个通道的激活、失活及复活）于膜去极化达-40mV时已被激活，此时内流增加，两相抵消，复极化速度减慢。平台期是心室肌细胞动作电位与神经细胞、骨骼肌细胞之间存在的主要差异。Ca^{2+}通道还具有时间依赖的特性，激活后随时间推移而逐渐失活，K^+通道进一步恢复并加速了复极化的进程而转入3期。Ca^{2+}通道可被Mn^{2+}或异搏定（verapamil，维拉帕米）阻断，从而可以大大缩短平台期。

3期（快速复极末期）。此期与平台期之间无明显界限，膜电位继续快速复极化到-90 mV，历时100～150ms，是由膜对K^+的通透性恢复并升高所引起，由于心室肌各细胞复极过程不一致，使复极区和未复极区之间存在电位差，这可加速复极区的复极过程，直至复极完成。

4期。4期是膜电位恢复后的时期。借助于Na^+-K^+泵（离子转运个数比为3∶2）和Na^+-Ca^{2+}交换（离子转运个数比3∶1）等机制恢复细胞膜内外的离子浓度梯度，在此过程中膜两侧间电荷移动基本平衡。此期在非自律细胞中称静息期，在自律细胞中称舒张期。

与神经细胞、骨骼肌膜动作电位相比，心室肌细胞动作电位产生过程中，Ca^{2+}慢通道是心肌细胞的重要特征。心室肌细胞动作电位表现为平台期特别长以及没有正后电位阶段等特点。

（二）其他心肌细胞的动作电位

1. 心房肌细胞 心房肌细胞与心室肌细胞同属于快反应非自律细胞，动作电位图形类似，产生机制也相同，只是较后者平台期历时短些（图4-2）。

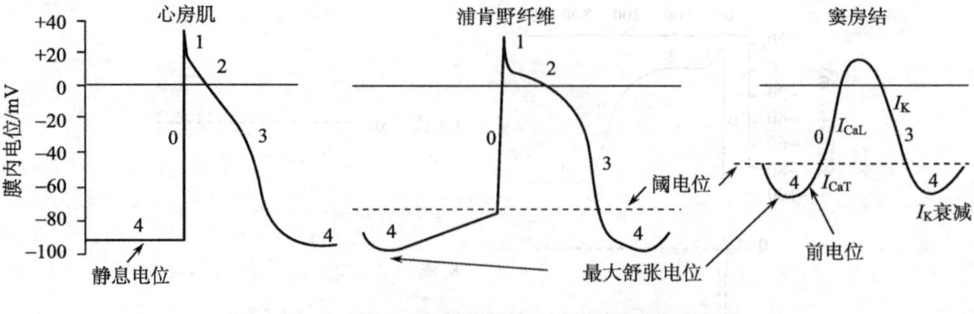

图4-2 心房肌、浦肯野纤维和窦房结的跨膜电位

2. 浦肯野纤维 浦肯野纤维动作电位（图4-2）的0期、1期、2期、3期4个时期与心室肌相同，其0期除极的成因也是Na^+再生性内流，故也属于快反应细胞。只是4期并不

稳定，这是由于此时细胞膜不仅对 K^+ 有递减性通透，同时存在 Na^+ 持续内流，形成渗透电流或称背景电流（background current）。该 K^+ 通道在 −60mV 激活，在 −90mV 开始失活；而该 Na^+ 通道在 −60mV 开始激活，在 −100mV 左右充分激活，到 −50mV 失活，随时间推移而逐渐增强。达到最大舒张电位前为净外向电流，达到最大舒张电位后为净内向电流，引起自动去极化（spontaneous depolarization），达到阈电位水平时爆发动作电位，并再次复极化回到 4 期。因此内向电流又称起搏电流，这种 4 期去极化电位称为前电位或起搏器电位。这样，自律细胞通过“自我”启动、“自我”发展、“自我”限制，自动地、不断地产生节律性兴奋。正常情况下，前电位仅在窦房结和房室结细胞表现明显（图 4-3）。心房和心室肌细胞没有前电位，当它们受到损伤或者不正常时，也可能发生自动去极化。

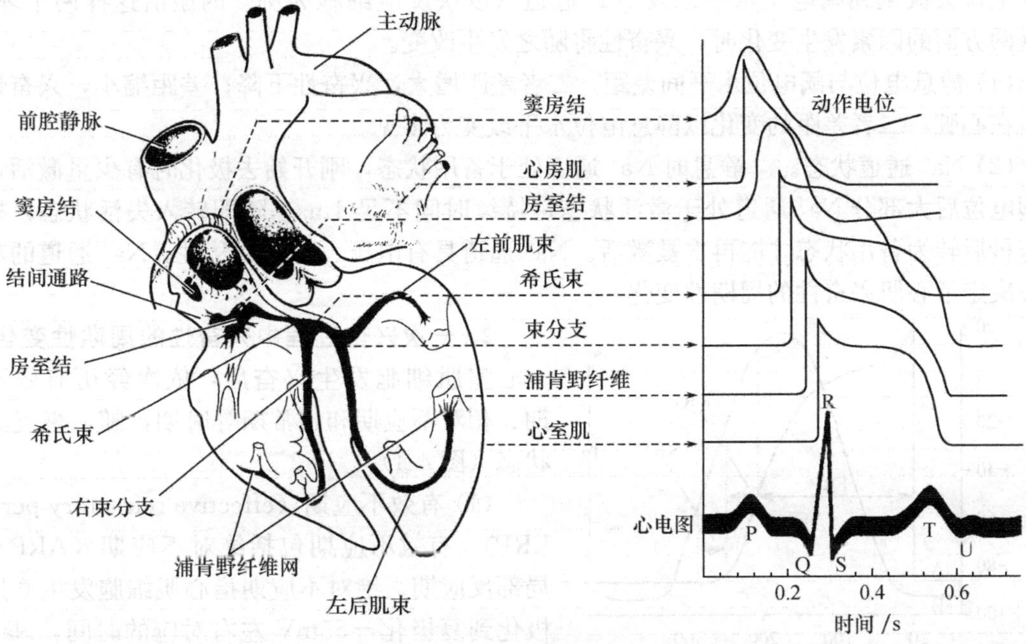

图 4-3　心脏的传导系统

3. 窦房结细胞　　窦房结中心区内一块很小的区域被认为是真起搏细胞（pacemaker cell，P 细胞）。窦房结 P 细胞动作电位只包括 0 期、3 期、4 期三个时期（图 4-2）。4 期不稳定，能自动缓慢去极化。在 P 细胞每一个动作电位的顶点，K^+ 通道开放，K^+ 外向电流（I_K）出现并且引起复极化。接着 I_K 减弱，即 K^+ 外流减少时，有 Ca^{2+} 通道开放，膜开始去极化，形成前电位的起始部分。心脏中存在两种类型 Ca^{2+} 通道——T（transient，瞬时）通道和 L（long-lasting，持久）通道。由 T 通道开放产生的 Ca^{2+} 内流（I_{CaT}）发生 4 期自动去极化，完成前电位，L 通道开放产生的 Ca^{2+} 内流（I_{CaL}）引发冲动，即 0 期去极化。

P 细胞 4 期自动除极速度（约 0.1V/s）比浦肯野纤维（约 0.02V/s）要快，0 期除极速度却慢（约 10V/s，浦肯野纤维为 200～1000V/s）、历时长（7ms 左右，浦肯野细胞为 1～2ms），且不出现明显的超射。

心脏的电变化通过身体这一容积导体而投射到身体表面，将测量电极置于体表一定部位（导联）记录出来的心脏电变化曲线，称为心电图（electrocardiogram，ECG）（图 4-3 右）。心电图反映心脏兴奋的产生、传导和恢复过程中的生物电变化，而与心脏的机械收缩过程无直接关系。

二、心肌的生理特性

心肌组织具有兴奋性、自律性、传导性和收缩性4种生理特性，它们共同决定着心脏的活动。其中前3种生理特性都是以肌膜的生物电活动为基础的，故又称为电生理特性，而收缩性是心肌的一种机械特性。

（一）兴奋性

1. 决定和影响兴奋性的因素 从关于兴奋产生过程的叙述中可知，兴奋的产生包括静息电位去极化到阈电位水平以及Na^+通道（以快反应细胞为例）的激活这样两个环节，当这两方面的因素发生变化时，兴奋性将随之发生改变。

（1）静息电位与阈电位水平间差距。二者差距增大，兴奋性下降；差距缩小，兴奋性提高。在心脏，二者差距的变化以静息电位水平改变为多见。

（2）Na^+通道状态。 静息时Na^+通道处于备用状态，刚开始去极化时有少量激活，达到阈电位后大部分Na^+通道处于激活状态，持续时间不足1ms，随即转入失活状态，持续几毫秒后转为备用状态才能再次被激活。Na^+通道具有电压、时间依从性。Na^+通道的功能状态决定了心肌兴奋性的周期性变化。

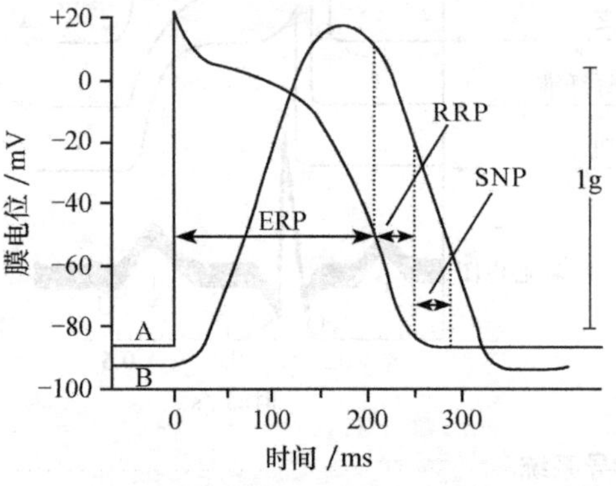

图4-4 心室肌动作电位期间兴奋性的变化及其与机械收缩的关系

A. 动作电位；B. 机械收缩；ERP. 有效不应期；RRP. 相对不应期；SNP. 超常期

2. 一次兴奋过程中兴奋性的周期性变化 心室肌细胞发生兴奋后，依次经历有效不应期、相对不应期和超常期等时期，随后恢复正常状态（图4-4）。

（1）有效不应期（effective refractory period，ERP）。有效不应期包括绝对不应期（ARP）和局部反应期。绝对不应期指心肌细胞发生0期去极化到复极化－55mV左右对应的时间，Na^+通道均处于激活状态或失活状态，无论受到多强的第二次刺激，肌膜都不会发生任何程度的去极化；而当复极化到－60～－55mV时，膜上Na^+通道部分恢复到备用状态，较强刺激后Na^+通道开放数轻微增加，可产生局部电位，但不会引起动作电位，称为局部反应期。

（2）相对不应期（relative refractory period，RRP）。细胞膜继续复极化到－80～－60mV,此时Na^+通道大部分恢复，受到兴奋前的阈上刺激时可以引发动作电位；由于仍有K^+外流，暴发新的动作电位平台期短，不应期也短。

（3）超常期（supranormal period，SNP）。对应于复极化－90～－80mV时，Na^+通道基本恢复完成，膜电位离阈电位水平更近，用以引起该细胞发生兴奋所需的刺激阈值比正常要低，表明兴奋性高于正常。

最后，复极化完毕，膜电位恢复正常水平，Na^+通道恢复备用状态，兴奋性也恢复正常。与神经细胞不同，心室肌细胞兴奋性变化过程中无低常期。

3. 兴奋性周期变化与收缩活动的关系 心肌细胞兴奋后兴奋性变化过程中有效不应

期特别长，一直持续到机械反应的舒张期开始之后（图 4-4）。这一特点决定了心肌不会像骨骼肌那样产生完全强直收缩，而是始终保持舒缩交替的活动，从而使心脏有血液回心充盈的时期，这样才可能顺利实现其泵血功能。

（二）自动节律性

组织、细胞能够在没有外来刺激的条件下，自动地发生节律性兴奋的特性，称为自动节律性（autorhythmicity），简称自律性。自律性的高低用自动兴奋的频率来衡量。很早以前就观察到，在适宜条件下，离体蛙心在未受任何刺激时，可以有节奏地自动进行兴奋、收缩较长时间。自律性来源于特殊传导系统中的各种自律细胞。其自律性有等级差别，由高到低依次是窦房结（约 100 次/min，两栖动物为静脉窦）、房室交界（50 次/min）、房室束、束支、浦肯野纤维（25 次/min）。

从前面对浦肯野纤维和窦房结 P 细胞动作电位图形、特别是 4 期自动除极过程的分析，不难看出，决定和影响自律性的因素一是最大舒张电位与阈电位水平间距离，二是 4 期自动除极速度。

斯氏结扎实验可以简略地证明，心脏始终是依照当时情况下自律性最高的部位所发出的兴奋来进行活动的。窦房结被认为是哺乳动物的正常起搏点（normal pacemaker），由窦房结产生兴奋支配全心的节律性活动称为窦性节律（normal sinus rhythm，NSR）。而把其他传导组织称为潜在起搏点（latent pacemaker）。当窦房结活性减弱或者从它们那里发出的冲动传导受到阻滞时，潜在起搏点发生作用，此时的节律性活动称为被动性异位节律；而当潜在起搏点发生病理变化或受到刺激发挥起搏作用时称为主动性异位节律。正常情况下，窦房结对于潜在起搏点的控制，通过两种方式实现：①抢先占领（preoccupation），即当潜在起搏点 4 期自动去极化尚未达到阈电位水平时窦房结的冲动已经传来而暴发兴奋，其自身的自动去极化无法完成；②超速驱动压抑（overdrive suppression），临床观察到，突然中断窦房结对心室的支配，会出现一段心脏停搏。这是因为正常情况下，潜在起搏点的“被动”兴奋频率远高于本身的自动兴奋频率，本身自律活动被压抑，需要一定时间才能恢复。超速驱动压抑程度与两个起搏点自动兴奋频率的差别大小呈平行关系。

（三）心肌的传导性和心脏内兴奋的传导

心肌细胞兴奋产生的动作电位有能够沿着细胞膜传播的特性，称为心肌的传导性（conductivity）。心肌在功能上是一种合胞体，通过闰盘（电阻仅相当于其他部位细胞膜的 1/400）的胞间兴奋传递引起整个心房或整个心室的兴奋和收缩。动作电位沿细胞膜传播的速度可作为衡量传导性高低的指标。

1. 心脏内兴奋传播的途径和特点 窦房结细胞直径 5～10μm，由窦房结开始的去极化以 0.05m/s 的速度传出，通过一般心房肌细胞以 0.4m/s 的速度兴奋左、右心房，心房去极化的完成大约需要 0.1s，引起左右心房几乎同步收缩。同时通过“优势传导通路”（preferential pathway）传导冲动到房室交界区，速度（1m/s）远快于一般心房肌细胞。20 世纪 60 年代，James 认为结间束分为前、中、后三支，其中前支又分出一支终止于左心房，称房间束。至今并未发现结间束细胞这一在形态结构上特殊的组织，只是某些部位的心房肌细胞纤维排列方向一致，结构整齐，其传导速度较其他心房肌快，故改称为“优势传导通路”。

房室交界区是正常情况下心房和心室之间的唯一传导路径，其中的结区细胞直径仅有3μm，且分支多，传导速度极慢（0.02m/s），在心脏内冲动传导过程中形成0.1s的延迟，称为房-室延搁（atrio-ventricular delay）。交感神经对心脏的刺激可缩短房室延搁，迷走神经的刺激延长房-室延搁。

进入心室的冲动从隔膜的顶部开始，依次通过房室束（1m/s）、左右束支（2～3m/s）和浦肯野纤维（直径达70μm，速度4m/s）迅速传给心室肌。心室肌细胞间冲动的传导速度仍然很快，达1m/s，传遍心室的所有部分需要0.08～0.1s，引起左右心室几乎同步收缩。

心脏内兴奋传播的特点：①各种心肌细胞传导速度不同，冲动在较短时间内就可以传遍左右心房或左右心室，产生“全或无”式收缩；②存在房-室延搁现象，从而保证心房、心室次序、协调活动，有利于血液充盈心室和射血。当受到疾病或药物的影响，可能发生传导阻滞。

在人体，心室肌的去极化在室中隔的左侧开始，通过其中间部分首先到达室中隔右侧；去极化波沿着室中隔下行到心尖，再沿着心室壁返回到房室沟。人的浦肯野纤维只深入到心内膜，通过心肌细胞间的闰盘结构使兴奋从心内膜传到心外膜表面。猪和反刍动物的浦肯野纤维可以穿透心脏，引起内外膜细胞同时收缩。

2. 决定和影响传导性的因素

（1）结构因素。如前所述，细胞直径越小、传导速度越慢，这一因素比较固定；其次是细胞的静息电位水平，在－90mV以内，静息电位绝对值越大，兴奋时膜电位落差越大，引起膜外阳离子内流加速，从而能更快地达到阈电位水平，传导性增强；但静息电位绝对值大于90mV时，Na^+通道钝化，传导性反而减弱，兴奋性也降低。

（2）生理因素。冲动的传导源于局部电流形成，因此动作电位0期除极的速度和幅度以及邻近未兴奋部位膜的兴奋性均会影响细胞的传导性。例如，苯妥英钠（dilantin，大仑丁）激活Na^+快通道，传导性高；奎尼丁则相反。

（四）收缩性

心肌细胞与骨骼肌细胞一样，含有由粗、细肌丝构成的肌原纤维，其收缩原理与骨骼肌相似。但是由于心肌细胞的组织结构特点和电生理特性决定了它具有自己的收缩特性。

1. 对细胞外液Ca^{2+}浓度有明显的依赖性 心肌细胞的肌质网终末池远不如骨骼肌发达，而横管系统远比骨骼肌发达，兴奋-收缩耦联的结构基础是二联管；当冲动传到横管系统时，引起膜外较多的Ca^{2+}进入细胞，产生心肌细胞的正常收缩。当细胞外液中Ca^{2+}浓度极低时，心肌能产生动作电位，但不能引起收缩，这一现象称为“兴奋-收缩脱耦联”或“电-机械分离”。

2. “全或无”式收缩 由于心脏传导系统和心肌细胞间闰盘结构的存在，能够快速传递冲动，因此心房或心室作为两个功能“合胞体”可以实现同步收缩，这对完成射血功能是极为有利的。骨骼肌细胞只能接受运动神经的支配，单个肌细胞兴奋不能传播到其他肌细胞，因此骨骼肌收缩强度取决于单个细胞的收缩强度和参与收缩的肌细胞数目。而整个心脏的收缩强度只取决于单个细胞的收缩强度。

3. 不发生强直收缩 如前所述，心肌细胞兴奋后有效不应期特别长，涵盖了整个收缩期及舒张期前段，因此不会发生骨骼肌一样的强直收缩，保证收缩、舒张的交替进行。当然在下一次窦房结冲动到来之前受到额外刺激时，额外刺激落在有效不应期内，则不出现反应（图 4-5A）；若落在有效不应期之后可出现期前收缩（premature systole）。期前收缩也有不应期，下一次窦房结冲动传到心室肌时，常常正好落在期前兴奋的有效不应期内，造成收缩的“脱失”，即期前收缩后往往出现代偿性间歇（compensatory pause）（图 4-5B）。这些都是有利于心脏泵血的特性。

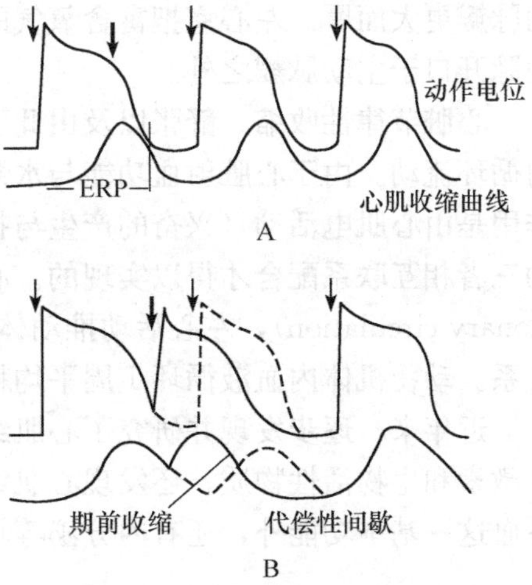

图 4-5 期前收缩与代偿性间歇
细箭头表示窦房结传来的冲动，粗箭头表示额外的刺激

三、心脏的泵血功能

心脏是一个由心肌组织构成并具有瓣膜结构的空腔器官（图 4-6A）。哺乳动物心脏有 4 个腔室：左心室、右心室及位于其上的左心房、右心房。心房、心室分别被房中隔和室中隔分为左右两部分，因此可以把心脏分为左右两个部分。心房比心室小，心房壁比心室壁薄。

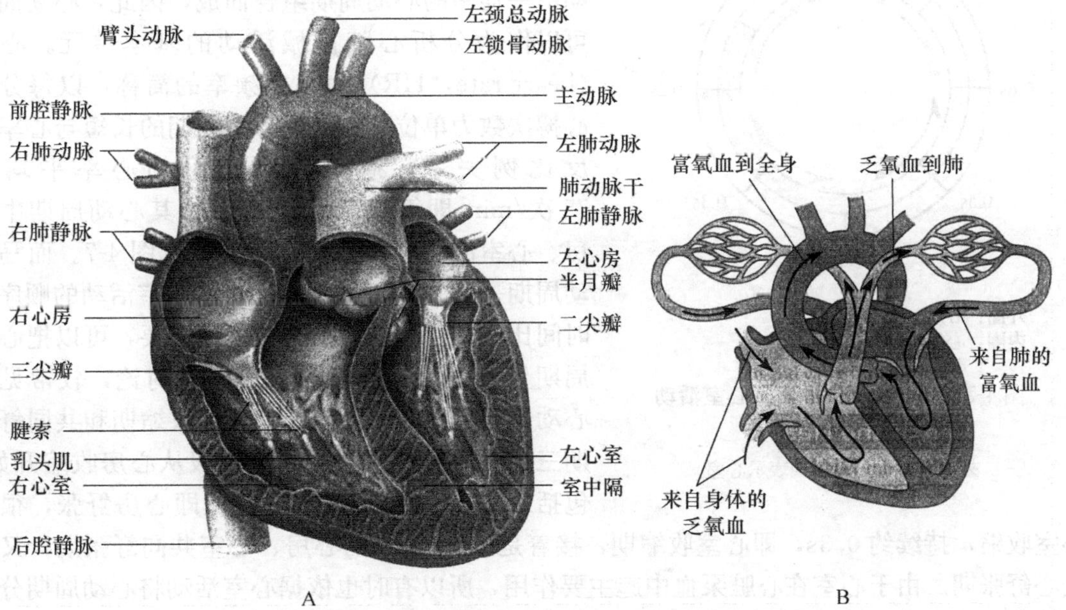

图 4-6 心脏横断面示意图（Mader，2002）
A. 心房、心室以及瓣膜位置；B. 血液在心腔内的流动路径

如图 4-6A、B 所示，右心房接受前、后腔静脉（在人体称为上、下腔静脉）以及冠状静脉中缺乏氧气富含二氧化碳的静脉血，通过三尖瓣进入右心室。在右心室壁上有从心肌延伸出来的乳头肌，乳头肌发出的腱索附在三尖瓣的瓣尖，可避免三尖瓣翻向右心房。肺动脉开口于右心室，开口处有三片半月瓣。半月瓣允许右心室血液射入肺动脉，而避免血液倒流回右心室。乏氧的静脉血通过肺部的气体交换转变为富含氧气的动脉血，由肺静脉运回左心房。左心房与左心室之间的房室瓣称为二尖瓣或僧帽瓣，二尖瓣由更加粗壮的腱索和发达的乳头肌牵引在左心室壁上。左心室到主动脉的开口也有三片半月瓣，称为主动脉瓣，它比肺

动脉瓣更大而厚。左心室把富含氧气的血液射入主动脉，供应全身。为心脏提供营养的冠状动脉开口于主动脉瓣之外。

心脏节律性收缩、舒张以及由此引起的瓣膜规律性地被打开和合拢，推动血液沿单一方向循环流动。由于心脏射血功能与水泵泵水功能相似，因此称为心脏的泵血功能。心脏泵血作用是由心肌电活动（兴奋的产生与扩布）、机械收缩（压力和容积变化、血流）和瓣膜活动三者相互联系配合才得以实现的。心脏可被看做是一个双泵，右心活动推动肺循环（pulmonary circulation），左心活动推动体循环（systemic circulation）。肺循环和体循环是串联关系。动物机体内血液循环 1 周平均耗时不足 1min。

近年来，逐步发现并研究了心肌细胞能分泌心房钠尿肽、抗心律失常肽、内源性洋地黄等激素和生物活性物质，还发现心肌细胞内有肾素-血管紧张素系统的存在。说明心脏除了泵血这一基本功能外，还有内分泌等功能。

（一）心动周期与心率

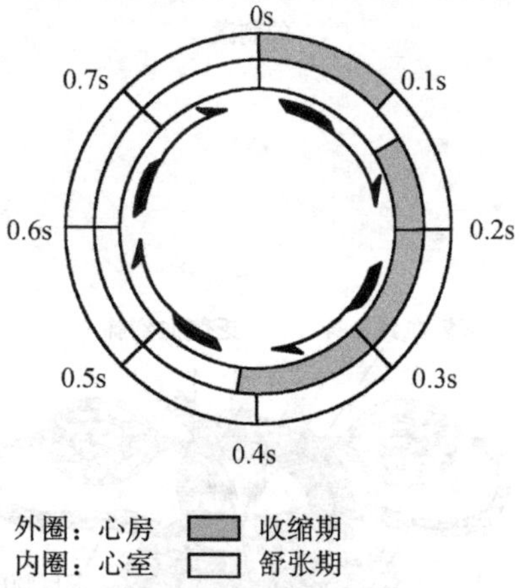

图 4-7　心动周期中心房、心室活动的顺序和时间关系

外圈表示心房；内圈表示心室

心脏一次收缩和舒张，构成一个机械活动周期，称为心动周期（cardiac cycle）。正常心脏的活动由一连串的心动周期组合而成，因此，心动周期可以作为分析心脏机械活动的基本单元。心率（heart rate，HR）为心搏频率的简称，以每分钟心搏次数为单位。显然，心动周期的长短与心率呈反比例关系。猪安静状态下的心率平均为 75 次/min，即每 0.8s 跳动一次，其心动周期中心房、心室活动的顺序和时间关系见图 4-7。而马心动周期一般为 1.6s，但其心房、心室活动的顺序和时间比例与猪相同。根据不同的需要，可以把心动周期分为 2、3、5、7 等多种时期讨论，较常见的心动周期分为心房收缩期、心室收缩期和共同舒张期三个时期。描述心动周期一般从心房收缩开始，包括约 0.1s 的心房收缩期，随即心房舒张，很快心室收缩，持续约 0.3s，即心室收缩期，接着是 0.4s 左右的心房、心室共同舒张期，又称全心舒张期。由于心室在心脏泵血中起主要作用，所以有时也依据心室活动将心动周期分为心缩期（systole）和心舒期（diastole）。

可见，在一个心动周期中，心房、心室均按一定的时程进行收缩与舒张的交替活动，二者之间又是次序进行的。左、右两侧心房、心室的活动则几乎是同步的，因为心脏在功能上是两个合胞体组成的，即左、右心房是一个合胞体，左、右心室是另一个合胞体。房室孔周围的结缔组织环将这两个合胞体分开来。同时，无论是心房还是心室，收缩期均短于舒张期。只有在舒张期心脏自身才能通过冠状血管获得营养物质和氧气，从而有利于恢复做功能力以及血液回心。如果心跳加快，心动周期持续时间将缩短，收缩期和舒张期均会相应缩短，但舒张期缩短的比例较大。例如，心率升高到 200 次/min 时，收缩期将变为 0.16s，舒张期变为 0.14s。这意味着心肌工作时间相对延长，对心脏的持久活动是不利的。

心率是一个相对稳定的重要生理值，生产和临床上常作为判断生命体征的指标之一。动物的心率因种类、性别、年龄及生理状态不同而异。一般来说，个体小的动物心率较快，个体大的心率较慢。安静状态下，大象的心率为 28 次/min，而小白鼠的心率可达400 次/min。同种动物，雄性的心率大于雌性，幼年的大于老龄。各种动物心率的生理范围不同（表 4-1）。就成年马而言，如心率大于 80 次/min，则属窦性心动过速（tachycardia）；如小于 14 次/min，则属窦性心动过缓（bradycardia）。心率随体温变化明显，体温上升 1℃，心率就会增加 12～18 次/min。坚持锻炼的人、调教有素的动物，平时心率较慢，强烈运动时心率增高幅度较小。

表 4-1 不同动物心率的生理值

动物	心率/(次/min)	动物	心率/(次/min)	动物	心率/(次/min)
马	30～45	猪	60～80	鸡	250～300
驴	60～80	山羊	60～80	鸭	240
骆驼	30～50	绵羊	70～110	鸽	141～244
黄牛	40～70	狗	70～120	豚鼠	260～400
乳牛	60～80	猫	110～130	大白鼠	216～600
牦牛	35～70	家兔	120～150	小白鼠	260～400
人	60～100	猴	227	蛙	36～70

（二）心脏泵血的过程和机制

1. 左心室的射血和充盈过程 心脏的收缩、舒张，加之瓣膜启闭的配合，实现心腔内压力、容积的大幅度变化。为了便于描述心脏收缩射血过程的阶段性变化，以左侧心脏为例把心动周期分为以下 5 个时期（图 4-8、图 4-9）。

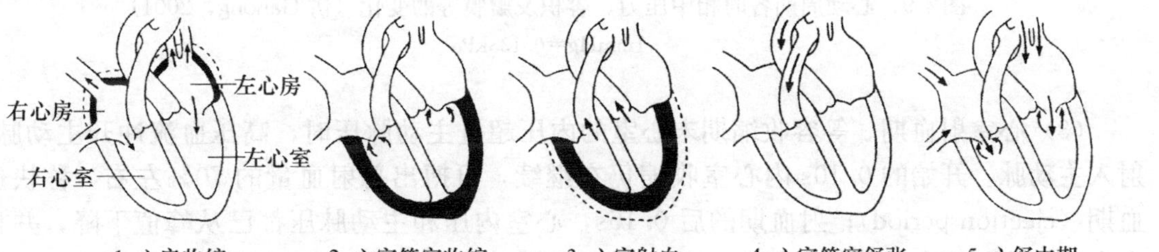

图 4-8 心动周期中心房、心室收缩变化的图解（仿 Ganong，2001）
黑色部分表示收缩状态

（1）心房收缩期。心房收缩从与腔静脉连接处的窦房结附近开始，可将静脉血液回流暂时阻断，同时挤压心房内的血液通过房室孔流向处于舒张状态的心室，使心室进一步得到充盈（此期充盈量占心室舒张末期容积的 30%左右），持续时间约 0.1s。心房随后进入舒张期。

（2）心室等容收缩期。心房舒张后，心室随即发生收缩，心室内压升高并超过房内压，心室内血液出现返流心房的倾向而引起房室瓣闭合，避免血液倒流入心房。此时室内压尚低于主动脉压，主动脉瓣同时处于闭合状态，心室成为一个封闭腔。而血液是不可压缩的液体，心室的强烈收缩并没有改变心室容积，心肌细胞的等长收缩就使心室内压在约 0.05s 内急剧升高。从房室瓣闭合到主动脉瓣开启这段时间称为等容收缩期（isovolumic contraction period）。

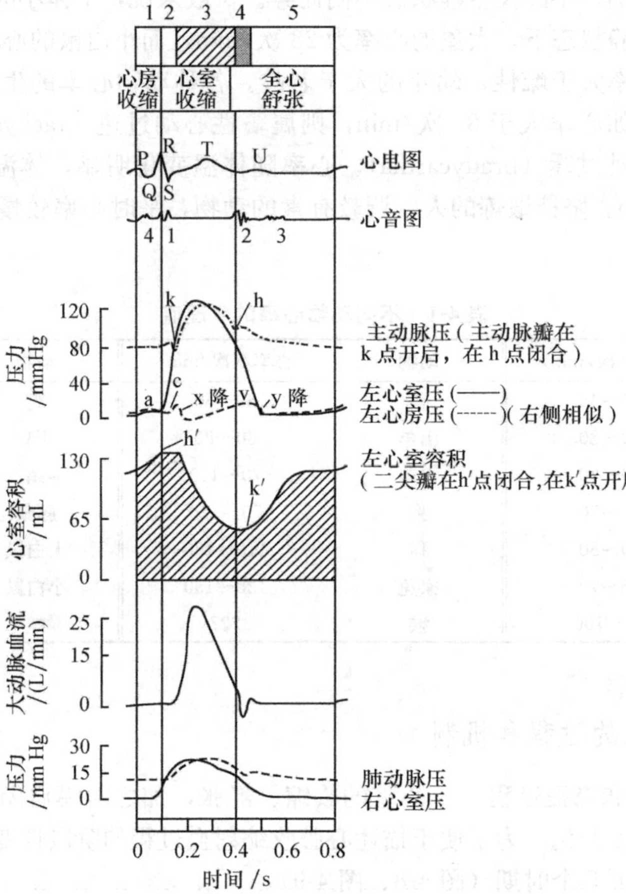

图 4-9　心动周期各时相中压力、容积及瓣膜等的变化（仿 Ganong，2001）

1mmHg=0.133kPa

（3）心室射血期。等容收缩期末心室的内压超过主动脉压时，高压血流冲开主动脉瓣，射入主动脉。开始的 0.10s 内心室收缩仍在继续，可搏出总射血量的 70%左右，称快速射血期（ejection period）；射血期的后 0.15s，心室内压和主动脉压都已从峰值下降，并且心室内压已略低于主动脉压，但由于血流惯性作用，在其动能推动下仍可向主动脉射血，称减慢射血期，此期射血量占总射血量的 30%左右。

（4）心室等容舒张期。心室开始舒张后引起心室内压快速下降，主动脉内血液的回流倾向冲撞主动脉瓣使其闭合。此时心室内压仍显著高于心房内压，房室瓣仍然处于关闭状态，心室又成为封闭腔。心室容积不变，心室内压迅速下降，从主动脉瓣闭合直到房室瓣开启，称为等容舒张期（isovolumic relaxation period），持续时间 0.06～0.08s。

（5）心室充盈期。心室充盈期（filling period）是当心室舒张引起内压下降到低于心房内压时，房室瓣受到抽吸作用而开启，心房内血液快速涌入心室，称为快速充盈期，历时约 0.11s。进入心室的血液约为心室舒张末期容积的 2/3。随着静脉血液通过心房继续较慢地流入心室，心室容积进一步增大，内压升高，房室瓣倾向于关闭位置，称减慢充盈期，历时约 0.22s。

紧接着心房收缩，心房收缩期也可称为主动快速充盈期，为下一个心动周期的起始。如此周而复始。

从以上对心室充盈和射血过程的描述中，不难理解左心室泵血的机制。心房肌和心室肌的收缩和舒张是造成房内压、室内压改变，从而导致心房-心室之间以及心室-主动脉之间产生压力梯度的根本原因，而压力梯度是推动血液流动的主要动力，血液的单方向流动则是在瓣膜活动的配合下实现的。同时，瓣膜的活动对于室内压力的变化，特别是其在等容收缩期和等容舒张期时的大幅度升降也起着重要配合作用。

2. 心动周期中心房压力的变化 一个心动周期中，左心房内压力曲线出现三个小的正向波和两个下降波，依次是a波、c波、x降、v波和y降（图4-9）。a波是由心房收缩和舒张引起的。随后心室收缩，推动房室瓣关闭并向心房腔一侧凸出，造成房内压轻度上升形成c波；心室射血后心室内压下降带动房内压下降，形成x降。以后随着静脉血液流入心房，房室瓣仍关闭着，心房内压升高形成v波；房室瓣开启后，血液流入心室，形成y降。

正常情况下，与左心室高达15.96kPa（120mmHg）的大幅度血压变化相比，心房压力总波动幅度较小，左心房压为10多毫米汞柱，右心房压仅为数毫米汞柱。

3. 心房和心室在心脏泵血活动中的作用 心室的强烈收缩产生心室-动脉间的压力梯度，引起半月瓣开放和心室射血。心房收缩促进心室的进一步充盈，心室充盈主要依赖于心室舒张的抽吸作用，大多数时间内心房只是起到了血液从静脉返回心室的通道作用。故当发生心房纤维性颤动时，虽然心房已不能正常收缩，心室充盈量有所减少，但静息状态下不至于严重影响心室的射血功能。一方面，心房正常收缩增加心室充盈，可以提高心室泵血的做功效率；另一方面，如果心房收缩缺失，将会导致房内压升高，不利于静脉血液回流，也可间接地影响射血。所以说，心房起着初级泵的作用，心房的收缩和舒张对心脏的射血和静脉血液的回流都有利。

（三）心音和心音图

心动周期中，心肌收缩、瓣膜启闭、血液流速的改变对心血管壁可以产生压力作用并引起心血管壁发生机械振动，这些机械振动可通过心血管的周围组织传递到胸壁。如果将听诊器放在胸壁某些部位（图4-10），就可听到“扑-通”之声，称为心音（heart sound）。若用换能器将这些机械振动转换为电信号记录下来，便得到心音图（phonocardiogram，PCG）（图4-9）。心音图上一般可观察到4个心音波。

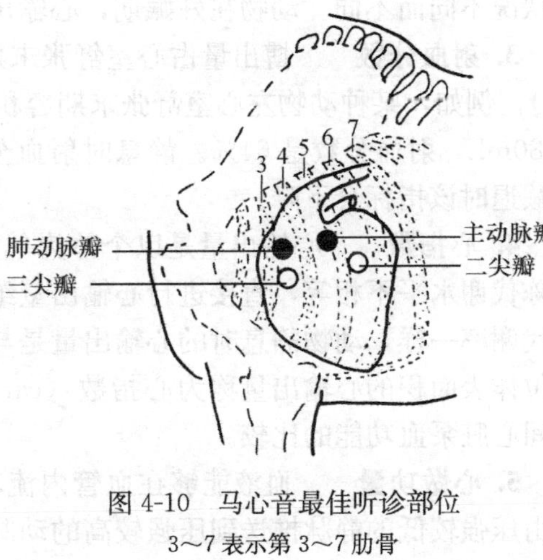

图4-10 马心音最佳听诊部位
3～7表示第3～7肋骨

第一心音（S1）又称收缩音，振动频率低（40～60Hz）、历时长（0.18s），于心尖搏动处（左侧第五肋间隙锁骨中线）听诊最明显。S1出现表明心室收缩开始，主要由于血流急速冲击房室瓣关闭以及所导致的心室振动所引起。

第二心音（S2）又称舒张音，声调尖、频率高达60～100Hz、历时短（0.08s），由半月瓣关闭引起，标志心室舒张开始。S2增强是高血压的主要表现。

第三心音（S3）出现在快速充盈期末，频率低、振幅低，持续时间约为0.1s，这是因快速充盈血流的速度发生变化产生的涡流振动心室壁和瓣膜造成的。

第四心音（S4）很弱，仅能于心音图上见到，是心房收缩推动血液挤进心室冲击心室壁引起振动造成的，故又称心房音。在心房压升高、心室强烈收缩或心室肥大等情况下可以听到。

听诊时，多数情况下只能听到第一心音和第二心音。除了以上 4 种心音外，听诊中有时还能听到杂音（murmur）。杂音在临床上具有诊断价值，如在心室收缩期听到隆隆回水声表明房室瓣闭锁不全，呼呼的高啸声则提示动脉口狭窄。舒张期房室瓣闭锁不全、房室瓣狭窄也会产生杂音，并且一般易于通过听诊等方法确认。由于马、骡的心脏较大，胸壁较薄，听诊较其他动物清晰。在马的心音听诊时往往可以听到正常的心杂音，尤其是在纯种马中约60%有心缩期或心舒期杂音，不过并无任何心血管异常。

（四）心脏泵血功能的评定

心脏泵血功能正常还是不正常，增强还是减弱，都是实践和实验研究工作中经常遇到的问题。因此，用什么样的方法和指标来测量和评定心脏功能，在理论上和实践中都是十分重要的。常用来评定心脏泵功能的有以下几个指标。

1. 每搏输出量 一次心跳一侧心室射出的血液量称为每搏输出量（stroke volume，SV），简称搏出量。搏出量等于心室舒张末期容积减去收缩末期容积，是衡量心脏泵血功能的最基本指标。

2. 每分输出量 每分输出量（minute volume）是指每分钟由一侧心室射出的血液量，又称心输出量（cardiac output，CO）。心输出量等于搏出量（SV）与心率（HR）的乘积。这个指标显然比搏出量要全面得多，常用来作为动物个体自身情况变化的比较。左、右两心室的输出量基本相等。心输出量与机体新陈代谢水平相适应，可因性别、年龄及其他生理状况不同而不同。动物在妊娠期，心输出量可提高 45%～85%。

3. 射血分数 搏出量占心室舒张末期容积的百分比称为射血分数（ejection fraction，EF）。例如，某种动物左心室舒张末期容积为 125mL，收缩末期容积为 45mL，则其搏出量为 80mL，射血分数是 64%。静息时射血分数通常稳定在 55%～65%，心室异常扩大或功能减退时该指标会下降。

4. 心指数 心输出量是以个体为单位计算的，但由于个体差异的存在，不同个体的新陈代谢水平不相等，直接进行心输出量绝对值的比较并不合理。群体调查资料表明，与基础代谢率一样，动物静息时的心输出量是与体表面积成正比的。在静息、空腹情况下，动物单位体表面积的心输出量称为心指数（cardiac index，CI）。心指数可以进行不同品种与个体间心脏泵血功能的比较。

5. 心做功量 血液能够在血管内流动，其原始动力来自于心脏做功。心脏收缩将血液由压强较低的静脉推送到压强较高的动脉，并且推动血液向前流动，即心脏做功包括压强能和动能两部分，其中动能占的比例很小，计算时可略而不计。心室每收缩一次所做的功称为每搏功（stroke work）。与心输出量相比，心做功量（myocardial work）是评定心泵血功能更为全面的指标。每搏功可用下式计算：

$$每搏功（J）=搏出量（L）\times 血液比重\times（平均动脉压-平均心房压）（mmHg）\times 13.6\times 9.807\times(1/1000)$$

（五）心脏泵血功能的调节

机体在长期进化过程中，发生和发展了循环调节机构，使循环机能与不同生理情况下机体新陈代谢的需要相适应。关于这种调节的整体机制将在本章第三节讨论。这里从心脏本身来阐述控制心输出量的因素和作用机制。

心输出量取决于每搏输出量和心率（图 4-11）。机体通过对搏出量和心率的调节来改变心输出量。

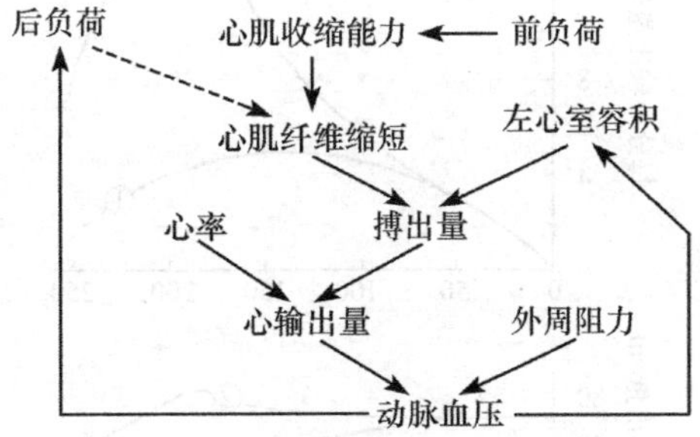

图 4-11 影响心输出量和动脉血压因素之间的相互关系

实线表示增加，虚线表示降低

1. 每搏输出量的调节 每搏输出量由心肌收缩力、静脉回流量和主动脉血压决定。

（1）心肌收缩力。交感神经兴奋或儿茶酚胺类物质作用于心肌细胞，可通过活化横桥增大心肌收缩力（cardiac contractility），增强克服主动脉压的能力，增加射血量。相反，血中碳酸过多、组织缺氧以及受到奎尼丁（quinidine，也译作喹那定）、普鲁卡因胺和巴比妥盐类等药物作用都会降低心肌收缩性。心力衰竭（intrinsic depression）时收缩能力也下降。这种变化与心肌细胞收缩前的初长度无关，而是通过改变心肌细胞收缩能力实现的，故称为心肌等长调节（homometric regulation）。心肌收缩能力是指心肌细胞不依赖于前、后负荷而能改变其力学活动的一种内在特性。心肌收缩能力的改变通常被用于对付持续剧烈的循环功能变化。

（2）静脉回流量。静脉回流量取决于心室充盈的时间和速度，是心脏射血的前负荷（preload），受心肌异长自身调节作用影响，对诸如由体位等原因引起的回心血量微小变化作出反应。心肌异长自身调节（heterometric autoregulation），又称弗兰克-斯塔林定律（Frank-Starling law）或 Starling 机制。在德国生理学家弗兰克（Otto Frank）的离体蛙心实验工作基础上，英国生理学家斯塔林（Ernest H. Starling，1866～1927 年）于 1914～1918 年用狗的离体心肺制备（heart-lung preparation）进行实验，发现“心肌收缩力是心肌纤维初长度的函数”，即心脏具有自动调节并维持搏出量与回心血量之间平衡关系的能力。回心血量多，心室舒张末期容积增大，心肌细胞受到更大的牵拉，则心室的收缩力也越强，在下一个心动周期中搏出量增加。这样，在一定范围内，心脏能将回流的血液全部泵出，不会使血液在静脉或心脏内蓄积。

（3）主动脉血压。主动脉血压是心肌收缩射血时才遇到的阻力，称为心肌的后负荷（afterload）。在心肌收缩力、心肌初长度和心率不变的前提下，主动脉血压升高时，等容收缩期延长、射血期缩短、射血速度减慢，每搏输出量暂时减少。但当心搏出量减少，造成心室内剩余血量增加时，心肌可通过自身调节机制使心搏出量恢复正常。

2. 心率的调节 一定范围内，心输出量与心率呈正相关。若心率过高，达到安静状态的 1.5～2.0 倍时，由于牺牲了充盈时间，每搏输出量将下降为正常时的 1/2，心输出量也将下降；而当心率过低，低于 40 次/min 时，心输出量也会下降。以狗为例，心率维持约 280 次/min 水平达 11～29d 会导致心输出量下降，心脏充血衰竭。一般健康人，心率增快到 150 次/min 时，搏出量仅有正常的一半左右，此时的心输出量就会开始下降（图 4-12 中曲线 1）；运动员锻炼时，因呼吸与肌肉运动增强，帮助全身静脉血液回流，每搏输出量与心输出量可在心率接近或超过 200 次/min 时才下降（图 4-12 中曲线 2）。

3. 心力储备 心输出量随机体代谢需要而增加的能力，称为泵血功能储备或心力储备（cardiac reserve）。体重为 500kg 的马，静息时心率为 30 次/min，心输出量为 40L/min；使役

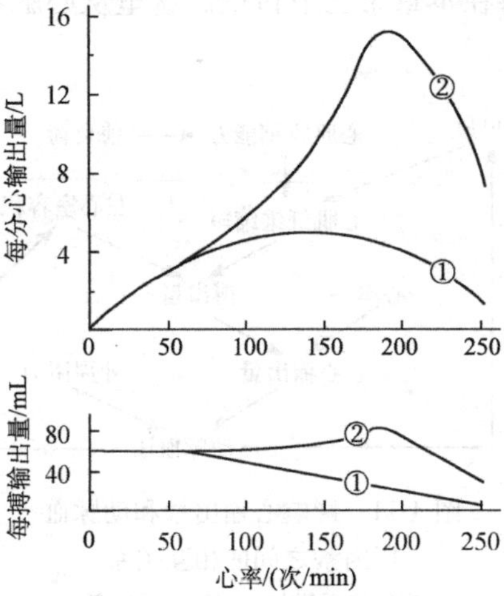

图 4-12 心率对心输出量的影响
（龚茜玲，1992）
①一般健康人；②运动员

时，心率可以增加到 212～240 次/min，心输出量最多可增加 4 倍（134～200L/min）。经过调教和训练的动物可以提高心力储备，这在骑乘马和役用家畜中尤其明显。心力储备反映心脏的健康程度。

心力储备可以分为收缩期储备、舒张期储备和心率储备三部分（图 4-13）。收缩期储备是由于劳动或运动时交感神经兴奋和儿茶酚胺类物质的分泌，使心肌收缩力量增大，射出更多的血，甚至可使心室收缩末期容积减少为不足 20mL。心肌收缩增强带来舒张时抽吸作用更强，加上增强了的呼吸肌、骨骼肌活动使得回心血流加快，回心血量增多，构成舒张期储备；而回心血量增多通过斯塔林定律也会加强心肌收缩。二者相互促进可使每搏输出量增加近 1 倍。

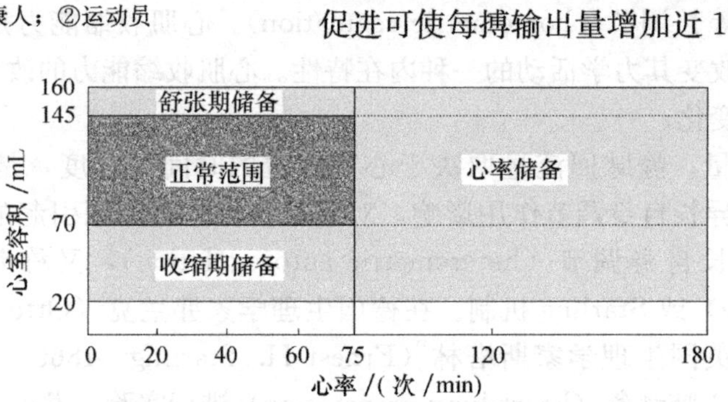

图 4-13 心力储备分析

当然，心力储备也不是无限的，当最大限度地动员心力储备仍不能满足机体需要时，就发生心力衰竭，即长期负担过重，使心脏收缩力和心输出量都逐渐减小。而适当的长期训练或调教，可以较大幅度地增加心力储备，特别是收缩期储备和心率储备。

第二节 血 管

血管可分为动脉、毛细血管和静脉三大类，三类血管各有自己的结构特点，在血液循环中发挥着不同的生理作用。动脉系统把心脏射出的血液输送给全身各处，称为分布系统，它总截面积最小、血压最高、流速快（40～50cm/s）；毛细血管是物质交换的场所，称为交换血管，总截面积相当于动脉的 800 倍，血压中等，血流线速度最慢（0.05～0.08cm/s）；静脉系统把经过物质交换的血液送回心脏，因此被称为引流系统，静脉的总截面积相当于同水平动脉的 2～4 倍，血压最低，流速中等。生理学中，通常把心脏及其附近的主动脉、大动脉和腔静脉看做是循环系统的中心，把其余部分看做是循环系统的外周，因此有了“中心静脉压”和“外周阻力”等说法。有时把体循环的毛细血管和静脉阶段、肺循环和除左心室的心脏部分称为动脉外系统，归为低压系统。

一、各类血管的结构和功能特点

各类血管在血管系统中所处的部位以及功能不同，其管径、管壁厚度以及管壁中内皮细胞、弹性纤维、平滑肌和胶原纤维 4 种基本组织的比例关系有所不同（图 4-14）。从生理功能上可将血管分为以下几类。

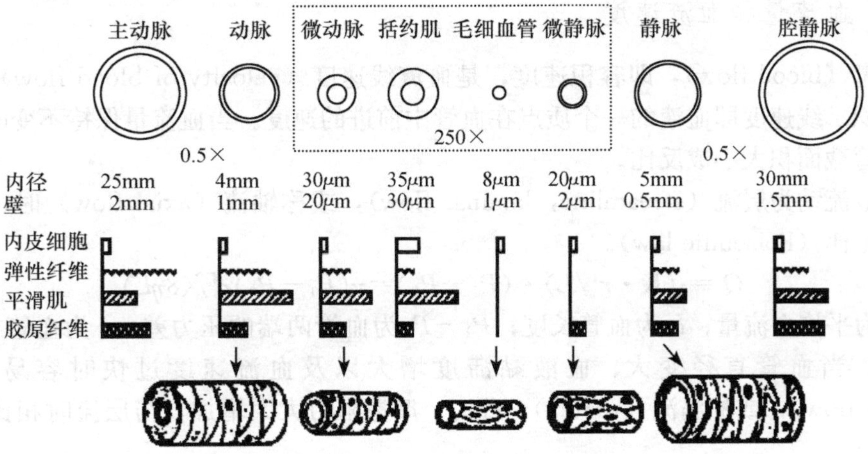

图 4-14 各类血管的管径、管壁厚度和管壁 4 种基本组织的比例示意图（改自 Cunningham J G，2002）

1. 弹性储器血管 弹性储器血管（windkessel vessel）指主动脉、肺动脉主干以及它们发出的最大分支。这类血管管壁坚厚，富含弹性纤维，有明显的可扩张性和弹性。能够起到心脏射血时缓冲高压、舒张时辅助射血的作用。

2. 阻力血管 阻力血管（resistance vessel）包括小动脉（口径小于 1mm）和微动脉（20～30μm），血液流经该段血管时受到的阻力占总外周阻力的 47%（相应地其他阶段所占总阻力份额为：大动脉 19%，毛细血管 27%，容量血管 7%）。阻力血管富含平滑肌，能受到神经、体液因素作用而舒缩，口径变化大，通过口径变化可改变对血流的阻碍并调节所在器官、组织的血流量。

3. 毛细血管前括约肌 毛细血管前括约肌（precapillary sphincter）指真毛细血管起始部环绕的平滑肌，不受神经支配，但对所在部位及周围的缩血管物质有反应，其舒缩决定毛细血管路径的开与关。

4. 交换血管 交换血管（exchange vessel）指真毛细血管，结构最简单，由单层内皮细胞构成，外侧有薄的基膜，内皮细胞之间有裂隙，通透性最大；同时由于数量庞大，总表面积巨大，加之血流缓慢，有利于血管内外的物质交换。

5. 毛细血管后阻力血管 毛细血管后阻力血管指微静脉，影响血液通过毛细血管的阻力和血流量，其紧张性发生变化时可影响体液分配。

6. 容量血管 容量血管（capacitance vessel）又称动力性储血库，指大静脉，其弹性纤维和平滑肌均不发达，平时处于部分塌陷状态，横断面成椭圆形，可以动态储存体循环血量的 60%～70%，从而起到调节回心血量的作用。

7. 短路血管 短路血管由动-静脉吻合支构成，分布于身体末梢等处皮肤，其管壁组织结构类似微动脉，无物质交换功能，可能与体温调节有关。

二、血流动力学：血流量、血流阻力和血压

血液在心血管系统中流动的一系列物理学问题属于血流动力学（hemodynamics）的范畴。通常将其近似地看做理想液体在钢管中流动来描述。但是，由于血管有弹性、可扩张，血液是有黏滞性的非理想液体，除与一般流体力学有共同点外，又有它自身的特点。

（一）血流量和血流速度

血流量（blood flow），即容积速度，是血流线速度（velocity of blood flow）与血管截面积的乘积。线速度即血液的一个质点在血管中前进的速度。当血流量保持不变时，线速度就会与血管截面积大小成反比。

当血液流动为层流（streamline，laminar flow），或称轴流（axial flow）时，近似地满足泊肃叶定律（Poiseuille law）。

$$Q=(K\cdot r^4/L)\cdot(P_1-P_2)=\pi(P_1-P_2)r^4/(8\eta L)$$

其中，Q为平均血流量；L为血管长度；P_1-P_2为血管两端的压力差；r为血管半径，η为黏滞系数。当血管直径变大、血液黏滞度增大以及血流速度过快时容易发生湍流（turbulent flow），或称涡流（vortex）。此时，摩擦阻力大大增加，与层流时相比血流阻力增大许多。

全身血液循环是血液从心室射出，经由动脉、毛细血管和静脉相互串联构成的血管系统，再返回心房的过程。静息状态下，循环血量的18%处于肺循环中，12%在心脏内，主动脉中有2%，中小动脉中有8%，微动脉占1%，5%在毛细血管中，而处于体循环各级静脉中的血液高达54%左右（表4-2）。

在体循环，供应各器官的血管相互间又呈并联关系（图4-15）。安静状态下体循环心输出量分配给全身各器官，脑部获得15%的血流量，供应给支气管的约占5%、心脏冠状血管血流量占5%、肾占20%，直接供应肝以及通过胃、脾脏、肠、胰脏之后流经肝脏的占30%，骨骼肌获得15%，流经皮肤、骨骼等器官的占10%。如果将器官血流量相对于各自重量加以比较（如脑重只占体重2%，血流量却占心输出量约15%），更体现出器官间的差异。它适应于器官的代谢水平，反映了器官的重要程度。

表4-2　从狗肠系膜血管床数据对体循环各段血流量的估测值

血管种类	口径/mm	数目	总截面积/cm^2	长度/cm	总容积/mL
主动脉	10.0	1	0.8	40.0	30
大动脉	3.0	40	3.0	20.0	60
小动脉分支	1.0	600	5.0	10.0	50
终末分支	0.6	1 800	5.0	1.0	5
微动脉	0.02	40 000 000	125.0	0.2	25
毛细血管	0.008	1 200 000 000	600.0	0.1	60
微静脉	0.03	80 000 000	570.0	0.2	110
终末静脉	1.5	1 800	30.0	1.0	30
小静脉分支	2.4	600	27.0	10.0	270
大静脉	6.0	40	11.0	20.0	220
腔静脉	12.5	1	1.2	40.0	40
合计					910

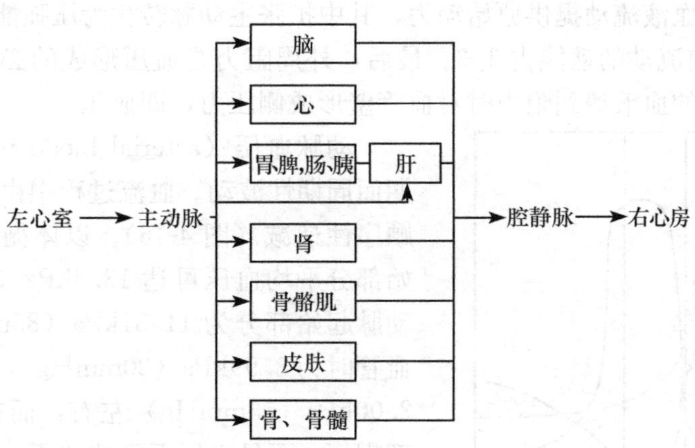

图 4-15 体循环各器官血管床并联关系示意图

(二) 血流阻力

在血管中，平均血流量 Q、平均血压和血流阻力 R 的关系类似于电流、电压和电阻的关系，它们可以用欧姆定律来解释。由欧姆定律 $I=\Delta V/R$ 可以得出

$$Q=(P_1-P_2)/R$$

与泊肃叶定律联合，可以导出

$$R=8\eta L/(\pi r^4)$$

两个公式说明，器官血流量受灌注压和器官血流阻力共同控制。当灌注压相近时，器官血流量则取决于器官内阻力血管口径。机体主要通过调节血管半径（r）影响器官内阻力，实现各器官间血流分配。血管半径只需增加 19%，就会引起血流量加倍；而当血管半径加倍时，血流阻力减小到原来的 6%。

全血黏度为纯水的 3～4 倍，而血浆黏度只相当于水的 1.8 倍，可见影响血液黏滞性的因素主要是红细胞比容。血流线速度增大时，红细胞集中在中轴（轴流）现象增强，黏滞系数 η 下降；血管口径（正常 0.2～0.3mm）增大不影响 η，而血管口径减小，则引起 η 增大；温度下降，也会引起 η 增大。这些变化在体表血管表现明显，如把手放在冰水中，η 将增大 2 倍。血流总外周阻力中，小动脉和毛细血管约占 70%，其中小动脉占 3/4，毛细血管占 1/4，静脉系统占 10%，其余中型动脉占 20%。

(三) 血压

血压（blood pressure，BP）是指血管内流动的血液对于单位面积血管壁的侧压力（side pressure，lateral pressure），即压强。国际单位制（SI 制）中，压强导出单位是帕斯卡（Pa）（N/m^2），常用 kPa 表示；生理学中习惯以毫米汞柱（mmHg）为单位。并且，以标准大气压（760mmHg）为血压的生理零点。

血压的形成需血液充盈血管、心脏射血和外周阻力三个条件。首先，心血管系统有血液充盈，可用循环系统平均充盈压（mean circulatory filling pressure）来反映循环血量与循环系统血容量（不只是解剖结构决定的容积，还包含可扩张性的因素）的相对关系。用巴比妥麻醉的狗，心脏暂时停止跳动时体循环压为 0.93kPa，即平均充盈压为 0.93kPa（7mmHg）。

其次，心脏射血为血液流动提供原始动力，其中扩张主动脉转化为压强能暂时储存的动能占2/3，推动血液向前流动的动能占1/3。最后，外周阻力是血压形成的必要条件。在充盈的基础上，向前流动的血液遇到阻力时对血管壁形成侧压力，即血压。

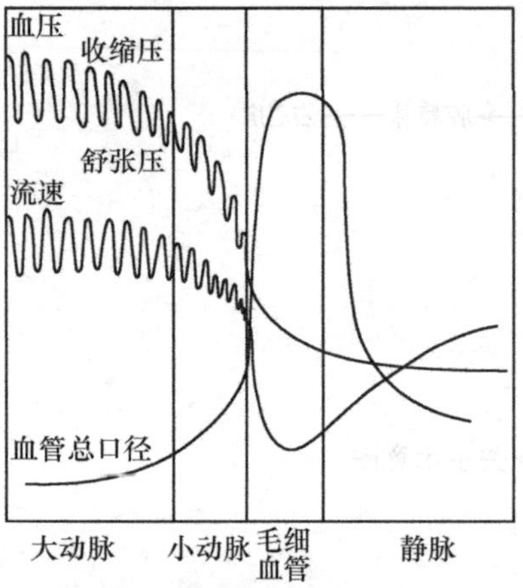

图 4-16　血管系统各段的血压、流速和血管口径总面积的关系示意图

动脉血压（arterial blood pressure）随心动周期而周期性波动。血流过程中由于能量的消耗，呈顺序性递减（图 4-16）。以体循环为例，主动脉起始部分平均血压可达 13.3kPa（100mmHg），到小动脉起始部分为 11.31kPa（85mmHg），进入毛细血管时为 3.99kPa（30mmHg），静脉起始部分降至 2.00kPa（15mmHg）左右，而在右心房已接近生理零值。可见血压下降的并不均匀，在小动脉和毛细血管之间的微动脉段下降最多。血压下降幅度与不同部位血流受到阻力的大小成正比，血流线速度则与某一水平的血管总截面积成反比。

一般所说的血压是指体循环的动脉血压，它决定了其他部位血管的血压。

三、血压形成及其影响因素

（一）动脉血压

1. 动脉血压的形成　左心室的射血是间断性的。在心缩期内，射血量的 2/3 会暂时留存在主动脉中，约 1/3 流至外周，这个比例取决于外周阻力的大小（图 4-17）。主动脉发挥弹性储器血管作用，既能在心脏射血时缓冲高压，又能在心舒期释放出弹性势能，使主动脉压仍能维持在 10.64kPa（80mmHg）左右的较高水平（此时左心室内压已接近零），从而使左心室的间断射血变为动脉内的连续血流，称为辅助血泵作用。

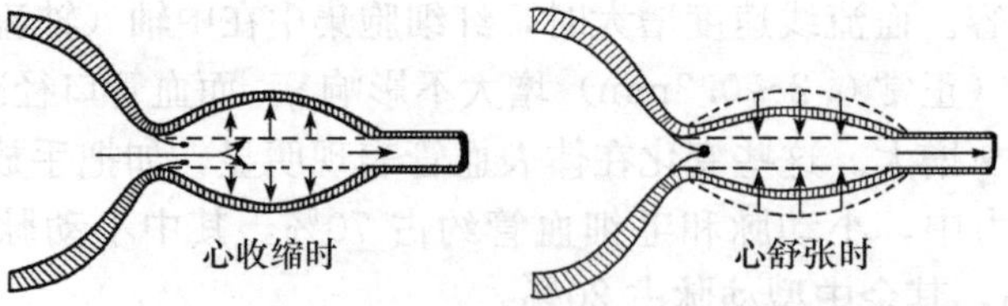

图 4-17　主动脉弹性管壁维持血压与血流的作用

2. 动脉血压的正常值　在一个心动周期中，动脉血压的最高值称为收缩压（systolic pressure），俗称高压，主要反映心缩力量的大小，健康成年人的收缩压生理范围是 13.30～15.96kPa（100～120mmHg）；其最低值称为舒张压（diastolic pressure），俗称低压，主要反映外周阻力的大小，舒张压生理范围是 7.98～10.64kPa（60～80mmHg）；二者的差值称为脉压（pulse pressure），可以反映主动脉管壁的弹性，一般为 3.99～5.32kPa（30～40mmHg），动脉硬化时增大。心动周期中每一瞬间血压的平均数称为平均动脉压（mean arterial pressure），由于心缩期远短于心舒期，平均动脉压更接近于舒张压，可以近似地算作舒张压与 1/3 脉压之和，一般为 13.3kPa（100mmHg）左右。动物血压通常用收缩压和

舒张压来表示。例如，马的血压可写为17.29/12.64kPa（130/95mmHg）。

血压正常值（表4-3）会受到动物种类、性别、年龄及生理状态的影响。夜间会降低，雌性低于雄性。从出生经青壮年到衰老，动脉收缩压递增。

表4-3 各种成年动物典型的动脉血压

动物种类	收缩压	舒张压	平均动脉压
长颈鹿	34.58kPa（260mmHg）	21.28kPa（160mmHg）	29.13kPa（219mmHg）
马	17.29kPa（130mmHg）	12.64kPa（95mmHg）	15.30kPa（115mmHg）
牛	18.62kPa（140mmHg）	12.64kPa（95mmHg）	15.96kPa（120mmHg）
猪	18.62kPa（140mmHg）	10.64kPa（80mmHg）	14.63kPa（110mmHg）
绵羊	18.62kPa（140mmHg）	11.97kPa（90mmHg）	15.16kPa（114mmHg）
人	15.96kPa（120mmHg）	9.31kPa（70mmHg）	13.30kPa（100mmHg）
狗	15.96kPa（120mmHg）	9.31kPa（70mmHg）	13.30kPa（100mmHg）
山羊	18.62kPa（140mmHg）	11.97kPa（90mmHg）	14.63kPa（110mmHg）
家兔	15.96kPa（120mmHg）	10.64kPa（80mmHg）	13.30kPa（100mmHg）
豚鼠	13.30kPa（100mmHg）	7.98kPa（60mmHg）	10.64kPa（80mmHg）
大鼠	14.63kPa（110mmHg）	9.31kPa（70mmHg）	11.97kPa（90mmHg）
小鼠	14.76kPa（111mmHg）	10.64kPa（80mmHg）	13.30kPa（100mmHg）
火鸡	33.25kPa（250mmHg）	22.61kPa（170mmHg）	25.27kPa（190mmHg）
鸡	23.28kPa（175mmHg）	19.29kPa（145mmHg）	21.28kPa（160mmHg）
金丝雀	29.26kPa（220mmHg）	19.95kPa（150mmHg）	24.61kPa（185mmHg）

资料来源：Swenson，1984

3. 影响动脉血压的因素 从前面所述的动脉血压形成可知，凡是能够影响心输出量、外周阻力和血管容量的各种因素，都能影响动脉血压；血管内血液的充盈程度也会影响血压。现将影响动脉血压的多种因素分述如下。

（1）心脏每搏输出量。假设其他因素不变时，每搏输出量增加，射血量增加，使收缩压明显上升，舒张压也会有增加，脉压增加。分析血压变化，主要看当时留在血管中的血量相应是增加还是减少。

（2）心率。当心率增加时，心输出量增大，使收缩压有所上升；射血间隔缩短，心脏舒张期血液由主动脉流向外周减少，舒张压显著增加；两相比较，脉压降低。

（3）外周（血管）阻力［peripheral（vascular ）resistance］。小血管等紧张性增强引起外周阻力增大时，血液外流受阻，血压会普遍升高；但是收缩期血压高，外流血液受阻不如在舒张期明显，所以舒张压比收缩压上升更显著，脉压减小。

（4）主动脉和大动脉的弹性储器作用。正常情况下，主动脉和大动脉的弹性好，缓冲作用明显，因此脉压远小于心室内压的波动幅度，也小于小动脉的脉压。当血管中胶原纤维逐步替代了弹性纤维和平滑肌，弹性下降，称为动脉硬化。此时，收缩压将升高，而舒张压将下降，脉压明显增大。

（5）循环血量和循环系统血管容量的比例。失血导致循环血量减少或某种因素引起血管容量增大时，都会造成动脉血压下降，其中尤以收缩压下降更明显。

在影响动脉血压的各种因素中，心缩力、心率和血管口径三项因素易受自主神经调节和体液调节，是机体维持、调节血压的主要途径。另外需要说明的是，上述对影响动脉血压各种因素的分析，都是建立在其他因素不变的假设上的。实际生理条件下，相关因素可同时发生改变，血压变化往往是各种因素相互作用的综合结果。

（二）动脉脉搏

在每个心动周期中，心脏收缩和舒张产生的主动脉壁振动沿着动脉系统的管壁以弹性压力波的形式传播，形成动脉脉搏（arterial pulse）。实际上也是主动脉脉压的一种表现形式。这种振动的传播速度远远大于血流速度（如大动脉中为40～50cm/s），且动脉管壁的可扩张性越小，脉搏传播速度越快。弹性大，振动频率低，传播速度慢；血压升高，传播速度加快。脉搏在主动脉的传播速度最慢，为3～5m/s，在大动脉为7～10m/s，小动脉可达15～35m/s。随着年龄的增长，动脉血管变得越来越硬，脉搏波的传递速度越来越快。由于小动脉和微动脉可扩张性较大，对脉搏传播的阻力就大，脉搏传来时大大减弱，到达毛细血管处脉搏已经基本消失。

检查各种动物脉搏的部位：人在桡动脉或踝动脉，牛在尾中动脉、颌外动脉、腋动脉或隐动脉；马在颌外动脉、尾中动脉或面横动脉，猪在桡动脉，猫和狗在股动脉或胫前动脉。

动脉脉搏的形成受心血管系统功能状态影响，所以检查其节律、频率、幅度、硬度、速度等有临床诊断价值。中医诊断“四诊”中的“切”（qiè）即指切脉象。应用脉搏描记仪可以记录到浅表动脉脉搏的波形，称为脉搏图（sphygmogram）。脉搏图对临床诊断主动脉瓣狭窄、关闭不全、动脉扩张性等心血管疾病有重要作用。

（三）静脉血压

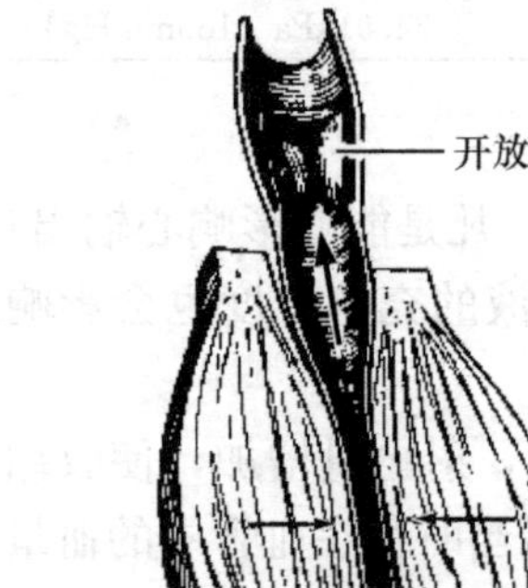

图 4-18　肌肉收缩与静脉血流

静脉不仅作为血液流动的通道，而且容量大，管壁薄易被扩张，又有一定的平滑肌可以收缩，因此作为动力性血液储存库可以调节回心血量。肢体静脉的内膜每隔一段就由称为静脉瓣（venous valves，图 4-18）的皱褶隔断，静脉瓣通常存在于分支静脉入口的远心一侧，开口朝向近心端，以阻止静脉血液倒流。

当体循环血液经过动脉和毛细血管到达微静脉时，血压下降至约2.00kPa（15mmHg）。右心房作为体循环的终点，血压最低，接近于生理零值。通常将右心房和胸腔内大静脉的血压称为中心静脉压（central venous pressure，CVP）。中心静脉压一般较低，通常以厘米水柱（cmH_2O）为单位（$1cmH_2O=98Pa\approx0.74mmHg$）。人为4～12$cmH_2O$，马为5～10$cmH_2O$，牛为6～20$cmH_2O$。中心静脉压的高低取决于心脏射血能力和静脉回流量之间的相互关系。临床上可用于指导输液：中心静脉压过低提示静脉回流受阻，血量不足；中心静脉压进行性升高（>16cmH_2O），提示输液过快或心射血功能不全。家畜上较难检测，少用。

（四）静脉脉搏

右心房在心动周期中的血压波动可逆向传递到大静脉，形成静脉脉搏（venous pulse）。正常情况下，静脉脉搏不明显；但心力衰竭时，静脉压升高，右心房内的压力波动也较容易传递到大静脉，甚至在患者颈部常可见到较明显的静脉搏动。牛和马较明显，可在颈静脉沟处观察到颈静脉的搏动，检查它对掌握右心房内压变化具有临床意义。

（五）静脉回流

单位时间内的静脉回心血量取决于外周静脉压和中心静脉压的差值大小，以及静脉对血流的阻力。静脉血流阻力小，只占体循环总阻力的1/10左右，引流畅通，这也是与其储血库功能相适应的。具体讲，影响静脉回流因素有以下几个。

1. 体循环平均充盈压　当血量增加或容量血管收缩时，体循环平均充盈压升高，增大了与中心静脉压的落差，尤其是增大了静脉系统的压力差，静脉回流加快。

2. 心脏收缩力量　本章第一节里讲到，心脏收缩时把血液射入动脉，舒张时则抽吸静脉血液回心。如果心缩力增大，射血时心室排空较完全，舒张时抽吸力就更大。右心衰竭时，右心房压升高，患者可出现颈外静脉怒张，肝充血肿大，下肢水肿等症状；左心衰竭时，左心房压和肺静脉压升高，造成肺淤血和肺水肿。在影响静脉回流的诸因素中，心脏收缩力是最重要的。

3. 体位　静脉管壁薄，弹性纤维和平滑肌都较少，受血管内血液重力及血管外组织压力（跨壁压）影响远比动脉要大。动物四肢行走，全身各部分与心脏的水平距离一般不大。但作为直立行走动物的人类，体位的影响尤其明显，应予重视。高温下，长久站立，血液重力作用可使下肢静脉多容纳500mL血液，容易引起头晕甚至昏厥。

4. 骨骼肌的挤压作用　人静立时足底压可达11.97kPa（90mmHg），而步行时，由于下肢肌肉节律收缩的挤压作用，可降为3.33kPa（25mmHg）以下。肌肉的节律性收缩对于行走于其间的薄壁的静脉形成挤压，加上有不同部位静脉瓣的配合，推动了血液回心（图4-18）。这样，骨骼肌和静脉瓣一起对静脉回流起到“泵”的作用，称为“肌肉泵”或“静脉泵”。

5. 呼吸运动　第五章将会介绍，随着呼吸运动，胸膜腔内负压也会发生节律性的升降，从而引起胸腔内的大静脉扩张和被压迫，对静脉回流也起到“泵”的作用。吸气使胸膜腔内压降低，有利于体循环静脉血液回心；呼气则相反。但是，呼吸对于肺循环的影响不同，吸气使肺循环血管容积增大，储血多，由肺静脉回流到左心房的血液减少。

静脉回流受阻时易引发静脉曲张和静脉炎。静脉曲张是浅表静脉出现畸形和无规律的扩张，多发于小腿。静脉炎是一种更严重的疾病。当血液在大的、未破损的静脉中凝结时，血栓就会发生。

四、微循环与物质交换

微循环（microcirculation）是指微动脉（arteriole）和微静脉（venule）之间的血液循环。微循环由肉眼无法看到的、口径小于100μm的血管构成。在微循环部分实现的血液和组织间的物质交换是血液循环最根本的功能，是心血管系统存在的根据。

（一）微循环的组成与路径

1. 微循环的组成　各器官、组织的结构和功能不同，其微循环的结构也不同。典型的微循环由微动脉、后微动脉、毛细血管前括约肌、真毛细血管、通血毛细血管、动-静脉吻合支和微静脉等部分组成（图4-19）。

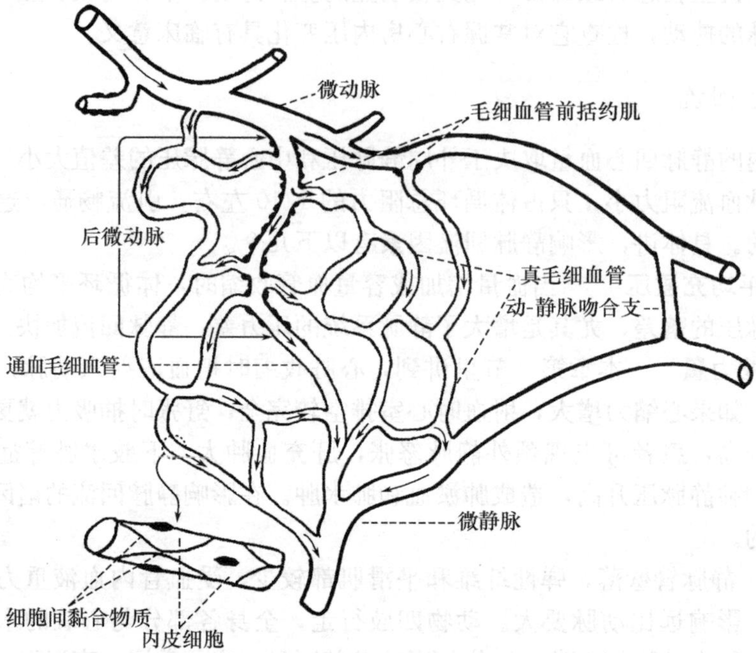

图 4-19 微循环模式图
较厚的管壁表示平滑肌的分布

微动脉是小动脉继续分支为管径 20～50μm 的血管，管壁有环行的平滑肌，其收缩和舒张可控制血管的血流量。后微动脉（metarteriole）是微动脉的直接延伸，它的平滑肌变得薄而稀疏，但仍有收缩能力，后微动脉向一至数根真毛细血管供血。真毛细血管从后微动脉垂直分出，起始端通常有一两个平滑肌细胞，形成一个环，即毛细血管前括约肌（precapillary sphincter）。它的收缩状态决定进入真毛细血管的血流量。由于毛细血管前括约肌外部结缔组织较少，因此对体液性因素的调节十分敏感。最小的微静脉管径不超过 20～30μm，管壁没有平滑肌，在功能上可发挥交换血管作用；较大的微静脉管壁有平滑肌，在功能上是毛细血管的后阻力血管。微静脉管壁的平滑肌较少，但在肾上腺素能神经纤维和循环血液中缩血管物质（如内皮缩血管肽等）的作用下，能发生明显的收缩。微静脉的舒缩状态可以影响毛细血管血压，从而影响毛细血管处的液体交换和回心血量。

2. 血液通过微循环的路径 血流可通过三条通道从微动脉流向微静脉。

（1）动-静脉短路（arteriovenous shunt，preferential channel）。动-静脉短路由吻合微动脉和微静脉的动-静脉吻合支（arteriovenous anastomoses）构成。动-静脉吻合支管壁结构类似微动脉，有较厚的平滑肌组织，据推测有缩血管神经纤维的分布。动-静脉短路属非营养通路，牛的肉垂、人的手指、足趾、耳廓等处较多，平常处于关闭状态。环境温度升高时大量开放，开放时，皮肤血流增加、温度升高，利于散热；环境温度降低时则关闭，有利于保存体热。在某些病理状态下，如感染性和中毒性休克时，动-静脉吻合支开放过度，可加重组织的缺氧状况。

（2）直捷通路（thoroughfare channel）。直捷通路也称快道，是指从微动脉经后微动脉和通血毛细血管直接延伸到微静脉的通路。该路径经常处于开放状态，流量大，血流速度较快，物质交换功能不大，其作用是使一部分血液快速通过微循环进入静脉，保证回心血量，不致使过多血液滞留于微循环处。骨骼肌组织的微循环中直捷通路较为多见。

(3) 迂回通路（circuitous channel）。迂回通路又称为营养通路、慢道，主要由真毛细血管构成，开关受控于毛细血管前括约肌，易受调节。真毛细血管穿行于细胞间隙中（体内任何一个细胞距离毛细血管不超过 50μm），互相交通而构成毛细血管网。迂回通路开放时可见红细胞呈队列状依次通过，有人称此种血流为丸流（bolus flow）。迂回通路是微循环中较完整的一条营养性的微血流通道。

安静时骨骼肌中 20%～35%的真毛细血管开放，并以 5～10 次/min 的速率交替性地收缩和舒张。血液中的去甲肾上腺素、血管升压素、5-羟色胺较恒定地刺激后微动脉和毛细血管前括约肌，引起平滑肌紧张，导致毛细血管关闭。而血流暂停造成细胞代谢产物 CO_2、H^+、腺苷、ATP、K^+和组胺等堆积，引起血管平滑肌舒张，恢复灌注。

微循环各组成部分中，仅微动脉分布有少量神经，主要是通过这种局部体液性的调节来实现微循环血流量与组织的代谢活动水平相适应。总体看血流量是稳定的，在显微镜下可以观察到微动脉开通、关闭的变化。

（二）毛细血管血压

血液在流经微循环血管网时血压逐渐降低。直径为 8～40μm 的微动脉对血流的阻力最大，血压降落幅度也最大。毛细血管靠近动脉端口径为 5μm，血压为 3.99～5.32kPa（30～40mmHg）；中段约 3.33kPa（25mmHg）；靠近静脉端口径为 9μm，血压为 1.33～2.00kPa（10～15mmHg）。毛细血管血压的高低取决于毛细血管前阻力和毛细血管后阻力的比值。二者之比为 5∶1 时，毛细血管平均血压为 2.66kPa（20mmHg）。比值增大时，血压降低；比值减小，血压升高。这一过程主要通过微动脉肌源性自身调节来控制。儿茶酚胺类和交感神经可引起前阻力血管收缩，缺氧、酸性代谢产物可引起后阻力血管舒张。

由于血管周围组织会对血管施加一个比较小的压力，如果血管内的压力过小，血管就会塌陷。静息状态组织中，因为毛细血管前括约肌和后微动脉收缩，血管内的压力下降到一定程度时，组织静水压会造成许多毛细血管的塌陷。这种导致血流停止的压力值称为临界闭合压（critical closing pressure）。当舒血管物质引起毛细血管前括约肌和后微动脉舒张时，灌注压（perfusion pressure）超过临界闭合压，血管重新充胀，恢复血液流动。

毛细血管血压的显著特点是：搏动消失，各器官、组织间差异较大。例如，在肾脏毛细血管血压高达 7.98～9.31kPa（60～70mmHg），肺部只有 0.80～0.93kPa（6～7mmHg）。

（三）血液和组织液间的物质交换

1. 毛细血管壁的结构和通透性 毛细血管壁由单层内皮细胞构成，外面有基膜包围，总厚度约 0.5μm，有细胞核的部分稍厚。毛细血管外膜处偶见周细胞（pericyte），周细胞很长，包裹住血管。周细胞能合成和释放构成血管基膜和组织液基质的成分。毛细血管内皮细胞之间相互连接处存在着细微的裂隙，成为沟通毛细血管内外的孔道（图 4-20）。在不同的器官、组织，毛细血管管壁结构都不尽相同，有紧密连接内皮、连续内皮、有孔内皮和非连续内皮 4 种类型。脑、皮肤、骨骼肌、肺脏、心脏以及胃肠道、肾小球和肝脾等部位的毛细血管对各种物质的通透性依次变大。

2. 毛细血管的数量和交换面积 不同器官组织中毛细血管的密度有很大差异，在心

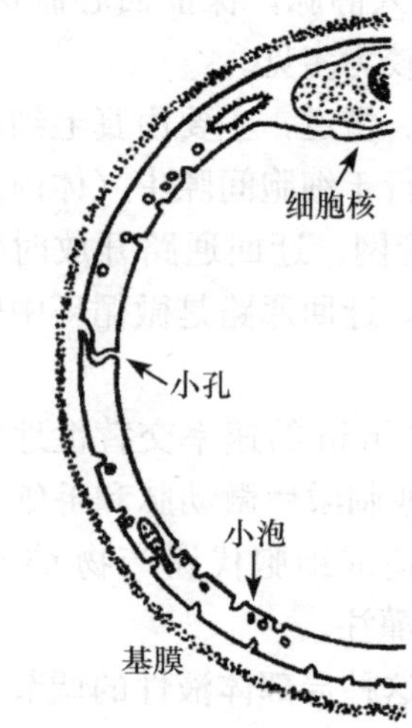

图 4-20　毛细血管壁亚显微结构示意图

肌、脑、肝脏、肾脏等组织中为 2500～3000 根/mm^3，骨骼肌组织为 100～400 根/mm^3，而骨、脂肪、结缔组织中密度则较低。假设毛细血管平均半径为 3μm，平均长度为 750μm，则每根毛细血管的表面积约为14 000μm^2，加上有交换功能的微静脉（22 000μm^2/根），全身毛细血管等的总有效交换面积将近 1000m^2（也有资料估计超过 6300m^2）。

3. 血液和组织液之间物质交换的形式　以组织液为中介，血液可以为细胞带来营养物质和氧气，带走代谢产物和多余水分。组织液和血液则通过毛细血管壁进行物质交换。物质交换主要通过扩散、滤过和重吸收及吞饮方式实现。

（1）扩散（diffusion）。扩散是借助于溶质分子的热运动从浓度高的一侧到浓度低的一侧的过程，是血液和组织液之间进行物质交换的最主要方式。尽管毛细血管壁孔隙的总面积仅占毛细血管壁总表面积的 1/1000 左右，但由于分子运动的速度高于毛细血管血流速度数十倍，故血液在流经毛细血管时，血浆和组织液的溶质分子仍有足够的时间进行物质交换。而且具有脂溶性的小分子氧气和二氧化碳直接通过内皮细胞即可进行扩散。

物质扩散速率与其在血管壁两侧的浓度差、毛细血管壁对该物质的通透性以及毛细血管壁有效交换面积成正比，与扩散距离（即毛细血管壁厚度）成反比。

（2）滤过（filtration）和重吸收（reabsorption）。在生理学中，将由于管壁两侧静水压和胶体渗透压的差异而引起的液体由毛细血管内向毛细血管外的净移动称为滤过，而将液体向相反方向的移动称为重吸收。与扩散相比，滤过和重吸收完成的物质交换仅占很小部分，但在组织液生成中却起着重要作用。

（3）吞饮（pinocytosis）。在毛细血管壁的亚显微结构内皮细胞膜上有时可以见到吞饮小泡，提示血浆蛋白等较大分子可以通过吞饮方式进行血管内外的物质交换。

五、组织液和淋巴液的生成与回流

（一）组织液的生成与回流

组织液存在于组织、细胞的间隙中，是血液与组织细胞之间进行物质交换的媒介，约占体重的 15%。它绝大部分呈胶冻状，不能自由流动，因此不会因重力作用而流至全身的低垂部分，也不能用注射器抽出。组织液凝胶的基质是胶原纤维和透明质酸细丝，它不妨碍占较小部分的水及其溶质的自由流动。

组织液生成与回流的组织结构基础是毛细血管的通透性，动力是有效滤过压（effective filtration pressure）。

有效滤过压＝（毛细血管血压＋组织液胶体渗透压）－（血浆胶体渗透压＋组织液静水压）

在微循环毛细血管动脉端，有效滤过压为正值，组织液从毛细血管动脉端滤出；到静脉端，主要由于毛细血管血压下降的原因，有效滤过压变为负值，导致动脉端产生的组织液约 90%重吸收回血管；其余 10%进入毛细淋巴管，通过淋巴循环最终回收入血。从组织液在毛细血管动脉端生成到静脉端组织液回流之间，有效滤过压是一个渐变的过程（图 4-21）。

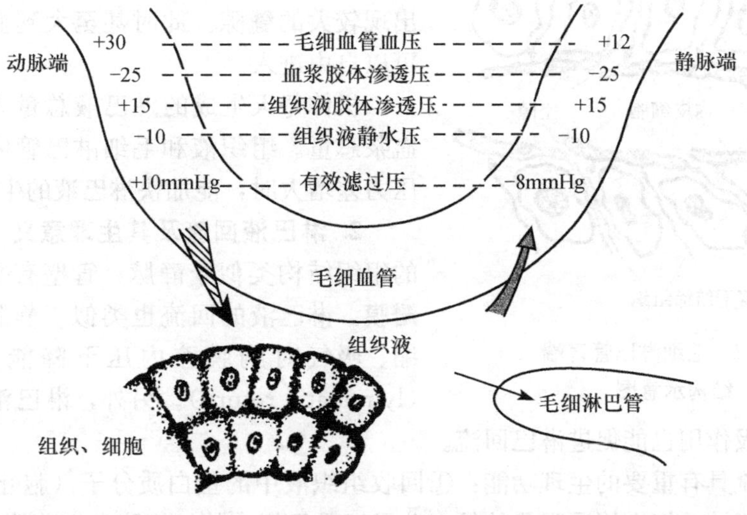

图 4-21　组织液生成与回流示意图
十代表使液体滤出毛细血管的力量，一代表使液体重吸收到毛细血管的力量

（二）影响组织液生成的因素

正常情况下，组织液生成和重吸收保持着动态平衡，使循环血量和组织液量能维持相对稳定。一旦与有效滤过压有关的因素改变和毛细血管通透性发生变化，将直接影响组织液的生成与回流。

1. 毛细血管血压　肌肉运动、炎症时毛细血管血压升高，组织液生成增加；静脉压升高时，也可使组织液生成增加。

2. 血浆胶体渗透压　血浆蛋白生成减少（如慢性消耗疾病、肝病等）或蛋白质排出增加（如肾病），均可导致血浆蛋白减少，使血浆胶体渗透压下降，从而使组织液生成增多，甚至发生水肿。

3. 淋巴回流　由于一部分组织液需经淋巴系统回到血液，当淋巴回流受阻（丝虫病、肿瘤压迫等）时，可导致局部水肿。

4. 毛细血管通透性　例如，在烧伤、过敏反应等情况下，可使毛细血管通透性增大，血浆蛋白可能漏出，使血浆胶体渗透压下降，而组织液胶体渗透压上升，导致有效滤过压加大。

（三）淋巴液的生成与回流

淋巴系统是组织液向血液回流的一个重要辅助系统。毛细淋巴管以稍膨大的盲端起始于组织间隙，彼此吻合成网，并逐渐汇合成集合淋巴管。全身的淋巴液经淋巴管收集，流经淋巴结，最后由右淋巴导管和胸导管汇入静脉。

1. 淋巴液的生成　在毛细淋巴管盲端，内皮细胞外的基膜很薄，内皮细胞间没有紧密连接结构，其边缘像瓦片般互相覆盖，并可以向管腔内漂动，形成向导管腔开启的单向活瓣（图 4-22）。另外，当组织液积聚在组织间隙时，组织中的胶原纤维和毛细淋巴管之间的

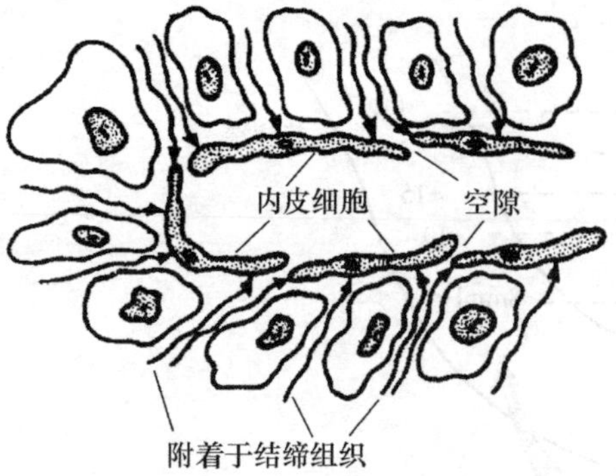

图 4-22　毛细淋巴管盲端结构示意图

胶原细胞可以将互相重叠的内皮细胞边缘拉开，出现较大的缝隙。此时甚至大到血浆蛋白分子都可以自由进入。

机体每天生成的淋巴液总量大致相当于全身血浆总量。组织液和毛细淋巴管内淋巴液之间的压力差增大时，能加快淋巴液的生成速度。

2. 淋巴液回流及其生理意义　集合淋巴管的组织结构类似于静脉，管壁有平滑肌，管内有瓣膜。淋巴液的回流也类似于静脉回流，肌肉收缩、吸气时胸膜腔内压下降能促进淋巴回流（lymphatic return）。另外，淋巴汇入静脉入口处高速血流的抽吸作用也能促进淋巴回流。

淋巴液回流具有重要的生理功能：①回收组织液中的蛋白质分子（胞吐出来的），能消除组织液中不能被毛细血管重吸收的较大分子以及组织中的红细胞和细菌等；②对营养物质特别是脂肪的吸收起重要作用，肠道吸收脂肪的 80%～90%是通过小肠绒毛的毛细淋巴管（称为中央乳糜管）输送入血液的；③维持循环血量，调节血浆与组织液之间的液体平衡；④发挥淋巴结的防御、屏障作用等。

第三节　心血管活动的调节

机体在不同生理条件下，各器官组织的代谢水平不同，对血流量的需求也不同。机体的神经和体液机制可对心脏和各部分血管的活动进行调节，以适应各器官组织、特别是心脏和脑的需要，协调全身血流分配。

一、神经调节

心肌和血管平滑肌受自主神经支配。机体对心血管活动的神经调节是通过各种心血管反射实现的。因此学习神经调节要先从分析反射弧入手。

（一）心脏的神经支配

支配心脏的传出神经为心交感神经（cardiac sympathetic nerve）和心迷走神经（cardiac vagus nerve）。有人做过试验，一条狗的正常心率为 90 次/min，阻断心迷走神经后心率变为 180 次/min，恢复后阻断心交感神经时心率降为 70 次/min，再次恢复后同时阻断二者心率变为 120 次/min。从该实验结果可知：①交感神经兴奋，心脏活动增强；②迷走神经兴奋，心脏活动受抑制；③平常条件下二者均对心脏有作用，而以迷走神经支配占优势。迷走神经对心脏产生经常而持久的作用，使心脏活动的速度和强度限制在一定水平之内的情况，称为迷走紧张（vagal tone）。长期锻炼可使迷走神经紧张性提高，心率减慢。迷走紧张可理解为心力储备的中枢机制。

窦房结是从胚胎右半部分的结构上发育而来的，房室结起自左半部分。这就是成年人的右侧迷走神经主要分布在窦房结而左侧迷走神经主要分布在房室结的缘由。心交感神经的分布规律也相同。

两类神经支配心脏的机制如下所述。

1. 心交感神经　心交感神经起源于第1～5胸段脊髓灰质侧角，节前纤维在颈神经节和星状神经节换元后，节后纤维分布到心脏。其中右侧心交感神经主要分布到窦房结，左侧心交感神经分布到房室结、心房肌和心室肌。刺激右侧交感神经，心率明显增加；刺激左侧则引起房-室延搁缩短。

心交感神经节后纤维末梢释放去甲肾上腺素（noradrenaline，NA，norepinephrine，NE），与心肌细胞膜上的β_1受体结合，通过增加胞内第二信使cAMP，主要促进Ca^{2+}通道的开放，内向电流升高，窦房结P细胞4期除极加快（图4-23），自律性增高，此为正性变时作用（positive chronotropic action）；房室结慢反应细胞0期Ca^{2+}内流加快，冲动传导快；这些变化都能使心率加快。肌膜、肌浆网的Ca^{2+}通道开放多，肌浆中Ca^{2+}浓度升高，心缩力增加；同时活化肌浆网上的Ca^{2+}泵，重摄取增强，刺激Na^+-Ca^{2+}交换，舒张快速有力，此为正性变力作用（positive inotropic action），促进射血及血液充盈心脏。去甲肾上腺素的强心作用可以被心得安（propranolol，普萘洛尔）特异性阻断。

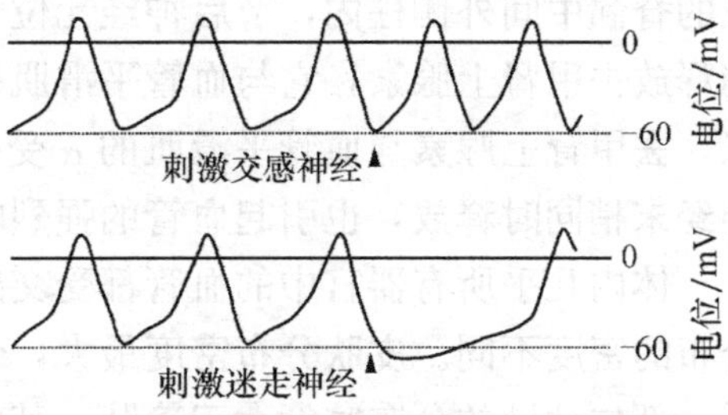

图4-23　刺激交感神经和迷走神经对窦房结P细胞膜电位的影响

2. 心迷走神经　心迷走神经起源于延髓迷走背核、疑核（有种间差异），节前纤维到达心内神经节换元，右侧心迷走神经的节后纤维主要分布到窦房结，左侧分布到房室结，双侧节后纤维都分布到心房肌和小部分的心室肌。

迷走神经兴奋，节后纤维末梢释放乙酰胆碱，与心肌细胞膜上的M_2型胆碱能受体结合，通过第二信使cGMP提高K^+通道开放概率，减少细胞中的cAMP，降低Ca^{2+}通道开放概率，使静息电位水平下降，兴奋性减小；窦房结P细胞静息电位水平下移，外向电流I_K衰减慢，心率减慢（图4-23下）；复极化进程加速，Ca^{2+}内流减少，房室结传导慢，且心肌收缩减弱。总之，出现负性变时、负性变传导、负性变力效应。迷走神经受到强的刺激甚至可使心肌细胞自动去极化能力暂时丧失。乙酰胆碱对心脏活动的抑制作用可以被阿托品（atropine，颠茄碱）特异性地阻断。

交感神经纤维分布在心外膜，迷走神经纤维分布在心内膜。心脏的交感神经与副交感神经既紧密联系，又对立统一。乙酰胆碱能降低交感神经去甲肾上腺素的释放；相反，肾上腺素能神经末梢产生的神经肽Y可以阻止乙酰胆碱的释放。

3. 支配心脏的肽能神经元　免疫细胞化学方法证明，心脏中存在多种肽类神经纤维，如神经肽Y（neuropeptide Y）、血管活性肠肽（vasoactive intestinal polypeptide，VIP）、降钙素基因相关肽（calcitonin-gene-related peptide，CGRP）、阿片肽（opioid peptide）等。现已知一些肽类递质可与其他递质，如儿茶酚胺和乙酰胆碱共存于同一神经元内，并共同释放。其作用还不完全清楚，也可能参与对心肌和冠状血管活动的调节。例如，血管活性肠肽对心肌有正性变力作用和舒张冠状血管的作用，降钙素基因相关肽有加快心率的作用等。

（二）血管的神经支配

除真毛细血管外，血管壁都有平滑肌分布。一些血管平滑肌有自发的肌源性活动，另一些血管平滑肌很少有自发性活动。绝大多数血管平滑肌都受自主神经支配（毛细血管前括约肌除外）。通常把血管平滑肌的舒缩活动称为血管运动。支配它们的神经则被称为血管运动神经纤维。按功能可将其分为缩血管神经纤维（vasoconstrictor nerve）、舒血管神经纤维（vasodilator nerve）两大类。

1. 缩血管神经纤维 缩血管神经纤维都是交感神经纤维。其节前神经元位于胸、腰段的脊髓中间外侧柱内，节后神经元位于椎旁神经节和椎前神经节内。交感神经节后纤维末梢释放去甲肾上腺素，它与血管平滑肌的α受体结合引起血管收缩；与β受体结合则引起舒张。去甲肾上腺素与血管平滑肌的α受体结合力更强，因此表现缩血管效应。神经肽Y于神经末梢同时释放，也引起血管的强烈收缩。

体内几乎所有器官中的血管都受交感缩血管纤维支配，但不同部位的血管中缩血管纤维分布的密度不同。皮肤分布密度最大，骨骼肌和内脏次之，冠状血管、脑血管中分布较少。同一部位动脉的分布密度大于静脉，其中微动脉分布最密。这样，当全身性交感神经系统紧张时，皮肤、内脏的血管收缩强烈，器官血流量显著减少；骨骼肌血管收缩则外周阻力明显增加，血压升高。脑和心脏由于局部代谢产物的舒张血管作用，血流量不仅不减少，可能还有增加，从而保证重要器官的活动需要，这一现象称为“移缓济急”。现在对此现象则解释为某种特定的刺激引起不同部分的交感神经反应方式和程度不同，即表现为一定中枢整合形式的反应。

多数血管可以由单一神经纤维支配实现收缩和舒张。安静状态下，交感缩血管纤维持续发放1～3次/s的低频冲动，维持血管处于一定的收缩状态，称为交感缩血管紧张（vasomotor tone）。在此基础上冲动频率可增加至8～10次/s，引起血管进一步收缩；冲动频率也可降低到不足1次/s，则会引起血管在紧张基础上的舒张。

2. 舒血管神经纤维 体内有少数血管除接受缩血管纤维支配外，还接受舒血管神经纤维的支配。舒血管神经纤维主要有以下几种。

(1) 交感舒血管神经纤维。狗、猫、山羊、绵羊骨骼肌微动脉上分布有这类纤维，神经纤维末梢释放乙酰胆碱，与M_2受体结合实现血管舒张效应。阿托品可以阻断这一效应。舒血管神经中枢位于大脑（新）皮质运动区，平时没有紧张性活动，情绪激动状态或发生防御反应时出现活动，引起血管舒张，器官血流量增加。

(2) 副交感舒血管神经纤维。少数器官如面神经支配的脑膜、唾液腺、胃肠道外分泌腺（迷走神经中有支配肝血管的副交感神经纤维）和盆神经支配的外生殖器、膀胱、直肠等均有副交感舒血管神经纤维分布。这类纤维平时无紧张性活动，特殊刺激可引起中枢冲动，神经末梢释放乙酰胆碱，与M受体结合，可以调节局部血流，对血液循环总外周阻力的影响很小。

(3) 脊髓背根舒血管纤维。皮肤受到伤害性刺激时，感觉冲动在传向中枢的同时，通过轴突分支到达邻近受刺激部位的微动脉，引起血管舒张、局部红晕（图4-24）。该反射被称为轴突反射（axon reflex），神经递质可能是降钙素基因相关肽和P物质（substance P）。

(4) 血管活性肠肽神经元。有些自主神经元内有血管活性肠肽和乙酰胆碱共存。例如，支配汗腺的交感神经元和支配颌下腺的副交感神经元等。这些神经元兴奋时，释放的乙酰胆碱引起腺细胞分泌，而血管活性肠肽舒张血管使局部组织血流增加，可促进消化液的生成。

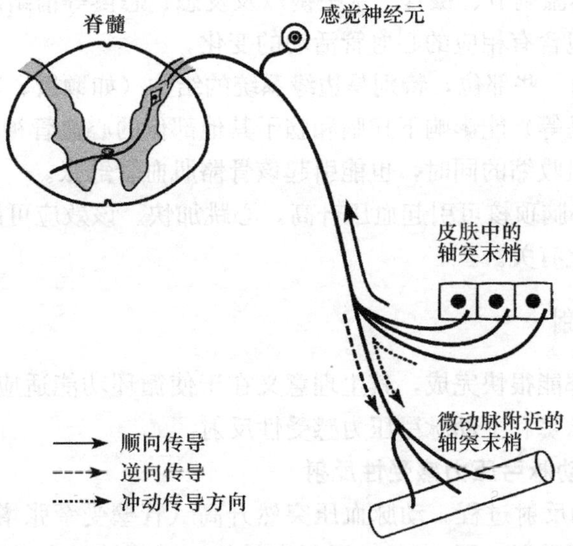

图 4-24　轴突反射

（三）心血管中枢

在生理学中，将与控制心血管活动有关的神经元集中的部位称为心血管中枢（cardiovascular center），指分布在从脊髓到大脑皮层各个水平上的系列神经元以及它们之间的复杂联系。它们的活动调节整个心血管系统的活动协调一致，并与整个机体的活动相适应。

1. 延髓心血管中枢　19 世纪 70 年代 Dittmar 通过连续横断脑干实验证实，只要保留延髓及其以下中枢部分的完整，就可以维持心血管正常的紧张性活动，动脉血压无明显变化，并能完成一定的心血管反射活动（如刺激坐骨神经引起的升血压反射）。当继续向下横断至闩部时，血压下降至 5.32kPa（40mmHg）。

一般认为，延髓心血管中枢至少可包括以下 4 个部位的神经元（图 4-25）。

（1）缩血管区。位于延髓头端的腹外侧部，通过释放肾上腺素作用于脊髓中间外侧柱引起缩血管效应。心交感紧张也起源于此区神经元。

（2）舒血管区。位于延髓尾端腹外侧部，通过去甲肾上腺素神经元抑制缩血管区的活动，导致交感缩血管紧张度降低，引起血管舒张。

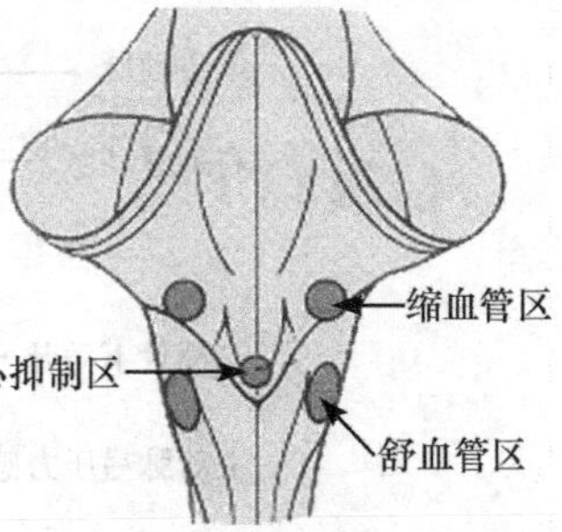

图 4-25　延髓心血管中枢示意图

（3）传入神经接替站。位于孤束核，接受舌咽神经从颈动脉窦，以及迷走神经从主动脉弓、心脏感受器传来的冲动，并上传影响前面两个中枢区域。

（4）心抑制区。位于迷走神经背核和疑核，发出心迷走神经抑制心脏活动。

这些区域受到传入冲动和所处环境的影响，存在紧张性活动，表现为心迷走神经纤维和交感神经纤维持续的低频放电活动。

2. 延髓以上的心血管中枢　单纯保证延髓心血管中枢完好可以完成比较简单、基本的心血管活动的调节，要实现复杂的整合作用，使得循环机能与机体其他机能相互协调则有赖于高位心血管中枢的参与。

（1）下丘脑。在体温调节、摄食、水平衡以及发怒、恐惧等情绪反应的整合中起着重要作用，这些反应中都包含有相应的心血管活动的变化。

（2）大脑。大脑的一些部位，特别是边缘系统的结构（如颞极、额叶的眶面、扣带回的前部、杏仁、隔、海马等）能影响下丘脑和脑干其他部位的心血管神经元的活动。新皮层运动区兴奋时支配骨骼肌收缩的同时，也能引起该骨骼肌血管舒张。

（3）小脑。刺激小脑顶核可引起血压升高，心跳加快。该效应可能与姿势和体位改变时伴随的心血管活动变化有关。

（四）心血管反射

心血管反射一般都能很快完成，其生理意义在于使循环功能适应机体状态和环境变化。其中最重要的是颈动脉窦和主动脉弓压力感受性反射。

1. 颈动脉窦和主动脉弓压力感受性反射

（1）反射弧组成和反射过程。动脉血压突然升高（管壁受牵张增强），刺激位于颈动脉窦和主动脉弓的压力感受器（图 4-26），通过窦神经、舌咽神经和主动脉神经（又称降压神经）、迷走神经传入冲动增多，作用于延髓弧束核，进而兴奋心抑制区、抑制缩血管区，引起血管紧张性下降、外周阻力降低以及心脏活动减弱，使得血压在升高的水平上回落。当动脉血压突然降低时，通过相似的反射过程可以引起血压回升。

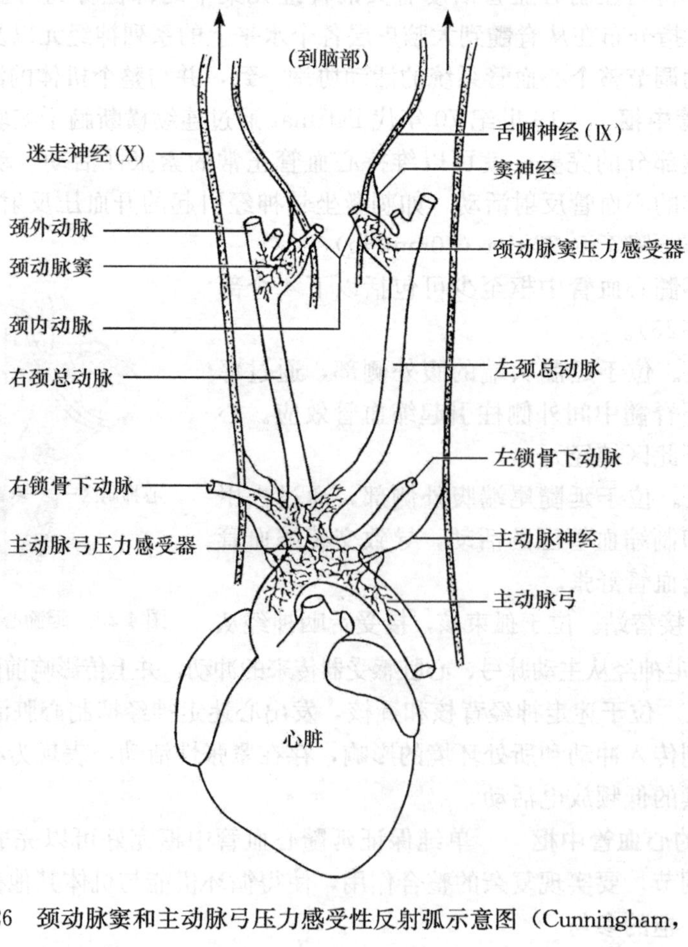

图 4-26　颈动脉窦和主动脉弓压力感受性反射弧示意图（Cunningham，1992）

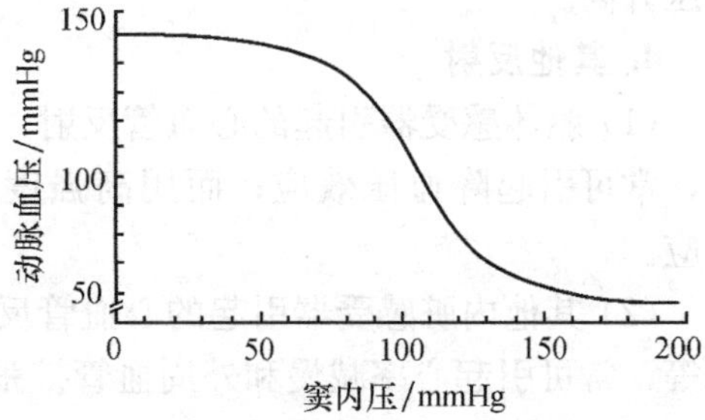

图 4-27　实验测得的颈动脉窦内压与动脉血压的关系

动物实验中，隔离出颈动脉窦区，通过人工灌注改变窦内压，能引起动脉血压的显著变化，可绘制出压力感受性反射功能曲线（图 4-27）。从图中可见，压力感受反射在中间部分较陡，向两端渐趋平坦，即在正常平均压力水平 13.3kPa（100mmHg）左右最为敏感，纠正偏离能力最强。在慢性高血压患者或动物，该曲线会发生右移。这种现象称为压力感受性反射重调定（baroreflex resetting）。在实验动物和临床上，重调定会很快发生，也会很快恢复。

（2）压力感受性反射的特点和生理意义。颈动脉窦和主动脉弓压力感受性反射属于负反馈机制，能经常地、自动地纠正血压的偏差，避免动脉血压发生过分的波动。有人试验观察到，狗在正常情况下 24h 内平均动脉压为 13.3kPa（100mmHg），上下波动为 1.33～2.00kPa（10～15mmHg）；切除双侧传入神经后，24h 内平均动脉压不变，仍为 13.3kPa（100mmHg），但是波动幅度增大到 6.65kPa（50mmHg）。因此将窦神经和主动脉神经称为缓冲神经（buffer nerve）。

压力感受性反射的感受器为牵张感受器，并且只感受迅速变化，对波动性压力敏感，而对缓慢变化容易发生适应。感受器灵敏范围为 7.98～23.94kPa（60～180mmHg），当动脉血压超出此范围时，机体只能通过其他方式调节血压，如化学感受性反射（chemoreceptor reflex，chemoreflex）。

2. 心肺感受器引起的心血管反射　心房、心室和肺循环大血管壁存在机械牵张感受器，称为低压力感受器（low-pressure receptor）或容量感受器（volume receptor）；同时这些部位细胞也对前列腺素、缓激肽等化学活性物质和藜芦碱等药物敏感。当它们受到有效刺激时，产生相应反射效应：交感紧张降低，心迷走紧张加强，血压降低；肾交感紧张明显降低，肾血流量增加，排水、排 Na^+ 增多；还能抑制血管升压素的释放，使肾脏排水增多。这些作用共同维持血液和体液的成分和量的稳定。1915 年班布里奇最先描述了输液或输血引起的心率反射性变化，因此容量感受器反射又称为班布里奇反射（Bainbridge reflex）。

3. 颈动脉体和主动脉体化学感受性反射　外周化学感受器指颈动脉体和主动脉体，位于颈总动脉分叉处和主动脉弓区域。它们周围包绕以毛细血管窦，血液供应十分丰富。颈动脉体Ⅰ型细胞（球细胞）含乙酰胆碱、儿茶酚胺等囊泡；Ⅱ型细胞（鞘细胞）作用类似于神经胶质细胞，窦神经的传入纤维末梢穿插于其间，与Ⅰ型细胞形成特定的接触：单向突触、交互突触、缝隙连接等，能反馈调节化学感受器的敏感性。感受器还有传出神经支配，借调节血流以改变化学感受器的活动。在延髓腹外侧部浅表区域，有左右对称的中枢化学感受器，可分为头、中、尾三个区。

当血液的某些化学成分发生变化时，如缺氧、二氧化碳分压过高、pH 降低等，可以刺激这些外周化学感受细胞，其感受信号分别由窦神经和迷走神经传入延髓孤束核，然后使延髓内呼吸神经元和心血管中枢神经元的活动发生改变。

正常情况下，化学感受性反射对呼吸中枢反射更重要，会引起呼吸加深加快。间接引起心率加快，心输出量增加，外周血管阻力增大，血压升高。但平时化学感受反射对心血管活动并不起明显的调节作用。只有在严重缺氧、窒息、动脉血压过低和酸中毒等情况下才引起血压升高。

4. 其他反射

（1）躯体感受器引起的心血管反射。用中等及以下强度的低频电脉冲刺激骨骼肌传入神经，常可引起降血压效应；而用高强度、高频率电刺激皮肤传入神经，则常引起升血压效应。

（2）其他内脏感受器引起的心血管反射。扩张肺脏、胃、肠、膀胱等空腔脏器，挤压睾丸等，常可引起心率减慢和外周血管扩张等效应。

（3）脑缺血反应（cerebral ischemic response）。当脑血流量减少时，心血管中枢的神经元发生反应，可引起交感缩血管紧张效应显著加强，外周血管强烈收缩，动脉血压升高，称为脑缺血反应。

二、体液调节

影响心血管活动的化学物质，有些是通过血液携带的，可广泛作用于心血管系统；有些则在组织液中形成，主要作用于局部的血管，对局部组织的血流起调节作用。

（一）肾上腺素和去甲肾上腺素

从化学结构上看，肾上腺素（adrenaline，epinephrine）和去甲肾上腺素（NE）都属于儿茶酚胺。肾上腺髓质的分泌是肾上腺素和去甲肾上腺素的主要来源，通常肾上腺素占80%左右。去甲肾上腺素的另一个来源是交感神经节后纤维末梢释放的神经递质。

1. 肾上腺素　肾上腺素与α、β受体的结合能力几乎相同。在心肌细胞只有β_1受体，肾上腺素与之结合产生正性变时、正性变传导和正性变力作用，心输出量增加。对于血管上α受体分布占优势的皮肤、肾脏、胃肠等器官，肾上腺素引起血管收缩；而对于β_2受体占优势的骨骼肌、肝脏等器官和冠状血管，小剂量的肾上腺素引起它们舒张；大剂量时肾上腺素也能结合α受体，引起血管收缩的总效应。临床上将肾上腺素作为强心急救药，入血后维持几分钟消失。激动和焦虑时机体肾上腺素释放会增加。

2. 去甲肾上腺素　去甲肾上腺素主要与血管α受体和心β_1结合，与血管β_2结合力较弱。去甲肾上腺素对心脏的直接作用是兴奋，但同时能使全身血管广泛收缩，升高动脉血压，使压力感受性反射活动增强，反射性地使心率减慢。其对心血管系统的总效果是使血压升高，临床上去甲肾上腺素被用作升压药。激动但不焦虑时释放去甲肾上腺素增加。

（二）肾素-血管紧张素-醛固酮系统

肾素-血管紧张素-醛固酮系统（renin-angiotensin-aldosterone system，RAAS）是调节心血管活动重要的全身性体液因素。肾素是由肾球旁细胞合成和分泌的一种酸性蛋白酶，经肾静脉进入血液循环，在外周血中经过1h会被水解灭活。肝脏合成的血管紧张素原（angiotensinogen）在肾素的作用下水解成10肽的血管紧张素Ⅰ。在血浆和组织中，特别是在肺循环血管内皮表面存在有血管紧张素转换酶，它可以把血管紧张素Ⅰ水解为八肽的血管紧张素Ⅱ。血管紧张素Ⅱ在血浆和组织中的血管紧张素酶A的作用下，成为7肽血管紧张素Ⅲ。肾素是这一系列化学反应的限速酶。

当各种原因引起肾脏血流量减少时，肾素分泌就会增强。血浆中Na^+浓度降低时，肾素分泌量也会增加。另外，肾素分泌还受神经和体液机制的调节，详见第八章泌尿。

对体内多数组织、细胞来说，血管紧张素Ⅰ不具有活性。血管紧张素中最重要的是血管紧张素Ⅱ（血中1min被酶解）。血管平滑肌、肾上腺皮质球状带细胞以及脑、肾脏等器官的细胞上存在血管紧张素受体。血管紧张素与血管紧张素受体结合，引起相应的生理效应。血管紧张素Ⅱ作用于血管平滑肌，可使全身微动脉收缩，动脉血压升高。血管紧张素Ⅱ是已知最强的缩血管活性物质之一。血管紧张素Ⅱ作用于脑内的一些室周器，如后缘区、穹窿下器等，可使交感缩血管紧张活动加强，并可增强渴觉，导致饮水行为；还可使血管升压素和促肾上腺皮质激素（ACTH）释放增加。血管紧张素Ⅱ可抑制压力感受性反射，故血压升高所引起的心率减慢效应明显减弱。此外，血管紧张素Ⅱ作用于交感神经末梢的血管紧张素受体，使交感神经末梢释放递质——去甲肾上腺素增多。可见，血管紧张素Ⅱ对神经系统的这些作用，最终都是使外周血管阻力增加，血压升高。

血管紧张素Ⅱ还可强烈刺激肾上腺皮质球状带细胞合成和释放醛固酮，后者可促进肾小管对Na^+的重吸收，并使细胞外液量增加。血管紧张素Ⅲ的缩血管效应仅为血管紧张素Ⅱ的10%～20%，但刺激肾上腺皮质合成和释放醛固酮的作用较强。在正常生理情况下，循环血中低浓度的血管紧张素Ⅱ可能与交感缩血管紧张的维持有一定关系。在某些情况下，如失血、失水时，肾素-血管紧张素-醛固酮系统的活动加强，并对在这些状态下循环功能的调节起重要作用。有些高血压的形成与肾素-血管紧张素-醛固酮系统的异常有关，该系统可能在血压的缓慢而长期的调节中起重要作用。

（三）血管升压素

血管升压素（vasopressin），又称抗利尿激素（antidiuretic hormone，ADH），是下丘脑视上核和室旁核的一部分神经元内合成的、含有两个半胱氨酸的九肽物质。由神经元胞体合成，通过轴浆运输到达神经垂体并释放入血，此过程被称为神经分泌。正常情况下，血浆中血管升压素升高首先出现抗利尿效应；只有当其浓度明显高于正常时，才引起血压升高。血管升压素是体外最强的缩血管物质之一。它能提高压力感受性反射的敏感性，使该反射纠正偏离正常水平的血压能力增强。在禁水、失水、失血等情况下，血管升压素释放增强，对保留体内液体量、维持动脉血压都起重要作用。

（四）局部性体液调节

1. 内皮细胞释放的活性物质 血管内皮细胞数量庞大，血液流动的切向力等物理因素会激活至少15种基因的表达，释放前列环素（prostacyclin，前列腺素I_2，PGI_2）、一氧化氮（nitric oxide，NO）等舒血管物质和内皮素（endothelin，ET）等缩血管物质。因此内皮细胞应被看做是一个大的、重要的内分泌器官。

最重要的舒血管物质是1980年命名的内皮舒张因子（endothelium-derived relaxing factor，EDRF），其化学结构尚未被完全弄清楚，目前推测主要是NO。NO是在一氧化氮合成酶催化下由精氨酸生成。乙酰胆碱、缓激肽和血流切向力增加了内皮细胞中的Ca^{2+}浓度，促进NO的合成与释放。NO扩散入邻近的平滑肌细胞，激活鸟苷酸环化酶，cGMP浓度升高，游离Ca^{2+}浓度下降，故血管平滑肌舒张。NO在体内可参与对动脉血压的即刻调节。血红蛋白是内皮舒张因子的最强抑制因子，能与内皮舒张因子结合并破坏它。

血管内皮细胞还能释放一些缩血管物质，称为内皮缩血管因子（endothelium-derived vasoconstrictor factor，EDVF），其中1988年发现的内皮素是已知最强的缩血管物质之一。

内皮素包括三种21肽，由不同的基因编码。在组织和血管损伤时，内皮素的释放量明显增加，能有效减少血液流失。

2. 激肽释放酶-激肽系统 激肽释放酶是体内的一类蛋白酶，可分为存在于血浆中无活性的血浆激肽释放酶原和存在于器官组织内的腺体激肽释放酶或称组织激肽释放酶。激肽原是存在于血浆中的一些蛋白质，分为高分子激肽原和低分子激肽原。在血浆中，活化的接触因子（FⅫa）激活血浆激肽释放酶，后者可水解高分子激肽原产生9肽的缓激肽（bradykinin）。在肾脏、唾液腺、胰腺、汗腺以及胃肠黏膜等组织内，腺体激肽释放酶水解血浆中的低分子激肽原产生10肽的赖氨酰缓激肽（lysylbradykinin），也称胰激肽或血管舒张素（kallidin）。后者在氨基肽酶作用下失去赖氨酸，成为缓激肽。缓激肽在激肽酶的作用下水解失活。缓激肽和血管舒张素被认为是已知的最强的舒血管物质。这两种激肽（kinin）类物质可使器官局部血管舒张，毛细血管通透性增加，血流量增加；少量进入循环血液中的激肽类物质也参与对动脉血压的调节。

3. 心房钠尿肽 心房钠尿肽（atrial natriuretic peptide，ANP），又称心钠素（cardionatrin）、心房肽。心房钠尿肽可使血管舒张，外周阻力降低；也可使每搏输出量减少，心率减小，故心输出量减少。心房钠尿肽还能分别抑制肾素、血管紧张素Ⅱ、醛固酮和血管升压素的合成和释放，参与机体水盐平衡调节。

4. 组胺 组胺（histamine）是由组胺酸在脱羧酶的作用下产生的。许多组织，特别是皮肤、肺脏、肠黏膜的肥大细胞中含有大量的组胺。当组织受到损伤或发生炎症和过敏反应时，都可释放组胺。组胺有强烈的舒血管作用，并且能引起局部毛细血管和微静脉管壁的通透性增大而造成局部组织水肿。

5. 前列腺素 前列腺素（prostaglandin，PG）是一族二十碳不饱和脂肪酸，分子中有一个环戊烷。按分子结构的差别，前列腺素可分为多种类型。其中$PGF_{2\alpha}$能引起静脉收缩；PGE_2具有强烈的舒血管效应。前列环素（PGI_2）是在血管组织中合成的，有强烈的舒血管效应，可对抗血管紧张素Ⅱ和儿茶酚胺的升压作用。

6. 阿片肽 体内的阿片肽（opioid peptide）有多种。垂体释放的β-内啡肽（β-endorphin）可能主要作用于脑内某些核团，使交感神经活动受到抑制，心迷走活动加强。阿片肽也可作用于外周血管壁的阿片受体，引起血管舒张，血压下降。

三、自身调节——局部血流调节

实验证明，将调节血管活动的外部神经和体液因素都去除，血压在一定的范围内变动时，器官、组织的血流量仍能通过局部的机制保持相对恒定。组织调节自身血流量的能力属于自身调节（autoregulation），一般认为包括代谢性自身调节和肌源性自身调节两类。

（一）代谢性自身调节机制

微循环中迂回通路交替开放的机理正是代谢性自身调节（metabolic autoregulation）的过程。组织细胞代谢不断消耗氧气，并产生各种代谢产物。如果局部微循环处于关闭状态，将引起氧分压下降，CO_2、H^+、腺苷、ATP、K^+等的积聚，这些化学物质作用于微动脉和毛细血管前括约肌，引起血管的舒张。畅通的血流带走代谢产物，补充氧气以后，微动脉和毛细血管前括约肌的紧张性增强，局部微循环路径又趋于关闭，如此反复，实现了交替开放。当组织代谢活动显著增强时，将产生大量的代谢产物，温度升高，引起更多毛细血管更长时间的开放，器官血流量显著增加，以适应于代谢的需要。

（二）肌源性自身调节机制

在本章第一节讨论影响心输出量因素时，已经分析了回心血量增加引起心肌收缩力增大的机制，即“心肌异长自身调节”，又称斯塔林定律。该机制被认为是典型的肌源性自身调节（myogenic autoregulation），安静状态下心肌细胞并未达到最适初长度（参见“骨骼肌收缩的外部表现”部分内容），一定范围内增加的回心血量，扩张心室腔，被拉长了的心肌纤维更接近最适初长度，因此产生更大的心缩力，从而维持收缩末期留在心腔的血液不增多。类似的，在肾脏、脑、心脏、肝脏、肠系膜、骨骼肌等器官的毛细血管前阻力血管，血管平滑肌也具有这种扩张-回缩反应。灌注压升高时，管壁平滑肌紧张型增强，动脉血管口径缩小；灌注压下降时，动脉口径扩大，从而维持器官血流量相当稳定。例如，人的平均动脉压在10.64～23.94kPa（80～180mmHg）变化时，肾脏血流量能保持相对恒定。

四、动脉血压的长期调节和短期调节

短期调节主要依靠压力感受性反射和化学感受性反射。例如，人由卧位变为直立位时，压力感受性反射可使交感神经紧张活动加强、心率加快、外周血管收缩，因此血压不会降低。在血压的短期调节中，一些前馈调节，如肌肉运动开始时以及防御反应时的心率加快和骨骼肌血管舒张。另外，还出现压力感受性反射重调定现象。例如，防御反应时出现血压升高和心率加快。

长期调节主要依靠体液因素和交感神经系统的共同作用，另外，肾脏也起到了重要作用。

复习思考题

1. 心肌有哪些生理特性，这些生理特性与心脏机能有何联系？
2. 简述心动周期中伴随心脏收缩舒张所发生的各种变化及相互联系。
3. 在心音图上通常可以描记到几个心音？它们是如何形成的？
4. 简述各类血管的结构与机能特征。
5. 分析影响动脉血压及静脉血液回流的因素。
6. 试述淋巴液的生成与回流、淋巴循环的过程与生理意义。
7. 以心率为例阐述外来神经对心脏活动的调节机制。
8. 给正常家兔耳缘静脉注射少量肾上腺素，兔动脉血压会发生什么变化？它们是如何实现的？

第五章　呼　　吸

呼吸（respiration）是指机体与外界环境之间进行气体交换的过程，主要是机体从外界吸入氧气和从机体内呼出二氧化碳的过程。机体活动所需的能量和维持体温所需的热量，都来自体内营养物质的氧化。氧化过程所需要的氧必须从外界摄取，而机体产生的二氧化碳必须及时向外界排出。由于氧和二氧化碳都不能在体内大量储藏，因此，氧的摄取和二氧化碳的排出必须在生命过程中始终不断地进行，这样才能保证体内新陈代谢的正常进行和内环境的相对恒定。一旦呼吸停止，代谢中断，生命也将终止。

高等动物的呼吸全过程由三个相互紧密衔接并且同时进行的环节来完成（图 5-1）。

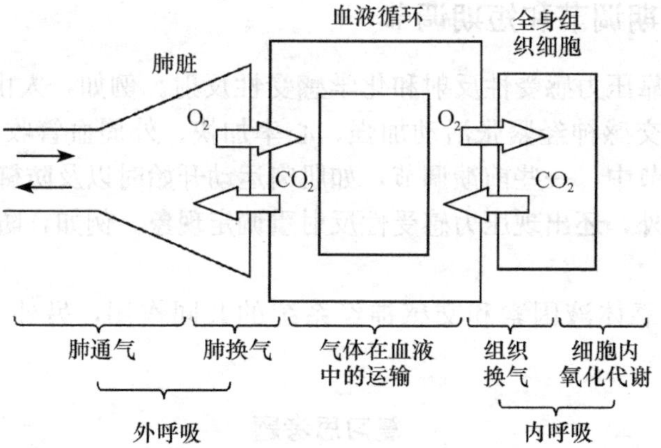

图 5-1　呼吸全过程示意图

1. 外呼吸　外呼吸（external respiration）又称肺呼吸，包括肺泡气与外界空气之间气体交换的肺通气和肺泡气与肺毛细血管之间气体交换的肺换气两部分。

2. 气体在血液中的运输　通过肺泡毛细血管和组织毛细血管之间的血液循环，将从肺泡摄取的氧运送到组织细胞，同时把组织细胞产生的二氧化碳运送到肺。

3. 内呼吸　内呼吸（internal respiration）又称组织呼吸，指细胞通过组织液与毛细血管血液之间的气体交换过程，即组织细胞代谢中产生的二氧化碳先释放入组织液，再进入毛细血管血液中，而毛细血管血液中的氧也是先进入组织液后再被组织细胞摄取。有时也将细胞内的氧化过程包括在组织呼吸之内。

可见呼吸过程不仅依靠呼吸系统来完成，还需要血液循环系统的配合，这种协调配合及其与机体代谢水平的相适应，又都受到神经和体液因素的调节。

第一节　肺　通　气

肺通气（pulmonary ventilation）是指肺与外界环境之间的气体交换过程，即外界环境中的氧气进入肺中和肺中的二氧化碳排出体外的过程。实现肺通气必须借助呼吸道、肺泡和胸廓等的正常生理活动。呼吸道是外界环境与肺泡之间的气体通道，肺泡是肺换气的主要场所，而胸廓和膈的生理活动则是肺通气的动力。

一、肺通气的原理

气体进出肺取决于两个方面因素的作用：一个是推动气体流动的动力；另一个是阻止其流动的阻力。前者必须克服后者，才能实现肺通气。

（一）肺通气的动力

肺通气的发生是呼吸运动改变了肺内压，使肺内压与外界环境的大气压之间出现压差造成的。所以，呼吸运动是肺通气的动力。

1. 呼吸运动　呼吸运动指胸廓节律性的扩大和缩小，以及膈的前后移位。呼吸运动可分为平静呼吸和用力呼吸，安静状态下平衡均匀的呼吸称为平静呼吸（eupnea），而家畜运动时用力而加深的呼吸称为用力呼吸（forced breathing）。呼吸运动包括吸气运动和呼气运动。

(1) 吸气运动。在平静呼吸时，吸气运动主要表现为膈向腹腔方向的移位，于是胸腔前后径增大，引起其中肺的被动性扩张和肺内压降低。在膈移位的同时，还发生肋间外肌收缩，使肋骨向前、外方移位，于是胸腔左右、上下径增大，亦引起其中肺的被动性扩张和肺内压降低。当以上两种移位运动使肺内压降低至低于大气压时，则外界环境中的空气即进入肺内，表现为吸气（inspiration）（图 5-2A）。

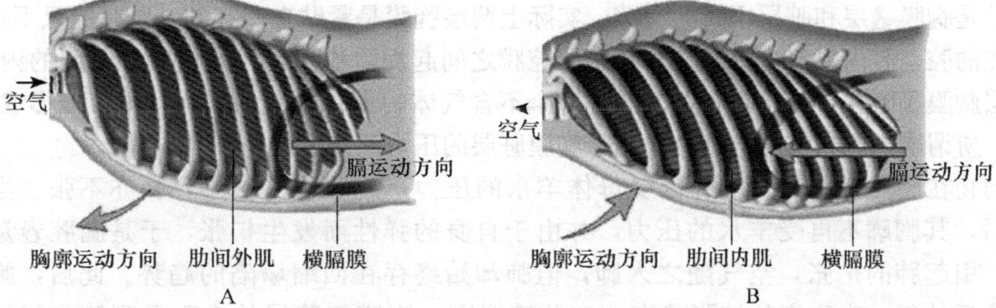

图 5-2　呼气与吸气运动的比较

A. 吸气；B. 呼气

在用力吸气时，除肋间外肌收缩外，还有其他的吸气肌（如斜方肌、胸锁乳突肌等）参加收缩，使肺内压更为降低，空气吸入量也就相应增多。

(2) 呼气运动。在平静呼吸时，呼气运动不是由呼气肌收缩引起的，而是由于吸气肌（膈肌和肋间外肌）从吸气时的收缩状态转为舒张状态，于是膈被腹腔器官推回原位，胸廓也发生因重力和弹性而回位。它们的回位共同使胸腔缩小，肺内压升高。当肺内压升高至高于大气压时，则肺内的气体排至外界环境中，表现为呼气（expiration）（图 5-2B）。由此可见，平静呼气运动不是主动的，而是被动的。但是，在用力呼气时，由于呼气肌参加了收缩，故此时的呼气运动则是主动的。

(3) 呼吸类型。由于正常的呼吸运动都是由膈和胸廓的移位活动造成的，所以从体外观察，每呼吸一次，即每一呼吸周期都同时出现一次腹部和胸部的起伏变化：吸气时胸腹鼓起，呼气时胸腹回缩。对此种呼吸表现，称为胸腹式呼吸。健康家畜的呼吸多属于这一类型。

当家畜患有胸膜炎、肋骨骨折等胸部疾患，则在呼吸时，因胸部疼痛而使胸廓移位变弱，改为以膈移位为主，于是主要表现腹部的起伏变化，称为腹式呼吸（abdominal breathing)。当家畜患有腹膜炎、胃扩张等腹部疾患或母畜妊娠后期，则在呼吸时，因腹部疼痛或受限而使膈移位变弱，改为以胸廓移位为主，于是主要表现胸部的起伏变化，称为胸式呼吸(thoracic breathing)。所以在临床上了解呼吸类型的特征对疾病的诊断有一定的意义。

2. 肺内压 肺内压（intrapulmonary pressure）指肺或肺泡内的压力。肺通过口、鼻与外界环境是相通的，所以在肺的容积不变时，肺内压和大气压是大体相等的。但是，在呼吸过程中肺内压是变化的：在吸气运动时，由于肺的被动性扩张，使肺内压逐渐下降，当降至低于大气压时，外界空气便通过呼吸道进入肺泡；空气的进入，使肺内压又逐渐上升，当升至等于大气压时，吸气停止。在呼气运动时，由于肺的回缩，使肺内压逐渐上升，当升至高于大气压时，肺中气体便通过呼吸道排出体外；气体的排出，使肺内压又逐渐下降，当降至等于大气压时，呼气停止。

总之，呼吸运动先引起胸腔的扩大和缩小，使肺内压发生改变；肺内压的改变再引起肺通气。肺内压变化的程度，取决于呼吸的缓急、深浅和呼吸道阻力，决定着肺通气量的多少。

3. 胸内压 胸内压（intrapleural pressure）又称胸膜腔内压，是指胸膜腔内的压力。胸膜腔是胸膜壁层和脏层之间的空隙。实际上两层胸膜是紧贴在一起的，胸膜腔只不过是一个潜在的腔，腔内只有少量浆液，在两层腔膜之间起润滑作用，以及借其分子间的内聚力，把两层胸膜吸附在一起。胸膜腔既然是一个不含气体的潜在的腔，其中就不可能形成压力。因此，所谓胸内压，实际上是由作用于胸膜脏层的压力间接形成的。

动物在胎儿时期，其胸廓因受母体羊水的压力，胸腔容量很小，肺亦不张。当胎儿出生后，其胸廓不再受羊水的压力，并由于自身的弹性而发生扩张，于是胸腔容量迅速增大，引起肺的扩张，空气随之入肺，但肺却始终存在回缩塌陷的趋势。此后，胸廓和肺就永远处于一定程度的扩张状态。在此情况下，胸膜腔壁层的表面受到胸廓组织（骨骼和肌肉）的保护，故不受大气压的影响，而胸膜腔脏层一直承受两种方向相反的力：一种是从肺泡向外的肺内压，通常在吸气末或呼气末与大气压相等，为 101.08kPa (760mmHg)；另一种是扩张着的肺始终存在的向内的回缩力。那么，能够透过胸膜脏层而在胸膜腔中表现的力为

胸内压=肺内压（大气压）－肺回缩力

若以大气压为零位标准，即生理零线，而肺回缩力又持久存在，所以胸内压也就永远是负值。

胸内压=－肺回缩力

胸内压的具体大小，可用连有检压计的针头刺入胸膜腔中测得。吸气时胸廓扩大，肺被动性扩张，肺的回缩力增大，于是胸内压的负值增大。呼气时胸廓缩小，肺也缩小，肺的回缩力减小，故此时胸内压的负值减小（图 5-3)。

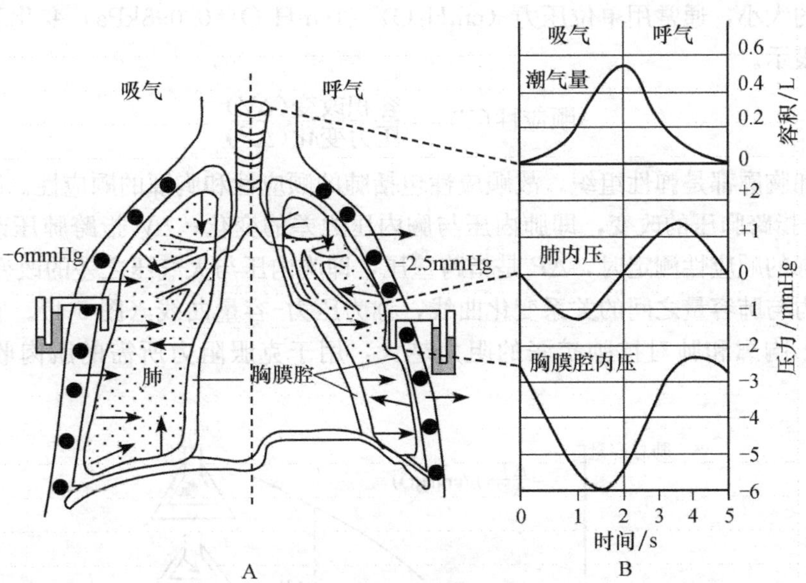

图 5-3　测量数据

A. 胸膜腔内压直接测量示意图；B. 吸气和呼气时肺内压、胸膜腔内压及呼吸气容积的变化过程

胸内压负压的生理意义，一是使肺和小气道维持扩张状态，从而维持肺的通气；二是有助于处于胸膜腔中的腔静脉、胸导管和食管趋向扩张，以利于静脉血液和淋巴液向心脏方向的回流。胸内压负压作用于腔静脉和心脏，可降低中心静脉压，促进静脉血和淋巴回流及右心充盈。尤其是在做深吸气时，胸内压更低，进一步吸引血液回心。胸内压负压作用于食管，有利于呕吐反射。在牛、羊等反刍动物，胸内压负压对食团逆呕入口腔进行再咀嚼也有促进作用。

如果发生胸壁贯通伤，造成空气进入胸膜腔；或发生肺穿孔，造成肺泡气进入胸膜腔，都会形成气胸（pneumothorax），胸内压负压消失，两层胸膜彼此分开，肺将因其本身的回缩力而塌陷，呼吸功能被破坏。此时，尽管呼吸运动仍在进行，肺却失去了随胸廓运动而运动的能力，其程度视气胸的程度和类型而异。气胸时肺的通气功能受到妨害，胸腔大静脉和淋巴回流也将受阻，甚至因呼吸、循环功能严重障碍而危及生命。

（二）肺通气的阻力

肺通气的阻力是对肺通气的限制因素。肺通气的阻力包括弹性阻力和非弹性阻力。弹性阻力是平静呼吸时的主要阻力，约占总阻力的 70%；非弹性阻力包括气道阻力、惯性阻力和组织的黏滞阻力，约占总阻力的 30%，而以气道阻力为主。

1. 弹性阻力和顺应性　弹性组织在外力作用下变形时，有对抗变形和弹性回位的倾向，称为弹性阻力（elastic resistance）。用同等大小的外力作用于弹性组织时，变形程度小者，弹性阻力大；变形程度大者，弹性阻力小。一般弹性阻力用顺应性（compliance）来度量。顺应性是指在外力作用下弹性组织的可扩张性。容易扩张者顺应性大，弹性阻力小；不容易扩张者顺应性小，弹性阻力大。顺应性（C）与弹性阻力（R）成反变关系，即

$$C=\frac{1}{R}$$

顺应性的大小，通常用单位压力（cmH_2O）（$1cmH_2O=0.098kPa$）变化下所能引起的容积变化来表示。

$$顺应性(C)=\frac{容积改变(\Delta V)}{压力变化(\Delta P)}$$

因为肺和胸廓都是弹性组织，故顺应性包括肺的顺应性和胸廓的顺应性。肺的顺应性测定时，ΔP 是指跨肺压的改变，即肺内压与胸内压之差的变化；ΔV 指跨肺压改变下的肺容量变化。胸廓的顺应性测定时，ΔP 是指跨壁压，即胸内压与大气压之差的改变。

这种压力与肺容量之间的关系变化曲线，称为压力-容量曲线（图 5-4）。它表明肺充盈的容量越大，胸廓和肺对抗肺扩张的阻力越大，用于克服阻力所需的肌肉收缩力也相应增大。

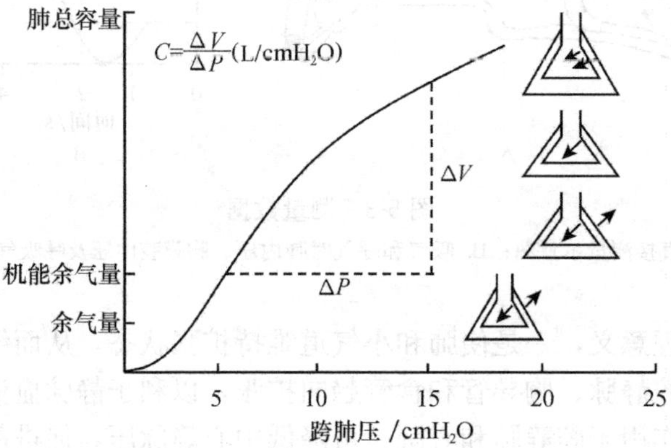

图 5-4　肺压力-容量曲线

（1）肺的弹性阻力。肺的弹性阻力来自两个方面：①肺组织的弹性阻力。肺组织的弹性阻力主要来自弹性纤维和胶原纤维，当肺扩张时，这些纤维被牵拉便倾向于回缩。肺扩张越大，对纤维的牵拉程度也越大，回缩力也越大，弹性阻力也越大；反之则小。②肺泡表面张力。肺泡表面张力是由于肺泡内表面液-气界面液体层的分子间的引力所形成，它使肺泡趋于缩小，从而形成肺的弹性阻力。由离体的肺在充气和充生理盐水时各自的顺应性曲线（图 5-5）可知扩张充气的肺比扩张充生理盐水的肺所需的跨肺压力大得多，前者约为后者的 3 倍。这是因为充气时，在肺泡内衬液和肺泡气之间存在液-气界面，从而产生表面张力。球形液-气界面的表面张力方向是向中心的，倾向于使肺泡缩小，产生弹性阻力。而灌注生理盐水时，没有液-气界面，因此不存在表面张力作用，仅肺组织的弹性回缩所产生的阻力作用。由此可见，肺组织的弹性阻力仅约占肺总弹性阻力的 1/3，而表面张力约占 2/3。因此，表面张力对肺的张缩有重要的作用。

按照拉普拉斯定律，液泡内由表面张力所形成的回缩力（P）与表面张力（T）成正比，与液泡半径（r）成反比，即

$$P=\frac{2T}{r}$$

如果表面张力相同而直径大、小不同的两个液泡联通时，由于小液泡内的回缩力大于大液泡，于是小液泡内的气体将顺着压力梯度流向大液泡，从而使小液泡趋向萎缩，而大液泡则趋向膨胀（图 5-6A）。动物的肺由数亿个直径大小不同的肺泡组成，根据以上原理，气体

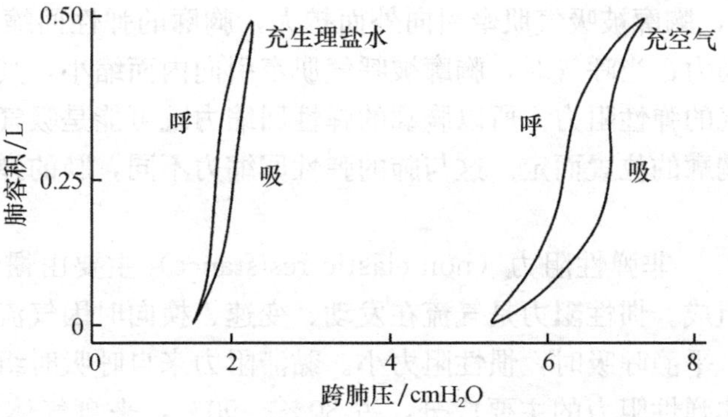

图 5-5　充空气和充生理盐水时肺的顺应性曲线

将从小肺泡不断流向大肺泡，结果将导致小肺泡萎缩，大肺泡极度膨胀。但在正常有机体并不发生这一现象，这是因为肺泡壁Ⅱ型细胞（分泌细胞）能合成并分泌一种物质，这种物质称为肺表面活性物质，它具有减弱肺泡表面张力的作用。

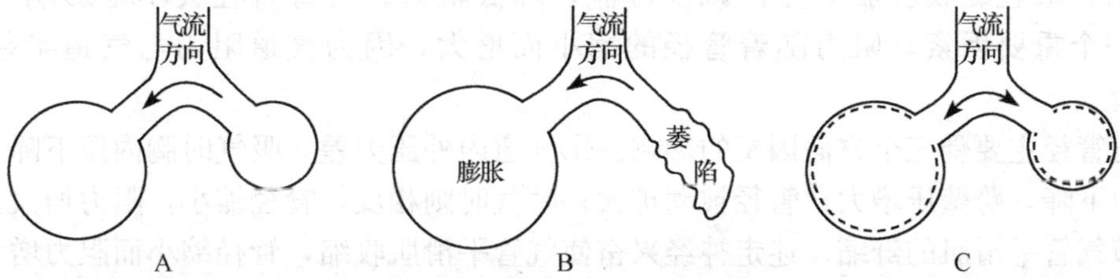

图 5-6　表面活性物质使联通的大小肺泡维持相对的稳定

A. 大小肺泡在无表面活性物质时，表面张力相同；B. A 图的结果；C. 大肺泡表面活性物质分布密度小，表面张力大；小肺泡表面活性物质分布密度大，表面张力小，大小肺泡容积相对稳定

肺表面活性物质（pulmonary surfactant）是复杂的脂蛋白混合物，其主要成分是二棕榈酰卵磷脂（dipalmytoyl lecithin，DPL；或 dipalmytoyl phosphatidyl choline，DPPC），它的分子类似于细胞膜的磷脂结构，其亲水的极性一端深入液体层，疏水的非极性一端深入肺泡气中，改变了气-液界面的结构，从而大大降低肺泡的表面张力，其生理意义主要在以下几个方面。①维持肺泡容积的相对稳定。肺表面活性物质的密度可随肺泡半径的变化而变化，在小肺泡或呼气时，其密度大，降低表面张力的作用较强，因而，肺回缩力较小，肺泡不至于出现塌陷。相反，在大肺泡或吸气时，表面活性物质的密度较小，降低表面张力的作用较弱，肺泡回缩力较大，因而肺泡不至于过度膨胀，从而维持了肺泡容积的相对稳定（图 5-6B）。②防止液体在肺泡内积聚。由于肺泡表面张力使肺泡回缩，肺组织间隙必然会扩大，使组织间液静水压降低，导致毛细血管滤出的液体过多而形成肺水肿。但由于肺表面活性物质的存在，可减少表面张力，从而有效地防止液体在肺泡积聚，保证肺换气的正常进行。③降低吸气阻力，增加肺的顺应性，减少吸气做功。早产儿可因缺少肺表面活性物质，发生肺不张而导致死亡。

（2）胸廓的弹性阻力。胸廓的弹性阻力来自胸廓的弹性回缩力。胸廓的弹性阻力并不是一直存在，当胸廓处于自然位置时，胸廓几乎不存在弹性回缩力，也就几乎不具有弹性阻力（图 5-4）。当吸气时，胸廓被吸气肌牵引向外而扩大，胸廓的弹性回缩力向内，它是吸气的弹性阻力，呼气的动力；当呼气时，胸廓被呼气肌牵引向内而缩小，其弹性回缩力向外，成为吸气的动力，呼气的弹性阻力。所以胸廓的弹性回缩力既可能是吸气的弹性阻力，也可能是吸气的动力，依胸廓的位置而定。这与肺的弹性回缩力不同，肺的弹性回缩力始终是吸气的弹性阻力。

2. 非弹性阻力 非弹性阻力（non-elastic resistance）主要由惯性阻力、黏滞阻力和气道阻力三种力量组成。惯性阻力是气流在发动、变速、换向时因气流和组织的惯性所产生的阻止运动的因素。平静呼吸时，惯性阻力小。黏滞阻力来自呼吸时组织相对位移所发生的摩擦。气道阻力是非弹性阻力的主要成分，占 80%～90%，来自气体流经呼吸道时气体分子间和气体分子与气道之间的摩擦。非弹性阻力是在气体流动时产生的，并随流速加快而增加，故为动态阻力。

气道阻力（airway resistance）受气流流速、气流形式和管径大小影响。流速快，阻力大；流速慢，阻力小。气流形式有层流和湍流，层流阻力小，湍流阻力大。气流太快和管道不规则容易发生湍流。例如，气管内有黏液、渗出物、异物等时，可用排痰、清除异物、减轻黏膜肿胀等方法减少湍流，降低阻力。气管直径大小是影响气道阻力的另外一个重要因素，阻力随着管径的缩小而增大，因为气道阻力与气道半径的 4 次方成反比。

气道管径主要受三个方面因素的影响。①气道内外压力差。吸气时胸内压下降，气道周围的压力下降，跨壁压增大，管径被动扩大；呼气时则相反，管径缩小，阻力增大。②自主神经调节气管平滑肌的舒缩。迷走神经兴奋使气管平滑肌收缩，管径缩小而阻力增大；交感神经兴奋则使气管平滑肌舒张，管径增大而阻力下降，呼吸更为畅通。③体液中化学物质影响气管平滑肌的舒缩，如血中儿茶酚胺使气管平滑肌舒张。近年来的研究发现气道上皮可合成、释放内皮素，使气道平滑肌收缩。

二、肺容积、肺容量与肺通气量

了解肺通气量的简单方法是用肺量计记录进出肺的气量。呼吸时肺容量变化曲线如图 5-7 所示。

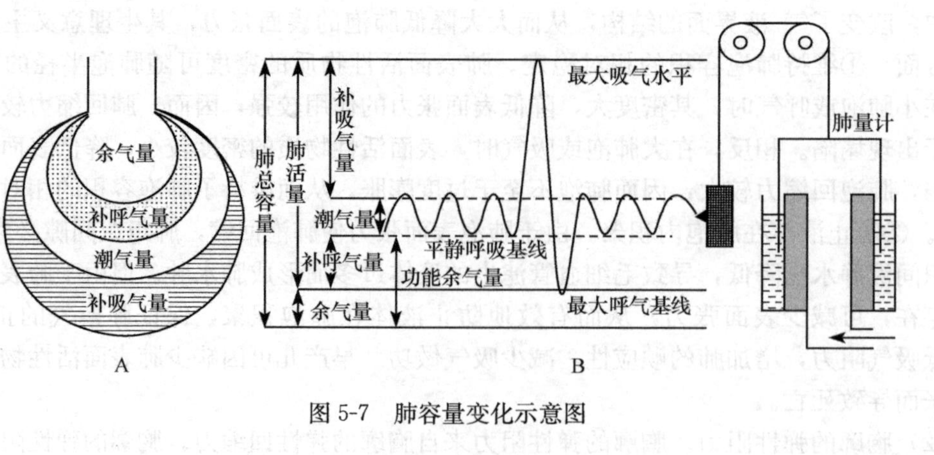

图 5-7 肺容量变化示意图

(一) 肺容积

由下述互不重叠的 4 种基本肺容积（pulmonary volume）（图 5-7A）全部相加后等于肺的最大容量。

1. 潮气量 潮气量是指平静呼吸时每次吸入或呼出的气量（tidal volume，TV）。各种家畜的潮气量为：马约 6000mL；奶牛躺卧时 3100mL，站立时 3800mL；山羊约 310mL；绵羊约 260mL；猪 300～500mL。劳役、运动时，潮气量将有所增大。

2. 补吸气量 补吸气量是指平静吸气末，再尽力吸气所能吸入的气量（inspiratory reserve volume，IRV）。马约为 12L。潮气量加补吸气量，合称深吸气量。

3. 补呼气量 补呼气量是指平静呼气末，再尽力呼气所能呼出的气量（expiratory reserve volume，ERV）。马的补呼气量约为 12L。潮气量加补呼气量，合称深呼气量。

4. 余气量 余气量指最大呼气末存留于肺中不能再呼出的气量（residual volume，RV）。余气量无论如何用力也无法将其呼出，只能用间接方法测定。余气量较功能余气量少。马的余气量约为 12L。

(二) 肺容量

肺容量（pulmonary capacity）是指基本肺容积中两项或两项以上的联合气量。

1. 深吸气量 从平静呼气末做最大吸气时所能吸入的气量为深吸气量（inspiratory capacity，IC），等于潮气量和补吸气量之和，是衡量最大通气潜力的一个重要指标。胸廓、胸膜、肺组织和呼吸肌等的病变，都可使深吸气量减少，最大通气潜力降低。

2. 功能余气量 平静呼气末肺内存留的气量为功能余气量（functional residual capacity，FRC），是余气量和补呼气量之和。功能余气量的生理意义是缓冲呼吸过程中肺泡气氧和二氧化碳分压（P_{O_2} 和 P_{CO_2}）的急剧变化。由于功能余气量的缓冲作用，吸气时，肺内 P_{O_2} 不至于突然升得太高，P_{CO_2} 不至于降得太低；呼气时，肺内 P_{O_2} 则不会降得太低，P_{CO_2} 不至于升得太高。这样，肺泡气和动脉血液的 P_{O_2} 和 P_{CO_2} 就不会随呼吸而发生大幅度的波动，以利于气体交换。生理条件下，功能余气量约为潮气量的 4 倍，家畜每千克体重的功能余气量为 8～10mL。功能余气量可在一些病理情况下发生改变。例如，患肺气肿时，由于呼出气量减少，功能余气量增多；患肺纤维化时，由于吸入气量减少，功能余气量亦减少；患支气管哮喘时，由于呼气尚未完成，而吸气却已开始，功能余气量也就增多。

3. 肺活量 最大吸气后，用力呼气所能呼出的最大气量称为肺活量（vital capacity，VC），它是潮气量、补吸气量和补呼气量之和。肺活量的大小是判定肺通气限度的一个指标。肺活量有较大的个体差异，与体躯的大小、性别、年龄、体征、呼吸肌强弱等因素有关。马的肺活量约为 30L。

4. 肺总量 肺所能容纳的最大气量为肺总量（total lung capacity，TLC），是肺活量和余气量之和。其值因性别、年龄、运动情况和体位不同而异。

(三) 肺通气量

1. 每分通气量 每分通气量（minute ventilation volume）是指每分钟吸入或呼出肺的气体总量，等于呼吸频率与潮气量的乘积。它比肺总量能更好地反映肺的通气功能。

2. 无效腔和肺泡通气量 上呼吸道至呼吸性细支气管之间的气体因不参与气体交换

过程，故将这部分结构称为解剖无效腔（anatomical dead space）。每次吸入气体的一部分将留在解剖无效腔内，也称死腔。进入肺泡内的气体，也可因血流发生在肺内分布不均而未能全部参与血液进行的气体交换。进入肺泡而未能发生气体交换的这一部分肺泡容量称为肺泡无效腔（alveolar dead space）。解剖无效腔与肺泡无效腔一起合称为生理无效腔（physiological dead space）。健康动物的肺泡无效腔很小，可忽略不计，因此正常情况下生理无效腔与解剖无效腔容量大致相等。由于存在无效腔，每次吸入的潮气量不能都到达肺泡进行气体交换。每次呼出的潮气量也总有部分留在无效腔内。这是因为每次吸气首先吸入的是留在呼吸道（无效腔）内的气体。这是上次呼气时留下的肺泡气，此后才是新鲜气。同样，每次呼气，首先呼出的不是肺泡气，而是前一次吸气末时留在无效腔内的新鲜空气，随后才呼出肺泡气。所以，每次呼吸真正进入肺泡进行气体交换的气体量不是潮气量，而是潮气量减去无效腔容量。肺泡通气量（alveolar ventilation）是每分钟吸入肺泡内的新鲜空气量，等于（潮气量—无效腔气量）×呼吸频率。例如，潮气量是500mL，无效腔气量是150mL，则每次吸入肺泡的新鲜空气是350mL，若功能余气量为2500mL，则每次呼吸仅使肺泡内气体更新1/7左右。潮气量减少或功能余气量增加，均使肺泡气体更新率降低，不利于气体交换。无效腔气体增大（如支气管扩张）或功能余气量增大（如肺气肿）均使肺泡气体更新效率降低。潮气量和呼吸频率的变化对肺通气和肺泡通气影响不同。在潮气量减半和呼吸频率加倍，或潮气量加倍而呼吸频率减半时，肺通气量保持不变，但是肺泡通气量却发生明显的变化。所以，在一定范围内，深而慢的呼吸可使肺泡通气量增大，肺泡气更新率加大，有利于气体交换（表5-1）。

表 5-1 不同呼吸频率和潮气量时的肺通气量和肺泡通气量

呼吸特点	呼吸频率/(次/min)	潮气量/mL	肺通气量/(mL/min)	肺泡通气量/(mL/min)
平静呼吸	16	500	8000	5600
深慢呼吸	8	1000	8000	6800
浅快呼吸	32	250	8000	3200

三、呼吸道的功能

呼吸道包括上呼吸道（鼻、咽、喉）和下呼吸道（气管、支气管、细支气管、终末细支气管）。下呼吸道以下的呼吸性细支气管、肺泡管、肺泡囊和肺泡，合称为肺小叶，是肺换气的部位（图5-8）。呼吸道虽然只是进出肺的气体通道，不具有气体交换的功能，但呼吸道黏膜和管壁平滑肌具有保护、净化和温湿化吸入气，调节呼吸道阻力等作用。

（一）对吸入气的净化和温湿化

呼吸道黏膜内壁，尤其是鼻咽部有丰富的毛细血管网，并有黏液腺分泌黏液，使吸入的空气在到达肺之前被加温和湿润。如果外界气温较低或较高，则通过呼吸道血流的作用，也可以使吸入气的温度升高或下降到体温水平。呼吸道的这种对吸入气调节功能对肺组织有重要的保护作用，可使呼吸道上皮、纤毛及腺体等不易受到损伤。

此外，湿润的黏膜，对吸入气中的尘粒等异物有黏着作用，再通过黏膜上的纤毛运动将异物推至咽喉部，继之被咳出或被吞咽，从而保证洁净的气体入肺。呼吸道黏膜上含有各种感受器，可以感受有刺激性或有害气体和异物的刺激，并引起咳嗽、喷嚏等保护性反射加以排除。更细微的异物颗粒或细菌有可能少量进入呼吸性细支气管、肺泡管，甚至肺泡，但这些部位的巨噬细胞可以将其吞噬。此外，黏膜分泌物中还含有免疫球蛋白，起防止感染和维持黏膜完整性的作用。

（二）参与肺通气量的调节

气管由许多不完全的环状软骨、平滑肌和弹性纤维所组成。从气管到终末细支气管均有平滑肌组织，而到细支气管软骨组织已经很少。各级气管平滑肌，尤其是细支气管平滑肌舒缩时，可增大或缩小气管的管径，影响气流阻力，从而发挥对肺通气量的调节作用。

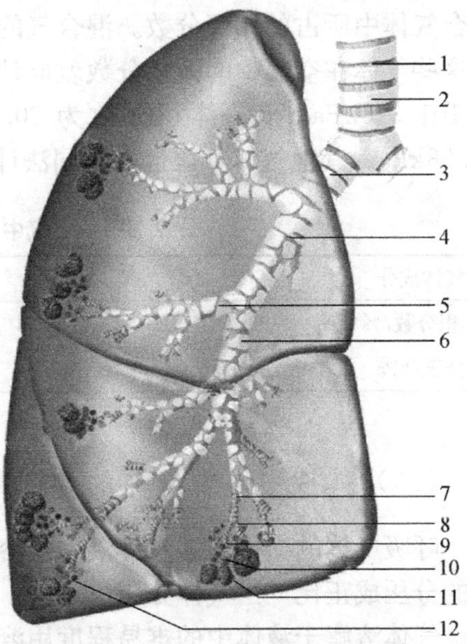

图 5-8　呼吸系统结构模式图（从气管到肺泡）

1. 气管；2. 软骨环；3. 肺外支气管；4. 肺内支气管；5. 小支气管；6. 软骨片；7. 细支气管；8. 终末细支气管；9. 呼吸性细支气管；10. 肺泡管；11. 肺泡囊；12. 肺泡

在平时，呼吸道平滑肌总是保持一定的紧张性，使呼吸道的通气能力维持一定的水平。吸气时，其紧张性略有降低，气管管径有所增大，于是空气易于吸入；呼气时，其紧张性略有升高，气管管径有所缩小，于是肺内气体的排出更为完全。

呼吸道平滑肌的紧张性可在神经和体液因素的调节下发生明显的改变，从而增大或减少肺通气量。该平滑肌接受迷走神经和交感神经的双重支配。迷走神经兴奋时，可通过平滑肌上 M 型胆碱能受体，使呼吸道平滑肌收缩，于是引起各级支气管特别是细支气管的管径缩小，其中气道阻力增大，肺通气量减少。交感神经兴奋时，可通过平滑肌上 β_2 型肾上腺素能受体，使该肌舒张，气道阻力减小，使肺通气量增多。

一些体液因素（如组织胺、5-羟色胺、缓激肽和前列腺素 $F_{2\alpha}$）都可使呼吸道平滑肌发生强烈收缩，使肺通气量减少。而前列腺素 E_2 则可使该肌发生舒张，使肺通气量增多。

第二节　肺换气与组织换气

肺通气使肺泡气不断更新，维持了肺泡气 P_{O_2}、P_{CO_2} 的相对稳定，从而使气体交换得以顺利进行。呼吸气体的交换包括肺换气和组织换气，即肺泡与其周围毛细血管之间和血液与组织之间的气体交换。气体分压差是交换的动力。而血液循环通过对气体的运输将肺泡气体交换和组织气体交换联系起来。

一、气体交换的动力

（一）气体分压

分压（P）是指在混合气体中，某一种气体分子运动所产生的压力，它不受其他气体及其分压存在的影响。在温度恒定时，某一气体的分压只决定于它自身的浓度，即该气体在总混合气体中所占的体积分数。混合气的总压力等于各气体分压之和。当大气压力已知时，根据这些气体在空气中的体积分数就能计算出各种气体的分压。例如，在海平面，大气压平均为101.325kPa，氧的体积分数为20.71%，所以氧的分压（P_{O_2}）$=101.325\times20.71=$ 20.98kPa。其他气体分压也可按同法计算（表5-2）。

表5-2 空气中各气体成分的体积分数及其分压

气体成分	O_2	CO_2	H_2O	N_2	大气
体积分数/%	20.71	0.04	1.25	78.00	100.00
分压/kPa	20.98	0.04	1.27	79.03	101.33

（二）体液中溶解气体的分压

呼吸气体的交换还涉及体液中的溶解气体。某一气体溶解于某种溶液中的量，与这种气体的分压成正比。当气体分压一定时，它在液体中的溶解度决定于不同气体和液体的理化性质。气体溶解于液体中的难易程度用溶解度表示。溶解度是指单位分压下溶解于单位容积液体中的气体量，一般以101.325kPa、38℃时100mL液体中溶解气体的毫升数来表示。氧气和二氧化碳在液体中的溶解度见表5-3。

表5-3 气体在液体中的溶解度（mL/L）

气体	水中溶解度	血浆中溶解度	全血中溶解度
氧气	2.39	2.14	2.36
二氧化碳	56.70	51.50	48.00

气体分压差是气体分子扩散运动的动力。在能够透过气体分子的薄膜两侧，气体分子可从分压高的一侧向低的一侧扩散，直至两侧分压相等，两侧间双向性分子运动达到动态平衡为止。薄膜两侧分压差大，则扩散快；分压差小，则扩散慢。

根据气体扩散规律，气体分子扩散速度与溶解度成正比，与分子质量平方根成反比。从表5-3可看到，二氧化碳在血浆中的溶解度约为氧气的24倍，二氧化碳与氧气相对分子质量的平方根之比为1.14∶1。因此，在分压差相等时，二氧化碳的扩散速度约为氧气的20倍。肺泡与静脉血液间的氧分压差约为二氧化碳分压差的10倍，故在肺泡与静脉血液之间二氧化碳的扩散速度大约是氧气的2倍。二氧化碳在血浆中的溶解度大，是它在体内易于扩散的主要原因，也是临床多见缺氧气而罕见二氧化碳潴留的原因之一。

单位时间内气体扩散的容积称为气体扩散速率，其与扩散面积和温度成正比，与扩散距离成反比。

二、气体交换过程

细胞膜、毛细血管壁等是气体分子可以透过的薄膜，当膜两侧各种气体存在分压差时，气体分子即可按扩散规律运动，实现气体交换。肺泡气、组织细胞和血液中的 P_{O_2} 和 P_{CO_2} 见表5-4。

表 5-4　肺泡气、血液和组织内的 P_{O_2} 和 P_{CO_2}

分压	肺泡气/kPa	静脉血/kPa	动脉血/kPa	组织液/kPa
氧分压（P_{O_2}）	13.60	5.33	13.30	3.99
二氧化碳分压（P_{CO_2}）	5.33	6.13	5.33	6.66

（一）血液与肺泡间的气体交换

肺泡气体与肺毛细血管之间进行气体交换所通过的组织结构，称为呼吸膜（respiratory membrane）。在电子显微镜下，呼吸膜由 6 层结构组成（图 5-9）：含肺表面活性物质液体分子层；肺泡上皮细胞；上皮基膜；间质（弹力纤维和胶原纤维）；毛细血管基膜；毛细血管内皮细胞。6 层结构的总厚度仅为 0.2～1.0μm，通透性大，气体容易扩散通过。

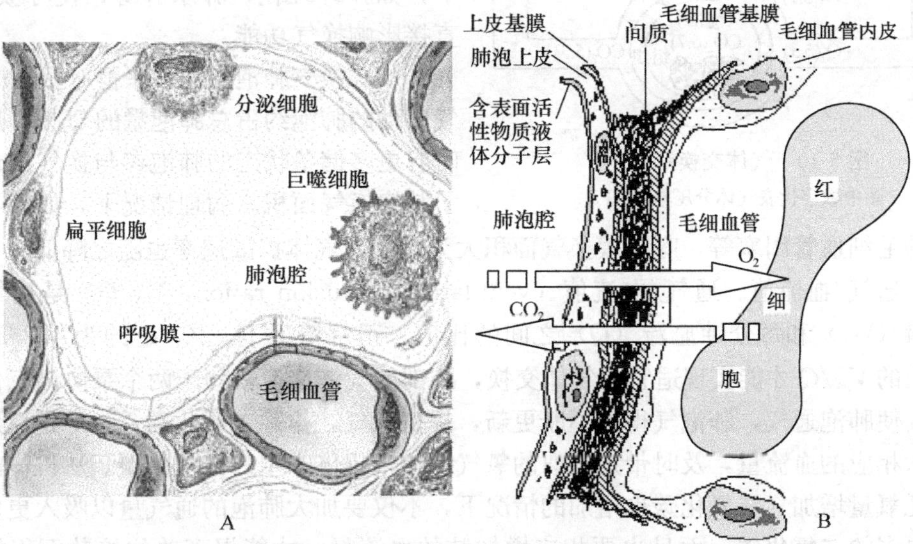

图 5-9　呼吸膜组织结构（A）及呼吸膜结构（B）示意图

肺通气不断进行，新鲜空气不断进入肺内，肺泡内的 P_{O_2} 总量高于肺泡毛细血管血液（含混合静脉血）的 P_{O_2}，而肺泡内的 P_{CO_2} 则总是低于混合静脉血的 P_{CO_2}（图 5-10）。因此，氧气由肺泡内扩散入静脉血，二氧化碳则由静脉血向肺泡内扩散，从而使静脉血变为动脉血。氧气和二氧化碳的扩散都很快，一般只需 0.3s 就已基本完成气体交换过程，而血液流经肺毛细血管的时间约为 0.9s，所以当血液流经毛细血管全长约为 1/3 时，静脉血就变成了动脉血，可见肺换气潜力很大。

（二）血液与组织之间的气体交换

组织在代谢过程中不断消耗氧气，并源源不断产生二氧化碳，使组织中的 P_{O_2} 低于动脉血，而 P_{CO_2} 则高于动脉血。于是两种气体各自顺着压力差扩散：氧气进入组织，而二氧化碳进入血液。结果，流经组织的动脉血因失去氧气和得到二氧化碳又变成了静脉血。二氧化碳的分压差虽然不如氧气的分压差大，但它的扩散速度比氧气快，故仍能迅速完成气体交换。

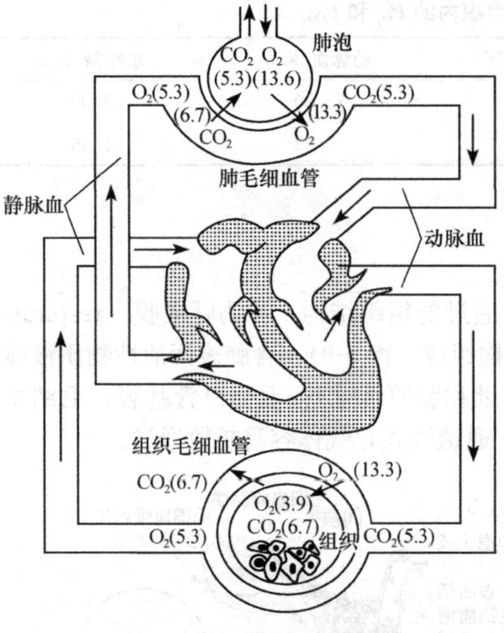

图 5-10　气体交换示意图

图中数字代表气体分压单位 kPa

（三）影响气体交换的因素

1. 影响肺换气的因素　　影响肺换气的因素主要是呼吸膜的厚度、换气肺泡的数量和通气/血流值。

（1）呼吸膜的厚度。呼吸膜的厚度不仅影响气体扩散的距离，也影响膜的通透性。气体扩散速率与呼吸膜的厚度成反比，呼吸膜越厚，扩散速率就越慢。正常情况下，呼吸膜很薄（$<1\mu$m），通透性大，而且红细胞与呼吸膜的距离很近，有利于气体交换。在病理情况下，如肺纤维化、肺水肿等，使呼吸膜增厚，直接影响换气功能。

（2）换气肺泡数量。平静呼吸时，参与换气活动的肺泡约占总肺泡量的55%，剧烈运动时有更多储备状态的肺泡参与换气活动，增加了肺泡换气面积。病理情况下，如肺不张、肺水肿、肺毛细血管闭塞等，呼吸膜换气面积大为缩小，气体扩散速率也随之降低。

（3）通气/血流值。通气/血流值（ventilation/perfusion ration，V_A/Q）是指每分钟肺泡通气量（V_A）和每分钟血流（Q）之间的比值。正常情况下，V_A/Q 约为 4.2/5＝0.84。只有适当的 V_A/Q 才能实现适宜的气体交换，肺部的气体交换依赖于两个泵协调工作：一个是气泵，使肺泡通气，肺泡气得以不断更新，提供氧气，排除二氧化碳；一个是血泵，向肺循环泵入相应的血流量，及时带走摄取的氧气，带来机体产生的二氧化碳。从机体的调节来看，在耗氧量增加、二氧化碳也增加的情况下，不仅要加大肺泡的通气量以吸入更多的氧气和排出更多的二氧化碳，而且也要相应增加肺的血流量，才能提高单位扩散面积的换气效率，以适应机体对气体代谢加强的需要。当 V_A/Q 为 0.84 时，表示流经肺部的混合静脉血能充分地进行气体交换，全部变成动脉血。如果比值增大，说明通气过渡或血流减少，有部分肺泡气不能与血液中气体充分交换，即增加了生理无效腔；如果因通气不良（哮喘发作时）或血流过多，导致比值减小，表示有部分静脉血未能充分进行气体交换而混入动脉血中，如同动静脉部分短路一样。以上两种情况都使气体的交换效率或质量降低（图 5-11）。

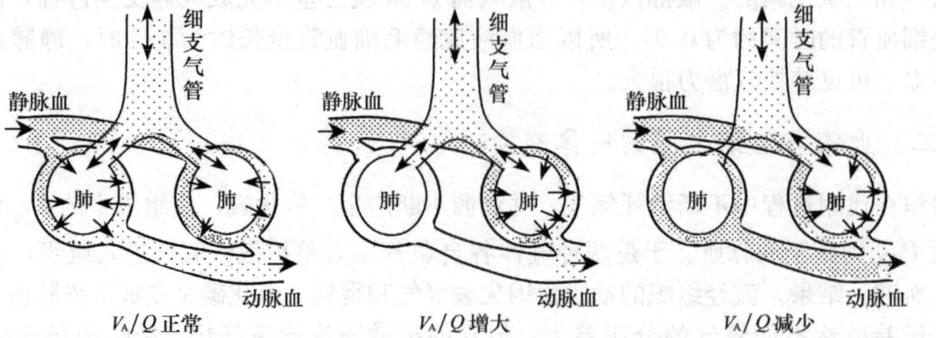

图 5-11　肺通气/肺血流（V_A/Q）值变化示意图

动物肺内各部位通气量与血流量的分布是不均匀的，因此，各部位的 V_A/Q 值并不相同。由于重力等因素的作用，肺上部的通气量和血流量均小于肺中、下部，以血流量的减少更为显著。一般情况下，在肺的中部其 V_A/Q 值适中，肺换气效率较高；而肺的上部和下部，V_A/Q 值则偏高或偏低。动物在运动或使役时，随着肺通气量增加，肺的血流量也加大，因而能保持较高的换气效率。

2. 影响组织换气的因素　影响血液与组织液之间气体交换的因素除了基本上同影响肺换气的因素外，还受组织细胞代谢水平和组织血流量的影响。当血流量不变时，代谢增强，耗氧量大，组织液中的 P_{CO_2} 可高达 6.66kPa 以上，P_{O_2} 可降至 4kPa 以下。反之，如果代谢强度不变，血流量加大时，则 P_{O_2} 升高，P_{CO_2} 降低。这些气体分压的变化将直接影响气体扩散速率和组织换气功能。

第三节　气体在血液中的运输

气体运输是指循环血液对氧气和二氧化碳的运输，气体在血液中的运输是实现气体交换的一个重要环节。血液运输气体有两种方式：一种是以物理溶解方式，另一种是以化学结合方式。以物理溶解方式运输氧气和二氧化碳的量虽然很少（表 5-5），但却很重要。这是因为物理溶解方式不仅是化学结合方式运输的中间阶段，也是最终实现气体交换的必经步骤：进入血液的气体首先溶解于血浆，提高其分压，然后才进一步成为化学结合状态；气体从血液释放时，也是溶解的先逸出，分压下降，化学结合状态的气体再分离出来补充失去的溶解气体。溶解和化学结合两者之间处于动态平衡。

表 5-5　血液中氧气和二氧化碳气体的体积分数（mL/100mL）

气体	动脉			静脉（混合血）		
	化学结合	物理溶解	合计	化学结合	物理溶解	合计
氧气	20.00	0.30	20.30	15.20	0.12	15.32
二氧化碳	46.40	2.62	49.02	50.00	3.00	53.00

一、氧的运输

（一）物理溶解形式的运输

气体在液体中的物理溶解量与该气体分压大小成正比。动脉血 P_{O_2} 为 13.3kPa，其物理溶解的氧气仅 0.3mL/100mL，约占血液运输氧总量的 1.5%。

（二）化学结合形式的运输

血液运输氧气主要是与血红蛋白（hemoglobin，Hb）结合，以氧合血红蛋白（HbO_2）的形式存在于红细胞内。每 100mL 血液中，血红蛋白结合氧气的最大量，称为氧容量（oxygen capacity）。氧容量大小受 Hb 浓度的影响。若健康成年动物每 100mL 血液中血红蛋白含量为 15g，每克血红蛋白可结合 1.34mL 氧气，则血氧容量为 15×1.34＝20.1mL。在一定氧分压下，血红蛋白实际结合氧气的量，称为氧含量（oxygen content）。氧含量与氧容量的百分比称为“氧饱和度”(oxygen saturation)。正常情况下，动脉血的氧饱和度为97.4%，此时氧气含量约为19.4mL；静脉血的氧饱和度为75%，氧气含量约为14.4mL。每100mL动脉血转变为静脉血时，可释放出5mL氧气。

1. 氧合血红蛋白的生成与解离 每1个血红蛋白由1个珠蛋白和4个血红素组成。每个血红素又有4个中心含亚铁离子(Fe^{2+})的吡咯基组成(图5-12)。当氧气进入血液与红细胞Hb中的Fe^{2+}结合后，Fe^{2+}仍然是二价铁，没有电子的转移，因此不是氧化反应，是一种疏松的结合，称为“氧合”。这种结合非常迅速(<0.01s)，既易结合又易分离，不需要酶的催化，主要受P_{O_2}的影响。当血液流经肺毛细血管与肺泡交换气体后，血液中P_{O_2}升高，Hb与氧结合，生成氧合血红蛋白(HbO_2)；当HbO_2经由血液运送到组织毛细血管时，由于组织代谢耗氧，组织内P_{O_2}低，于是HbO_2便解离为脱氧(还原)血红蛋白(HHb)，释放出的氧气供组织代谢需要。这一过程可用下式表示：

$$Hb+O_2 \underset{P_{O_2}\text{低时（组织）}}{\overset{P_{O_2}\text{高时（肺）}}{\rightleftharpoons}} HbO_2$$

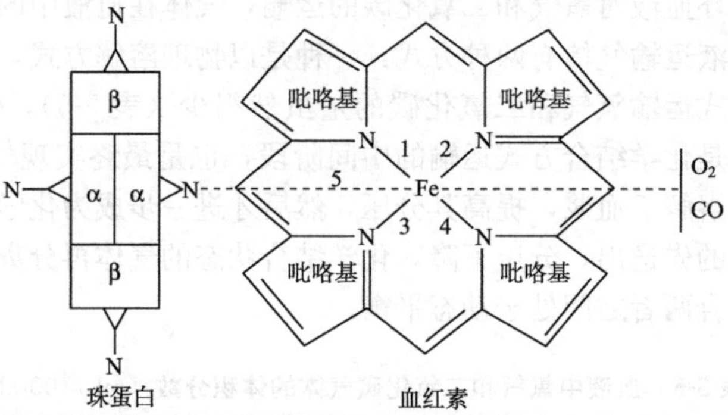

图5-12 血红蛋白的分子结构示意图(仅绘出一个血红素)

HbO_2呈鲜红色，多含于动脉血中；HHb呈暗红色，静脉血中含量大。因此，动脉血较静脉血鲜红。当皮肤或黏膜表层毛细血管中HHb含量增加到较高水平时皮肤或黏膜会出现青紫色，称为紫绀，是缺氧的表现。另外，一氧化碳(CO)也能与Hb结合成HbCO，使Hb失去运输氧气的能力，而且CO的结合力比O_2强210倍。但由于HbCO呈樱桃红色，动物虽缺氧却不出现紫绀。

2. 氧离曲线及其生理意义 血红蛋白氧饱和度和氧分压之间有密切关系，以氧分压做横坐标，氧饱和度为纵坐标，即可绘制出氧分压对血红蛋白结合氧气量的函数曲线，这一曲线习惯上称为氧离曲线(oxygen dissociation curve)(图5-13)。从曲线可以看出，Hb结合氧的能力随P_{O_2}的上升而增加，血氧饱和度也随之增大(即Hb氧解离度减少)。但两者之间并非线性相关，而是呈“S”形曲线。氧离曲线呈“S”形与Hb的变构效应有关。Hb有一个珠蛋白通过4条多肽链和4个血红素联结，每个血红素的中心都含有一个Fe^{2+}，每个Fe^{2+}能结合一个氧气，故每个Hb分子最多可结合4个氧气。珠蛋白的4条多肽链，每结合一个氧气都会使Hb的构型发生改变，进而影响与氧气的亲和力。目前认为Hb有两种构型：去氧Hb为紧密型(T型)，氧合Hb为疏松型(R型)。当氧气与Hb的Fe^{2+}结合后，Hb分子逐步由T型变为R型，对氧气的亲和力逐步增加。R型对氧气的亲和力为T型的数百倍。也就是说，Hb的4个亚单位无论在结合氧气或释放氧气时，彼此间有协同效应，即1个亚单位与氧气结合后，由于变构效应，其他亚单位更易与氧气结合；反之，当 HbO_2 的1个亚单位释放出氧气后，其他亚单位更易释放氧气。所以，这种变构效应，对结合或释放氧气都具有重要意义。在氧分压高的肺部由于变构效应，Hb 迅速与氧气结合达到氧饱和；而在氧分压低的组织部位，变构效应却又能促使氧气释放。

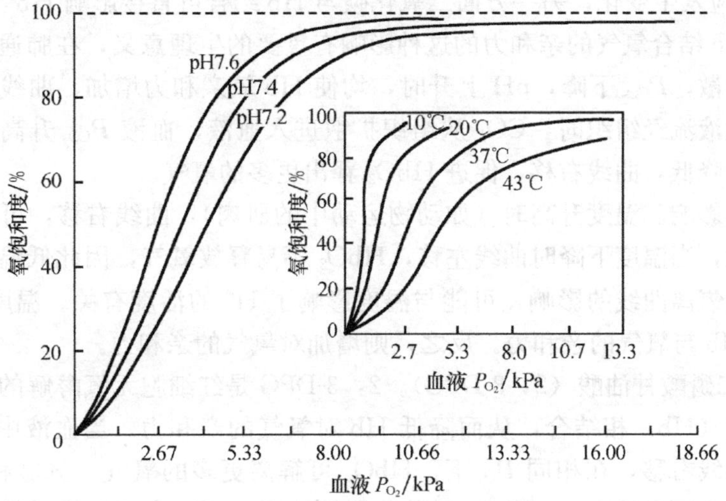

图 5-13　氧离曲线及其影响因素

氧离曲线各段的特点有下列功能意义。①氧离曲线上段：相当于 P_{O_2} 在 8.0～13.3kPa 变动，曲线较为平坦，表明在这段范围内 P_{O_2} 的变化对氧饱和度影响不大。显示出动物对空气中氧气含量降低或呼吸型缺氧有很大的耐受能力。例如，在高山或患某些呼吸疾病时，只要 P_{O_2} 不低于 8.0kPa，血氧饱和度仍能保持在90%以上，这时血液的氧足以供应代谢需要，不至于发生缺氧。②氧离曲线中段：相当于 P_{O_2} 变动于 5.3～8.0kPa，这是 HbO_2 释放氧气的部分，曲线走势较陡。安静时混合静脉血 P_{O_2} 为 5.3kPa，Hb 氧饱和度约为75%，血氧含量约为14.4mL，即每100mL 血液流过组织时可释放5mL 氧气，能满足安静状态下组织对氧气的需要。③氧离曲线下段：相当于 P_{O_2} 在 2.0～5.3kPa 变动，这是曲线中最为陡峭的部分。说明在此范围内 P_{O_2} 稍有变化，Hb 氧饱和度就会有很大的改变，因此可释放出更多的氧气供组织利用。当组织活动加强时，耗氧量剧增，P_{O_2} 明显下降，甚至可低至 2.0kPa，血液流经这样的组织时，氧饱和度可降到20%以下，血氧只达4.4mL，即每100mL 血液释放的氧气量可达15mL 之多。而一般情况下，每100mL 血液释放的氧气量只要5mL 就已满足组织的需要了。因此该段氧离曲线的特点反映出家畜有机体的氧储备。

3. 氧离曲线的位移及其影响因素　氧离曲线在坐标的位置，可因各种原因发生偏移，通常以血氧饱和度为50%时的 P_{O_2} 用 P_{50} 表示，作为 Hb 对氧亲和力的指标。正常情况下的 P_{50} 为 3.5kPa，如果需要更高的 P_{O_2} 才能达到50%的血氧饱和度，表示 Hb 对氧气的亲和力降低，曲线右移。反之，达50%氧饱和度所需的 P_{O_2} 降低，表示 Hb 对氧气的亲和力增加，曲线左移。

血液中影响氧离曲线移位的因素主要有 pH、P_{O_2}、P_{CO_2}、温度及2，3-二磷酸甘油酸含量等。

(1) pH 和 P_{CO_2} 的影响。血液 pH 下降或 P_{CO_2} 上升，Hb 对氧的亲和力降低，曲线右移，有利于 Hb 释放氧气（图 5-13）；反之，血液 pH 升高或 P_{O_2} 降低，使曲线左移，Hb 对氧气亲和力增加，有利于氧气的结合。pH 和 P_{CO_2} 对 Hb 与氧气亲和力的这种影响称为波尔效应（Bohr effect）。当 H^+ 增多 pH 降低时，H^+ 与 Hb 多肽链的某些氨基酸残基的基团结合，促使 Hb 分子构型由 R 型变为 T 型，从而降低 Hb 对氧气的亲和力；相反，当 pH 升高时，促使 Hb 分子构型由 T 型变为 R 型，Hb 的亲和力增加。P_{CO_2} 的影响，一方面是 P_{CO_2} 变化时，pH 会相应发生变化；另一方面二氧化碳与 Hb 结合可直接影响 Hb 与氧气的亲和力。pH 和 P_{CO_2} 对 Hb 结合氧气的亲和力的这种影响有重要的生理意义，在肺通气时，二氧化碳从血液向肺泡扩散，P_{CO_2} 下降，pH 上升时，均使 Hb 氧亲和力增加，曲线左移，血液运氧量增加；而当血液流经组织时，CO_2 从组织扩散进入血液，血液 P_{CO_2} 升高，pH 下降，Hb 对氧气的亲和力降低，曲线右移，促进 HbO_2 释出更多的氧气。

（2）温度的影响。温度升高时（如动物运动中的肌肉），曲线右移，可解离更多氧气供组织利用。反之，当温度下降时曲线左移，HbO_2 不易释放氧气，因此低温麻醉是要注意防止缺氧。温度对氧离曲线的影响，可能与温度影响了 H^+ 的活度有关。温度升高，H^+ 活度增加，降低了 Hb 与氧气的亲和力。反之，则增加对氧气的亲和力。

（3）2，3-二磷酸甘油酸（2，3-DPG）。2，3-DPG 是红细胞无氧酵解的代谢产物，它能与脱氧血红蛋白（Hb）相结合，从而降低 Hb 对氧气的亲和力。当血液中 2，3-DPG 含量增加时，氧离曲线右移，在相同 P_{O_2} 下，HbO_2 可解离更多的氧气。贫血和缺氧等情况下，可刺激红细胞产生更多的 2，3-DPG。动物由平原地区刚到达高原地带后的最初几天，红细胞中 2，3-DPG 含量即开始明显增多，这是有利机体对高山缺氧的一种适应性反应。

二、二氧化碳的运输

二氧化碳在血液中也以物理溶解和化学结合两种形式运输。其中，以物理溶解形式运输的量仅占血液中运输二氧化碳量的 5%，而以化学结合形式运输的量则高达 95%（其中以碳酸氢盐形式的占 88%，以氨基甲酸血红蛋白形式的占 7%）。

血浆中溶解的二氧化碳绝大部分扩散进入红细胞内，红细胞内溶解的二氧化碳极微，可忽略不计，主要是形成碳酸氢盐和氨基甲酸血红蛋白（carbaminohemoglobin）。

（一）碳酸氢盐

大部分进入红细胞内的二氧化碳，在碳酸酐酶的催化下，很快与水反应生成碳酸，碳酸进一步解离生成碳酸氢根（HCO_3^-）和氢离子（H^+）。

$$CO_2 + H_2O \xrightarrow{\text{碳酸酐酶}} H_2CO_3 \longrightarrow HCO_3^- + H^+$$

生成的 HCO_3^- 量超过血浆中的 HCO_3^- 含量时，可透过红细胞膜顺浓度差扩散入血浆。这时有等量的 Cl^- 由血浆扩散进入红细胞，以维持细胞内外正、负离子平衡，这一现象称为氯转移（chloride shift）。这样，HCO_3^- 不会在红细胞内积聚，使反应不断往右方进行，有利于组织产生的二氧化碳不断进入血液。所生成的 HCO_3^- 在红细胞内与 K^+ 结合，在血浆内则与 Na^+ 结合，分别以 $KHCO_3$ 和 $NaHCO_3$ 形式存在。所生成的 H^+ 大部分与 Hb 结合成为 HHb。而血浆中的 $NaHCO_3/H_2CO_3$ 是重要的缓冲对，因此 Hb 和 HCO_3^- 在运输二氧化碳过程中，对机体的酸碱平衡起重要的缓冲作用。

在肺内由于肺泡气中 P_{CO_2} 低于静脉血，上述反应向左方进行，血浆中溶解的二氧化碳首先扩散入肺泡。而红细胞内，在碳酸酐酶作用下，二氧化碳的水化反应逆向左方进行，生成二氧化碳和水。二氧化碳则由红细胞透出，补充血浆中溶解的二氧化碳。红细胞内 H_2CO_3 逐渐减少，促使血浆中 $NaHCO_3$ 分解生成的 HCO_3^- 不断扩散进入红细胞，以补充消耗 HCO_3^- 的不足，同时发生反向的氯转移，维持红细胞内外正、负离子平衡。这样，通过 HCO_3^- 形式运输的二氧化碳，不断由血液进入肺泡排出体外。

（二）氨基甲酸血红蛋白

一部分进入红细胞的二氧化碳，与 Hb 的 $-NH_2$ 结合，形成氨基甲酸血红蛋白（Hb-NHCOOH），这一反应迅速、可逆，无需酶参与，主要调节因素是氧合作用。

HHb 结合二氧化碳的能力大于 HbO_2。由于在组织细胞部位血红蛋白释放氧气，生成较多的 HHb，结合二氧化碳的量增加，促使生成更多的 Hb-NHCOOH；在肺部，Hb 与氧气结合生成 HbO_2，因而可促使二氧化碳释放进入肺泡而排出体外。这种形式运输二氧化碳的效率很高。虽然以氨基甲酸血红蛋白形式运输的二氧化碳仅占总运输量的 7%左右，但在肺泡排出的二氧化碳总量中，却有 17.5%左右由氨基甲酸血红蛋白所释放。

血液运输氧气和二氧化碳的全部过程可综合如图 5-14 所示。

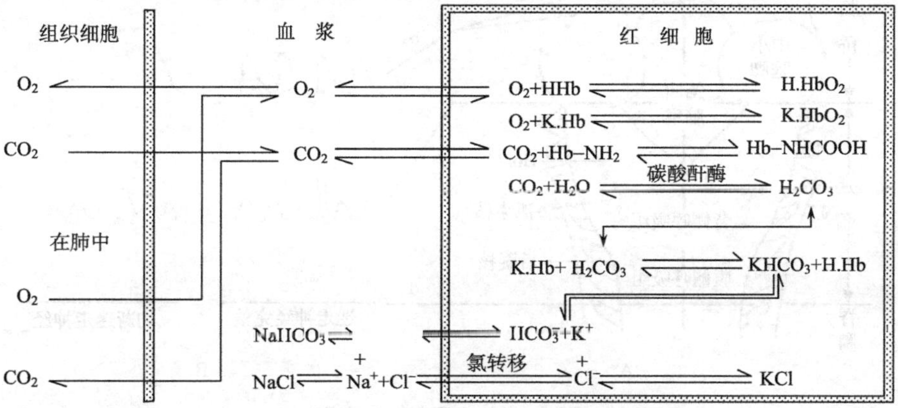

图 5-14　血液运输氧气和二氧化碳的全过程

第四节　呼吸运动的调节

呼吸运动分为随意运动和自主运动。前者是在清醒状态下，由大脑皮层控制的随意性呼吸，后者是在低位脑干控制下的、自发的节律性呼吸，不受大脑皮层的随意控制。正常节律性呼吸运动起源于中枢神经系统。机体内、外环境理化性质的变化，可通过神经反射调节呼吸运动的频率和深度，保持血液中氧气和二氧化碳含量的相对稳定。有机体的体液因素对呼吸运动的调节也起重要作用。

一、神经调节

（一）呼吸中枢

中枢神经系统内产生和调节呼吸运动的神经细胞群，称为呼吸中枢（respiratory center)。它们分布在大脑皮层、间脑、脑桥、延髓和脊髓等部位。脑的各级部位在呼吸节律产生和调节中所起的作用不同。正常呼吸运动是在各级呼吸中枢的相互配合下进行的。

1. 脊髓　脊髓是呼吸运动的初级中枢，脊髓颈、胸段含有支配膈肌、肋间肌和腹肌等呼吸肌的运动神经元。在延髓和脊髓间横断脊髓，呼吸就停止。所以，节律性呼吸运动不是脊髓产生的。脊髓只是联系上位呼吸中枢和呼吸肌的中继站和整合某些呼吸反射的初级中枢。

2. 延髓　实验证明基本呼吸节律产生于延髓。应用微电极技术记录神经元的电活动表明，在低位脑干内有的神经元呈节律性放电，并与呼吸周期有关，称为呼吸相关神经元或呼吸神经元。在吸气相放电的是吸气神经元，在呼气相放电的为呼气神经元，在吸气相放电并延续至呼气相的为吸气-呼气神经元，在呼气相放电并延续至吸气相的为呼气-吸气神经元。吸气-呼气神经元和呼气-吸气神经元均为跨时相神经元。在延髓，呼吸神经元主要集中在背侧和腹侧两组神经核团内，分别称为背侧呼吸组和腹侧呼吸组（图 5-15）

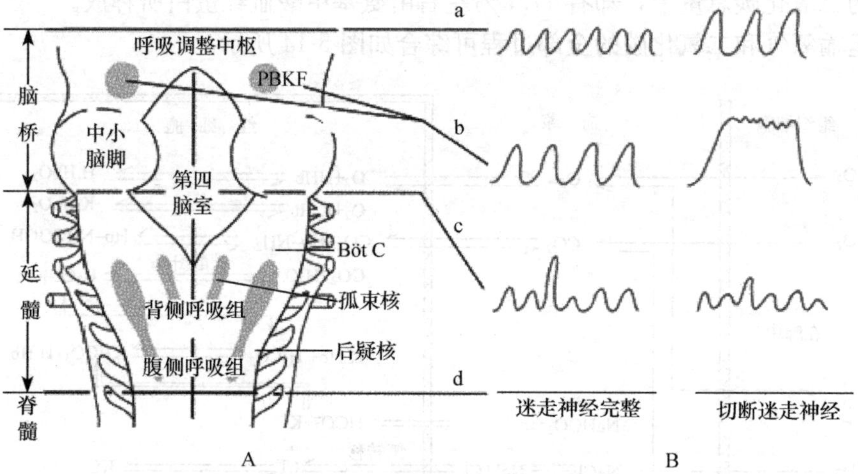

图 5-15　呼吸中枢示意图

A. 脑干中与呼吸有关的核团；B. 在不同平面横切脑干后呼吸变化

Böt C. 包钦格复合体；PBKF. 臂旁内侧核和 Kölliker-Fuse 核；a～d. 不同平面横切

（1）背侧呼吸组（dorsal respiratory group，DRG）。其呼吸神经元主要集中在孤束核的腹外侧部，主要为吸气神经元，轴突主要交叉到对侧，下行至脊髓颈段和胸段，支配膈肌和肋间外肌运动神经元，兴奋时产生吸气。DRG 某些吸气神经元轴突投射到腹侧呼吸组或脑桥、边缘系统等，DRG 还接受来自肺支气管、窦神经、腹侧呼吸组、脑桥、大脑皮层等的传入信号。

（2）腹侧呼吸组（ventral respiratory group，VRG）。其呼吸神经元主要集中在疑核、后疑核和面神经后核附近的包钦格复合体（Bötzinger complex，Böt C）。后疑核内主要是呼吸神经元，其轴突绝大部分交叉到对侧下行，支配脊髓肋间内肌和腹肌的运动神经元，兴奋时主要产生呼气。疑核呼吸神经元的轴突由同侧舌咽神经和迷走神经传出，支配咽喉部呼吸辅助肌，少部分纤维也发出侧支支配膈肌的运动神经元。Böt C 主要含呼气神经元，其轴突主要与背侧呼吸组的吸气神经元形成抑制性联系，此外也有轴突支配脊髓的膈运动神经元。

近来有实验证明，在疑核和外侧网状核之间的 Böt C 有起步样放电活动，认为它可能起呼吸节律发生器的作用，是呼吸节律的起源部位。

3. 脑桥 在脑桥前部，呼吸神经元相对集中于臂旁内侧核和相邻的 Kölliker-Fuse (KF) 核，合称 PBKF 核群。其中含有一些跨时相神经元，其表现为吸气和呼气相转换期间发放冲动增多。PBKF 和延髓的呼吸神经核团之间有双向联系，形成调控呼吸的神经元回路。将猫麻醉后，切断双侧迷走神经，损毁 PBKF 核群，可出现长吸式呼吸，提示脑桥前部抑制吸气的中枢结构主要位于 PBKF 核群，其作用为限制吸气，促使吸气向呼气转换，防止吸气过长过深。

此外，呼吸还受脑桥以上部位，如大脑皮层、边缘系统、下丘脑等的影响。低位脑干对呼吸的调节是不随意的自主呼吸调节系统。而高位脑，如大脑皮层可以随意控制呼吸，在一定范围内可以随意屏气或加强呼吸，更灵活而精确地适应环境的变化。经过训练形成条件反射的马，一进入跑道呼吸活动就开始加强，做好准备。犬在高温环境中伸舌喘息，以增加机体散热，是下丘脑参与调解的结果。动物情绪激动时，呼吸增强，则是边缘系统中某些部位兴奋的结果。

高位中枢对呼吸的调节有两条途径：一条是经皮质脊髓束和皮质-红核-脊髓束，直接调节呼吸肌运动神经元的活动；另一条是通过控制脑桥和延髓的基本呼吸中枢的活动，调节呼吸节律。

（二）呼吸节律形成的假说

呼吸节律形成的机制尚未完全阐明，迄今已提出多种学说，目前有起步细胞学说和神经元网络学说。起步学说认为，延髓内有与窦房结起搏细胞类似的具有起步样活动的呼吸神经元，起呼吸节律发生器的作用，产生呼吸节律。有实验证据显示前包钦格复合体中就存在着这类神经元。神经元网络学说认为，延髓内呼吸神经元通过相互兴奋和抑制而形成复杂的神经元网络，在此基础上产生呼吸节律。

平静呼吸时，由于吸气是主动的，故有人提出吸气活动发生器和吸气切断机制模型 (inspiratory off-switch mechanism) 的看法。在中枢吸气活动发生器作用下，吸气神经元兴奋，其兴奋传至三个方向：①脊髓吸气肌运动神经元，引起吸气，肺扩张；②脑桥臂旁内侧核，加强其活动；③吸气切断机制相关神经元，使之兴奋。吸气切断机制接受来自吸气神经元、脑桥臂旁内侧核和肺牵张感受器三方面的冲动。随着吸气相的进行，冲动均逐渐增加，在吸气切断机制总和达到阈值时，吸气切断机制兴奋，发出冲动到中枢吸气活动发生器或吸气神经元，以反馈形式抑制、终止其活动，吸气停止，转为呼气（图 5-16）。切断迷走神经或毁损脑桥臂旁内侧核或两者，吸气切断机制达到阈值所需时间延长，吸气因而延长，呼气变慢。因此，凡可影响中枢吸气活动发生器、吸气切断机制阈值或达到阈值所需时间的因素，都可影响呼吸过程和节律。

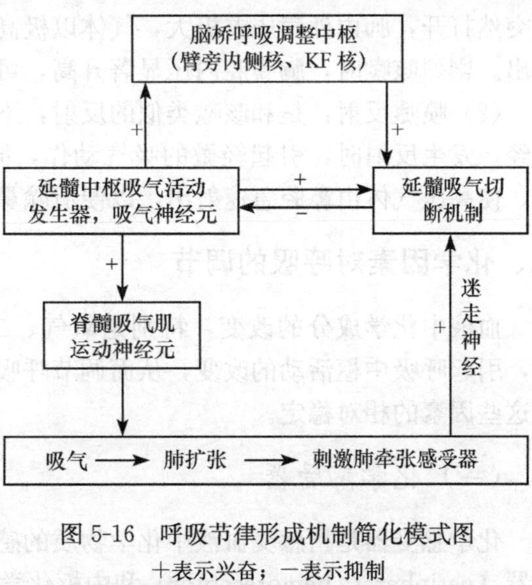

图 5-16 呼吸节律形成机制简化模式图

+表示兴奋；−表示抑制

（三）呼吸的反射性调节

呼吸节律虽然产生于中枢神经系统，但其活动可受来自呼吸器官本身和骨骼肌以及其他器官系统感受器传入冲动的反射性调节，使呼吸运动的频率、深度和形式等发生相应变化。下述其中的一些重要反射。

1. 肺牵张反射 由肺扩张或肺缩小引起的吸气抑制或兴奋的反射称为肺牵张反射（pulmonary stretch reflex），也称为黑-伯反射（Hering-Breuer reflex）。它包括肺扩张反射和肺缩小反射。

（1）肺扩张反射：是肺充气或扩张时抑制吸气的反射。感受器位于从气管到细支气管的平滑肌中，是牵张感受器，阈值低，属于慢适应感受器。当肺扩张牵拉呼吸道使之扩张时，感受器兴奋，冲动经迷走神经粗纤维传入延髓。通过一定的神经联系使吸气切断机制兴奋，切断吸气，转入呼气。肺扩张反射可加速吸气和呼气的交替，使呼吸频率增加。当切断迷走神经后，吸气延长、加深，呼吸变得深而慢。

（2）肺缩小反射：是肺缩小时引起吸气的反射，感受器位于细支气管和肺泡内，阈值高，肺缩程度较大时才引起这一反射的出现。冲动沿迷走神经传入，兴奋吸气神经元。肺缩小反射在平静呼吸调节中意义不大，但对阻止呼气过深和肺不张等可能起一定作用。

2. 呼吸肌本体感受性反射 呼吸肌是骨骼肌，其本体感受器主要是肌梭（详见神经系统），当肌肉受到牵张刺激而兴奋时，冲动经背根传入脊髓中枢，反射性地引起受刺激肌梭所在肌肉收缩，称为呼吸肌的本体感受性反射。该反射在维持正常呼吸运动中起一定作用，尤其在运动状态或气道阻力加大时，吸气肌因增大收缩程度而使肌梭受到牵拉刺激，从而反射性地引起呼吸肌收缩加强，以克服气道阻力。

3. 防御性呼吸反射 呼吸道黏膜受刺激时所引起的一系列保护性呼吸反射称为防御性反射，其中主要有咳嗽反射和喷嚏反射。

（1）咳嗽反射：是常见的重要防御反射。喉、气管和支气管的黏膜感受器受到机械、化学性刺激时，冲动经迷走神经传入延髓，触发一系列协调的反射活动，引起咳嗽反射。咳嗽时，先是深吸气，接着紧闭声门，呼气肌强烈收缩，肺内压和胸膜腔内压急速上升，然后声门突然打开，肺内外气压差极大，气体以极高的速度从肺内冲出，将呼吸道内异物或分泌物排出。剧烈咳嗽时，胸膜腔内压显著升高，可阻碍静脉回流，使静脉压和脑脊液压升高。

（2）喷嚏反射：是和咳嗽类似的反射，不同之处是其感受器在鼻黏膜，传入神经是三叉神经。发生反射时，引起轻微的吸气动作，同时腭垂下降，舌压向软腭，并产生暴发性呼气，使高压气体由鼻腔急速射出，以便清除鼻腔中的刺激物。

二、化学因素对呼吸的调节

血液中化学成分的改变，特别是氧气、二氧化碳和 H^+ 水平的变化，可刺激化学感受器，引起呼吸中枢活动的改变，从而调节呼吸的频率和深度，增加肺的通气量，维持着内环境这些因素的相对稳定。

（一）化学感受器

化学感受器是指感受血液中化学物质的感受器。因其所在部位的不同，分为外周化学感受器（peripheral chemoreceptor）和中枢化学感受器（central chemoreceptor）。

1. 外周化学感受器　颈动脉体和主动脉体是调节呼吸和循环的重要外周化学感受器。在动脉血 P_{O_2} 降低、P_{CO_2} 或 H^+ 浓度升高时受到刺激，冲动经窦神经（混入舌咽神经）和主动脉神经（混入迷走神经）传入延髓，反射性地引起呼吸加深、加快和血液循环的变化。虽然颈、主动脉体两者都参与呼吸和循环的调节，但是颈动脉体主要调节呼吸，而主动脉体在循环调节方面较为重要。由于颈动脉体有利的解剖位置，所以对外周化学感受器的研究主要集中在颈动脉体。颈动脉体含有Ⅰ型细胞（球细胞）和Ⅱ型细胞（鞘细胞）。目前认为Ⅰ型细胞具有感受器的作用，Ⅱ型细胞的功能类似神经胶质细胞。Ⅰ型细胞之间或Ⅰ型细胞与窦神经的传入纤维形成突触联系或缝隙连接。

用游离的颈动脉体，观察颈动脉体所感受的刺激的性质以及刺激与反应之间的关系。发现颈动脉体感受器所感受的刺激是 P_{O_2}，而不是动脉血氧含量，而且是感受器所处环境的 P_{O_2}。此外，P_{O_2} 和 P_{CO_2} 及 H^+ 浓度三种刺激对化学感受器有相互增强的作用。两种刺激同时作用时比单一刺激的效应强。这种协同作用有重要意义，因为机体发生循环或呼吸衰竭时，总是 P_{CO_2} 升高和 P_{O_2} 降低同时存在，它们的协同作用加强了对化学感受器的刺激，从而促使了代偿性呼吸增强的反应。

2. 中枢化学感受器　中枢化学感受器位于延髓腹外侧浅表部位，左右对称，可以分为头、中、尾三个区（图 5-17A）。头端区和尾端区都具有化学感受性，中间区不具有化学感受性，但可将头端区和尾端区的传入冲动投射到呼吸中枢。

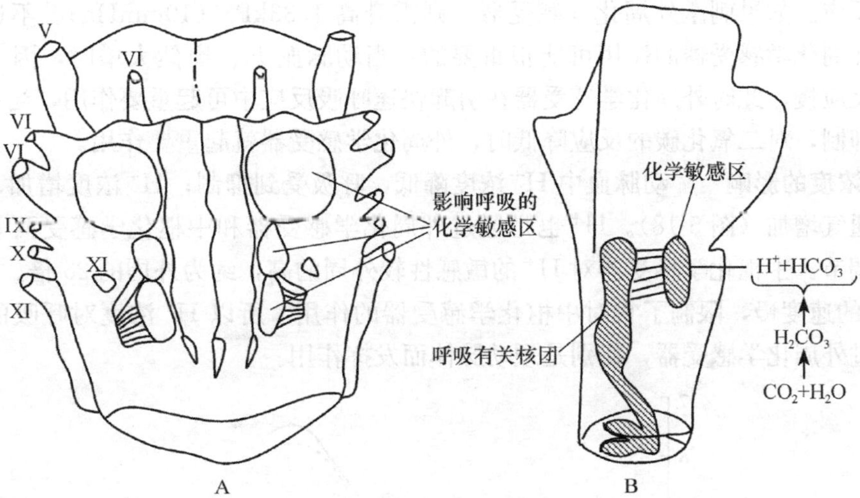

图 5-17　中枢化学感受器

A. 延髓腹外侧的三个化学敏感区；B. 血液或脑脊液 P_{CO_2} 升高时，刺激呼吸的中枢机制

中枢化学感受器的生理刺激是脑脊液和局部细胞外液的 H^+。血液中的二氧化碳能迅速通过血脑屏障，扩散进入脑脊液和脑组织内，在碳酸酐酶作用下，与 H_2O 形成 H_2CO_3，然后解离出 H^+ 和 HCO_3^-，使化学感受器周围液体中的 H^+ 浓度升高，从而刺激中枢化学感受器，引起呼吸中枢的兴奋（图 5-17B）。可是，脑脊液中碳酸酐酶含量很少，CO_2 与 H_2O 的水合反应很慢，所以对 CO_2 的反应有一定的时间延迟。血液中的 H^+ 不易通过血-脑屏障，故血液 pH 的变化对中枢化学感受器的直接作用不大，也较缓慢。

中枢化学感受器与外周化学感受器不同，它不感受缺氧的刺激，但对二氧化碳的敏感性比外周高，反应潜伏期较长。中枢化学感受器的作用可能是调节脑脊液的 H^+ 浓度，使中枢神经系统有一个稳定的 pH 环境，而外周化学感受器的作用主要是在机体低氧时，维持对呼吸的驱动。

（二）P_{CO_2}、H^+ 浓度和 P_{O_2} 对呼吸的影响

1. P_{CO_2} 对呼吸的调节　P_{CO_2} 是调节呼吸运动的最重要体液因素，一定水平的 P_{CO_2} 对维持呼吸和呼吸中枢的兴奋性是必需的。动脉血中 P_{CO_2} 下降，减弱了对化学感受器的刺激，可使呼吸中枢的兴奋减弱，会出现呼吸运动减弱或暂停。当吸入气体中二氧化碳浓度增加时（由 0.04%增至 4%），随着二氧化碳的增加，呼吸加深加快，促进二氧化碳排出，使动脉血维持正常水平的 P_{CO_2}。当吸入的二氧化碳过量（含量超过 7%），导致 P_{CO_2} 剧升，二氧化碳蓄积，则使呼吸中枢受到抑制，出现呼吸困难、昏迷等中枢征候。

总之，在一定范围内动脉血 P_{CO_2} 的升高，可以加强对呼吸的刺激作用，但超过一定限度则有抑制和麻醉效应。

二氧化碳刺激呼吸是通过两条途径实现的：一是通过刺激中枢化学感受器而兴奋呼吸中枢；二是刺激外周化学感受器，冲动沿窦神经和迷走神经传入延髓呼吸有关核团，反射性地使呼吸加深、加快，增加肺通气。在两条途径中前者是主要的，因为去掉外周化学感受器的作用之后，二氧化碳的通气反应仅下降约 20%，可见中枢化学感受器在二氧化碳通气反应中起主要作用。动脉血 P_{CO_2} 只需升高 0.266kPa（2mmHg）就可刺激中枢化学感受器，出现通气加强反应。如果刺激外周化学感受器，则需升高 1.33kPa（10mmHg）。不过，在下述情况下，外周化学感受器的作用可能很重要的：当动脉血 P_{CO_2} 突然大增时，因为中枢化学感受器的反应慢，此时外周化学感受器在引起快速呼吸反应中可起重要作用，当中枢化学感受器受到抑制，对二氧化碳的反应降低时，外周化学感受器就起重要作用。

2. H^+ 浓度的影响　动脉血中 H^+ 浓度降低，呼吸受到抑制；H^+ 浓度增加，呼吸加深加快、肺通气增加（图 5-18）。H^+ 也是通过外周化学感受器和中枢化学感受两条途经实现对呼吸的调节。中枢化学感受器对 H^+ 的敏感性较外周的高，约为外周的 25 倍。但 H^+ 通过血脑-屏障的速度慢，限制了它对中枢化学感受器的作用。所以 H^+ 浓度对呼吸的调节作用主要是通过外周化学感受器，特别是颈动脉体而发挥作用。

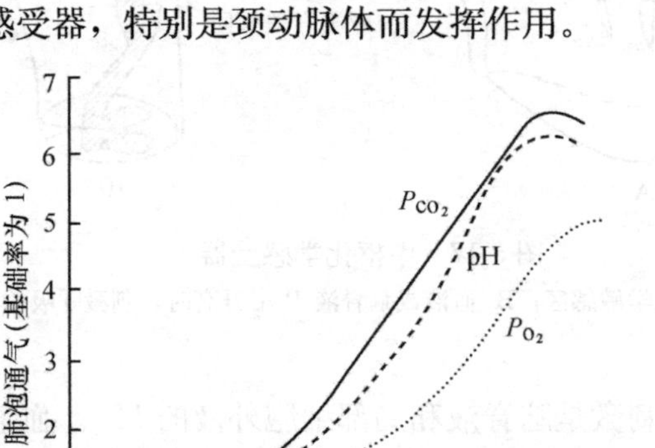

图 5-18　改变动脉血液 P_{CO_2}、P_{O_2}、pH 三因素之一而维持另外两个因素正常时的肺泡通气反应

3. P_{O_2}的影响　吸入气 P_{O_2} 降低时，肺泡气、动脉血 P_{O_2} 都随之降低，呼吸加深、加快，肺通气增加（图 5-18）。动脉血 P_{O_2} 对正常呼吸的调节作用不大，仅在特殊情况下低氧刺激才有重要意义。外周化学感受器对低氧刺激适应很慢，这使低氧对外周化学感受器的刺激成为驱动呼吸的主要刺激。

低氧对呼吸的刺激作用完全是通过外周化学感受器实现的。切断动物外周化学感受器的传入神经，急性低氧的作用完全消失。低氧对中枢的直接作用是抑制。但是低氧可以刺激外周化学感受器，从而兴奋呼吸中枢，在一定程度上可以抵消低氧对中枢的直接抑制作用。不过在严重低氧时，当外周化学感受性反射的作用不足以克服低氧对中枢的抑制作用时，终将导致呼吸障碍。在低氧时如吸入纯氧，由于解除了对外周化学感受器的低氧刺激，会引起呼吸暂停，临床上给氧治疗时应予以注意。

（三）P_{CO_2}、H^+ 浓度和 P_{O_2} 在影响呼吸中的相互作用

在这三个因素中，如果保持其他两个因素不变，而只改变其中一个因素，对通气量的影响见图 5-19。可以看出 P_{O_2} 下降对呼吸的影响较慢、较弱，在一般动脉血 P_{O_2} 变化范围内作用不大，当 P_{O_2} 低于 10.64kPa（80mmHg）以下时，通气量才逐渐增大。与低 P_{O_2} 的作用不同，P_{CO_2} 和 H^+ 只要少许提高，通气量就明显增大，P_{CO_2} 的作用尤为突出。

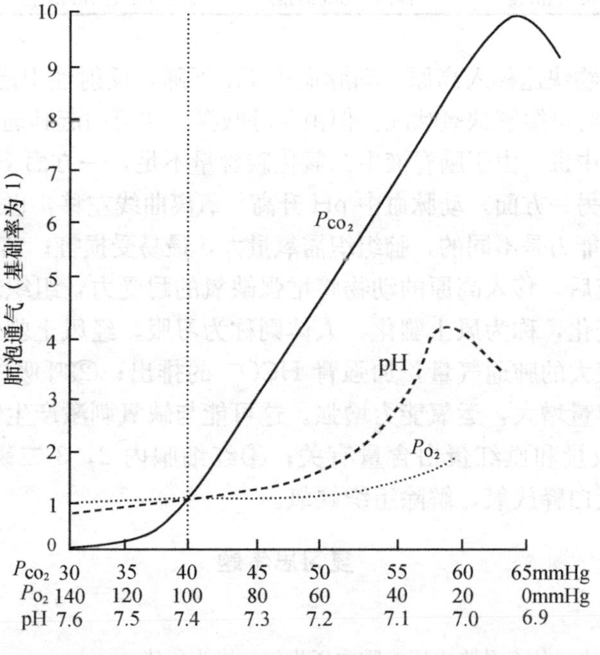

图 5-19　改变动脉血液 P_{CO_2}、P_{O_2}、pH 三因素之一而不控制另外两个因素正常时的肺泡通气反应

在体内正常生理条件下，这三种因素中，一种因素的改变通常会引起其他两种因素相应发生变化，三者之间相互影响、相互作用。图 5-18 表明，当一种因素改变，另两种因素不加控制时，会出现以下情况：当 P_{CO_2} 升高时，H^+ 浓度也随之升高，两者的作用总和起来，使肺通气较单独 P_{CO_2} 升高时为大。H^+ 浓度增加时，因肺通气增大使二氧化碳排出增加，P_{CO_2} 下降，抵消了一部分 H^+ 浓度的刺激作用；二氧化碳含量的下降，也使 H^+ 浓度有所降

低。两者均使肺通气的增加较单独 H^+ 浓度升高时为小。P_{O_2} 下降时，也因肺通气量增加，呼出较多的二氧化碳，使 P_{CO_2} 和 H^+ 浓度下降，从而削弱了低氧的刺激作用。

三、高原对呼吸的影响

高原对呼吸影响的因素是低氧。海拔越高，空气越稀薄，氧分压也越低。在海拔3500～4500m，大气压降到 66.5～59.85kPa（500～450mmHg），肺泡中氧气的分压仅为 7.98～5.99kPa（60～45mmHg），血浆中氧气的饱和度降至 80%～85%（表 5-6）。

表 5-6 不同海拔的大气压与肺泡气分压

海拔/m	大气压	肺泡气分压		
		P_{O_2}	P_{CO_2}	P_{H_2O}
0	101.1kPa（760mmHg）	13.8kPa（104mmHg）	5.3kPa（40mmHg）	6.3kPa（47mmHg）
1 500	84.3kPa（632mmHg）	10.8kPa（81mmHg）	5.0kPa（38mmHg）	6.3kPa（47mmHg）
3 000	69.7kPa（523mmHg）	8.1kPa（61mmHg）	4.7kPa（36mmHg）	6.3kPa（47mmHg）
4 000	57.2kPa（429mmHg）	6.0kPa（45mmHg）	4.3kPa（33mmHg）	6.3kPa（47mmHg）
5 500	50.7kPa（380mmHg）	5.1kPa（38mmHg）	4.1kPa（31mmHg）	6.3kPa（47mmHg）
7 000	46.5kPa（349mmHg）	4.7kPa（35mmHg）	4.0kPa（30mmHg）	6.3kPa（47mmHg）
9 000	30.1kPa（326mmHg）	2.8kPa（21mmHg）	3.2kPa（24mmHg）	6.3kPa（47mmHg）
12 000	18.8kPa（141mmHg）	1.1kPa（8mmHg）	3.2kPa（24mmHg）	6.3kPa（47mmHg）

在平原生活的动物快速移入高原，动脉血中 P_{O_2} 下降，反射性引起心律和心输出量增加，呼吸加深、加快，暂时可缓解缺氧状况。但由于呼吸深、快可引起肺通气过大，排出二氧化碳过多，造成呼吸性碱中毒。由于脑脊液中二氧化碳含量不足，一方面 H^+ 浓度下降致使呼吸中枢抑制，呼吸减弱；另一方面，动脉血中 pH 升高，氧离曲线左移，也造成组织缺氧。动物体各器官对缺氧的耐受能力是不同的，脑组织需氧量大，最易受损害；其次是心肌。

经长期逐渐适应后，移入高原的动物将增强缺氧的耐受力，组织缺氧得到缓解。动物对高原的这种适应性变化，称为风土驯化，人体则称为习服。经风土驯化的动物表现以下生理特点：①长期保持较大的肺通气量，加强肾 HCO_3^- 的排出；②呼吸中枢对二氧化碳的敏感性提高；③血液氧容量增大，运氧能力增强。这可能与缺氧刺激产生促红细胞生成素，从而增加血液中红细胞数量和血红蛋白含量有关；④红细胞内 2，3-二磷酸甘油酸（DPG）增加，促使氧合血红蛋白释放氧，解除组织缺氧。

复习思考题

1. 简述呼吸的过程。
2. 简述肺通气的动力。什么是胸内压？胸内压为何始终为负值？
3. 什么是肺表面活性物质？其有何生理作用？
4. 肺通气的阻力有哪些？
5. 肺容积和肺容量都有哪些？简述相互之间的关系。
6. 为何深而慢的呼吸效率高？
7. 简述气体交换的过程、机理。什么是呼吸膜？
8. 氧离曲线及其影响因素。
9. 试述呼吸的神经性调节。
10. 试述化学因素对呼吸的调节。

第六章　消化和吸收

动物在生长发育过程中，需要不断从外界环境中摄取营养物质供机体利用。机体所需的营养物质除水外，还包括蛋白质、糖类、脂类、无机盐和维生素等。其中蛋白质、糖类和脂类都是结构复杂的大分子有机物，不能直接被机体利用，必须在消化道内分解为结构简单的小分子物质，才能透过消化道上皮进入血液循环或淋巴循环，供组织细胞利用。

消化系统的基本功能是将食物中的营养物质进行消化，并吸收各种营养物质，为机体新陈代谢提供物质和能量来源。食物中的营养物质在消化道内被分解为可吸收的小分子物质的过程称为消化（digestion）。消化道内的各段，如口腔、嗉囊（禽类）、胃、小肠、大肠等部位都具有消化功能。消化后的产物透过消化道黏膜上皮进入血液和淋巴循环的过程称为吸收（absorption）。消化和吸收是两个紧密联系的过程。不能被消化和吸收的食物残渣，与消化道的脱落上皮及黏膜分泌物等形成粪便，经肛门排出体外。

消化系统除具有消化吸收功能外，还具有内分泌功能。例如，胃黏膜细胞可以分泌促胃液素和促胃动素；小肠黏膜细胞可以分泌胃泌素、胰泌素和胆囊收缩素（CCK）；胰腺的内分泌细胞可以分泌胰岛素、胰高血糖素、生长抑素（SS）等。这些胃肠道激素不仅能够在胃肠道局部发挥调节作用，而且对动物的采食、生长及物质代谢也具有重要的调节作用。

第一节　概　　述

一、消化方式

食物进入口腔后，消化活动随即开始。食物在消化道内通过机械性消化、化学性消化和微生物消化三种方式被消化。

（一）机械性消化

机械性消化也称物理性消化，是指通过咀嚼和消化道肌肉的舒缩活动来完成的消化活动，其主要作用是将食物磨碎，并使之与消化液充分混合，为化学性消化创造条件；同时使消化道的内容物不断地向消化道远端移送。机械性消化的主要包括口腔内的咀嚼和胃肠道的运动。

（二）化学性消化

化学性消化是指通过消化腺所分泌的消化液来完成的消化活动。消化液由水、无机物和有机物构成。有机物中最重要的成分是各种消化酶，如唾液中的淀粉酶，胃液中的蛋白酶，小肠液中的淀粉酶、蛋白酶、脂肪酶等，它们能分别将饲料中的糖类、蛋白质和脂肪分解为小分子物质。

有些植物饲料本身也含有一些酶，能参与化学性消化过程。此外，在养殖业中还广泛采用添加外源性酶制剂的方法，将一些从微生物中提取的蛋白酶、非淀粉多糖酶等制剂添加到饲料中，以补充动物内源酶的不足，从而提高营养物质在消化道内的消化效率。对一些幼龄动物，在其胃肠道发育和消化能力尚未成熟时，在饲料中添加外源性酶制剂更有助于对食物的消化。例如，目前在养猪生产中普遍采用早期断奶技术。仔猪在21日龄甚至更短的时间断奶，其消化机能尚未发育成熟，所以添加外源性酶制剂有利于仔猪对饲料的消化。

（三）微生物消化

微生物消化也称生物学消化，是指由栖居在动物消化道内的微生物来完成的消化活动。反刍动物的瘤胃、单胃动物的盲肠中都栖居大量的微生物。这些微生物对消化饲料中的纤维素、半纤维素、果胶等高分子糖类具有特别重要的意义。在畜牧生产中，人们还采用在饲料中添加微生态制剂（益生素、活菌制剂）的方法，以提高饲料的消化效率。

机械性消化、化学性消化和微生物消化是相互依存、相互配合、同时进行的。机械性消化为化学性消化和微生物消化创造条件；化学性消化和微生物消化又在一定程度上影响机械性消化。不同部位的消化道因其结构的不同，消化方式各有侧重。口腔内以机械性消化为主；小肠内以化学性消化为主；而单胃动物（猪、马属动物等）和禽类的大肠、反刍动物（牛、羊、骆驼、鹿等）的瘤胃则以微生物消化为主。

二、消化道平滑肌的特性

在消化道中，除口腔、咽、食管前部和肛门外括约肌是骨骼肌外，胃肠道的大部分都是由平滑肌组成的。消化道平滑肌具有肌肉组织的共同特性，如兴奋性、传导性和收缩性，但这些特性在消化道平滑肌的表现又有其特点。

（一）消化道平滑肌的一般特性

1. 兴奋性较低，收缩缓慢　消化道平滑肌的兴奋性比骨骼肌和心肌低，由于其肌质网不发达，细胞内储备的Ca^{2+}不多，从细胞外摄取Ca^{2+}的能力弱，因此，消化道平滑肌收缩的潜伏期、收缩期和舒张期比骨骼肌所占时间长，收缩较缓慢。

2. 富有伸展性　消化道平滑肌在微细结构上无Z线、M线和肌小节之分，因而能适应进食后需要做的很大伸展，比原初的长度增加几倍。胃、大肠和反刍动物的瘤胃等在进食后可发生容受性舒张，以容纳比原来容积大几倍的内容物，而且对胃肠内的压力和运动不产生明显影响。

3. 持续的紧张性　消化道平滑肌经常保持一种微弱的持续收缩状态，即具有一定的紧张性。这种持续的紧张性使消化道管腔内经常保持一定的压力，有利于消化道内壁与内容物紧密接触，对促进消化吸收有重要作用。紧张性还使消化道各部分（如胃、肠）保持一定的形状和位置。消化道平滑肌的各种收缩活动都是在紧张性的基础上进行的。

4. 自动节律性　消化道内某些特殊的平滑肌细胞具有自动节律性，它们与心肌自律细胞一样，能够自动产生节律性的动作电位，并传播到其他平滑肌细胞，使消化道自动进行节律性运动，甚至在平滑肌离体后，若置于适宜的环境中，仍能进行缓慢的节律性运动。这种自动节律性运动起源于平滑肌本身，但也受到机体神经系统的调节。

5. 对某些理化刺激较敏感　消化道平滑肌对化学、温度和牵张刺激较敏感，但对电刺激不敏感。例如，微量的乙酰胆碱可使其收缩，而肾上腺素可使其舒张。此外，消化道对酸、碱、钙盐、钡盐等各种消化产物的刺激也较敏感。其他因素，如温度的迅速改变和轻度的突然牵拉，都能引起平滑肌强烈收缩。

（二）消化道平滑肌的电生理学特性

消化道平滑肌电活动的表现形式可以分为以下三种：静息电位、慢波电位和动作电位。

1. 静息电位　消化道平滑肌的静息电位不稳定，波动较大，其幅度为－60～－50mV。静息电位主要取决于细胞内 K^+ 向膜外扩散而形成的平衡电位。由于在静息时细胞膜对 Na^+、Cl^- 也有一定程度的通透性，因此静息电位小于 K^+ 的平衡电位。

2. 慢波电位　在安静状态下，用微电极可在消化道平滑肌静息电位的基础上记录到一种缓慢的、大小不等的节律性去极化波，称为慢波（slow wave）或基本电节律（basic electrical rhythm，BER），其波幅为 10～30mV，持续 1～4s。慢波的频率随组织的特性而异。狗胃的慢波起源于胃大弯上部的纵行肌，并向幽门方向传导，越接近幽门其波幅越大，传导速度越快，频率为 5 次/min。十二指肠的慢波起源于近胆管（马为肝管）入口处的纵行肌，频率为 20 次/min。从十二指肠至回肠，慢波呈现出一个明显的下降梯度。结肠段慢波起源于环行肌，再扩布到纵行肌。

实验证明，切断支配胃肠道的外来神经后，慢波仍可产生，说明慢波是肌源性的，不依赖于神经的存在。关于慢波产生的离子基础尚不完全清楚。目前认为，其机理可能与胃肠道平滑肌细胞膜上钠泵活动的周期性变化有关。当钠泵活动暂时受抑制时，从细胞内泵出的 Na^+ 减少，细胞内的 Na^+ 增多，静息电位变小，膜出现去极化；当钠泵活动恢复时，膜的极化加强，膜电位又回到原来的水平。用细胞内微电极记录到的慢波多为单向波，包括快速去极化相和缓慢形成平台的复极化相。慢波的起步点可能是存在于纵行肌和环行肌之间的细胞。Cajal 细胞是一种兼有成纤维细胞和平滑肌细胞特性的间质细胞，它与两层平滑肌细胞均形成紧密的缝隙连接（gap conjunction），可将慢波传给平滑肌细胞。

慢波本身不引起肌肉收缩，但它可使静息电位接近阈电位，一旦达到阈电位，膜上的电压门控通道便开放而引发动作电位。

3. 动作电位　当慢波电位达到阈电位时，就可能在慢波的基础上触发一个或多个动作电位，并随之出现肌肉收缩，动作电位的数目越多，肌肉收缩的幅度就越大（图 6-1）。

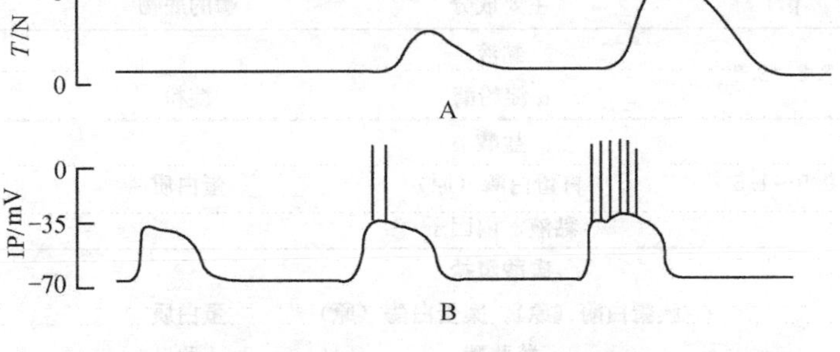

图 6-1　消化道平滑肌的收缩（A）与细胞电活动（B）的关系

T. 肌肉收缩张力；IP. 细胞内电位

平滑肌的动作电位具有以下特点：①峰电位上升慢，持续时间长，幅度低，且大小不等；②动作电位不受钠通道阻断剂的影响，但可被钙通道阻断剂所阻断，说明它的产生主要依赖 Ca^{2+} 内流。Ca^{2+} 内流还可加强平滑肌的收缩，因此，动作电位的频率越高，平滑肌收缩的幅度也越大。

综上所述，平滑肌的收缩是由动作电位引发的，而动作电位是在慢波的基础上产生的。慢波电位本身虽然不能引起平滑肌收缩，但却被认为是平滑肌的起步电位，是平滑肌收缩节律的控制波，它决定胃肠蠕动的方向、节律和速度。每个慢波所出现的峰电位数目越多，肌肉收缩的幅度也越大。

慢波和肌肉收缩之间的联系受神经和体液因素的影响。支配胃肠道的副交感神经兴奋，能提高慢波的基值、刺激胃肠运动，而交感神经的作用则相反。肾上腺素能够降低慢波的基值，对胃肠运动具有抑制作用。

三、消化腺的分泌

消化腺主要包括唾液腺、胃腺、肠腺、肝脏和胰腺。消化腺属于外分泌腺，其分泌物通过导管排入消化道内。所有的消化腺均由消化管黏膜上皮向黏膜内凹陷形成，此外，在大部分胃肠的黏膜表面，存在着众多的杯状细胞，能够分泌大量黏液。

消化腺从血液中摄取原料，在细胞内合成分泌物。分泌物主要通过三种方式从腺细胞内排出。①顶浆分泌。即分泌物形成后逐渐在细胞的管腔端积聚，最后把细胞的顶部及其中的分泌物一起排入消化道，如猫颌下腺的某些分泌细胞。②全浆分泌。整个细胞及其中的分泌物全部排入消化道，如小肠腺分泌物的排出，就是通过小肠上皮细胞的脱落而完成的。③局部分泌。细胞通过出胞方式排出分泌物，细胞自身保持完整状态，如胰腺、肝脏和其他大多数消化腺的细胞。腺细胞膜上存在多种受体，当不同的神经递质或激素与之结合后，通过不同的信号转导机制，影响腺细胞的分泌活动。

消化腺的分泌物是消化液，主要由水、无机盐和有机物组成。除胆汁中的有机物主要是胆酸和胆盐外，其他消化液中的有机物主要是消化酶。消化液的主要功能是：①改变消化道内的 pH，以适应消化酶活性的需要；②将复杂的食物成分分解为简单的、可被吸收的小分子物质；③稀释食物或消化产物，调节消化道内容物的渗透压，便于黏膜上皮细胞吸收；④通过分泌黏液、抗体和大量液体，保护消化道黏膜。见表 6-1。

表 6-1　消化液的主要成分及其功能

消化液	pH	主要成分	酶的底物	酶的水解产物
唾液	7.2～8.2	黏液		
		α-淀粉酶	淀粉	麦芽糖
胃液	0.9～1.5	盐酸		
		胃蛋白酶（原）	蛋白质	际、胨、多肽
		黏液、内因子		
胰液	7.8～8.4	碳酸氢盐		
		胰蛋白酶（原）、糜蛋白酶（原）	蛋白质	小肽、氨基酸
		羧肽酶	肽	氨基酸
		胰脂肪酶	甘油三酯	脂肪酸、甘油、甘油一酯
		核糖核酸酶	RNA	单核苷酸
		脱氧核糖核酸酶	DNA	单核苷酸
		α-淀粉酶	淀粉	麦芽糖
		胆固醇酯酶	胆固醇酯	胆固醇、脂肪酸
		磷脂酶	磷脂	脂肪酸、溶血磷脂

续表

消化液	pH	主要成分	酶的底物	酶的水解产物
胆汁	6.8～7.4	胆酸、胆盐 胆固醇 胆色素		
小肠液	7.6～8.7	黏液 肠致活酶	胰蛋白酶原	胰蛋白酶
大肠液	8.3～8.4	黏液 碳酸氢盐		

四、消化道功能的调节

消化道的运动和消化腺的分泌，都受到神经因素和体液因素的调节。

（一）神经调节

支配消化道的神经来自两方面：一方面是机体植物性神经系统的交感神经和副交感神经，称为外来神经系统（extrinsic nervous system）；另一方面是消化道管壁内分布的内在神经丛，称为内在神经系统（intrinsic nervous system）。两者相互协调，共同调节消化道功能。

1. 交感神经和副交感神经　消化道平滑肌受交感神经和副交感神经的双重支配（图 6-2）。交感神经从脊髓胸腰段侧角发出，经过腹腔神经节和肠系膜前、后神经节，交换神经元后，其节后纤维大都终止于内在神经丛，只有少数直接到达胃肠道平滑肌。交感神经兴奋时，抑制胃肠运动和消化腺分泌。副交感神经主要来自迷走神经，只有结肠后段、直肠和肛门内括约肌是由盆神经支配的。副交感神经的节前纤维到达胃肠壁后与内在神经丛的细胞形成突触联系，然后发出很短的节后纤维，支配胃肠平滑肌及其腺体，通常对胃肠运动和消化腺分泌起兴奋作用。胃肠交感神经中约有50%的纤维为传入纤维，迷走神经中约有75%的纤维为传入纤维，因此可及时将胃肠感受器信号传入高位中枢，引起反射调节，如“迷走-迷走”反射。

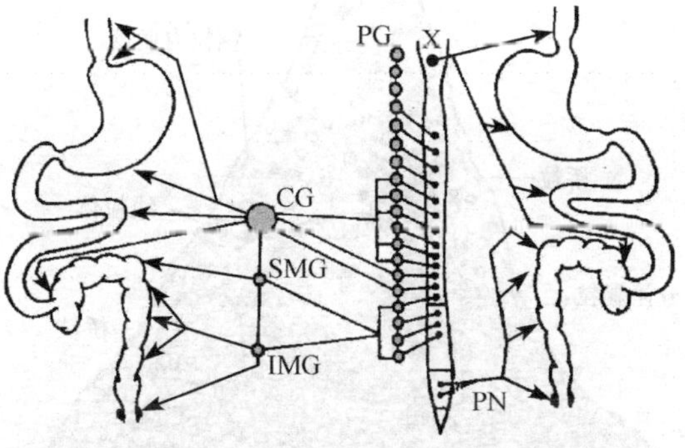

图 6-2　交感神经与副交感神经在胃肠道的分布

左侧为交感神经的分布；右侧为副交感神经的分布

CG. 腹腔神经节；X. 迷走神经；SMG. 肠系膜前神经；PN. 盆神经；IMG. 肠系膜后神经；PG. 椎前神经节

2. 内在神经丛　内在神经丛也称为壁内神经丛（intrinsic plexus），分布在从食管中段到肛门的绝大部分消化管壁内，是由大量的神经元和神经纤维交织而成的复杂网络。神经元数量约为 10^8 个，相当于脊髓内的神经细胞数目。其中有感觉神经元，感受胃肠道内机械、化学和温度等刺激；也有运动神经元，支配胃肠道平滑肌、腺体和血管；还有大量的中间神经元。内在神经丛的运动神经元分布在胃肠壁的平滑肌细胞和腺体上，其轴突末梢的曲张体含有多种神经调节物质，这些物质可影响周围肌肉和腺体的活动。

内在神经丛主要由两组神经纤维网交织而成，即肌间神经丛与黏膜下神经丛。肌间神经丛位于纵行肌和环行肌之间，又称为欧氏神经丛（Auerbach's plexus），主要支配平滑肌细胞的收缩。其中有以乙酰胆碱和P物质（substance P）为递质的兴奋性神经元，也有以血管活性肠肽（vasoactive intestinal polypeptide，VIP）和一氧化氮为递质的抑制性神经元。黏膜下神经丛分布在消化道黏膜下，又称为麦氏神经丛（Meissner's plexus），其运动神经末梢释放乙酰胆碱和VIP，主要调节腺细胞和上皮细胞的功能，以及黏膜下的血管运动。

内在神经丛中的神经元之间彼此发生突触联系，构成了一个完整的局部神经反射系统。正常情况下，外来神经对内在神经丛有调节作用。但在实验条件下，切断胃肠的外来神经后，食糜对消化管的理化刺激可以通过内在神经丛单独发挥作用，反射性地引起消化管运动和腺体分泌。

（二）体液调节

调节消化道功能的体液因素除了起全身性作用的激素外，主要是胃肠激素（gastrointestinal hormone）。胃至结肠的黏膜层中含有40多种不同类型的内分泌细胞，它们分散于黏膜上皮细胞之间。由于胃肠道黏膜面积巨大，胃肠道内分泌细胞的数量超过了体内所有内分泌腺中内分泌细胞的总和，因此，消化道被认为是体内最大、最复杂的内分泌器官。

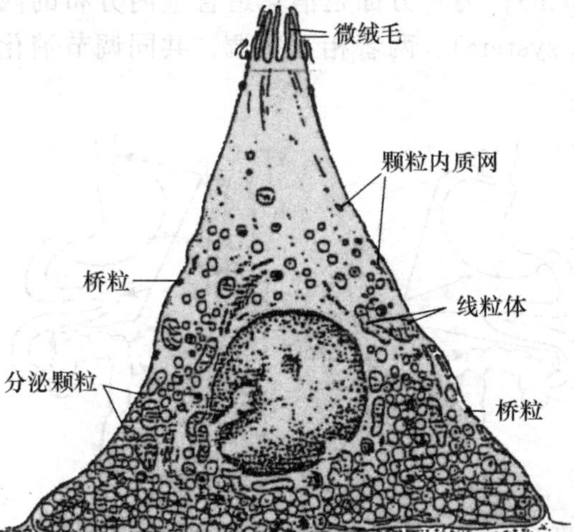

图 6-3 胃窦内的G细胞示细胞顶端的微绒毛

胃肠内分泌细胞在形态上有两个明显特点，一个特点是细胞内的分泌颗粒均分布在核和基底核之间；另一个特点是大部分细胞呈锥形，其顶端有微绒毛突起，伸入胃肠腔内，直接感受胃肠内食物成分和pH的刺激而引起细胞的分泌活动（图6-3）。胃肠激素由内分泌细胞释放后，有些通过血液循环到达靶细胞，以内分泌方式发挥作用，如胃泌素（gastrin）、缩胆囊素（cholecystokinin，CCK）、胰泌素（secretin）等。有些胃肠激素则通过细胞外液弥散至邻近的靶细胞，在局部发挥作用，称为旁分泌作用。例如，由胰岛D细胞释放的生长抑素对邻近细胞产生抑制分泌的作用。此外，VIP和蛙皮素可能直接由神经细胞释放，以神经分泌方式发挥作用。

胃肠激素在化学结构上属于肽类，是体内调节肽的重要组成部分。根据氨基酸组成相近似的特点，胃肠激素又分为不同的激素族，其中主要的有胃泌素族、胰泌素族和P物质族等。胃泌素族包括胃泌素（也称为促胃液素）、CCK；胰泌素族包括胰泌素（也称为促胰液素）、胰高血糖素、VIP和糖依赖性胰岛素释放肽（glucose-dependent insulinotropic peptide，GIP）等；P物质族包括P物质、神经降压素等。同族激素的生理功能很相近。

胃肠激素的生理功能主要包括三个方面。①调节消化道的运动和消化腺的分泌。例如，胃泌素促进胃的运动和胃液分泌；抑胃肽则抑制胃的运动和胃液分泌。缩胆囊素引起胆囊收缩、增加胰酶分泌等。②调节其他激素的释放。例如，小肠释放的抑胃肽具有很强的刺激胰岛素分泌的作用，其生理意义是防止在葡萄糖被吸收后血糖升高过快；此外，生长抑素与VIP对胃泌素的释放起抑制作用；胃黏膜细胞分泌的ghrelin具有刺激生长激素释放的作用。

③营养作用。一些胃肠激素具有促进消化道组织代谢和生长的作用。例如，胃泌素能促进胃和十二指肠黏膜的蛋白质合成，从而促进黏膜生长；缩胆囊素能促进胰腺外分泌组织的生长等。现已确认的胃肠激素有胃泌素、胰泌素、缩胆囊素、抑胃肽、生长抑素和胃动素（motilin）等，其主要作用等见表 6-2。

表 6-2　几种胃肠激素的分泌部位、主要作用及释放因素

激素名称	分泌部位	主要生理作用	释放因素
胃泌素	胃幽门腺及十二指肠 G 细胞	促进胃酸分泌、促进胃运动和胃黏膜生长	胃中蛋白质消化产物；胃中高 pH；迷走神经兴奋
胰泌素	十二指肠 S 细胞	促进胰腺分泌碳酸氢盐	十二指肠中的酸性食糜
缩胆囊素	十二指肠到回肠，主要在十二指肠 I 细胞	促进胰腺分泌胰酶，促进胆囊收缩，抑制胃排空	小肠中的蛋白质和脂肪及其消化产物
抑胃肽	十二指肠和空肠上段 K 细胞	抑制胃的运动和胃液分泌，刺激胰岛素分泌	食糜进入十二指肠和空肠
生长抑素	胰岛 D 细胞	对胃肠激素的分泌产生广泛的抑制作用	?
胃动素	十二指肠和空肠	可能调节摄食后胃肠运动方式，调节胃贲门括约肌紧张性	乙酰胆碱

胃肠道功能的体液调节也存在“自动控制”的反馈环路。例如，动物采食后，胃幽门部的 G 细胞兴奋，分泌胃泌素，刺激胃酸分泌，导致胃内 pH 降低；当胃内 pH 下降到一定程度时，通过反馈调节，使胃泌素分泌受到抑制，胃酸生成减少，从而保持胃内 pH 的相对稳定。

目前已知，一些胃肠激素如缩胆囊素、P 物质等不仅存在于胃肠道内，还存在于脑内；而原先认为只存在于中枢神经系统的神经肽，如生长抑素等，也在消化道发现，这些双重分布的肽被称为“脑肠肽”（brain-gut peptide）。已知的脑肠肽有胃泌素、缩胆囊素、P 物质、生长抑素、神经降压肽等 20 余种。目前脑肠肽的生理意义尚不明确。近年来，随着生理学研究的不断深入，越来越多的试验证据表明，中枢神经系统内的神经细胞及其分泌的激素与胃肠道激素和胃肠道功能有着非常复杂的联系。例如，胃肠道分泌的 CCK 对下丘脑的采食中枢具有重要影响，下丘脑分泌的生长抑素可能调节胃肠道的激素分泌及胃肠运动，因而有人提出“脑-肠轴”（brain-gut axis）的概念。与“脑肠肽”的概念相比，“脑-肠轴”更侧重于两者生理功能的联系。

第二节　口 腔 消 化

一、摄食方式、饮水、咀嚼和吞咽

摄食是动物最基本的本能，也是动物消化吸收过程中的第一个环节。哺乳动物主要依靠嗅觉和视觉觅食。食物进入口腔后，又依靠味觉、嗅觉和口腔触觉的综合活动来评定食物，并把其中不适合的物质吐出。积极摄食是动物健康状况的重要表现，食欲减退常常是疾病的症状之一。

（一）摄食方式

动物通过采食器官捕获食物，并将食物送入口腔的过程称为摄食（prehension）。不同动物的摄食方式不同。唇、舌、齿是动物主要的摄食器官，有些动物还依靠前肢进行辅助。

猫和狗通常用前肢按住食物，用门齿和犬齿咬断食物，依靠头、颈的运动把食物送入口中。牛的主要摄食器官是舌。由于缺乏上门齿，牛在放牧时不能啃食短草，但舌很长，舌面粗糙，灵活而有力，能伸出口外卷草入口，送至下颌齿和上颌齿龈间锉断，或借头部的运动扯断饲草，用舌舔取散落的饲料。绵羊和山羊则靠舌和切齿摄食。绵羊的上唇有裂隙，便于啃很短的牧草。猪用鼻突掘地寻找食物，并靠尖形的上唇和舌将食物送入口内，饲喂时则靠齿、舌和头部运动来摄食。马的唇灵活、敏感，是摄食的主要器官。放牧时，马依靠上唇将草送至门齿间切断，并依靠头部的牵引动作把不能咬断的草茎扯断。鸟类一般采取啄食。

（二）饮水

饮水时，猫和狗把舌头浸入水中，卷成匙状，将水送入口。其他家畜一般先把上下唇合拢，中间留一小缝，伸入水中，然后下颌下降，舌向咽部后撤，使口内形成负压，把水吸入口腔。仔畜吮乳也是靠口腔壁肌肉和舌肌收缩，使口腔形成负压来完成的。鸟类的饮水各有不同，鸡靠喙啄取，鸭靠嘴平铲，鸽子则需要将头部前端埋入水中饮水。

（三）咀嚼与吞咽

咀嚼（mastication）是咀嚼肌群按一定顺序收缩而完成的一种反射活动。动物通过咀嚼运动，配合舌的搅拌，利用牙齿将食物磨碎，并混合唾液以形成食团。咀嚼是消化过程的第一步，不同种类的动物各有不同的特点。草食动物的咀嚼很仔细，马在饲料咽下前咀嚼充分；反刍动物摄食时咀嚼不充分，待反刍时，胃内食物重新返回口腔，再仔细咀嚼。肉食动物咀嚼不完全，一般随采随咽。杂食动物，如猪咀嚼时两侧口角闭合不全，下颌上下运动时常有空气出入口角，发出特殊的咀嚼声音。

食物对口腔的刺激是引发咀嚼反射的主要原因。咀嚼反射的基本中枢在延髓，并直接受大脑皮层的控制。因此，咀嚼的开始和终止，以及咀嚼次数、速度和强度等都能随意控制。

咀嚼的作用是：①将饲料切碎，增加饲料与消化液的接触面积；②将切碎的饲料与唾液充分混合，形成食团便于吞咽；③刺激口腔内各种感受器，反射性地引起消化腺的分泌和胃肠道运动，为下一步消化做准备。

咀嚼的次数和时间与饲料的特性有关。一般湿的饲料比干的饲料咀嚼次数少，咀嚼的时间也比较短。咀嚼时，由于咀嚼肌活动增强，消耗大量能量。因此，为了减少咀嚼时能量的消耗，预先进行饲料加工（如切细、磨碎或浸软），对于提高饲料的利用率很有帮助。吞咽（deglutition）是指饲料经过咀嚼、混合唾液、形成食团后，由口腔经过咽、食管进入胃的过程。吞咽是一种复杂的反射活动，包括随意时期和不随意时期。开始吞咽时，舌肌将食物卷成团状，并将食团推到咽部，这个时期为随意时期。当食团由咽到达食管上端时，引起急速的吞咽反射，这个时期为不随意时期。吞咽反射由以下一系列高度协调的活动组成：呼吸暂停、软腭上提、咽后壁向前突出关闭咽腔与鼻腔的通路、舌顶硬腭、关闭喉部的口腔开口、会厌软骨翻转挡住喉口，同时勺状软骨收缩，进一步关闭喉口，防止食物进入呼吸系统。当通向喉头的所有开口都关闭后，肌肉收缩波推动食团向食管开口处移动。当食物到达食管时，食管括约肌松弛，进入食管的食团被食管肌肉的蠕动推向胃。这种蠕动是一种向前推进的波形运动，在食团的下端为一舒张波，上端为一收缩波。这样食团就很自然地被推送前进。

吞咽反射的基本中枢在延髓，其传入神经包括来自软腭、咽后壁、会厌和食管等处的三叉神经、吞咽神经、迷走神经等脑神经的传入纤维，其传出冲动由面神经、迷走神经、舌下神经、舌咽颅神经（glossopharyngeal cranial nerve）和三叉神经的运动支传出。

吞咽中枢与某些中枢有密切的制约关系，如吞咽中枢兴奋时，呼吸中枢抑制，所以吞咽时呼吸暂停，可以防止食物碎片误入气管。

二、唾液的性质、组成和生理作用

动物口腔内有三对大唾液腺，即腮腺（parotid gland）、颌下腺（submaxillary gland）和舌下腺（sublingual gland）。唾液（saliva）是三对大唾液腺和口腔黏膜中许多小腺体的混合分泌物。腮腺主要由浆液细胞组成，分泌不含黏蛋白的稀薄唾液；颌下腺和舌下腺由浆液细胞和黏液细胞组成，分泌含有黏蛋白的唾液；口腔中的小腺体由黏液细胞组成，分泌含有黏蛋白的黏稠唾液。

（一）唾液的性质和成分

唾液为无色透明的黏稠液体，由水、无机物和有机物组成，其中水分约占99%、无机物有钾、钠、镁的氯化物，磷酸盐和碳酸盐等。不同种属的动物，唾液中无机物差别很大。反刍动物的唾液含有较多的碳酸氢钠和磷酸钠，呈等渗状态，pH较高。这种大量分泌的强缓冲溶液对中和瘤胃内发酵产生的有机酸是很必要的。成年牛一昼夜可分泌唾液100～200L，约相当于牛体液中细胞外液的总量。因此，唾液中大部分无机盐和水必须很快地被重吸收，否则将导致机体脱水。

唾液中的有机物为黏蛋白和其他蛋白质，包括消化酶。猪和大鼠的唾液含α-淀粉酶，能分解淀粉主链中的α-1，4糖苷键，使淀粉分解为麦芽糖。肉食动物和牛的唾液中一般不含淀粉酶。在狗、猫等动物的唾液内还含有微量溶菌酶。此外，某些以乳为食的幼畜（如犊牛）唾液中还含有消化脂肪的舌脂酶（lingual lipase）。舌脂酶主要是由舌背侧浆液腺细胞分泌，其最适pH为4～6.5，表明它在胃内酸性环境中以及到十二指肠后一定时间内仍具有活性。舌脂酶能迅速水解长链甘油三酯，但在反刍动物，舌脂酶则对短链的乳脂水解较快。实验发现，初生动物在胰和肝尚未发育完善之前，在胆盐缺乏的情况下，仍可将乳脂水解成游离的脂肪酸，表明舌脂酶对脂肪的消化作用比胰脂肪酶还强。舌脂酶在反刍动物的哺乳期活性很高，断奶后其活性急剧下降，随着动物的发育逐渐消失。

动物的唾液一般呈弱碱性，平均pH猪为7.3，狗和马为7.6，反刍动物为8.2。唾液分泌量较多，在一昼夜内，猪为15～18L，羊约10L，马约40L，牛100～200L。

（二）唾液的生理功能

唾液的生理功能表现在以下几个方面。①润湿口腔和饲料，便于咀嚼和吞咽。②溶解食物中的可溶性成分，刺激味觉产生，并引起消化道的多种反射活动。③唾液淀粉酶在接近中性环境下催化淀粉水解为麦芽糖。尽管唾液在口腔内停留时间很短，但入胃后在胃液pH尚未降到 4.5 之前，唾液淀粉酶仍能发挥作用。④某些以乳为食的幼畜唾液中的舌脂酶可以水解脂肪为游离脂肪酸。⑤清洁和保护作用。唾液分泌可经常冲洗口腔中饲料残渣和异物，洁净口腔，其中的溶菌酶有杀菌作用。⑥维持口腔的碱性环境，使饲料中的碱性酶免于破坏，在其进入胃（单胃）的初期仍能发挥消化作用。在反刍动物，大量碱性较强的唾液进入瘤胃后，能中和瘤胃发酵所产生的酸，利于瘤胃内微生物的繁殖和饲料的发酵。⑦某些动物（如牛、猫和狗）的汗腺不发达，可借助唾液中水分的蒸发来调节体温。有些异物（如汞、铅）、药物（如碘化钾）和病毒（如狂犬病毒）等常可随唾液排出。⑧反刍动物有大量尿素经唾液进入瘤胃，参与机体的尿素再循环。

三、唾液分泌及其调节

猪、马、狗等许多动物都只有在进食时才分泌唾液。进食后，一般经过几次咀嚼，唾液开始分泌。唾液的分泌量与食物的干燥程度及粗糙程度有关。食物越干燥，或咀嚼的次数越多，分泌的唾液也越多。反刍动物的腮腺能够持续不断地分泌唾液，在进食或反刍时，分泌活动加强。这是反刍动物唾液分泌的特点。但反刍动物的颌下腺和舌下腺也只在进食时分泌唾液，反刍时和静止时均不分泌唾液。

唾液的分泌完全受神经反射性调节，包括非条件反射和条件反射。动物进食后，食物刺激口腔内的多种感受器，引起唾液分泌。这种反射是动物生来就有的，不需要学习训练，而且是稳固的，叫做非条件反射（unconditional reflex）。动物进食前，食物的形状、气味或进食环境等因素也能引起唾液分泌，这也是一种反射性分泌，但这种反射不是生来就有的，而是后天获得的。由于动物在最初的摄食过程中逐渐熟悉了食物的形状、气味和进食环境，并把它作为一种信号与进食联系起来，在以后遇到同样信号时，反射性地引起唾液分泌。由于这种反射的建立需要一定过程和一定的条件，因此称为条件反射（conditional reflex）。

支配唾液腺的神经是植物性神经系统的副交感神经和交感神经。调节唾液分泌的初级中枢在延髓，高级中枢在下丘脑和大脑皮质。

支配唾液腺的副交感神经有两支，一支经面神经的鼓索支到达舌下腺和颌下腺；另一支经舌咽神经的耳颞支到达腮腺。副交感神经节后纤维末梢释放的乙酰胆碱，与腺细胞上的 M 受体结合，引起细胞内三磷酸肌醇（IP_3）释放，触发细胞内 Ca^{2+} 释放，并产生如下效应：①使唾液腺的血管舒张，血流量增加，从而使唾液生成增多；②刺激腺细胞分泌水分和盐类；③腺细胞内黏蛋白的合成和分泌增多，副交感神经兴奋时，颌下腺分泌大量含黏蛋白的唾液，腮腺分泌大量稀薄的水样唾液，唾液总分泌量增多。

支配唾液腺的交感神经来自胸部脊髓，在颈前神经节更换神经元后，其节后纤维分布到腺体的血管和腺细胞。这些节后纤维末梢释放去甲肾上腺素。交感神经兴奋时，唾液腺分泌富含蛋白质和黏蛋白的黏稠唾液。

唾液分泌受到多种因素的影响，如反刍动物瘤胃内的压力和化学感受器受到刺激，可引起腮腺不断分泌唾液；消化道其他部位受刺激时，也可反射性地引起唾液分泌增加；急性热性病、疼痛、脱水等，导致唾液分泌减少。唾液分泌的质和量也随饲料性质和进食习惯发生适应性改变。实验证明，马吃干草时，唾液分泌量约为干草质量的 4 倍；吃青草时唾液分泌量仅为青草质量的一半；体内缺水时，唾液分泌可减少一半或更多。

第三节 单胃消化

胃是消化道中最庞大的部分。胃的消化功能主要体现在两方面：一方面是通过分泌胃液来实现化学性消化；另一方面是通过胃的运动进行机械性消化。此外，食物进入胃后，通过刺激胃壁和黏膜上的机械和化学感受器，可反射性地引起肠道和消化腺的活动，为下一步消化做准备。胃不仅具有重要的消化功能，而且兼有暂时储存食物的作用。

一、胃液及其生理功能

单胃动物的胃黏膜一般可分为贲门腺区、胃底腺区和幽门腺区。贲门腺区分布在胃与食管连接处，腺细胞分泌碱性黏液。胃底腺区分布在占全胃黏膜2/3的胃底和胃体部，是胃的主要消化区，由主细胞（chief cell）、壁细胞（parietal or oxyntic cell）和黏液细胞（mucous cell）组成，三种细胞分别分泌胃蛋白酶原、盐酸和黏液。此外，壁细胞还分泌内因子(intrinsic factor)。幽门腺区分布在幽门部，腺细胞分泌碱性黏液。胃液（gastric juice）是由这三种腺体和胃黏膜上皮细胞的分泌物构成的。

在胃黏膜上，还散在分布一些内分泌细胞，如G细胞分泌胃泌素、D细胞分泌生长抑素。

（一）胃液的性质、成分和作用

胃液是一种无色、透明的强酸性液体，pH为0.9～1.5。胃液的主要成分包括胃蛋白酶原、盐酸、黏液与碳酸氢盐、内因子和水。

1. 胃蛋白酶原 胃蛋白酶原（pepsinogen）由胃底腺区的主细胞分泌。刚分泌出来时以无活性的酶原形式存在，经盐酸的激活，在N端去掉一段氨基酸序列后，转变为有活性的胃蛋白酶（pepsin）。后者又可激活其他胃蛋白酶原，称为自身激活作用。胃蛋白酶是胃液中最主要的消化酶，它不是单一的一种酶，而是一组蛋白水解酶，根据其电泳迁移率可以分为7个组分，其中组分1～5的免疫原性相近，称为胃蛋白酶Ⅰ，组分6～7称为胃蛋白酶Ⅱ。胃蛋白酶的最适pH为1.5～3.5，在pH大于5时失活。蛋白质经胃蛋白酶作用后，主要分解成为朊和胨，很少产生小分子肽和氨基酸。胃蛋白酶对蛋白质肽键作用的特异性较差，主要水解芳香族氨基酸、蛋氨酸或亮氨酸等残基组成的肽键。此外，胃蛋白酶对乳中的酪蛋白有凝固作用，这对哺乳期的幼畜较为重要，因为乳凝固成块后在胃中停留时间延长，有利于充分消化。

2. 盐酸 胃中的盐酸也称胃酸，由胃底腺区的壁细胞分泌。盐酸在胃液中大部分以游离方式存在，称为游离酸；小部分与蛋白质结合，称为结合酸，二者合称为总酸。盐酸的主要生理作用是：①激活胃蛋白酶原，使之变成有活性的胃蛋白酶；②为胃蛋白酶提供适宜的酸性环境，同时使蛋白质变性而易于消化；③具有一定的杀菌作用，可杀死随食物进入胃内的微生物；④盐酸进入小肠后，能促进胰液、小肠液和胆汁的分泌，并刺激小肠运动；⑤使食物中的Fe^{3+}还原为Fe^{2+}，所形成的酸性环境有助于铁和钙的吸收。

胃酸分泌过少或过多对机体均产生不良影响。初生幼畜由于胃的分泌机能尚未成熟，胃液中盐酸缺乏，易出现消化不良。例如，在养猪生产中，由于普遍采用早期断奶，仔猪极易产生消化不良，导致生长抑制、下痢、机体抵抗力降低。为此，可采用在仔猪饲料中添加酸化剂的方法，以改善胃的消化环境。胃酸分泌过多，可能侵蚀胃和十二指肠黏膜，这是消化道溃疡的重要诱因。

壁细胞分泌盐酸的基本过程是 H^+ 和 Cl^- 由壁细胞分别通过不同的细胞机制分泌到胃腔。胃液中 H^+ 的最高浓度可达 150mmol/L，比壁细胞胞浆中的 H^+ 的浓度高约 300 万倍。因此，壁细胞分泌 H^+ 是逆浓度梯度进行的主动转运。现已证明，H^+ 的分泌是依赖细胞顶膜上的质子泵（proton pump）实现的。

壁细胞分泌盐酸的离子转运过程如下（图 6-4）：壁细胞中的 H^+ 是由胞浆内的 H_2O 解离而生成的。H^+ 被质子泵泵出至肠腔内。在碳酸酐酶的催化下，细胞内的 H_2O 迅速与 CO_2 结合，形成 H_2CO_3，随即又分解为 H^+ 和 HCO_3^-。生成的 HCO_3^- 在细胞底侧与 Cl^- 进行交换而进入血液。与 HCO_3^- 交换而进入胞浆的 Cl^-，通过细胞顶膜上特异的 Cl^- 通道进入分泌小管腔，与 H^+ 形成 HCl。分泌小管内 K^+ 的存在是质子泵分泌的前提。K^+ 是在壁细胞受刺激时，经细胞顶膜上的 K^+ 通道由胞浆进入分泌小管的，而细胞底侧上的 Na^+-K^+ ATP 酶可使细胞外的 K^+ 通过与细胞内的 Na^+ 进行交换而进入细胞内，以补充进入分泌小管的部分 K^+。由于质子泵已被证实是各种因素引起胃酸分泌的最后通路，因此，选择性抑制质子泵的药物（如奥美拉唑）已被临床用于抑制胃酸分泌。

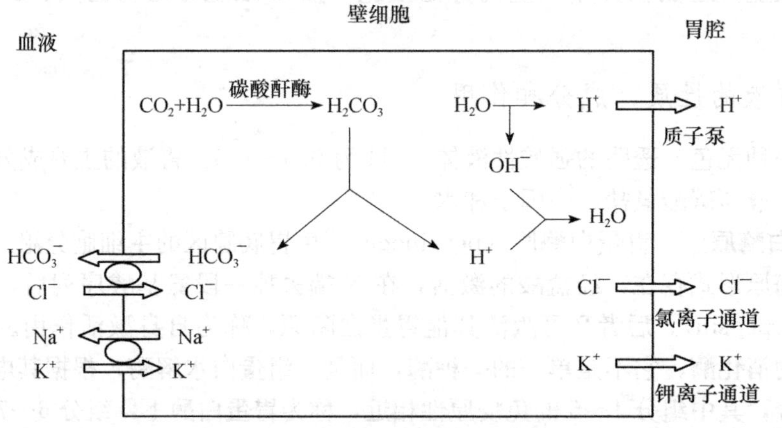

图 6-4 壁细胞分泌盐酸示意图

3. 黏液与碳酸氢盐 胃的黏液（mucus）是由胃黏膜表面上皮细胞、胃腺的主细胞及颈黏液细胞、贲门腺和幽门腺共同分泌的，其主要成分为糖蛋白。胃的黏液有可溶性黏液与不溶性黏液之分。可溶性黏液较稀薄，由胃腺的主细胞及颈黏液细胞分泌。胃运动时，可溶性黏液与胃内容物混合，起润滑食物及保护黏膜免受食物机械损伤的作用。不溶性黏液具有较高的黏滞性和形成凝胶的特征，内衬于胃腔表面成为厚约 1mm 的黏液层。不溶性黏液除具有可溶性黏液相似的作用外，还与胃黏膜分泌的 HCO_3^- 一起构成了“黏液-碳酸氢盐屏障”（mucus-bicarbonate barrier）。该屏障的主要作用在于：当胃腔中的 H^+ 向胃壁扩散时，与胃黏膜上皮细胞分泌的 HCO_3^- 在黏膜中相遇，发生表面中和作用，使黏液层内出现由内向外的 pH 梯度，腔侧面 pH 低，胃壁黏膜则处于中性或偏碱状态，有效防止了胃酸和胃蛋白酶对黏膜的侵蚀。用 pH 敏感的微电极测定多种动物胃黏液层 pH 的结果表明，黏液层靠近胃腔侧的 pH 一般为 2.0 左右，而靠近上皮细胞侧的 pH 则为 7.0 左右。前列腺素 E_2（PGE_2）可促进胃黏膜分泌碳酸氢盐，抑制胃酸分泌，因而能有效防止“黏液-碳酸氢盐屏障”受损。相反，肾上腺皮质激素促进胃液分泌，抑制胃黏液分泌，这可能是应激性胃溃疡发生的机理。

4. 内因子　内因子（intrinsic factor）是壁细胞分泌的一种糖蛋白，它有两个活性部位，一个与进入胃内的维生素 B_{12} 结合成复合体，使维生素 B_{12} 在运送到回肠途中不被消化液中的水解酶所破坏，到达回肠后，内因子另一个活性部位与回肠黏膜刷状缘的特殊受体结合，促进维生素 B_{12} 吸收入血。维生素 B_{12} 是生成红细胞的必需因素。如果患萎缩型胃炎，由于内因子缺乏，可继发巨幼红细胞性贫血。

（二）胃液分泌的调节

为了更好地研究胃液及其分泌的调节，研究者设计了假饲法（图 6-5）和巴氏小胃法（图 6-6）。假饲法是先做好胃瘘手术收集胃液，再做食管瘘手术，动物进食时，食物由食管瘘漏出，起到假饲作用。假饲法可用于研究食物尚未进入胃时的胃液分泌的情况。巴氏小胃（Pavlov pouch）是将动物的胃做分离手术，然后缝合成胃腔互不相通的上部主胃与下部小胃。主胃进行消化，小胃连接瘘管并开口在腹壁外，用于收集纯净胃液，主胃与小胃之间保留部分浆膜和肌层相连，以保留小胃的神经和血管支配。

图 6-5　假饲法收集胃液

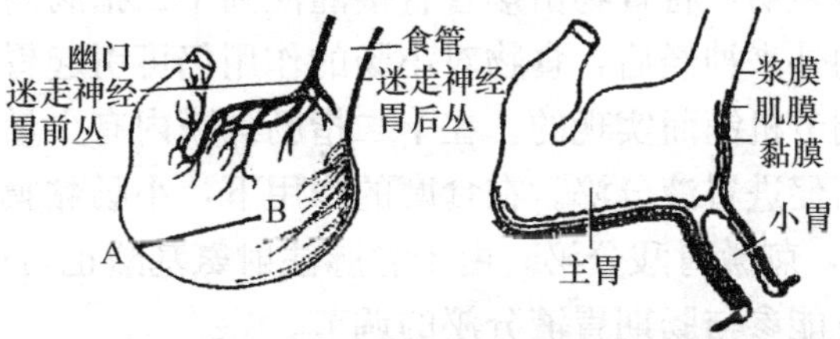

图 6-6　巴氏小胃简图

A—B 示切口方向

胃液分泌受神经因素和体液因素的双重调节。调节胃液分泌的神经纤维主要来自植物性神经系统，以迷走神经和交感神经为主，胃肠道的内在神经丛参与植物性神经对胃液的调节。胃液分泌还受到多种化学物质的调节，其中一些物质强烈刺激胃液分泌，另一些物质则抑制胃液分泌。

1. 消化期的胃液分泌　在正常的消化过程中，依据食物刺激部位的先后不同，一般将胃液分泌分为头期、胃期及肠期。但这三期的分泌，在时间上是互相重叠、紧密联系、相互加强的。

（1）头期（cephalic phase）。用“假饲”实验证明，当假饲动物进行咀嚼或吞咽后 5～10min，胃液即开始分泌，并可持续分泌 2～4h。若切断支配胃的迷走神经，假饲时就不出现胃液分泌。由此可见，在进食过程中，仅在食物刺激头部（口腔）感受器时就能够反射性地引起胃液分泌，故称头期。头期分泌包括条件反射性分泌和非条件反射性分泌两种机制。这些反射的传入途径与进食引起唾液分泌的传入途径相同，反射中枢在延髓、下丘脑、边缘叶和大脑皮质，迷走神经是这些反射的传出神经。

实验中还发现，迷走神经兴奋除了刺激胃液分泌外，也使幽门部 G 细胞释放胃泌素。采用乙酰胆碱受体阻断剂（阿托品）可以阻断迷走神经引起的胃液分泌，但对胃泌素的释放无阻断作用。进一步的研究表明，支配壁细胞的迷走神经末梢释放的递质是乙酰胆碱，而支配G细胞的迷走神经末梢释放的递质是一种肽类物质——蛙皮素（bombesin），也称为胃泌素释放肽（gastrin-releasing peptide，GRP）。

头期胃液分泌的特点是：持续时间长、分泌量大、酸度高、胃蛋白酶含量高、消化力强。

（2）胃期（gastric phase）。食物进入胃后，可通过以下途径引起胃液分泌：①食物刺激胃底与胃体部的机械感受器，通过迷走-迷走神经反射（vago-vago reflex）和壁内神经丛的局部反射引起胃液分泌；②食物刺激幽门部的机械感受器，通过壁内神经丛或食物中的化学成分直接作用该部位的化学感受器，均可使G细胞释放胃泌素，使胃液分泌增多。此外，进食后由于食物的缓冲作用，提高了胃内pH（达4.5左右），解除了胃酸对G细胞分泌的抑制作用，从而有利于胃泌素的释放。

随着胃液分泌和消化的进行，胃内pH逐渐下降，当pH降至2.0时，胃泌素的分泌受到抑制；而当pH降到1.0时，胃泌素分泌将完全停止。这样，随着胃泌素对壁细胞刺激的减弱，胃酸的分泌逐渐减少。

胃期分泌的胃液酸度较高，但含酶量较头期少，消化力较弱。

（3）肠期（intestinal phase）。肠期是指食糜进入十二指肠后，能继续刺激胃液分泌。实验表明，将食物由瘘管直接灌注到十二指肠内，也可引起胃液分泌的少量增加。切断支配胃的外来神经后，食物对小肠的作用仍可引起胃液分泌，提示肠期的胃液分泌主要是通过体液调节机制而实现的。在十二指肠黏膜内有少量G细胞，受食糜刺激后可分泌少量胃泌素，从而促进胃液分泌。在食糜的作用下，小肠黏膜还可能释放一种“肠泌酸素”（entero-oxyntin），刺激胃酸分泌。由于静脉注射氨基酸也可引起胃酸分泌，因此，由小肠吸收的氨基酸也可能参与肠期胃液分泌的调节。

2. 促进胃液分泌的物质　促进胃液分泌的物质主要有乙酰胆碱、胃泌素与组胺。此外，促甲状腺素释放激素也可刺激胃酸和胃蛋白酶原的分泌。

（1）乙酰胆碱。乙酰胆碱是支配胃的迷走神经大部分末梢和部分肠壁内在神经末梢释放的神经递质。乙酰胆碱可以直接作用于壁细胞上的胆碱能（M_3型）受体而刺激胃酸分泌，其作用可被胆碱能受体阻断剂（如阿托品）阻断。

（2）胃泌素。胃泌素是胃窦黏膜和上段小肠黏膜中G细胞释放的一种肽类激素。G细胞为开放型胃肠内分泌细胞，其顶端的微绒毛能够直接感受胃肠腔内食糜中化学物质（主要是蛋白质消化产物）的刺激而释放胃泌素。胃泌素释放后，主要通过血液循环作用于壁细胞。胃泌素对胃酸分泌的刺激作用是通过Ca^{2+}依赖性途径介导的。迷走神经兴奋能促进胃泌素释放。体内的胃泌素具有多种分子形式，其中最主要的是大胃泌素（G-34）和小胃泌素（G-17）。胃窦黏膜内主要是G-17，十二指肠黏膜内两者各占一半。G-17刺激胃分泌的作用比G-34强5～6倍，但前者的半衰期约为6min，而G-34约为50min。胃泌素的活性片段为C端的5肽，人工合成的五肽胃泌素具有天然胃泌素的活性，已广泛用于临床与试验研究。

（3）组胺。组胺（histamine）是由胃底腺区的肠嗜铬样细胞（enterochromaffin-like cell）分泌的，组胺以局部扩散方式到达邻近的壁细胞，具有强烈刺激壁细胞分泌胃酸的作用，其作用机理与胞内cAMP升高有关。甲氰咪呱（cimetidine）及其类似物可阻断组胺与壁细胞的结合，从而抑制胃酸分泌。试验证明，乙酰胆碱与胃泌素可促进肠嗜铬样细胞释放组胺，促进胃酸分泌。

3. 抑制胃液分泌的物质　在消化过程中，胃液分泌还受到各种抑制性因素的调节，这种调节方式对于维持胃液分泌的稳态具有十分重要的意义。抑制胃液分泌的物质主要有盐酸、脂肪、高渗溶液及生长抑素。

（1）盐酸。胃液分泌后使胃窦内 pH 迅速降低，当胃窦内 pH 降低至 1.2～1.5 时，对胃液分泌可产生抑制作用。其原因是盐酸直接抑制 G 细胞释放胃泌素，导致胃液分泌减少；此外，盐酸还可通过刺激 D 细胞释放生长抑素，间接抑制胃泌素和胃液的分泌。当十二指肠内 pH 降低至 2.5 以下时，通过刺激胰泌素的释放，也能够间接抑制胃泌素和胃酸的分泌。

盐酸是胃腺分泌的产物，它反过来又能抑制胃腺的分泌，因而是胃腺分泌的一种负反馈调节机制，这对于防止胃酸过度分泌、保护胃肠黏膜具有重要的生理意义。

（2）脂肪。食糜进入小肠后，食糜中的脂肪及其消化产物能够使胃液分泌受到抑制。早在 20 世纪 30 年代，我国生理学家林可胜就发现，从小肠黏膜中可提取出一种能够抑制胃分泌和胃运动的物质，并命名为肠抑胃素（enterogastrone）。由于肠抑胃素至今未能提纯，目前认为，它可能不是一种独立的激素，而是多种具有类似作用的激素的统称。现在发现，小肠黏膜中的抑胃肽、神经降压肽具有类似特征。

（3）高渗溶液。在胃肠道内的消化过程中，随着大分子物质的不断分解，内容物的渗透压逐渐升高。当十二指肠内容物达到高渗状态时，可通过两种途径抑制胃液分泌。一方面，激活小肠内渗透压感受器，通过肠-胃反射（entero-gastric reflex）抑制胃分泌；另一方面，通过刺激小肠黏膜释放其他胃肠激素而抑制胃分泌。

（4）生长抑素（somatostatin，SS）。生长抑素是一种典型的脑肠肽。由下丘脑释放的生长抑素能够抑制垂体生长激素的释放。在胃肠道内，生长抑素主要由黏膜内的 D 细胞释放，为 14 肽，通过旁分泌方式对胃酸分泌产生强烈的抑制作用，其作用机理是通过抑制性 G 蛋白调节腺苷酸环化酶的活性而实现的。胃泌素可促进生长抑素的释放，乙酰胆碱则抑制其释放。

二、胃的运动及其调节

胃的运动是机械性消化的重要环节。胃壁平滑肌非常发达，收缩有力。通过胃的运动，将粗糙的食团进一步磨碎成食糜，为肠道的充分消化提供重要帮助。

（一）单胃的运动

单胃动物的胃既能储存食物、控制食物进入小肠的速率，也可通过胃的运动，将食物研碎，使食物颗粒变小。当食物颗粒小到适于小肠消化时便进入小肠。根据胃各部分功能的不同，可将胃分为两个生理区：靠近食管末端的近侧区（也称头区），其运动较弱，主要起储存食物的作用；远侧区（也称尾区）运动较强，主要起磨碎食物的作用。

1. 胃运动的形式　胃壁由三层平滑肌组成，靠近黏膜层为纵行肌，中层为环行肌，外壁为斜行肌。根据胃壁平滑肌收缩的方向与收缩强度，可将胃运动的形式分为三种，即容受性舒张、蠕动和紧张性收缩。

（1）容受性舒张。当咀嚼和吞咽时，食物刺激咽和食管等处的感受器，通过迷走神经反射性地引起胃的近侧区肌肉舒张，称为胃的容受性舒张（receptive relaxation）（图 6-7）。

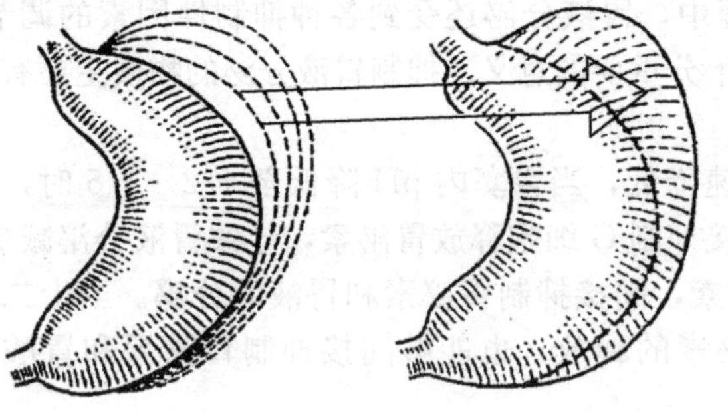
图 6-7 胃的容受性舒张

容受性舒张可使胃的容积达到空腹时的30倍，适合大量食物的涌入，而胃内压变化不大，使胃能更好地完成容纳和储存食物的功能。胃的容受性舒张是通过迷走神经的传入和传出通路而实现的反射性调节（迷走-迷走神经反射），切断动物的双侧迷走神经，容受性舒张即不再出现。此反射中，迷走神经传出纤维末梢的递质既不是乙酰胆碱，也不是去甲肾上腺素，而可能是血管活性肠肽（VIP）或一氧化氮（NO）。

食物进入胃后，在胃腔内呈明显的分层排列。固体物质在食团的中央，液体物质在固体物质的外围。先到达胃的食团分布于胃底部，与胃黏膜接触；后到达胃的食团被覆在先到食团的上层及其他部位。

(2) 蠕动。胃的蠕动（peristalsis）是指胃壁肌肉呈波浪形向幽门推进的舒缩运动，一般在食物进入胃后5～6min开始出现。蠕动波起始于胃中部，约每分钟3次，有节律地向幽门方向移行，每个蠕动波约需1min到达幽门。当蠕动波到达幽门时，幽门部收缩，将一些小颗粒物质排入十二指肠。胃的反复蠕动可使胃液与食物充分混合，并推送胃内容物分批通过幽门进入十二指肠。在消化活动期间，通过幽门排入十二指肠的颗粒直径一般小于2mm，不能通过幽门的大颗粒物质被蠕动波所挤压，返回胃窦重新研磨。因此，远侧区蠕动的意义不仅仅在于推进食糜，可能更重要的是重新研磨和混合食糜。

(3) 紧张性收缩。紧张性收缩（tonic contraction）是以平滑肌长时间收缩为特征的运动。这种收缩缓慢而有力，可使胃内压升高，压迫食糜向幽门部移动，并可使食物紧贴胃壁，促进胃液渗进食物。另外，紧张性收缩还具有维持胃腔内压、保持胃的正常形态和位置的作用。

上述三种运动为消化期胃运动的形式。由于胃内有些物质不能被消化磨碎为直径小于2mm的颗粒，消化期的胃运动不能将这些物质排入十二指肠。因此，为了清除胃内这些不能被消化的食物碎片，在两次进食之间还存在一种特殊的胃运动类型，即消化间期运动复合波（interdigestive motility complex），表现为当强烈的蠕动波经过胃窦时，幽门舒张，将胃内大的食物碎片和不能磨碎的物质排入十二指肠。

2. 胃运动的调节 胃运动与胃平滑肌的慢波电位有密切关系。神经和体液因素可通过影响胃的慢波电位和动作电位而调节胃的运动。

(1) 慢波电位。胃的慢波电位起源于胃大弯上部，沿纵行肌向幽门方向传播，每分钟约3次，其传播速度由胃大弯向幽门逐渐加快。胃肌的收缩通常出现在慢波后6～9s、动作电位后1～2s。

(2) 神经调节。在正常情况下，胃壁受到食糜的化学和牵张刺激时，胃壁感受器发出冲动，沿迷走神经和交感神经的传入纤维传至延髓运动中枢，反射性地调节胃的运动。支配胃运动的传出神经为迷走神经和交感神经。一般说来，迷走神经兴奋时，抑制胃近侧区的肌肉收缩，导致容受性舒张，而对远侧区能引起强烈的蠕动。交感神经兴奋时，降低胃的慢波电位的频率和传导速度，抑制胃的运动。正常时，交感神经对胃运动的调节作用很小。此外，迷走神经和交感神经对胃运动的影响还需视胃当时的机能状态而定。如胃肌已呈现极度紧张，则迷走冲动将使其减弱；反之，如胃已经松弛，则交感冲动也使其加强。胃肠道的内在神经丛也参与胃运动的调节。食物对胃壁的机械和化学刺激，通过壁内神经丛，可使局部胃肌的紧张性收缩加强，蠕动波传播加快。

胃运动的反射性调节不仅有非条件反射，也有条件反射。例如，动物看到食物的外形和嗅到食物的气味，导致胃运动加强。

(3) 体液调节。调节胃运动的激素比较复杂。一般认为：胃泌素和胃动素能促进胃的运动，P物质能引起胃肠道纵行肌的兴奋，胰泌素、抑胃肽、缩胆囊素、神经降压肽（neurotensin）和生长抑素均能抑制胃的运动。但这些效应是否都是生理性的，还未能完全证实。

（二）胃排空

胃内食糜由胃排入十二指肠的过程称为胃排空（gastric emptying）。一般在食物进入胃后5min即开始有部分食糜排空。胃排空的速度取决于食糜的理化性状和动物的状况。一般来说，稀的或流体食物比稠的或固体食物排空快，粗硬的食物在胃内滞留时间较长。在三种主要的营养成分中，糖类较蛋白质排空快，蛋白质又比脂肪类排空快。草食动物胃的排空比肉食动物的慢，如狗在食后4～6h，胃内容物已经排空；而马和猪通常喂后24h，胃内还残留食物。动物惊恐不安、疲劳或生病时，胃排空受到抑制。

胃排空主要取决于胃与十二指肠之间的压力差，压力差的大小又主要取决于胃内压的变化。胃的运动是胃排空的原动力。胃排空受到来自胃和十二指肠两方面因素的影响。

1. 胃内促进排空的因素　胃的内容物导致胃扩张，对胃壁产生机械性刺激，通过壁内神经反射或迷走-迷走反射，加强胃的运动，促进胃排空。食物的扩张刺激以及食物的某些成分（主要是蛋白质消化产物），可引起胃窦黏膜释放胃泌素，后者能促进胃的运动，因而能促进胃排空。

2. 十二指肠内抑制胃排空的因素　胃排空的速率必须与小肠消化和吸收的速率相适应。在十二指肠壁上存在着多种感受器，酸、脂肪、高渗溶液、机械扩张均可刺激这些感受器，使之反射性地抑制胃运动，引起胃排空减慢，这个反射称为肠-胃反射，其传入纤维为迷走神经，能将十二指肠的刺激上传到脑，经过整合，将冲动经迷走神经、壁内神经等传到胃部，抑制胃的运动。肠胃反射对胃酸的刺激特别敏感，当小肠内pH降到3.5～4.0时，反射即可发生。此外，食糜中的胃酸、脂肪等消化产物进入十二指肠后，还可刺激小肠黏膜释放多种激素（如胰泌素、抑胃肽等）抑制胃运动和胃排空。

（三）呕吐

呕吐（vomiting）是指将胃及肠内容物从口腔强力驱出的动作。呕吐时，先是深吸气，胸腔扩张，声门关闭，降低胸腔内压，而后食管和胃肌松弛，幽门关闭，前端食管括约肌开放，借着腹肌和膈肌的强烈收缩，压迫胃内容物通过食管而进入口腔。

呕吐是一种反射活动，其传入冲动来源广泛。例如，机械刺激或化学刺激作用于舌根、咽部、胃、小肠、大肠、胆总管、泌尿生殖器官等处的感受器都可引起呕吐，视觉和内耳前庭的位置改变（如剧烈旋转），也可以引起呕吐。

上述感受器接受刺激后产生兴奋，并将冲动传至脑干的呕吐中枢。其中最常见的是咽部的机械感受器、胃和十二指肠黏膜的牵张和化学感受器。因此，胃肠黏膜受到毒性刺激和化学刺激均能引起呕吐，其作用在于清除胃肠道内的不良刺激。除消化道以外，能向呕吐中枢传入冲动的另一个重要结构就是化学感受器触发区（chemoreceptor trigger zone，CTZ）。它是脑干的一部分，与第三脑室相连。CTZ对血液中的一些药物（如阿扑吗啡）和细菌毒素很敏感，当CTZ受到刺激时，将信息传到呕吐中枢，引起呕吐。

肉食动物和杂食动物易发生呕吐，而草食动物和啮齿类动物很少呕吐。马的呕吐极为罕见，甚至胃破裂时也不发生呕吐，这可能与马的食管末端括约肌紧张性特别高有关。

呕吐是一种具有保护意义的防御性反射，通过呕吐可将胃内有害物质排出。但长期剧烈的呕吐不仅影响进食和正常的消化，而且会导致大量的消化液丢失，造成体内水和电解质平衡的紊乱。

第四节 复胃消化

复胃是指反刍动物的胃的统称，由瘤胃（rumen）、网胃（reticulum）、瓣胃（omasum）和皱胃（abomasum）4个室构成（图6-8）。4个室的内腔相连，具有庞大的容积。反刍动物在分类上包括反刍亚目（Ruminants）和骆驼亚目（Tylopoda）两大类：前者包括牛、羊、鹿等多种动物，后者包括骆驼、羊驼、骆马等。两类动物胃的结构很相似，但骆驼亚目的皱胃不发达。

一、前胃消化

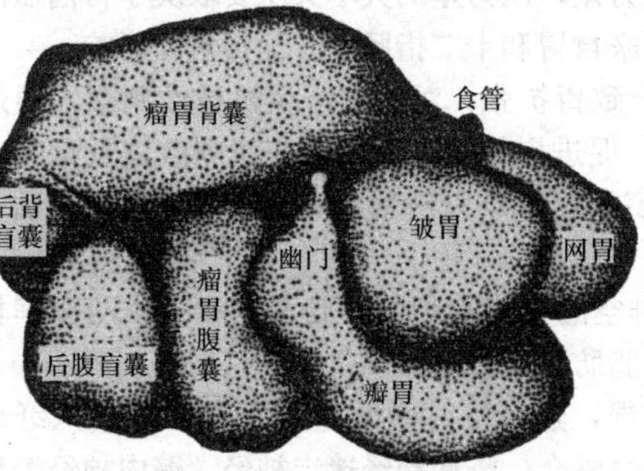

图6-8 反刍动物的复胃模式图

复胃中的前三个胃合称前胃，其黏膜无腺体，不分泌胃液，主要通过微生物消化和前胃运动来实现其消化功能。其中瘤胃和网胃在结构与功能上关系极为密切，故常合称为网瘤胃。前胃消化是反刍动物最突出的特征，它具有独特的反刍、嗳气、食管沟作用、网瘤胃运动以及微生物发酵等特点，与单胃消化有着十分显著的差别。复胃中只有皱胃具有胃腺，能够分泌胃液，因而称为真胃。

（一）前胃的结构特点

反刍动物复胃的总容积随着动物年龄大小而不同，成年牛140～240L、小牛90～130L。4个室的大小也随动物的生长发育而变化。初生牛犊的瘤胃和网胃合起来只占皱胃的一半，当动物由哺乳转为吃草后，前胃逐渐发育，大约到一岁半时，前胃的发育基本成熟，各部分的容积比例分别为：瘤胃占80%、网胃占5%、瓣胃和皱胃各占7%～8%。

瘤胃是复胃4个室中最大的一个，在解剖学上又分为瘤胃前庭、背囊、腹囊等。瘤胃前庭内有食管的开口，还有与网胃相通的瘤网口。背囊与腹囊是瘤胃内呈半封闭状态的内腔，仅与瘤胃前庭相通。瘤胃黏膜由角质化的复层上皮覆盖，并形成很多大小不等的乳头。

网胃一方面经瘤网口与瘤胃相通，另一方面又经网瓣口直通瓣胃。网胃也由角质化的复层上皮覆盖，黏膜上有蜂窝状的皱褶。

瓣胃呈球状，在网瓣口通向皱胃的瓣皱口之间有一条瓣胃沟。瓣胃也由角质化的复层上皮覆盖，黏膜形成很多长短不一的叶片状突起，因此，瓣胃也称“百叶胃”。

（二）瘤胃和网胃内的消化

瘤胃和网胃在反刍动物的整个消化过程中占有特别重要的地位。饲料内可消化的干物质有70%～85%在此消化，其中起主要作用的是微生物。

1. 瘤胃的环境特点 瘤胃可看做是一个供嫌气性微生物高效率繁殖的活体发酵罐。瘤胃内营养物质丰富，渗透压与血浆渗透压相近，温度适宜，通常维持在38～41℃；饲料发酵产生的大量挥发性脂肪酸和氨不断被瘤胃上皮吸收入血，或被碱性唾液所缓冲，使瘤胃内pH维持在6～7。因此，瘤胃具有微生物繁殖的良好条件。此外，瘤胃背囊的气体多为二氧化碳、甲烷及少量氮、氢等气体，随饲料进入的一些氧也很快被微生物利用，因而形成了高度厌氧的环境。

2. 瘤胃内微生物及其作用 瘤胃内的微生物主要是厌氧的纤毛虫和细菌，其种类非常复杂，并且随饲料性质、饲喂制度和动物年龄的不同而发生变化。据测定，1g瘤胃内容物中含细菌为10^{10}～10^{11}个，纤毛虫为10^5～10^6个。尽管纤毛虫的数量比细菌少得多，但由于其个体大，因此在瘤胃内所占的容积大致与细菌相当。微生物总体积占瘤胃液的3.6%左右。在某些情况下，还发现瘤胃内有其他类群的微生物，如真菌。研究表明，真菌在植物细胞壁的消化过程中起着重要作用。

（1）纤毛虫及其作用。瘤胃内纤毛虫种类很多，包括均毛虫属、前毛虫属、双毛虫属、密毛虫属、内毛虫属和头毛虫属等。

瘤胃中的纤毛虫含有多种酶，有分解糖类的酶（α-淀粉酶、蔗糖酶、呋喃果聚糖酶等）、蛋白分解酶（蛋白酶、脱氨基酶）和纤维素分解酶（半纤维素酶、纤维素酶）。它们能发酵糖、果胶、纤维素和半纤维素，产生乙酸、丙酸、乳酸、CO_2和氢等；也能降解蛋白质，水解脂类，氢化不饱和脂肪酸或使饱和脂肪酸脱氢。

瘤胃纤毛虫不产生囊胞，若长期暴露于空气中或处于不良条件下，就不能生存。因此，幼畜瘤胃中的纤毛虫主要通过与亲畜接触或与其他反刍动物直接接触，自然感染而来。如果幼畜出生后隔离喂养，则易成为无纤毛虫动物。通常犊牛生长到3～4个月，瘤胃中才出现各种纤毛虫。

首先，瘤胃内纤毛虫的种类和数量随饲料不同而发生显著变化。喂饲富含淀粉的日粮时，内毛虫属增多；日粮中含纤维多时，双毛虫属增多。其次，瘤胃内pH变化也影响纤毛虫的数量。当pH降至5或更低时，纤毛虫的活力降低，数量减少或完全消失。此外，饲喂次数也对纤毛虫的数量有影响，饲喂次数多，数量亦增多。

反刍运动在瘤胃缺少纤毛虫的情况下，通常也能良好生长。但在营养水平较低时，纤毛虫对宿主是十分有益的。纤毛虫进入皱胃和小肠后，首先，虫体本身所含的蛋白质、糖原被宿主消化利用。纤毛虫体蛋白含有丰富的赖氨酸等必需氨基酸，其品质超过菌体蛋白；其次，纤毛虫喜好捕食饲料中的淀粉和蛋白质颗粒，并储存于体内，进入小肠后，随着纤毛虫的解体，淀粉和蛋白质颗粒再被宿主消化吸收，从而提高了饲料的消化和利用率，显著地增加了氮的储存和挥发性脂肪酸的产生。纤毛虫体蛋白的生物价（91%）比细菌的（74%）高，所以，纤毛虫是宿主所需营养的来源之一，约可为宿主提供动物性蛋白需要量的20%。

（2）细菌及其作用。瘤胃内数量最多的微生物是细菌。细菌种类和数目多，并随着饲料性质、采食后时间和宿主状态而变化。

大多数细菌能发酵饲料中的一种或几种糖类，作为生长的能源。可溶性糖类如六碳糖、二糖和果聚糖等发酵最快；淀粉和糊精较慢；纤维素和半纤维发酵最慢；特别是饲料中含较多木质素时，发酵率不足15%。不能发酵糖类的细菌，常利用糖类分解后的产物作为能源。例如，琥珀酸常被反刍兽新月单胞菌等脱羟变为丙酸和二氧化碳。

细菌还能利用瘤胃内的有机物作为碳源和氮源，转化为它们自身的成分，然后在皱胃和小肠中被消化，供宿主利用。有些细菌还能利用非蛋白含氮物如酰胺和尿素等，转化为它们自身的蛋白质。微生物蛋白质的营养价值较高，其中富含多种必需氨基酸。因此，在反刍动物饲料中适当添加尿素、铵盐等，可增加微生物蛋白质的合成。但是，尿素在瘤胃内脲酶的作用下，分解迅速，产生氨的速度约为微生物利用速度的4倍，因此，添加尿素的量不宜过多，以免瘤胃内氨储积过多，发生氨中毒。或者在添加尿素的同时，添加脲酶抑制剂，使释放氨的速度延缓。成年牛一昼夜进入皱胃的微生物蛋白质约有100g，约占牛日粮中蛋白质最低需要量的30%。

瘤胃微生物之间存在着互相制约和共生关系。纤毛虫能吞噬和消化细菌，利用细菌作为营养源，还利用菌体酶来消化营养物质。在个别情况下，瘤胃内纤毛虫完全消失时，细菌数量会显著增加，使瘤胃内消化代谢过程仍能维持原有水平。瘤胃中细菌之间也存在共生关系。例如，白色瘤胃球菌可消化纤维素，但不能发酵蛋白质。而反刍兽拟杆菌可消化蛋白质，却不能消化纤维素，当两者在一起生长时，白色瘤胃球菌消化纤维素产生的己糖可满足反刍兽拟杆菌的能量需要；反刍兽拟杆菌消化蛋白质也为白色瘤胃球菌生长提供了氨基酸和氨气。

实际上，宿主与瘤胃微生物之间也存在共生关系。一方面，宿主采食的饲料为瘤胃微生物提供了营养来源，瘤胃环境为微生物提供了理想的场所；另一方面，瘤胃微生物帮助宿主消化饲料中的某些营养物质，尤其是宿主自身不能消化的纤维素、半纤维素等物质，然后又为宿主提供消化产物及微生物蛋白质。反刍动物与瘤胃微生物之间的共生关系是物种在长期进化过程中形成的。

3. 瘤胃内的消化与代谢过程　饲料进入瘤胃后，在微生物作用下，发生一系列复杂的消化与代谢过程，饲料中的营养物质被分解，产生挥发性脂肪酸（volatile fatty acid, VFA）、氨基酸等消化产物，同时还合成微生物蛋白质、糖原及维生素等，供机体利用。

（1）糖类的分解和利用。反刍动物饲料中的纤维素、果聚糖、淀粉、果胶、蔗糖、葡萄糖以及其他糖类物质，均能被微生物发酵。但发酵的速度随其可利用性而有所不同，可溶性糖最快、淀粉次之，纤维素和半纤维素则较慢。

反刍动物所需的糖的来源主要是纤维素。纤维素经细菌或纤毛虫的协同或相继作用，首先分解成纤维二糖，再变成己糖（如葡萄糖），然后经丙酮酸和乳酸阶段，最终生成挥发性脂肪酸（VFA）、甲烷和二氧化碳。VFA主要是乙酸、丙酸和丁酸。还有一些数量很少但在代谢上却很重要的VFA，如戊酸、异戊酸、异丁酸和己-甲基丁酸等。其他糖类通过不同的细菌和纤毛虫发酵，最终产生VFA、甲烷和二氧化碳。

纤维素$\longrightarrow$纤维二糖$\longrightarrow$葡萄糖$\longrightarrow$丙酮酸、乳酸$\longrightarrow$VFA$+CH_4+CO_2$

在反刍动物和其他大型草食动物中，挥发性脂肪酸是主要的能源物质。以牛为例，瘤胃一昼夜所产生的VFA可提供25 121～50 242kJ（6000～12 000kal）能量，占机体所需能量的60%～70%。

乙酸、丙酸、丁酸在瘤胃液中的相应浓度对机体的营养代谢有重要影响。有资料报道，通常瘤胃中乙酸、丙酸、丁酸浓度的比例是70：20：10，但随饲料种类的不同而发生显著变化。当日粮中粗饲料较多、营养价值较低时，乙酸/丙酸的比例升高，丁酸比例降低，VFA的含量降至57.8mmol/L；日粮中的蛋白质饲料增多时，乙酸比例下降，丁酸比例上升，甲烷产量减少，VFA水平可超过100mmol/L。瘤胃内VFA的浓度一般为60～120mmol/L，当喂饲高淀粉日粮或采食大量嫩绿青草时VFA的浓度可高达200mmol/L。

VFA产生后，可被瘤胃壁吸收进入血液循环，部分VFA在瘤胃上皮细胞内氧化利用。瘤胃微生物在发酵糖类的同时，还能够把分解出来的单糖和双糖转化成自身的糖原。待瘤胃微生物随食糜进入皱胃和小肠时，细菌被盐酸杀死，所含的糖原经酶水解为单糖，再被动物吸收利用，成为反刍动物机体的葡萄糖来源之一。

（2）饲料蛋白质的分解与微生物蛋白质的合成。饲料蛋白质进入瘤胃后，有50%～70%被细菌和纤毛虫的蛋白酶水解为肽类和氨基酸。大部分氨基酸在微生物脱氨基酶作用下，生成NH_3、二氧化碳、短链脂肪酸和其他酸类；某些肽和少量氨基酸可直接进入微生物细胞内，合成菌体蛋白质。

尽管瘤胃微生物能直接吸收肽，并利用其中的氨基酸合成微生物蛋白质，然而也有为数不少的微生物必需利用NH_3和VFA合成氨基酸，再生成菌体蛋白质。因此，氨是合成微生物蛋白质的主要氮源。

瘤胃微生物利用氨合成氨基酸时，还需要能量和碳链。除VFA是主要的碳链来源外，二氧化碳和糖也是碳链的来源。糖同时还是能量的主要供给者。由此可见，瘤胃微生物在合成蛋白质的过程中，氮代谢和糖代谢是密切相关的。

在可利用糖充足的情况下，许多瘤胃微生物，包括那些能利用肽的微生物在内，也可以利用氮合成蛋白质。瘤胃中的非蛋白氮物质，如尿素、铵盐和酰胺等被微生物分解后也产生氨，可用于合成蛋白质。

瘤胃中的氨除了被微生物合成菌体蛋白质外，其余的则被瘤胃壁吸收，经门脉循环进入肝脏，在肝脏通过鸟氨酸循环生成尿素。由肝脏生成的尿素一部分经血液循环运送到唾液腺，随唾液分泌重新进入瘤胃，还有一部分通过瘤胃壁又弥散进入瘤胃内，剩余的则随尿排出。进入瘤胃的尿素又可被微生物利用，这种内源性的尿素再循环，对于提高饲料中含氮物质的利用率具有重要意义。保证了瘤胃微生物合成蛋白质所需的氨。

（3）脂肪的消化和代谢。饲料中的脂肪大部分被瘤胃微生物彻底水解，生成甘油和脂肪酸等物质。其中甘油发酵生成丙酸，少量被转化成琥珀酸和乳酸；来源于甘油三酯的不饱和脂肪酸被氢化，转变成饱和脂肪酸。细菌还能合成少量特殊的奇数碳长链、短链脂肪酸和偶数碳支链脂肪酸，并以此合成磷脂。

虽然饲料中脂肪较少，但却是体脂和乳脂的重要来源。与单胃草食动物相比，反刍动物的体脂和乳脂含有较多的饱和脂肪酸。单胃动物体脂中饱和脂肪酸占36%，而反刍动物则高达55%～62%。

（4）维生素的合成。瘤胃微生物能合成多种B族维生素，其中硫胺素多存在于瘤胃液中，40%以上的生物素、吡哆醇和泛酸也存在于瘤胃液中；而叶酸、核黄素、烟酸和维生素B_{12}等大都存在于微生物体内。此外，瘤胃微生物还能合成维生素K。幼龄反刍动物，由于瘤胃发育不完善，微生物区系不健全，有可能患B族维生素缺乏症。

（5）气体的产生。在瘤胃微生物的强烈发酵过程中，不断产生大量气体。牛一昼夜产生气体600～1300L，主要是二氧化碳和甲烷，还含有少量的氮和微量的氢、氧和H_2S，其中二氧化碳占50%～70%、甲烷占30%～40%。气体的产量和组成随饲料种类和饲喂时间而有显著的差异。

犊牛出生后几个月内，瘤胃内的气体以甲烷为多；随着日粮中纤维素含量的增加，二氧化碳的量也增加。到6月龄时，达到成年牛的水平。正常动物瘤胃内二氧化碳的量比甲烷多，但饥饿或气胀时，甲烷的量大大超过二氧化碳的量。

二氧化碳主要是由糖类发酵和氨基酸脱羧而产生，小部分由唾液内碳酸氢盐中和脂肪酸时产生，或者是脂肪酸吸收时透过瘤胃上皮进行交换的结果。

瘤胃中的甲烷主要是在甲烷细菌的作用下，通过还原二氧化碳而生成（$4H_2 + CO_2 \rightarrow CH_4 + 2H_2O$）。在这一反应中，氢、甲酸和琥珀酸是氢的供给者。此外，瘤胃中的甲烷也能通过乙酸的脱甲基而产生。

（三）前胃运动及其调节

1. 前胃运动　成年反刍动物的前胃能自发产生周期性运动，其运动频率随消化状态而不同。在未进食及未反刍时，运动频率较低；进食时，运动频率和强度明显增大；反刍时，前胃除周期性的运动外，还出现额外的收缩。前胃各部分的运动在神经和体液的调控下，相互配合、协调进行。

(1) 网瘤胃的运动。前胃的运动从网胃两相收缩开始。第一相收缩力量较弱，只收缩一半，然后舒张或不完全舒张，此收缩作用将漂浮在网胃上部的粗糙饲料压向瘤胃。第二相收缩十分强烈，其内腔几乎消失。如果网胃有铁钉等异物存在，易造成创伤性网胃炎和心包炎。动物反刍时，在两相收缩之前再出现一次额外的附加收缩。

在网胃第二相收缩尚未终止时，瘤胃即发生收缩。瘤胃收缩先从瘤胃前部开始，收缩波沿前背囊依次向后背囊传播，然后转入后腹囊，接着又沿腹囊由后向前传播，最后止于瘤胃前部。这种收缩称为瘤胃的第一收缩或称A波，它使食物在瘤胃内顺着由前向后、再由后向前的顺序和方向移动并混合。有时在A波之后，瘤胃还发生第二次收缩或称B波。它通常起于瘤胃后部，并常在背囊进行第二次收缩时嗳气。其频率在采食时为A波的2/3，而在静息时大约为A波的1/2。

一般来说，网瘤胃收缩的频率是每分钟1～3次。进食时收缩频率和强度明显增大；熟睡时收缩全部消失。收缩的强度和速度还与食物的性状有关，粗糙纤维多的饲料刺激网瘤胃产生高频率和高强度的收缩。

在瘤胃内，其内容物因重力、网瘤胃运动和发酵而产生分层现象，牛尤为明显。瘤胃背侧是发酵产生的气体，气体下面是一个由发酵饲料形成的固体层。固体层呈漂浮状，这是由于饲料颗粒周围的细菌发酵时产生的气泡浮力所造成的。瘤胃底部为水样的液体层。液体层和固体层之间是悬浮层（图6-9）。

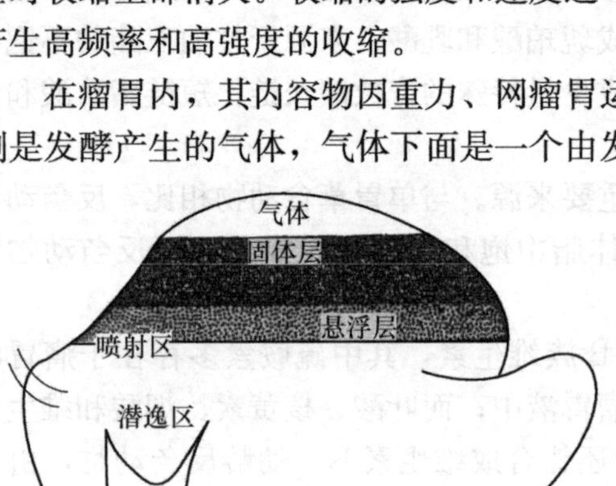

图6-9　瘤胃内容物分层模式图

由于反刍动物采食时不经充分咀嚼就匆匆咽下，因此，进入网胃的食团是一些相当长的、缠绕在一起的饲料碎片。由于饲料颗粒内部之间有空气，这些食团重力较小而漂浮，直到网胃收缩才把食团送到瘤胃背囊的固体层。在背囊中细菌贴附到饲料颗粒上，并开始发酵，形成一些小气泡，有助于降低颗粒重量。固体层食糜呈逆时针方向旋转运动。随着发酵进行，糖类分解，饲料颗粒体积变小，气体逸出，发酵气体生成速度减慢，饲料颗粒重力增加并趋于下沉，进入瘤胃腹囊的悬浮层。在腹囊中，产生了食糜顺时针方向的混合运动。当流动的食糜向瘤胃前肉柱相反的方向流动时，重力较小的食糜漂浮在悬浮层，继续保留在腹囊循环中。而较重的食糜颗粒就落入前肌柱和头囊（cranial sac）。在头囊收缩时，受重力作用，较重颗粒经网瓣胃口离开瘤胃而进入网胃。

微生物发酵和前胃运动对食糜颗粒变小有着重要作用。不易消化的饲料在瘤胃内停留时间较长，易消化的饲料停留时间较短。饲料的加工也会影响饲料在瘤胃的停留时间，将饲料切短，可提高饲料通过瘤胃的速度，增加动物摄食量，但也会因发酵的时间缩短而降低消化力。所以，饲料的物理性状（长度）和可消化性会影响其通过瘤胃的速度和采食量。

（2）瓣胃运动。瓣胃运动是与网瘤胃的运动互相协调的。网胃收缩时，网瓣口开放，一部分食糜快速流入瓣胃。网胃收缩之后，瓣胃沟首先收缩，网瓣口关闭，迫使新进来的食糜进入瓣胃叶片之间。瓣胃沟收缩通常与瘤胃背囊收缩同步，恰好在网胃两相收缩时的间歇期，瓣胃体和叶片也在此时发生 1 次或 2 次间歇性收缩，迫使瓣胃体的食糜进入瓣胃沟，继而通过开放的瓣皱口进入皱胃。瓣胃内食糜离开瓣胃的速度，受网瘤胃和皱胃内容物容积的影响，当网瘤胃内容物多或皱胃内容物少时，瓣胃内食糜转移速度加快。食糜的物理性状，也明显影响食糜离开瓣胃的速度。食糜中较稀的成分经瓣胃沟很快送进皱胃，而较浓稠的成分则留在瓣叶间，瓣胃和叶片的收缩起研磨作用。由于瓣胃的“滤过”作用，其内容物比网瘤胃干燥得多（含水 50%～60%），因此不适于微生物消化。

瓣胃内具有许多叶片，黏膜表面积大，有强大的吸收功能。但此功能的意义尚待深入研究。在食糜送进皱胃之前，残存的 VFA 和碳酸氢盐已被吸收，避免了对皱胃的不良影响，维持着皱胃良好的消化功能。

2. 前胃运动的调节 前胃运动具有自动节律性。这种节律性运动也受到神经因素和体液因素的调节。调节前胃运动的基本中枢位于延髓，高级中枢位于大脑皮层，传出神经是迷走神经和交感神经。刺激迷走神经，前胃运动加强。若切断两侧迷走神经，前胃各部分的收缩失去协调性，食糜不能由网瘤胃进入瓣胃和皱胃。刺激交感神经外周端，则前胃运动迟缓。

食物刺激口腔感受器（如咀嚼），或当网瘤胃内食糜的浓度、pH、VFA 浓度、离子强度和容积等产生变化时，都能反射性地引起前胃运动及反刍加强。刺激网胃感受器可引起逆呕和反刍。此外，前胃后部消化器官的状况也能影响前胃运动。例如，皱胃充满时，瓣胃运动减弱变慢；瓣胃充满时，网瘤胃运动减弱；刺激十二指肠感受器，常引起前胃运动抑制。

胃肠道激素如胰泌素、缩胆囊素等对瘤胃和皱胃运动有抑制作用。胃泌素对瘤胃运动有兴奋作用。当日粮中精料过多而粗料不足时，皱胃内容物中 VFA 含量过高，导致皱胃运动抑制。

（四）反刍

反刍动物在采食时，饲料一般不经充分咀嚼就匆匆吞进瘤胃，饲料在瘤胃经浸泡软化和短时间的发酵，当动物休息时再将食团返回口腔仔细咀嚼，这种特殊的消化活动称为反刍（rumination）。反刍是草食动物在长期进化过程中获得的一种保护机制。野生状态下，以逃跑作为保护手段的草食动物，在遇到牧草时匆匆大嚼并快速咽下，储存在瘤胃内。待回到安全地方时，再通过反刍对食物细嚼慢咽。反刍包括逆呕、再咀嚼、再混唾液和再吞咽 4 个阶段。

反刍时，网胃在两相收缩之前出现一次额外收缩，使一部分胃内食团上升到贲门，在网胃额外收缩的同时，贲门扩张，伴随吸气，胸内负压加大，食管内压下降，胃内容物被驱入食管，食管的逆蠕动使食团以大约 1m/s 的速度返回口腔，这一过程称为逆呕。逆呕的食团一到口腔，受舌和颊部挤压，水和小颗粒物质从食团中挤出并被吞咽。留于口腔中的食团开始再咀嚼。再咀嚼的持续时间取决于饲料性状和粗糙程度。难以消化的饲料再咀嚼所需时间较长。伴随着咀嚼再混入唾液，形成的食团经再吞咽，又返回到瘤胃内。经过再咀嚼而形成的食团进入瘤胃前庭，并沉入底部，经网胃转入瓣胃。

反刍动物在发育过程中，反刍的出现与摄取粗饲料有关。犊牛从出生后的 20～30 周开始选食饲草，瘤胃也开始具备发酵的条件，这时动物开始出现反刍。成年动物反刍发生在非主动性进食时，一般是休息的时候。反刍多在采食后 0.5～1h 开始，每个食团的再咀嚼时间为 40～50s。一次反刍通常可持续 40～50min，然后间隔一段时间再开始下一次反刍。成年牛一昼夜进行 6～8 次反刍，幼畜次数更多。反刍时间也与饲料的种类有关，采食谷物饲料反刍时间最短，采食秸秆饲料时每天反刍时间可长达 10h。反刍易受环境因素和健康因素的影响，惊恐、疼痛等因素干扰反刍，使反刍受到抑制；动物处在发情期，反刍减少；因疾病导致消化异常时，反刍减少甚至停止。因此，反刍是反刍动物健康的重要标志之一。

反刍是一个复杂的反射活动。瘤胃内的粗糙食团刺激了网胃、瘤胃房和食管沟等处黏膜的感受器，经传入神经传到延髓的逆呕中枢，中枢的兴奋沿传出神经和与之有关的膈神经和肋间神经传到网胃壁、食管沟、食管和呼吸肌，引起它们的收缩而引发逆呕和反刍。当网胃和瘤胃中的食糜经过反刍和发酵变成细碎小颗粒时，对瘤胃和网胃的刺激减弱，食糜转入瓣胃和皱胃，逆呕停止，进入反刍的间歇期。在间歇期内，瓣胃和皱胃的食糜相继进入小肠。当网胃、瘤胃房和食管沟黏膜的感受器再次受到粗糙食团刺激时，逆呕重新开始，开始新的反刍。

（五）嗳气

瘤胃发酵产生的气体，约 1/4 通过瘤胃壁吸收入血后，经肺排出；一部分气体被瘤胃内微生物所利用；一小部分随饲料残渣经胃肠道排出；但大部分气体是靠嗳气（eructation）排出的。

瘤胃中的气体通过食管向外排出的过程称为嗳气。牛每小时嗳气 17～20 次。嗳气的次数决定于气体产生的速度，正常情况下，瘤胃内所产生的气体和通过嗳气等排出的气体之间维持相对平衡。如产生的气体多，不能及时排出，可形成瘤胃急性臌气。例如，牛在过量采食鲜嫩青绿饲料后，易产生瘤胃鼓气。

嗳气是一种反射动作。由于瘤胃内气体增多，瘤胃背囊壁的压力增大，刺激了瘤胃背囊和贲门括约肌处的牵张感受器，经迷走神经传到延髓嗳气中枢。中枢经迷走神经传出引起背囊收缩，由后向前推进，压迫气体进入瘤胃房，同时前肉柱与瘤胃肉褶收缩，阻挡液状食糜前涌，贲门区的液面下降，贲门口舒张，气体向前和向腹面流动而进入食管。然后，贲门口关闭，食管肌几乎同时收缩，迫使食管内气体进入咽部。这时因鼻咽括约肌闭锁，迫使大部分气体经口腔逸出。也有一小部分气体通过开放的声门进入气管和肺，并经过肺毛细血管吸收入血。

（六）食管沟反射

从食管末端到瓣胃入口有一条食管沟。幼畜在吃奶时，其吸吮动作反射性地使食管沟的两侧闭合成管状，使乳汁直接从食管进入瓣胃，再经瓣胃沟流进皱胃，这种反射称为食管沟反射。食管沟反射与吞咽动作是同时发生的，感受器分布在唇、舌、口腔和咽部的黏膜上，传入神经为舌咽神经、舌下神经和三叉神经咽支，中枢位于延髓内，与吸吮中枢紧密相关。传出神经为迷走神经。食管沟闭合的程度与吸吮方式有密切关系。犊牛用人工哺乳器慢慢地吸吮时，食管沟闭合严密；但从桶中饮乳时，由于缺乏吸吮刺激，食管沟反射降低，部分乳汁会漏入瘤胃。由于幼畜的网瘤胃发育不完善，不能排出漏入的乳汁，乳汁长时间存留在这些部位易发生酸败，引起幼畜腹泻。

在哺乳期，反刍动物的食管沟有极其重要的作用。断奶后伴随着年龄增长，食管沟反射逐渐减弱，但在成年动物仍具有某些生理作用。研究表明，食管沟反射可被抗利尿激素（ADH）兴奋。ADH 是垂体在脱水或血浆渗透压增高的情况下，由下丘脑释放的，与口渴相关。ADH 通过刺激食管沟反射，保证动物的饮水快速到达小肠，以减少在网瘤胃滞留，及时补充体液。

饮服的液体成分，也能引发食管沟反射，最适宜的刺激是各种钠盐溶液。饮服 10%碳酸氢钠，刺激咽部黏膜感受器，可反射性引起牛食管沟闭合。硫酸铜溶液可引发绵羊食管沟反射。根据上述原理，在兽医实践中，先给上述溶液，再投药，能使药物直接经食管沟进入皱胃发挥作用。

二、皱胃消化

皱胃黏膜上具有能分泌胃液的腺体，其功能与单胃动物的胃相似。皱胃的胃液中含有胃蛋白酶、凝乳酶（幼畜）和盐酸，并有少量黏液。酶的含量和盐酸浓度随年龄而有所变化。幼畜胃液中的凝乳酶含量比成年家畜高很多。胃蛋白酶含量随幼畜生长而增加，酸度也逐渐增高。

与单胃动物的胃液分泌不同的是，皱胃的胃液是持续分泌的，这与食糜不断从瓣胃进入皱胃有关。皱胃分泌的胃液量和酸度，取决于瓣胃内容物进入皱胃的量和内容物中挥发性脂肪酸的浓度，而与饲料的性质关系不大。这是因为进入皱胃的饲料经过瘤胃发酵，已经失去其原有的特性。

与单胃相似，皱胃胃液的分泌也受神经和体液因素的调节。副交感神经兴奋时，胃液分泌增多。皱胃黏膜含有丰富的胃泌素，可促进胃液分泌。胃泌素的分泌亦受迷走神经和皱胃中食糜 pH 的影响。迷走神经兴奋或皱胃 pH 升高，均使胃泌素释放增加，胃液分泌增多；相反，胃液分泌减少。

皱胃运动与单胃相似，不像前胃那样具有节律性。十二指肠排空时，皱胃运动增强；十二指肠充盈时，皱胃运动减弱。由于瓣胃每次的周期性收缩，都使部分食糜进入皱胃，因此，皱胃经常处于一定的充盈状态，其运动形式和速度都相对恒定，难以发生饥饿性收缩。皱胃运动受进食影响，进食前或进食能反射性引起胃窦部频繁强烈收缩，进食后运动相对减弱。

第五节 小肠消化

小肠消化是整个消化过程中最重要的环节。食糜达到小肠后，经过胰液、胆汁和小肠液的化学性消化以及小肠运动的机械性消化，大分子营养物质分解彻底，消化过程基本完成。同时，许多营养物质在小肠被吸收。食物在小肠中的停留时间一般为3～8h，随食物的性质不同而有所变化。

一、胰液的分泌

胰腺附着在十二指肠外侧，兼有外分泌和内分泌的功能。外分泌腺由腺泡细胞和小导管细胞所组成，分泌的胰液（pancreatic juice）从胰腺导管排入十二指肠，具有很强的消化能力。内分泌部分（胰岛）分泌多种激素。

（一）胰液的性质、成分和作用

胰液是无色无臭的碱性液体，pH为7.8～8.4，渗透压与血浆相等。家畜（肉食动物除外）的胰液是连续分泌的，马一昼夜的分泌量约为7L、牛为6～7L、猪为8L、狗为0.2～0.3L。

胰液中的主要成分包括水、无机物和有机物。无机物中以碳酸氢盐含量最高，由胰腺小导管细胞所分泌，其主要作用是中和随食糜进入十二指肠的胃酸，使肠黏膜免受胃酸侵蚀，同时也为小肠内各种消化酶提供适宜的弱碱性环境。

胰液中的有机物为多种消化酶，主要有以下三种。

1. 胰淀粉酶　胰淀粉酶（pancreatic amylase）是一种α-淀粉酶，最适pH为6.7～7.0，能水解淀粉主链中的α-1，4糖苷键，淀粉经消化后的产物为麦芽糖。胰淀粉酶的水解作用效率高、速度快。

2. 胰脂肪酶　胰脂肪酶（pancreatic lipase）可分解甘油三酯为甘油、脂肪酸和甘油一酯，其最适pH为7.5～8.5。目前认为，胰脂肪酶只有在胰腺分泌的另一种小分子蛋白质——辅脂酶（colipase）的帮助下才能发挥作用。甘油三酯经胆盐乳化后，胰脂肪酶和辅脂酶能在甘油三酯的表面形成一种高亲和度的复合物，牢固地附着在脂肪颗粒表面，防止胆盐把脂肪酶从脂肪表面置换下来。

胰液中还有一定量的胆固醇酯酶和磷脂酶A_2，能分别水解胆固醇和卵磷脂。

3. 胰蛋白分解酶　胰液中的蛋白质分解酶包括两大类。①肽链内切酶。它们水解蛋白质分子内部的肽键，如胰蛋白酶（trypsin）、糜蛋白酶（chymotrypsin）及少量弹性蛋白酶（elastase）。这些酶最初分泌出来时均以无活性的酶原形式存在。胰蛋白酶原分泌到十二指肠后迅速被肠致活酶（enterokinase）激活，变为有活性的胰蛋白酶。胰蛋白酶被激活后，它能迅速将糜蛋白酶原及弹性蛋白酶原等激活。胰蛋白酶也有较弱的自身激活作用。糜蛋白酶和胰蛋白酶的作用很相似，都能分解蛋白质为际和胨。当两者共同作用时，可进一步将际和胨分解为小分子肽和氨基酸。糜蛋白酶还有较强的凝乳作用。②肽链外切酶。它们水解肽链两端的肽键，如羧基肽酶与氨基肽酶。

胰液中还含有核糖核酸酶和脱氧核糖核酸酶，它们分别水解相应的核酸为单核苷酸。

（二）胰液分泌的调节

胰液在消化间期分泌较少，进食后显著增加。胰液分泌受神经和体液的双重调节（图6-10），但以体液调节为主。

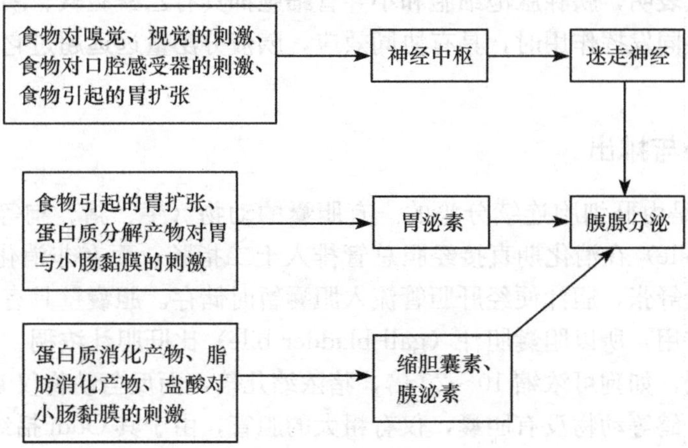

图 6-10　胰液分泌的神经体液调节

1. 神经调节　食物的形状、气味，食物对口腔、食管、胃和小肠的机械及化学性刺激，通过条件反射和非条件反射，均可引起胰液分泌。反射的传出神经是迷走神经。切断迷走神经，或注射阿托品阻断乙酰胆碱的作用，都可显著减少胰液分泌。迷走神经除直接作用于胰腺外，也通过迷走-胃泌素途径间接作用于胰腺。其促胰液分泌的效应主要表现为胰酶含量显著增加，电解质和水也有轻度增加。

支配胰腺的内脏大神经含有两种纤维，胆碱能纤维兴奋时胰液分泌稍有增加；肾上腺素能纤维兴奋时则表现抑制效应，可能与此类纤维使胰腺血管收缩有关。内脏大神经对胰腺的调节作用较弱。

2. 体液调节　调节胰液分泌的体液因素主要是几种胃肠道激素，包括胰泌素、缩胆囊素和胃泌素等。

(1) 胰泌素：是小肠黏膜S细胞释放的一种27肽物质，在小肠上段黏膜含量较多，距幽门部越远含量越少。促使胰泌素释放的最强因素是胃酸，其次为蛋白质分解产物，再次为脂酸钠等，糖类几乎没有刺激作用。小肠内引起胰泌素释放的pH域值为4.5。胰泌素释放与迷走神经兴奋无关，而与交感神经系统的参与有关，当交感神经系统完整时，胰腺对胰泌素的反应更强。胰泌素主要作用于胰腺小导管细胞，使其分泌大量水和碳酸氢盐，而对胰酶分泌没有显著影响。

(2) 缩胆囊素：是小肠黏膜I细胞释放的一种33肽物质，具有促进胆囊收缩和促进胰液分泌两种作用。由于缩胆囊素促进胰液分泌的作用主要表现为胰酶含量显著增加，而碳酸氢盐和水增加很少，因此又称之为促胰酶素。

缩胆囊素可以直接作用于腺泡细胞上的缩胆囊素受体，引起胰酶分泌。近年来的研究表明，缩胆囊素还可作用于迷走神经传入纤维，通过迷走-迷走神经反射刺激胰酶分泌。切断或阻断迷走神经后，缩胆囊素引起的胰酶分泌明显减弱。

引起缩胆囊素释放的因素由强至弱依次为：蛋白质分解产物、脂肪酸、盐酸、脂肪，而糖类没有作用。

(3) 胃泌素：是由幽门黏膜和十二指肠黏膜G细胞释放的一种17肽，对胰液中水和碳酸氢盐的促分泌作用较弱，而对酶的促分泌作用较强。

近年来的研究表明，胰腺腺泡细胞和小导管细胞都具有乙酰胆碱、胰泌素和缩胆囊素受体，当上述物质共同发挥作用时，具有协同效应，胰液分泌量远远超过它们各自作用所引起分泌量的总和。

二、胆汁的分泌与排出

胆汁（bile）是由肝细胞连续分泌的。有胆囊的动物（牛、猪、狗等），肝细胞分泌的肝胆汁（hepatic bile）在消化期直接经胆总管排入十二指肠；而在非消化期，由于 Oddi 括约肌收缩，胆囊壁舒张，胆汁便经肝胆管流入胆囊暂时储存。胆囊壁具有分泌黏蛋白、吸收水分和碳酸盐的作用，所以胆囊胆汁（gall-bladder bile）比肝胆汁浓稠。不同动物胆囊内胆汁的浓缩程度不同，如狗可浓缩 10～20 倍，猪浓缩几倍，而反刍动物仅略微浓缩。马、驴、鹿、骆驼、大鼠、鸽等动物没有胆囊，仅有粗大的胆管，由于其 Oddi 括约肌明显失去功能，由肝脏分泌的胆汁几乎连续排入十二指肠。

胆汁不仅作为消化液对食物中的脂肪消化和吸收起着重要作用，而且含有某些代谢产物或排泄物。

（一）胆汁的性质与成分

胆汁是一种有色、黏稠、带苦味的碱性液体。胆汁的分泌量很大，据测定，肝胆汁每小时平均分泌量：马为 250～300mL，牛为 98～110mL，猪为 7～14mL。胆汁中含量最多的是水。肝胆汁中含水量为 96%～99%；胆囊胆汁含水量为 80%～86%。胆汁的成分除水外，主要是胆汁酸（bile acid）、胆盐（bile salt）和胆色素（bile pigment），而胆固醇、脂肪酸、卵磷脂、电解质和蛋白质等含量甚微。除胆汁酸、胆盐和碳酸氢钠与消化作用有关外，胆汁中的其他成分都可看做是排泄物。

胆汁酸有游离和结合两种形式。游离胆汁酸中以胆酸及鹅脱氧胆酸含量最高。部分游离胆汁酸与甘氨酸或牛磺酸结合成甘氨胆酸、牛黄胆酸和甘氨鹅脱氧胆酸等。

胆汁的颜色决定于胆色素的种类和浓度。草食动物的胆汁呈暗绿色；肉食动物的胆汁呈赤褐色。胆色素主要是血红蛋白的分解产物，包括胆绿素及其还原产物胆红素、胆素原等。胆汁中的胆红素大部分为葡萄糖醛酸胆红素（结合胆红素），最终随粪便排出体外。目前人工培植牛黄的机理是：将能产生 β-葡萄糖醛酸酶的细菌植入胆囊内，利用该酶使结合胆红素分解为葡萄糖醛酸和游离胆红素，后者与钙结合，生成不溶性的胆红素钙析出，集结成结石，即牛黄。

胆盐主要是胆汁酸的钠盐，包括胆汁酸与甘氨酸结合形成的甘氨胆酸钠和由胆汁酸与牛磺酸结合形成的牛黄胆酸钠等。

（二）胆汁的生理作用

胆汁中不含消化酶。胆汁的生理作用主要通过胆盐而发挥，它是胆汁参与消化吸收的主要成分。胆盐的作用如下。

（1）作为乳化剂，能降低脂肪的表面张力，使脂肪裂解为直径 3～10μm 的脂肪微滴，分散在肠腔内，从而大大增加了与胰脂肪酶的接触面积，加速了脂肪的水解。

（2）胆盐可形成微胶粒（micelle），肠腔中的脂肪分解产物如脂肪酸、甘油一酯等均可掺入到微胶粒中，形成水溶性复合物（混合微胶粒），便于脂肪分解产物的吸收。

(3) 胆盐能增强脂肪酶的活性，起到脂肪酶激活剂的作用。

(4) 胆盐能促进脂溶性维生素（A、D、E、K）的吸收。

(5) 胆盐可刺激小肠运动。

胆固醇是肝脏脂肪的代谢产物。胆盐、胆固醇和卵磷脂等都能降低脂肪颗粒的表面张力，使之乳化为微滴粒而增加了消化酶的作用面积，利于脂肪消化。正常时肝胆汁和胆囊胆汁中的胆盐、胆酸与胆固醇保持适当的比例，维持胆固醇呈溶解状态。若比例失调，胆固醇分泌过多或胆盐过少，则胆固醇易沉淀而形成结石。

（三）胆汁分泌和排出的调节

胆汁的分泌和排出受神经和体液因素的调节，其中以体液调节为主。

1. 胆汁分泌的神经性调节　采食动作或食物刺激消化道，能反射性地引起肝胆汁分泌增加，并使胆囊收缩轻度加强，Oddi 括约肌舒张，因而胆囊胆汁和肝胆汁流入十二指肠。该反射的传出神经是迷走神经。迷走神经不仅可通过末梢释放乙酰胆碱直接作用于肝细胞和胆囊平滑肌细胞，也可通过迷走神经-胃泌素间接发挥作用。高蛋白食物（蛋黄、瘦肉等）引起胆汁流出最多，高脂肪或混合食物次之，糖类食物的作用最小。交感神经兴奋时，Oddi 括约肌收缩，胆囊平滑肌舒张、导致胆汁排出减少。

2. 胆汁分泌的体液性调节　调节胆汁分泌的体液因素有以下几种。

(1) 胰泌素：有一定的刺激肝胆汁分泌的作用。胰泌素主要作用于胆管系统，因此，它引起胆汁分泌量和碳酸氢盐含量增加，而胆盐不增加。

(2) 缩胆囊素：引起胆囊平滑肌强烈收缩，并使 Oddi 括约肌舒张，从而使胆汁大量排入十二指肠。刺激肠黏膜分泌缩胆囊素的主要因素为蛋白质分解产物和脂肪。

(3) 胃泌素：经血液循环作用于肝细胞和胆囊，使肝胆汁分泌增加、胆囊收缩；胃泌素还可通过刺激壁细胞分泌盐酸，由盐酸作用于十二指肠黏膜 S 细胞，使之分泌胰泌素，间接促进胆汁分泌。

(4) 胆盐：胆汁中的胆盐排出至小肠后，绝大部分（90%以上）可由小肠黏膜吸收入血，通过门静脉回到肝脏，重新组成胆汁排入十二指肠。这一过程称为胆盐的肠-肝循环（entero hepatic circulation）（图 6-11）。胆盐每循环一次有 5%～10%随粪便排出。返回肝脏的胆盐能刺激胆汁分泌，但对胆囊收缩无明显影响。此外，生长抑素、P 物质、促甲状腺素释放激素等脑-肠肽具有抑制胆汁分泌的作用。

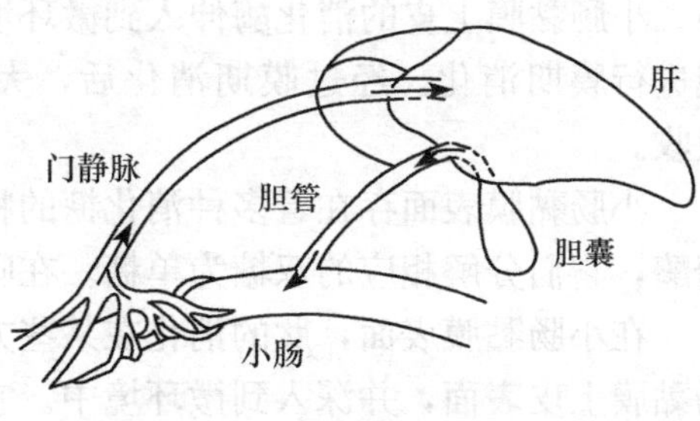

图 6-11　胆盐的肠-肝循环

三、小肠液的分泌及小肠运动

小肠内有十二指肠腺和小肠腺两种腺体。小肠腺又称李氏腺（lieberkuhn gland），分布于全部小肠的黏膜层内，其分泌液构成小肠液的主要部分。十二指肠腺又称勃氏腺（Brunner gland），分泌含黏蛋白的碱性液体，主要功能是保护十二指肠上皮免受胃酸侵蚀。小肠黏膜上皮中还散在分布着分泌黏液的杯状细胞。

（一）小肠液的性质、成分和作用

小肠液是弱碱性、微混浊的液体，pH 为 7.6～8.7。小肠液中除大量水分外，无机物的含量和种类一般与体液相似，仅碳酸氢钠含量高。小肠液中的有机物主要是黏液和多种消化酶。小肠液的分泌量变动很大，大量的小肠液可以稀释消化产物，利于营养物质的吸收。小肠液分泌后，又很快被小肠绒毛重吸收，小肠液的这种循环交流，为小肠内营养物质的吸收提供了媒介。小肠液中还常混有大量脱落的肠上皮细胞、白细胞以及由肠上皮细胞分泌的免疫球蛋白。

近年来研究认为，除肠致活酶和淀粉酶外，小肠液中的其他多种酶并非由肠腺所分泌，而是来源于小肠黏膜上皮，包括：①肠肽酶，可进一步水解多肽；②脂肪酶，补充舌脂酶、胰脂肪酶对脂肪水解的不足；③二糖酶，主要是蔗糖酶、麦芽糖酶、乳糖酶等，可分解双糖为单糖。小肠液中的酶对于营养物质进一步分解成为可被吸收的小分子，起到了非常重要的作用。

（二）腔期消化与膜期消化

来源于小肠黏膜上皮的酶和肠腺分泌的酶，是属于消化道内作用部位和作用方式不相同的两类消化酶。由肠腺分泌的肠激活酶和淀粉酶在肠腔内发挥作用，如同唾液、胃液、胰液中的消化酶一样，与食糜充分混合后在消化管内发挥作用。这类酶的消化方式称为腔期(luminal phase）消化。一般来说，腔期消化的营养物质得不到完全水解，仅使食糜中的大分子物质形成短链聚合物。肠黏膜上皮分泌的肠肽酶、二糖酶等，则以化学键与上皮细胞顶点膜相连，或为肠黏膜表面的结构。当腔期消化产物接触小肠黏膜时，肠黏膜上的酶使其进一步水解为小分子物质而被吸收，这种在肠上皮细胞表面进行的消化过程称为膜期（membranous phase）消化，是腔期消化的继续和补充。

膜期消化是在细胞顶点膜表面由多糖蛋白质复合物、黏液和静水层组成的微环境中进行的。小肠黏膜上皮的消化酶伸入到微环境中，肠腔中的营养物质也必须扩散到此微环境中才能进行膜期消化。经过膜期消化后，大多数消化产物不再返回肠腔，而是直接被肠绒毛吸收。

小肠黏膜表面存在着多种消化糖的特异消化酶，如蔗糖酶、乳糖酶、麦芽糖酶、异麦芽糖酶，它们分解相应的双糖为单糖。在吸收之前，所有的多糖都要分解为单糖。

在小肠黏膜表面，肽的消化在某些方面与糖的消化相类似。肽类消化酶或肽酶也存在于肠黏膜上皮表面，并深入到微环境中。它们水解腔期蛋白质消化所产生的多肽，生成一些游离氨基酸和小肽。饲料中的蛋白质大部分以氨基酸和 2 肽或 3 肽形式直接被吸收。

（三）小肠黏膜上皮的更新

小肠黏膜的表面向肠腔突出，形成大量皱褶，其中许多上皮细胞在肠腔面构成了众多的小肠绒毛，在绒毛底部有管状的隐窝（crypt）。隐窝底部的上皮细胞不断增殖，新细胞形成后逐渐向上推移，先达到绒毛基底部，再逐渐上移至绒毛顶端，并在顶端脱落。在细胞向绒毛顶端不断推移的过程中，细胞不断分化，细胞内酶的含量不断增加。当细胞在绒毛顶部脱落时，整个细胞进入肠腔，与小肠腺的分泌物混合在一起。细胞破裂后，细胞内所含的消化酶释放在肠腔内，对营养物质进行消化。因此，上皮细胞不断从绒毛顶端脱落的过程，实际上是小肠上皮一种特殊的全浆分泌方式。正常时，小肠上皮细胞2～4d全部更新一次。胃泌素对小肠上皮的更新有促进作用。

（四）小肠液分泌的调节

小肠液的分泌是经常性的，但在不同条件下，其分泌量有很大变化。小肠液的分泌也受神经和体液因素的调节。食糜对肠黏膜局部的机械和化学刺激，通过壁内神经丛的局部反射，促进小肠液的分泌，其中以肠道扩张的刺激最为敏感。外来神经对小肠液分泌的调节作用不明显。迷走神经可引起十二指肠腺分泌轻度增加，对其他肠腺的作用不明显。

胃肠激素中的胃泌素、胰泌素、缩胆囊素、血管活性肠肽、前列腺素等都有刺激小肠腺分泌的作用。

（五）小肠的运动

小肠的运动是依靠肠壁平滑肌的舒缩活动实现的。小肠壁含有两层平滑肌，外层为纵行肌，内层为环行肌。小肠的运动可以分为两个时期：一是发生在进食后的消化期，小肠产生紧张性收缩、分节运动和蠕动；二是发生在消化道内几乎没有食物的消化间期，小肠产生移行运动复合波。

1. 小肠的运动形式

（1）紧张性收缩。小肠平滑肌经常处于紧张状态，这种紧张性是小肠运动的基础。如果小肠紧张性降低，肠腔易于扩张，混合食糜无力，推送食糜也慢；反之，紧张性升高，推送和混合食糜就加快。

（2）分节运动。分节运动（segmentation）是由肠壁环行肌的收缩和舒张所形成的一种运动方式。在食糜所在的某一段肠管上，环行肌在许多点同时收缩，把食糜分割成许多节段。随后，原先收缩处舒张，而原先舒张处收缩，使原来的节段分为两半，而相邻的两半则合拢以形成一个新的节段。如此反复进行，使食糜得以不断地分开，又不断地混合（图6-12）。当分节运动持续一段时间后，由蠕动把食糜推到下一段肠管，再重新进行分节运动。分节运动的主要作用是使食糜与消化液充分混合，便于进行化学性消化；它还使食糜与肠壁紧密接触，有利于营养物质的吸收。此外，分节运动还能挤压肠壁，有助于血液和淋巴的回流。

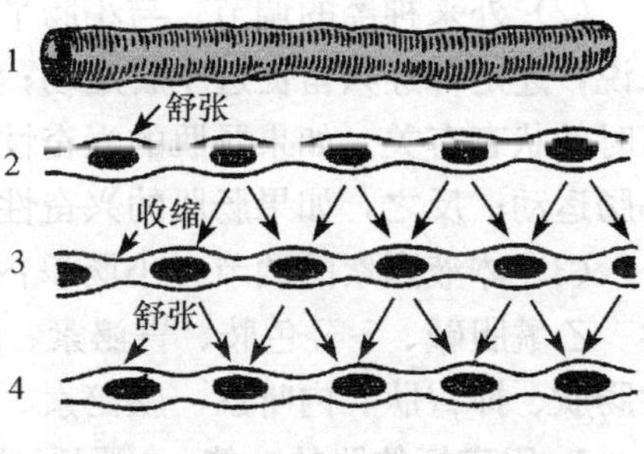

图6-12　小肠分节运动示意图

1. 分节运动尚未开始；2～4. 分节运动的过程（相邻部位收缩和舒张交替进行）

分节运动只发生在消化期，在空腹时几乎不出现。小肠各段分节运动的频率不同，小肠前段频率较高，后段较低，呈现递减梯度。这种梯度现象与平滑肌的慢波电位从十二指肠到回肠末端逐渐降低有关。

（3）蠕动。蠕动（peristalsis）也发生在消化期内，它是一种速度缓慢的波浪式推进运动。小肠各段都可产生蠕动，一般从十二指肠开始，先是纵行肌收缩，当纵行肌的收缩完成一半时，环行肌便开始收缩；而当环行肌收缩完成时，纵行肌的舒张完成一半。小肠的蠕动波很短，一般只能推进很短一段距离，然后消失。因此，食糜依靠蠕动只能推进很短的距离，到达新的肠段并开始分节运动。有时在小肠还可见到一种进行速度很快、传播较远的蠕动，称为蠕动冲（peristaltic rush），它可将小肠内容物从小肠的起始部位一直推送到末端，有时还可直接推送入大肠。蠕动冲可能是由进食时的吞咽动作或食糜刺激十二指肠引起的。

在十二指肠和回肠末端有时还会出现与蠕动方向相反的蠕动，称为逆蠕动（antiperistalsis）。蠕动和逆蠕动可使食糜在两段肠管内来回移动，有利于食糜的充分消化和吸收。

（4）移行运动复合波（migrating motility complex，MMC）。这是发生在消化间期的一种强有力的蠕动性收缩，传播很远，有时能传播至整个小肠。MMC 起始于十二指肠，以慢波的频率向后传播。有些 MMC 到达回肠前就消失了，也有些能传播至小肠末端。MMC 的作用是推送未消化的物质离开小肠。另外，MMC 对控制前段肠管内的细菌数量起重要作用。正常时，十二指肠有少量菌群，回肠菌群数量增加，到达结肠就有许多种菌群，MMC 有助于阻止回肠内细菌向十二指肠移行。

在小肠运动过程中，由于小肠内容物移动，产生类似流水或含漱的声音，称为小肠音。肠运动增强时，小肠音增强；肠运动减弱时，小肠音也减弱。

2. 小肠运动的调节

（1）内在神经丛的调节。当食糜的机械和化学刺激作用于肠壁感受器时，通过局部反射，可引起小肠平滑肌运动。切断支配小肠的外来神经，小肠的蠕动仍可进行，说明肠壁的内在神经丛对小肠运动起主要的调节作用，尤其是位于小肠纵行肌和环行肌之间的肌间神经丛。小肠肌间神经丛中主要有两类神经元，一类神经元含 VIP、腺苷酸环化酶激活肽、一氧化氮合成酶等，可能是中间神经元或抑制性神经元；另一类神经元含乙酰胆碱、P 物质等，可能是运动神经元或兴奋性神经元。这些神经元通过其末梢释放的递质，调节小肠的运动。

（2）外来神经的调节。与小肠平滑肌发生联系的外来神经有迷走神经和交感神经。一般来说，迷走神经兴奋促进小肠运动；而交感神经兴奋则抑制小肠运动。但上述效应还与肠肌当时的状态有关。如果肠肌的兴奋性很高，则无论是刺激迷走神经还是交感神经，都会抑制小肠运动；反之，如果肠肌的兴奋性很低，则这两种神经兴奋均促进小肠运动。

（3）体液因素的调节。小肠壁内神经丛和小肠平滑肌对各种化学物质具有广泛的敏感性。乙酰胆碱、5-羟色胺、胃泌素、缩胆囊素、胃动素、P 物质等均促进小肠运动；血管活性肠肽、抑胃肽、内啡肽、胰泌素、肾上腺素、胰高血糖素等则抑制小肠运动。

3. 回盲括约肌的功能　回肠末端与盲肠交界处的环行肌显著增厚，起着括约肌的作用，称为回盲括约肌。回盲括约肌的作用是防止回肠内容物过快地进入大肠，从而延长食糜在小肠内停留的时间，有利于小肠内容物的完全消化和吸收。回盲括约肌还可阻止盲肠内容物倒流入回肠。回盲括约肌平常保持收缩状态，当食物进入胃后，可通过胃-回肠反射引起回肠蠕动，此时括约肌舒张；当盲肠黏膜受到机械刺激或充胀刺激时，可通过肠肌局部反射，引起括约肌收缩，阻止回肠内容物向盲肠排放。胃泌素可引起括约肌的紧张性下降。此外，有些家畜在回肠与盲肠连接处还有一黏膜瓣，是一个单向瓣膜，可以进一步阻止盲肠内容物倒流入回肠。

第六节　大肠消化

食物经小肠的消化吸收后，残余部分进入大肠。大肠内的消化活动在不同种类的动物中具有较大差别。肉食动物的消化吸收过程在小肠已经基本完成，大肠只是吸收水分和形成粪便，没有重要的消化活动。但对草食动物来说，尤其是单胃草食动物（马属动物与兔等），大肠内容物中还有丰富的营养物质，大肠内的消化非常重要。反刍动物和杂食动物的大肠内消化也有一定的意义。

大肠的主要生理功能是：①吸收水和电解质，参与机体对水、电解质平衡的调节；②吸收由大肠内微生物分解产生的营养物质；③将食物残渣形成粪便，并暂时储存粪便。

一、大肠液的分泌

大肠液是一种黏稠的碱性液体，富含黏蛋白和碳酸氢盐，pH 为 8.3～8.4，由大肠腺细胞和大肠黏膜的杯状细胞所分泌。大肠液中可能含有少量二肽酶和淀粉酶，但消化作用不大。大肠液的主要作用是保护肠黏膜和润滑粪便。

大肠液的分泌主要由大肠内容物对肠壁的刺激所引起，由壁内神经丛的局部反射完成，与外来神经无直接关系。然而副交感神经兴奋可使大肠液分泌增多；交感神经兴奋则使其分泌减少。大肠黏膜中存在高浓度的血管活性肠肽（VIP），可能参与大肠内水和电解质的转运。

二、大肠内的微生物消化

草食动物的大肠（主要是盲肠和结肠）内含有丰富的微生物，在很大程度上类似反刍动物的瘤胃，因此，大肠内的消化对草食动物，特别是马属动物和兔等单胃草食动物具有十分重要的意义。

草食动物大肠的容积很大，与反刍动物的瘤胃相似，能维持适于微生物生存的条件，以保证最佳的发酵作用。可溶性糖（淀粉、双糖等）和大多数不溶性糖（纤维素和半纤维素）以及蛋白质等，是大肠微生物发酵的主要底物。大肠微生物的主要作用是：①将纤维素、半纤维素等分解为挥发性脂肪酸（VFA），供大肠吸收；②利用大肠内容物中的非蛋白含氮物合成微生物蛋白质，随后被机体水解产生氨基酸，其中一部分被机体吸收利用；③微生物能合成 B 族维生素和维生素 K。

实验证明，马的大肠内容物中，有不少未被消化的营养物质在大肠微生物的作用下被消化。食糜中 40%～50%的纤维素、39%的蛋白质、24%的糖在大肠被消化。大肠微生物对纤维素的有效消化率达到反刍动物的 60%～70%，这可能与食糜通过大肠的速度快有关系。在马属动物中，骡、驴消化纤维的效率又大于马。反刍动物的盲肠和结肠也能消化饲料中 15%～20%的纤维素。由此可见，大肠内微生物发酵纤维是草食动物消化的一个重要环节。实验表明，马属动物胃和小肠内的消化酶对糖类的消化效率并不高，有一定量的淀粉和糖进入大肠消化，即使用优质的谷物饲料，也会有高达 29%的淀粉到达大肠后发酵消化。由此推断，马需要的能量，至少有一半是由盲肠和结肠通过微生物的发酵与吸收营养物质来供应的。

由于蛋白质和可溶性糖能在小肠中被消化吸收，可能在一定程度上导致大肠微生物合成蛋白质所需氮的不足。但在盲肠和结肠中也存在类似瘤胃的尿素再循环方式，以获取大量尿素，补足对氮的需要量，利于微生物蛋白质的合成。与反刍动物相比，马属动物大肠内微生物蛋白质合成效率较低，而且很多微生物蛋白质不能有效地被消化吸收，随粪便排出。一些实验表明，少量氨基酸可以从马的盲肠或结肠吸收。

大肠内微生物发酵纤维的产物主要是VFA。马的大肠内发酵和产生VFA的速度与瘤胃相近。在马的大肠中也存在VFA的缓冲和吸收的有效方式。大量富含碳酸氢盐和磷酸盐的缓冲液由马的回肠分泌并输送到盲肠中，这一过程类似反刍动物唾液腺的分泌作用。另外，由于大肠黏液腺的存在，盲肠和结肠液中碳酸盐和电解质的含量比瘤胃液多。

结肠的功能是继续吸收大肠中未能吸收的水、电解质和挥发性脂肪酸。小结肠中也有少量挥发性脂肪酸产生，但其主要功能是吸收。

大肠内微生物也能合成B族维生素和维生素K，并被大肠黏膜吸收，供机体利用。除马属动物和兔外，猪、鼠、豚鼠都依靠大肠内的发酵产物作为能量需要的主要来源。

三、大肠的运动

大肠的运动微弱、缓慢，对刺激的反应也比较迟缓，这些特点与大肠作为粪便的暂时储存场所相适应。大肠的运动形式除蠕动和分节运动外，还有集团蠕动、袋状往返运动和多袋推进运动等。

1. 袋状往返运动　这种运动形式在空腹时最常见，由环行肌不规则的收缩所引起，它使结肠袋中的内容物向两个方向做短距离的位移，但并不向前推进。袋状往返运动速度缓慢，波及的肠段较长，类似小肠的分节运动。这种形式的运动并不严格同步，常表现为一连串结肠内容物由近端推移到远端。动物采食后和副交感神经兴奋时这种运动增强。

2. 分节推进或多袋推进运动　一个结肠袋收缩，或多个结肠袋协同收缩，使其中的内容物被推进到邻近的后段肠段中。这种运动出现的间隔较长，一般常在进食后或胃中充满食物时出现，有人称之为胃-结肠反射。在这种运动之后，常随之排粪。

3. 蠕动、逆蠕动和集团蠕动　结肠蠕动由一系列向肛门推进的稳定收缩波组成。收缩波近端的肠肌保持收缩状态，而远端的肠肌保持舒张状态，使内容物逐渐推向肛门。结肠的一个特征运动就是逆蠕动，由结肠的慢波所引起。逆蠕动能阻止内容物后移。此外，还有一种强烈的推进运动，波及整个结肠，称为集团蠕动（mass peristalsis），此运动把全部结肠内容物推向远端。

大肠运动主要受神经因素的调节。支配大肠的传出神经是交感神经和副交感神经。大肠上半段的副交感神经纤维来自迷走神经，大肠下半段则受盆神经支配。副交感神经兴奋可加强大肠运动。支配大肠的交感神经纤维是肠系膜后神经节发出的腹下神经，其兴奋可抑制大肠运动。

四、粪便的形成与排粪

（一）粪便的形成

食物残渣在大肠停留约10h，其中的水分被大肠黏膜吸收。同时，经过细菌的发酵和腐败作用，形成粪便（feces）。粪便的成分除食物残渣外，还包括消化管的脱落上皮、大量细菌、消化液的残余物（黏液、胆汁等），以及经肠壁排泄的矿物质（如钙、铁、镁、汞）等。

各种动物粪便的形状与其食性密切相关。马粪含水分约75%，粪便稍硬、落地易碎，舍饲时粪呈褐色，放牧时一般呈淡绿色。牛粪含水分约85%，平常时落地呈叠饼状，放牧时呈粥状，过量饲喂多汁饲料时则为流体状。羊粪含水分约55%，呈颗粒状。猪粪为稠粥状。狗粪为腊肠状，当喂给大量骨头时，则粪便干而硬，像石灰质一样。

（二）排粪及其调节

排粪（defecation）是一种反射性活动，其基本中枢在脊髓，但受到高位中枢，尤其是大脑皮层的控制。当结肠和直肠内粪便不多时，肠壁舒张，肛门括约肌收缩，粪便在此处潴留，因而不发生排粪。当粪便积聚到一定量时，刺激了肠壁内的感受器，冲动经盆神经和腹下神经传至腰荐部脊髓排粪中枢，同时上传到大脑皮层，产生排粪欲（awareness of defecation）。如果外界条件不适合，大脑发出冲动，抑制脊髓排粪中枢，通过交感神经和阴部神经，使结肠和直肠继续舒张，肛门括约肌收缩加强，阻止排粪。如果外界条件适合，中枢的兴奋通过盆神经引起结肠和直肠收缩，肛门内括约肌舒张。与此同时，阴部神经的冲动减少，肛门外括约肌也舒张，引起排粪。此外，由于支配腹肌和膈肌的神经兴奋，腹肌和膈肌也发生收缩，腹内压增加，促进粪便的排出。

家畜（除猫、狗外）排粪中枢很发达，不仅站立时能排粪，就是在运动中也能排粪。排粪量与饲料种类和质量有关。在饲养管理上，如果排粪次数减少，粪便干涸，则有发生便秘的可能。因此，经常观察排粪次数和粪便性状，对便秘的早期发现很有帮助。反刍动物每天排粪10～20次。牛每天排粪量平均为15～20kg或更多；羊平均为1～3kg；马每天排粪4～8次，平均为15～20kg；猪每天排粪4～8次，平均为4～6kg。

第七节 吸 收

消化管内的吸收是指食物中的营养成分或其消化后的产物透过消化管黏膜上皮进入血液或淋巴的过程。食物经过消化后，蛋白质分解为氨基酸和小分子肽、脂肪分解为甘油一酯、脂肪酸和甘油，糖类分解为单糖或挥发性脂肪酸，这些物质，连同食物中不需要消化的营养物质（如维牛素、无机物、水等）被消化道上皮吸收。消化是吸收的重要前提，吸收则源源不断地为机体提供营养。消化与吸收无论在过程上还是在功能上，都是相互联系、相互配合的。

一、吸收过程概述

消化道不同部位的吸收能力和吸收速率不同，这主要取决于消化道各部位的组织结构，以及食物在各部分的消化程度和停留的时间。在口腔和食管内，食物实际上是不被吸收的。在胃内，一般只吸收少量酒精、电解质和水分，但反刍动物的前胃能吸收挥发性脂肪酸、二氧化碳、氨、一些无机离子和水分。小肠是肉食动物和杂食动物的主要吸收部位，也是草食动物的重要吸收部位。糖类、蛋白质和脂肪的消化产物大部分在十二指肠和空肠吸收；回肠能主动吸收胆盐和维生素 B_{12}。大部分营养成分到达回肠时，通常已吸收完毕，因此回肠主要起吸收机能的储备作用。肉食动物的大肠除结肠的起始部吸收水和电解质外，吸收能力很有限；草食动物和杂食动物（如猪）的大肠仍进行剧烈的微生物消化活动，其消化产物也在大肠吸收。尤其是马的大肠，不但吸收盐类和水分，还吸收纤维素发酵所产生的挥发性脂肪酸。反刍动物的大肠也具有一定的吸收能力。

小肠之所以成为动物最主要的吸收部位，与小肠的组织结构特点有关。小肠黏膜具有环形皱褶（plicae circulare），并拥有大量的绒毛（villi）。绒毛是小肠黏膜的微小突出构造，其长度0.5～1.5μm。不同动物绒毛的形状和长度差别很大，肉食动物的最长，反刍动物和猪的最短。消化和吸收过程迅速的动物，具有发育较好的绒毛系统，吸收面积较大，马约为 $12m^2$、牛为 $17m^2$、猪为 $2.8m^2$。每一条绒毛的外周是一层柱状上皮细胞，上皮细胞的肠腔面又被覆有许多长 1～1.5μm、宽 0.1μm 的微绒毛（microvilli）。由于环形皱褶、绒毛和微绒毛的存在，使小肠的吸收面积比同样长度的简单圆筒的面积增加约 600 倍。小肠除了具有巨大的吸收面积外，食糜在小肠内停留的时间较长，以及食糜在小肠内已被消化到适于吸收的小分子物质，这些都是小肠在吸收中的有利条件（图 6-13）。

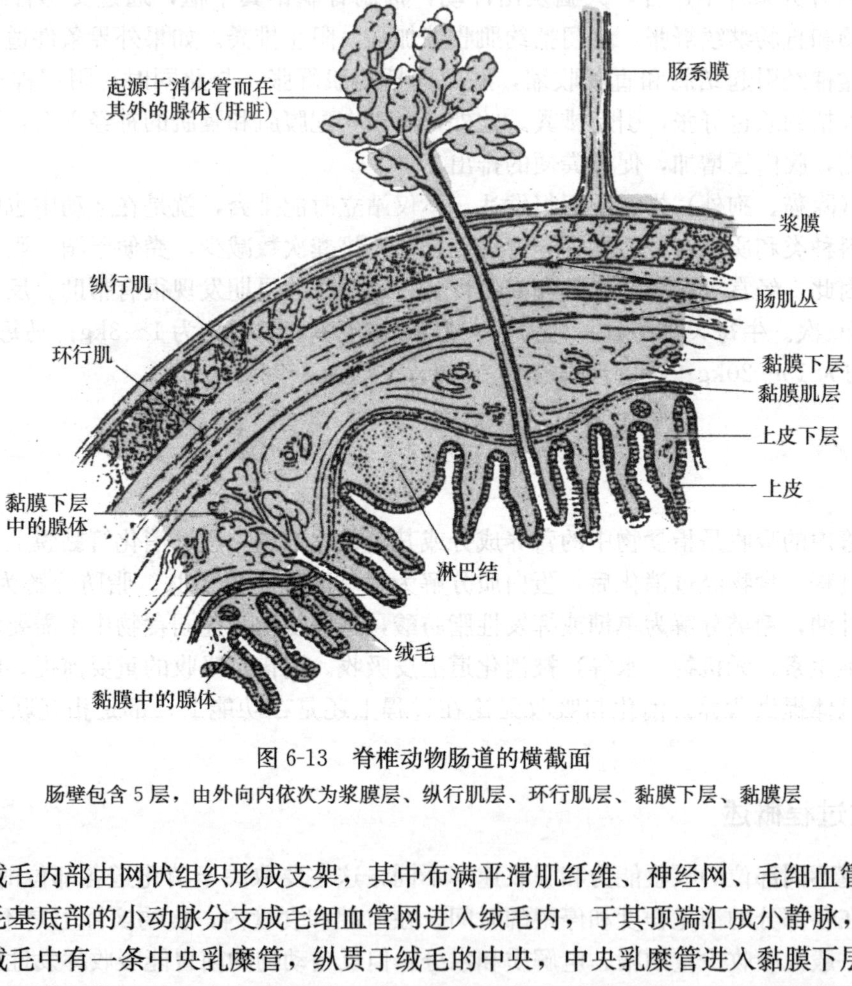

图 6-13　脊椎动物肠道的横截面

肠壁包含 5 层，由外向内依次为浆膜层、纵行肌层、环行肌层、黏膜下层、黏膜层

小肠绒毛内部由网状组织形成支架，其中布满平滑肌纤维、神经网、毛细血管和毛细淋巴管。绒毛基底部的小动脉分支成毛细血管网进入绒毛内，于其顶端汇成小静脉，最后汇入门静脉。绒毛中有一条中央乳糜管，纵贯于绒毛的中央，中央乳糜管进入黏膜下层时，与淋巴管丛汇合，淋巴管丛的分支具有瓣膜，淋巴只能向较大的淋巴管流动而不能倒流。小肠的淋巴管最后集合于胸导管而归于静脉。黏膜肌层内表面的平滑肌纤维向表面伸展，与绒毛轴相平行，围绕着中央乳糜管（图 6-14）。肠系膜血管的血液循环非常丰富，有利于营养物质的吸收。

小肠绒毛的运动也是促进物质吸收的重要因素。动物在空腹时，绒毛不活动；进食后，随着平滑肌的收缩和舒张，小肠绒毛产生节律性的伸缩和摆动。缩短时，把绒毛内的血液和淋巴液挤入静脉和淋巴管内，促使已被吸收的物质迅速运走；伸长时，绒毛内压降低，又可吸收肠腔内已被消化好的物质。绒毛摆动时，能增加食糜与肠黏膜接触的机会，便于食糜混合和营养物质吸收。绒毛运动受神经控制，刺激交感神经可加强绒毛运动。绒毛运动还受小肠黏膜中释放的一种胃肠激素——绒毛收缩素（villikinin）的控制。

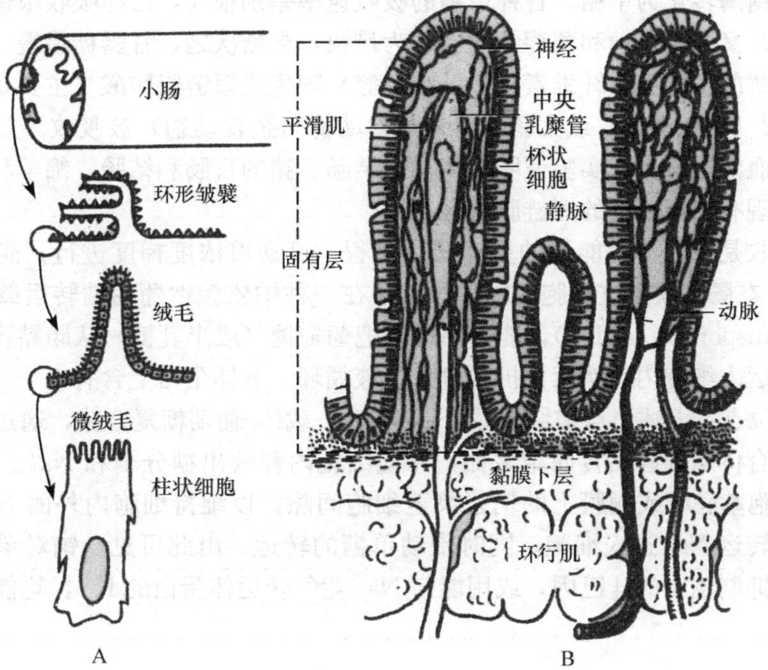

图 6-14　小肠的皱褶、绒毛和微绒毛模式图

A. 小肠表面积逐级放大；B. 小肠绒毛的结构

营养物质和水可以通过两条途径进入血液和淋巴：一条为跨细胞途径，即通过绒毛柱状上皮细胞的腔膜面进入细胞内，再通过细胞基底面或侧面膜进入血液或淋巴；另一条为旁细胞途径，即物质和水分通过细胞间的紧密连接，进入细胞间隙，然后再转入血液或淋巴(图 6-15)。营养物质通过细胞膜的机制包括单纯扩散、易化扩散、主动转运和胞饮等。肠黏膜表面有一个由多糖蛋白质复合物、黏液和静水层构成的微环境，它是营养物质进入肠上皮细胞的重要屏障。一些脂溶性物质必须经过胆盐的乳化才能进入肠黏膜表面的微环境。

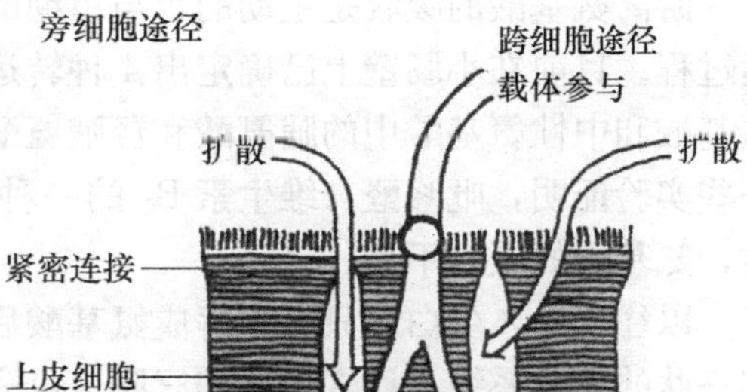

图 6-15　小肠黏膜吸收物质的两条途径

二、主要营养物质的吸收

在小肠中被吸收的营养物质不仅包括来源于食物的各种营养成分，还包括由各种消化腺分泌入消化管内的大量水分、无机盐和一些有机物。

(一) 糖的吸收

饲料中的多糖类物质（如淀粉、糊精等）经过消化酶的水解，必须降解为单糖才能被小肠吸收。麦芽糖、蔗糖、乳糖等双糖虽是易溶于水的化合物，但不能被直接吸收，在吸收入血前必须经双糖酶转化为单糖。各种单糖的吸收速率差别很大，已糖吸收很快，而戊糖则很慢。在已糖中，又以半乳糖和葡萄糖的吸收为最快，果糖次之，甘露糖最慢。

由细菌降解的多糖类（纤维素、半纤维素等）则生成短链脂肪酸（主要是乙酸、丙酸和丁酸），在瘤胃（反刍动物）或大肠（单胃草食动物与杂食动物）被吸收。短链脂肪酸吸收后，主要通过血液运输。有实验证明，从马的结肠、猪的盲肠和结肠、绵羊和兔的盲肠流回的血液中，发现有相当数量的短链脂肪酸。

单糖的吸收是一个消耗能量的主动转运过程，可逆着浓度梯度进行，能量来自钠泵对ATP的分解。在肠黏膜上皮细胞的刷状缘上存在一种钠依赖性葡萄糖转运载体蛋白（sodium-glucose transporter，sGLT），能选择性地把葡萄糖（或半乳糖）从肠黏膜上皮细胞刷状缘的肠腔面转运入细胞内，然后再扩散进入血液循环。载体蛋白上含有1个单糖结合位点和2个Na^+结合位点，上述位点被结合后，形成Na^+-载体-葡萄糖复合体，通过转运蛋白的变构转位，使复合体从肠腔面转向胞浆面，并向细胞内释放出糖分子和Na^+。进入细胞内的Na^+被上皮细胞基底膜或侧膜上的钠泵泵至细胞间隙，以维持细胞内外的Na^+梯度，保证载体蛋白不断转运Na^+进入细胞，同时带动单糖的转运。由此可见，钠对单糖的主动转运是必需的。用抑制钠泵的哇巴因，或用能与Na^+竞争转运体蛋白的K^+，均能抑制糖的主动转运。

（二）蛋白质的吸收

饲料中的蛋白质经过消化后，产生许多小肽和氨基酸，被毛细血管吸收后，随着门静脉进入肝脏。

游离氨基酸的吸收是主动的，与单糖的吸收相似，也是与钠吸收相耦联的继发性主动转运过程。目前在小肠壁上已确定出4种转运氨基酸的特殊载体，分别转运中性、酸性、碱性氨基酸和中性氨基酸中的脯氨酸和羟脯氨酸。此外，还存在非钠依赖性的氨基酸转运机制。一些实验证明，吡哆醛（维生素B_6的一种）参与氨基酸的主动转运过程。维生素B_6缺乏时，氨基酸的吸收不良。

以往认为，蛋白质只有水解成氨基酸后才能被吸收。现已证明：小肠黏膜上也存在二肽和三肽的转运系统。许多二肽和三肽也可完整地被小肠上皮细胞吸收，且吸收速率比氨基酸快。与氨基酸的转运载体相比，肽的转运载体具有耗能低、转运容量大、不易饱和的特点。还有研究表明，肽的转运不存在类似氨基酸吸收的竞争现象，而且肽的吸收还能促进氨基酸和一些矿物元素（如钙）的吸收。肽进入上皮细胞后，一部分被细胞内的肽酶水解为氨基酸，因而肽在肠腔与上皮细胞之间可以保持一个有利于被摄取的浓度梯度。还有部分小肽在上皮细胞内不被肽酶分解，直接进入血液。

在某些情况下，饲料中的蛋白质可以被直接吸收。例如，新出生的羊羔、仔猪、牛犊、狗崽，通过肠黏膜上皮的胞饮作用，可完整地吸收初乳中的蛋白质（尤其是免疫球蛋白），从而获得被动免疫能力。但是，肠黏膜上皮完整吸收蛋白质的能力在出生后逐渐下降，一般在24～36h后消失。有些动物因某种原因导致肠黏膜结构发生改变，也会吸收天然蛋白质（如乳蛋白和大豆蛋白），并易引起过敏反应。

（三）脂类的吸收

脂类的吸收开始于十二指肠远端，在空肠近端结束。脂类的消化产物脂肪酸、甘油一酯和胆固醇等很快与胆汁中的胆盐形成混合微胶粒（micelle）。由于胆盐有亲水性，它能携带脂肪消化产物通过覆盖在小肠绒毛表面的静水层而靠近上皮细胞，脂肪酸、甘油一酯和胆固醇等从混合微胶粒中释放出来，以扩散方式透过细胞膜进入上皮细胞。胆盐则留在肠腔内，达到结肠时才被吸收。

中短链脂肪酸（碳原子数少于10～12个）被吸收后，可以直接透出上皮细胞而进入血液循环。甘油一酯和长链脂肪酸（碳原子数多于12个）被吸收后，在肠上皮细胞的内质网中大部分重新合成甘油三酯，并与细胞中的载脂蛋白形成乳糜微粒（chylomicron）。乳糜微粒以出胞的方式离开上皮细胞，扩散入中央乳糜管，进入淋巴循环（图6-16）。由于食物中的脂肪酸大部分为长链脂肪酸，因此脂肪的吸收途径以淋巴为主。

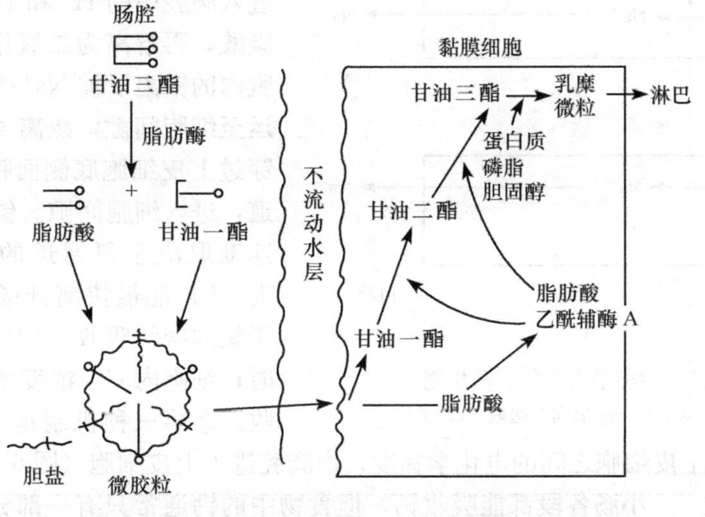

图6-16　脂肪在小肠内消化吸收的主要方式

（四）维生素的吸收

水溶性维生素（包括B族维生素和维生素C）以扩散方式被吸收。相对分子质量小的吸收更容易。但维生素B_{12}必须与胃底腺壁细胞分泌的“内因子”结合成复合物，到达回肠后，与回肠黏膜上皮细胞特殊的内因子“受体”结合而被吸收，因此，回肠是吸收维生素B_{12}的特异性部位。

脂溶性维生素（包括维生素A、D、E、K）的吸收机制与脂类相似，需要与胆盐结合才能进入小肠黏膜表面的静水层，以扩散的方式进入上皮细胞，而后进入淋巴或血液循环。

（五）无机盐的吸收

一般来说，一价盐类（如钠、钾、铵盐）的吸收很快，多价盐类则吸收很慢。凡能与钙结合而形成沉淀的盐，如硫酸盐、磷酸盐、草酸盐等，则不能被吸收。

1. 钠的吸收　肠内容物中的95%～99%的钠可被吸收。小肠和结肠均可吸收钠，但吸收量不同。单位面积吸收的钠量以空肠最多、回肠次之，结肠最少。

钠的吸收有三种机制。①钠耦联转运系统（sodium co-transport system），即钠与葡萄糖、氨基酸、胆盐等相耦联的主动转运过程。②钠、氯同时吸收（coupled sodium-chloride

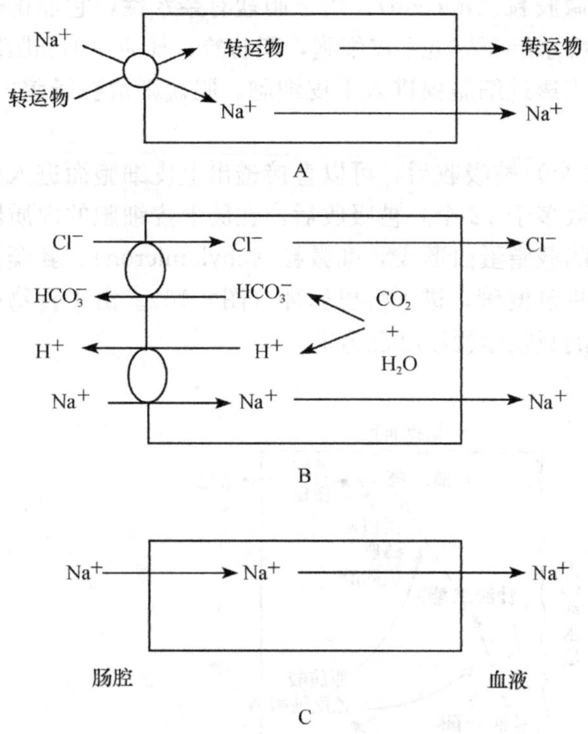

图 6-17 钠离子吸收的三种机制

A. 耦联转运；B. 钠-氯同时吸收；C. 扩散

absorption)。在肠上皮细胞膜上存在与钠、氯跨膜转运有关的两个独立的离子转运系统。肠上皮细胞内的水和二氧化碳在碳酸酐酶的作用下生成碳酸，后者很快解离成 H^+ 和 HCO_3^-，细胞膜上的一个离子通道进行 H^+-Na^+ 交换，同时，另一个通道进行 HCO_3^--Cl^- 交换。因为 H^+ 和 HCO_3^- 以相同的速度透出细胞，所以肠上皮细胞内 pH 保持不变。进入肠腔中的 H^+ 和 HCO_3^- 又重新合成碳酸，再解离为二氧化碳和水。进入细胞内的钠离子被 Na^+-K^+ ATP 酶主动转运至细胞间隙，氯离子则通过扩散方式穿过上皮细胞底侧面膜的特殊氯离子通道，进入细胞间隙。钠、氯同时吸收的速度取决于氯通道的通透性，通透性大，Cl^- 能很快离开肠上皮细胞，有利于氯的继续吸收；相反，当氯通道关闭时，细胞内 Cl^- 浓度增加，减慢氯的吸收。③第三种机制是 Na^+ 的简单扩散，即 Na^+ 借肠腔和上皮细胞之间的电化学梯度，由肠腔进入上皮细胞（图 6-17）。

2. 钙的吸收 小肠各段都能吸收钙，但食物中的钙通常只有一部分被吸收。小肠对钙的吸收方式也是主动转运，但吸收速度比钠要慢。钙通过小肠黏膜刷状缘上的钙通道进入上皮细胞，然后由细胞基底膜上的钙泵泵至细胞外，并进入血液。肠黏膜细胞的微绒毛上有一种与钙有高度亲和性的钙结合蛋白（calcium-binding protein，Ca-BP），它参与钙的转运，并促进钙的吸收。钙盐只有在溶解状态下（如氯化钙、葡萄糖酸钙溶液）才能被吸收。肠内容物的酸度对钙的吸收有重要影响，在 pH 约为 3 时，钙呈离子状态，吸收最好。因此，胃酸对钙的吸收有促进作用。如果肠内容物中磷酸盐过多，易形成不溶性的磷酸钙而不能被吸收。维生素 D 通过其代谢产物 1，25-二羟钙化醇促进钙结合蛋白的合成，从而促进钙的吸收。脂肪酸对钙的吸收也有促进作用。另外，钙的吸收还受到机体需要量的影响。在缺钙状态下，钙的吸收能力增强。

3. 铁的吸收 铁的吸收取决于肠腔内环境、二价铁及三价铁离子的浓度以及黏膜细胞中的转铁蛋白含量等因素。亚铁吸收的速度比等量的高铁要快 2～5 倍，维生素 C 能将高铁还原为亚铁而促进铁的吸收。可溶解的铁盐容易吸收。铁在酸性环境中易溶解，也易于吸收，因此胃液中的盐酸有促进铁吸收的作用。

铁主要在十二指肠和空肠被吸收。小肠上皮细胞能够合成一种转铁蛋白（transferrin），并释放入肠腔。转铁蛋白与肠腔内的铁离子结合成复合物，然后以受体介导的入胞方式进入上皮细胞内。转铁蛋白在细胞内释放出铁离子后，又重新释放到管腔。进入胞内的铁，一部分在细胞基底膜以主动转运的形式泵至细胞外，并进入血液；其余的则与胞内的铁蛋白（ferritin）结合并留在细胞内，其作用是防止铁的过量吸收。肠黏膜吸收铁的能力受到黏膜中，受温度、pH和反应物浓度等的影响，断裂一个高能磷酸键最多可释放30.54kJ的能量。机体在生命活动中所消耗的ATP，可通过营养物质在体内的氧化分解所释放的能量，不断地将ADP重新转变成ATP而获得补充。

磷酸肌酸（creatine phosphate，CP）也是机体中重要的高能磷酸化合物，它由磷酸和肌酸合成，主要存在于肌肉组织中，其储备量为ATP总量的3～8倍。CP是ATP的储存库，但不能直接提供细胞生命活动所需要的能量。一方面，当物质氧化释放的能量过多时，ATP将高能磷酸键转移给肌酸，合成CP而将能量储存起来；另一方面，在ATP将能量释放转化为ADP后，CP可将所储存的能量再转给ADP而生成ATP，以补充ATP的消耗。这种补充比直接由食物氧化释放的能量补充要快得多，可以满足机体在应急生理活动时对能量的需求。从能量代谢的整个过程来看，ATP的合成与分解是体内能量转换和利用的关键环节。

（三）糖、脂肪和蛋白质的能量转化

糖、脂肪和蛋白质是动物的主要能量来源物质。其中碳水化合物在植物性食物中含量高、来源丰富而成为大多数动物的主要能源；相同质量脂肪的能量值约为碳水化合物的2倍，但在食物中含量较少；蛋白质在动物体内不能完全氧化，所以作为能源的利用效率相对较低。由于鱼类对碳水化合物的利用率较低，所以蛋白质为其有效的供能物质，其次是脂肪。此外，当动物处于绝食、饥饿、产奶和产蛋等状态时，食物来源的能量难以满足需要时，也会依次动用体内储存的糖原、脂肪和蛋白质来供能。

1. 糖　葡萄糖（carbohydrate）是机体糖代谢的中心。在氧供应充分的情况下，葡萄糖经有氧氧化，被完全分解为CO_2和H_2O，释放大量的能量；1mol葡萄糖完全氧化后的能量可合成38mol的ATP，能量转化效率为66%。在体内，绝大多数的组织细胞通过有氧氧化获得能量。在氧供应不足时，葡萄糖只能通过无氧酵解分解到乳酸阶段，释放的能量较少。经无氧酵解，1mol葡萄糖可产生能合成2mol ATP的能量，能量转化效率仅为3%。

2. 脂肪　脂肪（fat）在体内的主要功能是储存和供给能量。当氧化供能时，每摩尔脂肪所释放的能量约为糖有氧氧化的2倍。当机体需要时，在酶的催化下，储存脂肪分解为脂肪酸和甘油。脂肪酸经过活化和β氧化，逐步分解为乙酰辅酶A后进入糖的有氧氧化途径，而彻底分解并释放能量，但脂肪不能在机体缺氧的条件下供能。

3. 蛋白质　氨基酸是构成蛋白质（protein）的基本单位。机体中由消化道吸收和自身组织蛋白分解产生的氨基酸，主要用于合成细胞的成分、酶和激素等物质，其次才是提供能量。当细胞的蛋白质储存超量时，体液中多余的氨基酸则在肝脏被降解，并转化为糖、脂肪或供能。由于氨基酸在体内分解中氧化不完全，一部分氨基酸通过转氨基作用，经鸟氨酸循环形成尿素，由肾脏过滤随尿液排出，所以1mol的蛋白质在体内经生物氧化所产生的能量大约与1mol的葡萄糖生成的能量相近。

二、能量代谢的测定

能量的法定计量单位为焦（joule，J）或千焦（kilojoule，kJ）。此外，卡（calorie，cal）或千卡（kilocalorie，kcal）为非法定计量单位。卡与焦的换算关系是：1cal＝4.187J，1kcal＝4.187kJ。

机体生命活动分解代谢中所产生的能量在转化形成高能磷酸键的同时，大部分将直接转

化为热能，用于维持体温或向体外散发。其余部分不足50%的能量则以高能磷酸键的形式储存于体内，供机体利用。机体利用ATP合成细胞组成分子、生物活性物质和其他一些物质；细胞利用ATP进行各种离子和其他一些物质的主动转运，维持细胞两侧离子浓度差所形成的势能；肌肉还可利用ATP所载荷的自由能进行收缩和舒张，完成多种机械功。骨骼肌运动时除完成机械功（外功）以外，其余的能量则因克服关节间的摩擦力以及组织间的黏滞力而转变为热能。心肌收缩所产生的势能（动脉血压）与动能（血液流速），于血液在血管内流动的过程中，因克服所遇阻力而转化为热能。热能是机体内最“低级”形式的能，它不能转化为其他形式的能，不能用来做功。

能量代谢的基本概念如下所述。

1. 食物的热价　食物的热价（thermal equivalent of food）是指1g食物在体内氧化（或在体外燃烧）时所释放的热量。食物的热价分为物理热价和生物热价。食物在体外燃烧时释放的热量为物理热价，而在动物体内经过生物氧化至最终产物 CO_2 和 H_2O 时所产生的热量则为生物热价。

糖、脂肪和蛋白质的物理热价可用弹式热量计测定。糖（或脂肪）的物理热价和生物热价是相等的，而蛋白质的生物热价则小于它的物理热价，这是由于蛋白质分子在体内不能被彻底氧化分解，它有一部分主要以尿素的形式从尿中排泄的缘故。糖、脂肪和蛋白质物理热价和生物热价见表7-1。

表 7-1　糖、脂肪和蛋白质氧化时的热价、氧热价及呼吸商

营养物质	产热量/(kJ/g)			耗氧量	CO_2 产量	氧热价	呼吸商
	物理热价	生物热价	营养学热价*	/(L/g)	/(L/g)	/(kJ/J)	(RQ)
糖	17.15	17.15	16.70	0.83	0.83	21.00	1.00
蛋白质	23.43	17.99	16.70	0.95	0.76	18.80	0.80
脂肪	39.75	39.75	37.70	2.03	1.43	19.70	0.71

* 营养学中通常以此计算食物的热价

2. 食物的氧热价　食物氧化所消耗的氧量和产热量间有一定的关系。通常把食物氧化时消耗1L氧所产生的热量，称为该种食物的氧热价（thermal equivalent of oxygen）。根据食物的氧热价，结合机体在一定时间氧的消耗量，可以计算机体的能量代谢率。糖、脂肪和蛋白质的氧热价见表7-1。

3. 呼吸商　机体依靠呼吸功能从外界摄取 O_2，以供各种营养物质氧化分解的需要，同时也将代谢终产物 CO_2 呼出体外。各种营养物质在细胞内氧化供能属于细胞呼吸过程，因而将各种营养物质氧化时所产生 CO_2 的量与所消耗 O_2 的量的比值称为呼吸商（respiratory quotient，RQ）。严格来说，应该以 CO_2 和 O_2 的摩尔比来表示呼吸商。因为在相同的温度和气压下，容积相等的不同气体，其分子数都相等，所以通常都用容积数（mL或L）来计算 CO_2 与 O_2 的比值，即

$$RQ=\frac{\text{产生 }CO_2\text{ 的摩数}}{\text{消耗 }O_2\text{ 的摩数}}=\frac{\text{产生 }CO_2\text{ 的毫升数}}{\text{消耗 }O_2\text{ 的毫升数}}$$

根据呼吸商的大小可以推测出机体能量供应的主要来源。通常动物摄取的食物是由糖、脂肪和蛋白质构成的混合物，因此在体内代谢的呼吸商常为0.71～1.00。机体在特定时间内的呼吸商与提供主要能量来源的营养物质有关。若能源主要来自于糖类的氧化，呼吸商接

近于 1.00；若主要是脂肪供能，呼吸商接近于 0.71。在长期饥饿的情况下，机体自身蛋白质和脂肪的分解是能源主要来源，呼吸商则接近于 0.80。一般情况下，动物摄取混合食物时，其呼吸商常在 0.85 左右。

在一般情况下，体内能量主要来自糖和脂肪的氧化，蛋白质的代谢可忽略不计。由糖和脂肪氧化时产生的 CO_2 量和消耗的 O_2 量的比值称非蛋白呼吸商。不同非蛋白呼吸商所对应的糖和脂肪各自氧化的百分比及相应的氧热价列于表 7-2 中。

表 7-2　非蛋白呼吸商和氧热价

非蛋白呼吸商	氧化的百分比/%		氧热价/(kJ/L)
	糖	脂肪	
0.707	0.00	100.00	19.62
0.71	1.10	98.90	19.64
0.72	4.75	95.20	19.69
0.73	8.40	91.60	19.74
0.74	12.00	88.00	19.79
0.75	15.60	84.40	19.84
0.76	19.20	80.80	19.89
0.77	22.80	77.20	19.95
0.78	26.30	73.70	19.99
0.79	29.00	70.10	20.05
0.80	33.40	66.60	20.10
0.81	36.90	63.10	20.15
0.82	40.30	59.70	20.20
0.83	43.80	56.20	20.26
0.84	47.20	52.80	20.31
0.85	50.70	49.30	20.36
0.86	54.10	45.90	20.41
0.87	57.50	42.50	20.46
0.88	60.80	39.20	20.51
0.89	64.20	35.80	20.56
0.90	67.50	32.50	20.61
0.91	70.80	29.20	20.67
0.92	74.10	25.90	20.71
0.93	77.40	22.60	20.77
0.94	80.70	19.30	20.82
0.95	84.00	16.00	20.87
0.96	87.20	12.80	20.93
0.97	90.40	9.58	20.98
0.98	93.60	6.37	21.03
0.99	96.80	3.18	21.08
1.00	100.00	0.00	21.13

三、影响能量代谢的主要因素

影响能量代谢的因素有肌肉活动、精神活动、食物的特殊动力效应和环境温度等。

（一）肌肉活动

肌肉活动对能量代谢的影响最为显著，肌肉活动需要的能量来自大量营养物质的氧化，导致机体耗氧量的增加。机体任何轻微的活动都可提高代谢率，其耗氧量与肌肉活动的强度成正比，剧烈运动时的耗氧量最多可达安静时的10～20倍。当骨骼肌的耗氧量显著增加，而呼吸、循环等功能活动的加强不能很快满足当时机体对氧的需要时，造成骨骼肌处于相对缺氧状态，产生氧债（oxygen debt）。在肌肉运动停止后的一段时间内，机体为偿还氧债而耗氧量仍维持在较高的水平。肌肉活动的强度称为肌肉工作的强度，也就是劳动（役）强度，常用单位时间内机体的产热量来表示。表7-3反映了人进行劳动或运动时的能量代谢率的增长情况。

表7-3　人劳动或运动时的能量代谢率

机体状态	平均产热量/[kJ/(m² · min)]
躺　卧	2.73
开　会	3.40
擦窗子	8.30
洗　衣	9.98
扫　地	11.37
打排球	17.05
打篮球	24.22
踢足球	24.98

（二）精神活动

脑组织的代谢水平很高，虽然脑的质量只占体重的2%，但在安静状态下，却有15%左右的循环血量进入脑循环系统。安静状态下，100g脑组织的耗氧量为3.5mL/min（葡萄糖的氧化量为4.5mg/min），约为安静肌肉组织耗氧量的20倍。虽然脑组织的代谢率很高，但在睡眠中和在活跃的精神活动情况下，脑中葡萄糖的代谢率却几乎没有差异。所以在一般的精神活动时，中枢神经系统本身的代谢率即使有所增加，但也不显著。在动物处于恐惧、烦恼、激动等紧张状态时，尽管中枢神经系统的代谢率无明显的改变，但由于无意识的肌紧张和刺激代谢的激素（甲状腺激素、肾上腺髓质激素等）分泌的增多，提高了机体的代谢水平，致使产热量显著增加。动物在睡眠时的代谢能比清醒时的低10%～15%。

因此，在测定基础代谢率时，动物必须排除精神紧张的影响。

（三）食物的特殊动力效应

动物在安静状态下采食后1h左右机体所产生的热量较进食前有所增加，并延续7～8h之久。这种由食物引起机体产生“额外”热量的现象，称为食物的特殊动力效应（specific dynamic effect，SDE）。食物中蛋白质的特殊动力效应最为显著，可达30%，持续时间达6～7h；糖类或脂肪为4%～6%，仅持续2～3h；混合性食物为10%左右，持续4～5h。这种额外增加的热量不能被机体用来做功，只能用于维持体温。因此，为了补充体内额外的热量消耗，机体必须多进食一些食物，以保证机体能量的收支平衡。

目前对食物特殊动力效应的产生机制尚未完全了解。将氨基酸注入静脉内，可出现与经口给予相同的代谢率增热效应，因此，推测食后的“额外”热量可能来源于肝处理蛋白质分解产物时“额外”消耗的能量。故认为食物特殊动力效应与氨基酸在肝脏中的氧化脱氨基反应有关。

（四）环境温度

哺乳动物安静时，其能量代谢在20～30℃的环境中最为稳定，此时机体肌肉松弛。当环境温度低于20℃时，寒冷刺激可反射性引起战栗和肌肉紧张增强，使代谢率增加，在10℃以下，代谢率增加更为显著。当环境温度为30～45℃时，代谢率逐渐增加，与体内的化学反应过程加速，发汗、呼吸、循环功能增强有关。

四、基础代谢与基础代谢率

（一）基础代谢和静止能量代谢

1. 基础代谢　基础代谢（basal metabolism）是指基础状态下的能量代谢，即维持基本生命活动（即心脏、肝脏、脑和肾脏等器官的活动）条件下的能量代谢水平。动物基础状态是指：①清醒；②肌肉处于非常安静状态；③该动物的最适环境温度；④消化道内空虚（经过一段时间的饥饿）。人的基础代谢是在清晨清醒、静卧（至少30min）、空腹12h以上、室温在20～25℃的条件下测定的，排除了肌肉活动、环境温度、食物特殊动力效应及精神紧张等因素的影响。在基础状态下，既没有能量的输入，又无做功，机体所消耗的能量全部转化为热量散发出来，能量来源于体内储存的物质。

2. 静止能量代谢　由于许多动物不易达到和掌握测定基础代谢的条件，如很难达到肌肉完全处于安静状态，反刍动物很难通过几天的禁食来达到消化道空虚，因此动物基础代谢的测定非常困难，通常以测定静止能量代谢来代替基础代谢。静止能量代谢测定的条件是要求动物①禁食；②处于静止状态（通常为伏卧）；③环境温度适中；④在畜舍或实验室条件下用间接测热法测定。该条件下包括了一定量的特殊动力效应能量，以及用于生产和可能用于调节体温的能量。动物在基础条件下的代谢率，较一般清醒安静时的静止代谢率低8%～10%。

而对不同的哺乳动物，其代谢率不符合体表面积的规律，因为个体大小悬殊，为减少误差，则以代谢身体质量——身体质量的0.73次幂来计算能量代谢率，公式如下：

$$Q = KW^{0.75}$$

式中，Q为静止能量代谢率［kJ/(kg·d)］；W为身体质量（kg），指数取0.75是为方便计算；K为常数，因动物而不同，奶牛为117、绵羊为72.4、猪为68.1、兔为64.7。

（二）基础代谢率

在基础状态下，单位时间内的能量代谢称为基础代谢率（basal metabolic rate，BMR）。人的基础代谢率通常以单位时间内每平方米体表面积的产热量来表示［$kJ/(m^2 \cdot h)$］。以每平方米体表面积而不用每千克身体质量的产热量来表示，是因为基础代谢率的高低与身体质量并不成比例关系，而与体表面积基本上成正比（表7-4）。若以每千克身体质量的产热量进行比较，则小动物每千克身体质量的产热量要比大动物高得多。若以每平方米体表面积的产热量进行比较，则不论机体的大小，各种动物每平方米每天的产热量很相近。因此，用每平方米体表面积标准来衡量能量代谢是比较合适的。

表 7-4　不同动物的基础代谢率

动物	身体质量/kg	基础代谢率/[kJ (kg · d)]	基础代谢率/[kJ/(m² · d)]
猪	128.000	79.9	4506.04
人	64.300	134.3	4355.56
狗	15.200	215.5	4343.02
鼠	0.018	2736.3	4965.84
鸽	0.266	502.1	
鸡	2.000	234.3	
火鸡	3.700	209.2	
鹅	5.000	234.3	

通常动物体表面积的测定繁琐而不易进行，鉴于体表面积与体高、身体质量之间有一定的相关关系，因此推算体表面计算的经验公式。最基本的是 Meeh 的公式

$$S = KW^{2/3}$$

式中，S 为体表面积（m^2）；W 为身体质量（kg）；K 为不同种属动物的常数（鼠为 0.091、猫为 0.099、兔为 0.125、狗为 0.107）。

人的体表面积可用 Du Bois 的身高身体质量公式计算

$$S = W^{0.425} \times H^{0.725} \times K$$

式中，S 为体表面积（m^2）；W 为体重（kg）；H 为身高（cm）；K 为不同人种的常数。中国人的体表面积可根据下列 Stevenson 公式来计算：

体表面积（m^2）＝0.0061×身高（cm）＋0.0128×体重（kg）－0.1529

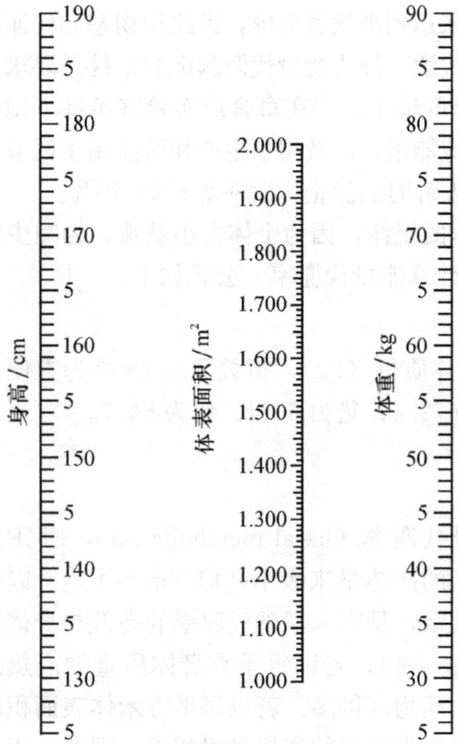

图 7-1　体表面积测算用图

另外，人的体表面积还可根据图 7-1 直接求出。其方法是，将受试者的身高和体重在相应两条列线的两点连成一直线，引直线与中间的体表面积列线的交点就是该人的体表面积。此外，人的肺活量、心输出量、主动脉和气管的横截面、肾小球滤过率等都与体表面积有一定的比例关系。

（三）影响基础代谢率和静止能量代谢率的主要因素

1. 个体大小　动物的产热随个体的大小而变化，但并不直接与身体质量成比例。牛马的产热量比大鼠高 1000～2000 倍，但按单位身体质量却比小鼠的要小，即能量代谢率低。

2. 年龄　幼年动物的代谢率较高，成年后逐渐下降。这一规律与生长有关，生长最快时期的静止能量代谢水平也最高。

3. 性别　由于雄性激素可使动物的基础代谢率增加 10%～15%，因此在性成熟后，雄性动物的静止能量代谢水平高于雌性动物的。

4. 品种　快速生长品种的代谢水平一般比

生长慢品种的要高，瘦肉型的比肥胖型的代谢要强。生长激素可使基础代谢率提高15%～20%。

5. 生理状况　雌性动物发情、妊娠和哺乳时期的代谢加强。在情绪变化、应激时，也可以使代谢率改变而升高。

6. 营养状况　营养良好的动物代谢水平较营养不良个体的代谢水平高。

7. 季节　不同季节的环境温度、光照条件等对机体的静止能量代谢均有影响。春季的静止能量代谢最高，夏季降低，秋季又稍增高，冬季最低。

8. 气候　生活在热带地区哺乳动物的静止能量代谢要低于生活在温带和寒带的动物。

第二节　体　　温

一、体温的概念及正常变动

动物机体都具有一定的温度，这就是体温。高等动物的体核温度是相对稳定的，称为恒温动物（homoeothermic animal），恒温动物的代谢率随着环境温度的升高而降低。低等动物（爬行、两栖类）的体核温度随着环境温度的变化而变化，称为变温动物（poikilothermic animal）。在恒温动物和变温动物之间还存在一类为数较少的异温动物（heterothermic animal），它们具有冬眠的习性，在非冬眠季节能维持体温的恒定，而在冬眠季节体温仅维持在高于环境温度约2℃，但它与变温动物的冬眠有本质不同。正常体温是机体进行新陈代谢和生命活动的必要条件。

（一）体表体温和体核体温

生理学上将动物机体的温度分布区域层次划分为体表和体核两部分。

1. 体表温度　体表温度（shell temperature）主要指机体体表部分，包括皮肤、皮下组织和肌肉等组织，四肢、耳和尾等部位的温度。由于体表经常向周围环境散发热量，因此其温度不稳定，各部位之间的差异也较大。动物的体表温度因各部位的血液供应、皮毛厚度和散热程度不同而存在明显差异。通常四肢末梢皮肤温度最低，胸腹部躯干梢高，头面部皮肤温度较高。当气温达32℃以上时，皮肤温度的部位差将变小，在寒冷环境中，随着气温下降，手、足的皮肤温度降低最显著，但头部皮肤温度变动相对较小。

体表的温度与皮肤局部血流量密切相关。凡是能影响皮肤血管舒缩的因素（如环境温度变化或精神紧张等）都能改变皮肤温度。在寒冷环境中，由于皮肤血管收缩，皮肤血流量减少，皮肤温度随之降低，体热散失因此减少。相反，在炎热的环境中，皮肤血管舒张，皮肤血流量增加，皮肤温度由此升高，同时起到了增强散失体热的作用。应激或情绪激动时，由于血管紧张度增加，皮肤（特别是四肢的皮肤）温度便显著降低。当应激或情绪激动的原因解除后，皮肤温度会逐渐恢复。此外，当发汗时由于蒸发散热，皮肤温度也会出现波动。

2. 体核温度　体核温度（core temperature）指机体深部（心脏、肺脏、脑和腹腔内脏等处）的温度。生理学所说的体温（body temperature）是指机体深部的平均温度，即体核温度。体核温度比体表温度高，且相对稳定，由于体内各器官的代谢水平不同，它们的温度有小于1℃的差别。机体在安静时，肝脏代谢最活跃，产热最多，温度也最高；脑的产热较多，温度也较高；胰腺、十二指肠、空肠、回肠和肾脏等的温度略低；直肠的温度更低些。在运动时则骨骼肌的温度最高。循环血液是体内传递热量的重要途径，由于血液不断循

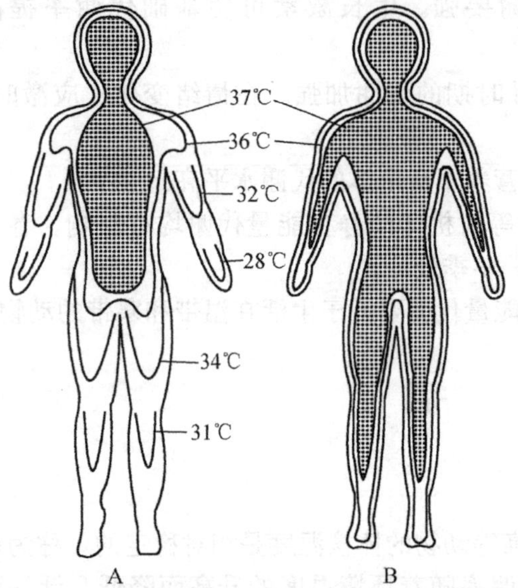

图 7-2　不同环境温度下人体体温的分布

A. 环境温度 20℃；B. 环境温度 35℃

环，深部各个器官的温度会经常趋于一致。因此，体核血液的温度可以代表内脏器官温度的平均值。

在不同环境中，体核温度和体表温度的分布会发生相对改变。在较寒冷的环境中，体核温度分布区域较缩小，主要集中在头部与胸腹内脏，而且体表与体核之间存在明显的温度梯度。在炎热环境中，深部温度可扩展到四肢（图 7-2）。

通常动物的体核温度不易测量，由于血液不停地循环流动于全身各部位，机体深部的血液温度可以视为体核温度，因此实践中常以口腔温度、直肠温度和腋窝温度来代表体温。马直肠温度的正常值为 37.2～38.6℃，但易受下肢温度影响。当下肢冰冷时，由于下肢血液回流至髂静脉时的血液温度较低，会降低直肠温度。通常以直肠温度来代表机体温度的平均值，健康动物的直肠温度见表 7-5。

表 7-5　健康动物的直肠温度

动物	平均温度/℃	温度范围/℃
骆驼	37.5	34.2～40.7
马	37.6	37.2～38.6
骡	38.5	38.0～39.0
驴	37.4	37.0～38.0
黄牛	38.3	37.5～39.0
水牛	37.8	37.5～39.5
乳牛	38.6	38.0～39.3
肉牛	38.3	36.7～39.1
犊牛	39.0	38.5～39.5
牦牛	38.3	37.0～39.7
绵羊	39.1	38.5～40.5
山羊	39.1	37.6～40.0
猪	39.2	38.0～40.0
狗	38.9	37.0～39.0
兔	39.5	38.5～39.5
猫	38.6	38.0～39.5
豚鼠	38.5	37.8～39.5
大白鼠	39.1	38.5～39.5
小白鼠	38.2	37.0～39.0
鸡	41.7	40.6～43.0
鸭	42.1	41.0～42.5
鹅	41.0	40.0～41.3
火鸡	40.6	40.1～41.2
鸽	41.7	41.3～42.2

此外，食管温度比直肠温度约低 0.3℃。食管中央部分的温度与右心的温度大致相等，而且体温调节反应的时间过程与食管温度变化过程一致。所以，在实验研究中，食管温度可以作为深部温度的一个指标。鼓膜温度的变动大致与下丘脑温度的变化成正比，所以在体温调节生理实验中常常用鼓膜温度作为脑组织温度的指标。测量体温时，应考虑测定部位及生理状况，使役、运动、出汗和测量姿势等都对测量结果有所影响。

（二）体温的生理性波动

动物体温的相对稳定，并非绝对地恒定不变。在生理状况下，体温可随昼夜、年龄、性别、肌肉活动及机能状况在一定范围内变动，称为生理性波动，其变化幅度一般在 1℃左右。

通常禽类的体温较哺乳类动物的高，幼年个体的体温高于成年的；雄性略高于雌性；雌性个体在发情期和妊娠期的肌肉活动代谢增强，体温升高；采食后体温可升高 0.2～1℃，并持续 2～5h；长期饥饿后体温降低；大量饮水后可使体温下降。

1. 昼夜的变化 动物体温通常在昼夜间呈周期性波动。白天活动的动物，体温在 2：00～6：00 最低，13：00～18：00 最高，波动的幅值可达 1℃左右。牛的直肠温度的昼夜波动约为 0.5℃，放牧绵羊为 1℃，驴可达 2℃。体温的这种昼夜周期性波动称为昼夜节律或日周期（circadian rhythm）。研究表明，体温的昼夜节律变化同肌肉的活动状态及耗氧量等没有直接的因果关系，而是由机体内在的生物节律（biorhythm）所决定。机体即使处于没有时间、光线、声音等外在因素影响的特定环境中，体温仍然呈现昼夜的节律变化。动物生物节律性周期比地球的自转周期（24h）长些，在自然界由于受到光线等外界因素的作用，而与地球运转的周期同步化，所以机体的体温周期与地球自转周期相一致。通常认为动物的生物节律是由体内的生物钟（biological clock）所控制，其控制中心可能是下丘脑的视交叉上核（suprachiasmatic nucleus）。

2. 年龄的影响 通常幼年动物的代谢旺盛，体温高于成年动物；新生或早产动物由于体温调节机制发育还不完善，调节体温的能力弱，老年动物因基础代谢率低，循环功能弱，它们的体温容易受到环境温度的影响而变动，体温较成年动物低。因此在动物的饲养管理中，应加强对新生和老年动物的保温和护理。

3. 性别的影响 雌性动物由于具有性周期，随着机体中激素的周期性变化，其体温也发生周期性的波动。发情时体温升高，排卵时体温下降，排卵后体温升高。研究表明，体温的周期性波动与性激素的周期性分泌有关，尤其同孕激素及其代谢产物的变化相吻合。

4. 运动的影响 动物在运动和使役时，肌肉活动，代谢加强，产热量也显著增加，若散热不及时，可导致体温升高。在剧烈的运动或劳役时，体温可升高 1～2℃。例如，马在奔驰时，其体温可升高到 40～41℃，经休息后即可恢复正常。因此，在实践中测定体温之前，需要使动物安静一段时间。

5. 其他因素的影响 环境喧闹、情绪激动、精神紧张、外界温度变化、进食，以及地理气候等因素对体温均有影响；麻醉药物可抑制体温调节中枢或影响传入神经路径的活动，同时还能扩张皮肤血管、加强散热，降低了机体对环境的适应能力。

（三）皮肤温度和平均体温

机体外层皮肤的温度称为皮肤温度（skin temperature），体表各部位的皮肤温度差别较大，温度的高低与到躯干、头部的距离有关。越近躯干、头部的皮肤温度越高，而四肢末梢的温度最低。当环境温度达 32℃时，皮肤温度的部位差别将变小。在寒冷的环境中，四肢皮肤的温度显著下降，但头部皮肤温度变化则相对较小。

皮肤的温度与局部的血流量有密切的关系。所有能够影响皮肤血管舒缩的因素都能改变皮肤的温度。在冷应激或受到惊吓时，血管紧张度增加，四肢末梢皮肤的温度显著下降。

1. 平均皮肤温度 平均皮肤温度（mean skin temperature，MST）是通过测定多点体表皮肤温度，经平均后换算所得。理论上是测定的点越多越精确，实际上是将体表分区（如头、前肢、前脚、胸、背、大腿、小腿和后脚等）后，选定一些具有代表性区域的点进行测量，然后将各测量点的皮肤温度乘以该区域占体表总面积的比例系数，最后求得平均皮肤温度（T_{MST}）。

2. 平均体温 由于单纯以平均皮肤温度或某一部位的温度都不能代表机体的整体温度动态，因此引入了测算平均体温（mean body temperature，MBT）的方法。公式如下：

$$T_{MBT} = \alpha \cdot T_{core} + (1-\alpha)T_{MST}$$

式中，T_{core}为深部温度，一般以直肠温度代表；α 为机体深部组织占机体全部组织的比例；$(1-\alpha)$ 为机体表层组织所占的比例。

二、产热与散热的平衡

恒温动物之所以能够维持正常体温的相对稳定，是在体温调节机制的调控下，使产热过程和散热过程处于动态平衡的结果。如果机体的产热量大于散热量，体温就会升高，散热量大于产热量则体温就会下降。当机体的产热与散热达到动态平衡时，则可使体温稳定在一定的水平上。用于维持体温的热量来自于营养物质在机体内代谢所释放出来的化学能，其中大部分以热能的形式用于维持体温，其余不足 50%的化学能则载荷于 ATP 分子上，经过能量转化与利用，最终转变成热能，并与维持体温的热量一起，由血液循环带到机体表层并散发于体外环境中。

（一）产热过程

1. 产热和产热器官 动物机体的热量是靠糖、脂肪和蛋白质在组织器官中进行分解代谢时所产生。机体的一切组织细胞活动时都产生热量，由于新陈代谢水平不同，各组织器官产生的热量也有差别。

机体的总产热量主要包括基础代谢、食物的特殊动力效应和组织器官活动所产生的热量。基础代谢是机体产热的基础，基础代谢高，产热量多；基础代谢低，产热量少。在站立时的安静状态下，机体产热量一般比基础代谢率增高 25%，这是由于维持姿势时肌肉收缩所造成的。食物特殊动力效应可使机体进食后额外产生热量。组织器官在不同的生理状况下产生的热量也不同。安静时，肝脏产热最多，流经其中的血液温度比主动脉高 0.4～0.8℃。运动时，占身体质量 40%左右的骨骼肌则为主要的产热器官。轻度运动时，其产热量可比安静时增加 3～5 倍；在剧烈运动时，产热量可增加达 40 倍，占机体总产热量的 90%。负重 100kg 的马以 30km/h 的速率运动 10min，产热量较安静时增加 101 倍；草食动物饲料在消化道发酵产生大量的热量。大脑、消化腺体及其他的组织器官在代谢过程中也产生热量。

2. 机体的产热形式 机体在寒冷环境中的散热量显著增加，在寒冷的刺激下，机体主要依靠战栗产热（shivering thermogenesis）和非战栗产热（non-shivering thermogenesis）

来增加产热量，以维持体温。

(1) 战栗产热。战栗是骨骼肌发生不随意节律性收缩的表现，其节律为 9～11 次/min。发生战栗肌肉的不同肌纤维的动作电位同步化，在肌电图上表现出一簇一簇的高波幅群放电。战栗的特点是屈肌和伸肌同时收缩，所以基本上不做外功，但产热量很高，发生战栗时，代谢率可增加 4～5 倍。有利于维持机体在寒冷环境中的体温平衡。

(2) 非战栗产热。又称代谢产热，该产热方式与肌肉收缩无关。一方面，寒冷刺激时机体肾上腺素、去甲肾上腺素和甲状腺激素等分泌增多，促进机体组织器官（特别是肝脏）产热增加。另一方面，激活了脂肪分解的酶系统，使脂肪分解、氧化而产生热量。尤其在含有丰富线粒体的褐色脂肪组织（brown fat tissue）的啮齿、灵长等 5 个目动物中，其产热量约为非战栗总产热的 70%，是机体的有效热源。褐色脂肪组织分布于颈部、两肩以及胸腔内的一些器官旁，周围有丰富的血管供应（图 7-3）。由于新生动物不能发生战栗，所以非战栗产热对于新生幼仔的体温维持尤为重要。非战栗产热发生在细胞水平，涉及食物氧化分解、ATP 及磷酸肌酸（CP）的降解等能量代谢的许多环节，且需要大量的氧气。

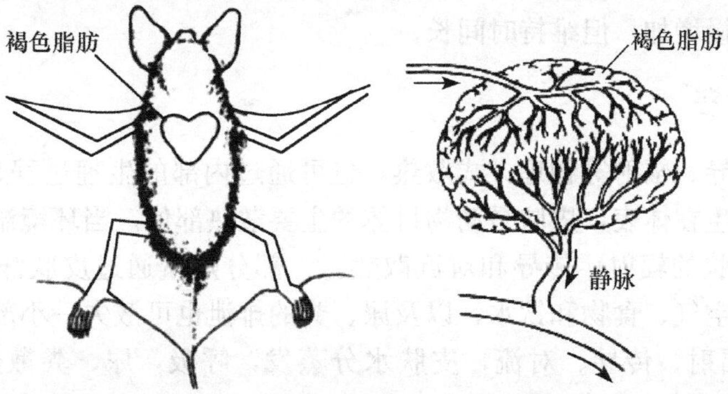

图 7-3　在蝙蝠和许多其他哺乳动物的肩胛骨之间有褐色脂肪，当褐色脂肪氧化时，通过红外辐射可以发现这个温热区

3. 温度适中范围　机体的代谢强度随环境温度的变化而改变。环境温度低，代谢加强；外界温度高，代谢适当降低。在适当的环境温度范围内，动物的代谢强度和产热量在生理的最低水平而体温仍能维持恒定，这种环境温度的范围称为动物的温度适中范围（thermal neutral zone），又称等热范围或代谢稳定区。在此范围，若气温下降，动物仅靠体表血管的收缩、被毛竖立、汗腺分泌减少等物理性调节即可保持体温恒定。实践中，在温度适中范围内饲养动物最为适宜和经济。如果气温过低，机体需要通过提高代谢强度与增加产热量来维持体温（化学性调节），使食物营养的消耗增加；反之，气温过高时，机体需要耗能散热来降低动物的生产性能。一些动物的温度适中范围如表 7-6 所示。

表 7-6　动物的温度适中范围

动物	温度适中范围/℃
牛	16～24
猪	20～23
绵羊	10～20
狗	15～25

续表

动物	温度适中范围/℃
豚鼠	25
大鼠	29～31
兔	15～25
鸡	16～26

4. 产热的调节 机体的产热过程受到神经和体液的调节。

(1) 神经调节。机体在寒冷环境中，冷刺激可兴奋交感神经系统，继而引起肾上腺髓质活动增强，使肾上腺素和去甲肾上腺素释放增多，产热增加；冷刺激还可刺激中枢神经系统，通过下丘脑-垂体-甲状腺轴使甲状腺激素的分泌增强。

(2) 体液调节。甲状腺激素是调节机体产热的重要激素，寒冷的刺激使机体的甲状腺活动加强，分泌出大量的甲状腺激素（可增加达2倍），使机体的代谢率增加20%～30%。肾上腺素、去甲肾上腺素和生长激素均可刺激机体产热，其作用迅速，但维持时间短；而甲状腺激素则使产热缓慢增加，但维持时间长。

（二）散热过程

动物能够以传导、辐射等物理方式散热，也可通过内部的生理过程来增加或减少散热。物理性散热主要发生在体表，皮肤是动物机体的主要散热部位。当环境温度低于体温时，大部分的体热通过皮肤的辐射、传导和对流散热。一部分热量通过皮肤汗液蒸发来散发；另外，通过加热呼吸空气、食物和饮水，以及尿、粪的排泄也可散失一小部分热量。在环境温度为21℃时人体辐射、传导、对流，皮肤水分蒸发，呼吸，尿、粪散热所占比例分别为70%、27%、2%、1%。

1. 辐射、传导和对流散热 辐射散热（thermal radiation）是机体以红外线（热射线）的形式将热量传给外界的一种散热形式。机体在常温安静状态下，约有60%的热量是以辐射形式散发的。辐射散热量的多少与皮肤同环境间的温度差以及机体有效散热面积等因素有关。皮肤温度的变动对散热量有很大的影响，当皮肤温度高于环境时，其差值越大，散热越多；当环境温度高于皮肤温度，机体反而要吸收环境的热量。因此，若动物在炎热季节受烈日照射，可使体温升高，发生日射病（heliosis）；而在寒冷时节，照射阳光或靠近热源，则有利于动物保暖。机体有效散热面积越大，散热量就越多。机体四肢表面积比较大，因此在辐射散热中有重要作用。

传导散热（thermal conduction）是指机体的热量直接传给同它接触的较冷物体的一种散热方式。机体深部的热量以传导方式传到机体表面的皮肤，再由后者直接传给同它相接触的物体，如地面、圈舍的墙壁等。另外，由于机体脂肪的导热性能较低，所以肥胖动物由深部向表层传导的散热量要少些，动物秋天储存大量脂肪对冬季防寒保暖、维持体温很重要。皮肤涂擦油脂类物质，也可以起减少散热的作用。水的导热度较大，夏天动物通过出汗（perspiration）和在凉水中浸泡来散热降温。

对流散热（thermal convection）指通过气体或液体交换热量的一种方式。动物机体周围总是围绕有一薄层同皮肤接触的空气，机体的热量首先传给这一层空气，由于空气不断流动（对流），带走体热，并发散到空间。对流是传导散热的一种特殊形式，其所散失的热量的多少，受风速影响极大。风速越大，对流散热量也越多；相反，风速越小，对流散热量也越少。覆盖动物皮肤表层的被毛，其间空气不易流动，且干燥空气是热的不良导体，因而有利于体温的保存。所以，冬季动物换上浓密厚实的毛羽，有利于防寒保暖和维持体温。人们增加衣着以御寒，也是同样的道理。对于饲养的动物，冬天应该减少空气对流，夏天应加强舍内的通风，有利于体温的调节。

2. 蒸发散热 蒸发散热（thermal evaporation）是体液的水分在皮肤和黏膜表面（主要指呼吸道黏膜）由液态转化为气态，同时带走大量热量的一种散热方式。通常每蒸发 1g 水分可使机体散失 2.44kJ 的热量，它是一种有效的散热途径。当环境温度为 21℃时，大部分的体热（78%）靠辐射、传导和对流的方式散热，少部分的体热（22%）则由蒸发散热（图 7-4）；当环境温度升高时，皮肤和环境之间的温度差变小，辐射、传导和对流的散热量减小，而蒸发散热作用则增强；当环境温度等于或高于皮肤温度时，辐射、传导和对流的散热方式就不起作用，此时蒸发就成为机体唯一的散热方式（图 7-5）。

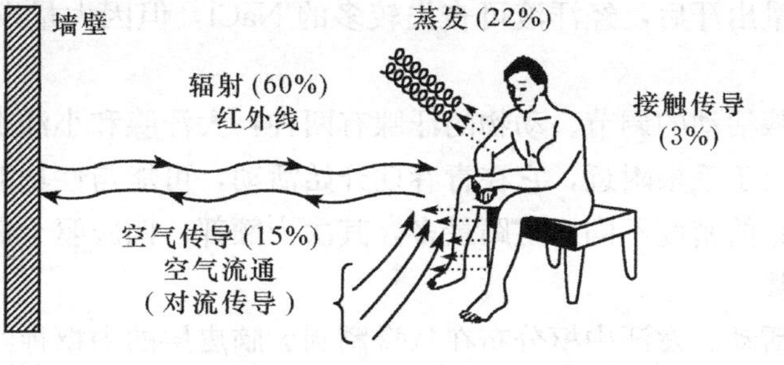

图 7-4 人的主要散热方式（21℃，不着衣）

蒸发散热有两种形式，即不感蒸发（insensible perspiration）和发汗（sweating）。机体处在低温环境中，即使没有汗液分泌时，也从皮肤和呼吸道不断有水分渗出而被蒸发掉，这种水分蒸发过程称为不感蒸发，其中皮肤的水分蒸发又称为不显汗，即其蒸发过程与汗腺的活动无关，常不易觉察。在中等的室温（30℃以下）和湿度时，不感蒸发的水分相当恒定，1h 中每平方米有 12～15g 水分被蒸发掉，约 25%的体热由此途径散发，其中 2/3 由皮肤蒸发散发，1/3 由呼吸道蒸发散发。人体 24h 的不感蒸发量为 400～600mL。幼年动物的不感蒸发的速率比成年动物大，因此，在缺水时，幼年动物更容易发生脱水。不感蒸发是一种很有效的散热途径，有些动物（如犬、牛、猪）虽有汗腺结构，但在高温环境下也不能分泌汗液，此时，它们必须通过热喘呼吸（panting）和增加唾液分泌，经呼吸道和唾液的水分蒸发来增强散热。

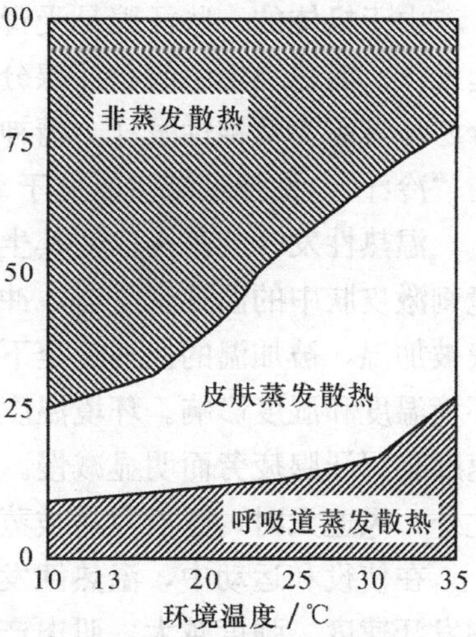

图 7-5 不同环境温度下各种方式散热的比例

汗腺分泌汗液的活动称为发汗。发汗是可以感觉到有明显的汗液分泌，因此又称为可感蒸发（sensible perspiration）。

安静状态下，当环境温度达 30℃左右时多数的动物便开始发汗。在空气湿度大，通风较差时，气温达 25℃便可引起发汗。动物在进行劳役或运动时，气温虽在 20℃以下，亦可出现发汗，而且汗量往往较多。汗液必须在皮肤表面蒸发，才能吸收体内的热量，达到散热的效果。如果汗液被擦掉，就不能起到散热的效果。机体发汗的速度受到环境温度、湿度和空气对流的影响，温度越高，发汗速度越快；湿度大，汗液不易蒸发，体热不易散发，会反射性地引起大量出汗；空气对流速度越快，汗液越容易蒸发。

（1）汗液。汗液是一种低渗溶液，其中水分占 99%以上，而固体成分则不到 1%，固体成分中以 NaCl 为主，也有少量的 KCl、乳酸及尿素等。同血浆相比，汗液中 NaCl 的浓度一般低于血浆；汗液中不含蛋白质和葡萄糖，但乳酸浓度高于血浆。汗液是由汗腺细胞主动分泌的，在汗腺分泌时，分泌管腔内的压力高达 37.2Pa（280mmHg）以上。汗液中的乳酸是汗腺细胞进入分泌活动的产物。刚从汗腺细胞分泌的汗液与血浆是等渗的，但在流经汗腺管腔时，由于受到醛固醇的调节，Na^+ 和 Cl^- 被重吸收，所以，最后排出的汗液是低渗的。机体在高温环境大量出汗后，经汗液可丧失较多的 NaCl，但因大量发汗而造成脱水时，可导致高渗性脱水。

（2）汗腺与汗腺活动的调节。动物的汗腺有两种：大汗腺和小汗腺。大汗腺分布于腋窝和外阴部等处，开口于毛根附近，它在青春期开始活动，可能与性功能有关。小汗腺则分布于全身皮肤，但分布的密度不同，足跖最多，其次为额部，四肢躯干最少。汗腺的分泌能力却以躯干和四肢为甚。

发汗是反射性活动。发汗中枢分布在从脊髓到大脑皮层的中枢神经系统中，在正常情况下，下丘脑的发汗中枢起主要作用，它很可能位于体温调节中枢之中或其附近。机体汗腺主要接受交感胆碱能纤维的支配，所以乙酰胆碱有促进小汗腺分泌的作用。

由于机体的一些汗腺是受肾上腺素能神经纤维的支配，所以温热刺激和精神紧张都能引起发汗。温热环境引起小汗腺分泌汗液称为温热性发汗，由精神紧张或情绪激动引起小汗腺分泌汗液称为精神性发汗。精神性发汗是通过大脑皮层运动区，与气温和体温无关，即所谓的“冷汗”，发汗区域主要见于掌心、脚底和腋窝。

温热性发汗的范围广，其生理意义在于散热。引起温热性发汗的主要因素有：①温热环境刺激皮肤中的温觉感受器，冲动传入至发汗中枢，反射性引起发汗；②温热环境使皮肤血液被加温，被加温的血液流至下丘脑发汗中枢的热敏神经元，可引起发汗。机体发汗速度受环境温度和湿度影响。环境温度越高，发汗速度越快。如果处于高温环境中时间太长，发汗速度会因汗腺疲劳而明显减慢。环境湿度大，汗液不易被蒸发，体热不易通过蒸发而散失。此外，风速大时，汗液容易被蒸发，体热易于散失，使发汗速度变小。

在使役和运动中，温热性发汗和精神性发汗常以混合的形式出现。使役强度和运动也影响发汗速度。强度越大，肌肉产热量越多，发汗量越多。

蒸发散热有明显的种属特异性。马属动物大汗腺受交感肾上腺能纤维支配，能够大量出汗；牛有中等的出汗能力，绵羊虽可发汗，但以热喘呼吸（panting）散热为主；鸟类没有汗腺，狗的汗腺在高温下不能分泌汗液，也主要通过热喘呼吸来加强蒸发散热。热喘呼吸时动物的呼吸浅而快，频率可达 200～400 次/min，潮气量减少，气体在无效腔中快速流动，唾液分泌量明显增加，避免通气过度导致的碱中毒。啮齿动物既不进行热喘呼吸，也不发汗，通过向被毛上涂抹唾液或水来蒸发散热。

三、体温调节

恒温动物有完善的体温调节机制。在外界环境温度改变时，通过多种生理调节反应，调节产热和散热过程，正常情况下将体温维持在相对稳定的水平。例如，在寒冷环境下，机体增加产热和减少散热；在炎热环境下，机体减少产热和增加散热，从而使体温保持相对稳定。体温调节（thermoregulation）是一个复杂的调节过程，有两种方式：一种方式是不受意识控制的自主性体温调节（automatic thermoregulation），涉及感受温度变化的温度感觉器，由有关传导通路把温度信息传达到体温调节中枢，经过中枢整合后，通过自主神经系统调节皮肤血流量、竖毛肌和汗腺活动，通过躯体神经调节骨骼肌的活动（如战栗），借内分泌系统改变机体的代谢率。诸方面的综合作用，调节机体热量的产生和散失，使体温保持相对恒定。另一种方式是靠行为活动来调节体温恒定的行为性体温调节（behavioral thermoregulation），如候鸟迁飞，冬季到向阳避风、高燥的地方，夏日到阴凉通风之处，甚至山塘河流之中（图 7-6）。

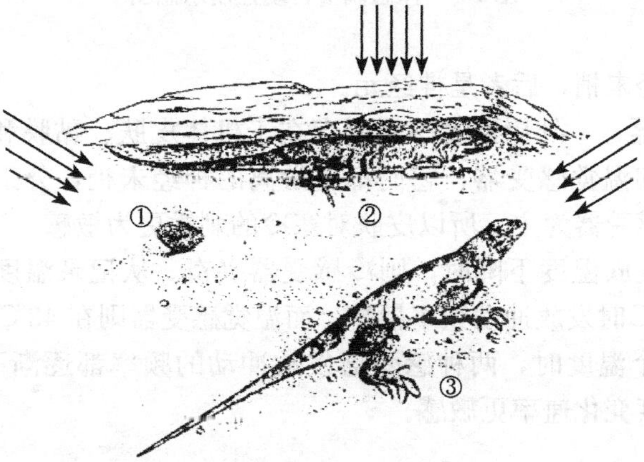

图 7-6 蜥蜴通过行为调节体温

①早晨阳光先温暖头部的血液，身体其余部分埋藏在砂土中；②中午蜥蜴躲在阴凉处；③下午则露出全身，与阳光平行

（一）体温调节的反射弧

体温调节是生物自动控制系统的实例。如图 7-7 所示，下丘脑体温调节中枢，包括调定点（set point）神经元在内，属于控制系统。它的传出信息控制着产热器官（如肝脏、骨骼肌）及散热器官（如皮肤血管、汗腺）等受控系统的活动，使受控对象——机体深部温度维持在一个稳定水平。而输出变量体温总是会受到内、外环境因素，如运动、代谢率、气温、湿度和风速等的干扰。它们则通过温度检测器——皮肤及深部温度感受器（包括中枢温度感受器）将干扰信息反馈于调定点，经过体温调节中枢的整合，再调整受控系统的活动，可建立起当时条件下的体热平衡，从而保持体温稳定。

（二）温度感受器

对温度敏感的感受器称为温度感受器，温度感受器分为外周温度感受器和中枢温度感受

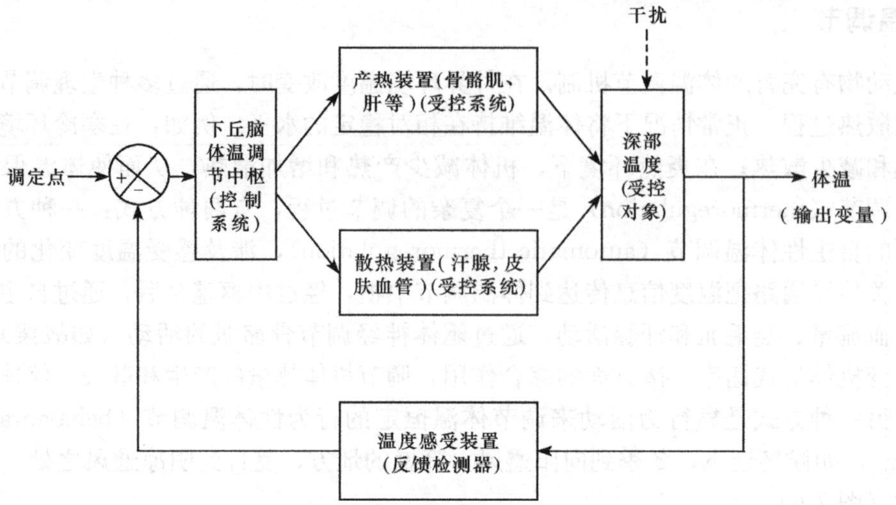

图 7-7　体温调节自动控制示意图

器。前者是游离的神经末梢，后者是神经元。

1. 外周温度感受器　外周温度感受器存在于机体皮肤、黏膜和腹腔内脏中。温度感受器分为冷觉感受器和温觉感受器，它们都是游离的神经末梢，分别感受寒冷或温热的刺激，在皮肤中以冷觉感受器为主，所以皮肤对寒冷的刺激更为敏感。当皮肤温度升高时，温觉感受器兴奋，而当皮肤温度下降时，则冷感受器兴奋。从记录温度感受器发放冲动可看到，冷觉感受器在 28℃时发放冲动频率最高，而温觉感受器则在 43℃时发放冲动频率最高。当皮肤温度偏离这两个温度时，两种感受器发放冲动的频率都逐渐下降（图 7-8）。此外，温度感受器对皮肤温度变化速率更敏感。

图 7-8　大鼠阴囊皮肤冷觉和温觉感受器

内脏器官也有温度感受器。实验中将电热器埋藏在羊腹腔内并加温至 43～44℃，可观察到羊的呼吸频率和蒸发散热迅速增加，加热 3～5min 后，动物开始喘息，使下丘脑温度下降。说明内脏温度升高可引起明显的散热反应。

2. 中枢温度感受器　中枢温度感受器指存在于脊髓、延髓、脑干网状结构、下丘脑及大脑皮质运动区与体温调节相关的中枢性温度敏感神经元。根据它们对温度的反应不同，可分为两类神经元。①冲动频率随局部组织温度升高而增加的热敏神经元（warm-sensitive neuron），主要分布于视前区-下丘脑前部（preoptic-anterior hypothalamus，PO/AH）中。②冲动频率随着局部组织温度下降而增加的冷敏神经元（cold-sensitive neuron），主要分布脑干网状结构、下丘脑的弓状核中，在PO/AH中也有分布。实验证明，局部脑组织温度变动0.1℃，这两种温度敏感神经元的放电频率就会发生变化，并且不出现适应现象。除哺乳类动物外，在鸟类、爬行类和鱼类中也发现有温度敏感神经元。PO/AH中的某些温度敏感神经既可感受局部脑温的变化，还能对下丘脑以外的中脑、延髓、脊髓和皮肤、内脏等处的温度变化传入信息发生反应，说明来自中枢和外周的温度信息都会聚于这类神经元。此外，热源（pyrogen）、5-HT、去甲肾上腺素和许多多肽类物质能直接作用于这类神经元而导致体温改变。

脊髓中也有温度敏感神经元。冷却轻度麻醉的狗颈、胸髓或胸腰髓时，动物出现皮肤血管收缩和战栗等体温调节反应。这时，切断被冷却部位的背根或高位切断脊髓，血管反应和战栗也不消失。加温脊髓，则引起皮肤血管舒张和热喘呼吸，战栗受到抑制。另外，研究认为脊髓中传导温度信息的上行纤维于前侧侧索中走行，它将信息发送给PO/AH。

延髓中也存在着温度敏感神经元。皮肤、脊髓及中脑的传入温度信息都会聚于延髓温度敏感神经元；而延髓也接受来自PO/AH的信息，并且向PO/AH输送信息。

脑干网状结构也有对局部温度变化发生反应的神经元，它接受皮肤、脊髓的温度信息，并且向PO/AH输送温度信息。

（三）体温调节中枢

根据多种恒温动物脑的分段切除实验发现，切除大脑皮层及部分皮层下结构后，只要保持下丘脑及其以下的神经结构完整，动物虽然在行为方面可能出现一些欠缺和失调，但仍具有维持恒定体温的能力。如进一步破坏下丘脑，则动物不再具有维持体温相对恒定的能力。这说明调节体温的基本中枢在下丘脑。下丘脑局部破坏或电刺激等实验观察到，破坏PO/AH，则散热反应消失，体温升高；刺激PO/AH，则引起散热反应，而且战栗受到抑制；而破坏下丘脑后部，体温下降，产热反应受抑制；刺激下丘脑后部，则引起战栗。由此推测，下丘脑前部主要是散热中枢，而下丘脑后部主要是产热中枢。

PO/AH中的热敏神经元和冷敏神经元，分别调节散热和产热反应。下丘脑以外的脑细胞也有类似的两种神经元存在，因此没有明确定位的产热中枢和散热中枢。体温调节是涉及多方输入温度信息和多系统的传出反应，因此是一种高级的中枢整合作用。

当外界环境温度改变时，来自于外周的传入神经和血液深部温度，以及脊髓和下丘脑中枢以外的中枢温度感受器的信息共同作用于下丘脑，其整合指令的传出属于广泛性的输出，通过以下途径调节体温：①自主神经系统的交感神经调节皮肤血管舒缩反应和汗腺分泌，影响散热过程；②躯体神经改变骨骼肌的活动（如肌紧张、战栗等）；③内分泌系统的甲状腺和肾上腺髓质激素分泌活动的改变来调节机体的（代谢性）产热过程。

（四）体温调节学说

调定点学说（set-point theory）认为，在恒温动物下丘脑的PO/AH区中有一个调定点，体温的调节类似于恒温器的调节，PO/AH区中的温度敏感神经元可能是起调定作用的结构基础。调定点的作用是将体温设定在一个规定数值（如人的为37℃），调定点的高低决定着机体的体温水平。当体温处于这一温度数值时，热敏和冷敏神经元的活动处于平衡状态，机体的产热和散热也处于动态平衡，体温得以维持。如果偏离此规定数值，则由反馈系统将偏离信息输送到控制系统，然后经过对受控系统的调整来维持体温的恒定（图 7-9）。

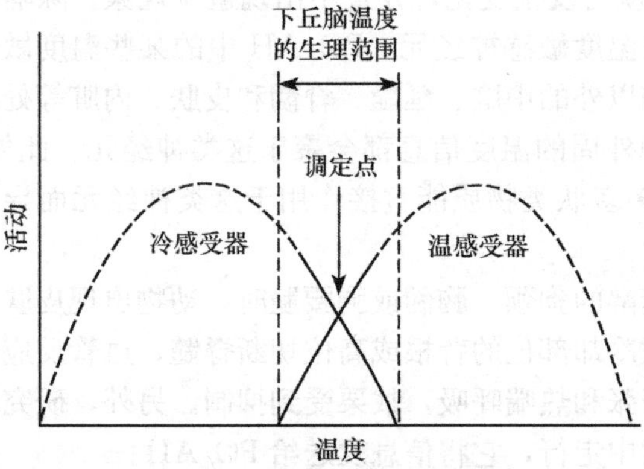

图 7-9　温度敏感神经元的活动与温度的关系示意图

正常状况下，调定点上下移动的范围很窄。某些中枢性的递质，如 5-HT、Ach、去甲肾上腺素和一些多肽类的活性物质，对调定点产生影响。机体受细菌感染所致的发热，是因为热原物质使 PO/AH 热敏神经元的反应阈值升高，冷敏神经元的阈值下降，调定点上移（如 39℃）的结果。因此发热开始先出现战栗等产热反应，直到体温升高到上移后的调定点以上时才出现散热反应。只要致热因素不消除，产热与散热两个过程就继续在此新的体温水平上保持着平衡。应该指出的是，发热时体温调节功能并无阻碍，而只是由于调定点上移，体温才被调节到发热水平。

复习思考题

1. 试述动物机体能量的来源和利用，说明 ATP 在机体能量转换中的作用和意义。
2. 简述影响机体能量代谢的因素。
3. 简述影响体温生理性波动的因素。
4. 动物机体是如何通过神经、体液来调节体温的？
5. 动物机体散热有哪些主要方式？
6. 何谓不感蒸发和可感蒸发？说明它们调节体温的生理意义。
7. 试述动物机体的产热过程。

第八章 泌 尿

排泄是指机体将新陈代谢过程中所产生的代谢产物，经过血液循环，通过排泄器官排出体外的过程。排泄途径有4种：①通过肺从呼吸道排出二氧化碳、少量水分和一些挥发性物质；②通过消化道排出胆色素、无机盐等；③通过汗腺以汗液的形式，排出一部分水、少量尿素、无机盐等；④通过肾脏以尿的形式，排出代谢产物、水和药物等。

以上4种排泄途径中，从肾脏排出的物质最多、数量最大，肾脏是排泄机体大部分代谢产物、进入体内异物的最重要器官，可帮助机体调节水平衡、酸碱平衡，还有调节渗透压、电解质以及血液中其他物质水平的机能。肾脏的这些重要机能是通过肾小球的滤过作用、肾小管与集合管的重吸收及分泌、排泄作用和输尿管、膀胱与尿道的排放活动而实现的。其中，滤过和重吸收作用被称为尿的生成，膀胱的尿液通过尿道的过程称为尿的排出。

正常动物的尿液颜色为淡黄色、黄色。大多数动物的尿液在排出时为清亮的水样液。马属动物由于尿液中悬浮有极小颗粒的碳酸钙而混浊，放置后可发生沉淀。

健康动物尿液的理化性质相对稳定，常常随动物的生理状态、食物和饮水的质与量、环境气温等因素的变化而在一定范围内波动。尿液的比重一般与其中的固体物含量成正比，也与尿量有关。肉食动物因食物中的蛋白质含量高，在体内代谢产生的硫酸盐、磷酸盐多，尿液呈酸性；草食动物因为所食植物中含有大量有机酸的钾盐，在体内代谢生成碳酸氢钾随尿排出，所以草食动物的尿液呈碱性；杂食动物尿液的酸碱性取决于食物的性质。正常家禽的尿液为奶油色、浓稠状半流体，但在某些情况下也稀薄如水，呈酸性。

动物尿的化学组成中，水分占96%～97%，固体物占3%～4%。固体物包括有机物和无机物。有机物主要是尿素、尿酸、肌酸、肌酸酐、尿色素、某些激素和酶等。无机物主要是氯化钠、氯化钾、硫酸盐、磷酸盐、碳酸盐等。

家禽尿中的尿酸多于尿素，肌酸多于肌酸酐。正常情况下，由于禽类没有膀胱，生成的尿直接经输尿管进入泄殖腔，泄殖腔具有吸收水分的作用。因此，禽类尿量比较少。

尿的性质和成分在一定程度上能反映体内的代谢变化和肾脏的机能，因此，在畜禽饲养和临床诊断治疗疾病时，经常用尿液化验作为合理饲养的依据和诊断治疗的参考。

第一节 肾脏的解剖和血流特点

一、肾脏的解剖特点

（一）肾单位和集合管

肾单位（nephron）是肾脏的基本结构和功能单位，它与集合管（collecting duct）一起完成泌尿活动。肾单位由肾小体（renal corpuscle）和肾小管（renal tubule）组成（图8-1）。

肾小体包括肾小球（glomerulus）和肾小囊（Bowman's capsule）。肾小球是一团毛细血管网，其两端分别与入球、出球小动脉相连。肾小球外面的包囊称肾小囊，由肾小球盲端膨大凹陷形成，分内外两层，两层之间的腔隙称为囊腔，与肾小管管腔相通。

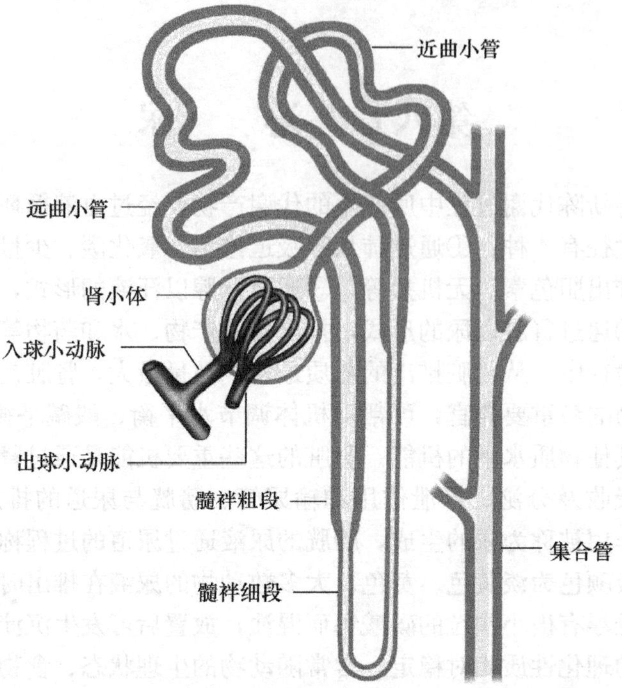

图 8-1　肾单位示意图

肾小管由近端小管、髓袢和远端小管组成。近端小管包括近曲小管和髓袢降支粗段。远端小管包括髓袢升支粗段和远曲小管，远曲小管与集合管相连。

- 肾单位
  - 肾小体
    - 肾小球
    - 肾球囊
  - 肾小管
    - 近端小管
      - 近曲小管
      - 髓袢降支粗段
    - 髓袢细段
      - 髓袢降支细段
      - 髓袢升支细段
    - 远端小管
      - 髓袢升支粗段
      - 远曲小管

集合管不包括在肾单位内，但是它在尿液的浓缩过程中起着重要作用，多条远曲小管汇合成一条集合管。

（二）皮质肾单位和近髓肾单位

肾单位按其在肾脏中的位置不同分为皮质肾单位（cortical nephron）和近髓肾单位(juxtamedullary nephron)。皮质肾单位的肾小体分布于外皮质和中皮质层，约占肾单位总数的 80%～90%。这类肾单位的肾小体相对较小，髓袢较短，只达外髓质层，有的甚至不到髓质。其入球小动脉的口径比出球小动脉大，二者比例可达 2∶1。近髓肾单位的肾小体位于靠近髓质的内皮质层，其特点是肾小球较大、髓袢长，可深入到内髓质层，其入球小动脉与出球小动脉的口径无明显差异。

（三）球旁器

球旁器（juxtaglomerular apparatus）由球旁细胞（juxtaglomerular cell）、球外系膜细胞（extraglomerular mesangial cell）和致密斑（macula densa）三部分组成（图 8-2），主要分布于皮质肾单位。球旁细胞是入球小动脉中一些特殊化的平滑肌细胞，内含分泌颗粒，能合成、储存、释放肾素（renin）。球外系膜细胞是位于入球小动脉、出球小动脉和致密斑之间的一群细胞，具有吞噬功能。致密斑位于远曲小管起始部，由特殊分化的高柱状上皮细胞组成，它能感受小管液中 NaCl 含量变化，并通过某种形式的信息传递，调节球旁细胞对肾素的释放。

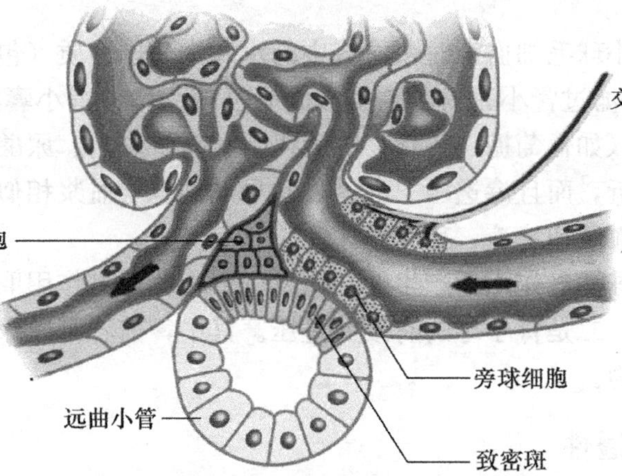

图 8-2 球旁器的结构

二、肾脏的血流特点

在安静状态下，哺乳动物每分钟两肾的血流量相当于心输出量的 1/5～1/4，而肾脏仅占体重的 0.5%左右，因此是机体供血量最丰富的器官。肾血流量的另一个特点是不同部位的供血不均，约 94%的血流供应肾皮质，约 5%供应外髓部，剩余不到 1%供应内髓部。

（一）肾血流量的自身调节

安静时，当肾动脉灌注压为 10.64～23.94kPa（80～180mmHg）时，肾血流量能保持相对稳定，即使在离体实验中也是如此。在没有外来神经支配的情况下，肾血流量在动脉血压一定的变动范围内能保持恒定的现象，称为肾血流量的自身调节（autoregulation）。当肾动脉灌注压超出上述范围后，肾血流量就随灌注压的改变而发生相应的变化。肾血流量主要取决于肾血管阻力，包括入球小动脉、出球小动脉和叶间小动脉的阻力，其中最重要的是入球小动脉的阻力。

（二）肾血流量的神经和体液调节

入球小动脉和出球小动脉血管平滑肌受肾交感神经支配。安静时肾交感神经使血管平滑肌有一定程度的收缩。肾交感神经兴奋时，引起肾血管强烈收缩，肾血流量减少。

肾交感神经末梢释放的去甲肾上腺素作用于血管平滑肌的 α-肾上腺素能受体（α-adrenoceptor），引起血管收缩。

体液因素中，如肾上腺髓质释放的去甲肾上腺素和肾上腺素、循环血液中的血管升压素和血管紧张素Ⅱ和内皮细胞分泌的内皮素等，均可引起血管收缩、肾血流量减少。肾组织中生成的前列腺、NO 和缓激肽（bradykinin）等，可引起肾血管舒张、肾血流量增加。

总之，肾血流量的神经和体液调节使肾血流量与全身血液循环相配合。例如，在血容量减少，强烈的伤害性刺激，情绪激动或剧烈运动时，交感神经活动加强，肾血流量减少；反之，当血容量增加时，交感神经活动减弱，肾血流量增加。

第二节 肾小球的滤过作用及影响因素

循环血液经过肾小球毛细血管时，血浆中的水和小分子溶质（包括少量相对分子质量较小的血浆蛋白），可以滤过肾小囊的囊腔而形成滤过液。这种肾小囊液除了蛋白质含量甚少之外，其他各种成分（如葡萄糖、氯化物、无机磷酸盐、尿素、尿酸和肌酐等物质）的浓度都与血浆中的非常接近，而且渗透压、酸碱度和导电性也与血浆相似，可以说是一种含有丰富营养和较多废物的血浆超滤液，称为原尿。

原尿是通过肾小球滤过作用而产生的。而发生肾小球滤过作用取决于两个因素：一是肾小球滤过膜的通透性；二是肾小球的有效滤过压。其中，前者是原尿产生的前提条件，后者是原尿滤过的必要动力。

一、滤过膜及其通透性

肾小球滤过膜由三层结构组成。①内层是肾小球毛细血管的内皮细胞，内皮细胞有许多小孔，称为窗孔，直径为 70～90nm，可阻止血细胞通过，小分子溶质及小分子的蛋白质可自由通过。内皮细胞表面有带负电荷的糖蛋白，可阻碍带负电荷的血浆蛋白，限制它们的滤过。②中间层是非细胞性的基膜，由基质和一些带负电荷的蛋白质构成，是滤过膜的主要滤过屏障，有选择性地让一部分溶质通过。③外层是肾小囊脏层的上皮细胞，上皮细胞有很长的足状突起，是大分子滤过的最后一道屏障（图 8-3）。

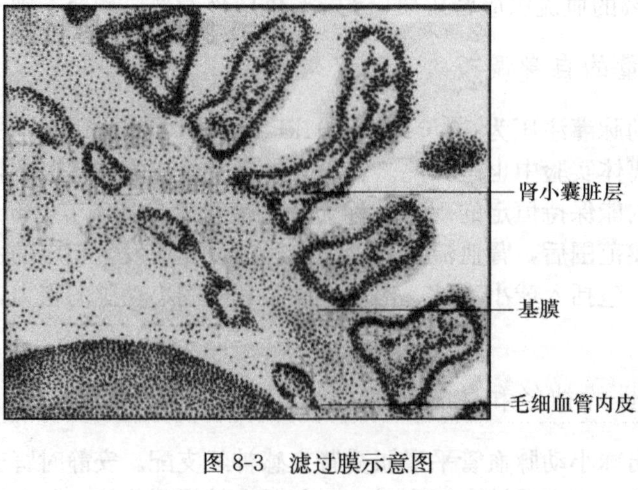

图 8-3 滤过膜示意图

肾小球滤过膜的通透性取决于被滤过物质的分子大小及其所带的电荷。

二、有效滤过压

肾小球滤过作用的发生，其动力是滤过膜两侧的压力差。这种压力差称为肾小球的有效滤过压。

有效滤过压是由 4 种力量的对比来决定的：肾小球毛细血管血压是促使血浆透过滤过膜的力量，囊内液胶体渗透压也是推动血浆滤过的动力，而血浆胶体渗透压和肾小囊内压是阻止血浆透过滤过膜的力量。肾小囊滤过液中蛋白质浓度很低，其胶体渗透压可忽略不计。正常情况下，肾小球毛细血管的平均血压约为 6.0kPa，入球小动脉和出球小动脉的血压几乎相等；血浆胶体渗透压在入球小动脉端约为 2.7kPa，肾小囊内压约 1.3kPa，因而在滤过膜处存在着约 2.0kPa 的有效滤过压（图 8-4）。

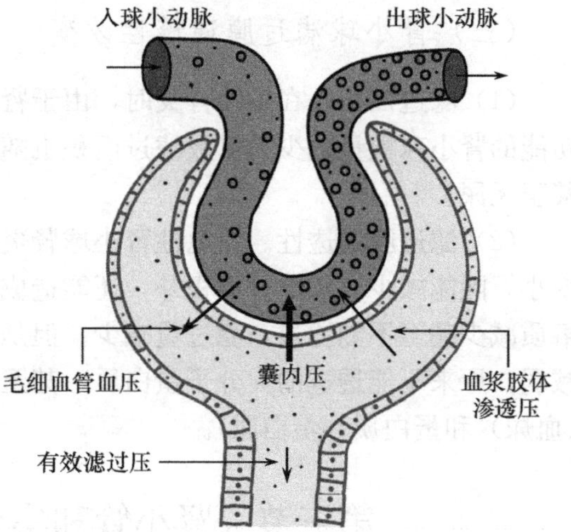

图 8-4 有效滤过压示意图

有效滤过压＝肾小球毛细血管压－（血浆胶体渗透压＋囊内压）＝6.0－（2.7＋1.3）＝2.0kPa

肾小球毛细血管不同部位的有效滤过压是不同的，越靠近入球小动脉，有效滤过压越大。这主要是因为肾小球毛细血管内的血浆胶体渗透压不是固定不变的，当毛细血管血液从入球小动脉端流向出球小动脉端时，由于不断形成超滤液，血浆中蛋白质浓度会逐渐升高，使滤过阻力逐渐增大，有效滤过压逐渐减小。当滤过阻力等于滤过动力时，有效滤过压降低为零，滤过停止。

三、影响肾小球滤过的因素

（一）肾小球有效滤过压改变

肾小球有效滤过压直接取决于肾小球毛细血管血压、血浆胶体渗透压和囊内压三种压力的对比，也间接受到肾血流量的影响。

（1）肾小球毛细血管血压。当动脉血压降低时，肾小球毛细血管的血压将相应下降，有效滤过压降低，肾小球滤过率也减少。家畜在创伤、出血、烧伤等情况下出现的尿量相应减少，主要就是由肾小球毛细血管血压降低所致。

（2）血浆胶体渗透压。当血浆蛋白的浓度明显降低时，血浆胶体渗透压将降低。此时，有效滤过压会相应升高，肾小球滤过率也随之增加。由静脉输入大量的生理盐水使血液稀释时，一方面升高了血压，另一方面又降低了血浆胶体渗透压（血液稀释使血浆蛋白的浓度降低），导致尿量增多。

（3）囊内压。在输尿管或肾盂有异物（如结石）堵塞或者因发生肿瘤而压迫肾小管时，都可造成囊内压升高，致使有效滤过压相应降低，因此滤过率降低，原尿生成不多，尿量相应减少。

（二）肾血流量

肾血流量几乎占心输出量的1/5，为肾小球的滤过作用提供充足的血液供应，它的变化对肾小球滤过作用有很大影响。一般来说，肾血流量增加，肾小球滤过率增大，原尿生成增多；反之，原尿生成减少。

（三）肾小球滤过膜通透性改变

（1）滤过面积。在急性肾炎时，由于肾小球毛细血管管腔变窄或完全阻塞，以致有滤过功能的肾小球数量减少，有效滤过面积也随之减少，导致肾小球滤过率降低，结果出现少尿甚至无尿。

（2）滤过膜通透性。在急性肾小球肾炎时，由于肾小球内皮细胞肿胀，基膜增厚，孔隙变小，除能减少有效滤过面积外，还能造成滤过膜通透性降低，致使平时能正常滤过的水和溶质减少甚至不能滤过，滤过量减少。但是，因为滤过膜各层的糖蛋白减少，电学屏障作用减弱，原来不能透过的大分子蛋白质，甚至血细胞都可以通过滤过膜，导致尿中出现血细胞（血尿）和蛋白质（蛋白尿）。

第三节　肾小管和集合管的重吸收与分泌作用

一、肾小管和集合管的物质转运方式

肾小管和集合管的重吸收（reabsorption）功能，指肾小管上皮细胞将水和溶质从肾小管液中转运至血液中；而分泌（secretion）是指肾小管上皮细胞将本身产生的物质或血液中的物质转运至肾小管液中。经过肾小管与集合管的转运，小管液的数量会大幅度减少（99%以上的小管液被重吸收），质量也发生重大改变（小管液的营养物质急剧减少，而排泄物的浓度迅速增高）。

肾小管和集合管的物质转运方式有被动转运（passive transport）和主动转运（active transport）。被动转运包括扩散、渗透、易化扩散，主动转运包括原发性主动转运和继发性主动转运。因为各种转运体在肾小管上皮细胞管腔面、基底面、侧面的分布不同，转运情况也有所不同，转运途径可分为跨细胞转运途径和旁细胞转运途径。

二、肾小管和集合管中的重吸收作用

80%～85%的HCO_3^-，70%的Na^+、Cl^-、K^+和水在近端小管被重吸收。

（一）葡萄糖、氨基酸的重吸收

小管液中葡萄糖、氨基酸在近端小管处全部被重吸收。肾小球滤过液中的葡萄糖浓度与血糖浓度相同，但正常尿中几乎不含葡萄糖，这说明葡萄糖全部被肾小管重吸收回到了血中。实验表明，重吸收葡萄糖的部位仅限于近端小管，尤其在近端小管前半段。其他各段肾小管都没有重吸收葡萄糖的能力。因此，如果在近端小管以后的小管液中仍含有葡萄糖，则尿中将出现葡萄糖。

葡萄糖、氨基酸的重吸收是一种需借助于Na^+-葡萄糖同向转运机制的过程，小管液中

Na^+和葡萄糖与同向转运体蛋白结合后，被转入细胞，属于继发性主动转运。小管基底膜上的葡萄糖转运体将葡萄糖转运入细胞间隙（图 8-5）。

近端小管对葡萄糖的重吸收有一定的限度，当小管液中的葡萄糖过多，超出近端小管的重吸收极限时，尿中就开始出现葡萄糖，此时的血浆葡萄糖浓度称为肾糖阈。血浆葡萄糖浓度超过肾糖阈后，尿葡萄糖排出率则随血浆葡萄糖浓度的升高而相应增多。

小管液中氨基酸的重吸收与葡萄糖重吸收的机制相同。小管液中的少量小分子血浆蛋白是通过肾小管上皮细胞的吞饮作用被重吸收的。

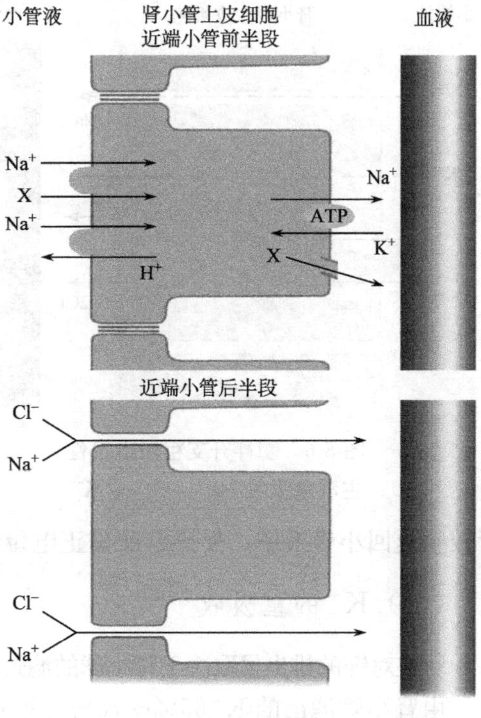

图 8-5　近端小管重吸收 NaCl 示意图
X 为葡萄糖或氨基酸

（二）Na^+、Cl^-的重吸收

在近端小管前半段，Na^+主要与 HCO_3^- 和葡萄糖、氨基酸一起被重吸收，而在近端小管后半段，Na^+主要与 Cl^- 和 K^+ 一同被重吸收。这些物质的重吸收中，Na^+是关键，它依靠钠泵。许多溶质的重吸收过程都与 Na^+ 泵活动有关。肾脏滤过的 Na^+有 96%～99%都被重吸收，除髓袢降支粗段对 Na^+不通透外，其余各段均可重吸收 Na^+。近端小管重吸收 Na^+约占小管液 Na^+的 65%～70%，髓袢升支重吸收约占 20%，其余在远曲小管和集合管被重吸收。

当小管液中 Na^+的浓度轻微升高时，Na^+便和葡萄糖一起与同向转运蛋白结合，顺着浓度梯度扩散到细胞内。进入细胞的 Na^+随即被细胞基底膜及侧膜上的 Na^+泵泵入细胞间隙，始终使细胞内的 Na^+浓度保持低水平。Na^+进入细胞间隙，使细胞间隙的渗透压升高，通过渗透作用，水也随之进入细胞间隙。由于小管上皮细胞间存在紧密连接，使细胞间隙的静水压升高，可促使 Na^+和水进入邻近的毛细血管（图 8-5）。

小管液中的 Na^+和细胞内的 H^+还可以共同与管腔膜上的逆向转运体，又称交换体蛋白结合，以相反的方向转运，即小管液中的 Na^+顺着浓度梯度进入细胞，而细胞内的 H^+分泌入管腔，这称为 Na^+-H^+交换。

在近端小管后半段，有 Na^+-H^+交换和 Cl^--HCO_3^- 逆向转运体，其转运结果是 Na^+和 Cl^-进入细胞内，H^+和 HCO_3^- 进入小管液，HCO_3^- 可重新进入细胞（以 CO_2 方式）。进入细胞内的 Cl^-由基底侧膜上的 K^+-Cl^-同向转运体转运至细胞间隙，再吸收入血。由于进入近端小管后半段小管液的 Cl^-浓度比细胞间隙液中的浓度高 20%～40%，Cl^-顺浓度梯度经紧密连接进入细胞间隙被重吸收。由于 Cl^-被动扩散进入间隙后，小管液中正离子相对增多，造成管内外电位差，管腔内带正电荷，驱使小管液内的 Na^+顺电势梯度通过细胞旁途径被动重吸收。因此这部分 Na^+顺电势梯度吸收是被动的，Cl^-为顺浓度差被动扩散，Na^+为顺电势差扩散，均经过上皮细胞间隙的紧密连接进入细胞间隙（图 8-5）。

髓袢升支细段对水几乎不通透，对 Na^+、Cl^-和尿素都有通透性，因此小管液溶质的浓

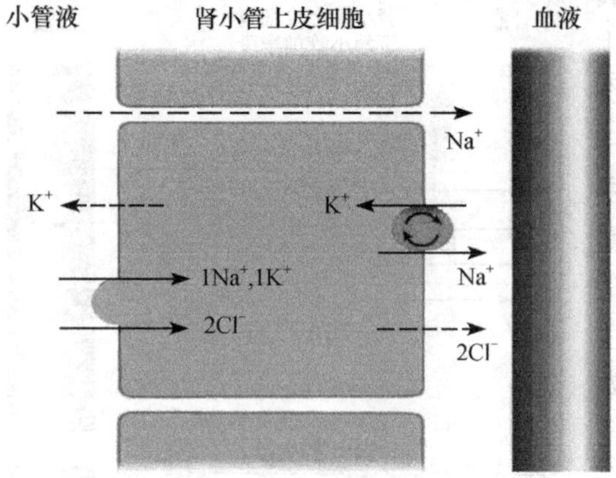

图 8-6　髓袢升支粗段继发性主动重吸收 Na^+、Cl^-、K^+

度和渗透压又逐渐下降，在这里 Na^+、Cl^- 的吸收完全是由于在髓袢降支所形成的高浓度引起的被动扩散；髓袢升支粗段对水的通透性仍很低，但对 NaCl 却能主动重吸收，因此小管液的浓度进一步降低。此段对 NaCl 的重吸收仍是由于细胞基底膜与侧膜上 Na^+ 泵的活动，在 Na^+ 顺着浓度梯度转运到细胞内的同时，通过同向转运体蛋白将 2 个 Cl^- 和 1 个 K^+ 转运到细胞内，这仍是一种继发性主动转运（图 8-6）。进入细胞内的 Na^+ 则通过细胞基底膜及侧膜的钠泵泵到组织间液，Cl^- 由浓度梯度经管周膜上的 Cl^- 通道进入组织间液，而 K^+ 则顺浓度梯度经管腔膜返回小管液中，使小管液呈正电位。

（三）K^+ 的重吸收

肾脏对钾的排出量取决于肾小球的滤过量、肾小管对钾的重吸收量和肾小管对钾的分泌量。

由肾小管滤出的 K^+ 65%～70%在近端小管被重吸收，25%～30%在髓袢重吸收，远端小管可重吸收钾，也能分泌钾。尿中的 K^+ 主要是由远曲小管和集合管所分泌，受多种因素的调节。近端小管腔的电位较周围细胞间隙液为负，而小管液的 K^+ 浓度比小管壁细胞内的 K^+ 浓度低，所以此处 K^+ 是主动重吸收。

（四）HCO_3^- 的重吸收

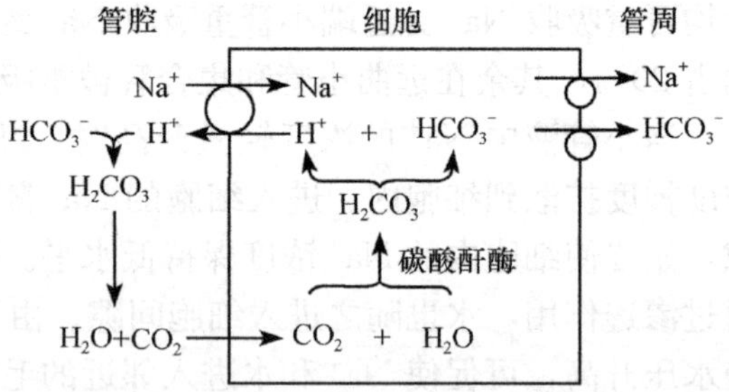

图 8-7　近端小管重吸收 HCO_3^- 示意图

肾小球滤过的 HCO_3^-，80%～85%在近端小管被重吸收，血液及小管液中的 HCO_3^- 都是以 $NaHCO_3$ 盐的形式存在。但小管液中的 HCO_3^- 不易通过管腔膜，因此它必须先与 H^+ 结合成 H_2CO_3，再解离为 CO_2 和 H_2O。CO_2 是高脂溶性物质，可迅速通过管腔膜进入细胞内，所以近端小管对 HCO_3^- 的吸收是以 CO_2 的形式进行的。至于回到血液中的 HCO_3^-，则是由进入细胞的 CO_2 与 H_2O 在碳酸酐酶的催化下再合成 H_2CO_3，然后解离成 HCO_3^- 和 H^+ 的结果。某些药物（如乙酰唑胺）可抑制碳酸酐酶，减少 H^+ 的生成，影响到 Na^+-H^+ 交换，$NaHCO_3$ 的重吸收也减少（图 8-7）。

（五）水的重吸收

原尿中 65%～70%的水在近端小管被重吸收，髓袢降支细段和远曲小管各重吸收 10%，其余在集合管重吸收。水的重吸收是被动的，靠渗透作用而进行的。水重吸收的渗透梯度存在于小管液和细胞间隙之间。这是由于 Na^+、Cl^-、K^+、葡萄糖、氨基酸被重吸收进入细胞间隙后，降低了小管液的渗透性，提高了细胞间隙的渗透性。在渗透作用下，水便从小管液通过紧密连接和跨上皮细胞两条途径不断进入细胞间隙，造成细胞间隙的静水压升高。由于管周毛细血管内的静水压较低，胶体渗透压较高，水便通过肾小管周围组织间隙进入毛细血管而被重吸收。

远端小管和集合管对水的转运是可调节的。水的重吸收主要受抗利尿激素的调节。

三、远端小管和集合管中的分泌与排泄

小管液在流经远端小管和集合管的过程中，有小部分的 Na^+、Cl^- 和不同数量的 H_2O 被重吸收入血，并有不同量的 K^+、H^+ 和 NH_3 被分泌到肾小管液中。水、NaCl 的重吸收及 K^+、H^+、NH_3 的分泌可根据机体的水盐平衡状况来进行调节。例如，机体缺水或缺盐时，远端小管和集合管可增加水、盐的重吸收；当机体水、盐过多时，则水、盐重吸收明显减少，使水和盐从尿中排出量增加。因此，远端小管和集合管对水盐的转运是可调节的。水的重吸收主要受抗利尿激素的调节，而 Na^+ 和 K^+ 的转运主要受醛固酮调节。

在远端小管初段，Na^+ 是通过 Na^+-Cl^- 同向转运体进入上皮细胞的，然后，由 Na^+ 泵将 Na^+ 泵出细胞，被重吸收回血。在远端小管后段和集合管上含有两类上皮细胞，其主细胞能重吸收 Na^+ 和水，并分泌 K^+，其闰细胞则主要是分泌 H^+（图 8-8）。远曲小管和集合管的上皮细胞在代谢过程中不断生成 NH_3，NH_3 能通过细胞膜向小管周围组织间隙和小管液自由扩散。扩散量取决于两种体液的 pH。小管液的 pH 较低（H^+ 浓度较高），所以 NH_3 能与小管液中的 H^+ 结合并生成 NH_4^+，小管液的 NH_3 浓度因而下降，于是管腔膜两侧形成 NH_3 的浓度梯度，此浓度梯度又可加速 NH_3 向小管液中扩散（图 8-9）。

图 8-8 远端小管和集合管重吸收 Na^+、分泌 K^+

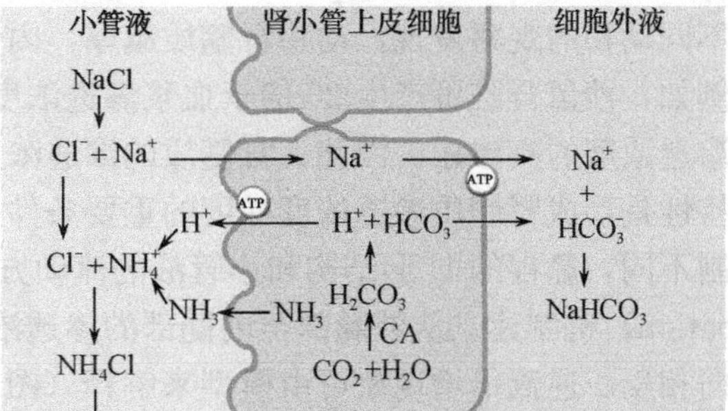

图 8-9 远端小管和集合管分泌氨

在物质转运中，溶质的重吸收与分泌有下列关系：Na^+ 的重吸收与 K^+ 的分泌有密切关系（互相促进），K^+ 的分泌与 NH_3 的分泌有密切关系（互相促进），NH_3 的分泌与 $NaHCO_3$ 的重吸收也有密切关系（NH_3 分泌可促进 $NaHCO_3$ 的重吸收）。

第四节　尿液的浓缩和稀释

肾小球超滤液在流经肾小管各段时，渗透压发生变化，在近端小管和髓袢中，渗透压的变化是固定的，但经过远端小管后段和集合管时，渗透压可随体内缺水或水过多等不同情况出现大幅度的变动。

尿的浓缩与稀释是肾脏的主要功能之一，对动物机体水平衡和渗透压稳定的维持具有重要意义。尿的浓缩与稀释是与血浆渗透压相比较而言的，与血浆渗透压浓度接近的尿称为等渗尿；高于血浆渗透压浓度的尿为高渗尿，即尿被浓缩；低于血浆渗透压浓度的尿为低渗尿，即尿被稀释。

一、尿液的稀释

若尿的渗透浓度低于血浆的渗透浓度，则尿被稀释。尿液的稀释主要发生在远端小管和集合管。如前所述，在髓袢升支粗段末端，小管液是低渗的。如果机体内水过多而造成血浆晶体渗透压下降，可使血管升压素的释放被抑制，远曲小管和集合管对水的通透性很低，水不能被重吸收，而小管液中的 NaCl 继续被重吸收，特别是髓质部的集合管，故小管液的渗透浓度进一步降低，形成低渗尿。例如，饮入大量清水后，血浆晶体渗透压降低，血管升压素释放减少，引起尿量增加，尿液稀释。

二、尿液的浓缩

尿液浓缩发生在远端小管和集合管，是由于小管液中的水被重吸收，溶质仍留在小管液中造成的。同其他部位一样，肾脏对水的重吸收方式是渗透作用，其动力来自肾小管和集合管内外（髓质）的渗透浓度梯度。水的重吸收要求小管周围组织液是高渗的。

用冰点降低法测定鼠肾组织的渗透浓度，发现肾皮质部的渗透浓度与血浆是相等的，由髓质外层向乳头部逐渐升高，内髓部的渗透浓度为血浆渗透浓度的 4 倍（图 8-10）。通过对不同动物的观察发现，动物肾髓质越厚，内髓部的渗透浓度也越高，尿的浓缩能力也越强。例如，沙鼠肾脏可产生 20 倍于血浆渗透浓度的高渗尿。人类肾脏最多能生成 4～5 倍于血浆渗透浓度的高渗尿。因此，肾髓质的渗透浓度梯度是尿浓缩的必备条件。髓袢的形态和功能特性是形成肾髓质渗透浓度梯度的重要条件。由于髓袢各段对水和溶质的通透性和重吸收机制不同，髓袢的 U 形结构和小管液的流动方向，可通过逆流倍增（counter current multiplication）机制建立从外髓部至内髓部的渗透浓度梯度。逆流是指两个并列管道中液体流动方向相反。逆流倍增现象可由模型来解释（图 8-11）。并列甲、乙、丙三个管，甲管下端与乙管相连。液体由甲管流进，通过甲、乙管的连接部折返经乙管流出，构成逆流系统。如果甲、乙管之间的膜 M_1 能主动从乙管中将 NaCl 不断泵入甲管，而 M_2 对水又不通透，当含 NaCl 的溶液在甲管中向下流动时，膜 M_1 不断将乙管中的 NaCl 泵入甲管，结果甲管液体 NaCl 的浓度自上而下越来越高，至甲、乙管连接的弯曲部达最大值。当液体折返从乙管下部向上流动时，NaCl 浓度越来越低。由此可见，不论是甲管或是乙管，从上而下，溶液的浓度梯度是逐渐升高的，形成浓度梯度，即出现了逆流倍增。丙管内的液体渗透浓度低于乙管的液体，由上向下流动，丙管与乙管之间的膜 M_2 对水通透，丙管液中的水可通过渗透作用不断进入乙管。液体在丙管内向下流动的过程中，溶质浓度从上至下逐渐增加，丙管下端流出的液体成了高渗溶液。

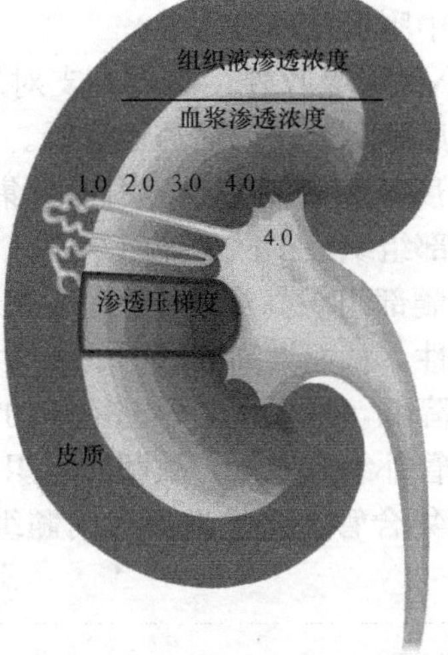

图 8-10　肾髓质渗透压梯度示意图

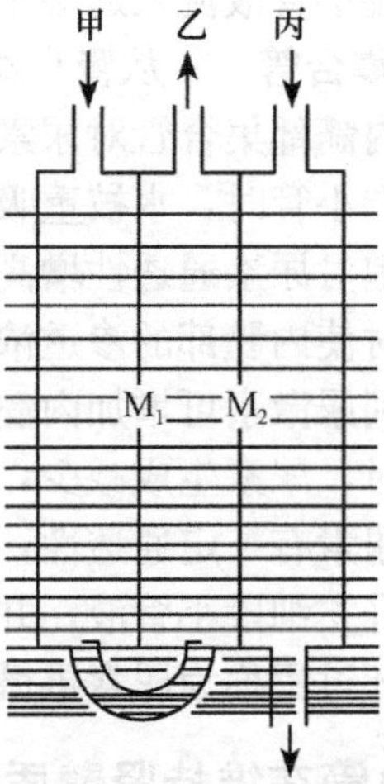

图 8-11　逆流倍增作用模型

髓袢和集合管的结构排列与上述逆流倍增模型很相似（图 8-12）。直小血管也符合逆流系统的条件。下面详细讨论肾髓质渗透梯度形成的过程及机制。

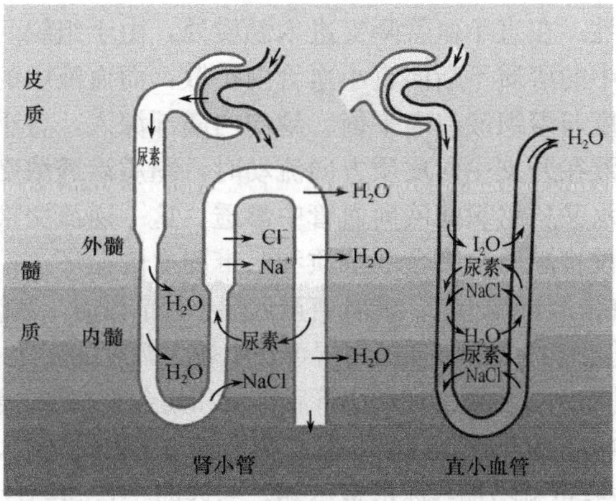

图 8-12　尿浓缩机制示意图

1. 升支粗段　小管液经升支粗段向皮质方向流动时，由于升支粗段上皮细胞主动重吸收 NaCl，而对水不通透，其结果是小管液在向皮质方向流动时渗透浓度逐渐降低，而小管周围组织中由于 NaCl 的堆积，渗透浓度升高，形成髓质高渗。因此，外髓部组织间隙液高渗是 NaCl 主动重吸收形成的，但该段膜对水不通透亦是形成外髓质高渗的重要条件。

2. 降支细段　髓袢降支细段对水通透，而对 NaCl 和尿素相对不通透。由于髓质从外髓部向内髓部的渗透浓度梯度，降支中的水不断进入组织间隙，使小管液从上至下形成逐渐升高的浓度梯度，至髓袢折返处，渗透浓度达峰值。

3. 升支细段　髓袢升支细段对水不通透，而对 NaCl 能通透，对尿素为中等通透。当小管液从内髓部向皮质方向流动时，NaCl 不断向组织间液扩散，其结果是小管液的 NaCl 浓度越来越低，小管外组织间液 NaCl 浓度升高。由于髓袢升支粗段对 NaCl 主动重吸收，使等渗的近端小管液流入远端小管时变为低渗，而髓质中则形成高渗。

4. 髓质集合管 从肾小球滤过的尿素除在近端小管被吸收外，髓袢升支对尿素中等程度通透，内髓部集合管对尿素高度通透，其他部位对尿素不通透或通透性很低。当小管液流经髓袢远端小管时，水被重吸收，使小管液内尿素浓度逐渐升高，到达内髓部集合管时，由于上皮细胞对尿素通透性增高，尿素从小管液向内髓部组织液扩散，使组织间液的尿素浓度升高，同时使内髓部的渗透浓度进一步增加。所以内髓部组织高渗是由 NaCl 和尿素共同构成的。抗利尿激素可增加内髓部集合管对尿素的通透性，从而增高内髓部的渗透浓度。严重营养不良时，尿素生成减少，可使内髓部高渗的程度降低，从而减弱尿的浓缩功能。由于升支细段对尿素有一定通透性，且小管液中尿素浓度比管外组织液低，故髓质组织液中的尿素扩散进入升支细段小管液，并随小管液重新进入内髓集合管，再扩散进入内髓组织间液。这一尿素循环过程称为尿素再循环（urea recycling）。

三、直小血管在维持肾髓质高渗中的作用

肾髓质高渗的建立主要是由于 NaCl 和尿素在小管外组织间液中积聚。这些物质能持续滞留在该部位而不被血液循环带走，从而维持肾髓质的高渗环境，与直小血管的逆流交换作用密切相关（图 8-12）。

直小血管的降支和升支是并行的血管，与髓袢相似，在髓质中形成袢。直小血管壁对水和溶质都有较高的通透性。在直小血管降支进入髓质处，由于组织间液渗透浓度均比直小血管内血浆高，组织间液中的溶质不断向直小血管内扩散，而血液中的水则进入组织间液，使直小血管内血浆渗透浓度与组织液趋向平衡。越向内髓部深入，直小血管中血浆的渗透浓度越高。当直小血管内血液在升支中向皮质方向流动时，髓质渗透浓度越来越低，血浆中的溶质浓度比组织间液高，水又从组织间液向血管中渗透。这一逆流交换过程使肾髓质的渗透梯度得以维持，直小血管仅将髓质中多余的溶质和水带回血液循环。

如前所述，小管液在流经近端小管、髓袢直至远端小管前段时，其渗透压的变化基本是固定的，而终尿的渗透压则随机体内水和溶质的情况可发生较大幅度的变化。这一渗透压变化取决于小管中水与溶质重吸收的比例，主要由远端小管后半段和集合管控制。髓质高渗是对小管液中水重吸收的动力，但重吸收的量又取决于远端小管和集合管对水的通透性。集合管上皮细胞对水的通透性增加时，水的重吸收量就增加，尿液被浓缩。当远曲小管和集合管对水的通透性降低时，水的重吸收就减少，尿液为低渗。同时，集合管还主动重吸收 NaCl，使尿液的渗透浓度进一步降低。抗利尿激素是决定远曲小管和集合管上皮细胞对水通透性的最重要的激素。

第五节 尿生成的调节

尿生成的过程包括肾小球滤过、肾小管和集合管的重吸收与分泌排泄。机体对尿生成的调节就是通过影响这三个基本过程实现的。有关肾小球滤过量的调节在前文已经叙述，本节主要讨论影响肾小管和集合管重吸收与分泌的因素，包括神经调节、体液调节和自身调节。

一、肾内自身调节

肾内自身调节包括小管液中溶质的浓度对肾小管功能的调节和球管平衡。

（一）小管液中溶质的浓度对肾小管功能的调节

小管液中溶质浓度升高是对抗肾小管重吸收水的力量，因为小管内外的渗透压梯度是水重吸收的动力。糖尿病患者或正常人进食大量葡萄糖后，肾小球滤过的葡萄糖量超过了近端小管对糖的最大转运率，造成小管液渗透压升高，结果阻碍了水和 NaCl 的重吸收，不仅尿中出现葡萄糖，而且尿量也增加。这种情况称为渗透性利尿（osmotic diuresis）。

（二）球管平衡

近端小管对溶质和水的重吸收随肾小球滤过率的变化而改变，即当肾小球滤过率增大时，近端小管对 Na^+ 和水的重吸收率也增大；反之，肾小球滤过率减少时，近端小管对 Na^+ 和水的重吸收也减少。这种现象称为球管平衡（glomerulotubular balance）。实验证明，近端小管中 Na^+ 和水的重吸收率总是占肾小球滤过率的 65%～70%，称为近端小管的定比重吸收。其机制主要与肾小管周围毛细血管内血浆胶体渗透压的变化有关。如果肾血流量不变而肾小球滤过率增加（如出球小动脉阻力增加而入球小动脉阻力不变），则进入近端小管旁毛细血管的血量就会减少，毛细血管血压下降，而血浆胶体渗透压升高，这些改变都有利于近端小管对 Na^+ 和水的重吸收；当肾小球滤过率减少时，近端小管旁毛细血管的血压和血浆胶体渗透压发生相反的变化，故 Na^+ 和水的重吸收量减少。在上述两种情况下，近端小管对 Na^+ 和水重吸收的百分率仍保持在 65%～70%。

球管平衡的生理意义在于尿中排出的 Na^+ 和水不会随肾小球滤过率的增减而出现大幅度的变化，从而保持尿量和尿钠的相对稳定。

二、神经和体液调节

（一）肾交感神经的作用

肾交感神经不仅支配肾脏血管，还支配肾小管上皮细胞和近球小体。其节后纤维末梢主要释放去甲肾上腺素。肾交感神经兴奋时，对尿生成功能的影响包括以下两个方面。①引起肾血管收缩而减少肾血流量。引起入球小动脉和出球小动脉收缩，使肾小球毛细血管血流量减少，毛细血管血压下降，肾小球滤过率下降。②刺激近球小体的近球细胞释放肾素，导致血液循环中血管紧张素Ⅱ和醛固酮（aldosterone）浓度增加，血管紧张素Ⅱ可直接促进近端小管重吸收 Na^+，醛固酮可使髓袢升支粗段、远端小管和集合管重吸收 Na^+，并促进 K^+ 的分泌。③可直接刺激近端小管和髓袢对 Na^+、Cl^- 和水的重吸收。

肾交感神经活动受许多因素的影响，如血容量改变（通过心肺感受器）和血压改变（通过压力感受器）等均可引起肾交感神经活动改变，从而调节肾脏的功能。

（二）抗利尿激素

抗利尿激素（antidiuretic hormone，ADH）也称血管升压素（vasopressin，VP），是一种九肽激素。血管升压素在下丘脑视上核（supraoptic nucleus）和室旁核（paraventricular nucleus）的神经元胞体内合成，沿下丘脑-垂体束（hypothalamo-hypophysial tract）的轴突运输到垂体后叶，由此释放入血。

抗利尿激素主要作用于远端小管后段和集合管上皮细胞，激活膜上受体后通过兴奋性 G

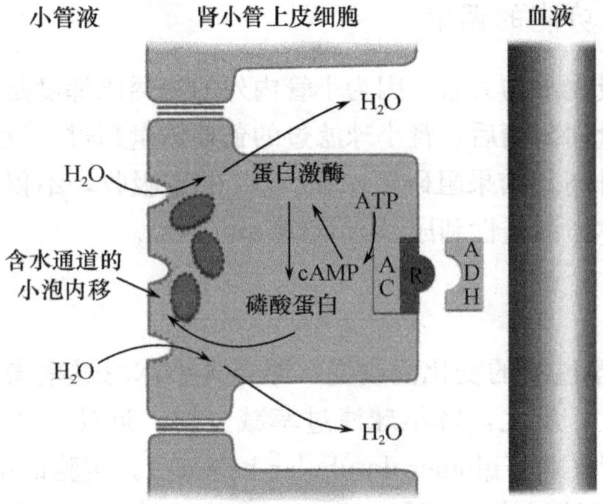

图 8-13　抗利尿激素作用示意图

蛋白激活腺苷酸环化酶，使胞内 cAMP 增加，cAMP 又激活蛋白激酶 A，使上皮细胞内含水孔蛋白（AQP-2）的小泡镶嵌在上皮细胞的管腔膜上，形成水通道，从而增加管腔膜对水的通透性（图 8-13）。小管液中的水在管内外渗透浓度梯度的作用下，通过水通道而被重吸收。通过管腔膜的水孔进入上皮细胞内的水可经基底膜及侧膜的水孔蛋白（AQP-3 和 AQP-4）进入细胞间隙而被重吸收。抗利尿激素通过调节远端小管和集合管上皮细胞膜上的水通道，进而调节管腔膜对水的通透性，对尿量产生明显影响。当缺乏抗利尿激素时，细胞内 cAMP 浓度下降，管腔膜上含水通道的小泡内移，进入上皮细胞胞浆，上皮对水的通透性下降或不通透，水的重吸收就减少，尿量明显增加。

体内抗利尿激素释放的调节受多种因素影响，其中最重要的是体液渗透压和血容量（blood volume）。

1. 体液渗透压　细胞外液渗透浓度的改变是调节抗利尿激素分泌的最重要因素。体液渗透压的改变对抗利尿激素分泌的影响，表现为机体内一些感受装置引起的反射。这类感受装置称为渗透压感受器（osmoreceptor）。渗透压感受器对不同溶质引起的血浆晶体渗透压升高的敏感性是不同的。Na^+ 和 Cl^- 形成的渗透压是引起抗利尿激素释放的最有效刺激；葡萄糖和尿素则无作用。

大量出汗、严重呕吐或腹泻等情况可引起机体失水多于溶质丧失，使体液晶体渗透压升高，可刺激抗利尿激素的分泌，通过肾小管和集合管增加对水的重吸收，使尿量减少，尿液浓缩；相反，大量饮水后，体液被稀释，血浆晶体渗透压降低，引起抗利尿激素释放减少或停止，肾小管和集合管对水的重吸收减少，尿量增加，尿液稀释。

2. 血容量　当体内血容量减少时，心肺感受器的刺激减弱，经迷走神经传入下丘脑的信号减少，对抗利尿激素释放的抑制作用减弱或取消，使其释放增加；反之，当循环血量增多，回心血量增加时，可刺激感受器，抑制抗利尿激素释放。动脉血压的改变也可通过压力感受器对抗利尿激素的释放进行调节。当动脉血压在正常范围时，压力感受器传入冲动对抗利尿激素的释放起抑制作用，当动脉血压低于正常时，抗利尿激素的释放增加。

心肺感受器和压力感受器在调节抗利尿激素释放时，其敏感性比渗透压感受器要低。

（三）肾素-血管紧张素-醛固酮系统

1. 肾素-血管紧张素-醛固酮系统的组成成分　肾素（renin）是一种酸性蛋白酶，由肾脏的近球细胞合成。肾素作用于血管紧张素原（angiotensinogen），使其生成血管紧张素Ⅰ（angiotensin Ⅰ，ANGl，十肽），在血管紧张素转换酶的作用下，血管紧张素Ⅰ脱去 2 个氨基酸，生成血管紧张素Ⅱ（angiotensinⅡ，ANGⅡ，八肽）。在血管紧张素酶 A（又称氨基肽酶 A）的作用下，血管紧张素Ⅱ脱去一个氨基酸，生成血管紧张素Ⅲ（ANGⅢ，七肽）。ANGⅡ是三种 ANG 中生物活性最强的一种，除对血管和肾小管产生作用外，也能刺激肾上腺皮质合成与释放醛固酮。

2. 血管紧张素Ⅱ的功能

（1）ANGⅡ可促进近端小管对 Na^+ 的重吸收，影响肾小管的重吸收功能。

（2）刺激肾上腺皮质球状带细胞合成和释放醛固酮（aldosterone）。

（3）改变肾小球的滤过率，刺激抗利尿激素的释放。

3. 醛固酮的功能　醛固酮作用于远端小管和集合管上皮细胞，可增加 K^+ 排泄和 Na^+、水重吸收。醛固酮作用包括：①生成管腔膜 Na^+ 通道蛋白，可增加 Na^+ 通道数目，有利于小管液中 Na^+ 向胞内扩散；②增加ATP的生成量，为基底膜及侧膜 Na^+-K^+-ATP酶提供生物能；③增强基底膜及侧膜 Na^+ 泵的活性，加速将胞内 Na^+ 泵出细胞并将 K^+ 泵入细胞，增大细胞内与小管液之间的 K^+ 浓度差，有利于 K^+ 的分泌（图8-14）。

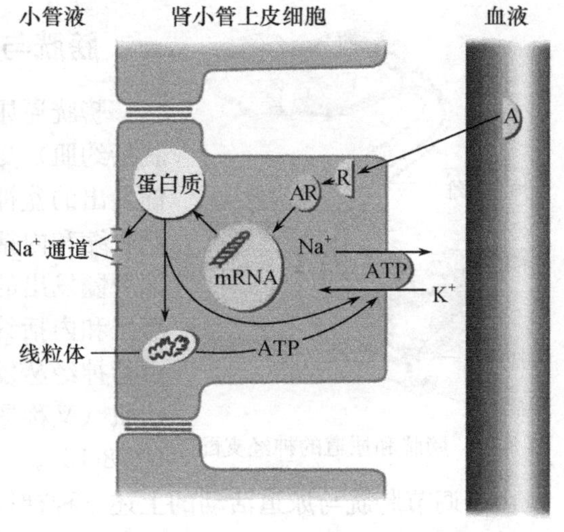

图8-14　醛固酮作用机制示意图

4. 肾素分泌的调节　肾素分泌受多方面因素的调节，包括肾内、神经和体液机制。

（1）肾内机制：指在肾脏内可以完成的调节，感受器是位于入球小动脉的牵张感受器和致密斑。前者能感受对动脉壁的牵张程度，后者能感受流经该处小管液中的 Na^+ 量。当入球小动脉壁受牵拉的程度减小，可刺激肾素的释放；反之，肾素释放减少。当肾小球滤过率减少或流经致密斑的小管液 Na^+ 量减少时，肾素释放增加；反之，肾素释放减少。

（2）神经机制：肾交感神经兴奋时释放去甲肾上腺素，作用于近球细胞的β肾上腺素能受体，直接刺激肾素的释放。例如，急性失血、血量减少、血压下降，可反射性兴奋肾交感神经，从而增加肾素的释放。

（3）体液机制：血液循环的肾上腺素和去甲肾上腺素，均可刺激近球细胞释放肾素。而ANGⅡ、抗利尿激素、心房钠尿肽、内皮素和NO可抑制肾素的释放。

（四）心房钠尿肽

心房钠尿肽（atrial natriuretic peptide，ANP）是由心房肌细胞合成的肽类激素，由28个氨基酸残基组成。

当心房壁受牵拉可刺激心房肌细胞释放ANP。此外，乙酰胆碱、去甲肾上腺素、降钙素基因相关肽、血管升压素和高血钾也能刺激ANP的释放。

ANP的主要作用是使血管平滑肌舒张和促进肾脏排钠、排水。ANP对肾脏的作用主要有以下几个方面。

（1）对肾小球滤过率的影响。ANP通过第二信使cGMP使血管平滑肌胞质 Ca^{2+} 浓度下降，使入球小动脉舒张，肾小球滤过率增大。

（2）对集合管的影响。ANP通过cGMP使集合管上皮细胞管腔膜上的 Na^+ 通道关闭，抑制NaCl的重吸收。

（3）对其他激素的影响。ANP还抑制肾素、醛固酮和血管升压素的分泌。

第六节 排 尿

终尿生成后，从肾乳头处滴出，经肾盏和肾盂流进输尿管，再借助输尿管的蠕动，连续不断地流入膀胱暂时积存。当膀胱中的尿液由少到多逐渐积存到一定量时，就会引起反射性的排尿动作，于是膀胱中的尿液集中经尿道排出体外。

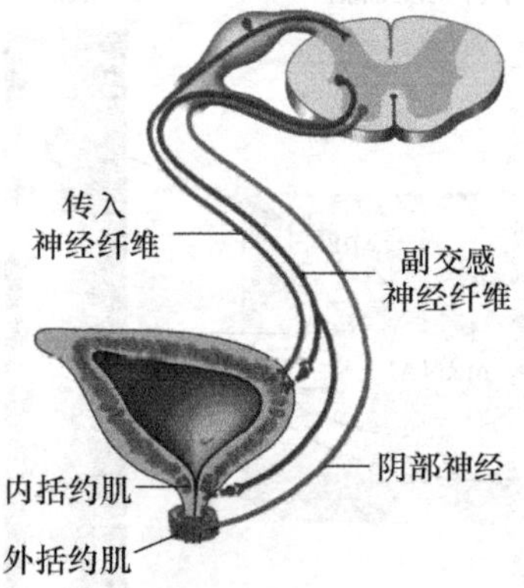

图 8-15 膀胱和尿道的神经支配

一、膀胱与尿道的神经支配

膀胱逼尿肌（由多层平滑肌构成）和内括约肌（又称膀胱括约肌）受交感神经和副交感神经的双重支配。由荐部脊髓发出的盆神经中含有副交感神经纤维，兴奋时可引起逼尿肌收缩和内括约肌松弛，所以可促使尿液从膀胱排出；由腰部脊髓发出的腹下神经属于交感神经，兴奋时可引起逼尿肌舒张和内括约肌收缩，所以有利于尿液在膀胱内继续储存；由荐神经丛发出的阴部神经属于躯体神经，兴奋时可使外括约肌（又称尿道括约肌）收缩，以阻止膀胱内尿液的排出（图 8-15）。

由于调节膀胱与尿道活动的上述三种神经都是发自腰荐部脊髓，所以通常把这段脊髓视为排尿低级中枢的所在地。在机体内，脊髓低级排尿中枢经常受到延髓、脑桥、下丘脑及大脑皮层的支配。大脑皮层是支配低级排尿中枢的最高级排尿中枢所在地。

二、排尿反射

当膀胱内的尿量充盈到一定程度时，膀胱内压必然升高，膀胱壁的牵张感受器受到刺激而发生兴奋。冲动沿着盆神经和腹下神经的感觉纤维传到腰荐部脊髓的低级排尿中枢。同时，冲动再从腰荐部脊髓上行，历经延髓、脑桥、中脑和下丘脑，直至大脑皮层的高级排尿中枢。在条件许可的情况下，大脑皮层就发出兴奋冲动，下行传至脊髓，引起低级排尿中枢兴奋，继而产生两种效应：一是兴奋盆神经，二是抑制腹下神经和阴部神经。在这两种效应的协同作用下，膀胱逼尿肌发生收缩，内外括约肌发生舒张松弛，尿液就由膀胱经尿道被排出体外。如果条件不允许，大脑皮层抑制区继续起作用，排尿暂时被抑制。

在排尿过程中，当尿液流经尿道时，可刺激尿道壁的感受器，冲动不断地经阴部神经的感觉纤维传至脊髓低级排尿中枢，使其持续保持兴奋状态，直到尿液排完兴奋才消失。在排尿末期，由于尿道海绵体肌反射性地收缩，可将残留于尿道内的尿液排出体外。

排尿时，还反射性地发生声门关闭，由于腹肌和膈肌的强烈收缩，使腹内压急剧升高，压迫膀胱，克服尿道阻力，促使排尽尿液。

大脑皮层等高位中枢对脊髓初级中枢有易化和抑制性影响，可控制排尿反射。因此，动物的排尿地点、频率，可通过调教或训练加以控制。

复习思考题

1. 影响肾小球滤过作用的因素有哪些？有何影响？
2. 简述尿生成过程。
3. 影响尿生成的因素有哪些？
4. 尿是怎样排出的？

第九章　神经系统

机体对内外界环境变化的适应和对体内各种活动的协调主要依赖神经系统和内分泌系统的调节。其中神经系统是机体内起主导作用的调节系统、快速反应系统，它整合或协调各种同时或相继接受的输入信息，使机体各种机能活动有规律地进行，以适应环境变化，发挥迅速而准确的调节作用。动物进化程度越高，神经系统越发达，对各系统活动的控制和调节作用越精细灵活，适应内、外环境变化的能力也越强。

高等动物的神经系统由亿万个神经细胞和神经胶质细胞组成。按部位不同可以将神经系统分为中枢神经系统和外周神经系统两部分。中枢神经系统位于颅腔和椎管内，包括脑和脊髓。外周神经系统按功能不同，可分为躯体神经和内脏神经，这两种神经又各有其中枢和外周部分，外周部分又分感觉（传入）神经和运动（传出）神经。内脏的传出神经又称为自主神经，包括交感神经和副交感神经两类。

第一节　神经元与神经胶质细胞

一、神经元

（一）神经元的基本结构与功能

1. 基本结构　神经细胞是高度分化的细胞，能够感受到刺激和传导兴奋，是构成神经系统结构和功能的基本单位，又称为神经元（neuron）。神经元及其活动是神经系统调节作用的基础。根据神经元的形态，可将其分为椎体细胞、星形细胞、梭形细胞等；根据功能，可将神经元分为感觉神经元（传入神经元）、中间神经元（联络神经元）和运动神经元（传出神经元）三种；若根据对下一级神经元的作用，又可将其分为兴奋性神经元和抑制性神经元两种。神经元形态和功能多种多样，但典型的神经元由胞体和胞体上的突起两部分组成（图 9-1）。突起又分轴突（axon）和树突（dendrite）两种。树突是原浆性突起，一般短而粗，分支多，这些短的分支扩大了神经元接受信息的面积，如树冠样反复丛集在胞体周围；轴突细而长，且仅有一条。轴突离开胞体的部位称为轴丘，其起始的一段是裸露的，称为轴突的始段。始段膜的兴奋阈最低，经常是产生神经冲动的部位。轴突离开胞体若干距离后便获得髓鞘成为神经纤维（nerve fiber）。一般习惯上将神经纤维分为有髓纤维和无髓纤维两种。实际上所谓无髓纤维也有一薄层髓鞘，并非完全无髓鞘。髓鞘具有电的绝缘性。外周神经系统中，髓鞘主要由施旺氏细胞的胞膜多层包裹构成，除在紧接胞体那一段轴索处缺以外，其余部分形成一定节段包裹轴索，直到接近终末处。相邻两个髓鞘节段之间的缩窄部分称为郎飞氏结。通常所说的神经纤维指的就是轴突，其末端是一些细微分支，称为神经末梢。神经元主要借助神经末梢与其他神经元的树突、胞体或效应器发生关系。神经纤维是由许多神经元纤维组成，在神经纤维内充满轴浆。

2. 基本功能与功能部位　神经元基本功能是接受、整合和传递信息，具体包括以下几个方面。

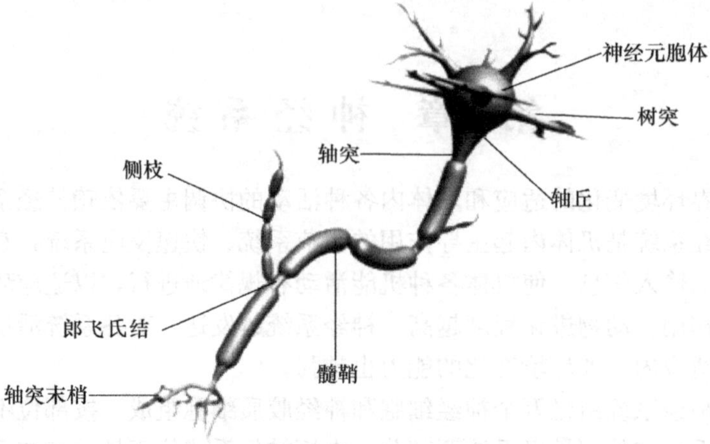

图 9-1　神经元结构模式图

(1) 能感受体内外各种刺激而引起兴奋或抑制。

(2) 对不同来源的兴奋或抑制进行分析综合。

(3) 通过其突起与其他神经元、其他器官、组织之间联系，把来自内、外环境的变化信息传入中枢，分析、整合后再通过传出通路把信号传到一定器官、组织，产生一定的生理反应和控制效应。

一般来说，一个神经元都由以下 4 个重要的功能部位组成。

(1) 接受信息并进行整合的部位。神经元的胞体及树突膜上的受体能特异性地与某些化学物质结合，并引起膜的局部兴奋或抑制，再由胞体对众多兴奋性或抑制性信息进行整合。所以树突和胞体是神经元接受信息并进行整合的部位。

(2) 产生神经冲动（即动作电位）的部位。由于轴突的始段膜的兴奋阈最低，因此当经过胞体整合后的局部电位达到其阈值时便可产生可扩布的动作电位。

(3) 传导动作电位的部位。神经冲动在胞体和末梢间传导是通过轴突进行的。由神经元合成的多种蛋白质（含酶）也是通过轴突转运到末梢的。

(4) 释放递质的部位。当神经冲动传到末梢时可促使储存在末梢内的神经递质向胞外释放。

所以，通常由树突和胞体接受来自神经元的信息，并由胞体整合，神经冲动则通过轴突传递到末梢，引起递质释放，从而将信息传递给后一个神经元或效应器。

(二) 神经纤维的类型及其兴奋传导

神经纤维的基本生理特性是具有高度的兴奋性和传导性，其功能是传导兴奋。每当神经纤维受到适宜刺激而兴奋时，立即表现出可传播的动作电位。

1. 神经纤维的分类　神经纤维的分类方法很多。根据神经纤维的分布，可将其分为中枢神经纤维和外周神经纤维；根据传导方向，可将其分为传入神经纤维、传出神经纤维和联络神经纤维；根据结构，可将其分为有髓神经纤维和无髓神经纤维。但通常生理学上按照以下两种方法进行分类。

(1) 根据神经纤维的传导速度、峰电位的时程和后电位的差异等电生理学特性，将哺乳动物外周神经的神经纤维分为A、B、C三类。

A类：包括有髓的躯体传入和传出纤维，依据其平均传导速度，又进一步分为α、β、γ、δ 4类。

B类：有髓的自主神经的节前纤维。

C类：包括无髓的躯体传入纤维（dγC）和自主神经节后纤维（SC）。

B类纤维的直径小于3μm，传导速度小于每秒15m，这些都与A_δ纤维非常接近，但其峰电位和后电位却不同于A_δ。A_δ纤维的峰电位时程较短，并具有一个短暂而明显的负后电位和一个微小的正后电位；而B类纤维的锋电位时程较长，无负后电位，但有一个较大的正后电位。

（2）根据纤维直径和来源分类，将传入纤维分为Ⅰ、Ⅱ、Ⅲ、Ⅳ4类。其中，Ⅰ、Ⅱ、Ⅲ分别相当于A_α、A_β、A_δ，Ⅳ相当于C类纤维，但又不完全等同。

目前对传出纤维采用第一种分类法，对传入纤维则采用第二种分类法。

2. 神经纤维传导的特征

（1）生理完整性。神经纤维必须保持结构和功能的完整才能传导冲动。若神经纤维损伤或被切断后，破坏了结构上的完整性，冲动就不能传导。如果结扎或在麻醉药、低温、神经毒等因素的作用下，使神经纤维功能发生改变，破坏了其生理功能的完整性，冲动传导也将发生阻滞。

（2）绝缘性。一条神经干内有许多神经纤维，其中包含有传入和传出纤维，但各条纤维上传导兴奋时，表现为各条神经纤维上的神经冲动彼此隔绝、互不干扰的特性。这是由于神经纤维之间没有细胞质沟通，局部电流主要在一条纤维上构成回路，加之各纤维之间存在结缔组织的缘故。绝缘性保证了神经纤维传导的精确性。

（3）双向性。实验条件下，刺激神经纤维上的任何一点，兴奋就从刺激的部位开始沿着纤维向两端传导，称为传导的双向性，这是由于局部电流可在刺激点的两端发生，并继续传向远端。但在整体条件下，兴奋发生于轴突起始部位，因此神经冲动是由胞体传向末梢，而表现为传导的单向性。这种单向性并不是因为在体神经纤维只能做单向传导，而是由突触的极性决定的。

（4）不衰减性。神经纤维在传导冲动时，不论传导距离多长，其冲动的大小、频率和速度始终不变，这一特点称为传导的不衰减性。这对于保证及时、迅速和准确地完成正常的神经调节功能十分重要。因为神经冲动的频率和强度是神经冲动具有信息意义的基本因素，而冲动的传导速度是影响反射速度的重要因素。

（5）相对不疲劳性。在实验条件下，用50～100次/s的电刺激连续刺激蛙的神经9～12h，神经纤维仍然保持其传导兴奋的能力。与突触传递相比，神经纤维在传递冲动时耗能少得多，不存在递质的耗竭，所以说神经纤维传导兴奋有不易疲劳的特性。

3. 神经纤维的传导速度及其影响因素 用电生理学方法记录神经纤维的动作电位，可以精确地测定各种神经纤维的传导速度，不同种类的神经纤维具有不同的传导速度。测定神经纤维的传导速度，对诊断神经纤维疾患和评估预后具有一定的临床意义。神经纤维的传导速度主要受下列因素影响。

（1）纤维的直径。一般说来，神经纤维越粗，传导速度越快。有髓纤维的传导速度(m/s)和直径（μm）成正比，其大致关系为：传导速度＝6×直径。无髓纤维的传导速度则与纤维直径的平方根成正比。

(2) 髓鞘。有髓神经纤维比无髓神经纤维的传导速度快很多。因为无髓神经纤维的兴奋是以局部电流方式顺序传导，而有髓神经纤维中，郎飞氏结节间段轴突外面包裹着髓鞘，其下面的轴突膜几乎不存在 Na^+ 通道，由于郎飞氏结处髓鞘很薄、电阻小，其轴突膜存在着高密度的电压门控 Na^+ 通道，所以其兴奋是以跳跃式传导的方式从一个郎飞氏结向下一个郎飞氏结传导，大大加快了兴奋的传导速度，而且是一种有效的节能方式。

(3) 温度。温度在一定范围内升高可使神经纤维传导速度加快。恒温动物与变温动物的有髓纤维尽管直径相同，传导速度却不相同。例如，猫的 A 类纤维的传导速度为 100m/s，而蛙的 A 类纤维只有 40m/s。显然，温度也是影响传导速度的因素之一，温度降低则传导速度减慢。当温度降至 0℃以下时，神经传导发生阻滞，临床上局部麻醉即根据此原理。

（三）神经元的蛋白质合成与轴浆运输

神经元是一种分泌细胞，但又不同于其他分泌细胞，它们的分泌部位常位于远离胞体所在部位的轴突终末端。神经元胞体内具有高速合成蛋白质的结构，所有必需的蛋白质都是在胞体的粗面内质网和高尔基体内合成，然后通过轴浆运输（axoplasmic flow）的方式，将这些蛋白质运输到神经末梢的突触小体。

轴浆运输指在轴突内借助轴浆流动运输物质的现象，完成神经末梢组件和某些蛋白质（包括酶）的运输。用同位素标记的氨基酸注射到蛛网膜下隙中，可观察到注射物首先被神经元胞体摄取，出现在胞体中，然后依次在轴突的近端和远端轴浆出现。实验证明，轴突内的轴浆是经常流动的，而且是双向的，既可从胞体流向轴突末梢，也可从轴突末梢流向胞体。结扎神经纤维，发现轴突的近胞体端和远胞体端均有物质堆积，而近端的堆积大于远端。用显微镜观察组织培养或在体的神经纤维，也见到确有颗粒在轴浆内双向流动。如果切断轴突，不仅远侧部分的轴突将发生变性，而且近侧部分，甚至胞体也将发生变性。由此可见胞体对维持轴突解剖和功能的完整性十分重要，而胞体蛋白质合成也受逆向轴浆流动的反馈控制。

(1) 顺向轴浆运输（anterograde axoplasmic transport）：指自胞体向轴突末梢进行的转运。胞体是神经元合成代谢的中心，能高速地合成蛋白质及其他物质分子；而轴突则无此功能。因此，维持轴突代谢所需的蛋白质、轴突终末释放的神经肽及合成递质的酶类等物质，均在细胞体合成，然后运至轴突末梢。

(2) 逆向轴浆运输（retrograde axoplasmic transport）：指自末梢向胞体的转运。逆向运输除向胞体转运经过重新活化的突触前末梢囊泡外，还能转运末梢摄取的外源性物质，是外源性亲神经物质的转运渠道。

（四）神经的营养性作用和支持神经的营养性因子

1. 神经的营养性作用　神经对所支配的组织能发挥两个方面的作用。一方面，通过传导神经冲动，在兴奋抵达神经末梢时使突触前膜释放神经递质，并作用于突触后膜以改变所支配组织的功能活动，这一作用称为神经的功能性作用；另一方面，神经末梢还释放某些物质，如营养因子等，持续地调整所支配组织内在的代谢活动，对该组织的结构、生化和生理过程起到持久性的调节作用，称为神经的营养性作用，在正常机体中，该作用不易觉察。但在神经被切断后该作用就会很明显地表现出来。例如，实验性切断运动神经后，神经轴索、乃至胞体发生变性，神经所支配的肌肉内的糖原合成减慢、蛋白质分解加速、肌肉逐渐萎缩，这是由于肌肉失去了神经的营养性作用的缘故。如经过外科缝合或神经再生，肌肉能重新获得神经支配，之后不仅功能逐渐恢复，而且肌肉中糖原和蛋白质合成加速，肌肉萎缩逐渐恢复，这是肌肉重新获得神经营养性作用的结果。脊髓灰质炎及脊髓运动神经元麻痹患者，出现肌肉萎缩，即是由于所支配肌肉失去神经营养性作用的结果。

2. 支持神经的营养性因子 神经元能生成营养性因子维持所支配的组织的正常代谢与功能，神经所支配的组织和星形胶质细胞也能产生支持神经元的神经营养因子（neurotrophic factor，NTF）。这是一类对神经元起营养性作用的多肽分子，作用于神经末梢的特异受体，被末梢摄入后，经逆向轴浆运输抵达胞体，促进胞体合成蛋白质，用来维持神经的生长、发育与功能的完整性。

二、神经胶质细胞

（一）分布与分类

1. 分布 神经胶质细胞（neuroglia）广泛分布于中枢和外周神经系统内，数量很大，约为神经元的数十倍，是神经系统的重要组成部分。

中枢神经系统内的神经胶质细胞主要包括星形细胞、寡突细胞及小胶质细胞三种。前两者起源于神经系统发育期的室管膜神经上皮细胞（外胚层），小胶质细胞则起源于中胚层。在中枢神经系统内，神经胶质细胞的数量远远超过神经元，有人估计在中枢神经系统中数量比约 10∶1，在大脑皮层中约为 2∶1。由于胶质细胞比神经元小得多，估计只占神经组织全部体积的 1/2。外周神经系统中有包绕轴索形成髓鞘的施旺氏细胞和脊神经节中的卫星细胞。胶质细胞虽有突起，但不具轴突，也不产生动作电位。神经胶质细胞有分裂的能力，能够吞噬因损伤而解体破碎的神经元，并能修补填充、形成瘢痕。大脑和小脑发育中细胞构筑的形成都有赖于胶质细胞作前导，提供原初的框架结构。神经轴突再生过程必须有胶质细胞的导引才能成功。

2. 分类 神经胶质细胞分类如下所述。

（1）星形细胞：最大的神经胶质细胞，胞体直径 3～5μm，核呈圆球形，常位于中央，淡染。它有许多长突起，其中一个或几个伸向邻近的毛细血管，突起的末端膨大形成血管足突，围绕血管的内皮基膜形成一层胶质膜。某些星形细胞突起还附着在脑、脊髓软膜和室管膜的下膜上，把软膜、室管膜与神经元分隔开。星形细胞又分为原浆型和纤维型两种。

（2）寡突细胞：比星形细胞小，直径 1～3μm，突起也比其他胶质细胞少而短，无血管足，胞浆中不生成纤维，但较星形细胞有更多的线粒体。寡突细胞在灰质和白质中都有，在灰质中紧靠神经元周围称为卫星细胞。神经元的卫星细胞在对损伤起反应时数量增加，并能吞噬它们本身的髓鞘变性产物。白质中寡突细胞在有髓鞘纤维之间成行出现。中枢神经组织的髓鞘是由寡突细胞突起形成的，因此，其功能与外周神经的施旺氏细胞相同。一个寡突细胞可以有不同的突起，形成多极神经纤维结间部位的鞘膜（可多至 20 个）。

（3）小胶质细胞：体小致密呈长形，核中染色质甚浓，核随细胞体的长轴亦呈长形。小胶质细胞的数量虽不多，但在灰、白质中都有，有些吞噬的小胶质细胞显然来自血细胞的生成中的单核细胞干细胞，而不是神经起源的，在受伤后出现许多侵入的吞噬细胞。正常情况下星形细胞有清除细胞碎片的吞噬功能。

（二）基本功能

人们起初认为胶质细胞属于结缔组织，其作用仅是连接和支持各种神经成分。其实神经胶质还起着分配营养物质的作用，在形态、化学特征和胚胎起源上都不同于普通结缔组织。神经元不能直接从微血管取得营养而要经过胶质细胞的转运。胶质细胞可能是构成血脑屏障的重要组分，它对正常神经元的生长和分化也是必不可少的。胶质细胞可以吸收或释放某些递质，如γ-氨基丁酸（GABA）、乙酰胆碱（ACh）。使用适当阻断摄取的药物，可使生物胺和GABA的递质作用延长和加强。随着神经元的活动，其周围神经胶质细胞也呈现慢的电位变化。神经胶质细胞的电位变化，影响到用来解释神经活动的各种场电位记录。

目前对神经胶质细胞功能的认识，尤其是它与神经元之间的交互作用已引起人们的关注，认为神经胶质细胞具有以下几方面功能。

（1）支持作用。中枢神经系统内，除小血管周围外，没有结缔组织。星形胶质细胞以其长突起在脑和脊髓内交织成网，或互相连接构成支持神经元的胞体和纤维的支架。

（2）修复和再生作用。神经胶质细胞具有分裂能力，尤其在脑或脊髓受伤时能大量增生，起到修复和再生作用。具体表现为：小胶质细胞可转变为巨噬细胞参与对损伤组织碎片的清除，碎片被清除后留下的缺损由胶质细胞，特别是星形胶质细胞通过增生来填充。但增生过强，则可能会引发脑瘤。在外周神经的再生过程中，轴突沿着施旺氏细胞所构成的索道生长。

（3）物质代谢和营养性作用。在中枢神经系统中，细胞间隙较为狭窄，星形胶质细胞的少数较长的突起，末端膨大形成周足，终止于毛细血管壁上，其余的突起穿行于神经元之间，贴附在神经元的胞体和树突上，可能对神经元起到运输营养物质和排除代谢产物的作用。星形胶质细胞还能产生神经营养性因子，以维持神经元的生长、发育和生存，并保持其功能的完整性。

（4）绝缘和屏障作用。外周神经系统中的施旺氏细胞包绕轴索形成髓鞘；中枢神经系统中由少突胶质细胞形成髓鞘，均可防止神经冲动传导时的电流扩散，起到绝缘作用。

（5）维持合适的离子浓度。神经元电活动时，可引起胞内K^+外流增加，使胞外K^+浓度升高。胞外高浓度的K^+会导致神经元去极化，兴奋性增高，从而干扰神经元的正常活动。而星形胶质细胞通过加强自身膜上的钠-钾泵活动，把细胞外液中积聚的K^+泵入胞内，再通过缝隙连接将其分散到其他神经胶质细胞内，缓冲了细胞外液中K^+的过分增多，保证神经元电活动的正常进行。

（6）摄取和分泌神经递质。神经胶质细胞既能摄取，又能分泌神经递质。实验证明，无脊椎动物神经-肌肉接头处的施旺氏细胞及大鼠视网膜的神经胶质细胞能摄取γ-氨基丁酸。哺乳类动物的背根神经节、脊髓、自主神经节，以及甲壳类动物神经-肌肉接头中的神经胶质细胞均能重摄取神经递质。在慢性去神经支配的骨骼肌，处于神经末梢部位的施旺氏细胞能分泌乙酰胆碱；交感神经节及背根神经节中的神经胶质细胞在高K^+环境中能释放γ-氨基丁酸。但在正常机体中，神经胶质细胞有无分泌功能尚不清楚。神经胶质细胞摄取和分泌神经递质或生物活性物质，可对神经元的功能活动起到调节作用。

第二节　神经元间的功能联系

中枢神经系统中大约有1000亿个神经元，传入和传出之比为3∶1 。神经系统内的神经元并不是彼此孤立的，神经系统的功能不可能依靠单个神经元的活动来完成，而是许多神经元联合活动的结果。通常一个神经元可以与上万个其他神经元构成联系，形成极为复杂的网络系统，这就是所谓的神经网络。

一、突触

一个神经元发出的冲动可以传递给很多神经元。同样，一个神经元也可以接受由许多神经元传来的冲动。但是，神经元之间在结构上并没有原生质联系，它们相接触的部位存在一定间隙。两个神经元相接触的部位所形成的特殊结构称为突触（synapse）。如果兴奋从一个神经元传递给产生效应的细胞（肌细胞或腺体），通常将这种存在于神经元与效应器相接触的部位的特殊结构称为接头（如神经-肌肉接头），也可称为突触。但通常所说的突触是指两个神经元所构成的突触。在突触前面的神经元称为突触前神经元，在突触后面的神经元称为突触后神经元。

（一）突触的基本结构

电子显微镜下观察，一个经典突触的结构由突触前膜、突触间隙和突触后膜三部分组成。前一个神经元的轴突末梢分成许多小支，每个小支的末梢膨大呈球状而形成突触小体，贴附在下一个神经元的胞体或树突表面。在突触小体内含有较多的线粒体和大量的小泡，此小泡称为突触小泡。小泡内含有兴奋性递质或抑制性递质。线粒体内含有合成递质的酶。突触前膜是前一神经元轴突末梢的一部分轴突膜，而与此相对应的后一个神经元的树突、胞体或轴突膜则称为突触后膜，两膜之间存在的间隙称为突触间隙。突触前膜和突触后膜较一般神经元膜稍增厚，约7.5nm，突触间隙宽20～40nm，间隙内有黏多糖和糖蛋白。突触前膜内侧的致密突起和网格形成囊泡栏栅，其间隙正好容纳一个囊泡，即突触小泡（synaptic vesicle），这种栏栅结构具有引导突触小泡与突触前膜接触的作用，以促进突触小泡内的递质释放。在突触小体的轴浆内，含有较多的线粒体和大量聚集的突触小泡，直径为20～80nm，内含高浓度的神经递质（图9-2）。

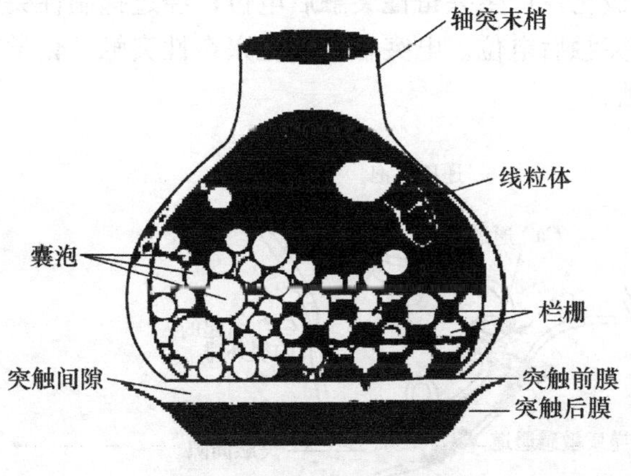

图 9-2 突触结构模式图
显示囊泡栏栅引导囊泡与突触前接触

不同的突触内所含突触小泡的大小和形态不完全相同，其内所合成和分泌的递质也不同。小泡及其壁上所含的蛋白质在胞体的高尔基体内合成，经快速轴浆运输抵达末梢；神经肽类递质也在胞体内合成。突触后膜上有特殊的受体或化学门控式通道，能与专一的递质发生特异性结合。

（二）突触类型

1. 根据突触接触的部位分类

（1）轴-树型突触（axo-dendritic synapse）：指神经元的轴突末梢与下一个神经元的树

突发生接触。

(2) 轴-体型突触 (axo-somatic synapse)：指一个神经元的轴突末梢与下一个神经元的胞体发生接触。

(3) 轴-轴型突触 (axo-axonic synapse)：指一个神经元的轴突末梢与下一个神经元的轴丘（轴突始段）或轴突末梢发生接触。

此外，在中枢神经系统中，还存在树-树、体-体、体-树及树-体等多种形式的突触联系。近年来还发现，同一个神经元的突起之间还能形成轴-树或树-树型的自身突触 (autapse)。

2. 按突触传递信息的方式分类 按突触传递信息的方式突触可分为化学性突触和电突触。

化学性突触 (chemical synapse) 通过突触前神经元的末梢分泌传递物质，使突触后膜的离子通透性发生变化，产生突触后电位，机体中大多数突触是化学突触，它又可分为使突触后神经元产生兴奋的兴奋性突触 (excitatory synapse) 和使突触后神经元产生抑制的抑制性突触 (inhibitory synapse)。

电突触 (electrical synapse) 的突触前膜和后膜紧紧贴在一起形成缝隙连接，两层膜间的间隙仅 20～30 nm。其突触前神经元的轴突末梢内无突触小泡，也无神经递质（图 9-3）。

3. 按突触的功能分类 按突触的功能突触可分为兴奋性突触和抑制性突触。神经冲动经过兴奋性突触的传递，引起突触后膜去极化，产生兴奋性突触后电位；经过抑制性突触的传递，引起突触后膜超极化，产生抑制性突触后电位。电突触大多是兴奋性突触、化学突触两类都有，大多数轴-体突触是抑制性突触。

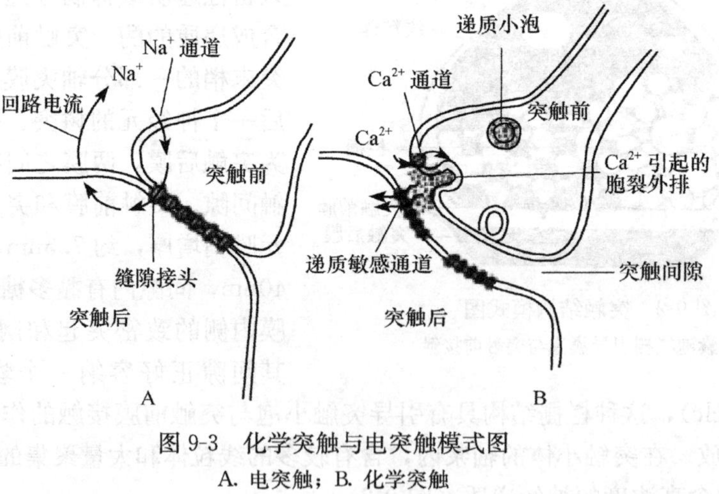

图 9-3 化学突触与电突触模式图

A. 电突触；B. 化学突触

（三）突触传递的方式

冲动从一个神经元通过突触传递到另一个神经元的过程，叫做突触传递 (synaptic transmission)。

1. 化学性突触的传递 当神经冲动传至轴突末梢时，突触前膜兴奋，爆发动作电位，发生离子转移。此时突触前膜对 Ca^{2+} 的通透性加大，Ca^{2+} 由突触间隙顺浓度梯度进入突触小体，然后小泡内所含的化学递质以量子释放的形式释放出来，到达突触间隙。递质释放出来后，通过突触间隙，扩散到突触后膜，与后膜上的特殊受体结合，改变后膜对离子的通透性，使后膜电位发生变化。这种后膜的电位变化，称为突触后电位（postsynaptic potential)。由于递质及其对突触后膜通透性影响的不同，突触后电位有两种类型，即兴奋性突触后电位和抑制性突触后电位。

（1）兴奋性突触后电位。当动作电位传至轴突末梢时，使突触前膜兴奋，释放兴奋性化学递质（excitatory transmitter)，递质经突触间隙扩散到突触后膜，与后膜的受体结合，使后膜对 Na^+、K^+、Cl^-，尤其是对 Na^+ 的通透性升高，Na^+ 内流，使后膜出现局部去极化，这种局部电位变化叫做兴奋性突触后电位（excitatory postsynaptic potential，EPSP)。EPSP 能以电紧张形式扩布，并能总和。如同一突触前末梢连续传来多个动作电位（时间总和)，或多个突触前末梢同时传来一排动作电位（空间总和）时，则兴奋性突触后电位就可叠加起来，使电位幅度加大。当达到阈电位时，即膜电位大约由－70mV 去极化达－52mV 左右时，便引起突触后神经元的轴突始段首先爆发动作电位，产生可扩布的动作电位，并沿轴突传导，传至整个突触后神经元，表现为突触后神经元的兴奋。此过程称兴奋性突触传递。

（2）抑制性突触后电位。当抑制性中间神经元兴奋时，其末梢释放抑制性化学递质(inhibitory transmitter)，递质扩散到后膜与其上的受体结合，使后膜对 K^+、Cl^-，尤其是对 Cl^- 的通透性升高，K^+ 外流和 Cl^- 内流，使后膜两侧的极化加深，即呈现超极化现象，此超极化电位叫做抑制性突触后电位（inhibitory postsynaptic potential，IPSP)，该电位也可以总和，最终使突触后神经元对其他刺激的兴奋性降低或表现为突触后神经元的抑制。此过程称抑制性突触传递。

化学性突触的传递，可概括为：

突触前神经元末梢兴奋→释放兴奋性递质→兴奋性突触后电位（突触后膜去极化）→突触后神经元兴奋；突触前神经元末梢兴奋→释放抑制性递质→抑制性突触后电位（突触后膜超极化）→突触后神经元抑制。

由于一个神经元的树突或胞体可和多个神经元的轴突末梢构成突触，因此，它必然同时受到多个突触前神经元的影响。如果兴奋性影响大于抑制性影响，则呈现兴奋；反之则呈现抑制。在突触传递过程中，递质发生效应后迅速失活而停止作用。即被酶所破坏（如乙酰胆碱被胆碱酯酶破坏，去甲肾上腺素被儿茶酚胺氧位甲基转移酶和单胺氧化酶所破坏）或者被移走（如去甲肾上腺素大部分被突触前膜所摄取）。因此，一次冲动只引起一次递质释放，产生一次突触后电位的变化，呈现 1∶1 的关系。

2. 电突触的传递 电突触的传递是通过电的作用，即突触前神经元的动作电位到达神经末梢时，通过局部电流的作用引起突触后膜发生动作电位，并以局部电流进行传播。

3. 非突触性化学传递 除了突触能进行化学传递外，还存在非突触性化学传递。实验观察到交感神经节肾上腺素能神经元的轴突末梢有许多分支，在分支上有大量结节状曲张体，是递质释放的部位，曲张体内含有大量的小泡（图 9-4)。但是，曲张体并不与效应器细胞形成突触联系，而是处在效应器附近。当神经冲动抵达曲张体时，递质从曲张体释放出来，通过弥散作用到达效应器细胞的受体，使效应细胞发生反应。由于这种化学传递不是通过突触进行的，故称为非突触性化学传递。在中枢神经系统内，已知存在着这样的传递方式。例如，在大脑皮质内有直径很细的无髓纤维，属于去甲肾上腺素能纤维，其纤维分支上有许多曲张体，能释放去甲肾上腺素，这种曲张体绝大部分不与支配的神经元形成突触，所以传递是属于非突触性化学传递方式。此外，中枢内5-羟色胺能纤维也能进行非突触性化学传递。

与突触性化学传递相比，非突触性化学传递有下列几个特点：①不存在突触前膜与突触后膜的特化结构；②不存在一对一的支配关系，即一个曲张体能支配较多的效应细胞；③曲张体与效应细胞间的距离至少在200nm以上，距离大的可达几个 μm；④递质的弥散距离大，因此传递花费的时间可大于1s；⑤递质弥散到效应细胞时，能否发生传递效应取决于效应细胞膜上有无相应的受体存在。

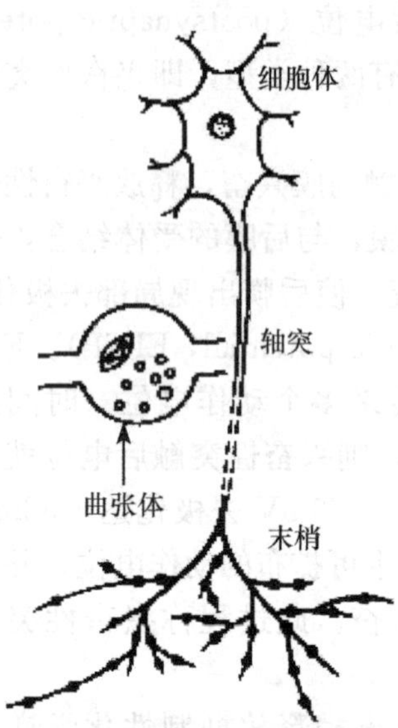

图 9-4　曲张体示意图

二、神经递质和受体

（一）神经递质

神经递质（neurotransmitter）是指由突触前神经元合成并在末梢处释放，经突触间隙扩散，特异性地作用于突触后神经元或效应器细胞上的受体，致使信息从突触前传递到突触后的一些化学物质。突触传递就是通过突触前膜释放的神经递质来完成的，非突触性化学传递的情况也是如此，因而神经递质是化学传递的物质基础。1921年，Loewi在做蛙心灌流实验时观察到，刺激迷走神经时，蛙心活动受到抑制，如将此灌流液再灌流另一个去除迷走神经支配的蛙心时，也能抑制该蛙心的活动，因而推测在迷走神经兴奋时，会释放某种化学物质使蛙心活动抑制，当时把这种物质称为“迷走素”。后来进一步证明该物质是乙酰胆碱(acetylcholine，ACh)，这是最早被鉴定的神经递质。关于交感神经释放的神经递质，早在1904年就有人认为是肾上腺素，因为肾上腺素对效应器的广泛作用与交感神经的作用极为相似，但无确切证据。1921年，Cannon发现，刺激交感神经时释放的物质，虽然与肾上腺素相似，但也有区别，建议称为“交感素”，直到1949年被von Euler鉴定为去甲肾上腺素(noradrenaline，NA)。

一个化学物质被确认为神经递质，应符合下列条件：①在突触前神经元内具有合成递质的前体物质和合成酶系，能够合成这一递质；②递质储存于突触小泡以防止被胞浆内其他酶系所破坏，当兴奋冲动抵达神经末梢时，小泡内递质能释放入突触间隙；③递质通过突触间隙作用于突触后膜的特殊受体，发挥其生理作用，用电生理微电泳方法将递质离子施加到神经元或效应细胞旁，以模拟递质释放过程能引致相同的生理效应；④存在使这一递质失活的酶或其他环节（摄取回收）；⑤用递质拟似剂或受体阻断剂能加强或阻断这一递质的突触传递作用。在神经系统内存在许多化学物质，但不一定都是神经递质，只有符合或基本符合以上条件的化学物质才能认为是神经递质。根据神经递质的分泌部位，可将其分为外周神经递质和中枢神经递质。

1. 外周神经递质

(1) 乙酰胆碱。现已明确，自主神经全部节前纤维、副交感神经节后纤维、部分交感神经节后纤维（支配汗腺和骨骼肌血管等交感神经节后纤维）和躯体运动神经纤维都是以释放乙酰胆碱作为递质的。凡是释放乙酰胆碱作为递质的神经纤维，均称为胆碱能纤维（cholinergic fiber)（图 9-5)。自主神经节前纤维和运动神经纤维所释放的乙酰胆碱的作用，与烟碱的药理作用相同，称为烟碱样作用（N样作用）；而副交感神经节后纤维所释放的乙酰胆碱的作用，与毒蕈碱的药理作用相同，称为毒蕈碱样作用（M样作用）。

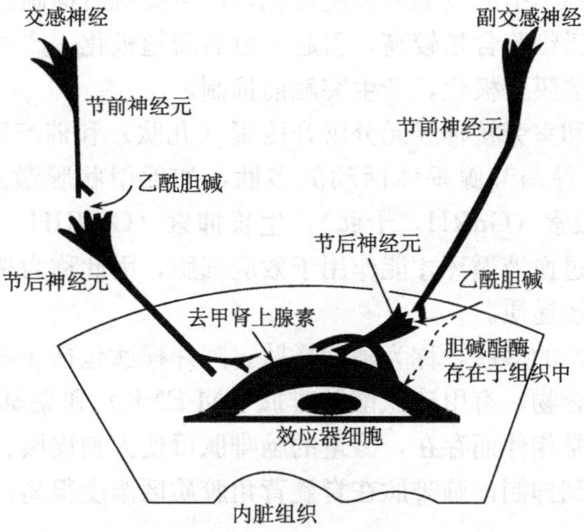

图 9-5　自主神经递质

（2）去甲肾上腺素。在动物机体中绝大多数交感神经节后纤维是以释放去甲肾上腺素作为递质的。凡是释放去甲肾上腺素作为递质的神经纤维，称为肾上腺素能纤维（adrenergic fibre）。以往认为，肾上腺素能纤维所释放的递质是去甲肾上腺素和肾上腺素的混合物，现已明确，在高等动物中由交感神经节后纤维释放的递质仅是去甲肾上腺素，而不含肾上腺素。因为在神经末梢只能合成去甲肾上腺素，而不能进一步合成肾上腺素，而且末梢中不含合成肾上腺素所必需的苯乙醇胺氮位甲基移位酶。

（3）嘌呤类和肽类递质。自主神经的节后纤维除胆碱能纤维和肾上腺素能纤维外，还有第三类纤维。第三类纤维末梢释放的递质是嘌呤类和肽类化学物质。

2. 中枢神经递质

（1）乙酰胆碱。乙酰胆碱是中枢神经系统的重要递质。例如，脊髓腹角运动神经元、脑干网状结构的前行激动系统、纹状体（尤其是尾状核）内部具有乙酰胆碱递质。乙酰胆碱在这些地方一般起兴奋性递质的作用。

（2）单胺类。单胺类包括多巴胺（dopamine）、去甲肾上腺素和5-羟色胺。多巴胺主要由黑质产生，沿黑质-纹状体系统分布，在纹状体内储存，是锥体外系统的重要递质，它与躯体运动协调机能有关，一般起抑制性作用。

去甲肾上腺素主要由中脑网状结构、脑桥的蓝斑核和延髓网状结构腹外侧的神经元产生。产生于蓝斑核而前行投射到大脑皮质的去甲肾上腺素能纤维，与维持醒觉有关；产生于延髓网状结构而投射到下丘脑和边缘系统的去甲肾上腺素能纤维，与情绪反应和下丘脑内分泌调节功能有关；从脑干后行到脊髓的去甲肾上腺素能纤维，与躯体运动和内脏活动调节有关。

5-羟色胺主要由脑干背侧正中线附近的中缝核群产生。其纤维向前投射到纹状体、丘脑、下丘脑、边缘系统和大脑皮质，与睡眠、情绪反应、调节下丘脑的内分泌功能有关；后行纤维到达脊髓，与躯体运动和内脏活动的调节有关。

(3) 氨基酸类。氨基酸类包括谷氨酸、甘氨酸和 γ-氨基丁酸等。谷氨酸是兴奋性递质，广泛分布于大脑皮质和脊髓内，与感觉冲动的传递及大脑皮质内的兴奋有关；甘氨酸在脊髓腹角的闰绍细胞浓度最高，引起突触后膜超极化，产生突触后抑制。γ-氨基丁酸在大脑皮质的浅层和小脑的浦肯野氏细胞含量较高，引起突触后膜超极化，产生突触后抑制。γ-氨基丁酸在脊髓内能引起突触前膜去极化，产生突触前抑制。

(4) 肽类。视上核和室旁核神经元分泌升压素（九肽）和催产素（九肽）；下丘脑内其他肽能神经元能分泌多种调节腺垂体活动的多肽，如促甲状腺激素释放激素（TRH，三肽）、促性腺激素释放激素（GnRH，十肽）、生长抑素（GHRIH，十四肽）等。由于这些肽类物质在分泌后要通过血液循环才能作用于效应细胞，因此称为神经激素。但现已知，这些肽类物质可能还是神经递质。

脑内具有吗啡样活性的多肽，称为阿片样肽。阿片样肽包括 β-内啡肽、脑啡肽和强啡肽三类。脑啡肽是 5 肽化合物，有甲硫氨酸脑啡肽（M-ENK）和亮氨酸脑啡肽（L-ENK）两种。脑啡肽与阿片受体常相伴而存在，微量的脑啡肽可使大脑皮层、纹状体和中脑导水管周围灰质神经元的放电受到抑制。脑啡肽在脊髓背角胶质区浓度很高，它可能是调节痛觉纤维传入活动的神经递质。

此外，脑内还有其他肽类物质，如 P 物质、神经降压素、血管紧张素Ⅱ、胆囊收缩素(CCK)、促胰液素、胃泌素、胃动素、血管活性肠肽、胰高血糖素等。

(5) 其他可能的递质。近年来研究指出，一氧化氮具有许多神经递质的特征。某些神经元含有一氧化氮合成酶，该酶能使精氨酸生成一氧化氮。生成的一氧化氮从一个神经元弥散到另一个神经元中，而后作用于鸟苷酸环化酶并提高其活力，从而发挥出生理作用。此外，组胺也可能是脑内的神经递质。

（二）受体

1. 概念　受体（receptor）是指细胞膜或细胞内能与某些化学物质（如递质、调质、激素等）发生特异性结合并诱发生物效应的特殊生物分子。位于细胞膜上的受体是带有糖链的跨膜蛋白质分子。目前认为神经递质必须先与突触后膜或效应器细胞上的受体相结合，才能发挥它的作用。我们就将能与受体发生特异性结合并产生生物学效应的化学物质称为激动剂（agonist）；只产生特异性结合，但不产生生物效应的化学物质称为拮抗剂（antagonist），两者统称为配体（ligand）。递质与其相应的拮抗剂在化学结构上往往具有一定的相似性，因此两者均能和同一受体结合并发生竞争。如受体阻断剂剂量较大，势必排斥递质与受体的结合，也就阻断了递质的作用。

2. 特性　一般认为，受体与配体的结合具有以下三个特性。①特异性：特定的受体只能与特定的配体结合，激动剂与受体结合后能产生特定的生物效应，特异性结合并非是绝对的，而是相对的。②饱和性：分布于细胞膜上的受体数量是有限的，因此能结合配体的数量也是有限的。③可逆性：配体与受体的结合是可逆的，可以结合，也可以分离，但不同配体的解离常数是不同的，有些拮抗剂与受体结合后很难解离，几乎为不可逆结合。目前克隆和分子生物学技术的兴起，极大地推动了神经递质受体和其他化学信使受体的结构和功能的研究，根据研究进展，对神经递质受体有以下一些认识。

(1) 每种配体的受体一般都有几个受体亚型。例如，肾上腺素能受体有 α_1、α_2、β_1 和 β_2之分，这样一个特定的递质能通过不同的受体亚型对不同的效应器细胞产生不同的反应，以实现功能的多样性。

(2) 受体除了存在于突触后膜外，还存在于突触前膜。这类受体称为突触前受体（presynaptic receptor），通过与受体结合来抑制突触前递质的进一步释放，因而对递质释放起负反馈的控制作用。例如，肾上腺素能纤维末梢的突触前膜上存在α受体，当末梢释放的去甲肾上腺素在突触前膜处超过一定量时，即可与突触前膜 α_2 受体结合，从而反馈抑制末梢合成和释放去甲肾上腺素，起到调节末梢递质释放量的作用（图 9-6）。

(3) 根据神经递质受体激活引起突触后神经元产生生物效应的机制，可将受体分为两大家族。①与离子通道相耦联的受体称为化学门控通道。目前已经确定的这类受体为数不多，除了神经-肌肉接头处的 N 型 ACh 门控通道外，ACh 作用于自主神经节节后神经元细胞膜上的受体，以及氨基酸类递质（如谷氨酸、天冬氨酸、γ-氨基丁酸和甘氨酸）的促离子型受体也属于这类受体。②与 G 蛋白相耦联的受体，通过激活 G 蛋白和蛋白激酶途径而产生效应。目前已知的神经递质受体中，多数属于后者，如肾上腺素能受体和 ACh M 受体等。

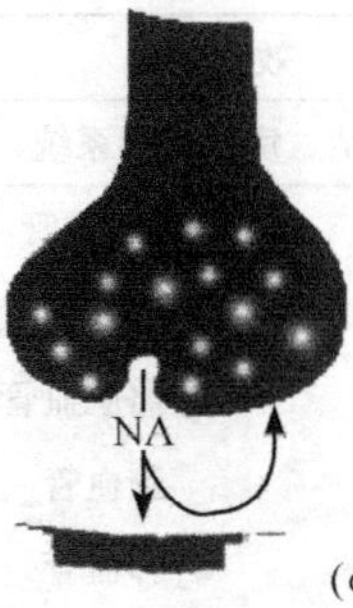

图 9-6 去甲肾上腺素能神经元末梢的突触前和突触后受体
NA，去甲肾上腺素

(4) 受体较长时间暴露于配体时会产生脱敏现象，即大多数受体失去反应性。脱敏现象有两种类型：同源脱敏（homologous desensitization）和异源脱敏（heterologous desensitization）。同源脱敏仅丧失细胞对特殊配体的反应性，而保持对其他配体的反应性；异源脱敏使细胞对其他配体也无反应性。

（三）主要递质、受体系统

1. ACh 及其受体 凡是能与乙酰胆碱结合的受体称为胆碱能受体（cholinoceptor）。胆碱能受体又可分为两种：一种是毒蕈碱型受体（muscarinic receptor）或 M 受体，它与乙酰胆碱结合时产生与毒蕈碱相似的作用；另一种是烟碱型受体（nicotinic receptor）或 N 受体，它与乙酰胆碱结合时产生与烟碱相似的作用。

M 受体存在于副交感神经节后纤维支配的效应细胞上以及交感神经支配的小汗腺、骨骼肌血管壁上。当它与乙酰胆碱结合时，则产生毒蕈碱样作用，也就是使心脏活动受抑制、支气管平滑肌收缩、胃肠运动加强、膀胱壁收缩、瞳孔括约肌收缩、消化腺及小汗腺分泌增加等。阿托品是 M 受体的阻断剂，可与 M 受体结合，阻断乙酰胆碱的毒蕈碱样作用。

N 受体又可分为神经肌肉接头和神经节两种亚型，它们分别存在于神经肌肉接头的后膜（终板膜）和交感神经、副交感神经节的突触后膜上，前者为 N_2 受体类型，后者为 N_1 受体类型。当它们与乙酰胆碱结合时，则产生烟碱样作用，即可引起骨骼肌和节后神经元兴奋。箭毒可与神经肌肉接头处的 N_2 受体结合而起阻断剂的作用，六烃季胺可与交感、副交感神经节突触后膜上的 N_1 受体结合而起阻断剂的作用。

2. 儿茶酚胺及其受体 儿茶酚胺（catecholamine，CA）类物质包括去甲肾上腺素（norepinephrine，NE；或 noradrenaline，NA）、肾上腺素（adrenaline）和多巴胺（dopamine）。凡是能与儿茶酚胺（catecholamine，CA）结合的受体称为肾上腺素能受体。其对效应器的作用有兴奋效应也有抑制效应。肾上腺素能受体又可分为α和β两种。α受体与儿茶酚胺结合后，主要是兴奋平滑肌，如血管收缩、子宫收缩和瞳孔开张肌收缩等；但也有抑制作用，如使小肠平滑肌舒张。β受体又可分为 β_1 和 β_2 两个亚型，它与儿茶酚胺结合后，抑制平滑肌的活动，如血管舒张、子宫收缩减弱、小肠及支气管平滑肌舒张等，但对心肌却产生兴奋效应。一般说来，递质与α受体结合后引起效应器细胞膜的去极化，而与β受体结合后则引起超极化，因而出现不同的效应（表 9-1）。

表 9-1　肾上腺素能受体的分布与效应

效应器官		受体	效应
心（窦房结、房室传导系统、心肌）		β_1	心率加快、传导加速、收缩加强
血管	冠状血管	α、β_2	收缩、舒张（主要表现为舒张）
	皮肤黏膜血管	α	收缩
	骨骼肌血管	α、β_2	收缩、舒张（以舒张为主）
	脑血管	α	收缩
	肺血管	α	收缩
	腹腔内脏血管	α、β_2	收缩、舒张（除肝血管外，均以收缩为主）
	唾液腺血管	α	收缩
支气管平滑肌		β_2	舒张
胃肠	胃平滑肌	β_2	舒张
	小肠平滑肌	α、β	舒张（以β为主）
	括约肌	α	收缩
膀胱	膀胱壁平滑肌	β	舒张
	膀胱括约肌	α	收缩
子宫平滑肌		α、β_2	收缩（有孕子宫）、舒张（无孕子宫）
眼	瞳孔开张肌	β	收缩
	睫状肌	α	舒张

从表 9-1 中可知，有些组织器官只有α受体或β受体，有些既有α受体又有β受体。α和β受体不仅对交感神经末梢释放的递质起反应，而且对血液中存在的儿茶酚胺也起反应。去甲肾上腺素对α受体的作用强，而对β受体的作用弱；肾上腺素对α和β受体都有作用；异丙肾上腺素主要对β受体起作用。在动物实验中，注射去甲肾上腺素使血压升高，从对血管的作用来看，这是α受体被作用而引起广泛血管收缩的结果；注射异丙肾上腺素使血压下降，是由于β受体被作用，引起血管广泛舒张所致；注射肾上腺素，则血压先升高后降低，这是α和β受体均被作用，致使血管先收缩后舒张的结果。现代生理学和药理学家已研制出许多肾上腺素能受体的激动剂和受体阻断剂。例如，酚妥拉明是α受体的阻断剂，可阻断 α_1 与 α_2 两种受体的作用，消除去甲肾上腺素和肾上腺素的升压效应；哌唑嗪可选择性阻断 α_1 受体的兴奋效应而产生降压作用；育亨宾能选择性阻断 α_2 受体；可乐定是 α_2 受体。

3. 5-羟色胺及其受体　5-羟色胺（5-HT）递质系统主要存在于中枢，其神经元胞体主要位于低位脑干近中线的中缝核内。脑内的 5-HT 主要来自中缝核上部，作用主要与睡眠、精神活动、内分泌活动、心血管活动以及体温调节有关。此外，它还是脑和脊髓内的一种痛调制递质。5-HT 受体非常多而复杂，被克隆和了解的受体种数很多。目前已知的有

5-HT_1～5-HT_7共 7 种受体，其中 5-HT_1 又分出 5-HT_{1A}、5-HT_{1B}、5-HT_{1D}、5-HT_{1E}、5-HT_{1F}5种亚型；在 5-HT_2 中分出 5-HT_{2A}、5-HT_{2B}、5-HT_{2C}（以前称为 5-HT_{1C}）3 种亚型；在 5-HT_5 中又分出 5-HT_{5A}和 5-HT_{5B}2 种亚型。这些受体中有些是突触前受体，如部分 5-HT_{1A}受体。其中，大多数与 G 蛋白和腺苷酸环化酶或磷脂酶耦联，但 5-HT_3 受体是与离子通道相耦联的。

4. 氨基酸类递质及其受体 氨基酸类递质主要存在于中枢神经系统内，可分为兴奋性氨基酸和抑制性氨基酸两类。

(1) 兴奋性氨基酸：包括谷氨酸（glutamate）和天门冬氨酸（aspartate）。谷氨酸在脑和脊髓中含量很高，脑内以大脑皮层、小脑与纹状体的含量最高，脊髓中以背侧部分的含量较多。谷氨酸对所有中枢神经元都表现明显的兴奋作用，可能是感觉传入神经和大脑皮层内的兴奋性递质。它在学习与记忆以及应激反应中均起重要作用，还是脊髓中传递初级痛信息的神经递质。

(2) 抑制性氨基酸：包括甘氨酸（glycine）和 γ-氨基丁酸（γ-aminobutyric acid，GABA）。甘氨酸为低位中枢（如脊髓、脑干）的抑制性递质，它可能对感觉和运动反射进行抑制性调控。GABA 主要分布在大脑皮层浅层、小脑皮质浦肯野细胞层、黑质、纹状体与脊髓。它对中枢神经元具有普遍的抑制作用。GABA 在调节内分泌活动，维持骨骼肌的正常兴奋性及镇痛等方面均起重要作用。此外，它还参与睡眠与觉醒机制，并有抗焦虑的作用。

兴奋性氨基酸中，谷氨酸受体包括促代谢型受体（metabotropic receptor）与促离子型受体（ionotropic receptor）两种类型。促代谢型受体属于 G 蛋白耦联受体，已有 11 种亚型被识别；促离子型受体属于配体化学门控通道，通常有三种类型，分别命名为海人藻酸受体、AMPA 受体与 NMDA 受体。

抑制性氨基酸中的 γ-氨基丁酸受体也跟谷氨酸受体一样，分为促代谢型受体和促离子型受体两类。前者称为 $GABA_B$ 受体，为 G 蛋白耦联受体；后者称为 $GABA_A$ 受体，是由不同的亚单位构成的 Cl^- 通道。

5. 肽类递质及其受体 在外周与中枢神经系统均发现许多肽类物质。自主神经的节后纤维除胆碱能与肾上腺素能纤维外，近年来还发现释放肽类物质的第三种纤维，即肽能神经纤维。它广泛地分布于外周神经组织、胃肠道、心血管、呼吸道、泌尿道和其他器官。特别是胃肠道的肽能神经元，能释放多种肽类递质，主要包括降钙素基因相关肽、血管活性肠肽、胃泌素、胆囊收缩素、脑啡肽与生长抑素等。

神经元释放的具有神经活性的肽类化学物质，称为神经肽（neuropeptide）。迄今为止，在中枢神经系统内陆续发现的神经肽有 100 多种。这些神经肽中，有些已明确为神经激素，有些则认为是神经递质或调质，还有一些既是神经激素也可能是神经递质。

下丘脑调节垂体功能的肽类激素及其受体大部分可在不同脑区发现，如促甲状腺激素释放激素（TRH）在下丘脑以外的脑区能直接影响神经元的放电活动，提示它可能具有激素和神经递质的双重功能。生长抑素也在脑内许多区域发挥神经递质的作用，参与感觉传入、运动传出和智能活动等方面的调节。现已知有 5 种不同的生长抑素受体，它们是 $SSTR_1$～$SSTR_5$ 受体，全部是 G 蛋白耦联受体。

阿片肽是脑内具有吗啡样活性的肽类物质，包括 β-内啡肽（β-endorphin）、脑啡肽（enkephalin）和强啡肽（dynorphin）三类。脑啡肽广泛分布于许多脑区与脊髓内，在纹状体、杏仁核、下丘脑、中脑中央灰质、延髓头端腹内侧区和脊髓背角等部位均有脑啡肽能神经元的胞体与末梢。脑啡肽有很强的镇痛活性。强啡肽在脑内的分布与脑啡肽相似，有相当程度的重叠。强啡肽在脊髓发挥镇痛作用，而在脑内反而对抗吗啡的镇痛作用。阿片受体有很多亚型，其中已确定的有μ、δ、κ三种受体。它们的药理特性、分布以及对各种配体的亲和力均不同。三种受体都是G蛋白耦联受体。

脑内还存在脑-肠肽（brain-gut peptide），如胆囊收缩素（8肽）、血管活性肠肽、胃泌素、胰高血糖素、胃动素、胰泌素等。它们有时与经典神经递质共存。胆囊收缩素有抑制摄食行为的作用，还参与学习和记忆等高级功能的调节；许多胆碱能神经元中含有血管活性肠肽，可能具有加强ACh作用的功能。许多肽类物质的受体是G蛋白耦联受体；但至今仍然有许多肽类物质的受体还不清楚。

6. 嘌呤类递质及其受体 ATP可与其他递质，如NAX或DA、GABA、谷氨酸、ACh、组胺等，一起从神经元释放到细胞外液中。一般认为，腺苷是中枢神经系统中的一种抑制性调质。咖啡和茶的中枢兴奋效应是由咖啡因和茶碱抑制腺苷的作用而产生的，腺苷也能引起心脏血管的舒张。此外，它还在全身具有广泛作用。它作用于4种受体：A_1、A_{2A}、A_{2B}和A_3受体。所有受体都是与G蛋白耦联的蛇形受体，A_{2A}和A_{2B}受体激活时能增加cAMP浓度，而A_1和A_3受体却降低cAMP浓度。ATP也被看成是一个递质，并在体内具有广泛的受体介导的效应。与ATP结合的4种嘌呤能受体现已清楚：P2Y和P2U受体能通过结合G蛋白激活磷脂酶C；P2X和P2Z受体为配体门控离子通道。P2X受体的三种亚型已被识别，即$P2X_1$、$P2X_2$和$P2X_3$受体。$P2X_1$和$P2X_2$受体存在于脊髓后角，而$P2X_3$受体仅在背根和三叉神经节内发现，表明ATP在感觉传入过程中起作用。此外，还有可被ADP激活的P2T受体，该受体可能是一种离子通道。现已了解ATP介导了自主神经系统的快速突触反应和缰核的快反应。嘌呤能受体也存在于神经胶质细胞。

7. 其他递质、受体系统 近年来的研究指出，中枢递质种类复杂，因此相应的受体也多，除胆碱能N型和M型受体、肾上腺素能α和β受体外，还有多巴胺受体、5-羟色胺受体、兴奋性氨基酸受体、γ-氨基丁酸受体、甘氨酸受体、阿片受体（opiate receptor）等。另外，下丘脑后部的结节乳头核内存在组胺能神经元的胞体，它们发出的投射纤维到达中枢内几乎所有部位，包括大脑皮层和脊髓。已知存在H_1、H_2和H_3三种组胺受体。组胺能系统在中枢内的功能尚不确定，可能与觉醒、性行为、腺垂体激素的分泌、血压、饮水和痛觉等的调节有关。

一氧化氮（NO）是一种由血管内皮细胞释放的内皮舒张因子，也在脑内产生。NO与其他递质不同，是一种气体分子，很容易透过细胞膜，直接结合并激活鸟苷酸环化酶。NO可通过改变突触前神经末梢的递质释放，从而调节突触功能。NO还可介导突触传递的可塑性，使用NO合酶抑制剂后，海马的长时程增强效应被完全阻断。NO还具有神经保护作用。

一氧化碳（CO）是另一种可能作为脑内递质的气体分子，它是在血红素代谢过程中由血红素氧合酶的作用而形成的。其作用与NO相似，也能激活鸟苷酸环化酶。

三、反射

神经系统中神经元的数量巨大、突触联系错综复杂，递质、受体系统多种多样。然而，神经活动的进行是遵循一定的规律的。

（一）反射与反射弧

1. 反射的概念和分类　反射（reflex）是实现神经系统功能的最基本方式，是指在中枢神经系统的参与下，机体对内外环境变化所做的规律性应答，是实现神经系统功能的最基本方式，从最简单的眨眼反射到复杂的行为表现，都是反射活动。巴甫洛夫在前人基础上进一步研究大脑皮层的功能，提出了条件反射学说，将反射分成条件反射和非条件反射两类。非条件反射是机体固有的反射，条件反射是在一定条件下形成，通过后天学习获得。

2. 反射弧的组成　反射的结构基础和基本单位是反射弧（reflex arc）。反射弧包括感受器、传入神经、反射中枢、传出神经和效应器5个组成部分（图9-7）。感受器一般是神经末梢的特殊结构，是一种换能装置，可将所感受到的各种刺激的信息转变为神经冲动。感受器的种类多、分布广，有严格的特异性，只能接受某种特定的适宜刺激。效应器是指产生效应的器官，如骨骼肌、平滑肌、心肌和腺体等。反射中枢（reflex center）通常是指中枢神经系统内调节某一特定生理功能的神经元群。反射中枢的范围可以相差很大。一般来说，较简单的反射活动，参与的中枢范围比较狭窄，如膝跳反射中枢在腰部脊髓；角膜反射中枢在脑桥。而较复杂的反射活动，如呼吸运动的中枢分布在延髓、脑桥、下丘脑以至大脑皮层等广泛的区域内。传入神经由传入神经元的突起（包括周围突和中枢突）所构成，这些神经元的胞体位于背根神经节或脑神经节内，它们的周围突与感受器相连，感受器接受刺激转变为神经冲动，冲动沿周围突传向胞体，再沿其中枢突传向中枢。传出神经是指中枢传出神经元的轴突构成的神经纤维。

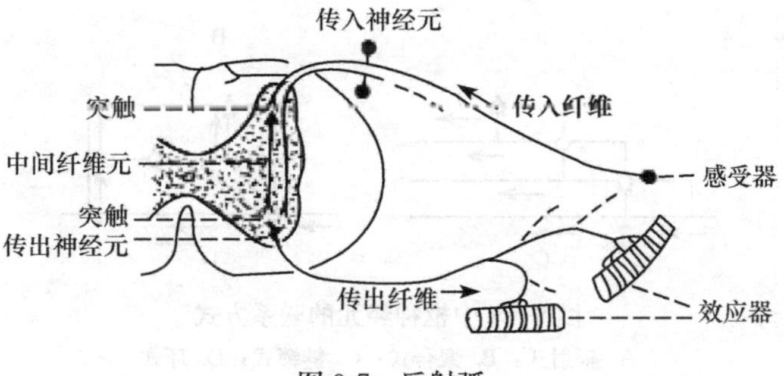

图9-7　反射弧

3. 反射的基本过程　感受器感受一定的刺激后发生兴奋；兴奋以神经冲动的形式经传入神经传向中枢；通过中枢的分析和综合活动，中枢产生兴奋过程；中枢的兴奋经一定的传出神经到达效应器，最后效应器发生某种活动改变。如果中枢发生抑制，则中枢原有的传出冲动减弱或停止。在自然条件下，反射活动需要反射弧的结构和功能保持完整，如果反射弧中任何一个环节中断反射都将不能进行。一个最简单的反射只通过一个突触，如腱反射，这种反射称为单突触反射（monosynaptic reflex），其反射时最短。但大多数反射，则经过两个以上的突触，称多突触反射（polysynaptic reflex），其反射时较长，反射也较复杂。多突触反射的典型例子是屈肌反射。

在整体情况下发生反射活动时，感觉冲动传入脊髓或脑干后，不仅在同一水平与传出部分发生联系并发出传出冲动，同时还有上行冲动传导到更高级的中枢部位，乃至位于大脑皮层的中枢，通过高级中枢的整合，再发出下行冲动来调整反射的传出冲动。因此，在反射发生时，既有初级水平的整合活动，又有较高级水平的整合活动，通过多级水平的整合后，反射活动具有更大的复杂性和适应性。

神经中枢的活动可通过传出神经直接作用于效应器，在某些情况下，传出神经还可以作用于内分泌腺，通过分泌激素再间接地作用于效应器。这时的激素调节成了神经调节的延伸部分。反射效应在内分泌腺的参与下，往往变得比较缓慢、广泛而持久。例如，强烈的疼痛刺激可以通过交感神经反射性地引起肾上腺髓质激素分泌增加，从而产生广泛的反应。

（二）中枢神经元的联系方式

中枢神经系统由数以千亿、种类繁多的神经元所组成，它们之间通过突触联系，构成非常复杂多样的联系方式。归纳起来最基本的联系方式有辐散式、聚合式、链锁式和环式等几种。

1. 辐散式　一个神经元的轴突通过其分支分别与许多神经元建立突触联系的方式称为辐散式联系（图 9-8A）。这种联系方式能使一个神经元的兴奋引发许多其他神经元同时兴奋或抑制，从而扩大了神经元活动的影响范围。机体内传入神经元与其他神经元发生突触联系时主要为此种方式。辐散原则：负责传入，可以使许多神经元兴奋。

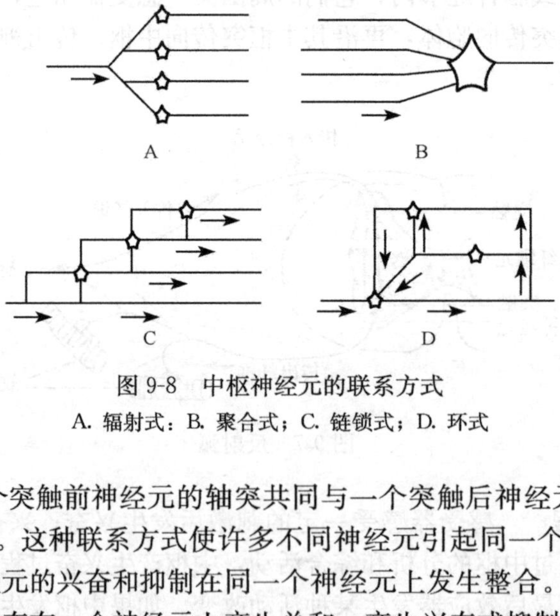

图 9-8　中枢神经元的联系方式

A. 辐射式；B. 聚合式；C. 链锁式；D. 环式

2. 聚合式　多个突触前神经元的轴突共同与一个突触后神经元建立突触联系，称为聚合式联系（图 9-8B）。这种联系方式使许多不同神经元引起同一个神经元发生兴奋总和，也可能使许多不同神经元的兴奋和抑制在同一个神经元上发生整合。聚合原则：负责传出、可以由许多神经元的兴奋在一个神经元上产生总和，产生兴奋或抑制效应。

3. 链锁式和环式联系　中枢神经系统内神经元间的辐散式和聚合式联系方式常常共同存在，并且通过中间神经元将这两种联系方式结合构成许多复杂的链锁式（图 9-8C）和环式（图 9-8D）联系。当兴奋通过链锁式联系时，可以在空间上加强或扩大作用范围。当兴奋通过环式联系时，如果其中各神经元都是兴奋性神经元，则兴奋得到加强和延续，起正反馈作用，并在停止刺激后，反射活动仍然持续一段时间，即所谓的“后放”。如果环路中的某些神经元是抑制性的，可使原来的神经活动减弱或终止，起负反馈作用。神经元间的这种多样化联系方式是中枢神经系统功能高度复杂化的结构基础，使中枢神经系统能对各种反射活动进行精确调节，并使中枢神经系统各不同部位保持相互配合与协调。这类联系方式的生理意义是扩大影响范围，加强和抑制活动。

（三）中枢兴奋的传布特征

兴奋在中枢的传布完全不同于神经纤维上冲动的传导，其主要原因在于中枢部位除了受传入神经冲动的影响外，还受来自其他脑中枢的冲动以及在中枢神经内神经元之间错综复杂的联系的影响。中枢兴奋的传布有以下特征。

1. 单向传布　在中枢神经系统中，冲动只能沿着特定的方向和途径传播，即感受器兴奋产生的冲动向中枢传递，中枢的冲动则传向效应器，这种现象称为单向传布。单向传布是由突触传递的特征决定的。因为只有突触前末梢能释放化学递质引起后膜发生反应，突触后膜兴奋时产生的突触后电位不能越过突触间隙反过来引起突触前膜兴奋。由于中枢兴奋的单向传布，从而保证了神经系统的调节和整合活动能够有规律地进行。

2. 反射时和中枢延搁　从刺激作用于感受器起，到效应器发生反应所经历的时间，称为反射时（reflex time），这是兴奋通过反射弧（reflex arc）各个环节所需的时间。其中兴奋通过突触时，经历时间较长，即所谓突触延搁，据测定，兴奋通过一个突触为0.3～0.5ms。这是因为在突触传递过程中，必须经历化学递质的释放、扩散，与后膜上的受体结合，产生兴奋性突触后电位，再通过总和作用，才使突触后神经元兴奋，故延搁时间较长。这种现象称为中枢延搁（central delay）。由于中枢延搁和突触存在有关，因此在中枢内的突触联系越多，反射时就越长。

3. 总和　在突触传递中，突触前末梢的一次冲动引起释放的递质不多，只引起突触后膜的局部去极化，产生兴奋性突触后电位，如果同一突触前末梢连续传来多个冲动，或多个突触前末梢同时传来一排冲动，则突触后神经元可将所产生的突触后电位总和（summation）起来，待达到阈电位水平时，就使突触后神经元兴奋，前者称为时间总和，后者称为空间总和。在中枢内兴奋的总和实际上就是突触总和。

4. 扩散与集中　由机体不同部位传入中枢的冲动，常最后集中传递到中枢内某一部位，这种现象称为中枢兴奋的集中。例如，饲喂时，由嗅觉、视觉和听觉器官传入中枢的冲动，可共同引起唾液分泌中枢的兴奋，从而导致唾液分泌。兴奋集中的结构基础是由于中枢内的神经元存在着聚合式突触联系（图9-8A）的结果。上述兴奋的空间总和即是兴奋集中的表现。

从机体某一部位传入中枢的冲动，常不限于中枢的某一局部，而往往可引起中枢其他部位发生兴奋，这种现象称为中枢兴奋的扩散（diffusion）。例如，当皮肤受到强烈的伤害性刺激时，所产生的兴奋传到中枢后，在引起机体的许多骨骼肌发生防御性收缩反应的同时，还出现心血管、呼吸、消化和排泄系统等活动的改变，这就是中枢兴奋扩散的结果。兴奋扩散的结构基础是由于中枢内的神经元存在着辐散式突触联系（图9-8A）的结果。如果刺激适当，则不引起较大范围的活动，只引起局部的反应，称之为反射的局限化。

5. 兴奋节律的改变　在一个反射活动中，如果同时分别记录背根传入神经和腹根传出神经的冲动频率，可发现两者的频率并不相同。因为传出神经的兴奋除取决于传入冲动的节律外，还取决于传出神经元本身的功能状态。在多突触反射中则情况更复杂，冲动由传入神经进入中枢后，要经过中间神经元的传递，因此传出神经元发放的频率还取决于中间神经元的功能状态和联系方式。

6. 后放 在一个反射活动中，常可看到，当刺激停止后，传出神经仍可在一定时间内连续发放冲动，使反射能延续一段时间，这种现象称为后放（after discharge）。后放发生的原因很多，中枢内神经元存在的环式联系（图 9-8D）是后放产生的原因之一。此外，在效应器发生反应时，效应器内的感受器（骨骼肌的肌梭）受到刺激，其发出的冲动又由传入神经传到中枢，使原先的反射活动得以维持，这也是产生后放的原因。

7. 易化作用和抑制作用 中枢内每一神经元兴奋性可受到其他神经元的影响而发生变化。当其兴奋性受到影响而升高时，其兴奋阈值降低，则兴奋的传递易于进行，反射易于发生，这一现象称为中枢兴奋的易化作用。例如，延髓网状结构外侧部的某些神经元，对脊髓腹角运动神经元有较强的易化作用。与此相反，当某一神经元的兴奋性因受到其他神经元的影响而降低时，则兴奋阈值就升高，使中枢兴奋的传递难以进行，反射也较难发生，这一现象称为中枢兴奋的抑制作用。例如，大脑皮质的某些神经元对皮质下的许多中枢的神经元有明显的抑制作用。

8. 对内环境变化的敏感性和易疲劳性 在反射活动中，突触是反射弧中最易发生疲劳的部位。因为，在经历了长时间的突触传递后，突触小泡内的递质将大大减少，从而影响突触传递而发生疲劳。突触也最易受内环境变化的影响。如果急性缺氧几秒钟，即会发生传递障碍，这是由于缺氧而造成递质合成减少之故。突触对内环境的酸碱度改变也极为敏感。当动脉血的 pH 从正常值 7.4 上升到 7.8 时，可提高后膜对递质的敏感性，而使之易于兴奋，从而诱发惊厥、出现碱中毒；当动脉血的 pH 下降到 7.0 或 6.95 时，可降低后膜对递质的敏感性而难以兴奋，从而导致昏迷、出现酸中毒。

突触对某些药物亦很敏感。临床上常用的兴奋药或麻醉药，多数是通过改变突触后膜对兴奋性或抑制性递质的敏感性而发挥作用的。例如，士的宁可降低后膜对抑制性递质的敏感性，特别是对脊髓内的突触作用最为明显，故常用作脊髓兴奋剂；又如，巴比妥类可降低后膜对兴奋性递质的敏感性或提高其对抑制性递质的敏感性，特别是对脑干网状结构内的突触作用最为明显，故常用作镇静剂或麻醉剂。

（四）中枢抑制

在中枢神经系统中，经过突触传递，突触后神经元兴奋，也可能被抑制。抑制过程是中枢神经系统的另一种基本神经活动。表现在使机体内某些反射活动减弱或停止，在中枢本身，表现为兴奋性降低，暂时失去传递兴奋的能力，电活动呈超极化状态。所以，抑制过程并不是简单的静止或休息，而是与兴奋过程相对立的主动的神经活动。中枢抑制（central inhibition）有许多与中枢兴奋相类似的基本特征。例如，抑制的发生也需要由刺激引起，抑制也有扩散和集中、总和、后放等。根据中枢神经系统内抑制发生机制的不同，可将抑制分为突触后抑制和突触前抑制。由抑制性中间神经元产生。抑制发生在突触后膜，是 IPSP 的表现。

1. 突触后抑制 在突触的传递中已经提到，如果突触后膜发生超极化，即产生抑制性突触后电位，使突触后神经元兴奋性降低，不易去极化而呈现抑制，这种抑制就称为突触后抑制（postsynaptic inhibition）。在哺乳动物中，所有的突触后抑制都是由一个称为抑制性中间神经元释放抑制性递质引起的。据此，一个兴奋性神经元，通过突触联系能引起其他神经元产生兴奋，但不能直接引起其他神经元产生突触后抑制，它必须首先兴奋一个抑制性中间神经元，然后转而抑制其他的神经元。突触后抑制根据神经元联系方式不同，又可分为传入侧支性抑制和回返性抑制。

(1) 传入侧支性抑制（collateral inhibition）：指一条感觉传入纤维的冲动进入脊髓后，一方面直接兴奋某一中枢神经元，另一方面通过其侧支兴奋另一抑制性中间神经元，然后通过抑制性中间神经元的活动转而抑制另一中枢神经元（图 9-9）。例如，动物运动时，伸肌的肌梭传入纤维的冲动进入中枢后，直接兴奋伸肌的 α-运动神经元，同时发出侧支兴奋一个抑制性中间神经元，转而抑制同侧屈肌的 α-运动神经元，导致伸肌收缩而屈肌舒张。这种形式的抑制不仅在脊髓内具有，脑内也有。其作用在于使不同中枢之间的活动协调起来。这种抑制曾被称为交互抑制（reciprocal inhibition）。

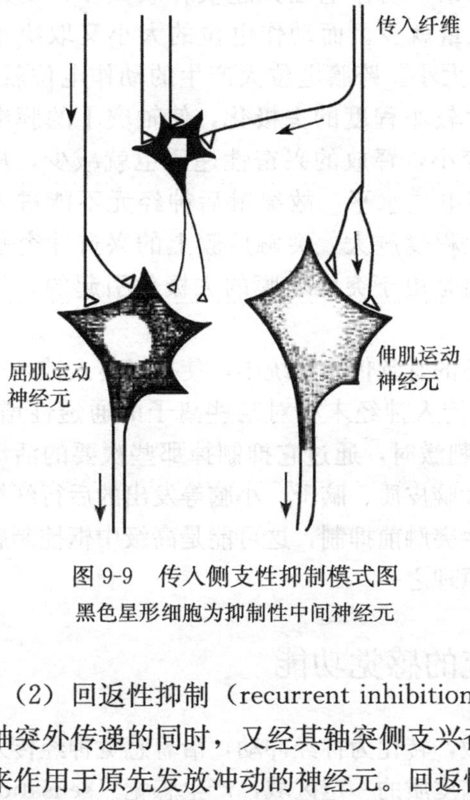

图 9-9 传入侧支性抑制模式图

黑色星形细胞为抑制性中间神经元

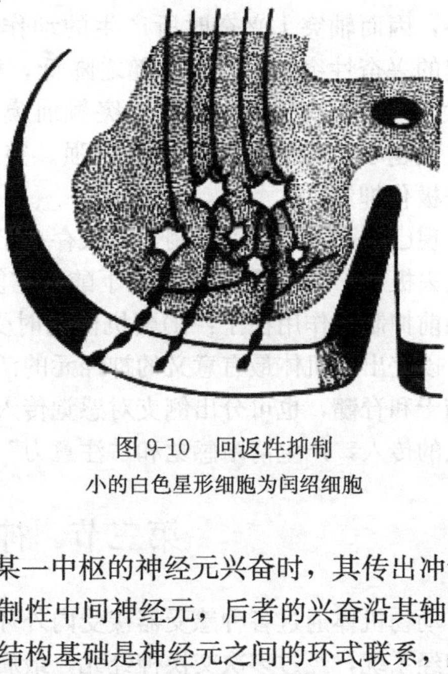

图 9-10 回返性抑制

小的白色星形细胞为闰绍细胞

(2) 回返性抑制（recurrent inhibition）：是指某一中枢的神经元兴奋时，其传出冲动在沿轴突外传递的同时，又经其轴突侧支兴奋另一抑制性中间神经元，后者的兴奋沿其轴突返回来作用于原先发放冲动的神经元。回返性抑制的结构基础是神经元之间的环式联系，其典型代表是脊髓内的闰绍细胞对运动神经元的反馈抑制，脊髓腹角运动神经元在发出轴突支配骨骼肌时，其轴突在尚未离开脊髓腹角灰质前发出侧支支配腹角灰质中的一个抑制性中间神经元——闰绍细胞，它兴奋时使原发放冲动的运动神经元发生抑制（图 9-10）。闰绍细胞轴突末梢释放的递质可能是甘氨酸，其作用可被士的宁和破伤风毒素所破坏。如果闰绍细胞的功能被破坏，将会出现强烈的肌肉痉挛。回返性抑制在中枢内广泛存在，它使神经元的兴奋能及时终止，起着负反馈的调节作用。

2. 突触前抑制 当突触后膜受到突触前轴突末梢的影响，使后膜上的兴奋性突触后电位减小，导致突触后神经元不易或不能兴奋而呈现抑制，称为突触前抑制（presynaptic inhibition）。这种抑制发生不在突触后膜而在突触前膜，因为此时的突触后膜并不产生抑制性突触后电位，使突触后神经元的兴奋性降低。突触前抑制的结构基础为轴-轴突触，通过

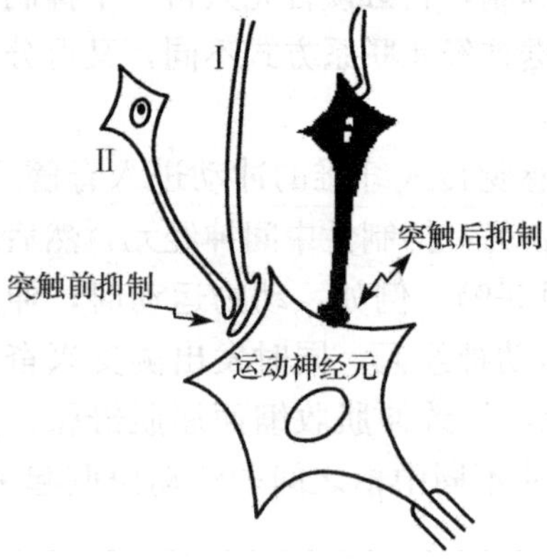

图 9-11　突触前抑制与突触后抑制的结构对比

突触后膜活动而发生（图 9-11）。当轴突Ⅰ与运动神经元构成轴-体突触；轴突Ⅱ与轴突Ⅰ构成轴-轴突触，轴突Ⅱ不直接接触运动神经元。当轴突Ⅱ单独兴奋时该运动神经元没有反应，但可使轴突Ⅰ发生部分去极化，使静息电位变小。而当轴突Ⅰ单独兴奋时，则可使运动神经元产生兴奋性突触后电位（约 10mV）。如果轴突Ⅱ先兴奋，接着轴突Ⅰ兴奋，则该运动神经元的兴奋性突触后电位将减小（5mV），可见轴突Ⅱ的活动能抑制轴突Ⅰ对运动神经元的兴奋作用。关于突触前抑制发生的原因，在兴奋性突触传递中已提到，动作电位是触发递质释放的因素，动作电位大递质释放量多，动作电位小递质释放量就少。而动作电位的大小又取决于跨膜静息电位的大小。跨膜电位大产生的动作电位就大，反之则小。当轴突Ⅱ兴奋时，将引起轴突Ⅰ发生较小程度的去极化，使轴突Ⅰ的膜电位减小，因而轴突Ⅰ兴奋时所产生的动作电位就变小，释放的兴奋性递质也就减少，从而引起的兴奋性突触后电位也随之降低，达不到阈电位水平，故突触后神经元不能进入兴奋状态，而呈现抑制。因此，突触前膜的去极化程度越大，突触后膜上的兴奋性突触后电位就越小，抑制的程度也就越强。突触前抑制是由于突触前膜的去极化引起的，故也称去极化抑制。

现已证明，突触前抑制，一般存在于脊髓背角的感觉传入系统中，使初级传入神经末梢发生去极化。其递质为 γ-氨基丁酸，它能使初级传入神经末梢对某些离子的通透性增大。突触前抑制的作用在于：①当机体同时受到不同刺激时，通过它抑制掉那些次要的活动信息，以突出对机体最有意义的神经元的活动；②大脑皮质、脑干、小脑等发出的后行纤维通过脑干和脊髓，也可分出侧支对感觉传入冲动发生突触前抑制，这可能是高级中枢控制感觉信息的传入，产生清晰感觉和“注意力”集中的原理之一。

第三节　神经系统的感觉功能

动物机体通过各种感受器接受内外环境的刺激，转化为神经冲动，沿着感觉神经传入中枢神经系统，经过多次交换神经元，最后到达大脑皮质的一定区域，产生感觉（sensation）。其中脊髓和脑干是接受感受器刺激的传入冲动的基本部位，丘脑是感觉机能的较高级部位，大脑皮质是感觉机能的高级部位。

一、感受器

感受器多种多样。有的简单，只是一种游离的传入神经末梢（如痛觉）；有的复杂，是接受某种刺激而发生兴奋的特殊结构（如视网膜中的光感受细胞）。尽管感受器结构各不相同，但它们的功能却是一样的，能够接受内、外环境的刺激，并将其转化为神经冲动，沿传入神经传入中枢神经系统。

(一) 感受器的分类

感受器可分为外感受器（exteroceptor）和内感受器（interoceptor）两大类。每大类又可分为几小类。

- 感受器
  - 外感受器
    - 皮肤感受器
      - 温度感受器
      - 机械感受器（压觉、触觉）
    - 化学感受器（味觉、嗅觉）
    - 声感受器（听觉）
    - 光感受器（视觉）
  - 内感受器
    - 本体感受器（如肌梭、肌腱、关节、迷路）
    - 内脏感受器
      - 温度感受器
      - 机械感受器（压力、牵拉、渗透压）
      - 痛觉感受器

(二) 感受器的一般生理特性

不同结构的感受器虽然有不同的活动，但却表现出某些共同特征。

1. 适宜刺激　一般说来，每一种感受器都有它的适宜刺激（adequate stimulus）。例如，视网膜的适宜刺激为光波，内耳柯蒂氏器的适宜刺激是机械波，皮肤上温度感受器的适宜刺激是温度变化等。

2. 感受器的换能作用　感受器接受刺激发生兴奋，使刺激的能量转化为神经上的电活动，这就是感受器的换能（transduction of receptor）作用。用微电极插到感受器细胞内，在刺激时，它的神经末梢首先出现一个无潜伏期、不传播、能总和而不受局部麻醉剂影响的局部电位，这个电位称为感受器电位或发生器电位。它随着刺激加强而增大，当增大到一定水平时，就能使感觉神经末梢去极化，暴发动作电位并传播出去（图 9-12）。

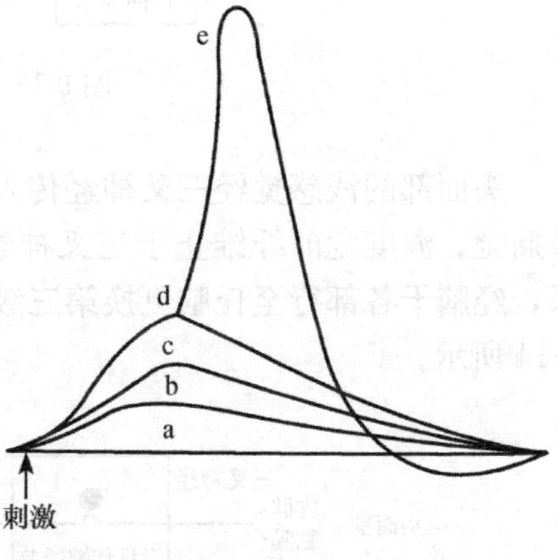

图 9-12　感受器电位和动作电位的产生
a～d. 随刺激强度增加而产生的感受器电位；e. 动作电位

3. 刺激强度与神经冲动的关系　在一定刺激强度范围内，感受器受到刺激时，冲动发放的频率与刺激强度的对数成正比。较弱的阈上刺激，冲动发放频率较低，只能引起少数（感受性较高）感觉神经元兴奋；较强的阈上刺激，冲动发放频率较高，能使更多的感觉神经元（感受性较低）产生兴奋。

4. 感受器的适应　以恒定的刺激强度持续作用于感受器时，将引起它的传入神经纤维上的冲动频率逐渐降低，这一现象称为感受器的适应。不同感受器的适应速度不同。例如，痛觉感受器和颈动脉窦的压力感受器都是适应很慢的感受器，而嗅觉和触觉感受器的适应却很快。

5. 感受器的反馈调节　感觉器官活动的自身调节是近年来才引起注意的问题之一。

早已证明，在感受器或传入传导路径的接替核，均有来自高位中枢的传出神经纤维存在。这些传出纤维对感受器的兴奋性或者对神经核的兴奋传导功能有调节作用。例如，在视网膜、耳蜗螺旋器、前庭器官的壶腹嵴、肌梭等感受器都证明有传出神经支配。这种传出神经纤维的调节作用，多数是属于抑制性的。它们是通过反馈作用实现的一种自身调节。

二、感觉传导通路

（一）脊髓与脑干的感觉传导通路

来自全身各种感受器的神经冲动，除通过脑神经传入中枢外，大部分经脊神经背根进入脊髓，然后分别经各自的传导路径传至大脑皮质。其感觉传导路径可分为两大类：一类是浅感觉传导路径，一类是深感觉传导路径。

1. 浅感觉传导路径 传导皮肤和黏膜的痛觉、温度觉和轻触觉冲动。由三级神经元组成。现分述如下。

躯干、四肢的浅感觉由传入神经传至脊髓背角，在背角灰质区换神经元，再发出纤维在中央管下交叉到对侧，分别经脊髓丘脑侧束（痛觉、温度觉）和脊髓丘脑腹束（轻触觉）前行达丘脑。再由丘脑更换第三级神经元，投射到大脑皮质的躯体感觉区。此传导路径概括如图 9-13 所示。

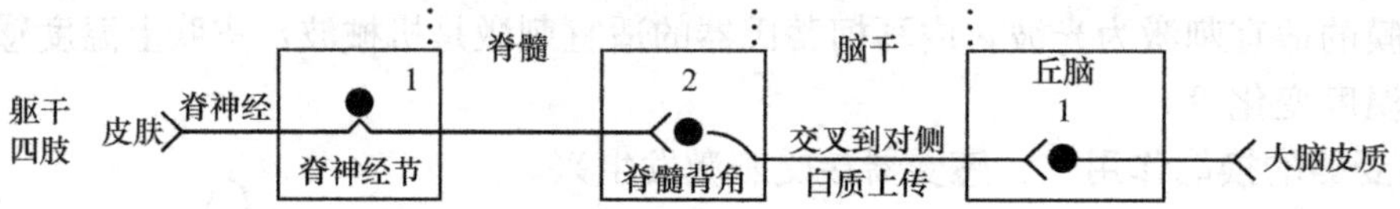

图 9-13　躯体、四肢的浅感觉传导路径

头面部的浅感觉经三叉神经传入脑桥后，其中传导轻触觉的纤维止于三叉神经核，而传导痛觉、温度觉的纤维止于三叉神经脊束核。二者换元后，交叉到对侧前行，组成三叉丘系，经脑干各部行至丘脑更换第三级神经元投射到大脑皮质的躯体感觉区。此路径概括如图 9-14 所示。

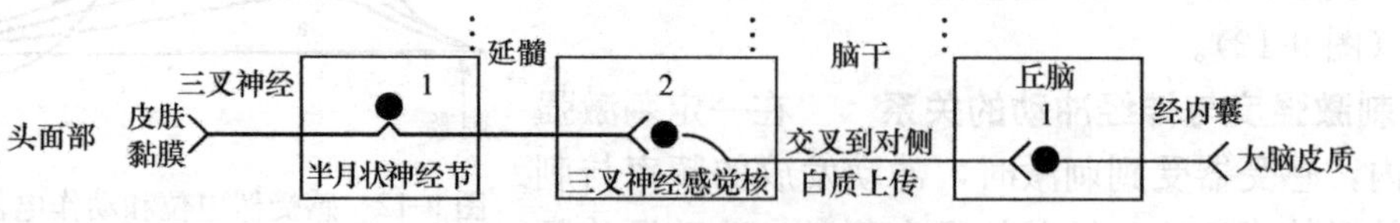

图 9-14　头面部的浅感觉传导路径

2. 深感觉传导路径 传导肌肉、肌腱、关节等的本体感觉和深部压觉的冲动。由这些部位的感受器所发出的冲动经脊神经传入脊髓背角，沿同侧背索前行抵达延髓的薄束核和楔束核。在此更换神经元并发出纤维交叉到对侧，经内侧丘系达丘脑，在丘脑换第三级神经元投射到大脑皮质的躯体感觉区。此路径概括如图 9-15 所示。

可见，脊髓在传导感觉冲动的途径中，都有一次交叉。浅感觉传导路径是先交叉再前行；深感觉传导路径是先前行再交叉。因此，在脊髓半断离的情况下，浅感觉的障碍发生在断离的对侧，而深感觉的障碍发生在断离的同侧。

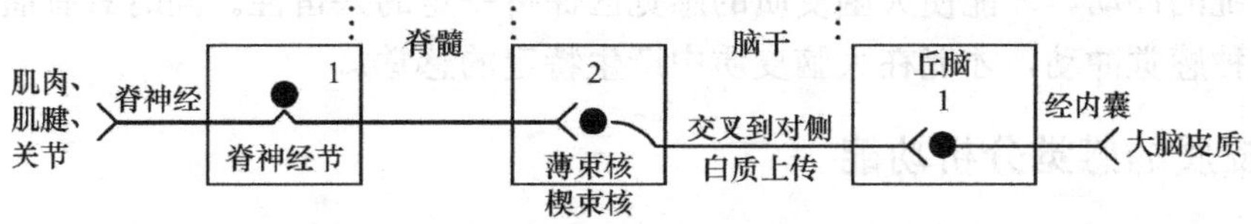

图 9-15 深感觉传导路径

(二) 感觉投射系统及其作用

根据丘脑各核团向大脑皮质投射纤维特征的不同，丘脑的感觉投射系统可分为特异性投射系统和非特异性投射系统。

1. 特异性投射系统 从机体各种感受器发出的神经冲动，进入中枢神经系统后，由固定的感觉传导路径，集中到达丘脑的一定神经核（嗅觉除外），由此发出纤维投射到大脑皮质的各感觉区，产生特定感觉。这种传导系统称为特异性投射系统（specific projection system）（图 9-16）。典型的感觉传导路径，一般是由三级神经元的接替完成的。第一级神经元位于脊神经节或有关的脑神经感觉神经节内；第二级神经元位于脊髓背角或脑干的有关神经核内；第三级神经元在丘脑的后腹核内。但特殊感觉（视觉、听觉、嗅觉）的传导路径较为复杂。因此，丘脑是特异性传导系统的一个重要接替站，它对各种传入冲动（嗅觉除外）进行汇集，并作初步的分析和综合，产生粗略的感觉，但对刺激的性质和强度则不能进行精确的分析。

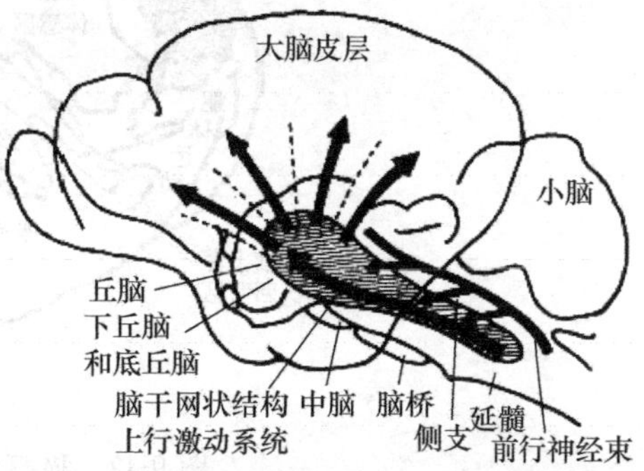

图 9-16 网状结构上行激动系统示意图
猫脑矢状切面

2. 非特异性投射系统 特异性投射系统的第二级神经元的纤维通过脑干时，发出侧支与脑干网状结构的神经元发生突触联系，然后在网状结构内通过短轴突多次换元而投射到大脑皮质的广泛区域（图 9-16）。这一投射系统是不同感觉的共同前行途径。由于各种感觉冲动进入脑干网状结构后，经过许多错综复杂交织在一起的神经元的彼此相互作用，就失去了各种感觉的特异性，因而投射到大脑皮质就不再产生特定的感觉。所以，把这个传导系统称为非特异性投射系统（unspecific projection system）。此系统的作用一是激动大脑皮质的兴奋活动，使机体处于醒觉状态，所以非特异性投射系统又称为脑干网状结构上行激动系统（ascending activating system）。当这一系统的传入冲动增多时，皮质的兴奋活动增强，使动物保持醒觉状态，甚至引起激动状态；当这一系统的传入冲动减少时，皮质兴奋活动减弱，使动物处于相对安静状态，甚至皮质的广大区域转入抑制状态而引起睡眠。二是调节皮质各感觉区的兴奋性，使各种特异性感觉的敏感度提高或降低。如果这一系统受到损伤，使皮质的兴奋活动减弱，动物将陷入昏睡。由于这一系统是一个多突触接替的前行系统，所以它易受麻醉药物的作用而发生传导障碍。有些麻醉药如冬眠灵等，就是作用于脑干网状结构，阻断了这条通路，降低了皮质的兴奋性，从而引起安静和睡眠。

要在大脑皮质产生感觉，有赖于特异性和非特异性投射系统的互相配合。只有通过非特异性投射系统的冲动，才能使大脑皮质的感觉区保持一定的兴奋性。同时只有通过特异性投射系统的各种感觉冲动，才能在大脑皮质中产生特定的感觉。

三、大脑皮质的感觉分析功能

大脑皮质是感觉的最高级中枢，它接受身体各部分传来的冲动，进行精细的分析与综合后产生感觉，并发生相应的反应。不同的感觉在大脑皮质内有不同的代表区（图 9-17）。但大脑皮质的感觉代表区的功能性差别不是绝对的，它只能表明在一定的区域内对一定功能有比较密切的联系，并不意味着各感觉区之间互相孤立和各不相关。事实上，它们之间在功能上密切联系，协同活动，产生各种复杂的感觉。

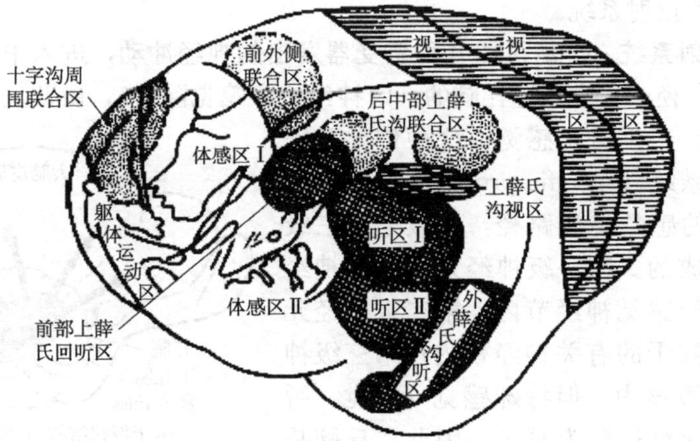

图 9-17　猫躯体感觉区在大脑皮层上的投影

（一）感觉代表区的分区与功能

1. 躯体感觉区　躯体感觉区定位于大脑皮质顶叶。低等哺乳类，如兔、鼠等的躯体感觉区与躯体运动区基本重合，统称感觉运动区（sensorimotor area)。而猫、狗和家畜的躯体感觉区与躯体运动区也有重叠之处，但躯体感觉区主要在十字沟的后侧和外侧，称为第一感觉区。动物越高等，躯体感觉区与躯体运动区越明显分离。例如，灵长类动物（如猴）躯体感觉区在顶叶中央后回，而躯体运动区则在额叶中央前回。

躯体感觉在大脑皮质的投影有以下规律：①具有左右交叉的特点，但头面部的感觉投影是双侧性的；②前后倒置（图 9-18），即后肢投影在大脑皮质顶部，且转向大脑半球内侧

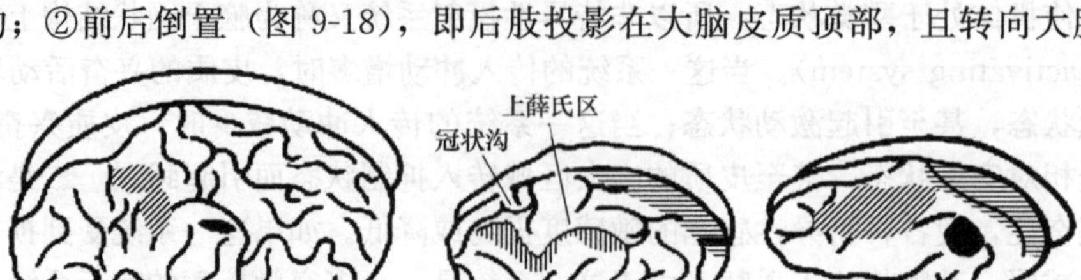

图 9-18　山羊、猪和矮马大脑皮质上体感、视觉、听觉区的比较

面，而头部投影在底部；③投影区的大小取决于感觉的灵敏度、机能重要程度和动物特有的生活方式。研究表明，马和猪的躯体感觉以鼻部所占的投影区最大，而绵羊和山羊则以上、下唇最大。这说明鼻、唇是这些动物觅食的主要器官，机能重要、灵敏度高，故投影区大。

2. 感觉运动区　感觉运动区即躯体运动区，也是肌肉本体感觉投影区，它与外周神经联系是对侧的。

3. 视觉区　枕叶皮层是视觉的投射区，左侧枕叶皮层接受来自左眼颞侧视网膜和右眼鼻侧视网膜传入纤维的投射；右侧枕叶皮层接受来自右眼颞侧视网膜和左眼鼻侧视网膜传入纤维的投射。枕叶皮层视觉代表区的具体部位在皮层内侧面的距状裂上、下缘，视网膜上半部投射到距状裂的上缘，下半部投射到下缘，视网膜中央的黄斑区投射到距状裂的后部，视网膜周边区投射到距状裂的前部（图 9-19）。电刺激大脑的距状裂上、下缘（17 区），可以使受试者产生简单的主观光感觉，但不能引起完善的视觉形象。对视皮层单个神经元的电生理研究指出，极少数神经元只对单眼视觉刺激发生反应，它们集中存在于皮层第 4 层内，接受外侧膝状体投射纤维的传入冲动；绝大多数神经元能对双侧眼球视觉刺激发生反应，它们主要分布于第 4 层之外，与双眼视觉和立体视觉功能有关。

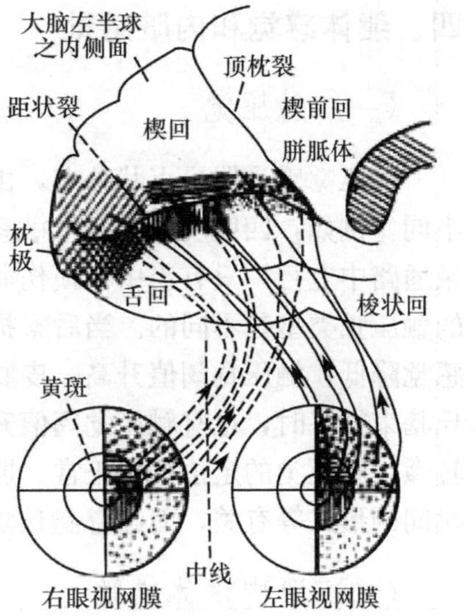

图 9-19　视网膜各部分到大脑皮层枕叶的投射

4. 听觉区　颞叶皮层的一定区域是听觉的投射区，听觉的投射是双侧性的，即一侧皮层代表区与双侧耳蜗感受功能有关。猿猴的听皮层在颞叶，位于脑岛和颞上回之间，耳蜗不同部位的感觉传入冲动投射到听皮层的一定部位，耳蜗底部（高频声感）投射到前部，耳蜗顶部（低频声感）投射到后部，说明不同音频感觉的投射区有一定的分野。人的听觉代表区位于颞横回和颞上回（41 区和 42 区），电刺激上述区域能引起受试者产生铃声或吹风样的主观感觉。

5. 嗅觉和味觉区　嗅觉在皮层的投射区随着进化而缩小，在高等动物只有边缘叶的前底部区域（包括梨状区皮层的前部和杏仁核的一部分）与嗅觉功能有关。刺激人脑这些结构可导致特殊的主观嗅觉，如焦橡胶气味等。此外，味觉投射区在中央后回头面部感觉投射区的下侧。

6. 内脏感觉区　全身内脏感觉神经是混在交感神经和副交感神经中进入脊髓、脑干，更换神经元后，通过丘脑和下丘脑而到达大脑皮质的中央后回和边缘叶。

（二）感觉皮层的可塑性

现已知道，感觉代表区神经元间的广泛联系可以发生较快的改变。如果截去猴的一个手指，皮层代表区上原来那个被截手指所占据的区域就会被其邻近手指的代表区蔓延过来而占据。反过来，如果切除皮层上某个手指的代表区，那么这个手指的感觉投射就将移向这个已被切除的代表区的周围皮层。长时间去除肢体传入将导致皮层躯体感觉代表区的改变，此时皮层该肢体代表区能对触摸面部的刺激作出反应。相反，如果训练猴的手指，使之具有良好的辨别不同振动的感觉，那么该手指在皮层的代表区将会扩大。这些可塑性改变同样能发生在成年猴。对这些可塑性改变的解释是，感觉单位与皮层可能具有广泛的聚合和辐散联系，这些联系在废用时减弱，而在频繁使用时增强。这种类型的可塑性不仅发生在皮肤感受器的传入系统，也发生在其他感觉系统。例如，在猫的视网膜上造成了一个小点状损害，于是皮层区的盲点（受损视网膜的原投射区）开始对光照视网膜其他区域发生反应。可塑性也可发生在运动皮层。这些发现表明大脑具有较好的适应能力。

四、躯体感觉和内脏感觉

（一）触压觉

触压觉感受器呈点状分布，由于在皮肤上分布不均匀，所以不同部位的皮肤触觉敏感性不同。例如，四肢皮肤比躯干敏感，手指尖的敏感性更大。触压觉在内侧丘系和前外侧系两条通路中上行，只有当中枢损伤非常广泛时，触压觉才可能被完全阻断。这两个系统中传导的触压觉类型是不同的。当后索损毁时，振动觉（可认为是一种节律性的压觉）和肌肉本体感觉降低，触压觉阈值升高，皮肤上触压觉敏感区的数量减少，触压觉的定位也受损。脊髓丘脑束损害时，也有触压觉阈值升高和皮肤上触压觉敏感区减少的表现，但触压觉的缺损较轻微，触压觉的定位仍然正常。所以，经内侧丘系传导的触压觉与刺激的具体定位、空间和时间的形式等有关，而经脊髓丘脑束传导的触压觉仅有粗略定位的功能。

（二）肌肉本体感觉

本体感觉（proprioception）就是深部感觉，包括位置觉和运动觉。它主要来自躯体深部的肌肉、肌腱、骨膜和关节等处的组织结构，主要是对躯体空间位置、姿势状态和运动方向的感觉。来自肌肉的这些感觉即为肌肉本体感觉，其感受器为肌梭。本体感觉经脊髓后索上行，大量本体感觉传入冲动进入小脑，但有些冲动经内侧丘系和丘脑投射到大脑皮层。后索疾患时产生运动共济失调是因为本体感觉至小脑的传导受阻。也有部分本体感觉传入冲动在脊髓前外侧系内上行。躯体各部空间位置的知觉，部分来自关节和关节周围的感受器的传入冲动，这些感受器、加上触压觉感受器、肌梭的传人冲动在大脑皮层进行综合，对躯体的空间位置形成一个清晰的图像。微电极实验表明，感觉皮层的许多神经元主要对运动时的体位，而不是对静止时的体位起反应。

（三）温度觉

冷感受器对10～38℃的温度起反应，而温感受器对30～45℃的温度起反应。温度觉感受器也呈点状分布，在皮肤上的分布也不均匀，总体上讲冷点多于热点，躯干皮肤对冷的敏感性高于四肢皮肤。感觉传导在脊髓上行时，传导痛觉、温度觉和部分触压觉的传导路径先交叉后上行，而肌肉本体感觉和部分触压觉传导路径则先上行后交叉。所以在脊髓半离断的情况下，痛觉、温度觉和部分触压觉的障碍发生在离断的对侧，而本体感觉和部分触压觉障碍则发生在离断的同侧，在脊髓空洞症患者，如果较局限地破坏中央管前交叉的感觉传导路径可出现痛觉、温度觉和触压觉障碍的分离现象。这是因为痛觉、温度觉传入纤维进入脊髓后，在进入水平的1个或2个节段内更换神经元交叉到对侧，而部分触压觉传入纤维进入脊髓后分成上行纤维和下行纤维，分别在多个节段内更换神经元交叉到对侧，因此仅出现相应节段双侧皮节的痛觉、温度觉发生障碍，而触压觉基本不受影响。

（四）痛觉

疼痛是一种常有的感觉。疼痛刺激可引起自主神经系统的一系列反应，如肾上腺素分泌增加、血糖升高、血压上升等。疼痛又是许多疾病的一种症状。因此，可根据疼痛的部位、时间和性质来辅助诊断某些疾病。

根据痛觉感受器分布的部位，痛觉可分为皮肤或体表痛觉，肌肉和关节、筋膜深部痛觉和内脏痛觉三种。皮肤黏膜痛觉有灼痛、压痛和刺痛等；深部痛觉有跳痛、胀痛和压痛；内脏痛觉有绞痛、牵涉痛和胀痛等。

1. 皮肤痛觉与传导路径　伤害性刺激引起皮肤疼痛时，可导致先后产生两种性质的痛觉：一是快痛，也称为刺痛。它的特点是感觉鲜明、定位清楚、发生迅速、消失也迅速；二是慢痛，也称为灼痛。其表现为痛觉形成缓慢、呈烧灼感，是一种弥漫性而定位较差、持续时间长、强烈而难以忍受的疼痛，这类疼痛常伴以心血管和呼吸反应，临床上遇到的疼痛大部分属于慢痛。

关于其传入通路，已在脊髓感觉传导的特点内叙述，它可能与传导比较精确定位的痛觉有关。另外有些痛觉冲动，在脑干网状结构经多次换元后，间接传到丘脑的内侧部（髓板内核群，如束旁核和中央外侧核等），最后前传至大脑边缘系统及大脑皮质的第二体感区。这一通路与感觉关系密切，如破坏此通路，可缓解病畜的疼痛，但不影响皮肤的其他痛觉机能。

2. 内脏痛觉与牵涉痛

（1）内脏痛觉。内脏疼痛可分为两类：一类是体腔壁的浆膜痛，如胸膜或腹膜受到炎症、摩擦或手术的牵拉刺激所引起的疼痛；另一类是内脏本身出现的脏器痛。引起脏器痛的原因可能有两种：一是器官受机械性膨胀或牵拉（如胃、肠、膀胱或胆囊等受到膨胀或牵拉、内脏平滑肌痉挛时）所引起的疼痛；二是化学性刺激，如内脏局部缺血引起代谢物积聚（乳酸、丙酮酸等），刺激神经末梢所引起的剧烈疼痛。内脏虽有神经末梢感受刺激，但较皮肤的神经末梢稀疏，传入通路也较散在，因此，这种痛觉模糊，定位不明显，属于钝痛性质。例如，马腹痛与体表痛相比，定位就不明确。

（2）牵涉痛。当某些内脏患病时，常在皮肤不同区域发生疼痛或痛觉过敏，称为牵涉痛。牵涉痛发生的原因，一般认为是从某脏器来的感觉纤维和该段皮肤区来的感觉纤维，都传到同一节段脊髓。脏器和皮肤的一部分感觉纤维传来的冲动，沿各自专用的神经元前达丘脑；另一部分感觉传入冲动，在该段脊髓内，沿共用的神经元传到丘脑（图 9-20）。由丘脑再传至大脑皮质，产生脏器感觉或皮肤感觉。痛觉一般都来自体表，一旦脏器传来的痛觉冲动，前传到大脑皮质时，由于有共同神经元前传的冲动，故常误认为疼痛来自同节段脊髓支配的体表，这可能是牵涉痛发生的原因。

患病脏器传来的冲动能提高同一节段脊髓中枢的兴奋性，从而使皮肤的轻微刺激就能产生很强的兴奋，前传到大脑皮质，引起相应皮肤区对正常刺激出现过敏现象。如果内脏传入冲动很强，不仅影响脊髓相应节段的皮肤感觉过敏，同时可引起反射机能亢进，出现该节段所支配的肌肉紧张性加强。例如，腹腔内脏发生炎症时，腹壁紧张。

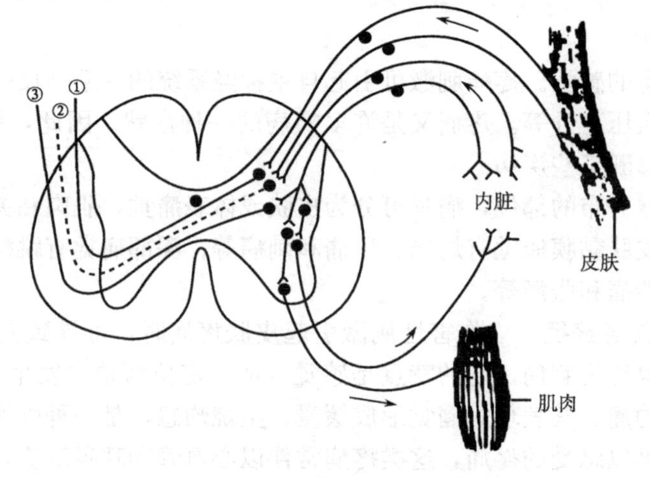

图 9-20 牵涉痛发生示意图

①体表痛觉传入通路；②体表、内脏痛觉共同传入通路；③内脏痛觉传入通路

第四节 神经系统对躯体运动的调节

躯体运动是动物对外界反应的主要活动。任何形式的躯体运动，都是以骨骼肌的活动为基础的。不同肌群在神经系统的调节下，互相协调和配合，形成各种有意义的躯体运动。神经系统不同部位对躯体运动有着不同的作用。

一、脊髓的躯体运动反射

躯体运动最基本的反射中枢位于脊髓。在生理学上，为了研究脊髓机能的特征，常用去大脑动物（decerebrate animal），也称脊髓动物（spinal animal）为对象，这样可以避免脑的各级部位对脊髓机能的影响。最基本的脊髓反射（spinal reflex）包括两类：牵张反射和屈肌反射。

（一）牵张反射

无论屈肌或伸肌，当其被牵张时，肌肉内的肌梭受到刺激，感觉冲动传入脊髓后，引起被牵拉的肌肉发生反射性收缩，从而解除被牵拉状态，这称为牵张反射（stretch reflex），这在伸肌表现得特别明显。牵张反射的感受器和效应器都存在于骨骼肌内，是维持动物姿势最基本的反射。一般分为腱反射和肌紧张。

1. 腱反射 腱反射（tendon reflex）是指快速牵拉肌腱时发生的牵张反射。例如，敲击股四头肌腱时，股四头肌发生收缩，膝关节伸直，称为膝反射（knee jerk）；敲击跟腱时，引起腓肠肌收缩，跗关节伸直，称为跟腱反射。

2. 肌紧张 肌紧张是指缓慢地持续牵拉肌腱时所发生的牵张反射，即被牵拉的肌肉发生缓慢而持久的收缩，以阻止被拉长。肌紧张是同一肌肉内不同运动单位进行交替性收缩来维持的，故肌紧张活动能持久而不易疲劳。运动单位是指一个脊髓 α-运动神经元或脑干运动神经元及其支配的全部肌纤维所组成的功能单位。正常机体内，伸肌和屈肌都因发生牵张反射而维持一定的紧张性，但在动物站立时，由于重力影响，支持体重的关节，趋向于被重力所弯曲，关节弯曲势必使伸肌肌腱受到持续的牵拉，从而发生持续的牵张反射，引起该肌的收缩，以对抗关节的弯曲，而维持站立姿势。所以动物维持站立姿势时，伸肌的肌紧张处于主要地位。可见，牵张反射以伸肌最显著是有一定生理意义的。牵张反射的发生，是通过脊髓中枢的兴奋性突触和抑制性突触的双重作用完成的。

（1）兴奋性突触的作用。位于骨骼肌纤维间的肌梭（muscle spindle），因突然被牵拉所产生的冲动，沿传入神经元进入脊髓，其中一部分纤维和脊髓腹角 α-运动神经元发生兴奋性突触联系，使 α-运动神经元产生大量冲动传到肌纤维，使之猛烈收缩，因而整条肌肉缩短（图 9-21）。

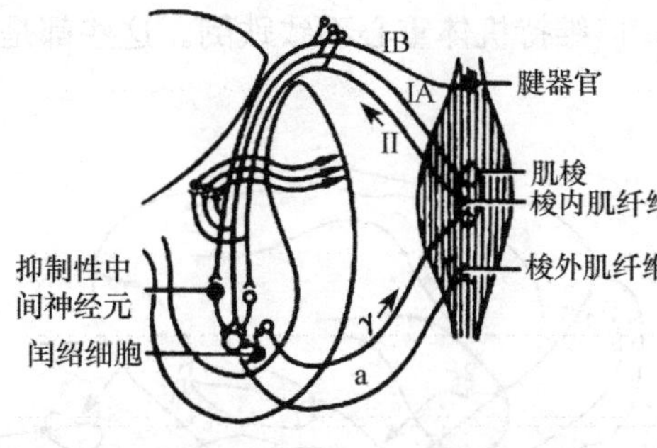

图 9-21　牵张反射示意图

α-运动神经元支配梭外肌，γ-运动神经元支配梭内肌，β-运动神经元同时支配梭内肌和梭外肌。肌梭是一个长度感受器，肌缩囊内一般含有 6～12 根肌纤维，称梭内肌纤维，囊外的纤维称梭外肌纤维，整个肌梭附着在梭外肌纤维上，两者呈并联关系，因此，当梭外肌收缩时，感受装置（肌梭）所受的牵拉刺激减弱；梭内肌纤维的两端具有收缩功能，而中间部分为感受装置，两者呈串联关系，当梭内肌纤维收缩时，感受装置对牵拉刺激的敏感度增高，因此，传出纤维的活动可调节肌梭对牵拉刺激的敏感性。

（2）抑制性突触的作用：包括直接（传入侧支性抑制）和间接（回返性抑制）两种抑制方式（见本章中枢抑制）。

（二）屈肌反射和对侧伸肌反射

以伤害性刺激施与一侧后肢的下部，如针该侧后肢屈曲，这种现象称为屈肌反射。此反射的发生，是左侧后肢皮肤的刺激信息沿传入神经进入脊髓后，通过一个兴奋性中间神经元，终止在支配左侧屈肌的腹角运动神经元（motor neuron），并与之发生兴奋性突触联系，使屈肌完成收缩。同时，传入神经的一些侧支又通过一个抑制性中间神经元，终止在支配左侧伸肌的腹角运动神经元，并与之发生抑制性突触联系，使伸肌舒张。结果该侧后肢产生屈曲动作（图 9-22）。如果刺激很强，除本侧肢体发生屈曲外，同时引起对侧肢体伸直，以支持体重，这种对侧肢体伸直的反射称为对侧伸肌反射（crossed extensor reflex）。此反射的发生是通过脊髓中枢的交互抑制来实现的，表现为被刺激同侧肢体是屈肌兴奋和伸肌抑制，而

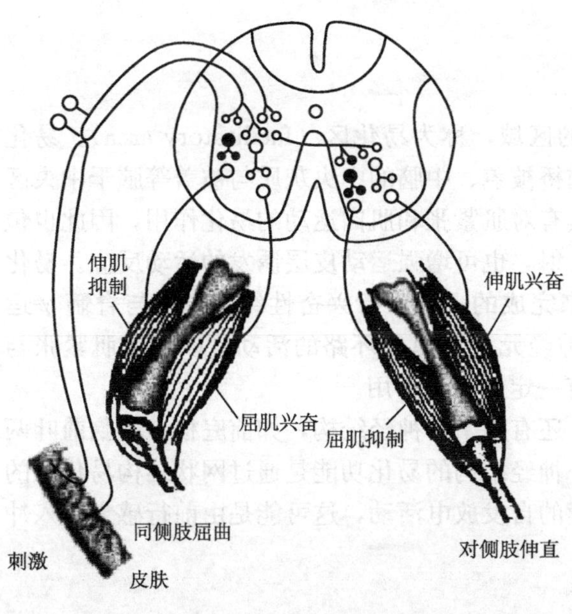

图 9-22　屈肌反射和对侧伸肌反射示意图
实心点表示抑制性突触，空心点表示兴奋性突触

对侧肢体是伸肌兴奋而屈肌抑制（图 9-23）。对侧肢体伸直的原因是：当刺激很强时，使传入神经元活动增多，一些传入神经元的冲动传到对侧，其中一部分末梢通过抑制性中间神经元，终止在支配屈肌的运动神经元，并与之发生抑制性突触联系；另一部分末梢则通过兴奋性中间神经元，终止在支配伸肌的运动神经元，并与之发生兴奋性突触联系，结果使对侧屈肌抑制和伸肌兴奋，从而导致对侧肢体伸直。

上述两种反射的生理意义在于，被刺激同侧肢体屈曲，以躲避伤害作用，对侧肢体伸直，以维持机体重心不致跌倒。这些都是比较原始的防御性反射（defense reflex）。

二、脑干对肌紧张的调节

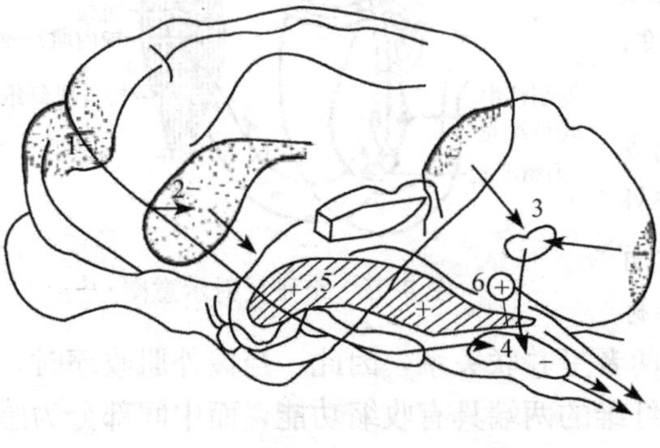

图 9-23 猫脑干网状结构下行易化（+）和抑制（-）系统示意图

1. 大脑皮层；2. 尾状核；3. 小脑；4. 网状结构抑制区；5. 网状结构易化区；6. 延髓的前庭核

脑干网状结构是由散在分布的神经元群和纵横交错的神经网络构成的神经结构。其主体在脑干的中央部，起自延髓后缘，穿过延髓、脑桥、中脑、下丘脑直到丘脑的腹部。网状结构中的神经纤维向后方与脊髓的神经元相连接。向前方与大脑皮层的神经元相连接。网状结构中的神经元与其他神经元有广泛的突触联系。据估计，一个网状结构神经元能够与多达 27 000 个其他神经元发生突触联系。脑干网状结构包括易化区和抑制区（图 9-23）。易化作用的路径：网状结构易化区发放下行冲动，加强脊髓牵张反射；延髓的前庭核有加强脊髓牵张反射的作用。抑制作用的路径：网状结构抑制区发放下行冲动，抑制脊髓牵张反射，接受大脑皮层、尾状核和小脑传来的冲动。

（一）脑干网状结构易化区

脑干网状结构中加强肌紧张和肌肉运动的区域，称为易化区（facilitatory area）。易化区较大，包括延髓网状结构的背外侧部分、脑桥被盖、中脑的中央灰质与被盖等脑干中央区域。此外，下丘脑和丘脑中线核群等部位也具有对肌紧张和肌肉运动的易化作用，因此也包括在易化区之中。电刺激易化区可增强牵张反射，也可增强运动皮层诱发的运动反应。易化区的作用主要是通过网状脊髓束的后行通路来完成的，其后行兴奋性纤维主要与脊髓 γ-运动神经元建立兴奋性突触联系，兴奋 γ-运动神经元，加强 γ 环路的活动，以增强肌紧张与肌肉运动。此外，易化区对 α-运动神经元也有一定的易化作用。

易化肌紧张的中枢部位除网状易化区外，还有脑干外神经结构，如前庭核、小脑前叶两侧部等部位，它们共同组成易化系统。脑干外神经结构的易化功能是通过网状结构易化区的活动来完成的。网状结构易化区一般具有持续的自发放电活动，这可能是由前行感觉传入冲动的激动作用所引起的。

（二）脑干网状结构抑制区

脑干包括延髓、脑桥和中脑。脑干有较多的神经核以及与这些核相联系的前行和后行神经传导路径，还有纵贯脑干中心的网状结构。脑干网状结构是中枢神经系统中重要的皮质下整合调节机构，有多种重要功能。其中对牵张反射和姿势反射等躯体运动就有着重要的整合调节作用。

抑制肌紧张的中枢部位除网状结构抑制区外，大脑皮层运动区、纹状体与小脑前叶蚓部等脑干外神经结构也参与抑制系统的组成。这些脑干外神经结构不仅可通过网状结构抑制区的活动抑制肌紧张，而且能控制网状结构易化区的活动，使其受到抑制。一般说来，网状结构抑制区本身无自发活动，它在接受上述各高位中枢传入的始动作用时，才能发挥后行抑制作用。否则，抑制区就不能维持其对脊髓反射的抑制作用。在正常情况下，易化与抑制肌紧张的中枢部位，两者活动相互拮抗而取得相对平衡，以维持正常肌紧张。但从活动的强度来看，易化区的活动较抑制区的活动强，因此在肌紧张的平衡调节中，易化区略占优势。

（三）脑干网状结构对牵张反射的调节

脑干网状结构对脊髓运动神经元具有易化和抑制两方面的作用，尤其是对伸肌的牵张反射的调节作用。

1. 脑干网状结构后行系统的机能　延髓网状结构的腹内侧部（图 9-24）兴奋时，发放冲动到脊髓，能抑制四肢伸肌的牵张反射。例如，以电流刺激这一部位，原来腿部伸直动作即被制止，四肢肌肉紧张性立即下降，因此，这部分结构及其后行神经路径称为脑干网状结构后行抑制系统。网状结构的这种抑制作用并不是孤立的。实验表明，从大脑皮质、小脑皮质以及可能从纹状体后行的冲动都能加强网状结构对牵张反射的抑制作用。与上述抑制效应相反，电刺激脑干网状结构的背外侧部（图 9-24）则将使四肢牵张反射大大加强。此区域较大，从延髓向脑桥和中脑延伸，并达到间脑的腹侧。这一脑干部位及其后行通路称为脑干网状结构后行易化系统（即加强系统）。除网状结构外，延髓的前庭核也有后行路径到达脊髓，也能加强伸肌的牵张反射。

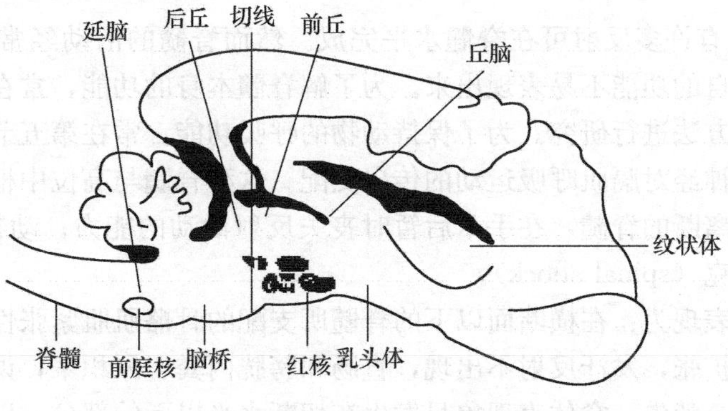

图 9-24　切断脑干引起去大脑僵直的平面图

由此可见，在正常机体内，脑干对脊髓躯体运动神经元的后行作用，包括易化和抑制两方面，而且经常保持着动态平衡，从而使全身骨骼肌的紧张性收缩保持适当的强度，躯体运动也得以正常进行，当病变造成这两个系统之间的关系失调时，将出现肌肉紧张亢进或减弱。

2. 去大脑僵直　生理学为了分析脑各部位在协调躯体运动及内脏活动中的作用，常常用分段切除脑的方法来观察其效应，如果将动物麻醉并暴露脑干，在中脑前、后丘之间切

图 9-25　兔的去大脑僵直

断(图 9-24),造成所谓去大脑动物，使脊髓仅与延髓、脑桥相联系，动物则出现全身肌紧张（特别是伸肌）明显加强。表现为四肢僵直，头向后仰，尾巴翘起，躯体呈角弓反张状态。这种现象称为去大脑僵直（decerebrate rigidity）(图 9-25)。

去大脑僵直的特征是：全身所有抗重力的肌肉群都发生强直收缩。现认为这种现象发生的机制是：一方面，网状结构的后行抑制系统由于失去了大脑皮质和尾状核后行抑制性冲动的控制，其抑制作用相对地减弱；另一方面，网状结构的易化系统和前庭核的活动又有所加强；两方面效应相结合，四肢伸肌及所有抗重力肌肉群的牵张反射便处于绝对的优势。

3. 两种去大脑僵直　从牵张反射的角度来分析，肌紧张加强的机制可以有两种。一种是由于高位中枢的后行性作用，直接或间接通过脊髓中间神经元提高 α-运动神经元的活动，从而导致肌紧张加强而出现僵直，称为 α 僵直。另一种是由于高位中枢的后行性作用，首先提高脊髓 γ-运动神经元的活动，使肌梭的敏感性提高而传入冲动增多，转而使脊髓 α-运动神经元的活动提高，从而导致肌紧张加强而出现僵直，称为 γ 僵直。由前庭核后传的作用主要是直接或间接促使 α-运动神经元活动加强，导致 α 僵直；由网状结构易化系统后传的作用主要使 γ-运动神经元活动提高，转而发生肌紧张加强，出现 γ 僵直。经典的去大脑僵直主要属于 γ 僵直，因为在消除肌梭传入冲动对中枢的作用后，僵直现象可以消失。

三、姿势调节系统的功能

（一）脊髓的整合功能

1. 脊休克　有许多反射可在脊髓水平完成。然而脊髓的活动经常在高位中枢的控制之下，故其本身独自的功能不易表现出来。为了解脊髓本身的功能，常在动物中采用将脊髓与延髓之间离断的方法进行研究。为了保持动物的呼吸功能，常在第五节颈脊髓水平以下切断脊髓，以保留膈神经对膈肌呼吸运动的传出支配。这种脊髓与高位中枢离断的动物称为脊动物。与高位中枢离断的脊髓，在手术后暂时丧失反射活动的能力；动物进入无反应状态，这种现象称为脊休克（spinal shock)。

脊休克的主要表现为：在横断面以下的脊髓所支配的骨骼肌肌紧张性降低甚至消失，血压下降，外周血管扩张，发汗反射不出现，直肠和膀胱内粪、尿积聚，说明动物躯体与内脏反射活动均减退以至消失。脊休克现象只发生在切断水平以下的部分。以后，一些以脊髓为基本中枢的反射活动可以逐渐恢复，脊反射恢复出现所需的时间与动物种类有关：低等动物（如蛙）在脊髓离断后数分钟内反射即恢复；在犬则需数天；而在人类由于外伤等原因出现脊休克后则需数周以至数月才能恢复出现脊反射。显然，反射恢复的速度与不同动物脊髓反射依赖于高位中枢的程度有关。反射恢复过程中，首先是一些比较简单、比较原始的反射先恢复，如屈肌反射、腱反射等；然后是比较复杂的反射逐渐恢复，如对侧伸肌反射、搔爬反射等。反射恢复后的动物，血压也逐渐上升到一定水平，动物可具有一定的排粪与排尿反射能力，说明内脏反射活动也能部分恢复。反射恢复后，有些反射反应比正常时加强并广泛扩散，如屈肌反射、发汗反射等。脊髓离断后，将导致离断水平以下永久性地失去知觉和随意动作的能力。这是由于脊髓离断后，脊髓内上行与下行的神经束很难重新接通，因为离断部位的大量胶质细胞浸润并逐步形成瘢痕，使轴突再生受阻。

脊休克的产生并不是由于切断损伤的刺激所引起的，因为反射恢复后如进行第二次脊髓切断，则不会再次引起脊休克。所以，脊休克的产生原因是由于离断的脊髓突然失去了高位中枢的调节，主要是失去从大脑皮层到低位脑干（如前庭核、脑干网状结构等）的下行纤维对脊髓的控制作用。

脊休克的产生与恢复，说明脊髓可以完成某些简单的反射活动，但正常时它们是在高位中枢的控制下进行活动的。高位中枢对脊髓反射既有易化作用的一面，也有抑制作用的一面。例如，切断脊髓后，伸肌反射往往减弱，说明高位中枢对脊髓伸肌反射中枢有易化作用；而屈肌反射比正常时增强，说明高位中枢对脊髓屈肌反射中枢有抑制作用。

2. 脊髓对姿势的调节　中枢神经系统调节骨骼肌的紧张度或产生相应的运动，以保持或改正身体在空间的姿势，这种反射活动称为姿势反射（postural reflex）。前述的牵张反射就是最简单的姿势反射，而肌紧张是维持站立姿势最基本的反射活动。此外，在脊髓还能够完成对侧伸肌反射、节间反射等。

（1）屈肌反射和对侧伸肌反射。在脊动物的皮肤接受伤害性刺激时，受刺激一侧的肢体出现屈曲的反应，关节的屈肌收缩而伸肌弛缓，称为屈肌反射（flexor reflex）。屈肌反射具有保护性意义，屈肌反射的强度与刺激强度有关。例如，对足部较弱的刺激只引起踝关节屈曲，刺激强度加大，则膝关节及髋关节也可发生屈曲；如刺激强度更大，则可在同侧肢体发生屈肌反射的基础上出现对侧肢体伸肌的反射活动，称为对侧伸肌反射（crossed extensor reflex）。对侧伸肌反射是一种姿势反射，当一侧肢体屈曲造成身体失衡时，对侧肢体伸直以支持体重，所以在保持身体平衡中具有生理意义。

（2）节间反射。脊动物在反射恢复的后期，可出现较复杂的节间反射（intersegmental reflex）。节间反射是指脊髓某节段神经元发出的轴突与邻近上、下节段的神经元发生联系，通过上、下节段之间神经元的协同活动所进行的一种反射活动。例如，刺激动物腰背皮肤，可引起后肢发生一系列节奏性搔爬动作，称为搔爬反射（scratching reflex）。

（二）脑干对姿势反射的调节

中枢神经系统调节骨骼肌的肌紧张或产生相应运动，以保持或改正动物躯体在空间的姿势，称为姿势反射。不同的姿势反射与不同的中枢水平相关联。上述由脊髓整合的牵张反射和交叉伸肌反射是最简单的姿势反射。由脑干整合而完成的姿势反射有状态反射、翻正反射等。

1. 状态反射　状态反射指因头部与躯干的相对位置或头部在空间的位置改变，引起的躯体肌肉紧张性改变的反射活动。前者称为颈紧张反射（tonic neck reflex），后者称为迷路紧张反射（tonic labyrinthine reflex）。状态反射是在低位脑干整合下完成的，但在完整动物因低位脑干处于高位中枢的控制下，状态反射（attitudinal reflex）不易表现出来，所以只在去大脑动物才明显可见。

(1) 颈紧张反射：由于头部扭曲刺激了颈部肌肉、关节或韧带的本体感受器后，对四肢肌肉紧张性的反射性调节，其反射中枢位于颈部脊髓。实验发现，将去大脑动物的头向一侧扭转时，下颏所指侧的伸肌紧张性增强；头后仰时，则前肢伸肌紧张性增强，后肢伸肌紧张性减弱；相反，若头前俯时，后肢伸肌紧张性增强，前肢伸肌紧张性减弱。该反射对于维持动物一定的姿势起重要作用（图 9-26）。

1　2　3　4

图 9-26　状态反射

1. 头下俯时；2. 头上仰时；3. 头弯向右侧时；4. 头弯向左侧时

（2）迷路紧张反射：来自内耳迷路椭圆囊、球囊的传入冲动对躯体伸肌紧张性的反射性调节。该反射是由于头在空间位置改变时，耳石膜因所受的重力影响刺激不同引起的，其反射中枢主要是前庭核。例如，动物仰卧时，耳石膜受到的刺激最大，四肢伸肌紧张性最高；俯卧时，受到的刺激最弱，则伸肌紧张性最低。

2. 翻正反射　当动物被推倒或使它从空中仰面下落时，它能迅速翻身、起立或改变为四肢朝下的姿势着地，这种复杂的姿势反射称为翻正反射（righting reflex）（图 9-27）。中脑动物可以保持接近正常的站立状态，而且在被推倒后可以自行翻正。翻正动作并非单一的反射动作，而是包括一系列的反射活动，它是由迷路感受器以及体轴（主要是颈项）深浅感受器传入，在中脑水平整合作用下完成的。最初是由于头在空间的位置不正常，使迷路耳石膜受刺激，从而引起头部翻正；头部翻正后引起头和躯干的相对位置不正常，刺激颈部的本体感受器，导致躯干的位置也翻正。由于视觉可以感知身体位置的不正常，因此在完整动物翻正反射主要是由于视觉传入信息引起的。如果毁坏双侧迷路器官并蒙住双眼，则下落时不再出现翻正反射。

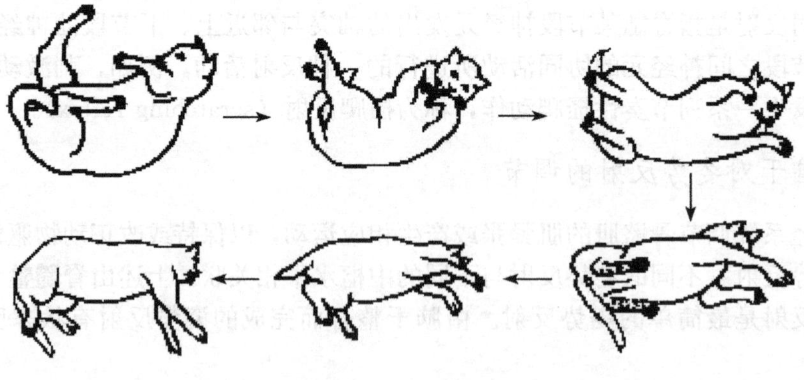

图 9-27　猫从空中下坠过程中的翻正反射

（三）小脑对姿势的调节

小脑是躯体运动调节的重要中枢。它通过三条途径与脑的其他部分联系，从而发挥对躯体运动的调节作用：①通过与前庭系统的联系，维持身体平衡；②通过与中脑红核等部位的联系，调节全身的肌紧张；③通过与丘脑和大脑皮层的联系，协调与控制躯体的随意运动。按小脑的传入、传出纤维联系可将其分为前庭小脑、脊髓小脑与皮层小脑三个功能部分。小脑调节肌紧张与协调随意运动的功能，主要是由脊髓小脑（spinocerebellum）完成的。其中，小脑前叶的功能是调节肌紧张，小脑后叶中间带的功能主要是协调随意运动，但也有调节肌紧张的作用。

（四）大脑皮层对姿势的调节

大脑皮层对姿势反射也有调节作用。前已述及，皮层与皮层下失去联系时可出现明显的去皮层僵直。此外，去皮层动物中观察到两类姿势反应受到严重损害，即跳跃反应（hopping reaction）和放置反应（placing reaction）。跳跃反应是指动物（猫）在站立时受到外力推动时产生的跳跃运动，其生理意义是保持四肢的位置，以维持身体平衡。放置反应是指动物将腿牢固地放置在一支持物体表面的反应。例如，将动物用布带蒙住眼睛并悬吊在空中，让动物足部的任何部分或动物的口鼻部或触须接触某一个支持平面（如桌面），动物马上会将它的两前爪放置在这个支持平面上。这两个姿势反应的整合需要大脑皮层的参与。

四、基底神经节的功能

（一）结构

基底神经节包括尾（状）核、壳核、苍白球、丘脑底核、黑质和红核。尾核、壳核和苍白球统称为纹状体。其中苍白球是最古老的部分，称为旧纹状体；而尾核和壳核则进化较新，称为新纹状体。尾核、壳核、苍白球与丘脑底核、黑质在结构与功能上是紧密联系的。其中苍白球是纤维联系的中心，尾核、壳核、丘脑底核、黑质均发出纤维投射到苍白球，而苍白球也发出纤维与丘脑底核、黑质相联系。

（二）功能

基底神经节有重要的运动调节功能。它与随意运动的产生和稳定、肌紧张的调节、本体感受传入冲动信息的处理都有关系。

（三）有关基底核的疾病

基底神经节的主要功能是直接（通过红核、网状结构等）或间接（通过回路影响大脑皮质）地调节运动，对肌紧张有抑制作用。实验表明，基底神经节的环形通路对于及时停止或中断皮质发动的骨骼肌运动是重要的。如果损害这些抑制环路，则大脑皮质所发动的运动就无法中断或停止。例如，马脑炎后期，若累及纹状体，则病马倒地，就会出现持续不自主的四肢前后划动症状。临床上基底神经节损伤可引起一系列运动功能障碍，其临床表现主要分两大类：一类是运动过少而肌肉紧张亢进的综合征，如震颤麻痹（paralysis agitans）等；另一类是运动过多而肌紧张低下的综合征，如舞蹈病（chorea）和手足徐动症（athetosis）等。

五、小脑对躯体运动的调节

（一）小脑的结构概述

小脑是伴随着动物躯体运动的进化而发展起来的脑部，它是一个调节中枢，不是一个直接指挥肌肉活动的运动中枢。依进化的先后和机能差异，小脑可分为三个主要部分，前庭小脑、脊髓小脑和皮层小脑，各部分又再细分为若干小部分。

（二）小脑的功能

1. 前庭小脑——维持身体平衡 前庭小脑（vestibulocerebellum）主要由绒球小结叶构成，与身体姿势平衡功能有密切关系。动物切除绒球小结叶后，其四肢活动仍正常，但它却坐不稳，也不能平衡站立，陷于平衡失调状态，但其随意运动仍很协调，能很好地完成进食动作。由于绒球小结叶是从前庭核发展起来的，前庭核是维持躯体直立和平衡的重要结构（其反射途径为：前庭器官→前庭核→绒球小结叶→前庭核→脊髓运动神经元→肌肉），同时前庭核还接受来自内耳迷路前庭器官的传入冲动，所以破坏绒球小结叶后，就阻碍了前庭核的冲动进入小脑，而且小脑也控制不了前庭核，终致平衡失调。

2. 脊髓小脑——调节肌紧张 脊髓小脑（spinocerebellum）由小脑前叶（包括单小叶）和后叶的中间带区（旁中央小叶）构成。这部分小脑主要接受脊髓小脑束传入纤维的投射，其感觉传入冲动主要来自肌肉与关节等处的本体感受器，但前叶也接受视觉、听觉的传入信息，而后叶的中间带区还接受脑桥纤维的投射。前叶的传出纤维主要在顶核换元，转而进入脑干网状结构，后叶中间带区的传出纤维经间质到红核，有一些纤维再投射到丘脑外侧腹核，最后抵达大脑皮质运动区。

小脑前叶对肌紧张的调节既有抑制作用，也有易化作用。在进化过程中，前叶的肌紧张抑制作用逐渐减退，而易化作用逐渐占主要地位。

后叶中间带也有控制肌紧张的功能，刺激该区能使双侧肌紧张加强。由于后叶中间带还接受脑桥纤维的投射，并与大脑皮层运动区之间有环路联系，因此在执行大脑皮层发动的随意运动方面有重要作用。当切除或损伤这部分小脑后，随意动作的力量、方向及限度将发生紊乱，同时肌张力减退，表现为四肢乏力。这部分小脑的功能是在肌肉运动进行过程中起协调作用。小脑损伤后出现的这种动作性协调障碍，称为小脑性共济失调（cerebellar ataxia）。

3. 皮层小脑——协调随意运动 皮层小脑对肌张力及随意运动的调节如下所述。

（1）对肌张力的调节。灵长类动物新小脑特别发达，对肌肉力量维持起着重要的作用。新小脑损伤后，常出现同侧肢体的肌肉张力减退和无力现象。

（2）对随意运动的调节。新小脑的主要功能是对随意运动的协调。当小脑半球损伤后。除上述的肌肉无力外，另一个突出的表现是随意运动失调。例如，随意动作的速度、范围、强度和方向都不能很好地控制。

六、大脑皮质对躯体运动的调节

大脑皮质是通过锥体系统和锥体外系统来实现对躯体运动的调节，它是中枢神经系统控制和调节骨骼肌活动的最高中枢。

（一）大脑皮质的运动区

大脑皮质的某些区域与骨骼肌运动有着密切关系。例如，刺激哺乳动物大脑皮质十字沟周围的皮质部分，可引起躯体广泛部位的肌肉收缩，这个部位称为运动区。运动区对骨骼肌运动的支配有以下特点。①一侧皮质支配对侧躯体的骨骼肌，两侧呈交叉支配的关系，但对头面部肌肉的支配大部分是双侧性的。②具有精细的功能定位，即对一定部位皮质的刺激，引起一定肌肉的收缩。而这种功能定位的安排，总的呈倒置的支配关系，即支配后肢肌肉的定位区靠近中央，支配前肢和头部肌肉的定位区在外侧。③支配不同部位肌肉的运动区，可占有大小不同的定位区，运动较精细而复杂的肌群（如头部），占有较广泛的定位区；而运动较简单而粗糙的肌群（如躯干、四肢）只有较小的定位区。但这种运动区的功能定位并不是绝对的，当某一区域损伤后，其他区域可部分地代偿受损区域的功能。

（二）锥体系统及其功能

锥体系统（pyramidal system）是指由大脑皮质发出并经延髓锥体而后行达脊髓的传导束，即皮质脊髓束和皮质脑干束，皮质脑干束虽不通过锥体，但它在功能上与皮质脊髓束相同，故也包括在锥体系统的概念中（图 9-28）。

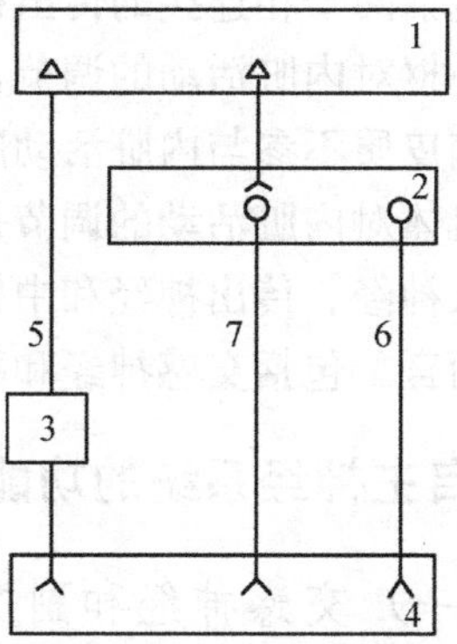

图 9-28　椎体系统和椎体外系示意图
1. 大脑皮质；2. 皮层下核团；3. 延髓椎体；4. 脊髓；5. 锥体束；6. 锥体外系；7. 皮层起源的锥体外系

锥体系统是大脑皮质后行控制躯体运动的直接通路。皮质脊髓束的大部分纤维（80%）在延髓锥体穿到对侧而后行，其余部分则后行到脊髓后才穿到对侧，这两部分都与脊髓的腹角运动神经元接触。皮质脑干束的纤维到达脑干，分别与支配头面部肌肉的运动神经元相接触。过去认为锥体系统后行途径只包括两级运动神经元，一级在皮质，另一级在脊髓或脑干。现在已证明：这种上、下位神经元的直接联系与动物在进化过程中技巧性活动的发展有关，大多数动物（除灵长类外）没有这种直接的单突触联系。锥体系统的后传冲动既可兴奋 α-运动神经元，使肌肉发生随意运动，又可通过 γ 环路兴奋 α-运动神经元来调整肌梭的敏感性以配合运动。通过两者的协同活动来控制肌肉的收缩，完成精细的动作。此外，锥体系统后行纤维与脊髓中间神经元亦有突触联系，可改变脊髓颉颃肌运动神经元之间的对抗平衡，使肢体运动更具有合适的强度，使运动保持更好的协调性。

（三）锥体外系统及其功能

皮质下某些核团（如尾核、壳核、苍白球、黑质、红核等）有后行通路控制脊髓运动神经元的活动，其通路在延髓锥体之外，故称为锥体外系统（extrapyramidal system）（图 9-28）。动物进化中，锥体外系统的发生比锥体系统早，其在皮质上的代表区更加广泛。

锥体外系统的机能主要是协调全身各肌肉群的运动，保持正常姿势。由于锥体外系统后行路径中多次更换神经元，因此不像锥体系统那样指挥肢端的精细运动。

总之，锥体外系统的皮质起源比较广泛，它的后行通路不通过延髓锥体，不直接到达脊髓或脑神经的运动核。它对脊髓反射是双侧性的，主要作用为调节肌紧张、协调各部肌群的运动。当锥体外系统损伤后，各部分的肌紧张不能协调一致，以致随意运动缓慢，出现异常动作。

锥体系统和锥体外系统都是大脑皮质调节骨骼肌活动的后行途径。前者是调节单个肌肉的精细动作，后者是协调肌群的动作。正常情况下，大脑皮质发出的运动信息，通过这两个系统分别后传，使躯体运动协调而准确。在家畜，锥体系统不发达，锥体外系统较发达。

第五节　神经系统对内脏活动、本能行为和情绪反应的调节

神经系统对内脏活动的调节同它对躯体运动的调节相似，也是通过反射途径进行的。感

觉神经冲动主要来源于内脏器官的感受器，其次则来源于躯体感受器，经过中枢而由传出神经作用于效应器。神经系统基本中枢部位也分布于脊髓、脑干；其较高级中枢则在间脑的下丘脑和大脑的边缘叶。内脏运动与躯体运动调节的不同，首先，在于内脏反射弧的传出途径总是包括两个相连接的传出神经元，而且多数内脏效应器常同时接受双重神经支配；其次，高级中枢对内脏活动的调节，常常不是“有意识”的，以致在相当长的一段时间内人们误认为大脑皮质不参与内脏活动的调节。

机体对内脏活动的调节是通过自主神经而实现的。根据现在的概念，自主神经系统应包括传入神经、传出神经和中枢三部分。按一般惯例，自主神经主要是指支配内脏器官的传出神经而言。包括交感神经和副交感神经。

一、自主神经系统的功能

（一）交感神经和副交感神经的结构特征

支配内脏器官的交感神经和副交感神经与支配骨骼肌的躯体神经相比，具有以下结构和生理上的特征。

(1) 交感神经起自脊髓胸腰段（从胸部第1节段至腰部第2或3节段）侧角，经相应的腹根传出，进入交感神经节；副交感神经的起源比较分散，其中一部分起自脑干有关的副交感神经核（动眼神经中的副交感神经纤维起自中脑缩瞳核；面神经和舌咽神经中的副交感神经纤维分别起自延髓上唾核和下唾核；迷走神经中的副交感神经纤维起自延髓迷走背核和疑核）；另一部分起自脊髓荐部，相当于侧角的部位。

(2) 自主神经的纤维离开中枢神经系统后，不直接到达所支配的器官，先终止于神经节并换神经元，再发出轴突到达器官。因此，中枢的兴奋，通过自主神经传到效应器，必须经过两个神经元，即由中枢发出到神经节的纤维，称为节前纤维（preganglionic fiber）；由神经节到效应器的纤维，称为节后纤维（postganglionic fiber）。交感神经节离效应器较远，其节前纤维短，节后纤维长。交感神经一条节前纤维往往和交感神经节内的几十个节后神经元发生突触联系，所以交感神经兴奋反应比较弥散。副交感神经节都位于所支配器官的附近或内部，其节前纤维较长，节后纤维短，副交感神经一条节前纤维常与副交感神经节内1个或2个节后神经元发生突触联系，所以副交感神经兴奋影响的范围比较局限。

(3) 当刺激交感神经节前纤维时，效应器发生反应的潜伏期长。刺激停止后，它的作用可持续几秒或几分，刺激副交感神经节前纤维引起效应器活动时，其潜伏期短。刺激停止后，作用持续时间也短。

通过荧光组织化学的研究，发现在哺乳类动物中，交感神经节后神经元发出的纤维并不都是支配效应器细胞的。例如，在心脏和膀胱中，少量交感神经节后神经元的纤维支配器官壁内的神经节细胞；在胃和小肠中，多数交感神经节后神经元的纤维支配器官壁内的神经节细胞。由此看来，交感神经和副交感神经的相互作用，可以发生在器官壁内神经节细胞水平上，而不一定发生在效应器细胞水平上。

（二）交感神经和副交感神经的功能

1. 双重神经支配与拮抗作用 自主神经系统的功能在于调节心肌、平滑肌和腺体（消化腺、小汗腺、部分内分泌腺）的活动。这些组织器官一般都接受交感神经和副交感神经的双重支配，只有少数器官例外，如皮肤和肌肉内的血管、小汗腺、竖毛肌和肾上腺髓质就只有交感神经支配（表 9-2）。

表 9-2　自主神经的生理作用

器官	交感神经	副交感神经
循环系统	心率加快、收缩加强	心率减慢、收缩减弱
	腹腔内脏血管、皮肤血管、唾液腺血管等收缩，肌肉血管可收缩（肾上腺素能）或舒张（胆碱能）	部分血管（软脑膜动脉及外生殖器血管等）舒张
呼吸系统	支气管平滑肌舒张	支气管平滑肌收缩、黏液腺分泌
消化系统	抑制胃运动、促进括约肌收缩	增强胃运动，促进消化腺分泌，
	分泌少量黏稠唾液，含酶多，促进肝糖原分解	使括约肌舒张促进肝糖原合成
泌尿系统	膀胱平滑肌舒张、括约肌收缩	膀胱平滑肌收缩、括约肌
眼睛	瞳孔散大（扩瞳肌收缩）	瞳孔缩小（缩瞳肌收缩）
皮肤	竖毛肌收缩、汗腺分泌	
肾上腺髓质	促进分泌	

从表 9-2 可见，在具有双重神经支配的器官中，它们对同一器官的作用，往往具有相互拮抗的性质。例如，对于心脏，迷走神经具有抑制作用，而交感神经则具有兴奋作用；对胃肠活动，迷走神经具有兴奋作用，而交感神经则具有抑制作用。这两种神经从正、反两方面调节器官的活动，使器官的活动水平能适应机体的需要。但是在某些效应器上，交感神经和副交感神经的作用是具有协同性质的。例如，对唾液腺，这两种神经兴奋都具有促进分泌的作用，仅在质和量上有差别。交感神经兴奋所分泌的唾液酶多而水分少，较黏稠；副交感神经兴奋所分泌的唾液酶少而水分多，较稀薄。

2. 紧张性支配　自主神经对器官的支配，一般具有持久的紧张性作用。例如，切断支配心脏的迷走神经时，心率就加快。这表明迷走神经经常有紧张性冲动传出来，对心脏发生持续的抑制作用；又如切断心交感神经时，则心率减慢，这表明心交感神经的活动也具有紧张性。自主神经的这种紧张性是由于它的中枢在多方面因素的作用下，经常发出紧张性的传出冲动所致。

3. 自主神经的作用与效应器的功能状态有关　自主神经的外周性作用与效应器本身的机能状态有关。例如，胃肠如果原来处于收缩状态，则刺激迷走神经可引起舒张，如原来处于舒张状态，则刺激迷走神经却引起收缩；又如刺激交感神经可导致动物无孕子宫的运动受到抑制，而对有孕子宫则可加强运动。这些说明自主神经的作用随着支配器官本身的机能状态，可以互相转化。

4. 对整体生理功能调节的意义　交感神经主要参与应急反应，而副交感神经主要在于保护机体、休整、恢复、储存能量。交感神经系统（sympathetic nervous system）的活动，一般较广泛，往往不是波及个别神经纤维及其所支配的效应器，而常以整个系统来参与反应。例如，在动物剧烈运动、窒息、失血或寒冷等情况下，由于反射性地兴奋交感神经系统，机体出现心率加快、收缩加强，皮肤和腹腔内脏血管收缩、增加心输出量、血压升高、血液循环加快；支气管舒张、增加通气量；肾上腺素分泌增加，肝糖原分解加速，血糖升高等。这些都说明交感神经系统在环境急剧变化的情况下，有动员机体许多器官的潜在力量，以应付环境的剧变，使机体处于紧急动员状态。但交感神经系统活动的广泛性并不是毫无选择的，它在发生反射性反应时各部位的交感神经活动仍是有差别的。例如，失血开始后的几分钟内，交感神经的活动增强，主要表现为心脏活动的增强和腹腔脏器血管收缩，而其他反应却不明显；又如温度升高时，主要表现在皮肤血管舒张（交感神经活动减弱），皮肤血流量增加，小汗腺分泌汗液（交感神经活动增加）以增加散热。副交感神经系统（parasympathetic nervous system）的活动，就其整体来说，其主要机能在于休整、促进消化、保存能量以及增加排泄和生殖功能等方面。例如，动物安静时，心脏活动抑制，消化道功能增强，促进营养物质吸收和能量补充，这些都是副交感神经系统积蓄能量和保护机体的例子。

由于交感神经系统活动加强时常伴随肾上腺素分泌增多，因此，往往将这一活动系统称为交感-肾上腺系统。又由于迷走神经活动加强时，常伴随胰岛素分泌增加，因此又将这一活动系统称为迷走-胰岛素系统。在应激情况下，不但交感-肾上腺系统发生广泛兴奋，迷走-胰岛素系统也广泛兴奋，但前者较后者作用强。所以，后者效应被掩盖，而不易察觉。

二、内脏活动的中枢调节

在中枢神经系统不同部位，如脊髓、脑干、下丘脑和大脑边缘叶都存在着调节内脏活动的中枢，但是，它们对内脏活动的调节能力却大不相同。

（一）脊髓对内脏活动的调节

交感神经和部分副交感神经起源于脊髓灰质的侧角内，因此，脊髓是调节内脏活动的最基本中枢，通过它可以完成简单的内脏反射活动，如排粪、排尿、血管舒缩以及出汗和竖毛等活动。但是这种反射调节功能是初级的，不能更好地适应生理机能的需要，在正常时脊髓受高级中枢的调制（modulation）。

（二）低位脑干对内脏活动的调节

部分副交感神经由脑干发出，支配头部的腺体、心脏、支气管、食管、胃肠道等。同时在延髓中还有许多重要的调节内脏活动的基本中枢。例如，调节呼吸运动的呼吸中枢；调节心血管活动的心血管运动中枢；调节消化管运动和消化腺活动的中枢等。可完成比较复杂的内脏反射活动。延髓是循环系统和呼吸系统的反射中枢，一旦受到损伤，可导致各种生理活动失调，严重时可引起呼吸或心搏停止，因此延髓被称为“生命中枢”所在地。此外，中脑是瞳孔的对光反射中枢。

（三）下丘脑对内脏活动的调节

下丘脑是大脑皮质下调节内脏活动的较高级中枢，可分为前区、内侧区、外侧区和后区，它与边缘前脑及脑干网状结构有关结构和功能联系，共同调节内脏活动，能够进行细微和复杂的整合作用，使内脏活动和其他生理活动相联系，以调节体温、水平衡、摄食等主要生理过程。

1. 体温调节 下丘脑是体温调节的基本中枢。当体内、外温度发生变化时，可通过体温中枢对产热或散热机能进行调节，使体温恢复正常和经常保持相对稳定状态。

2. 水平衡调节 下丘脑的视上核和室旁核是水平衡调节中枢，主要是通过控制 ADH 的合成和分泌调节水平衡。另外还可以控制饮水，故又称为饮水中枢。例如，血浆渗透压异常升高时，可引起垂体后叶释放抗利尿激素进入血液，随血液循环到达肾脏，促进远曲小管和集合管对水分的重吸收，同时产生渴感，驱使动物大量饮水，共同调节水平衡。

3. 摄食行为调节 下丘脑外侧区和腹内侧核分别存在有摄食中枢（feeding center）和饱中枢（satiety center）。如果破坏摄食中枢，动物拒绝摄食；破坏饱中枢，动物食欲大增，逐渐肥胖。实验证明，单胃动物血糖水平的高低可能调节摄食中枢和饱中枢的活动，这主要取决定于神经元对葡萄糖的利用程度。

4. 对腺垂体等内分泌腺分泌活动的调节 下丘脑有许多神经元具有分泌机能，可分泌多种激素，进入血液，并通过垂体门脉循环到腺垂体，促进或抑制腺垂体各种激素的合成和分泌，进而调节其他内分泌腺的活动。

5. 生物节律控制 机体内的各种活动按一定的时间顺序发生变化，这种变化的节律称为生物节律（biorhythm）。下丘脑的视交叉上核是生物节律的控制中心。人和动物的生物节律，按其频率的高低，可分为高频（周期低于一天，如心动周期、呼吸周期等）、中频（日周期）和低频（周期长于一天，如月经周期）三种节律。日周期是最重要的生物节律。人及动物许多生理功能都有日周期节律，如血细胞数、体温、促肾上腺皮质激素分泌等。这种节律可能是生物在长期的进化及适应的过程中形成的。早期的研究发现，摘除大鼠所有的内分泌器官，其摄食、饮水、运动等日周期节律依然存在；而损毁局部脑区，当下丘脑腹内侧区被破坏后，大鼠的上述日周期节律即消失，因而证实日周期的振荡源在下丘脑；进一步的研究指出，下丘脑的视交叉上核可能是日周期节律的控制中心。例如，正常大鼠全天摄食量中白昼仅占10%；切断视交叉上核与摄食行为有关中枢之间的纤维联系，则白昼摄食量可增至50%。又如，在摘除双眼而处于自由行走的大鼠，其睡眠白昼多于夜间的节律仍然存在，如再破坏其视交叉上核，这种日周期节律则完全丧失。研究表明，视交叉上核可通过视网膜-视交叉上核束与视觉感受装置发生联系，因此外界的昼夜光照变化可影响视交叉上核的活动，从而使体内日周期节律和外环境的昼夜节律同步起来。例如，人为改变每日的光照和黑暗的时间，可使一些机体功能的日周期位相发生移动。

（四）大脑皮层对内脏活动的调节

大脑半球内侧面皮质与脑干连接部和胼胝体旁的环周结构，称为边缘叶（图 9-29）。它

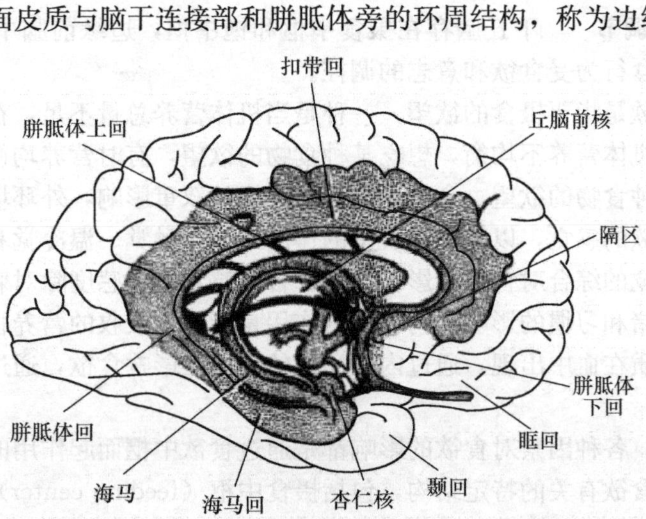

图 9-29 大脑内侧面边缘系统各部分

与大脑半球外侧面皮质相比，这些结构属于进化上比较古老的皮质，故又称为旧皮质，边缘叶包括扣带回、胼胝体回、海马沟与海马回等。

由于边缘叶在结构上和大脑皮质的岛叶、颞极、眶回等，以及杏仁核、隔区、下丘脑、丘脑前核等密切相关。于是人们常把边缘叶连同这些结构统称为边缘系统（limbic system）。大脑边缘系统是内脏活动的重要调节中枢，而且还与情绪（emotion）反应、性行为、摄食行为、内脏活动及嗅觉调节和记忆功能有关。用电刺激边缘系统不同部位可引起很复杂的内脏活动反应。例如，可表现为血压升高或降低；呼吸加快或抑制；胃肠运动加强或减弱；瞳孔扩大或缩小等。这说明边缘系统是许多初级中枢活动的高级调节者，它对各低级中枢的活动起着调整作用（促进或抑制）。因而它的活动反应也就很复杂。

三、本能行为和情绪反应的神经调节

发育完全的动物，不经训练即表现出协调的固定性动作，这就是动物的本能行为。例如，每一种鸟在筑巢时选择材料及安放的地点，是同种鸟类共有的，这是鸟类进化过程中固定下来遗传给后代的反射活动，这对维持鸟类种族生存、繁殖后代都有重要意义。但是，不是所有本能行为都是动物出生后就具有的，必须发育到一定的阶段以后才能发生。例如，母鸡有抱窝的本能行为，不是出壳的雏鸡就会抱窝，必须性成熟以后才出现这种本能活动。

饮食、生殖和防御是生物生来就有的先天本能，是生物的基本行为。例如，出生儿的吮乳；刺激手时回缩；性成熟时的性行为，都是不需要学习就具有的本能。先天的本能行为比较简单，是动物的基本行为。在此基础上，动物在发展过程中对基本行为逐渐发展、丰富，使基本行为具有多种形式和丰富的内涵。

（一）本能行为的调节

本能行为是指动物在进化过程中形成而遗传固定下来的，对个体和种族生存具有重要意义的行为。情绪反应是指人类和动物的心理活动伴有的生理反应。情绪反应增强时，表现为交感神经活动相对亢进，心率加快、心输出量增加、出汗，而食物刺激时则引起副交感神经兴奋。本能行为和情绪反应与下丘脑和边缘系统活动有关。

1. 摄食行为的调节　下丘脑存在摄食中枢和饱中枢，边缘前脑中的杏仁核与摄食行为的调节有关。摄食行为受食欲和意志的调控。

（1）食欲。食欲是指要摄食的欲望，一种是当机体营养总量不足，在空腹状态下想吃食物的愿望；一种是机体营养不均衡，想吃某种食物的欲望，有时营养均衡，也会被某种美味吸引而产生想吃某种食物的欲望。食欲受内、外环境的双重影响，外环境通过感官而发生作用，外环境引起食欲的感觉，以味觉和嗅觉的作用最强，触觉、温冷觉和听觉等也对食欲有一定影响。多种感觉的综合对食欲的影响最大。各种感觉的敏感度除对刺激产生适应外，还受个体的经验、情绪和习惯的影响。内环境的作用是指消化吸收的营养物质和代谢产物以及各种体液性调节物质在血中出现，通过内感受器的作用，影响食欲，通过体内的感受器发生作用。

（2）食欲中枢。各种因素对食欲的影响都是通过食欲中枢而起作用的。食欲中枢指中枢神经系统内与产生食欲有关的特定结构，包括摄食中枢（feeding center）和饱中枢（satiety center），摄食中枢位于下丘脑外侧区；饱中枢位于下丘脑腹内侧核。

（3）摄食的调节。摄食中枢使食欲增强；饱中枢使食欲减低，它们共同调节摄食行为。

食欲中枢中存在着25%的化学感受性神经元，摄食中枢中的葡萄糖感受神经元，饱中枢的葡萄糖敏感神经元，当葡萄糖感受神经元周围的葡萄糖浓度升高2mmol/L时，其神经元放电频率显著降低；葡萄糖敏感神经元的活动相反。除下丘脑外侧区和下丘脑腹内侧核存在这种神经元以外，下丘脑的室旁核、背内侧核，边缘系统的杏仁核内也存在这种神经元，通过复杂的机制共同调节摄食活动。

2. 饮水行为的调节 饮水是由于体液渗透压升高或体液量减少引起渴觉后，在渴觉的支配下产生的一系列行为。

(1) 饮水中枢。饮水中枢位于下丘脑外侧区的穹隆的背外侧附近，在此处注入高渗盐水或电刺激该处可引起动物大量饮水。外侧视前区被注入高渗盐水时也可引起饮水，内侧视前区、暧昧带、第三脑室前腹侧部也与饮水有关。

(2) 感受器。中枢神经系统内存在着直接感受渗透压变化的神经元，消化道和肝-门脉系统也存在着渗透压感受器，右心房与腔静脉结合部和左心房结合部存在着循环感受器，都参与了饮水行为的调节。

(3) 饮水的调节。体液渗透压升高或血容量减少，感受器把信息传入中枢，引起饮水行为；通过饮水，渗透压或血容量逐渐恢复，感受器对此做出反应，饮水的量就开始减少以至停止。

口腔内及咽头部的感受器也调节饮水行为，口腔和咽头部干燥时，可引起饮水，口腔湿润时制止饮水，如不能饮水的患者，湿润其口唇也能减轻口渴。但只靠口腔和咽头部的感受器不能完全制止饮水，饮水引起的胃肠伸展也能制止饮水。饮水的发生与制止与各种感受器的综合作用有关。

3. 性行为的调节 性是一种相当复杂的现象，涉及许多知识，需要学习才能真正理解。性行为的调节多在边缘系统和下丘脑进行。电刺激内侧视前区出现性行为；破坏该部位出现性冷漠，性行为丧失；注射性激素到内侧视前区，可诱发性行为。杏仁核皮层内侧区是兴奋性行为的部位。总之，性行为是生物为保存种系而先天遗传下来的本能行为，有以下特点：①性行为不是出生以后立即出现的，是经过一定的发育期，达到性成熟时才出现的行为；②性行为不是一个个体单独发生的行为，必须是同种异性的一对个体共同进行的行为；③性行为的终止，不以消除引发性行为的动因为规律。例如，性行为是由血中性激素浓度高而引起，但性行为停止时血中性激素浓度并未下降。

(1) 性欲。性欲是指想要进行性行为的欲望，是由于性激素作用于下丘脑的性激素感受神经元而引发的。性欲与性激素的水平有关，但并不是唯一的重要因素，视觉、嗅觉和触觉都能唤起性欲。性欲与食欲常处于交互抑制状态，食欲增高时性欲降低，性欲增高时食欲降低。情绪状态对性欲也有影响。例如，惊、恐、怒、悲、忧可使性欲降低；欣喜可使性欲增高。随着性成熟，个体进入成年，性欲也进入成熟阶段。由于生殖能力健全，性欲还伴有明确的生殖意义。

(2) 性行为的调控。性行为是在内外因素作用于性中枢，使性中枢发生兴奋后，在性中枢的支配下进行的。①性中枢：性中枢位于下丘脑，除此之外，脊髓的腰骶段、脑干、大脑边缘系统、嗅球、大脑皮质都存在着性行为的调控结构，各种因素都可以通过这些结构对下丘脑性中枢施加影响，使其兴奋或抑制。②感受器与神经传入路：生殖器局部感受器及传入神经；刺激阴茎龟头可引起性欲，会阴部、阴囊的刺激，尿道、膀胱、前列腺、精囊、睾丸、输精管的充盈也能引起性欲。传入神经为阴部神经；嗅觉传入路：异性气味的刺激，由嗅觉感受，经由大脑皮层嗅区，传入下丘脑性中枢；视觉传入路，以副性征为主的视觉性刺激，经视觉传入路传入大脑新皮质，经分析综合后，传入下丘脑性中枢。③神经传入与性激素的关系：神经系统的性功能是以性激素为基础的，只有在性激素的作用下，神经系统才具有性感、性欲和进行性行为的功能。④性反射：雄性性反射的感受器为阴茎龟头及会阴部的触压感受器；传入神经为阴部神经，低位中枢位于腰、骶髓；传出神经为腰段的交感神经和骶段的副交感神经；反射动作为阴茎勃起、插入雌性阴道和射精。

4. 防御行为 防御反应是生物遇到伤害性刺激时保护自己的先天性本能。随着个体的生长发育，在本能的基础上发展为复杂的防御行为。防御行为的特点是以情绪反应为先兆，并与情绪反应相伴出现的行为。防御行为反射的基本中枢在下丘脑，受大脑边缘系统的调控，根据伤害刺激的强弱和机体状态可分为两种类型。刺激引起的情绪反应为愤怒，则引起攻击性行为；刺激引起的情绪反应为恐惧，则引起逃避行为。两种行为极易相互转化，难以区别。

(1) 攻击行为。①基本中枢：攻击行为的基本中枢在下丘脑，刺激动物的下丘脑引起的攻击行为与实际的攻击行为极为相似。下丘脑性攻击行为有以下特征：正确指向目标；随情况而变化；威吓与自主神经反应与实际攻击行为相同；可作为逃避反应训练的动因。②调控中枢：攻击行为的调控中枢以边缘系统为主。③激素和神经递质：睾酮、多巴胺和肾上腺皮质激素均可增强动物的攻击行为，但给予大量的皮质酮可使动物的攻击性降低。④情绪反应的回路：环境刺激作用于大脑皮质各感觉中枢及联合区，通过一系列的神经、内分泌反应，中枢进行选择、定位、综合后引起情绪反应。

(2) 逃避行为。逃避是恐惧的后继行为。①产生恐惧的脑部位：刺激下丘脑、中脑、丘脑、杏仁核等有关部位可引起动物的逃避行为，但刺激过强，会由恐惧反应变为愤怒反应。②下丘脑内的相互抑制：在下丘脑内引起攻击的部位和引起逃避的部位之间有相互抑制的关系。

（二）情绪反应的调节

1. 恐惧和发怒 引发恐惧（fear）和发怒（rage）的环境刺激具有相似之处，都是对动物的身体或生命可能或已经造成伤害和威胁的信号，但这两种情绪反应的外部表现并不完全相同。动物在恐惧时表现为出汗、瞳孔扩大、蜷缩、左右探头企图寻找逃遁机会和逃跑。而在发怒时表现为攻击行为。例如，猫在发怒时发出嘶嘶声、呼噜呼噜声或咆哮声，并且竖毛，瞳孔散大，咬与抓。这两种反应有时可以混合在一起。当动物受到某种危险时，通过快速判断后作出抉择，或者逃避，或者格斗。恐惧和发怒的情绪反应是一种本能的防御反应（defense reaction）。这个反应也称为斗争-逃避反应（fight-flight reaction）。

在间脑水平以上切除大脑的猫，只要给予微弱的刺激，就能激发出强烈的防御反应，通常表现为张牙舞爪的模样，好似正常猫在搏斗时的表现，这一现象称为假怒（sham rage）。这是因为平时下丘脑的这种活动受到大脑皮层的抑制而不易表现出来，切除大脑后则抑制解除。研究指出，下丘脑内存在防御反应区（defence zone），主要位于下丘脑近中线的腹内侧区。在麻醉动物中，电刺激该区可使骨骼肌血管舒张、皮肤和小肠血管收缩、血压升高、心率加快和其他交感神经性反应。在清醒动物中，电刺激该区可出现防御性行为。此外，电刺激下丘脑外侧区可引致动物出现攻击厮杀行为，电刺激下丘脑背侧区则出现逃避性行为。人类下丘脑的疾病也往往伴随着不正常的情绪反应。

除下丘脑外，刺激中脑中央灰质背侧部也能引起防御反应。在清醒动物中刺激杏仁核，可引起动物停止原来的自发活动，显得迷惑、焦虑、退缩和发生攻击行为等。刺激杏仁核不同部位可产生不同的反应。例如，刺激杏仁核外侧部，动物出现恐惧和逃避反应；刺激内侧部和尾侧部，则出现攻击行为。相反，双侧损毁猴的杏仁核后，动物变得温顺驯服。这种因破坏杏仁核引起的温顺驯服，可被接着破坏下丘脑腹内侧核后翻转为发怒；有人试图用下丘脑与边缘系统之间的神经回路中其他未被破坏的部位（如下丘脑外侧区、中脑中央灰质等）的活动过敏来解释上述现象。性激素可能影响攻击性行为，在雄性动物，去势能减少攻击行为，而给予雄激素则攻击行为增多。

2. 行为的激发 如果预先在动物脑内特定部位埋藏一刺激电极，并事先在笼内安装一控制刺激器电源的踏板或杠杆，这种装置能够让动物很快学会踩动踏板或按动杠杆，就能给予动物脑内特定部位一次电刺激。这种实验方法称为自我刺激（self-stimulation）。实验资料表明，如果把电极预先埋藏在大鼠脑内近中线、从前脑皮层通过下丘脑到中脑被盖的一条束状脑组织内，只要无意中有过一次自我刺激的体验后，动物将会一遍又一遍地进行自我刺激，很快地发展到连续自我刺激占据了该动物的大部分时间；有些动物可不食不饮，一直继续刺激下去，因此变得十分疲倦和衰弱，甚至死亡。如果把电极预先埋藏在大鼠下丘脑后部的外侧部分、中脑的背侧和内嗅皮层等部位，无意的一次自我刺激，使动物出现退缩、回避等表现，且以后不再去接触踏板和杠杆。

有人将动物反复进行自我刺激的脑区称为奖赏系统（reward system）或趋向系统（approach system），而将引起回避反应的脑区称为惩罚系统（punishment system）或回避系统（avoidance system）。据统计，在大鼠脑内奖赏系统所占脑区约为全脑的35%；惩罚系统所占脑区约为全脑的5%；而既非奖赏系统又非惩罚系统的脑区约占全脑的60%。现在知道，奖赏系统中从腹侧被盖区到伏隔核的多巴胺能通路可能最为重要。D_2多巴胺能受体拮抗剂可减低自我刺激的频率，而D_2受体激动剂则能增加自我刺激频率，有关受体可能主要存在于伏隔核。

奖赏和惩罚在激发和抑制行为的动机（motivation）方面具有重要意义，几乎所有的行为都在某种程度上与奖赏或惩罚有一定的关系。上述研究提供了这样的生理学证据，即行为的激发不仅通过减弱或阻止不愉快的情绪，而且通过奖赏的作用，就像刺激脑内奖赏系统所产生的效应一样。人和动物在学习走迷宫或执行其他任务时，可能就是通过刺激奖赏系统产生有效的动机而进行的。

第六节 脑的高级功能

大脑皮质是中枢神经系统的最高级部位，它不但对机体的非条件反射起着重要的调节作用，而且还能形成条件反射，一般把后者的神经活动称为高级神经活动（higher nervous activity）。

一、条件反射

前面多次述及，反射活动是中枢神经系统的基本活动形式。巴甫洛夫把反射活动分为非条件反射（unconditioned reflex）和条件反射（conditioned reflex）。

（一）非条件反射和条件反射

非条件反射是动物在种族进化过程中，适应变化的内外环境通过遗传而获得的先天性反射，是动物生下来就有的。这种反射有固定的反射途径。反射比较恒定，不易受外界环境影响而发生改变，只要有一定强度的相应刺激，就会出现规律性的特定反应，其反射中枢大多数在皮质下部位。例如，饲料进入动物口腔，就会引起唾液分泌；机械刺激角膜就会引起眨眼等都属于非条件反射。非条件反射的数量有限，只能保证动物的各种基本生命活动的正常进行，很难适应复杂的环境变化。

条件反射是动物在出生后的生活过程中，适应于个体所处的生活环境而逐渐建立起来的反射，它没有固定的反射途径，容易受环境影响而发生改变或消失。因此，在一定的条件下，条件反射可以建立，也可以消失，条件反射的建立，需要有大脑皮质的参与，是比较复杂的神经活动，从而也就提高了动物适应环境的能力。

1. 条件反射的形成　条件反射是建立在非条件反射基础上的，以猪吃食来说，食物进入口腔引起唾液分泌，这是非条件反射。在这里，食物是引起非条件反射的刺激物，称为非条件刺激，如果食物入口之前或同时都响以铃声，最初铃声和食物没有联系，只是作为一个无关的刺激出现，铃声并不引起唾液分泌。但由于铃声和食物总是同时出现，经过反复多次结合之后，只给铃声刺激也可以引起唾液分泌，形成了条件反射。这时的铃声就不再是吃食的无关刺激了，而成为食物到来的信号。因此，把已经形成条件反射的无关刺激（铃声）称为信号。可见，形成条件反射的基本条件为：第一，无关刺激与非条件刺激在时间上的反复多次结合，这个结合过程称为强化（reinforcement）；第二，无关刺激必须出现在非条件刺激之前或与其同时出现；第三，条件刺激的生理程度比非条件刺激要弱。另外，必须保证动物健康、清醒并保持良好食欲状态，环境避免嘈杂。例如，动物饥饿时，由于饥饿加强了摄食中枢的兴奋性，食物刺激的生理强度就大大提高，从而容易形成条件食物反射。

2. 条件反射形成的原理　条件反射是在非条件反射的基础上形成的。由此可以设想在条件反射形成之后，条件刺激神经通路与非条件反射的反射弧之间必定发生了一种新的暂时联系。关于暂时联系的接通，目前尚有争论。曾经认为哺乳动物条件反射的暂时联系，是发生在大脑皮质的有关中枢之间。以上述铃声形成条件反射（唾液分泌）来分析，条件刺激（铃声）作用时，使内耳感受器产生兴奋，沿传入神经（听神经）经多次换元传到大脑皮质，使皮质听觉中枢形成一个兴奋灶。与此同时，非条件刺激也在皮质的唾液分泌中枢形成另一个兴奋灶。这两个兴奋灶之间虽有结构上的神经联系，但在条件反射形成之前没有功能上的联系，只有在条件刺激与非条件刺激多次结合强化之后，由于兴奋的扩散，这两个兴奋灶之间在功能上逐渐接通，即建立了暂时联系（temporary connection）（图 9-30）。

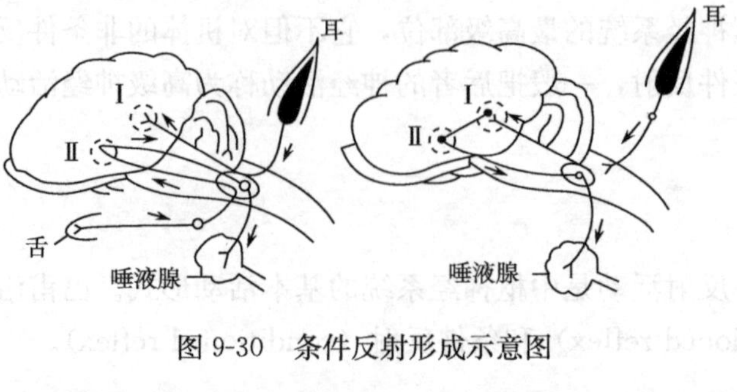

图 9-30　条件反射形成示意图

（二）条件反射的分化和消退

新建立条件反射的初期，对类似条件刺激的其他刺激也发生程度不同的反应（即处于泛化阶段）。如果条件反射多次重复，只强化条件刺激，而对类似条件刺激的其他刺激不予强化，条件反射就由泛化逐渐进入分化的过程，这时动物只对条件刺激本身发生兴奋性反应，而对类似条件刺激的其他刺激发生抑制性反应。这种现象称为条件反射的分化，或称为分化抑制。分化抑制是大脑皮层对各种传入冲动所以会具有高度精确分辨能力的生理基础。分化抑制的建立对动物的正常活动具有重要意义。动物可借助它把内外环境中无数类似的刺激区别开来，对某些有信号意义的刺激发生兴奋性反应，而对其余类似刺激发生抑制性反应。

已形成的条件反射，如果在给予条件刺激时，再不伴用非条件刺激强化，久而久之，原来的条件反射逐渐减弱，甚至不再出现，这称为条件反射的消退。例如，铃声与食物多次结合形成的条件反射，如果反复单独应用铃声而不给食物（即不强化），则铃声引起的唾液分泌也就逐渐减少，最后不分泌，这就是说，原来引起唾液分泌的条件刺激（铃声）已失去信号的意义，变成了引起抑制过程逐渐发展的刺激，其所形成的条件反射也就完全消退了。

总之，为了建立条件反射，使用的条件刺激要固定、强度要适宜，而且要经常用非条件刺激来强化和巩固。否则已经建立的条件反射也会受到抑制而逐渐消失。

（三）条件反射的生物学意义

条件反射的建立，极大地扩大了机体的反射活动范围，增加了动物活动的预见性和灵活性，从而对环境变化更能进行精确的适应。在动物个体的一生中，纯粹的非条件反射只有在出生后一个不长的时间内可以看到，以后由于条件反射不断建立，条件反射和非条件反射越来越不可分割地结合起来。因此，个体对内外环境的反射性反应，都是条件反射和非条件反射并存的复杂反射活动。随着环境变化，动物不断地形成新的条件反射，消退不适合生存的旧条件反射。从进化的意义上说，越是高等动物，形成条件反射的能力越强，越能适应环境而生存。

二、动力定型

在役畜调教中，若给予一系列的刺激，就可以建立一整套的条件反射。也就是利用各种不同的信号以固定不变的顺序、间隔和时间，有的与非条件刺激结合，有的不与之结合，经过长期耐心细致的调教，使神经系统能够相当巩固地建立一整套与刺激相适应的功能活动，表现出一整套有规律的条件反射活动。在这种情况下所形成的整套条件反射称为动力定型。这种由一系列条件刺激，使大脑皮质的活动定型化，称为动力定型（dynamic stereotype）。动力定型形成后，只要给予这一系列刺激中的第一个刺激，这一套的条件反射就能相继发生。例如，辕马套车时，只要能安静地套上套包，一吆喝“捎”辕马就自动地往车辕里“捎”。一般所说的“习惯成自然”和“熟能生巧”也是动力定型的结果。因此，动力定型是调教动物的生理学基础。根据这个道理，其他家畜也可利用有规律的饲养管理方法，建立人们需要的动力定型，以利畜牧业生产。例如，使乳牛养成良好的挤乳习惯，可增加产乳量；使猪养成定时定位的排粪、排尿，利于猪舍清洁；驯服野生动物（如梅花鹿等）成为家养性动物等。

由于动力定型的形成，使大脑皮质细胞只需消耗较少的能量，就可完成复杂的工作。如果环境改变，就需改变旧的定型以建立新的定型，必须消耗更多的能量，才能完成。例如，对家畜定质、定量和定时的喂饲，由于日久建立起了巩固的动力定型，可使消化系统的活动更好地进行。如果骤然改变饲喂制度，使原来的动力定型破坏，就可能引起消化机能的障碍。

三、神经活动的类型

畜牧兽医实践中常常看到，家畜在形成条件反射的速度、强度、精细度和稳定性等方面，对疾病的抵抗力、对药物的敏感性和耐受性以及生产性能等方面，都存在着明显的个体差异。这些个体差异，一般是由于大脑皮质的调节和整合活动存在着个体差异所致，生理学把这种特点称为神经活动的类型，一般简称神经型（nervous type）。

（一）家畜的基本神经型

根据大脑皮质活动的特点，可将家畜的神经型分为兴奋型、活泼型、安静型和抑制型 4 种基本类型。它们之间还有许多介于两者之间的过渡类型。

1. 兴奋型　兴奋型特点是兴奋和抑制都很强，但比较起来，兴奋更占优势。这类动物的表现是急躁、暴烈、不受约束和带有攻击性，它们能迅速地建立比较巩固的条件反射，但条件反射的精细度很差，即对类似刺激辨别能力很弱。

2. 活泼型　活泼型特点是兴奋和抑制都强，且均衡发展，互相转化比较容易且迅速。这类动物表现为活泼好动，对周围发生的微小变化能迅速发生反应。它们形成条件反射很快，能精细的辨别相似的刺激，能适应环境的复杂变化，是生理上最好的神经型。

3. 安静型　安静型的特点是兴奋和抑制都强，发展也比较平衡，但互相转化比较困难而缓慢。这类动物表现为安静、细致、温驯和有节制，对周围变化反应冷淡。它们能很好地建立精细的条件反射，但形成的速度较慢。

4. 抑制型　抑制型的特点是兴奋和抑制都很弱。一般更容易表现抑制。这类动物胆怯而不好动，易于疲劳，常常畏缩不前和带有防御性，它们一般不易形成条件反射，形成后也不巩固。它们不能适应变化复杂的环境，也难于胜任比较强和持久的活动。

（二）神经型的形成

家畜的神经型既取决于神经系统的遗传特性，又取决于个体后天的生存条件。神经系统的遗传特性实际上就是形成条件反射的可能性，它包括形成的速度、强度和稳定性等方面的个体差异。至于真正形成条件反射或形成什么样的条件反射，必须要在后天的环境影响下才能完成，所以家畜的神经型是皮质功能的遗传性与周围环境影响相结合的产物。

实践证明，家畜的神经型一般都在幼年形成，这是因为幼年期的神经系统遗传特性还保持较大的可变性，易受环境因素的影响而改变。随着年龄的增长，这种可变性逐渐减小，环境因素就越来越不易使之改变。例如，犊牛的神经型，6～8 月龄就已基本形成，到一周岁就已相当稳定。因此在实践中要从幼畜的遗传特性出发，及早进行定向培养，使它们形成有利于生产的神经型。对那些具有兴奋性遗传素质的幼畜，宜在安静环境中进行适当培养，而对那些具有抑制型遗传素质的幼畜，可在多变的环境中进行培育，这样可使之向理想的神经型方面发展。

（三）神经型的实践意义

畜牧业生产实践证明，活泼型的个体生产性能最高，安静型次之，兴奋型较差，抑制型最差。以马和耕牛来说，活泼型的使役能力高、挽力大、速度快，能迅速适应使役条件的变化，稍驱赶就加快运动；安静型的使役能力好，挽力也大，但动作缓慢，常常需要驱赶；兴奋型在使役强度不大时表现良好，使役强度增大时，则表现能力不定，对驱赶表现反抗；抑制型的使役能力很差，挽力小、速度慢、不耐久，对驱赶反应迟钝。以上表明畜体的神经型与生产性能之间有密切关系。因此，结合神经型的遗传素质进行定向培育，对提高生产性能大有必要。

以猪来说，安静型的个体容易肥育，而兴奋型的个体则难以肥育。在饲养管理中，常可发现有的进食快，有的进食慢，有的吃后即睡，有的吃后到处走动，以致惊扰其他个体。如能结合神经型的特点进行合理分群饲养，可提高肥育效果。

在兽医临床实践中发现，抑制型的个体对致病因素的抵抗力差，发病率高，病程和临床症状都比较沉重，对药物的耐受剂量一般较低，治疗效果差，痊愈和康复都很缓慢；活泼型和安静型的个体与抑制型恰好相反；兴奋型的个体对疾病的抵抗力和恢复能力均比抑制型好，但不如活泼型和安静型。可见，家畜的神经型在兽医实践中也具有重要意义。

总之，神经型的理论对畜牧业生产的发展具有重要的实践意义，需待人们在实际工作中去研究利用。

复习思考题

1. 神经组织兴奋后其兴奋性有何变化？是怎样产生的？
2. 简述神经元有哪些基本联系方式。
3. 试述神经纤维传导冲动的特征与原理及影响传导速度的因素。
4. 神经胶质细胞有什么生理功能？如何理解它们对神经细胞所起的保护作用？
5. 简述轴浆运输的特征。
6. 中枢单胺类递质有哪些？分布如何？外周神经中哪些部位是以乙酰胆碱为递质的？
7. 胆碱能受体分几类？各有什么作用？肾上腺素能受体分几类？各有什么作用？
8. 突触是如何进行分类的？
9. 试述兴奋性与抑制性突触后电位的作用与产生原理。
10. 根据突触传递的机理和特征，阐明中枢神经系统是如何传递、分析和整合信息的？
11. 在中枢神经系统内，神经元之间有哪些联络方式？有何生理意义？
12. 突触前抑制与突触后抑制相比，前者的特点有哪些？突触前抑制有何生理意义？
13. 试述中枢抑制及其产生的机制。
14. 感受器有哪些生理特征？神经系统如何产生感觉？
15. 试述丘脑向大脑皮层投射的两大系统的组成、功能特点及其损伤后的感觉障碍。
16. 大脑皮质运动区有哪些功能特点？
17. 比较锥体系和锥体外系的生理功能特点？
18. 何为牵张反射？其类型与产生原理如何？
19. 去大脑僵直产生的原因是什么？α僵直与γ僵直有何区别？
20. 试述小脑和丘脑的主要功能。
21. 躯体运动神经与自主神经结构和功能上各有何特点？它们是怎样联系和协调的？
22. 试述传出神经的胆碱能纤维和肾上腺素能纤维的作用特点。

23. 神经系统如何调节内脏活动和骨骼肌运动？
24. 试述条件反射的形成、分化及其重要生物学意义。
25. 乙酰胆碱和去甲肾上腺素进入突触间隙并发挥生理作用后，分别是如何失活的？
26. 突触后电位有几种，其产生机理如何？
27. 简述自主神经对心脏、支气管、胃肠运动、瞳孔、汗腺及糖原代谢有何作用。
28. 何谓动力定型，其形成有何生理意义？
29. 中枢兴奋过程的特征是什么？其扩散和集中的结构基础是什么？
30. 自主神经递质有哪些，其受体可分几类，主要作用如何？

第十章 内 分 泌

第一节 内分泌概述

动物机体各个器官和系统功能的协调以及内环境的稳态，都是通过神经系统和内分泌系统的共同调节而实现的。与神经调节不同的是，内分泌调节借助内分泌腺分泌的激素（hormone）以体液为载体调节靶细胞的功能，速度较慢，但作用的延续时间较长。这两套调节系统在形态和功能上往往相互紧密联系，神经系统可调节内分泌活动，而内分泌腺分泌的激素又可调节神经系统的功能。有些神经细胞本身就可分泌激素，即神经激素（neurohormone）。

内分泌腺（endocrine gland）又称无管腺，是体内内分泌细胞集中的组织，有丰富的血液供应，但没有固定的释放腺体分泌物的管道结构，其分泌物直接进入组织液和血液，到达对某种激素敏感的靶细胞，调节其代谢和功能，这种分泌途径称为内分泌（endocrine）。内分泌现象不仅见于垂体、甲状腺、肾上腺、胰岛和性腺等有典型腺体结构的内分泌腺，也见于很多非腺体结构的组织细胞，如下丘脑的某些细胞可分泌神经激素、肾脏的球旁细胞分泌肾素、胃肠道黏膜细胞分泌多种胃肠道激素、胎盘组织分泌促性腺激素和性激素、体内大多数组织都可分泌前列腺素等。激素是细胞与细胞之间传递信息的化学信号物质，大多数激素经组织液和血液运输至远距离的靶细胞而发挥作用，这种方式称为远距分泌（telecrine）。某些激素可不经血液运输，仅由组织液扩散而作用于邻近细胞，这种方式称为旁分泌（paracrine）。如果内分泌细胞所分泌的激素在局部扩散又返回作用于该内分泌细胞，这种方式称为自分泌（autocrine）。有些激素则是动物分泌到体外调节其他个体行为和生理功能特异性反应的一类物质，称为外激素（pheromone），又称为信息素（图 10-1）。

内分泌系统具有重要的生理作用，它参与机体内各种生理机能的调节，包括维持内环境的稳态、调节新陈代谢、保证各器官的正常生长发育和功能活动、调控生殖器官的发育和成熟以及生殖活动。此外，内分泌系统还与神经系统、免疫系统相互联系、相互协调，构成神经-内分泌-免疫调节网络，共同完成机体功能活动的高级整合，以维持内环境的相对稳定。

一、激素的分类

激素一词是由英国生理学家 Bayliss 和 Starling 在 1902 年发现促胰液素（secretin）后于 1905 年创用的。当时激素的概念是指由某些组织产生后通过血液循环运输到远处组织，发挥调节作用的化学物质。随着科学的发展，激素的传统定义有了变化。有些组织产生的激素并不进入血液循环，而是通过组织液扩散作用于邻近的细胞，这类物质称为局部激素。有些腺体的分泌物释放到体外，引起其他个体的行为或生理活动的改变，这类物质称为外激素（pheromone），如昆虫的性外激素。由此可见，激素的概念已变得越来越广。

激素的种类很多，根据其化学结构可分为三类。

1. 含氮类激素 含氮类激素包括蛋白质、多肽和氨基酸衍生物，如腺垂体激素、胰岛素、神经垂体激素、甲状腺激素等。

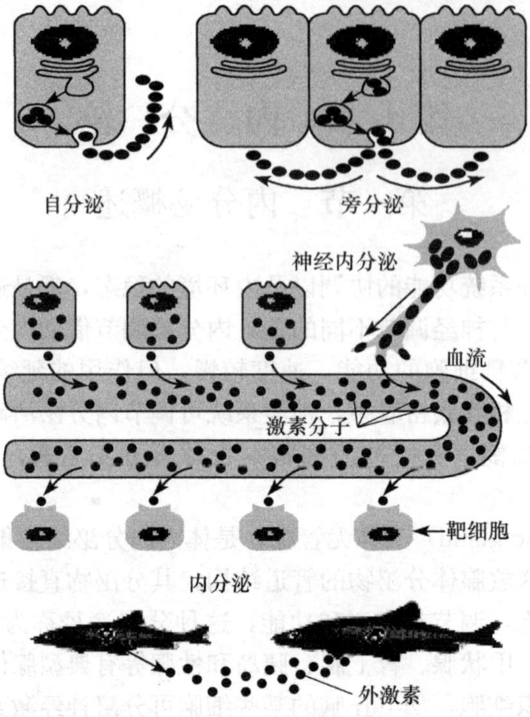

图 10-1　细胞化学通讯的类型

2. 类固醇激素　类固醇激素又称甾体激素，如肾上腺皮质分泌的糖皮质激素和盐皮质激素，以及性腺分泌的性激素。胆固醇衍生物 1，25-二羟胆钙化醇也属类固醇激素。

3. 不饱和脂肪酸衍生物　不饱和脂肪酸衍生物总称为前列腺素，结构上都是含 20 个碳原子的不饱和脂肪酸衍生物，如前列腺素（prostaglandin）、血栓素（thromboxane）和白细胞三烯（leukotriene）等。

体内主要的激素及其化学性质见表 10-1。

表 10-1　主要的激素及其化学性质

主要来源	激素名称（英文缩写）	主要靶器官	化学性质
	促甲状腺激素释放激素（TRH）	腺垂体	3 肽
	促肾上腺皮质激素释放激素（CRH）	腺垂体	41 肽
	促性腺激素释放激素（GnRH）	腺垂体	10 肽
	生长激素释放抑制激素/生长抑制素（GHRIH/SS）	腺垂体	14 肽
	生长激素释放激素（GHRH）	腺垂体	44 肽
下丘脑	催乳素释放因子（PRF）	腺垂体	肽类
	催乳素释放抑制因子（PIF）	腺垂体	胺类
	促黑素细胞激素释放因子（MRF）	腺垂体	肽类
	促黑素细胞激素释放抑制因子（MIF）	腺垂体	肽类
	血管升压素/抗利尿激素（VP/ADH）	肾脏、血管	9 肽
	催产素（OXT）	子宫、乳腺	9 肽

续表

主要来源	激素名称（英文缩写）	主要靶器官	化学性质
腺垂体	促肾上腺皮质激素（ACTH）	肾上腺	39 肽
	促甲状腺激素（TSH）	甲状腺	糖蛋白
	卵泡刺激素（FSH）	性腺	糖蛋白
	黄体生成素/间质细胞刺激素（LH/ICSH）	性腺	糖蛋白
	生长激素（GH）	骨、软组织	蛋白质
	催乳素（PRL）	乳腺等	蛋白质
	促黑素细胞激素（MSH）	黑素细胞	肽类
甲状腺	甲状腺素（T_4）	全身组织	胺类
	三碘甲腺原氨酸（T_3）	全身组织	胺类
甲状腺 C 细胞	降钙素（CT）	骨、肾脏等	32 肽
甲状旁腺	甲状旁腺激素（PTH）	骨、肾脏等	84 肽
胰岛	胰岛素	多种组织	51 肽
	胰高血糖素	肝脏、脂肪组织	29 肽
	生长抑素（SS）	消化器官等	14 肽
	胰多肽（PP）	消化器官	36 肽
肾上腺皮质	糖皮质激素（如皮质醇）	多种组织	类固醇
	盐皮质激素（如醛固酮）	肾脏等	类固醇
肾上腺髓质	肾上腺素（E）	多种组织	胺类
	去甲肾上腺素（NA）	多种组织	胺类
睾丸间质细胞	睾酮（T）	生殖器官及多种组织	类固醇
睾丸支持细胞	抑制素	腺垂体	肽类
卵巢颗粒细胞	雌二醇（E_2）、雌三醇（E_3）	生殖器官等多种组织	类固醇
卵巢黄体细胞	孕酮（P）	子宫和乳腺等	类固醇
胎盘	人绒毛膜促性腺激素（hCG）	卵巢	糖蛋白
	马属动物促性腺激素（eCG）	卵巢	糖蛋白
消化道、脑	胃泌素	消化器官	17 肽
	胆囊收缩素（CCK）/促胰酶素	消化器官	33 肽
	促胰液素	消化器官	27 肽
松果腺	褪黑素（MT）	多种组织	胺类
胸腺	胸腺素	T 淋巴细胞	肽类
心房	心房钠尿肽（ANP）	肾脏、血管	21 肽、23 肽
肝脏	生长介素/胰岛素样生长因子（SM/IGF）	多种组织	70/67 肽
肾脏	1,25-二羟维生素 D_3[1,25-$(OH)_2$-D_3]	小肠、骨、肾脏等	固醇类
	促红细胞生成素（EPO）	骨髓	165 肽
全身	前列腺素（PG）	全身组织	脂肪酸衍生物

二、激素作用的一般特性

激素虽然种类很多，作用复杂，但在对靶细胞发挥调节作用的过程中，具有以下共同特点。

（一）激素的信息传递作用

激素在细胞与细胞之间进行信息传递，它作用于靶细胞时，并不涉及成分的添加和能量的提供，仅起着“信使”的作用，将生物信息传递给靶细胞，加速或减慢细胞内新陈代谢的速度，调节其固有的生理生化反应。

（二）激素作用的相对特异性

激素在体液中与大部分细胞接触，只选择性地作用于某些器官、组织和细胞，这种特性称为激素作用的特异性。激素作用的器官、组织和细胞，分别称为激素的靶器官、靶组织和靶细胞。激素作用的特异性与靶细胞存在能与该激素发生特异性结合的受体有关。受体（receptor）是存在于细胞膜上或细胞核及细胞质内与激素特异性结合并传递激素信息的蛋白质分子。由于靶细胞的激素受体种类不同，使激素的作用具有特异性。有些激素作用的特异性很强，只作用于某一个靶腺体，如促甲状腺激素只作用于甲状腺。而有些激素却作用广泛，无特定的靶腺，如生长激素和甲状腺激素，几乎可作用于全身各部位的细胞，这就是激素作用的相对特异性。

（三）激素的高效能生物放大作用

在正常生理状态下体液中激素的浓度很低，一般为 10^{-12}～10^{-6}g/mL。如此低水平的激素却可表现出极强的生理作用，这就是激素的高效性。其原因在于激素与受体结合后，在细胞内发生一系列酶促放大作用，逐级放大，形成一个效能极高的生物放大系统，称为激素放大效应。例如，1 分子的肾上腺素通过蛋白激酶、糖原磷酸化酶等多种酶的催化作用，促进骨骼肌细胞内糖原分解，其效应放大了 10 000 倍。

（四）激素间的相互作用

当多种激素共同参与调节某一生理活动时，各种激素之间通常存在着协同或拮抗作用，有助于维持生理活动的相对稳定。例如，胰高血糖素、肾上腺素和糖皮质激素都能提高血糖浓度，在升糖效应上有协同作用；胰岛素则能降低血糖浓度，与上述激素的升糖效应有拮抗作用。激素之间的协同作用与拮抗作用可以发生在受体水平，也可以发生在受体后的信息传递过程。有的激素本身并不能对某些细胞直接产生生理效应，但它却能增强另一种激素的作用，它的存在是其他激素发挥生理作用的必要条件，这种现象称允许作用（permissive action）。例如，糖皮质激素对心肌和血管平滑肌的收缩并无调节作用，但它的存在可使儿茶酚胺更好地发挥对心血管的调节作用，这就是糖皮质激素对儿茶酚胺类激素的允许作用。

三、激素作用的机制

激素通过其相应受体的介导作用于靶细胞，但激素与靶细胞的受体结合后，如何经信号转导途径将信息传递到细胞内，并最终引起靶细胞出现生物学效应的机制，一直是细胞生理学基础研究的重要领域。随着分子生物学的发展，关于激素作用机制的研究取得了飞速发展。

（一）激素受体

激素受体是指靶细胞上能识别并专一性结合某种激素，继而引起各种生物效应的功能蛋白质。受体与激素的结合具有高度的特异性和亲和力。根据激素受体在细胞中的定位可分为两类。

1. 细胞膜受体　除甲状腺激素外，其他的含氮激素（肽类和蛋白质激素、胺类激素）的受体都在细胞膜上，称为细胞膜受体。膜受体一般为糖蛋白，其分子结构可分为三部分：细胞外区、跨膜区和细胞内区。细胞外区含有糖基，是识别激素并与之结合的部位。膜受体的肽链可以一次或多次跨膜形成一个或多个跨膜 α 螺旋。由于这类受体与激素结合后，必须通过细胞膜中的 G 蛋白介导，才能调节细胞膜内侧的效应器酶的活性，进而引起生物效应，所以将这类激素受体称为 G 蛋白耦联受体（G-protein-coupled receptor，GPCR）。胰岛素与一些生长因子的受体本身具有酪氨酸蛋白激酶（protein tyrosine kinase，PTK）活性，当激素与受体结合后，可使位于膜内区的 PTK 激活，进而使自身肽链和膜内蛋白质底物中的酪氨酸残基发生磷酸化，进一步诱发细胞内效应。这类受体称为酪氨酸蛋白激酶受体。

2. 细胞内受体　类固醇激素的细胞内受体可分为胞浆受体与核受体。胞浆受体是存在于靶细胞胞浆中的特殊的可溶性蛋白，能特异性地与相应的激素结合，形成激素-受体复合物，然后由胞浆转移至核内发挥作用。核受体是存在于核内能与相应的激素结合，并对转录过程起调节作用的蛋白质，由一条多肽链组成。关于类固醇激素受体的定位，至今尚有争议。一般认为，糖皮质激素受体主要存在于胞浆中，而雌激素、孕激素与雄激素的受体既存在于胞浆，又存于核内，但以后者为主。另外，甲状腺激素和 1,25-$(OH)_2$-D_3 的受体定位在细胞核内。

靶细胞的受体数量变化很大，处于不断合成与降解的动态平衡之中，它受多种生理和病理因素的影响。受体调节一般是指对受体数量及亲和力的调控，调节形式一般有两种。

（1）上调（up regulation）：某一激素处于高水平时，引起相应受体的数量或亲和力增加。例如，高水平的生长激素可使肝脏的自身受体增加。

（2）下调（down regulation）：某一些激素处于高水平时，引起相应受体数量或亲和力下降。例如，高水平胰岛素可使靶细胞上的特异性受体减少。受体的下调与受体内化（internalization）有关。受体内化是指受体与其相应的激素结合后，形成的激素-受体复合物进入细胞内的过程。部分复合物可转运至溶酶体降解，发生受体下调；而部分由高尔基复合体处理后，受体重新转运至膜表面，形成受体的再循环。所以，受体的合成与降解处于动态平衡之中，其数量的多少与激素的量相适应，从而调节靶细胞对激素的敏感性和反应强度。

（二）含氮类激素的作用机制——第二信使学说

Sutherland 学派在 1965 年提出第二信使学说，认为激素是第一信使，与靶细胞膜上具有立体构型的专一性受体结合后，激活膜上的腺苷酸环化酶（adenylyl cyclase，AC）系统。在 Mg^{2+} 的参与下，AC 催化 ATP 转变为环腺苷一磷酸（cAMP），再由 cAMP 作为第二信使（second messenger），激活依赖 cAMP 的蛋白激酶 A（protein kinase A，PKA），继而激活细胞内各种底物蛋白的磷酸化反应，引起细胞特定的生理效应，如腺细胞分泌、肌细胞收缩或舒张，细胞膜电位或通透性改变、细胞增殖和分化、活化各种酶反应等(图 10-2)。PKA

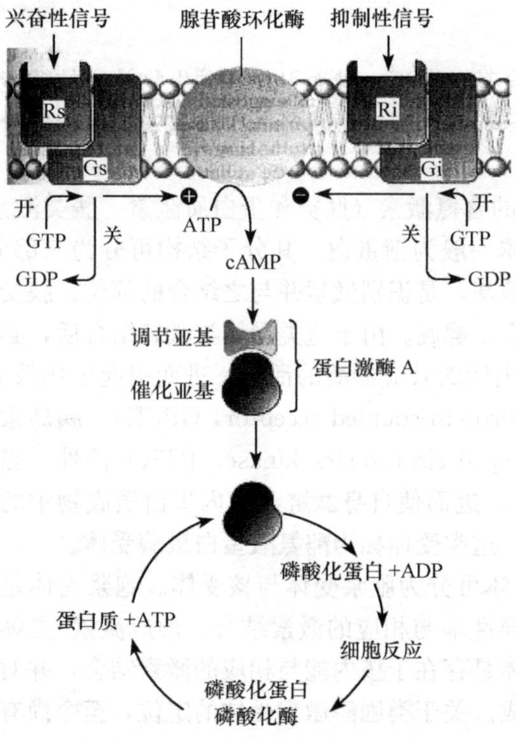

图 10-2 激素作用的细胞内信号传递机制

兴奋性或抑制性激素分别与相应的受体（Rs/Ri）结合，从而激活 Gs 蛋白或 Gi 蛋白，兴奋或抑制 AC，调节 cAMP 的产生。cAMP 与 PKA 的调节亚基结合，分离的催化亚基将底物蛋白磷酸化，从而调节细胞的生物学效应

也可进入细胞核，激活某些转录因子，从而调控基因的表达。cAMP 在完成第二信使作用后，被细胞内的磷酸二酯酶（phosphodiesterase）降解成为 5′-磷酸腺苷而灭活。

后来的研究证明，第二信使除了 cAMP 外，环一磷酸鸟苷（cGMP）、三磷酸肌醇（inositol-1，4，5-triphosphate，IP_3）、二酰甘油（diacylglycerol，DG）及 Ca^{2+} 等均可作为第二信使（图 10-3）。细胞内起信号转导作用的蛋白激酶除 PKA 外，还有蛋白激酶 C（PKC）和蛋白激酶 G（PKG）等。近年来对第二信使学说研究的重要进展之一是 G 蛋白在跨膜信息传递中的作用。激素受体与激素结合的部分在细胞膜的外表面，而腺苷酸环化酶在膜的胞浆面，它们之间存在着一种起耦联作用的调节蛋白——鸟苷酸结合蛋白（guaninenucleotide-binding protein），简称 G 蛋白。G 蛋白由 α、β 和 γ 三个亚单位组成，α 亚单位有鸟苷酸结合位点，具有 GTP 酶的活性，起催化亚单位的作用。当 G 蛋白上结合的鸟苷酸为 GTP 时则激活并发挥其作用，而当 G 蛋白上的 GTP 水解为 GDP 时则失去活性。当激素与受体结合时，活化的受体便与 G 蛋白的 α 亚单位结合，并促使其与 β、γ 亚单位脱离，进而对效应器酶（如腺苷酸环化

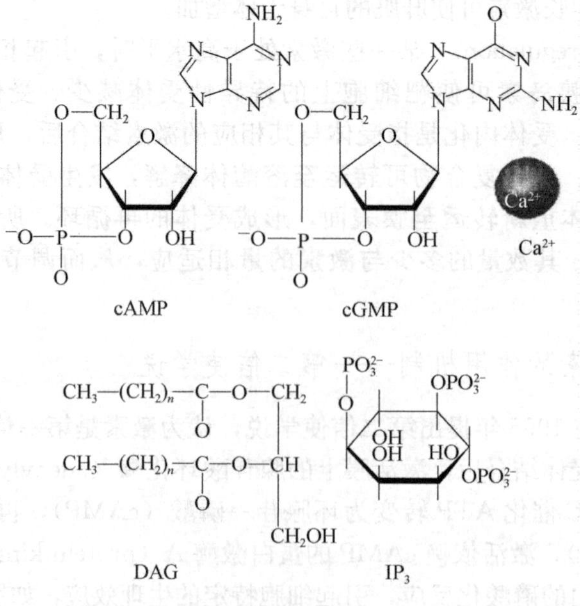

图 10-3 第二信使的类型

酶）起激活或抑制作用。G 蛋白活化后的主要功能是激活或抑制效应器酶的活性，从而改变胞浆内第二信使的浓度和细胞内的一系列变化。G 蛋白可分为兴奋型 G 蛋白（Gs）和抑制型 G 蛋白（Gi）。Gs 的作用是激活腺苷酸环化酶，使 cAMP 生成增多；Gi 的作用则是抑制腺苷酸环化酶的活性，使 cAMP 生成减少。

激素的胞内信号转导除了 cAMP-PKA 途径以外，有些含氮激素如胰岛素、催产素、催乳素、某些下丘脑调节肽和生长因子等并不以 cAMP 为媒介进行信息传递，而是以 IP_3 和 DAG 为第二信使传递信息。其基本过程是：在激素作用于膜受体后，经 G 蛋白的耦联作用，激活膜内的磷脂酶 C（phospholipase C，PLC），使膜磷脂酰肌醇（PI）转变为磷脂酰二磷酸肌醇（PIP_2），再分解为 IP_3 和 DG。IP_3 使内质网释放 Ca^{2+}，并诱发细胞外 Ca^{2+} 内流，导致胞浆内 Ca^{2+} 浓度明显增加。Ca^{2+} 与细胞内钙调节蛋白（calmodulin，CaM）结合，激活蛋白激酶并促进蛋白质磷酸化，调节细胞的各种功能活动。DG 在有 Ca^{2+} 存在的条件下，激活 PKC，使多种蛋白质或酶发生磷酸化以实现细胞功能的调节（图 10-4）。

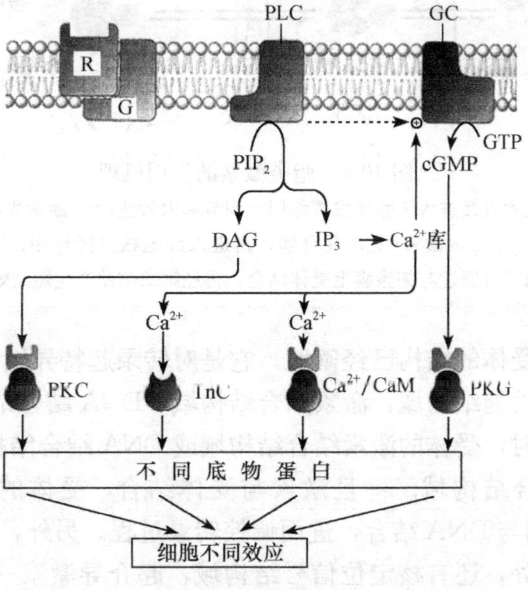

图 10-4 激素作用的磷脂酰肌醇信号传递机制

激素与受体结合后通过 G 蛋白活化 PLC，催化 PIP_2 生成 DAG 和 IP_3，PLC 对鸟苷酸环化酶（GC）的直接作用尚未定论（虚线所示）。DAG 活化 PKC 后发挥作用，IP_3 则促使内质网 Ca^{2+} 库释放 Ca^{2+}，Ca^{2+} 可活化肌钙蛋白（TnC）、Ca^{2+}/钙调蛋白依赖性蛋白激酶（Ca^{2+}/CaM），也可活化 GC，然后产生不同的作用

细胞膜受体与激素结合后还可以通过其他途径改变细胞的功能。例如，胰岛素及某些生长因子等对靶细胞的调控过程是通过与酪氨酸激酶受体结合实现的。心房钠尿肽则是通过鸟苷酸环化酶催化 GTP 生成 cGMP，激活 PKG，导致底物蛋白的丝氨酸/苏氨酸残基发生磷酸化，来调控靶细胞的生理功能。

(三) 类固醇激素作用机制——基因表达学说

大多数类固醇激素在血液中与载体蛋白结合，只有小部分以游离的方式存在。游离的类固醇激素呈脂溶性，分子小，能快速穿过细胞膜和核膜的脂双层而进入细胞，与细胞核内的特异性受体结合，进而启动或抑制 DNA 的转录过程，促进或抑制 mRNA 的表达，并诱导或抑制蛋白质（包括酶）的生成，引起相应的生物效应（图 10-5）。有些类固醇激素（如糖皮质激素）也可与胞浆内的受体结合形成激素-受体复合物，受体蛋白发生构象变化，从而使激素-受体复合物获得进入核内的能力，二者共同穿过核膜调节基因表达。

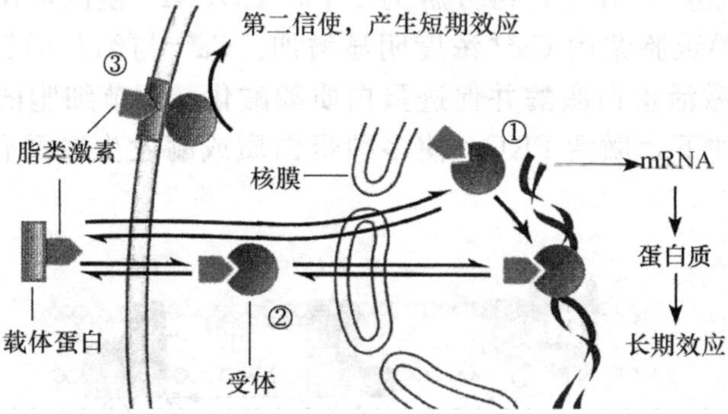

图 10-5　脂类激素的作用机理

① 激素直接进入细胞核发挥作用，调节基因表达；② 激素先与胞浆受体结合形成激素-受体复合物，再进入细胞核发挥作用；③前列腺素可通过与细胞膜上受体结合，再经第二信使产生短期效应

许多类固醇激素核受体的结构已经阐明，它是对转录起特异性调节作用的蛋白质，由一条肽链组成，分为三个功能结构域：激素结合结构域、DNA 结合结构域和转录激活结构域。在激素未与核受体结合时，受体的激素结合结构域或 DNA 结合结构域可能与某种蛋白质相结合，掩盖了 DNA 结合结构域。一旦激素与受体结合，受体的分子构象发生改变，使 DNA 结合结构域暴露而与 DNA 结合，进而调控转录过程。另外，在 DNA 结合结构域靠近激素结合结构域的交界处，还有核定位信号结构域，起介导激素-受体复合物与 DNA 特定部位相结合的作用。

以上两种模式只是含氮类激素和类固醇激素简要的作用机理，即含氮激素的作用是通过第二信使传递信息，类固醇激素则是通过调控基因表达而发挥作用的。应该指出，含氮类激素可作用于转录和翻译水平而影响蛋白质的生成，而有些类固醇激素也可作用于细胞膜上，引起一些非基因组效应。甲状腺激素虽属含氮激素，但其作用机制却与类固醇激素相似，它进入细胞内，直接与核受体结合调节转录过程。

第二节　下丘脑和垂体的内分泌

下丘脑与垂体在结构和机能上的联系非常密切。下丘脑位于丘脑的腹部，第三脑室周围，可分为三个区：① 前区或称视上区：包括视交叉上核、视上核、室旁核等；② 中区或称结节区：包括正中隆起、弓状核、腹内侧核等；③ 后区或称乳头区：包括背内侧核、乳头体等。下丘脑视上核和室旁核的神经元轴突延伸终止于神经垂体，形成下丘脑-垂体束。下丘脑的一些神经元既能分泌激素（神经激素），具有内分泌细胞的作用，又保持典型的神经细胞的功能。它们可将从大脑或中枢神经系统其他部位传来的神经信息转变为激素的信息，通过垂体门脉系统联系垂体，从而以下丘脑-垂体为枢纽，把神经调节与体液调节紧密联系起来，从而组成下丘脑-垂体功能单位（图 10-6）。

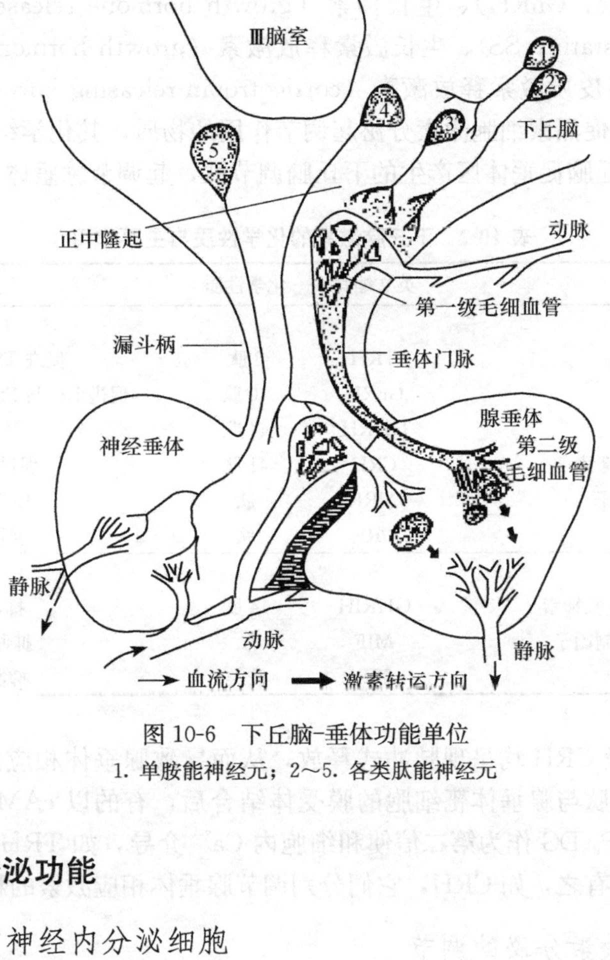

图 10-6 下丘脑-垂体功能单位

1. 单胺能神经元；2～5. 各类肽能神经元

一、下丘脑的内分泌功能

（一）下丘脑的神经内分泌细胞

下丘脑的一些神经内分泌细胞兼有神经元和腺细胞的功能，称为肽能神经元，一方面可接受脑内其他神经细胞的控制；另一方面又能分泌肽类激素到血液，调节腺垂体细胞的分泌功能。下丘脑的肽能神经元主要存在于视上核、室旁核与“促垂体区”核团内。这些细胞可分为两类。①大细胞性神经内分泌系统，由视上核和室旁核组成，细胞体积较大，轴突末梢大部分终止于神经垂体内，小部分终止于正中隆起。产生的抗利尿激素和催产素沿轴突运输，储存在神经垂体内，受刺激后释放入血。②小细胞性神经内分泌细胞系统，由下丘脑底部的许多核团内的小型神经内分泌细胞组成，包括正中隆起、弓状核、腹内侧核、视交叉上核及室周核等，其轴突较短，终止于正中隆起。这个系统产生的多种释放激素和抑制激素（下丘脑调节肽）进入垂体门脉系统的第一级毛细血管网，进而转运至腺垂体，调节其分泌活动。

（二）下丘脑调节肽

下丘脑内小细胞神经元所在的区域称为下丘脑促垂体区，这里的肽能神经元分泌的肽类激素统称为下丘脑调节肽，其主要作用是调节腺垂体的活动。下丘脑调节肽包括释放激素和释放抑制激素。已知的下丘脑调节肽有 9 种，其中化学结构已阐明的有 5 种，包括促甲状腺激素释放激素（thyrotropin-releasing hormone，TRH）、促性腺激素释放激素（gonadotropin-releasing hormone，GnRH）、生长抑素（growth hormone release-inhibiting hormone，GHRIH，或 somatostatin，SS）、生长激素释放激素（growth hormone-releasing hormone，GHRH）及促肾上腺皮质激素释放激素（corticotropin-releasing hormone，CRH）。还有 4 种对腺垂体催乳素和促黑素细胞激素分泌起调节作用的物质，其化学结构尚未确认，暂称为因子（表 10-2）。下丘脑促垂体区产生的下丘脑调节肽，起调节腺垂体分泌功能的作用。

表 10-2 下丘脑激素的化学性质与主要作用

种类	英文缩写	化学性质	主要作用
释放激素			
促甲状腺激素释放激素	TRH	3 肽	促进 TSH 和 PRL 释放
促性腺激素释放激素	GnRH	10 肽	促进 LH 与 FSH 释放（以 LH 为主）
生长激素释放激素	GHRH	44 肽	促进 GH 释放
促肾上腺皮质激素释放激素	CRH	41 肽	促进 ACTH 释放
促黑素细胞激素释放因子	MRF	肽	促进 MSH 释放
催乳素释放因子	PRF	肽	促进 PRL 释放
释放抑制激素			
生长素释放抑制激素/生长抑素	GHRIH	14 肽	抑制 GH 释放
促黑素细胞激素释放抑制因子	MIF	肽	抑制 MSH 释放
催乳素释放抑制因子	PIF	胺类	抑制 PRL 释放

TRH、GnRH 及 CRH 均呈现脉冲式释放，从而导致腺垂体相应的激素分泌也出现脉冲式波动。各种调节肽与腺垂体靶细胞的膜受体结合后，有的以 cAMP 作为第二信使，如 GHRH；有些则以 IP_3-DG 作为第二信使和细胞内 Ca^{2+} 介导，如 TRH、GnRH 及生长抑素等；有的则二者兼而有之，如 CRH，它们分别调节腺垂体相应激素的释放。

（三）下丘脑激素分泌的调节

下丘脑神经激素的分泌受神经和激素的调节。

1. 神经调节 内外环境的各种刺激通过神经系统传送到下丘脑，影响下丘脑激素的释放。例如，在应激状态下，各种应激刺激可促进 TRH 的释放；吮吸乳头可反射性引起下丘脑 PRF 增加和 PIF 降低。

下丘脑肽能神经元与来自中枢神经系统其他部位（如中脑、边缘系统和大脑皮层）发出的神经纤维有广泛的突触联系，其神经递质主要有肽类物质和单胺类物质两大类。肽类物质包括脑啡肽、β-内啡肽、神经降压素、P 物质、血管活性肠肽及 CCK 等。单胺类物质有多巴胺（DA）、去甲肾上腺素（NE）和 5-羟色胺，它们较集中地分布在下丘脑促垂体区正中隆起附近。它们对下丘脑调节肽的释放有明显的调节作用（表 10-3），如注射脑啡肽或 β-内啡肽可促进 TRH 和 GnRH 的释放，而对 CRH 和 GHRH 的释放有抑制作用。

表 10-3　神经递质对几种下丘脑调节肽分泌的影响

递质	TRH	GnRH	GHRH	CRH	PRF
去甲肾上腺素	↑	↑	↑	↓	↓
多巴胺	↓	↓（—）	↑	↓	↓
5-羟色胺	↓	↓	↑	↑	↑

注：↑增加分泌，↓减少分泌，（—）不变

2. 激素调节　下丘脑激素对腺垂体细胞的分泌功能有重要的调节作用，腺垂体分泌的激素又调节各自靶组织的活动，在机体内构成了下丘脑、腺垂体与三个重要靶腺（甲状腺、肾上腺皮质和性腺）组成的三级水平的功能轴：下丘脑-垂体-甲状腺轴、下丘脑-垂体-肾上腺（皮质）轴和下丘脑-垂体-性腺轴。

在功能轴的各环节中，既有下丘脑对腺垂体、腺垂体对靶腺下行调节的关系，又有长反馈、短反馈和超短反馈三个层次的上行反馈调节。长反馈指靶腺所分泌的激素对上级腺体活动的反馈调节作用，如血中皮质醇浓度升高时对 CRH、ACTH 分泌的抑制；短反馈指腺垂体分泌的激素对下丘脑激素分泌的调节作用，如 ACTH 对 CRH 分泌的抑制；超短反馈则指下丘脑调节肽调节肽能神经元自身的分泌活动。

二、腺垂体激素

垂体分腺垂体和神经垂体两部分。腺垂体是腺组织，包括远侧部、中间部和结节部三个区域。远侧部是腺垂体的主要部分，有多种具有内分泌功能的腺细胞、丰富的毛细血管网和少量的网状纤维。神经垂体是神经组织，分为神经部和漏斗部两个部分。远侧部和神经部一般分别称为垂体前叶和垂体后叶。腺垂体和神经垂体的内分泌功能不同，但都与下丘脑有着结构和功能上的密切联系。神经垂体的部分血液可通过短门脉血管流向腺垂体。

腺垂体远侧部的细胞可分为两大类：一类为有内分泌功能的颗粒型细胞，目前定论的有5种，即生长素细胞、催乳素细胞、促甲状腺激素细胞、促肾上腺皮质激素细胞和促性腺激素细胞；另一类为无内分泌功能的无颗粒型细胞，主要是滤泡星形细胞和未分化的细胞。

在腺垂体分泌的激素中，促甲状腺激素（thyroid-stimulating hormone，TSH）、促肾上腺皮质激素（adrenocorticotropic hormone，ACTH）、卵泡刺激素（follicle-stimulating hormone，FSH）与黄体生成素（luteinizing hormone，LH）均有各自的靶腺，分别形成：下丘脑-垂体-甲状腺轴、下丘脑-垂体-肾上腺皮质轴和下丘脑-垂体-性腺轴。腺垂体的这些激素是通过促进靶腺分泌激素而发挥作用，所以也把这些激素统称为“促激素”。腺垂体还分泌生长激素（growth hormone，GH）、催乳素（prolactin，PRL）与促黑素细胞激素（melanophore-stimulating hormone，MSH），它们直接作用于靶细胞，从而调节物质代谢、个体生长、乳腺发育与泌乳以及黑色素代谢等。此外，中间部的阿黑皮素原（pro-opiomelanocortin，POMC）是 ACTH、MSH 和 β-促脂素等激素的前体。

（一）生长激素

生长激素（GH）是一种具有种属特异性的单链蛋白质激素，有种间差异。人、鼠、牛、羊、猪、鲸、犬、兔和猴的 GH 相对分子质量为 22 000～48 000，各种动物 GH 的氨基酸序列不同，其中人与猴、猪与鲸、牛与羊的分子结构较为相似。

在人和动物的血浆和组织液中存在对 GH 具有高度特异性的结合蛋白，称为生长激素结合蛋白（GH-binding protein，GHBP）。根据分子大小以及与GH结合的特性，可将GH-BP分为两种：高亲和力GHBP和低亲和力GHBP。高亲和力GHBP与GH结合形成复合物，是血浆GH的主要存在形式，肝脏可能是产生高亲和力GHBP的主要场所。

1. GH的作用　GH的主要生理作用是促进物质代谢和生长发育（图10-7）。GH对机体各组织器官均有影响，特别是对骨骼、肌肉及内脏器官的作用尤为显著，因此也称为躯体刺激素（somatotropin）。GH还参与机体的应激反应。

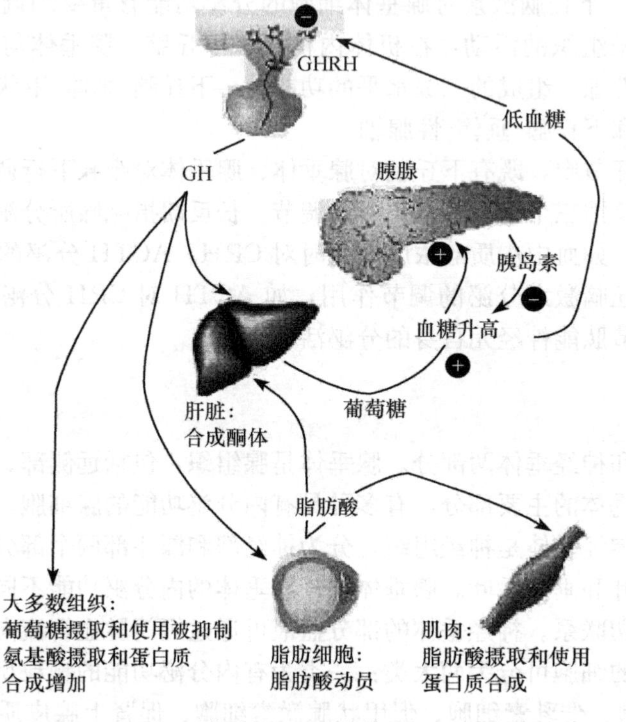

图10-7　GH的作用

GH促进脂肪分解，脂肪酸用于肌肉组织的供能和肝脏的酮体合成。GH抑制大多数组织摄取葡萄糖（中枢神经系统除外）导致血糖升高，刺激胰岛素的分泌，胰岛素促进葡萄糖进入细胞而使血糖下降，从而拮抗GH的作用

(1) 促生长作用。GH促进骨、软骨、肌肉及其他组织细胞分裂增殖，促进蛋白质合成。幼年时若缺乏GH，则生长发育停滞，人或动物会患侏儒症（dwarfism）；而GH过多则会患巨人症（gigantism）。成年期若GH分泌过多，由于长骨的骨骼已钙化不能再生长，只有软骨成分较多的部位（如面部骨骼、手足肢端骨）恢复生长，以致出现手足粗大、下颌突出，内脏器官如肝脏和肾脏等也增大，称为肢端肥大症（acromegaly）。

GH并不直接刺激细胞生长，而是作用于肝脏使其产生生长介素（somatomedin，SM），再直接作用于细胞。SM是相对分子质量为4000的多肽，因其化学结构与胰岛素相似并具有其活性，故又称为胰岛素样生长因子（insulin-like growth factor，IGF）。目前已分离出两种SM，即IGF-Ⅰ和IGF-Ⅱ，它们分子组成的氨基酸有70%是相同的。IGF-Ⅰ是含有70个氨基酸的多肽，而IGF-Ⅱ有67个氨基酸。GH的促生长作用与SM密切相关，SM以内分泌的形式作用于各种组织器官，且主要由IGF-Ⅰ介导，而IGF-Ⅱ则主要在胚胎期生成，对胎儿的生长发育起重要作用。肝脏作为 GH 重要的靶组织，是产生 IGF-Ⅰ的最主要的部位，因此认为下丘脑-垂体-肝脏轴作为生长轴的主轴是调控动物生长发育的关键。

（2）促进代谢。GH 通过 IGF 促进氨基酸进入细胞，加强 DNA、RNA 的合成进而促进蛋白质合成，促进机体呈正氮平衡。GH 抑制糖的消耗，促进脂肪分解，增强脂肪酸氧化，特别是使肢体组织脂肪含量减少。脂肪进入肝脏，增强氧化，提供能量。GH 抑制外周组织摄取和利用葡萄糖，减少葡萄糖消耗，提高血糖水平。GH 分泌过多的患者，由于血糖过高，可出现糖尿。此外，GH 促进胸腺基质细胞分泌胸腺素，参与机体免疫功能的调节。

GH 通过其靶细胞膜上的特异性受体而发挥其作用。GH 受体是由 620 个氨基酸组成的跨膜糖蛋白，其中第 1～246 氨基酸残基分布于细胞膜内，第 247～272 氨基酸残基位于细胞膜中，第 273～620 氨基酸残基位于细胞膜外。机体许多细胞都存在 GH 受体，如肝脏、脑、骨骼肌、心脏、肾脏、肺脏、胃、肠、软骨、胰腺、睾丸、卵巢和子宫等。GH 与其受体结合后直接或通过 SM 间接促进生长发育。在胎儿期和新生儿期，各类细胞上的 GH 受体数量较多，所以对 GH 的反应十分敏感。

2. GH 分泌的调节

（1）下丘脑对 GH 分泌的调节。GH 的分泌受下丘脑 GHRH 和 GHRIH 的双重调控。GHRH 经常性地促进 GH 的分泌，而 GHRIH 则抑制其分泌。产生 GHRH 的神经元主要分布在下丘脑弓状核及腹内侧核，电刺激这些核团引起 GH 释放。产生 GHRIH 的神经元位于下丘脑室周区前部，损毁室周核可使下丘脑 GHRIH 含量降低。GH 呈脉冲式分泌，这是 GHRH、GHRIH 共同协调作用的结果。在整体条件下 GHRH 对 GH 分泌的促进作用占主要地位。血液中 GH 水平有明显的年龄特点和昼夜节律。

（2）反馈调节。GH 对下丘脑 GHRH 和腺垂体 GH 的分泌有负反馈调节作用，GHRH 对其自身释放也有负反馈调节作用。IGF-Ⅰ能刺激下丘脑释放 GHRIH，从而抑制 GH 的分泌。IGF-Ⅰ还能直接抑制培养的垂体细胞 GH 的基础分泌和 GHRH 刺激的 GH 分泌，说明 IGF-Ⅰ可通过下丘脑和腺垂体两个水平对 GH 分泌进行负反馈调节。

（3）其他因素。除了上述的调控机制外，还有许多因素可以影响 GH 的分泌。例如，低血糖、血中氨基酸和脂肪酸增多、运动、饥饿及应激刺激，均可引起 GH 分泌增多。某些激素如甲状腺激素、雌激素、雄激素等可促进 GH 分泌，而皮质醇则抑制 GH 分泌。昼夜节率和年龄变化也可影响 GH 的分泌。白天觉醒时，血中 GH 的水平较低；夜间深睡时，血中 GH 水平可升高若干倍。GH 分泌还有明显的年龄性变化，胎儿的血浆 GH 比母体高，新生幼畜血中 GH 水平比胎儿更高，以后逐渐降低，到初情期后降到接近成年水平。

（二）催乳素

催乳素（PRL）结构上与 GH 相似，也是一种单链蛋白质。各种动物 PRL 的分子结构和相对分子质量均有差异，牛和绵羊 PRL 的氨基酸组成/相对分子质量分别为：205/26 000，198/25 000。

1. PRL 的生理作用　PRL 的作用极为广泛。在哺乳动物，PRL 的主要作用是促进乳腺的发育和乳汁的生成，还可促进生长、调节水盐代谢和性腺功能。PRL 能促进雄性哺乳类前列腺及精囊的生长，增强 LH 对间质细胞的作用，使睾酮的合成增加。血中高浓度 PRL 抑制性腺的发育和功能活动。应激状态下，血液中 PRL 与 ACTH、GH 浓度同时增加，共同参与应激反应。在禽类，PRL 可促进嗉囊的生长和分泌，对具有抱窝遗传性的禽类能诱发抱窝，抑制卵泡发育。PRL还可刺激蝾螈的趋水效应、使硬骨鱼的鳃对离子的通透性降低。

2. PRL分泌的调节 PRL的分泌主要受下丘脑PRF和PIF的双重调节：PRF促进PRL的分泌，PIF抑制PRL的分泌，平时以PIF的抑制作用为主。TRH对PRL分泌也有促进作用。血中高水平的PRL可反馈性地促进下丘脑正中隆起分泌多巴胺，抑制PRF和PRL的分泌。PIF虽然还未分离成功，但已证明多巴胺可能是一种PIF。哺乳类每次哺乳或挤乳时，由于吮吸或按摩乳头，能反射性地刺激PRL分泌。此外，脑内的5-羟色胺、阿片肽、血管活性肽、血管紧张素Ⅱ等均可刺激PRL的分泌。

（三）促激素

促激素包括TSH、ACTH、FSH和LH，其中TSH、FSH和LH均为双链糖蛋白，三者都有一条相同的α链，激素的特异性由β链所决定。TSH的生理作用是促进甲状腺的生长和合成并释放甲状腺激素。ACTH是一个含39个氨基酸的多肽，由阿黑皮素原经酶分解而来，生理作用主要是促进肾上腺皮质增生和肾上腺皮质激素的合成与释放。FSH和LH统称促性腺激素（gonadotropin）。在LH和性激素协同作用下，FSH可促进雌性动物卵泡生长发育并分泌卵泡液；作用于雄性动物睾丸，促进生精上皮的发育、精子的生成和成熟。在畜牧实践中，FSH常用于诱导母畜发情排卵和超数排卵，治疗卵巢机能疾病等。LH与FSH协同作用可促进卵巢合成雌激素、卵泡发育成熟并排卵以及排卵后的卵泡转变成黄体。LH促进睾丸间质细胞增殖并合成雄激素，因而在雄性动物又称为间质细胞刺激素（ICSH）。

促激素的分泌调节将在有关章节中叙述。

（四）促黑素细胞激素

促黑素细胞激素（MSH）是低等脊椎动物（鱼类、爬行类和两栖类）垂体中间部产生的一种肽类激素。人类垂体中间部退化后只留有痕迹，产生MSH的细胞分散于腺垂体远侧部内。MSH是阿黑皮素原的衍生物，分α-MSH（十四肽）、β-MSH（十八肽）和γ-MSH（十二肽）三种。

MSH的主要生理作用是促使黑素细胞生成黑色素。体内黑素细胞分布于皮肤、毛发、眼球虹膜及视网膜色素层内。位于表皮与真皮之间的黑素细胞的胞浆中有特殊的黑色素小体，内含酪氨酸酶，可催化酪氨酸转变成黑色素。MSH使两栖类黑素细胞中的黑素颗粒在细胞内分散而使肤色加深，有利于动物在黑暗处隐蔽。MSH促进哺乳动物和人黑色素的合成，使皮肤与毛发的颜色加深。

MSH的分泌主要受下丘脑MRF和MIF的调控。MRF促进MSH的分泌，MIF则有抑制作用，平时以MIF的抑制作用占优势。MSH也可通过反馈调节腺垂体MSH的分泌。

三、神经垂体激素

神经垂体不含腺体细胞，不能合成激素。神经垂体激素包括血管升压素（vasopressin）和催产素（oxytocin，OXT），由下丘脑视上核和室旁核神经元产生，与神经垂体激素运载蛋白形成复合物后包装于囊泡中，以轴浆运输的方式经下丘脑-垂体束运送至神经垂体储存。在适宜刺激下，神经末梢将囊泡内的神经垂体激素和运载蛋白一起以出胞的方式释放进入血中。

（一）血管加压素

血管加压素又称抗利尿激素（antidiuretic hormone，ADH），与催产素的结构相似，都是含 8 个氨基酸的短肽，内部都有一个二硫键，连接 N 端第 1 位与第 6 位的两个半胱氨酸成胱胺酸（图 10-8）。哺乳类的 ADH 有两种：大多数动物是 8-精氨酸加压素，而猪、野猪和河马是 8-赖氨酸加压素。禽类的神经垂体还分泌 8-精催产素。神经垂体激素主要在肾脏和肝脏中降解，在肌肉和子宫等组织也能灭活。

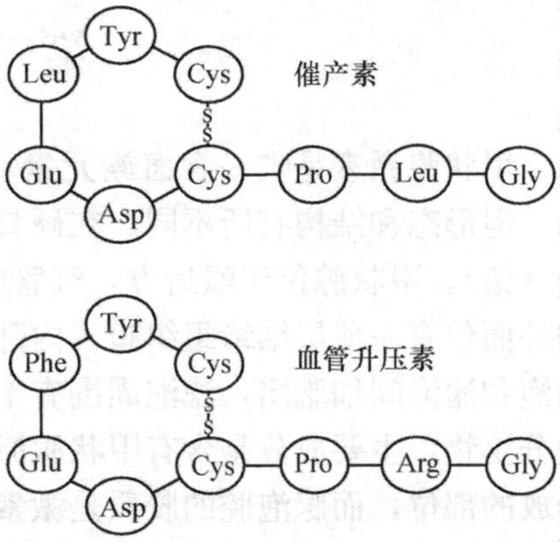

图 10-8 神经垂体释放的激素

ADH 由下丘脑的视上核合成，其作用是：①抗利尿作用，促进水在肾远曲小管和集合管的重吸收，使尿量减少；②升血压作用，使小动脉的平滑肌收缩，引起血压升高。生理状态下，血中 ADH 浓度很低，不能引起血管收缩和血压升高。在机体脱水或失血时，ADH 释放增多，对血压的升高和维持起一定的调节作用。

血浆晶体渗透压和循环血量的改变，可分别通过脑内渗透压感受器和心房及肺容量感受器调节 ADH 的释放。动脉血压升高时，颈动脉窦压力感受器受到刺激，则可反射性地抑制 ADH 的释放，相反则促进 ADH 释放（图 10-9）。

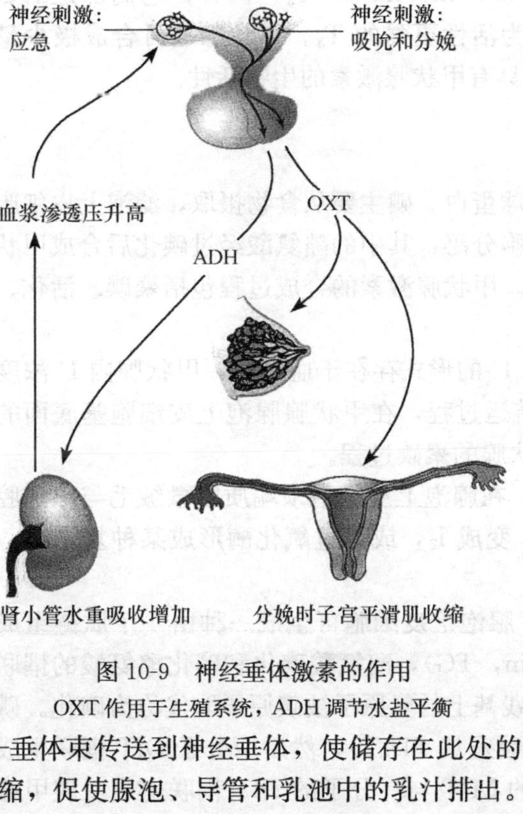

图 10-9 神经垂体激素的作用

OXT 作用于生殖系统，ADH 调节水盐平衡

（二）催产素

催产素（OXT）与 ADH 的分子结构类似，有相互交叉的生理作用，但较弱。

OXT 的作用是：①催产效应，促进子宫在交配和分娩时收缩，前者促使精子通过雌性生殖道到达受精部位，后者促使胎儿产出；②排乳效应，使乳腺腺泡周围的肌上皮细胞收缩，将乳汁排出。吸吮乳头或挤乳时可诱导 OXT 释放，从而加速乳汁从腺泡中排出。在临床上，OXT 在分娩困难时可用来助产，也用于阻止产后子宫出血。虽然雄性也有 OXT，但其作用不明显。哺乳类和禽类催产素的结构相同。

OXT 参与的排乳反射是通过神经-体液途径实现的。吮吸乳头的刺激通过乳头和皮肤感受器将信息沿传入神经传至下丘脑，使合成 OXT 的神经元兴奋，再将信息沿下丘脑-垂体束传送到神经垂体，使储存在此处的 OXT 释放入血，引起乳腺腺泡肌上皮细胞的收缩，促使腺泡、导管和乳池中的乳汁排出。畜牧生产中，良好的环境和操作能使母牛形成良性排乳条件反射，提高产奶量。

交配或分娩时对阴道、子宫颈的刺激，可反射性地引起OXT释放，导致子宫肌收缩加强，交配时利于精子通过雌性生殖道，分娩时利于胎儿产出。雌激素能增加子宫对催产素的敏感性，孕激素的作用相反。

第三节　甲状腺内分泌

甲状腺激素是唯一含卤族元素（碘）的激素。从圆口类到哺乳动物的各类群都有甲状腺，但形态和结构有所不同。在硬骨鱼类、两栖类和鸟类通常是一对，在哺乳类为一对或一个（猪）。甲状腺位于喉后方，气管的两侧和腹面，分左右两叶，中间由峡部相连。甲状腺的外面包有一薄层结缔组织膜，内部有很多由单层立方上皮围成的大小不等的圆形或椭圆形滤泡和滤泡间细胞团，滤泡周围有丰富的毛细血管和淋巴管。腺泡腔内充满了上皮细胞的胶质分泌物，主要成分是含有甲状腺激素的甲状腺球蛋白。腺泡上皮细胞是甲状腺激素合成与释放的部位，而腺泡腔的胶质是激素的储存库。腺泡上皮细胞在功能活跃时呈柱状，腔内胶质减少；功能减弱时，细胞呈扁平状，胶质增多。胶质有储存甲状腺素的作用，使甲状腺素成为机体唯一的一种储存于细胞外的激素。

在甲状腺腺泡之间和腺泡上皮细胞之间有滤泡旁细胞，又称C细胞，可分泌降钙素。

一、甲状腺激素的合成与代谢

甲状腺激素主要有甲状腺素（thyroxine），又称四碘甲腺原氨酸（3,5,3′,5′-tetraiodothyronine，T_4）和三碘甲腺原氨酸（3,5,3′-triiodothyronine，T_3）两种，它们都是酪氨酸的碘化物。在组织中 T_4 可脱掉一个碘原子成为活性更强的 T_3。甲状腺也可合成极少量的逆-三碘甲腺原氨酸（3,3′,5′-T_3，rT_3），但不具有甲状腺激素的生物活性。

（一）甲状腺激素的合成

合成甲状腺激素的主要原料是碘和甲状腺球蛋白。碘主要从食物摄取，滤泡上皮细胞可从血液中摄取碘，甲状腺球蛋白由腺泡上皮细胞分泌，其中的酪氨酸经过碘化后合成甲状腺激素，并以胶状物的形式大量储存在腺泡腔内。甲状腺激素的合成过程包括聚碘、活化、碘化与耦联三个环节（图10-10）。

1. 甲状腺腺泡聚碘　由肠吸收的碘，以 I^- 的形式存在于血液中，甲状腺内 I^- 浓度比血液中高20～25倍。I^- 的转运是继发性主动转运过程，在甲状腺腺泡上皮细胞基底面的膜上可能存在一种 I^- 转运蛋白。TSH能促进甲状腺的聚碘过程。

2. I^- 的活化　进入腺泡上皮细胞的 I^-，在腺泡上皮细胞顶端质膜微绒毛与腺泡腔交界处，在过氧化酶的催化下被活化，可能由 I^- 变成 I_2，或与过氧化酶形成某种复合物。I^- 活化后才能取代酪氨酸残基上的氢原子。

3. 酪氨酸的碘化和甲状腺激素的合成　腺泡上皮细胞可生成一种由4个肽链组成的大分子糖蛋白——甲状腺球蛋白（thyroglobulin，TG），酪氨酸碘化和碘化酪氨酸的耦联过程都发生在TG分子上。甲状腺球蛋白酪氨酸残基上的氢原子被碘原子取代称为碘化。碘化后先合成一碘酪氨酸残基（MIT）和二碘酪氨酸残基（DIT），然后两分子DIT耦联生成四碘甲腺原氨酸，即甲状腺素（T_4），或一分子的MIT与一分子的DIT耦联生成三碘甲腺原

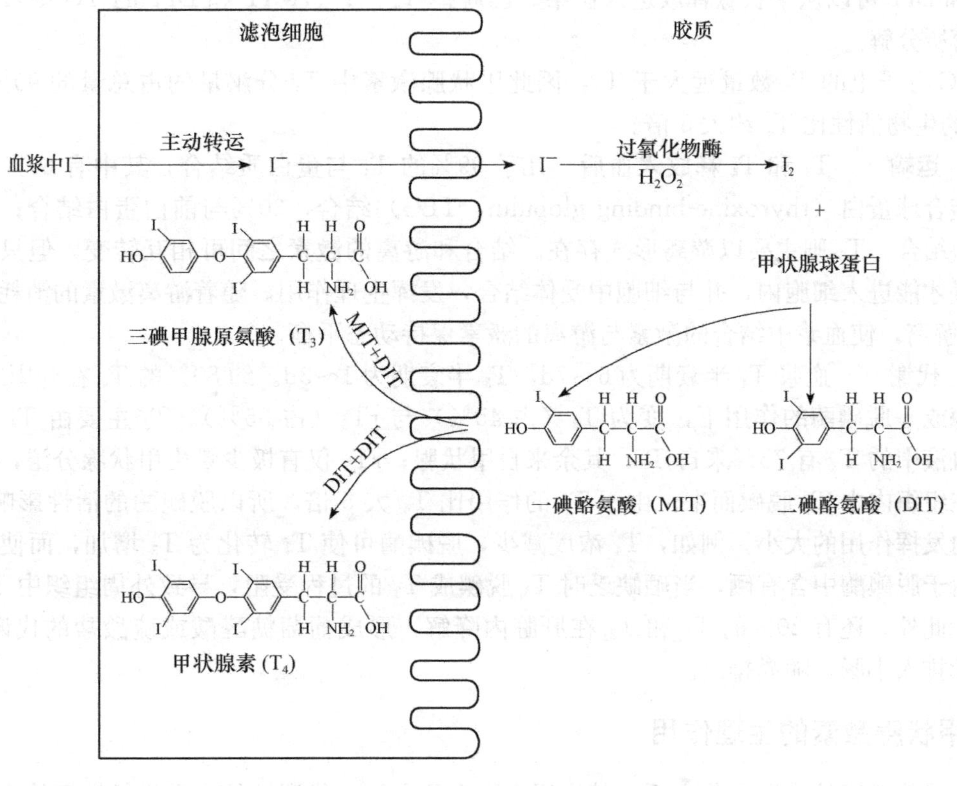

图 10-10　甲状腺素的合成过程

氨酸（T_3）。T_3、T_4 统称为甲状腺激素。此外，甲状腺还能合成极少量 rT_3。在一个甲状腺球蛋白分子上，T_4 与 T_3 之比为 20∶1，这种比值常受碘含量的影响。当甲状腺内碘化活动增强时，DIT 含量增加，T_4 含量也相应增加；缺碘时 MIT 增多，则 T_3 含量明显增加。

酪氨酸碘化和碘化酪氨酸的耦联过程同样需要甲状腺过氧化酶（thyroperoxidase, TPO）。TPO 是由腺泡上皮细胞生成的一种含铁卟啉的蛋白质，在甲状腺腺泡上皮细胞顶缘的微绒毛处分布最多，所以甲状腺素的合成主要在此处。TPO 的活性受 TSH 的调控，大鼠摘除垂体 48h 后，TPO 的活性消失，注射 TSH 后此酶活性再现。硫氧嘧啶与硫脲类药物可抑制 TPO 活性，从而抑制甲状腺激素的合成，可用于治疗甲状腺功能亢进。

（二）甲状腺激素的储存、释放、运输与代谢

1. 储存　甲状腺激素在腺泡腔内以胶质的形式储存，并具有两个特点：一是储存于细胞外（腺泡腔内）；二是储存量很大，可供机体利用长达 50～120d 之久，是储存量最多的激素。

2. 释放　当甲状腺受到 TSH 刺激后，腺泡细胞顶端的微绒毛伸出伪足，将含有 T_4、T_3 及其他碘化酪氨酸残基的甲状腺球蛋白胶质小滴通过胞饮，摄入腺细胞内，随即与溶酶体融合而形成吞噬体，并被溶酶体蛋白水解酶水解，生成 T_4、T_3 及 MIT 和 DIT。TG 分子较大，一般不易进入血液循环，而 MIT 和 DIT 分子虽小，但在脱碘酶作用下很快脱碘。脱下的碘大部分储存在甲状腺内并可重新利用，另一小部分从腺泡上皮细胞释出，进入血液。T_4 和 T_3 对腺泡上皮细胞内的脱碘酶不敏感，可迅速进入血液。此外，尚有微量的 rT_3、

MIT和DIT可以从甲状腺释放进入血中。已脱掉T_4、T_3、MIT和DIT的TG则被溶酶体水解酶所分解。

TG分子上的T_4数量远大于T_3，因此甲状腺激素中T_4分泌量约占总量的90%以上，但T_3的生物活性比T_4约大5倍。

3. 运输　T_3和T_4释放入血后，几乎99%的T_4与蛋白质结合，其中有60%与甲状腺素结合球蛋白（thyroxine-binding globulin，TBG）结合，30%与前白蛋白结合；10%与白蛋白结合。T_3则主要以游离形式存在。结合和游离的激素之间可相互转变，但只有游离的激素才能进入细胞内，并与细胞中受体结合，发挥生理作用。随着游离激素的消耗，结合的T_4解离，使血浆中结合的激素与游离的激素保持动态平衡。

4. 代谢　血浆T_4半衰期为6～7d，T_3半衰期为1～3d。约80%的T_4在外周组织5′-脱碘酶或5-脱碘酶的作用下，变为T_3（占45%）与rT_3（占55%）。T_3主要由T_4脱碘而来，血液中的T_3有75%来自T_4，其余来自甲状腺；rT_3仅有极少量由甲状腺分泌，绝大部分是在组织内由T_4脱碘而来。由于T_3的作用比T_4大5倍，所以脱碘酶的活性影响T_4在组织内发挥作用的大小。例如，T_4浓度减少，脱碘酶可使T_4转化为T_3增加，而使rT_3减少。由于脱碘酶中含有硒，当硒缺乏时T_4脱碘成T_3的过程受阻，导致外周组织中T_3含量减少。此外，还有20%的T_4和T_3在肝脏内降解，形成葡萄糖醛酸或硫酸盐的代谢产物，经胆汁排入小肠，随粪排出。

二、甲状腺激素的生理作用

甲状腺激素的作用十分广泛，其作用主要有两方面：代谢性效应和生长发育效应，其特点是范围广、持续时间长、作用机制十分复杂。

（一）对代谢的影响

1. 产热效应　甲状腺激素可促进糖和脂类的分解代谢，提高基础代谢率，使大多数组织如肝脏、肾脏、心脏和骨骼的耗氧量和产热量增加，但对成年动物和人的脑和性腺等组织无此影响。甲状腺激素调节机体的代谢水平以维持哺乳动物和鸟类体温的恒定，因此很多在冷环境中生活的哺乳动物摄食量较大，大部分食物被用于产热。T_3、T_4的产热效应有一定的差别，T_3的产热作用比T_4强3～5倍，但作用持续时间较短。甲状腺激素的产热效应与靶组织细胞Na^+-K^+ATP酶活性升高密切相关。

甲状腺激素分泌过多时，机体的代谢率过高，出现烦躁不安、心率加快，对热环境难以忍耐、体重降低。与此相反，甲状腺激素分泌不足时，机体的代谢率降低，出现智力迟钝、心率降低、肌肉无力、对冷环境异常敏感、体重增加。

2. 对蛋白质、糖和脂肪代谢的影响

（1）蛋白质代谢。甲状腺激素对蛋白质的作用依剂量而变，生理剂量的甲状腺激素促进蛋白质的合成，尿氮减少。而高剂量的甲状腺激素促进蛋白质的分解，特别是加速骨骼肌蛋白质的分解，并可促进骨的蛋白质分解，导致血钙升高和骨质疏松，氮的排出量增加。

（2）糖代谢。甲状腺激素促进小肠黏膜对糖的吸收，增强肝糖原分解，抑制糖原合成，并可加强肾上腺素、胰高血糖素、皮质醇和GH的升糖作用。由于T_4与T_3也可加强外周组织对糖的利用，因此也有降血糖作用。甲状腺功能亢进时，血糖常常升高，有时出现糖尿。

（3）脂肪代谢。甲状腺激素促进脂肪酸氧化，增强儿茶酚胺和胰高血糖素对脂肪的分解作用；对胆固醇的作用有双重性，一般分解作用要强于合成作用。

甲状腺功能亢进时，由于对糖、蛋白质和脂肪的分解代谢增强，所以患者常感饥饿，食欲旺盛，且明显消瘦。

3. 对水和电解质的影响 甲状腺激素对毛细血管正常通透性的维持和细胞内液的更新有调节作用。甲状腺功能低下时，毛细血管的通透性增大，水和钠滞留在组织间液而发生黏液性水肿（myxedema），补充甲状腺素后水肿可消除。

（二）对生长发育的影响

甲状腺激素是机体生长、发育和成熟的重要因素，特别是对脑和骨的发育尤为重要。人的克汀病（cretinism），即呆小病，就是由于幼年期甲状腺激素缺乏所出现的智力低下和体格矮小症状，这有别于GH缺乏所引起的侏儒症，后者的智力发育是正常的。切除甲状腺的蝌蚪，生长与发育停滞，不能变态成蛙，若及时给予甲状腺激素，又可恢复生长发育。若甲状腺功能亢进，血液中甲状腺激素水平增高，所有的脊椎动物都会出现早熟性发育。甲状腺激素对生长和发育的影响与动物的年龄有关，年龄越小，其影响越显著。甲状腺激素分泌不足还可使动物的生殖功能受损，如生精过程受损、受精率降低、发情紊乱、流产和死胎等。

（三）对神经系统的影响

甲状腺激素对已分化成熟的神经系统活动也有作用。甲状腺功能亢进时，中枢神经系统的兴奋性增高，表现为不安、过敏、易激动、失眠多梦及肌肉颤动等。甲状腺功能低下时，中枢神经系统兴奋性降低，出现感觉迟钝、反应缓慢、记忆力减退、嗜睡等症状。

另外，甲状腺激素可使心率加快、心肌收缩力增强、心输出量增加。

三、甲状腺激素分泌的调节

甲状腺激素的合成和释放受垂体TSH的调节，而TSH又受下丘脑TRH的调节。甲状腺激素可反馈调节垂体TSH和下丘脑TRH的分泌。在下丘脑、垂体和甲状腺三者之间存在着复杂的下行和上行调节机制（图10-11）。此外，甲状腺还可进行一定程度的自身调节。

1. 下丘脑-腺垂体对甲状腺的调节 下丘脑TRH神经元接受神经系统其他部位传来的信息，把环境因素与TRH神经元活动联系起来，然后TRH神经元通过释放TRH，经垂体门脉系统作用于腺垂体，促进TSH的合成和释放。TSH对甲状腺功能活动的调节包括促进甲状腺细胞增生、腺体肥大和甲状腺激素的合成与

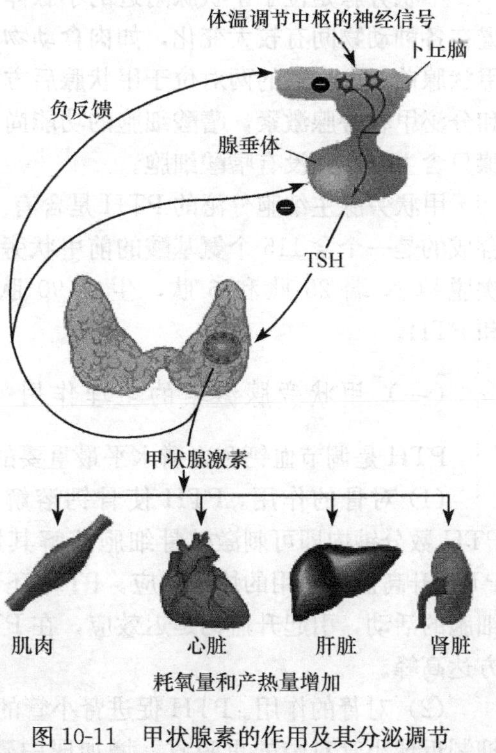

图10-11 甲状腺素的作用及其分泌调节

释放。

2. 甲状腺激素的反馈调节 血液中游离的 T_4、T_3 浓度发生改变时，对腺垂体 TSH 的分泌起着经常性反馈调节作用。T_4、T_3 浓度增高，可刺激腺垂体促甲状腺激素细胞产生一种抑制性蛋白，使 TSH 的合成与分泌减少，并降低腺垂体对 TRH 的反应性，血中 T_4 和 T_3 的浓度随之降低。有些激素也可影响腺垂体分泌 TSH，如雌激素可增强腺垂体对 TRH 的反应，使其分泌增加，而 GH 与糖皮质激素则抑制 TSH 的分泌。

3. 自身调节 甲状腺自身具有因碘供应的变化而调节自身对碘的摄取与合成甲状腺激素的能力，称为甲状腺的自身调节。这是一种较为缓慢的调节过程，与 TSH 的作用相似，也涉及甲状腺激素合成和分泌的每一个步骤。食物中长期缺碘可引起甲状腺激素分泌不足，并产生代偿性甲状腺肿（goiter）。山区或缺少海产品地区的人或动物易患甲状腺肿，通过在食盐中掺碘可预防此病。

此外，肾上腺素能纤维兴奋可促进甲状腺激素的合成与释放，胆碱能纤维兴奋则抑制甲状腺激素的分泌。

第四节 甲状旁腺激素与调节钙、磷代谢的激素

参与钙代谢的激素主要有甲状旁腺激素（parathyroid hormone，PTH）、甲状腺 C 细胞分泌的降钙素（calcitonin，CT）和 1，25-二羟维生素 D_3（1，25-dihydroxycholecalciferol），三者作用于骨、肾小管和小肠黏膜，共同维持体内血浆中钙和磷的稳态。

一、甲状旁腺激素

甲状旁腺是位于甲状腺附近的小腺体，通常有两对，一般与甲状腺并列。甲状旁腺的位置在各种动物间有较大变化，如肉食动物的两对甲状旁腺包埋在甲状腺内部，狗的两对位于甲状腺前方，禽类的两对位于甲状腺后方。甲状旁腺由主细胞和嗜酸细胞组成。主细胞合成和分泌甲状旁腺激素，嗜酸细胞的功能尚不清楚。某些动物，如鼠、鸡和低等动物的甲状旁腺只含主细胞，没有嗜酸细胞。

甲状旁腺主细胞分泌的 PTH 是含有 84 个氨基酸的直链肽，相对分子质量为 9000。先合成的是一个含 115 个氨基酸的前甲状旁腺激素原（prepro-parathyroid hormone），以后依次脱掉 N 端 25 肽和 6 肽，生成 90 肽的甲状旁腺激素原（pro-parathyroid hormone）和 PTH。

（一）甲状旁腺激素的生理作用

PTH 是调节血钙和血磷水平最重要的激素，可使血钙水平升高，血磷降低。

(1) 对骨的作用。PTH 使骨钙溶解进入血液，导致血钙升高。当血钙浓度下降时，PTH 数分钟内即可刺激破骨细胞溶解其周围的骨盐，使血钙迅速恢复到正常水平，这是 PTH 升高血钙作用的快速效应。PTH 还可促进破骨细胞的生成并加强其活性，并抑制成骨细胞的活动，引起升血钙延迟效应，在 PTH 作用后 12～14h 出现，通常要在几天或几周后方达高峰。

(2) 对肾的作用。PTH 促进肾小管的远球小管和髓袢细段对钙的重吸收，使尿钙减少；抑制近球小管对磷的重吸收，增加尿中磷酸盐的排出。PTH 对肾脏的作用是通过 cAMP-

PKA 信号传递途径而发挥作用的。

(3) 对小肠的作用。PTH 激活肾 1α-羟化酶，促进 25-OHD_3 转变为有活性的 1,25-$(OH)_2$-D_3，进而促进小肠对钙磷的吸收，使血钙升高。

(二) 甲状旁腺激素分泌的调节

PTH 的分泌主要受血浆钙浓度变化的调节。甲状旁腺主细胞对低血钙极为敏感，只要有轻微下降，在 1min 内就可迅速增加甲状旁腺分泌 PTH，促进骨钙释放，肾小管重吸收钙活动增强，使血钙浓度迅速回升。相反，血浆钙浓度升高时，PTH 分泌减少。长时间的高血钙，可使甲状旁腺发生萎缩，而长时间的低血钙，则可使甲状旁腺增生。

研究证明，在人和多种动物的甲状旁腺细胞膜上存在由 1078 个氨基酸组成的钙受体，它有一个较大的膜外区段，上有 Ca^{2+} 结合位点，跨膜区为返转 7 次的 α 螺旋肽链，膜内区段上有 4 个 PKC 的磷酸化位点。钙受体对 Ca^{2+} 有较高的亲和力，可感受细胞外 Ca^{2+} 浓度的变化。当细胞外 Ca^{2+} 水平升高时，Ca^{2+} 与钙受体结合并使之活化，通过 G 蛋白耦联，激活 IP_3 和 DAG-PKC 系统，使胞浆 Ca^{2+} 水平升高，从而抑制 PTH 的分泌（图 10-12）。

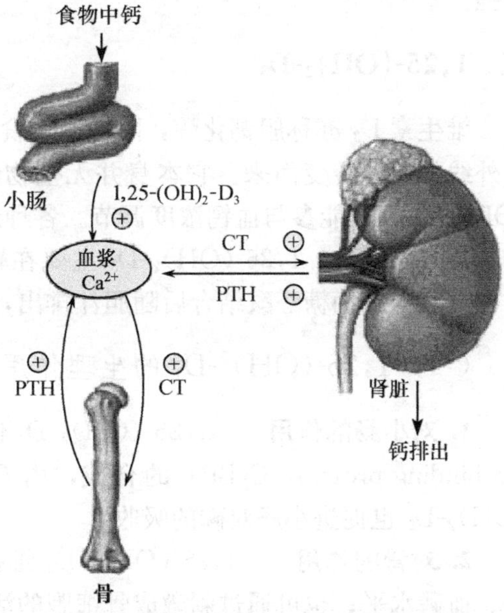

图 10-12 血钙稳态的激素调节机理

此外，血磷升高可使血钙降低，从而刺激 PTH 的分泌。血镁浓度降低可使 PTH 分泌减少。儿茶酚胺和 PGE_2 可促进 PTH 分泌，$PGF_{2α}$ 使其分泌减少。

二、降钙素

降钙素（calcitonin，CT）由哺乳动物甲状腺内部的滤泡旁细胞（又称为 C 细胞）和其他脊椎动物的腮后体（ultimobranchial gland）分泌，是由 32 个氨基酸组成的多肽，相对分子质量为 34 000。CT 的血浆半衰期小于 1h，主要在肾脏中降解后排出。

(一) 降钙素的生理作用

CT 的主要作用是降低血钙和血磷，其作用与 PTH 相反。主要靶器官是骨，对肾脏也有一定的作用。

(1) 对骨的作用。CT 抑制破骨细胞的活动，增强成骨过程，抑制骨钙的吸收，导致骨组织钙、磷沉积增加，血钙、血磷降低。

(2) 对肾的作用。CT 抑制肾小管对钙、磷、钠及氯等离子的重吸收，增加其排出。

(3) 对小肠的作用。CT 对消化道吸收钙没有直接作用，但能通过抑制肾内 25-OH-D_3 转变为 1,25-$(OH)_2$-D_3，间接抑制小肠对钙的吸收，使血钙水平降低。

（二）降钙素分泌的调节

CT 的分泌主要受血钙浓度的调节。血钙浓度升高时，CT 的分泌增加；血钙浓度降低时，CT 的分泌减少。CT 与 PTH 对血钙的作用相反，共同调节血钙浓度的相对稳定（图 10-12）。CT 只对血钙水平产生短期调节作用，而 PTH 对血钙浓度调节作用时间较长。

胃泌素、胰泌素等胃肠道激素和胰高血糖素都可促进 CT 的分泌，其中胃泌素的作用最强。

三、1,25-$(OH)_2$-D_3

维生素 D_3 亦称胆钙化醇，除来源于食物之外，主要由皮肤中的 7-脱氢胆固醇经日光中紫外线的照射转变而来。它本身并无生物学效应，须在肝脏和肾脏经两次羟化生成 1,25-$(OH)_2$-D_3，才能参与血钙浓度调节。各种形式的维生素 D_3 在血中运输时，需要与维生素 D 结合蛋白相结合。1,25-$(OH)_2$-D_3 主要在靶细胞内以侧链氧化或羟化的方式灭活，代谢产物在肝脏与葡萄糖醛酸结合后随胆汁排出，其中部分在小肠内被吸收入血液。

（一）1,25-$(OH)_2$-D_3 的生理作用

1. 对小肠的作用 1,25-$(OH)_2$-D_3 促进小肠上皮吸收钙所必需的钙结合蛋白（calcium binding protein，CaBP）的合成，由 CaBP 与 Ca^{2+} 结合并转运 Ca^{2+} 进入血液。1,25-$(OH)_2$-D_3 也促进小肠对磷的吸收。

2. 对骨的作用 1,25-$(OH)_2$-D_3 维持骨的正常更新，溶解并吸收老的骨质，提高血钙、血磷水平；也可通过刺激成骨细胞的活动参与新骨的钙化。骨质中存在一种主要由成骨细胞合成的 49 个氨基酸组成的多肽，称为骨钙素（osteocalcin）。骨钙素是骨基质中含量最丰富的非胶原蛋白，可调节并维持骨钙含量，其分泌受 1,25-$(OH)_2$-D_3 的调节。

3. 对肾的作用 1,25-$(OH)_2$-D_3 促进肾小管对钙、磷的重吸收，减少尿中钙、磷的排出量。

（二）1,25-$(OH)_2$-D_3 分泌的调节

低血钙、低血磷和 PTH 均能增强肾 1α-羟化酶的活性，促使 25-OH-D_3 转化成 1,25-$(OH)_2$-D_3。1,25-$(OH)_2$-D_3 增多时，可负反馈抑制 1α-羟化酶的活性，又使自身的生成减少。此外，PRL 与 GH 促进 1,25-$(OH)_2$-D_3 的生成，糖皮质激素对其则有抑制作用。还有一些腺体参与血钙浓度调节，如硬骨鱼位于肾脏上方或内部由肾上管壁发展而来的斯氏小体，可分泌一种激素抑制鳃吸收钙。卵巢分泌的雌激素可使卵生动物的血钙浓度升高，并使钙沉积到卵黄和卵壳中。

钙、磷代谢在畜禽生命活动中有重要的意义。血液中钙的水平在 PTH、1，25-$(OH)_2$-D_3 和 CT 的共同作用下，始终保持着一种动态平衡（图 11-12）。

第五节 肾 上 腺

肾上腺位于肾脏的前缘，由两层不相关的腺体组织构成，外层是皮质（cortex），由外向内分别由球状带、束状带和网状带组成，内层是髓质（medulla）。皮质和髓质无论在胚胎

发生、形态结构和生理功能各方面都是两个不同的内分泌腺。

一、肾上腺皮质内分泌

（一）肾上腺皮质激素

肾上腺皮质分泌的皮质激素分为三类，即盐皮质激素（mineralocorticoid）、糖皮质激素（glucocorticoid）和性激素，分别由球状带、束状带和网状带的细胞所分泌。这些激素都是以胆固醇为前体，在线粒体内膜或内质网中所含有的裂解酶与羟化酶等酶系的催化下经过一系列反应生成的（图 10-13）。

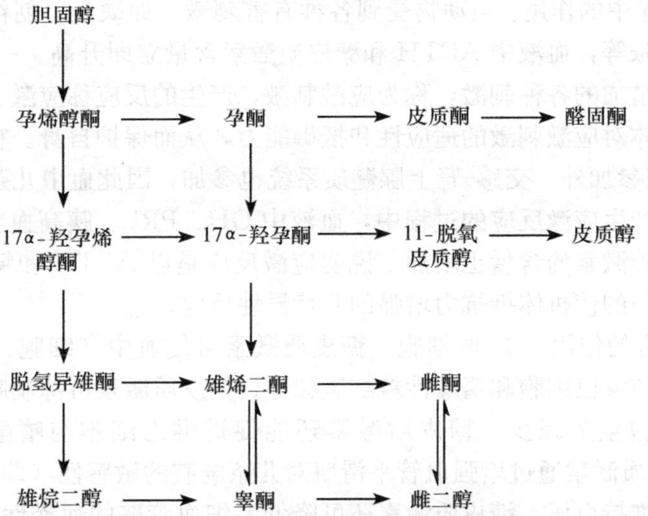

图 10-13　类固醇激素的生物合成途径

血液中皮质激素以结合型和游离型两种形式存在，两种形式的皮质醇可以相互转化，以保持动态平衡，但只有游离型激素有生物效应。皮质醇进入血液后，75%～80%与皮质类固醇结合球蛋白（corticosteroid binding globulin，CBG）结合，15%与血浆白蛋白结合，5%～10%是游离的。醛固酮与血浆白蛋白及 CBG 的结合能力很弱，主要以游离状态存在和运输。

血浆中皮质醇的半衰期为 70min，醛固酮为 20min。它们都在肝脏中被降解，代谢产物与葡萄糖醛酸或硫酸结合，随尿排出。

（二）肾上腺皮质激素的作用

1. 糖皮质激素的作用　糖皮质激素主要为皮质醇，其次为皮质酮，以皮质醇的作用最强。血中皮质酮的含量仅为皮质醇的 5%～10%。

（1）对物质代谢的影响。糖皮质激素对糖、蛋白质、脂肪和水盐代谢均有作用。① 糖代谢。糖皮质激素是调节体内糖代谢的重要激素之一，可促进糖异生，使血糖水平升高，向肌肉和神经组织快速提供能源。这是由于皮质醇可促进蛋白质分解、抑制外周组织对氨基酸的利用而异生成肝糖原，使糖原储存增加。同时通过抗胰岛素作用，降低肌肉和脂肪等组织对胰岛素的反应性，使外周组织对葡萄糖的利用减少，导致血糖升高。

② 蛋白质代谢。糖皮质激素促进肝外组织，特别是肌肉组织蛋白质的分解，加速氨基酸转移至肝脏，生成肝糖原。糖皮质激素分泌过多会引起生长停滞、肌肉消瘦、骨质疏松、皮肤变薄、淋巴组织萎缩等现象。③ 脂肪代谢。糖皮质激素促进脂肪分解和脂肪酸在肝脏内氧化，抑制外周组织对葡萄糖的利用，利于糖原异生。肾上腺皮质功能亢进时，糖皮质激素引起体内脂肪重新分布，使四肢脂肪减少，躯干和面部脂肪增多。④ 水盐代谢。皮质醇有较弱的储钠排钾作用，即对肾远球小管和集合管重吸收 Na^+ 和排出 K^+ 有轻微的促进作用。糖皮质激素还可增加肾小球血流量，使肾小球滤过率增加，促进水的排出。糖皮质激素分泌不足时，机体排水功能低下，严重时可导致水中毒，补充糖皮质激素后可使症状缓解。

(2) 在应激反应中的作用。当动物受到各种有害刺激，如缺氧、创伤、手术、饥饿、疼痛、寒冷及精神紧张等，血液中 ACTH 和糖皮质激素含量立即升高。一般将能引起 ACTH 与糖皮质激素分泌增加的各种刺激，称为应激刺激，产生的反应称应激（stress）。其意义在于从多方面调整机体对应激刺激的适应性和抵御能力，从而保护自身。在应激反应中，除垂体-肾上腺皮质系统参加外，交感-肾上腺髓质系统也参加，因此血中儿茶酚胺含量也相应增加。此外，在机体产生应激反应的过程中，血液中 GH、PRL、胰高血糖素、β-内啡肽、抗利尿激素及醛固酮等激素的含量也增加，说明应激反应是以 ACTH 和糖皮质激素分泌增加为主，多种激素参与的使机体抵抗力增强的非特异性反应。

(3) 对组织器官的作用。① 血细胞。糖皮质激素可使血中红细胞、血小板和中性粒细胞的数量增加，而使淋巴细胞和嗜酸性粒细胞减少。糖皮质激素可抑制胸腺与淋巴组织的细胞分裂，使淋巴细胞生成减少。糖皮质激素还能促进淋巴细胞与嗜酸性粒细胞的破坏。② 血管系统。糖皮质激素通过增强血管平滑肌对儿茶酚胺的敏感性（即允许作用），有利于提高血管的张力和维持血压。糖皮质激素还可降低毛细血管壁的通透性，减少血浆的滤出，利于血容量的维持。③ 神经系统。糖皮质激素可提高中枢神经系统的兴奋性。肾上腺皮质功能低下、糖皮质激素分泌不足时，动物表现精神萎靡。④ 消化系统。糖皮质激素促进多种消化液和消化酶的分泌。胃消化活动中，糖皮质激素能增加胃酸及胃蛋白酶原的分泌，还能提高胃腺细胞对迷走神经和胃泌素的反应性。

此外，糖皮质激素还有增强骨骼肌收缩力、抑制骨的形成、促进胎儿肺表面活性物质的合成等作用。在临床上可使用大剂量的糖皮质激素及其类似物用于抑制免疫、抗炎、抗过敏、抗中毒和抗休克等的治疗。

2. 盐皮质激素的作用 盐皮质激素以醛固酮为代表，对水盐代谢作用最强的是醛固酮，其次为去氧皮质酮。醛固酮是调节机体水盐代谢的重要激素，可促进肾远曲小管及集合管重吸收钠、水和排出钾，即保钠、保水和排钾作用，进而调节细胞外液和循环血量的相对稳定。醛固酮还增加汗腺、唾液和肠腺中 Na^+ 的重吸收。当醛固酮分泌过多时，将使 Na^+ 和水潴留，引起高血钠、高血压和低血钾。相反，若醛固酮缺乏则钠与水排出过多，血钠减少，血压降低，而尿钾排出减少，血钾升高。

此外，盐皮质激素与糖皮质激素一样具有允许作用，能增强血管平滑肌对儿茶酚胺的敏感性，且作用强于糖皮质激素。

（三）肾上腺皮质激素分泌的调节

1. 糖皮质激素分泌的调节 无论机体处于正常状态还是应激状态，下丘脑-垂体-肾上腺皮质轴的功能活动都非常重要。各种应激刺激作用于神经系统的不同部位，通过神经递质将信息汇聚于下丘脑 CRH 神经元，合成并释放 CRH，作用于腺垂体 ACTH 细胞，促进其合成和释放 ACTH，进而促进肾上腺皮质合成并释放糖皮质激素。ACTH 还可刺激束状带与网状带细胞的生长发育。

在下丘脑-垂体-肾上腺皮质轴中，糖皮质激素有负反馈调节作用。皮质醇在血中浓度升高时，可反馈性作用于下丘脑 CRH 神经元和腺垂体 ACTH 细胞，减少 CRH 和 ACTH 的合成。ACTH 也可反馈性地抑制 CRH 神经元的活动。有实验表明，海马在正常状态和应激状态时都参与下丘脑-垂体-肾上腺皮质轴的调节活动。皮质醇也可以通过海马影响下丘脑-垂体-肾上腺皮质轴的活动水平。

综上所述，下丘脑、垂体和肾上腺皮质组成一个密切联系、协调统一的功能轴，以维持血中糖皮质激素浓度的相对稳定和在不同状态下的适应性变化（图 10-14）。

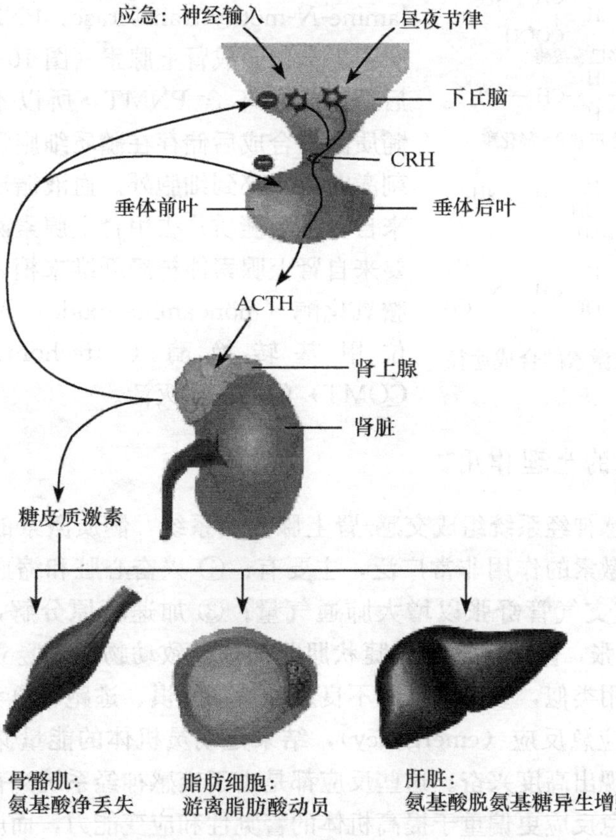

图 10-14 糖皮质激素的作用及其分泌调节

2. 盐皮质激素分泌的调节 醛固酮的分泌主要受肾素-血管紧张素系统的调节。另外，血 K^+、血 Na^+ 浓度变化可以直接作用于球状带细胞，影响醛固酮的分泌。ACTH 在一般情况下对醛固酮的分泌不起显著作用，但在应激情况下可使其分泌量稍有增加。

二、肾上腺髓质内分泌

（一）肾上腺髓质激素的合成与代谢

肾上腺髓质细胞与交感神经节均来自神经嵴，实质上是没有纤维的交感神经节后神经元，其分泌活动受交感神经节前纤维的激活，分泌物直接进入血液。髓质的嗜铬细胞可分泌结构上相似的两种激素：肾上腺素（epinephrine）和去甲肾上腺素（norepinephrine），后者也是交感节后神经元的递质，都属于儿茶酚胺类化合物。

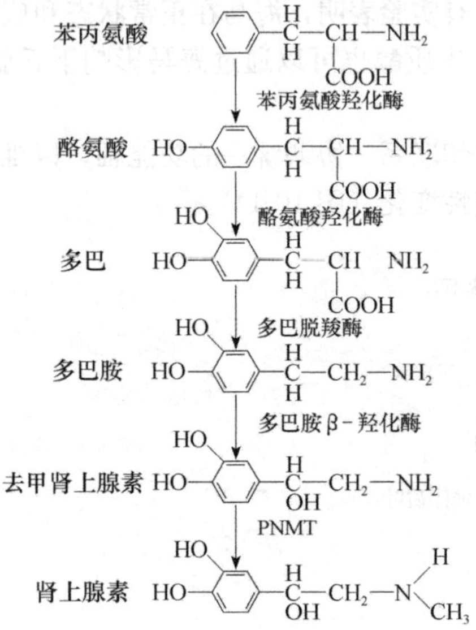

图 10-15　肾上腺髓质激素的合成途径

肾上腺髓质激素的合成与交感神经节后纤维合成去甲肾上腺素的过程基本一致，不同的是嗜铬细胞胞浆中存在大量苯乙醇胺 *N*-甲基（phenylethanolamine-*N*-methyltransferase，PNMT）可使去甲肾上腺素甲基化而成肾上腺素（图 10-15），而交感神经节后纤维末梢不含 PNMT，所以不能产生肾上腺素。髓质激素合成后储存在髓质细胞囊泡内，当细胞受到刺激时再分泌到细胞外。血液循环中的肾上腺素主要来自肾上腺髓质；去甲肾上腺素除由髓质分泌外，主要来自肾上腺素能神经纤维末梢。二者在体内通过单胺氧化酶（monoamine oxides，MAO）及儿茶酚-*O*-位甲基转换酶（catechol-*O*-methyltransferase，COMT）的作用而灭活。

（二）髓质激素的生理作用

肾上腺髓质与交感神经系统组成交感-肾上腺髓质系统，髓质激素的作用与交感神经的活动紧密联系。髓质激素的作用非常广泛，主要有：① 兴奋心脏和缩血管作用，使血压升高；② 加深呼吸，使支气管舒张以增大肺通气量；③ 加速糖原分解，使血糖水平提高；④ 使胃肠道平滑肌舒张，但使竖毛肌和睫状肌收缩，导致动物毛发竖立、瞳孔放大。这些作用与交感神经的作用类似，参与动物对不良刺激（如畏惧、逃跑、争斗、疼痛、缺氧、失血和脱水等）作出的应急反应（emergency），结果是动员机体的能量储备，加速心血管和呼吸功能，情绪上表现出高度兴奋。这些反应都是由于交感神经系统兴奋和髓质激素快速释放入血所引起的。应急反应更偏重于提高机体的警觉性和应变能力，而应激反应主要是加强机体对伤害刺激的基础耐受能力。受到外界刺激时，两种反应往往同时发生，共同维持机体的适应能力。

近年来发现，肾上腺髓质嗜铬细胞还可分泌一种 50 肽激素，称肾上腺髓质素（adrenomedulin，AdM），它具有扩张血管、降低血压、抑制内皮素和血管紧张素Ⅱ释放等作用。

（三）髓质激素分泌的调节

1. 交感神经　肾上腺髓质受交感神经节前纤维支配，其末梢释放的乙酰胆碱作用于髓质嗜铬细胞的N型胆碱能受体，引起髓质激素的释放。

2. ACTH的调节 ACTH可直接或间接通过糖皮质激素提高肾上腺髓质细胞中的多巴胺β-羟化酶和PNMT的活性，促进肾上腺髓质激素的合成。

3. 自身反馈调节 血液中髓质激素可负反馈抑制自身的合成。细胞内去甲肾上腺素或多巴胺的量增加到一定程度时，可抑制酪氨酸羟化酶。肾上腺素合成增多时，也能抑制PNMT的作用。当髓质激素从细胞内释入血液后，胞浆内含量减少，解除了上述的负反馈抑制，激素的合成随即增加。

三、应激与应急

应激反应是指由于影响因子对动物体的有害作用所引起的非特异性的一切紧张状态。应急反应是指机体突然受到强烈的有害刺激时，交感神经-肾上腺髓质系统的活动适应性的反应。二者都是机体对伤害性刺激所产生的非特异性防御反应，两者既有联系又有区别。相同之处在于：在机体遇到伤害性刺激时，两系统往往同时发生调节性反应，共同参与，协同作用。两者都可使血糖升高，促进物质和能量的代谢，以满足机体的需要，加强保护功能。另外，两者性质相似、动因也一致，无本质差别。二者的区别在于：二者的调节途径不同，应激反应主要是有害刺激通过下丘脑-腺垂体-肾上腺皮质系统引起的；应急反应则是有害刺激通过交感-肾上腺髓质系统引发的。他们的作用也各有侧重，应激反应主要是通过糖皮质激素发挥作用，减少有害刺激引起的一些物质（如缓激肽、蛋白水解酶、前列腺素等）的产生，减轻它们的某些不良作用；应急反应则主要是通过交感神经系统及肾上腺素发挥作用，提高中枢神经系统兴奋性，加强循环、呼吸等功能，有利于机体保持觉醒和警觉状态，增强抗疲劳作用，迅速做出逃跑或应战反应，承担巨大体力和脑力劳动。此外，在反应速度上，应激反应较为缓慢，应急反应则较为迅速。

事实上，当机体受到伤害性刺激时，在上述两个系统发生反应的同时，伴随增加肾素、生长素、ADH和甲状腺激素等分泌，从而使机体产生对有害刺激的综合反应。

第六节 胰岛的内分泌

胰腺既有外分泌功能，又有内分泌功能。由胰岛构成的内分泌部分只占胰腺总重量的1%～2%，可分泌胰岛素和胰高血糖素等激素，以扩散方式释放到血液中（图10-16）。胰腺中有几十万个胰岛，每个胰岛的细胞主要分三种：①分泌胰岛素（insulin）的B细胞，占60%～70%；②分泌胰高血糖素（glucagon）的A细胞，约占20%；③分泌生长抑素的D细胞。此外，还有少量分泌胰多肽（pancreatic polypeptide，PP）的PP细胞和分泌血管活性肠肽的D_1细胞。

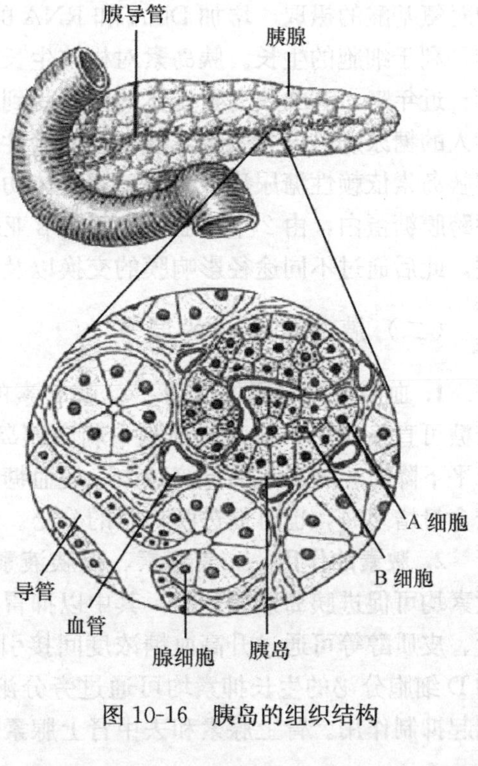

图10-16 胰岛的组织结构

一、胰岛素

胰岛素是含51个氨基酸的双链蛋白，由21肽的A链和30肽的B链组成，两链之间有两个二硫键。β细胞先合成分子较大的前胰岛素原，加工成86肽的胰岛素原，再经水解成为胰岛素和无胰岛素活性的连接肽（C肽）。由于C肽是在胰岛素合成过程中产生的，其数量与胰岛素的分泌量有平行关系，因此测定血中C肽含量，可反映B细胞的分泌功能。胰岛素在血液内运输既可与血浆蛋白结合，也有游离形式存在，但只有游离型的胰岛素具有生物活性。在血浆中胰岛素的半衰期只有5min，主要在肝脏中灭活，肾脏与肌肉组织也有灭活作用。

（一）胰岛素的生理作用

胰岛素是促进合成代谢、维持血糖相对稳定的重要激素。其生理作用主要有以下几个方面。

1. 对糖代谢的作用　胰岛素促进组织细胞对葡萄糖的摄取和利用，加速葡萄糖合成为糖原并储存在肝脏和肌肉中，抑制糖异生，促进葡萄糖转变为脂肪酸，储存于脂肪组织，结果使血糖水平下降。胰岛素缺乏时血糖浓度升高，如超过肾糖阈，糖从尿中排出，引起糖尿病。

2. 对脂肪代谢的作用　抑制脂肪组织中脂肪酶活性，减慢脂肪分解，同时又促进肝脏合成脂肪酸，然后转运到脂肪细胞储存，还能促进糖转变为脂肪。胰岛素缺乏时因糖利用受阻而由脂肪分解供能，生成大量酮体，引起酮血症与酸中毒；脂肪代谢紊乱使血脂增加，可引起动脉硬化，导致心、脑血管系统疾病。

3. 对蛋白质代谢的作用　胰岛素既促进蛋白质合成，又抑制蛋白质分解。它促进细胞对氨基酸的摄取、增加DNA和RNA的生成及蛋白质的合成、抑制蛋白质分解和糖原异生，利于细胞的生长。胰岛素对机体生长的促进作用是与GH的作用相辅相成的。

近年来，有关胰岛素受体的研究受到人们的普遍关注，这主要与人类的糖尿病有关。通常人的糖尿病可分为两类：胰岛素依赖性糖尿病（因胰岛素缺乏引起，又称Ⅰ型糖尿病）和非胰岛素依赖性糖尿病（因胰岛素受体功能下降引起，又称Ⅱ型糖尿病）。胰岛素受体是一种跨膜糖蛋白，由2个α亚基和2个β亚基构成。受体活化过程中，酪氨酸磷酸化作用是关键，此后通过不同途径影响膜的交换以及代谢和生长。

（二）胰岛素分泌的调节

1. 血中代谢物质的作用　胰岛素的分泌主要取决于血糖水平。进食之后血糖升高，血糖可直接作用于胰岛B细胞，刺激胰岛素的分泌，使血糖进入细胞内合成糖原。当血糖水平下降时，胰岛素的分泌减少，使血糖水平不会过低。血中游离脂肪酸、酮体和多种氨基酸含量增多时，也可促进胰岛素的分泌。

2. 激素的作用　胃泌素、促胰液素、胆囊收缩素、抑胃肽和胰高血糖样多肽等胃肠激素均可促进胰岛素的分泌，其中以抑胃肽和胰高血糖样多肽的作用最强。GH、甲状腺激素、皮质醇等可通过升高血糖浓度间接引起胰岛素的分泌。胰岛A细胞分泌的胰高血糖素和D细胞分泌的生长抑素均可通过旁分泌途径作用于B细胞，前者促进胰岛素分泌，后者则起抑制作用。肾上腺素和去甲肾上腺素也有抑制其分泌的作用。

3. 神经调节　　胰岛受迷走神经与交感神经支配。迷走神经兴奋时，通过乙酰胆碱作用于M受体，促进胰岛素的分泌；迷走神经还可通过刺激胃肠激素间接促进胰岛素的分泌。交感神经兴奋时，则通过去甲肾上腺素作用于α受体，抑制胰岛素的分泌。

二、胰高血糖素

胰高血糖素是由胰岛A细胞分泌的含29个氨基酸的直链多肽。在血浆中半衰期为5～10min，主要在肝脏内灭活，在肾脏中也可降解。

（一）胰高血糖素的生理作用

胰高血糖素的作用与胰岛素相反，可促进肝糖原分解和糖异生作用，使血糖水平升高。它还可促进脂肪和蛋白质分解，增强心肌收缩力，抑制胃肠道平滑肌的运动。另外，胰高血糖素可促进胰岛素和胰岛生长抑素的分泌。

（二）胰高血糖素分泌的调节

1. 血中代谢物质的作用　　影响胰高血糖素分泌的主要因素是血糖，低血糖可促进其分泌，氨基酸也可促进其分泌。

2. 激素的作用　　胰岛素可通过降低血糖间接引起胰高血糖素的分泌，但胰岛素和D细胞分泌的生长抑素也可通过旁分泌直接作用于邻近的A细胞，抑制胰高血糖素的分泌。胃肠道激素中，胆囊收缩素和胃泌素可刺激胰高血糖素分泌，胰泌素则有抑制作用。

复习思考题

1. 试述含氮类激素和类固醇激素的作用机制。
2. 为什么激素的作用具有准确性和高效性？
3. 激素的分泌速度受哪些因素的调控？
4. 腺垂体分泌哪些激素，它们的靶细胞是什么？可产生哪些生物学效应？
5. 垂体后叶激素的合成、释放和作用部位分别在哪里？
6. 试述甲状腺激素的合成、储存和释放过程，甲状腺激素对动物发育和代谢有什么调节作用？甲状腺功能是怎么样调节的？
7. 血液中Ca^{2+}和葡萄糖浓度是如何维持相对稳态的？
8. 肾上腺可分泌哪些激素？各有什么生理作用？其分泌是如何调节的？
9. 肾上腺素和去甲肾上腺素的生理作用有哪些重要差别？

第十一章　生殖与泌乳

第一节　雄性生殖生理

雄性动物的生殖系统由主性器官睾丸及附属性器官（附睾、输精管、精囊腺、尿道球腺、前列腺、阴茎等）构成。睾丸主要由曲细精管与间质细胞（leydig cell）组成。曲细精管的主要作用是生成精子，完成睾丸的生精过程；间质细胞的作用是分泌雄激素，实现睾丸的内分泌功能。雄性附属性器官的作用是使精子成熟，运送精子，并把精子射入雌性动物的生殖道内，使之达到受精的目的。

一、睾丸的生精作用

睾丸位于阴囊中。阴囊内的温度较腹腔温度低 2～3℃，这种温度适合精子的生成。阴囊内温度的维持可以通过两个途径来调节：一是阴囊中的蔓状血管丛，有利于进出阴囊的动、静脉血发生逆流热量交换；二是提睾肌对阴囊中温度的变化可作出迅速反应，使睾丸接近或远离身体。由于疾病原因机体发热、体温平衡失调，或睾丸长期处于较高的温度中，都可使精子的发育出现障碍而导致不育。睾丸及附睾的结构见图 11-1。

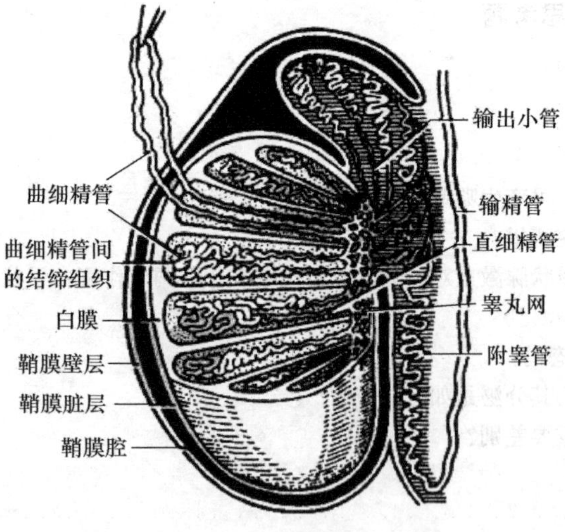

图 11-1　睾丸及附睾的结构

曲细精管上皮由生精细胞和支持细胞构成。每根曲细精管由基膜和周围的平滑肌所包绕，形状不规则的支持细胞（sertoli cell）排列在管腔周围。在支持细胞间包绕着处于不同分裂和分化阶段的生殖细胞（图 11-2）。精原细胞（spermatogenous cell）经若干次有丝分裂后，成为初级精母细胞（primary spermatocyte）。1 个初级精母细胞经第一次减数分裂成为 2 个次级精母细胞（secondary spermatocyte），染色体减半，每一个次级精母细胞经过第二次减数分裂形成 2 个精子细胞（spermatid），此时细胞核中的 DNA 减半，成为单倍体，最后精子细胞分化为精子（spermatozoon）。精子形成后，与支持细胞脱离进入曲细精管管腔中。精子的发生过程见图 11-3。

二、睾丸的内分泌功能

睾丸间质细胞可分泌雄激素，支持细胞可分泌抑制素和雌激素。

1. 雄激素的合成与代谢　雄激素主要由睾丸的间质细胞分泌，有睾酮（testosterone）、雄酮（androsterone）、脱氢异雄酮（dehydroisoandrosterone，DHIA）和雄烯二酮（androstenedione）等多种分子，通常以睾酮的活性最高。肾上腺和雌性动物的卵巢也可分

图 11-2 曲细精管各级生精细胞及间质细胞

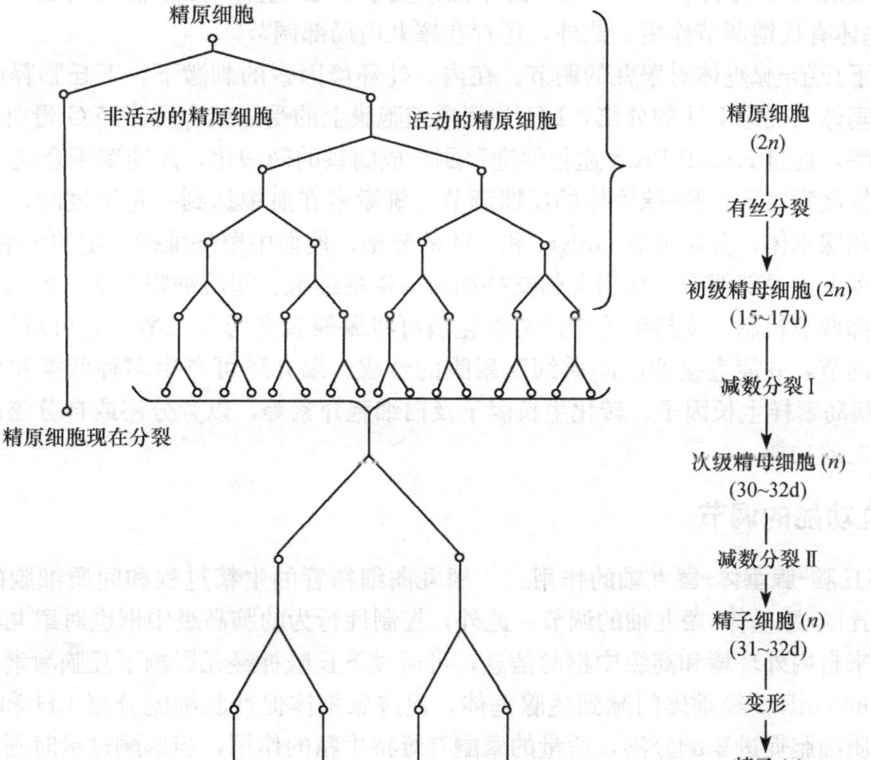

图 11-3 精子的发生过程

泌少量雄激素。雄激素都是含 19 个碳原子的类固醇，合成原料是乙酸盐或胆固醇。在睾丸内胆固醇合成睾酮的途径有两条：胆固醇经羟化、侧链裂解形成孕烯醇酮，此后经孕酮或经 17α-羟孕烯醇酮转化成睾酮。睾酮在附睾和前列腺等靶器官内，由 5α-还原酶作用变为双氢睾酮。睾酮也可在芳香化酶的作用下转化成雌二醇。

睾酮在血液中只有 2%是游离的，98%为结合型，其中 65%与性激素结合球蛋白结合，33%与白蛋白结合。睾酮主要在肝脏中灭活，大多数形成 17-酮类固醇，以葡萄糖醛酸盐或硫酸盐的形式由尿和粪排出。

2. 雄激素的生理作用

(1) 促进精子生成。睾酮经扩散进入曲细精管，与支持细胞产生的雄激素结合蛋白(androgen binding protein，ABP) 结合，使曲细精管内维持精子生成所需的局部高浓度雄激素，以利于精子生成。

(2) 促进雄性生殖器官的发育。睾酮主要影响曲细精管、输精管、附睾、精囊腺、射精管等生殖器官的发育；双氢睾酮促进尿道、前列腺及阴茎等外生殖器官的发育。此外，它还促进和维持第二性征。

(3) 影响性欲和性行为。作用于中枢神经系统的大脑皮层和下丘脑引起性欲和性行为。

(4) 促进蛋白质合成。特别是促进肌肉和生殖器官的蛋白质合成，同时还能促进骨骼生成和钙磷的沉积、促进红细胞生成。

雄激素在临床上用于治疗雄性性欲不强和性机能减退症。

3. 雄激素分泌的调节 睾丸分泌雄激素受下丘脑-垂体-性腺轴的调控，雄激素对下丘脑-腺垂体有反馈调节作用。此外，还存在睾丸内局部调节。

(1) 下丘脑-腺垂体对睾丸的调节。在内、外环境因素的刺激下，下丘脑释放的 GnRH 作用于腺垂体，促进 LH 的分泌，LH 与间质细胞膜上的受体结合后，经 G 蛋白介导激活腺苷酸环化酶，通过 cAMP-PKA 途径促进睾酮合成酶系的磷酸化，加速睾酮合成。

(2) 雄激素对下丘脑-腺垂体的反馈调节。雄激素在血中达到一定浓度时，可反馈作用于下丘脑和腺垂体，分别抑制 GnRH 和 LH 的分泌，使血中睾酮维持一定的水平。

(3) 睾丸内局部调节。在睾丸的支持细胞与生精细胞、间质细胞与支持细胞之间存在着复杂的局部调节机制。支持细胞中的芳香化酶可将睾酮转变为雌二醇，它可对下丘脑-垂体进行反馈调节，并能直接抑制间质细胞睾酮的合成。睾丸还可产生多种肽类和蛋白质，如 GnRH、胰岛素样生长因子、转化生长因子及白细胞介素等，以旁分泌或自分泌的方式在局部调节睾丸的功能。

三、睾丸功能的调节

1. 下丘脑-腺垂体-睾丸轴的作用 睾丸曲细精管的生精过程和间质细胞的内分泌机能均受下丘脑-腺垂体-睾丸轴的调节。此外，控制性行为的脑高级中枢也对睾丸功能具有调节作用。来自内外环境和高级中枢的信息，可通过下丘脑神经元影响下丘脑激素的分泌，下丘脑分泌的 GnRH 经垂体门脉到达腺垂体，促进腺垂体促性腺细胞分泌 LH 和 FSH，LH 作用于间质细胞促进睾酮分泌，适量的睾酮有维持生精的作用，当睾酮过量时则反馈性抑制 GnRH 和 LH 的分泌。支持细胞在睾丸功能的调节中起重要作用。在 FSH 作用下支持细胞参与精子发生的启动；在 FSH 和睾酮作用下，支持细胞合成雄激素结合蛋白 (ABP)，ABP 与睾酮结合可促进精母细胞的减数分裂，有利于生精过程。此外，支持细胞还能分泌抑制素，抑制 FSH 的分泌。在 FSH 作用下支持细胞中的睾酮经芳香化酶作用，转变为雌二醇。雌二醇和抑制素一起共同执行对垂体 FSH 的反馈调节。

2. 间质细胞和支持细胞的相互作用 在间质细胞和支持细胞之间存在双向调节。支持细胞不分泌睾酮，但具有睾酮受体和 FSH 依赖的 P450 芳香化酶。间质细胞几乎不产生雌二醇，但具有雌二醇受体。睾酮从间质细胞扩散到支持细胞内并与 ABP 结合，使睾酮在支持细胞内具有很高的局部浓度，这是生精过程和支持细胞实现其功能的必要条件。此外，原来被认为仅存在于脑中的一些物质，如阿片类物质、促性腺激素释放激素样肽、血管紧张素、催产素、生长因子和神经递质等，也存在于睾丸中，它们可能通过旁分泌、自分泌方式局部调节睾丸的功能。

第二节　雌性生殖生理

雌性动物生殖器官包括性腺卵巢及附属性器官（输卵管、子宫、阴道、尿生殖前庭、阴唇和阴蒂等），具有卵泡发育、成熟和排卵以及内分泌功能，能完成发情、受精、妊娠和分娩等生殖活动。

一、卵巢的生卵作用

卵巢是雌性动物的主要生殖器官，能够产生并排出成熟的卵子，分泌雌激素、孕激素等性激素。卵巢的结构见图 11-4。

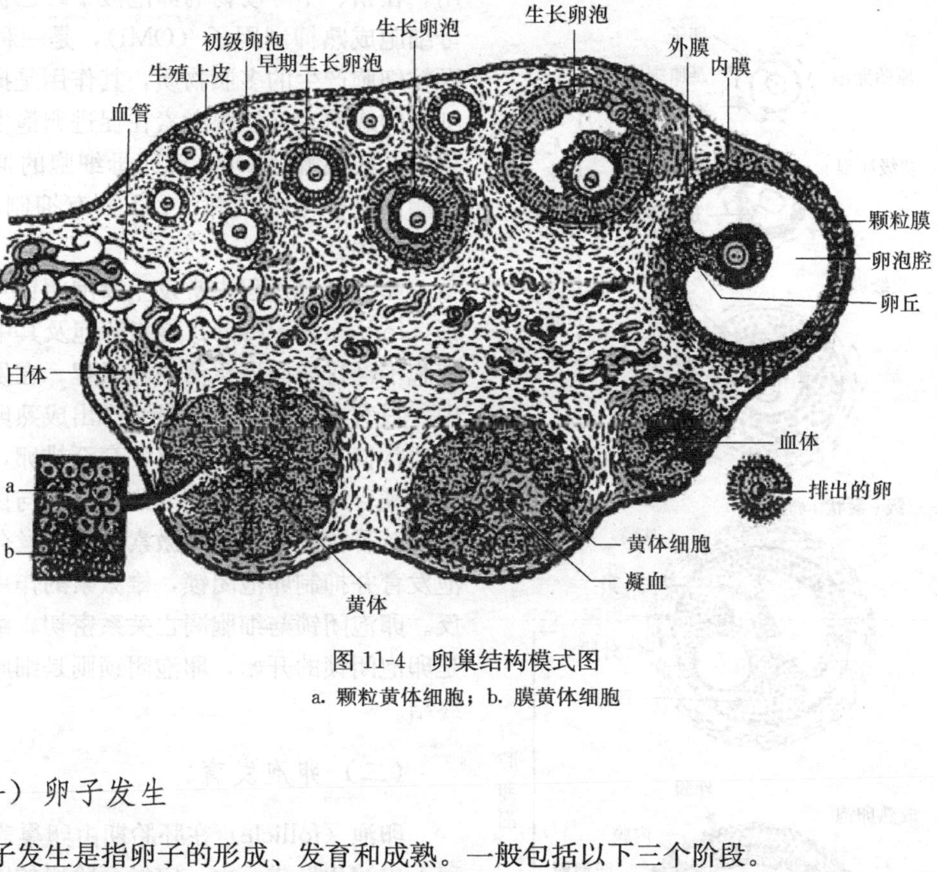

图 11-4　卵巢结构模式图
a. 颗粒黄体细胞；b. 膜黄体细胞

（一）卵子发生

卵子发生是指卵子的形成、发育和成熟。一般包括以下三个阶段。

1. 卵原细胞的增殖　动物在胚胎期性别分化以后，雌性胎儿的原始生殖细胞分化为卵原细胞，卵原细胞通过有丝分裂进行增殖，最后发育成初级卵母细胞。

2. 卵母细胞的生长　初级卵母细胞进入成熟分裂前期后，被卵泡细胞包围形成原始卵泡。在这个时期内，卵黄颗粒增多，卵母细胞体积增大，透明带出现，卵泡细胞通过有丝分裂增殖，由单层变为复层。

3. 卵母细胞的成熟　卵母细胞经过两次成熟分裂（减数分裂）而成熟。第一次成熟分裂后初级卵母细胞分裂为次级卵母细胞和第一极体，其特点是核内DNA加倍，胞质及内容物增加。大多数动物在胎儿期或出生后不久，初级卵母细胞处在第一次成熟分裂的前期，并进入持续很久的静止期，使第一次成熟分裂中断。性成熟排卵后，第一次成熟分裂继续进行，从而完成第一次成熟分裂。

次级卵母细胞经第二次成熟分裂，分裂为成熟的卵细胞和第二极体。第二次成熟分裂在受精中完成，如未受精则第二次成熟分裂终止。成熟卵子的染色体数目减半。

大多数哺乳动物在排卵时卵母细胞已经完成第一次成熟分裂。排卵后，次级卵母细胞开始第二次成熟分裂，到受精时产生第二极体，完成第二次成熟分裂。但马、狗、狐的卵母细胞要在排卵后才完成第一次成熟分裂。

实验表明，排卵前垂体释放的促性腺激素对于卵泡成熟分裂的复始和卵母细胞的完全成熟起重要作用。将哺乳动物卵母细胞从卵泡中取出培养，即使没有促性腺激素也会自发成熟，因而推测卵泡可能产生某些抑制因子阻遏成熟分裂，而促性腺激素则能解除这种阻遏作用。在猪、牛等动物的卵泡液中，已提取出卵母细胞成熟抑制因子（OMI），是一种由卵泡颗粒细胞产生的多肽物质，其作用是抑制卵母细胞的成熟。促性腺激素在促进卵泡发育的过程中，必须解除OMI对卵母细胞的抑制作用才能促进卵泡的成熟。LH具有抑制OMI活性的作用。

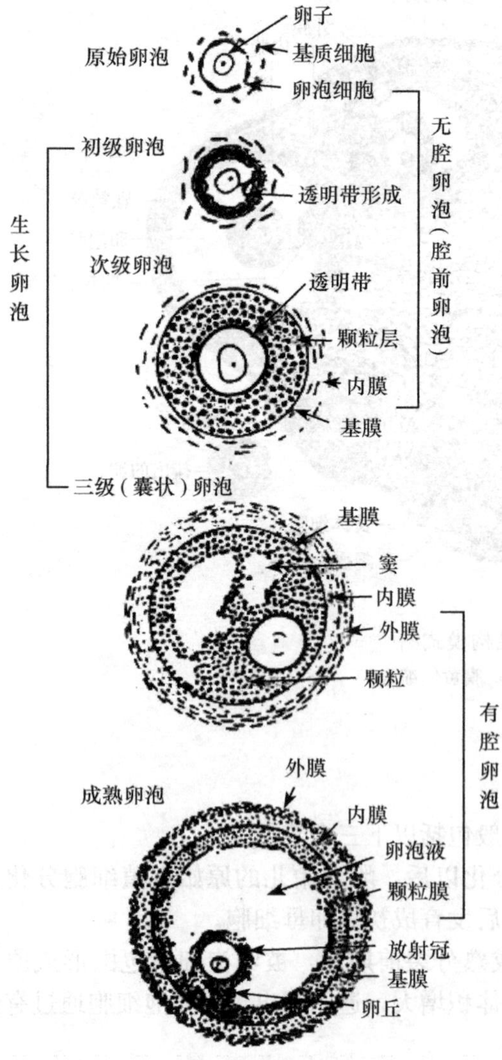

图11-5 各种类型卵泡的相互关系

卵泡发育过程中常发生卵泡闭锁。卵泡闭锁（follicular atresia）是指卵泡及其中的卵母细胞不经排卵而退化消失的过程。在发育过程中，只有极少数卵泡能最终排出成熟卵子，如牛通常仅有一个卵泡能够发育至排卵，其余则以闭锁告终。卵泡闭锁的原因主要与甾体类激素及芳香化酶有关。雌激素促进有丝分裂、卵泡发育并抑制卵泡闭锁，雄激素的作用刚好相反。卵泡闭锁与细胞凋亡关系密切，细胞凋亡是卵泡闭锁的开始，卵泡闭锁则是细胞凋亡的终结。

（二）卵泡发育

卵泡（follicle）在胚胎期由卵巢表面的生殖上皮演化形成，由一定发育阶段的卵细胞和它周围的卵泡细胞构成。根据卵泡的形态、体积、功能等，将发育的卵泡分为原始卵泡、初级卵泡、次级卵泡、三级卵泡、成熟卵泡5个阶段，各种卵泡的关系见图11-5。

卵母细胞开始第一次成熟分裂时，周围被一层扁平的卵泡细胞包围，形成原始卵泡。原始卵泡中的初级卵母细胞生长增大，卵泡细胞分裂增殖，胞浆内出现多层颗粒细胞，发育成初级卵泡，之后卵黄颗粒逐渐增多，卵泡细胞增殖，在初级卵母细胞与颗粒细胞之间，由颗粒细胞分泌的糖蛋白构成透明带，透明带周围的颗粒细胞呈放射状排列，称为放射冠。放射冠细胞的突起可穿进透明带与卵母细胞接触并提供营养。次级卵泡中卵泡细胞逐渐分离，形成腔隙，其中充满由卵泡细胞分泌的卵泡液。随着卵泡腔扩大和卵泡液增多，卵母细胞被挤向一边，并被包裹在卵泡细胞团中形成卵丘，颗粒层细胞贴在卵泡腔周围形成颗粒层，此时卵泡已发育成三级卵泡。成熟卵泡的卵泡膜分为外膜和内膜两层，内膜细胞参与雌激素的合成。卵泡内中断的初级卵母细胞第一次成熟分裂开始恢复。

卵泡在发育过程中还发生如下变化：在原始卵泡发育成初级卵泡时，卵泡细胞分化为颗粒细胞，出现促卵泡激素（FSH）、雌二醇（E_2）和睾酮（T）等激素的受体。在FSH作用下，发育中的三级卵泡和成熟卵泡中逐渐出现黄体生成素（LH）受体，到排卵时其数量增至最多。此外，还存在前列腺素受体。人颗粒细胞中含有催乳素（PRL）受体。

近年来的研究还证明，在卵母细胞和颗粒细胞的一些接点处以及相邻的颗粒细胞之间存在着间隙连接，这些连接对离子和小分子物质具有较高的通透性，有利于细胞与细胞之间的快速联络，同时维持细胞之间的膜电位平衡。在卵泡成熟前，如果颗粒细胞与卵母细胞的间隙连接被破坏，就有可能导致细胞之间失去相互的协调，引起卵泡闭锁。

（三）排卵

卵子从卵巢成熟卵泡中排出的过程称为排卵（ovulation）。哺乳动物性成熟后，只有少数原始卵泡生长发育成熟并排卵，绝大多数卵泡闭锁、退化。排卵受多种因素的影响，其中生殖激素和酶发挥重要作用。

1. 排卵类型 根据动物卵巢排卵的特点，可将排卵分为两种类型。①自发排卵：指卵泡发育成熟后，不需要施加另外的促排卵刺激即自行排卵。根据排卵后形成的黄体是否具有功能，又可分为以下两种情况：一是自发性排卵后形成功能性黄体，这类动物包括猪、马、牛、羊等，它们的发情周期较长；二是自发性排卵后，通过交配才能形成功能性黄体，鼠类属于这一类型。未交配时，这类动物重复4～5d的短发情周期，黄体维持和发挥功能只有1～2d。②诱发排卵。某些动物（如猫、水貂、雪貂、兔、骆驼等）在繁殖季节里，卵巢中始终都存在着发育成熟的卵泡，但必须经过交配后才能排卵，注射LH、人绒毛膜促性腺激素（HCG）或孕马血清促性腺激素（PMSG）等激素、或电刺激后，也能获得与交配同样的效应。

2. 排卵时间 尽管各种动物排卵时间不一致，但排卵时间均在发情期的后期或发情结束后发生。各种动物的排卵时间见表11-1。

表11-1 各种动物的发情周期、发情期及排卵时间

动物种类	发情周期	发情持续时间	排卵时间
马	19～23d	4～7d	发情前1d到开始发情后1d
牛	21d	13～17h	发情结束后15～15h
猪	21d	2～3d	发情开始后30～40h，有些品种发情开始后18h
绵羊	16～17d	30～36h	发情开始后18～26h
山羊	19d	32～40h	发情开始后9～19h
豚鼠	16d	6～11h	发情开始后10h

续表

动物种类	发情周期	发情持续时间	排卵时间
小鼠	4d	10h	发情开始后2～3h
大鼠	4～5d	13～15h	发情开始后8～10h
狗	春、秋各发情1次	7～9d	发情开始后12～24h各卵泡陆续排卵，持续2～3d
狐	12月到3月，无周期	2～4d	发情开始后1～2d
兔	周期不明显	界限不明显	交配后10.5h（诱导排卵）
水貂	8～9d	2d	交配后40～50h（诱导排卵）
猫	周期不明显	4d	交配后24～30h（诱导排卵）
雪貂	周期不明显	界限不明显	交配后30h（诱导排卵）

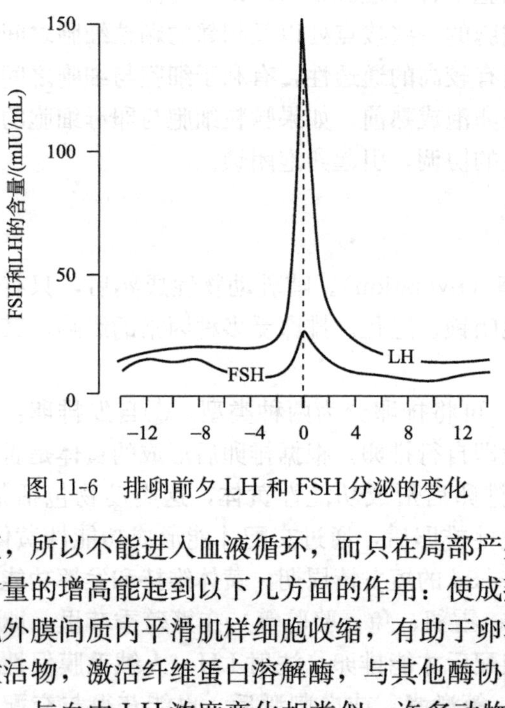

图 11-6　排卵前夕 LH 和 FSH 分泌的变化

3. 排卵机理　引起卵泡破裂、卵子排出的机理较复杂，它是多种因素综合作用的结果。不论是自发排卵还是诱发排卵动物，它们的排卵均与LH的分泌有关。在排卵前LH暴发性分泌，出现一个极大的峰值（图11-6）。LH峰的出现可以激活卵泡膜中的腺苷酸环化酶，导致cAMP的增加，并引起颗粒细胞黄体化，使卵泡内孕酮含量增加。孕酮又能激活卵泡中的一些蛋白分解酶、淀粉酶、胶原酶等，这些酶作用于卵泡壁的胶原结构，使其张力下降、膨胀性增加，最后引起排卵。

排卵前LH的暴发性分泌还可引起卵泡壁合成前列腺素（PG），大部分PG半衰期都很短，所以不能进入血液循环，而只在局部产生和释放，并在局部发挥作用。排卵前卵泡PG含量的增高能起到以下几方面的作用：使成熟卵泡周围血管平滑肌收缩、卵泡缺血；促进卵泡外膜间质内平滑肌样细胞收缩，有助于卵泡破裂；促使颗粒细胞内生成纤维蛋白溶解酶原激活物，激活纤维蛋白溶解酶，与其他酶协同作用于卵泡壁，使之溶解破溃，引起排卵。

与血中LH浓度变化相类似，许多动物在排卵时FSH浓度也形成一个峰。实验证明，FSH也有诱导排卵的作用。一定比例的FSH和LH协同作用可以促进正常排卵。另有实验表明，LH可以使卵巢内的卵泡全部破裂，而当LH与FSH配合使用时，只有成熟的卵泡破裂排卵，说明FSH有抑制未成熟卵泡破裂的作用。如果单独应用LH，需要给予大剂量才能引起排卵，而当LH与FSH配合使用时，只用小剂量即可。在畜牧生产实践中，常配合使用LH和FSH以达到超数排卵的目的。

4. 黄体的形成和退化

（1）黄体的形成。排卵后，从破裂的卵泡壁血管流出的血液和淋巴液聚集在卵泡腔内形成凝血块，成为血体。之后，血体被白细胞吞噬，体积缩小，颗粒层细胞增生变大，吸收大量呈黄色的类脂质而变成黄体细胞。颗粒细胞层与内膜之间的隔膜破裂，大量血管侵入并增生，内膜细胞也随之进入卵泡腔内，与颗粒细胞共同形成黄体（corpus luteum）。这些黄体细胞增殖时的营养最初来源于血体，而后由伸进黄体细胞之间的血管供应。黄体是重要的内分泌器官，其主要功能是分泌孕酮。孕酮是维持动物妊娠的主要激素，动物在妊娠期间如孕酮水平下降往往发生流产。

早期黄体的生长发育很快。牛、绵羊、猪、马的黄体分别在排卵后的7～9d、10d、6～8d和14d达到成熟，此时体积最大，并能维持数天之久。各种动物黄体的维持依赖于不同的激素条件。例如，大鼠和绵羊靠LH和催乳素共同维持；兔靠雌激素，主要是17β-雌二醇维持。大多数哺乳动物的LH通过cAMP作为第二信使，来促使黄体细胞分泌大量的孕酮和雌激素。雌激素又能够增强黄体细胞膜上LH受体的作用，并促进LH的合成和分泌。

(2) 黄体的退化。动物未妊娠时的黄体称周期黄体或假黄体，如妊娠则称妊娠黄体或真黄体。牛、羊、猪等动物的妊娠黄体一直维持到妊娠结束时才退化。马在妊娠40d以后子宫内膜杯产生的孕马血清促性腺激素能够使卵巢卵泡发育、排卵并形成副黄体。原有黄体和副黄体一般在160d左右退化，以后的妊娠阶段则靠胎盘分泌的孕酮来维持。

黄体退化时，颗粒层黄体细胞退化很快，表现为细胞质空泡化和胞核萎缩，黄体体积逐渐缩小。黄体细胞逐渐被成纤维细胞所代替，最后整个黄体被结缔组织所代替，成为白体。

灵长类动物黄体退化主要是靠雌激素周期性变化的调控，而猪、马、牛、羊等许多动物的子宫内膜所分泌的前列腺素$PGF_{2\alpha}$是影响黄体退化的重要因素。$PGF_{2\alpha}$导致黄体的退化，可能是由于$PGF_{2\alpha}$能引起黄体内血管平滑肌的痉挛性收缩而使黄体的血液供应减少所致，也可能是在黄体发育时，细胞膜上$PGF_{2\alpha}$受体增多，$PGF_{2\alpha}$与受体结合后，干扰了LH与其受体的结合使孕酮合成减少，或黄体细胞内部发生变化而致孕酮合成减少，最终使黄体退化。

二、卵巢的内分泌功能

卵巢能分泌雌激素（estrogen，E）、孕激素（progestogen）及少量的雄激素。

1. 雌激素及其生理作用 雌激素主要由成熟卵泡的颗粒细胞、内膜细胞及黄体等合成和分泌。此外，胎盘、肾上腺皮质和睾丸也能分泌少量的雌激素。

雌激素（E）是这类激素的总称，它们的种类很多，其中只有雌二醇（E_2）和雌酮是卵巢分泌的天然激素。其余则是它们的代谢和降解产物。雌激素是18个碳原子的类固醇衍生物。它是以胆固醇为原料，孕烯醇酮为前体而合成的。雌二醇分泌入血后约70%与性激素结合球蛋白（SHBG）结合，25%与血浆中的清蛋白结合，其余为游离型。雌激素在肝脏中与葡萄糖醛酸或硫酸酯结合成为葡萄糖醛酸酯或硫酸酯而灭活，然后随粪便和尿排出。人工合成的雌激素有已烯雌酚和已烷雌酚（属非类固醇化合物）。

雌激素有以下生理作用。①刺激雌性性器官的生长发育和副性征的出现，以及发情时的性行为。②促进乳腺导管系统的发育和结缔组织增长，对乳腺小叶和腺泡亦有轻度促进作用。③促进骨骼的同化作用。降低骨骼对甲状旁腺素的作用，抑制破骨细胞的活动。④促进子宫内膜增长，子宫肌增厚，提高子宫肌对催产素的敏感性，利于分娩。⑤促进阴道上皮增生、角化、糖原合成，并促进糖原分解为乳酸，酸化阴道，抑制致病菌的生长。⑥促进输卵管纤毛上皮增生和纤毛运动的增强。同时还能促进输卵管平滑肌的蠕动，利于卵子、精子运行。⑦增加体内水、钠、钙、氯、磷的潴留。⑧降低血浆胆固醇和脂蛋白含量，并促进肝脏合成纤维蛋白原、皮质激素运载蛋白（CBG）等。⑨协同FSH使卵泡LH受体增加和LH峰出现，诱发排卵。

2. 孕激素及其生理作用 孕激素主要由黄体和胎盘所分泌，肾上腺皮质亦能少量分泌。孕激素是一个统称，其中活性最强的是孕酮（progesterone）。孕酮是21个碳原子的类固醇化合物，它是以胆固醇为原料，孕烯醇酮为前体而合成的。孕酮分泌入血后 48%与皮质激素运载蛋白（CBG）结合，50%与血浆中的清蛋白等结合，游离的不到 3%，它主要经肝脏代谢转变为孕二醇，以葡萄糖醛酸的形式随胆汁或尿排出。

孕激素的生理作用总的来说是在雌激素作用的基础上，进一步作用于生殖道和乳腺，使这些器官适应于受精卵附植，并有利于维持妊娠和准备泌乳。其具体生理作用如下所述。①使子宫内膜增厚，呈现分泌期变化，有利于着床；使孕期子宫兴奋性降低，收缩活动减少，有利于妊娠；可抑制母体的免疫排斥反应，因而不致将孕体排出子宫。②促进乳腺小叶及腺泡的发育，在雌激素的协同作用下使乳腺发育完全。③减少子宫颈黏液的分泌，使黏液黏稠，黏蛋白分子弯曲，交织成网，阻止以后的精子进入。④大量的孕激素能反馈性地抑制 LH 的分泌，从而抑制卵泡的发育和排卵，进而防止在妊娠期第二次受孕。此外，孕激素还有增加产热、使子宫血管和消化道平滑肌松弛等生理作用。

孕激素在维持妊娠中是必不可少的。有些动物（如猪、山羊、兔、大白鼠和小白鼠等）在妊娠的任何阶段切除卵巢等均将导致流产。另一些动物，在妊娠后期切除卵巢不引起流产，此时妊娠维持是靠胎盘所分泌的孕激素实现的，故临床上常用孕激素保胎。

3. 松弛素及其生理作用　松弛素（relaxin）主要是在妊娠过程中由卵巢的间质腺和妊娠黄体所分泌的。某些动物的胎盘或子宫也能分泌松弛素。大多数动物松弛素的浓度随着妊娠的进展而升高。分娩之后血中松弛素含量迅速下降。

松弛素是一种多肽激素，卵巢内合成的是前松弛素（即松弛素原）以后再降解为松弛素。

松弛素的生理作用是为分娩做准备，它可使子宫颈扩张和变软，抑制子宫平滑肌收缩，促使耻骨联合和其他骨盆关节松弛和分离。松弛素以上的作用是在雌激素作用基础上实现的。

三、发情周期及其调节

性周期（sexual cycle）是指雌性动物性成熟后，在未交配或未受孕情况下，周期性的重复不完全生殖周期，即周期性的重复卵泡成熟和排卵的过程。伴随每次卵泡的成熟和排卵，整个机体特别是生殖器官发生一系列形态和机能变化，同时动物还出现周期性的性反射和性行为。这种周期性的性活动过程除了妊娠期之外，一直延续到性机能停止，也就是生命周期结束。

在性周期中因出现发情表现，所以性周期又称发情周期（estrous cycle）或动情周期。另外，在性周期中发生排卵，所以又称为排卵周期。由前一次发情（排卵）开始到下一次发情（排卵）开始的整个时期称为一个发情周期。各种动物发情周期和发情持续时间见表 11-1。

（一）性周期的划分

性周期是一系列逐渐变化的复杂生理过程，通常将其分为发情前期、发情期、发情后期和间情期（休情期）。

1. 发情前期　发情前期（proestrus）是性周期的起始阶段。这时动物一般处于安静状态，没有性行为的表现；卵巢内卵泡迅速生长，并达到成熟；输卵管内壁的细胞生长，纤毛增多；子宫角蠕动加强，子宫内膜血管大量增生；阴道上皮细胞增生加厚，生殖道腺体活动加强。

2. 发情期　发情期（estrus）是性周期的高潮期。这时动物出现一系列发情症状，表现为兴奋不安，时常鸣叫、爬跨其他个体或接受爬跨；卵巢中成熟卵泡破裂并排卵；子宫黏膜血管大量增生、腺体分泌增多、子宫颈口张开；输卵管出现蠕动；阴唇黏膜肿胀；多数动物从阴道流出黏液状分泌物。

3. 发情后期　发情后期（metaestrus）是指发情结束后的一段时期。这个时期雌性动物恢复安静，无外观发情表现；卵巢中形成黄体，并分泌孕酮。在孕酮的作用下，子宫发生一系列变化以利于胚泡附植。如排出的卵子受精，则性周期中止，并开始进入妊娠阶段，直到分娩后一段时间才重新出现新的性周期；如排出的卵子未受精，则进入休情期。

4. 间情期　间情期（diestrus）也称休情期，是生殖器官的活动相对稳定的一段时期。此时，卵巢内黄体开始退化，但卵泡还未开始发育。生殖道逐渐恢复到发情前期以前的状态。当黄体完全退化后，新的卵泡开始发育，进入下一个性周期。

（二）性周期的调节

动物的性周期由遗传因素所决定，但经常受到内外环境因素、营养及健康状况的影响。各种应激刺激往往会造成性周期的紊乱甚至停止。所有影响性周期的因素都是通过影响下丘脑-腺垂体-卵巢这一神经内分泌轴的活动实现对性周期的调节，对性周期的调节实际上就是对卵巢活动的调节。

性周期若按卵巢周期性变化特征来划分，可分为卵泡期（follicular phase）和黄体期（luteal phase）。卵泡期是卵巢内卵泡发育、成熟和排卵的时期，受腺垂体分泌的 FSH 和 LH 的调节。卵泡期初期，血中雌激素和孕酮均处于较低水平，对 FSH 和 LH 分泌的负反馈作用较弱，又因卵泡液中还存在促 FSH 释放蛋白（FSH-releasing protein ，FRP），导致 FSH 和 LH 分泌增多，因而促进卵泡的成熟和颗粒细胞内芳香化酶的合成，使血液中雌激素浓度增加。到卵泡期中期，由于雌激素和颗粒细胞分泌的卵泡抑制素（follicle statin）的负反馈作用，使 FSH 的水平下降，但此时雌激素可通过局部正反馈作用使卵泡继续发育成熟。到卵泡期后期（排卵前夕），血中雌激素浓度达到最高水平，并使动物出现发情症状。雌激素通过正反馈作用，使下丘脑 GnRH 和腺垂体 LH、FSH 的分泌增多，其中 LH 出现暴发性分泌，抵消卵泡抑制素的抑制作用，引起排卵。

黄体期是雌性动物排卵后黄体形成的时期。在 LH 的作用下，成熟卵泡发生排卵并形成黄体。黄体在 LH 刺激下，分泌大量孕酮和雌激素，它们对下丘脑和腺垂体产生负反馈作用，使 GnRH 分泌减少，血液中 FSH 和 LH 浓度下降，因而阻止新的卵泡发育成熟。若排出的卵子没有受精，在前列腺素的作用下，黄体发生退化，血液中孕酮和雌激素浓度大幅度下降，解除了对下丘脑和腺垂体的负反馈作用，GnRH、FSH 和 LH 的分泌增加，使卵巢内新的卵泡开始发育，进入下一个性周期。

第三节　生 殖 过 程

一、受精与授精

交配（copulation）是雌、雄两性动物性成熟后共同完成的生殖活动，它是复杂的神经反射动作，通过交配，精液从雄性生殖器中排出，并被射入雌性生殖道内。

（一）交配反射

交配过程包括求偶、勃起、爬跨、交配和射精等几个环节，这些性反射可在交配过程中按一定顺序出现，也可单独发生。

1. 求偶反射 通过视觉、嗅觉、听觉和触觉反射，雌雄动物表现出互相接近，亲热等求偶行为。

2. 勃起反射 经求偶反射，雄性动物阴茎海绵体大量充血，体积增大，坚挺而有弹性，出现勃起，并从包皮中伸出，便于插入雌性阴道。此时，雌性动物子宫颈和子宫体充血肿胀，阴蒂和阴道前庭海绵体充血勃起，阴门张开。

勃起反射受神经支配，反射的低级中枢位于脊髓腰荐段内。从脊髓腰段发出的交感神经兴奋时，引起外生殖器动脉收缩；而从脊髓荐段发出的副交感神经兴奋时，引起外生殖器血管舒张。勃起反射的最高中枢在大脑皮层。视觉、嗅觉、听觉和触觉的传入冲动作用于大脑皮层，可使其发出冲动到脊髓的勃起中枢，再引起副交感神经的兴奋而发生勃起。

3. 爬跨反射 雄性动物在阴茎勃起后迅速以前肢跨到雌性动物体上，两前肢抱住雌性后躯的两侧。公马和公猪的爬跨反射较强，公牛和公羊较弱。雌性动物此时表现安静，脊柱弯曲，接受雄性动物爬跨。

4. 交配反射 雄性动物爬跨后，腹部肌肉强烈收缩，臀部前冲，阴茎插入雌性阴道内。

雌性动物在交配时部分躯干肌肉收缩，臀部紧贴雄性动物的腹壁，阴道壁收缩，子宫和输卵管运动加强。

5. 射精反射 雄性动物阴茎插入雌性动物阴道后，与阴道黏膜的摩擦使阴茎头感受器产生兴奋，反射性地使各种副性腺和生殖道的肌肉强烈收缩，精液被射入阴道内。射精分为两种类型，一是阴道射精型：雄性动物将精液射入雌性动物阴道深处和子宫颈附近，如牛、绵羊、山羊等；二是子宫射精型：精液射入子宫内，如马、驴、猪、骆驼等。

与雄性动物相配合，雌性动物的阴道前庭腺排出分泌物。在达到性高潮时，子宫颈发生强烈的痉挛性收缩，将积存在子宫颈内的黏液排入阴道。

各种动物交配所需时间不同，马 1.5～2min、猪 5～8min、犬 45min，而牛羊只有几秒。

（二）精子、卵子在雌性生殖道内的运行

射入阴道内的精液，通过阴道壁部分或全部被吸收。精液中的某些生物化学成分被吸收并作用于输卵管和子宫肌层，使其产生收缩，促使精子运行到受精部位。

子宫颈中充满宫颈黏液，只有活力强的精子才能穿过并进入子宫。一部分精子靠自身的活动力和子宫黏液流变学特性而穿过子宫颈黏液，迅速进入子宫；另一部分精子则进入子宫颈隐窝的黏膜皱褶内，形成精子储库。进入精子库中的精子数量越大，意味着有更多的精子将被送入输卵管内，受精的机会就增多。进入子宫的精子大部分进入子宫内膜腺，使该处成为精子的又一个储存库。精子从库中释放出来需要一段时间。精子固有的活力、子宫肌和输卵管系膜的收缩活动，使精子能够继续进入输卵管。

哺乳动物精子通过输卵管的方式与速度，可能与输卵管肌层的蠕动和逆蠕动、输卵管黏

膜皱襞及输卵管系膜的复杂收缩等有关。各种动物能够到达受精部位——壶腹部的精子不超过1000个。

上述精子在雌性生殖道内的运行机理与雄性动物的射精力量、雌性动物子宫颈的吸入作用、雌性生殖道内的液体在肌肉收缩时的流动作用、精子自身的运动能力以及神经内分泌的调节作用有关。神经系统对精子运行的调节是通过植物性神经末梢释放的神经介质实现的。例如，肾上腺素、乙酰胆碱、组织胺和各种血管收缩物质，都能改变子宫的收缩性，但效果是暂时的。卵巢激素是调节精子运行最重要的内分泌因子，它们不但影响子宫颈、子宫与输卵管上皮的结构、分泌以及肌肉收缩，也调节分泌物的数量和形状。此外，精液中的前列腺素、催产素都可刺激生殖道肌肉的运动，促进精子的运行。

从卵巢排出的卵子，被输卵管伞黏膜上摆动的纤毛纳入伞的喇叭口。马、猪、狗等动物的伞部发达，排出的卵易被接受，但牛、羊因伞部不能完全包围卵巢，有时排出的卵会先落入腹腔，再凭借伞部纤毛摆动形成的液流将卵子吸进输卵管。

卵子被输卵管伞接纳并进入输卵管后，靠多种因素的共同作用而移行至子宫，这些因素主要包括：内分泌、神经对输卵管肌肉和韧带的收缩频率、力量、程序的影响，黏膜皱襞的纤毛摆动速率和方式对管腔内液体流动方向与速度的影响，雌激素与孕酮含量的比值对输卵管上皮分泌细胞分泌活动的影响，管腔液的流体力学与流变学特性的影响，等等。

卵子从卵巢表面进入输卵管伞内只需要几分的时间，在数小时内到达壶腹部并在此处受精。

（三）受精

精子和卵子结合形成新的细胞——合子的生理过程称为受精（fertilization）。在合子形成过程中，雌雄两性个体的遗传物质融合，使亲本双方的遗传性状在新的生命中表现出来。合子是新的个体发育的起始点。

1. 精子和卵子在受精前的准备　精子和卵子都要经过一定时间才能到达受精部位——输卵管壶腹部，在这段时间内它们需要经历一系列变化，为受精做好准备，这样在两者相遇时才能完成受精过程。

1）精子在受精前的准备

（1）精子获能。精子在受精前必须在子宫或输卵管内经历某种生理、生化和形态上的变化，即达到机能上的成熟才具有受精能力。精子获得受精能力的过程，称为精子获能（capacitation of spermatozoa）。

精子获能是十分复杂的生命现象，小鼠、大鼠、仓鼠、兔、雪貂、猫、羊、牛、马、猴等动物及人类的精子，在受精前都必须先获能，才可引起顶体反应，精卵才能结合。获能中伴随着精子膜表面及膜间大分子的重新分布；精子在成熟过程中与之结合并使其暂时失去受精能力的所谓去能因子及某些蛋白水解酶抑制剂的去除；精子膜表面电荷及膜的磷脂结构的改变等变化。获能后的精子耗氧量增加，运动的速度和方式发生改变，尾部摆动幅度和频率明显增大，呈现一种非线性、非前进型的超激活运动。精子获能的主要意义在于使精子准备进行顶体反应以及使精子超活化，促进其穿过透明带。

（2）获能部位及获能时间。各种动物精子在雌性生殖道中开始和完成获能的部位不同。子宫射精型动物如啮齿类、狗、猪等，精子的获能开始于子宫，但主要部位在输卵管；阴道射精型动物如兔和人等，精子的获能始于阴道，当子宫颈开放时，子宫液流入阴道可使精子获能，但最有效的部位是在子宫和输卵管。精子在子宫中获能需 6h 左右，在输卵管中约需 10h。

各种动物精子获能所需时间不同，牛为 2～20h、羊为 3～6h、大鼠为 2～3h。

（3）去能与再获能。已获能的精子失去受精能力的过程称为去能（decapacitation）。去能后的精子在输卵管中又可以重新获得受精能力，称为再获能（recapacitation）。去能是由去能因子引起的。去能因子是一种糖蛋白，能抑制精子获能、稳定顶体，与精子结合后可阻止顶体水解酶的释放，因此去能因子也称为“顶体稳定因子”。去能因子广泛存在于各种动物（包括人类）的精液中。

去能因子能够和精子的顶体帽呈可逆性结合。精子获能和顶体反应必须有 Ca^{2+}，而上述结合可能掩盖了精子膜上的 Ca^{2+} 结合位点。当精子进入雌性生殖道或体外培养时，由于精子表面电荷的改变或一些酶的分解作用，使去能因子脱落或改变活性，从而解除了抑制性能，使精子得以获能。因此，只要设法去除精子表面的去能因子，就可以增加发生获能和顶体反应的精子数，缩短反应时间，提高受精能力。

精子获能机理较为复杂，与多种因素有关，其中激素参与获能的调节。子宫和输卵管中精子获能的机制可能不同，如孕酮抑制子宫内精子获能，但不影响输卵管内精子的获能。

2）*卵子在受精前的准备*　大多数哺乳动物的卵子排出后需要运行至输卵管壶腹部受精，可能在运行过程中也与精子一样需要经历一系列变化，达到生理上的进一步成熟才能受精。各种动物卵子成熟过程不同。牛、绵羊、猪排出的卵子虽然已经过第一次减数分裂，但还需要进一步发育才能达到受精所需的要求。马、犬排出的卵子仅处于初级卵母细胞阶段，在输卵管中需要进行再一次成熟分裂。

在卵子受精前的准备过程中，卵子透明带和卵质膜表面上也可能发生变化。例如，透明带表面露出许多终端糖残基，具有识别同源精子并与其发生特异性结合的作用。

2. 受精过程　获能精子与卵子在受精部位相遇后，并不能立即与卵子结合，需要先后穿过卵子外围的放射冠和透明带，而后再与卵子融合，完成受精过程。受精过程(图 11-7)包括以下三个阶段。

1）*顶体反应阶段*　哺乳动物精子的顶体是一个膜性帽状结构，覆盖着精子核的前端。顶体是膜包裹的溶菌体样结构，含有许多水解酶类，如放射冠穿透酶、透明质酸酶、顶体素、蛋白酶、脂解酶、神经酰胺酶和磷酸酶等，其中以放射冠穿透酶、透明质酸酶及顶体素与受精关系最为密切。

获能精子与卵子在受精部位相遇后，精子仍不能立即与卵子结合。这是因为卵子外围还有卵丘、放射冠和透明带三道屏障。当精卵相遇时，顶体膜破裂，形成许多囊泡，基质内各种水解酶释放出来，以溶解卵丘、放射冠及透明带，使精子能够穿过这些保护层与卵子受精。顶体结构的囊泡形成和顶体内酶的激活与释放，称为顶体反应（reaction of acrosome）。通过顶体反应，使精子能够通过卵外的各层膜并进入卵内。

2）*精子进入卵子阶段*　卵巢排出的卵子并非裸露的，而是外面包裹着透明带、放射冠及卵丘细胞等。精子要进入卵子必须穿过卵子外面的各层屏障。顶体反应中释放出来的酶系，可协助精子穿过各层屏障而进入卵细胞。放射冠穿透酶使精子冲破借酯链结合的放射冠细胞，使其分解脱落，透明质酸酶使精子穿过残存的放射冠基质而抵达透明带；继而顶体素又使精子突破透明带而达卵黄膜；卵黄膜是精子进入卵子的最后一关，经过目前尚不清楚的某种酶的作用，使精子突破这一道屏障，同时卵子分泌激活精子的活精肽（SAP），协助精

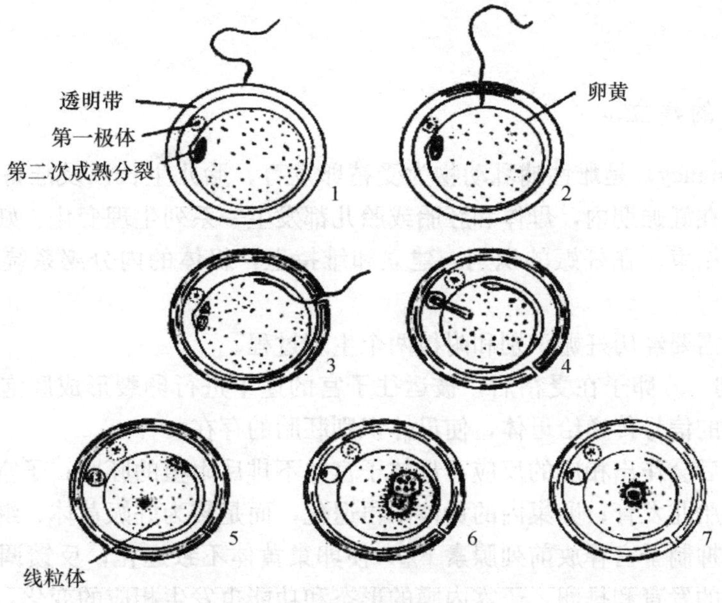

图 11-7　受精过程模式图

1. 精子与透明带接触，第一极体被挤出，卵子的细胞核正在进行第二次成熟分裂；2. 精子已过透明带，与卵黄接触，引起透明带反应，阴影表示透明带的扩展；3. 精子头部进入卵黄，平躺在卵黄的表面之内，该处表面凸出，透明带围绕卵黄转动；4. 精子几乎完全进入卵黄内，头部膨大，卵黄体积缩小，第二极体被挤出；5. 雄原核和雌原核发育，线粒体聚集在原核周围；6. 原核充分发育，含有许多核仁，雄原核比雌原核大；7. 受精完成，原核消失，以染色体团代替，染色体团并成一组染色体，处于第一次卵裂的前期

子进入卵子。此时卵子被精子激活，其膜上离子通道发生变化，Ca^{2+} 进入卵子，启动代谢过程而使卵子变得非常活跃。一个精子进入卵子后，卵子即产生一种抑制顶体素的物质，封闭透明带，使其他精子难以再进入卵子，这一反应称为透明带反应（zona reaction）。而当精子进入卵黄后，产生某种反应，对于以后再与卵黄表面的接触不发生反应，不再接纳精子，这种反应称为卵黄封闭作用（vitelline block）。进入卵内的精子，其膜与卵黄膜融合，精子头部完全进入卵细胞内。

3）合子形成阶段　　精子进入卵黄后，精子和卵子发生相应的变化，分别形成雄性原核和雌性原核。两性原核形成过程不同。

（1）雄性原核的形成。精子进入卵细胞后，精子尾部迅速退化，细胞核膨大，出现核仁、核膜，形成雄性原核。

（2）雌性原核的形成。精子进入卵细胞后，可激活卵细胞质，完成第二次减数分裂，排出第二极体，也出现核仁和核膜，形成雌性原核。

雄雌原核形成以后，卵细胞质中的微管、微丝等也因被激活而发生重新排列，促使雄、雌原核向卵细胞中央移动，使之彼此靠近，然后雄、雌原核核膜破裂以至消失，核仁消失，染色体相互混合，形成二倍体的受精卵，即合子。随后，染色体对等地排列在卵细胞质的赤道部，纺锤体出现，进入了第一次卵裂的中期。受精至此结束。

受精过程所需时间，即从精子进入卵子至合子第一次卵裂，牛 20～24h、猪 12～24h、羊 16～21h、兔 12h，马的合子第一次卵裂发生在排卵后的 24h。

二、妊娠

（一）妊娠的建立

妊娠（pregnancy）是雌性哺乳动物为受精卵发育、胎儿生长以及准备分娩所发生的特有的生理现象。在妊娠期内，母体和胚胎或胎儿都发生一系列生理变化。妊娠从受精完成后开始，直到分娩结束。在妊娠的识别、建立和维持上，机体的内分泌系统起着重要的调节作用。

妊娠的建立需要经历妊娠识别和附植两个生理过程。

1. 妊娠识别　卵子在受精后，被运往子宫的途中进行卵裂形成胚泡，并产生某些化学因子作为妊娠的信号传递给母体，使母体识别胚胎的存在。

母体在识别后会作出相应的反应：母体子宫并不排斥附植的胚胎；子宫上皮与胚胎共同形成胎盘以利于胎儿发育；卵巢内的黄体不再退化，而是转为妊娠黄体，继续合成并分泌孕激素。孕激素能抑制子宫释放前列腺素 $F_{2\alpha}$，使卵巢黄体不致退化；反馈调节下丘脑和腺垂体，抑制新卵泡的发育和排卵。子宫内膜的形态和功能也发生相应的变化，包括子宫上皮的增厚，分泌增加，为胚泡着床作准备。

2. 附植　在子宫内，胚泡在发育初期处于游离状态，随着胚泡腔液增多，胚泡变大，在子宫腔内的活动逐渐受到限制。随后，胚泡滋养层与子宫内膜逐渐发生组织学和生理学的联系，使胚泡固着于子宫内膜，这一生理过程称为附植或着床（implantation）。

胚泡附植时，子宫内膜发生一系列变化，表现为：子宫肌肉活动和紧张度减弱，利于胚泡附植；子宫内膜充血、变厚、上皮增生、皱裂增多，分泌活动增强。

雌激素与孕激素的共同作用，是子宫产生变化的重要原因。孕激素使内膜分泌活动加强。雌激素使子宫内膜增生，并使子宫释放蛋白水解酶，使透明带溶解、滋养层细胞增生、细胞核中 DNA 增加，滋养层侵入子宫上皮和基层，否则胚泡不能发生附植。

由于雌激素和孕激素的共同调节，子宫内膜产生接受性，可以允许胚泡附植。此外，胚泡分泌的蛋白水解酶或者由于刺激子宫内膜产生的某些激肽、组胺以及多肽等生物活性物质也参与附植的调节。

各种动物完成附植的时间不同，牛为受精后 45～75d、马 90～105d、猪 20～30d、绵羊 10～22d。

（二）妊娠的维持

妊娠的维持主要靠胎盘来完成。附植后的胚泡由胎盘提供营养，使胚泡在子宫内继续生长、发育直至分娩的生理过程，称为妊娠的维持。

1. 胎盘的形成与分类　胎盘（placenta）由胎膜的尿膜绒毛膜（猪还有羊膜绒毛膜）和妊娠子宫黏膜共同构成，前者称为胎儿胎盘，后者称为母体胎盘，两者分别有血管分布，并相互进行物质交换。各种动物胎盘结构不同，通常可分为以下 4 种类型。

（1）弥散型胎盘。胎盘上皮绒毛大体上均匀地分散在绒毛膜的表面，疏密程度稍有不同。猪、马、骆驼胎盘属此类型。

（2）子叶型胎盘。胎盘上有子叶结构，胎膜子叶上有许多绒毛，嵌入母体子叶许多凹下的腺窝中。子叶之间一般无绒毛，表面光滑。羊、牛的胎盘属此类型。

（3）带状胎盘。胎盘呈长型囊状，绒毛集中于绒毛膜的中央，形成环带状。猫、犬等肉食动物的胎盘属此类型。

（4）圆盘状胎盘。绒毛膜上的绒毛在发育过程中集中于一圆形区域，呈圆盘状。人及灵长类动物的胎盘属此类型。

2. 胎盘的功能

（1）物质交换功能。胎盘是胎儿与母体进行物质交换的器官。胎儿和母体血液循环在胎盘中并不直接相通，胎盘靠胎儿绒毛囊和子宫黏膜密切接触，胎儿可以通过胎盘从母体血液中获得氧和营养物质。各种物质的交换机制有简单扩散、主动转运、吞噬作用和吞饮作用等方式。

胎盘对各种物质的通过具有严格的选择性，这就是胎盘的屏障作用。有些物质不经改变就可以经胎盘在母体血液和胎儿血液之间相互进行交换；有的必须在胎盘内分解成比较简单的物质才能进入胎儿血液；而有些物质，特别是有害物质，则不能通过胎盘，对胎儿发育起到保护作用。

胎盘对抗体的运输也有屏障作用。豚鼠和兔母体的抗体能通过胎盘传递，使胎儿获得被动免疫的能力；小鼠、大鼠、猫和狗，胎盘供给胎儿少量抗体，大部分抗体在出生后需从初乳中获得；狗、山羊、绵羊、牛和马等动物的胎盘不能运输抗体，这些动物的幼仔只能在出生后从初乳中获得。

（2）免疫功能。胎盘由胎儿胎盘和母体胎盘组成，因而它并不完全是母体的组织，对母体来说有异体蛋白成分，但胎盘并不受母体的免疫排斥。

免疫的确切机制尚不十分明确，一般认为：胎盘滋养层组织的抗原性很弱，不易发生排斥反应；在滋养层细胞膜外覆盖着带有负电荷的唾液蛋白，能排斥母体的淋巴细胞，使滋养层细胞得到保护；妊娠时母体内分泌系统的变化，能有效地抑制母体对胎儿的免疫功能。

（3）内分泌功能。胎盘是一种暂时性的内分泌器官，可分泌雌激素、孕酮、松弛素和胎盘催乳素，它们的化学结构和生理功能都与卵巢和垂体分泌的同种激素相同。此外，胎盘还能分泌两种促性腺激素：孕马血清促性腺激素（PMSG）（马属动物）和人绒毛膜促性腺激素（HCG）（人及灵长类动物）。胎盘分泌的激素对于维持妊娠起着很重要的作用，孕酮是其中最重要的激素，雌激素与孕酮有协同作用。

（三）妊娠期

各种动物妊娠期长短不一，受遗传、品种、年龄、季节、营养、胎儿数目和性别以及环境因素的影响。一般早熟品种、小型动物妊娠期比较短。各种动物妊娠期见表 11-2。

表 11-2　各种动物的妊娠期　（单位：d）

动物种类	平均妊娠期	变动范围
马	340	207～402
驴	380	360～390
牛	282	240～311
水牛	310	300～327
绵羊、山羊	152	140～169
猪	115	110～140

续表

动物种类	平均妊娠期	变动范围
骆驼	364	335～395
牦牛	257	224～284
驯鹿	225	195～243
狗	62	59～65
猫	53	55～60
家兔	30	28～33
豚鼠	60	59～62
大白鼠	22	20～25

（四）妊娠期胚胎的生长发育及其调节

1. 胚胎的生长发育 从受精卵到发育成足月胎儿，大体经历三个阶段。

（1）胚芽期（合子期）。胚芽期是生长发育的第一阶段，在这一阶段中合子不断地进行细胞分裂，数量增加。这一阶段的特点是细胞数量增加，而形态变化不大。胚芽期的持续时间，牛、马约1周，其他家畜约2周，小动物则不足1周。

（2）胚芽发生期。在胚芽发生期这一发育阶段细胞发生分化，形成胚层（内胚层、中胚层和外胚层），并由各胚层分别形成各种器官和系统，其主要特点是既有细胞数量增加也有细胞体积增大。就牛而言，这一期发生在妊娠第2～6周。

（3）胎儿生长期。胎儿生长期这一阶段表现为胎儿重量和体积的增长。胎儿生长早期比较慢，而后加快，至分娩前又趋缓慢。

2. 胚胎生长的调节 胚胎的生长发育取决于母体-胎盘-胎儿三者之间的关系。妊娠期间，三者都产生新的生物活性物质和激素，通过三者的功能整合，保证充足的营养供给，并调节胚胎的生长发育。

（五）妊娠期母体的生理变化

在妊娠期中，随着胎儿的生长发育，母体的生理机能也发生一系列的适应性变化。

1. 乳腺的发育 妊娠黄体和胎盘所分泌的孕酮，除发挥维持妊娠的作用外，还在雌激素引起乳腺导管系统发育的基础上进一步促进乳腺腺泡发育，使乳腺具备泌乳能力。

2. 代谢的变化 为适应胎儿发育的特殊需要，母体甲状腺、肾上腺、甲状旁腺和垂体等所分泌的激素增加，使母体代谢过程明显增强，在妊娠前期食欲旺盛，对饲料的利用率提高。

3. 血液的变化 血浆容量增加，血液凝固能力提高，血沉加快。到妊娠后期，血液碱储减少，出现酮体而产生生理性酮血症。

4. 其他变化 随着胎儿的生长发育，子宫体积增大挤压腹部内脏，使横膈膜运动受阻而出现浅而快的胸式呼吸，挤压膀胱使排尿次数增多，并出现蛋白尿，因心脏负担加重而出现代偿性心肌肥大等。此外，由于孕酮分泌增加，一方面抑制排卵，另一方面又降低子宫的兴奋性，避免发生流产。

三、分娩

母体妊娠期满，将发育成熟的胎儿排出体外的生理过程称为分娩（parturition）。

（一）分娩过程

分娩前，母体在形态和生理上会产生一系列变化，子宫肌在分娩前收缩力增强，骨盆韧带松弛，子宫颈变软、扩张等。分娩时凭借子宫和腹肌收缩，胎儿及其附属膜（胎衣）被排出体外。分娩过程一般分为三个时期：开口期、产出期和胎衣排出期。

1. 开口期　开口期指从子宫间歇性收缩开始，到子宫颈口完全开张为止。子宫在开口期内发生阵缩，开始阵缩持续约 20s，间歇 15min。以后阵缩的频率、强度和持续时间逐渐加大、延长。

子宫颈开张，一方面是由于松弛素和雌激素的作用促使子宫颈变软，另一方面是由于子宫肌的收缩迫使子宫颈开张。

2. 产出期　产出期指从子宫颈完全开张至胎儿排出为止。这一时期内除阵缩外，还发生努责，努责是排出胎儿的主要动力，它比阵缩出现晚、停止早。羊膜和胎儿前部进入骨盆时，反射性地引起膈肌和腹肌收缩。

动物在产出期表现烦躁不安、时常起卧，前肢刨地，回顾腹部，呼吸和脉搏加快。最后侧卧，四肢伸直，强烈努责。

3. 胎衣排出期　胎衣排出期指从胎儿排出后到胎衣完全排出为止。胎儿排出后，经一段时间子宫肌重新收缩，使胎衣排出。猫、狗等动物胎衣常随胎儿同时排出。

各种动物分娩各阶段所需时间见表 11-3。

表 11-3　各种动物分娩各阶段所需时间

动物种类	开口期	胎儿产出期	胎衣排出期
牛	6（1～12）h	0.5～4h	12～18h
水牛	1（0.5～2）h	20h	12～18h
马	12（1～24）h	10～30min	2h 内
猪	34（2～6）h	10min/只	10～60min
羊	45（3～7）h	0.5～4h	0.5～4h
骆驼	11（7～6）h	25～30h	10h
鹿		1（0.5～2）h	50～60h
犬	3～6h		
兔	20～30min		
猫		2～6h	

（二）分娩机理

关于分娩的启动机理至今没有完全统一的学说，一般认为，分娩的发动是由多种因素相互协调、共同完成的。这些因素包括来自母体或胎儿的激素、神经和机械刺激等。

1. 机械因素　随着胎儿生长发育，子宫扩张，子宫承受压力增大，到一定程度时可以反射性地引起子宫收缩。

2. 免疫排斥　胎儿发育成熟时，胎盘发生脂肪变性，并与母体分离，母体将其视为异物，而发生免疫排斥反应，将胎儿连同胎盘排出体外。

3. 母体激素的作用

(1) 孕酮与雌激素。母体血浆孕酮和雌激素浓度的变化是引起分娩的重要因素。绵羊、山羊和牛在分娩前孕酮含量显著下降，雌激素含量大量增加（图 11-8），使子宫肌对催产素的敏感性增加。妊娠期间，雌激素刺激子宫肌生长及肌球蛋白的合成，为分娩时子宫肌的收缩创造条件。分娩时，雌激素直接刺激子宫肌发生节律性收缩，克服孕酮的抑制作用，引起前列腺素 $PGF_{2\alpha}$的释放。

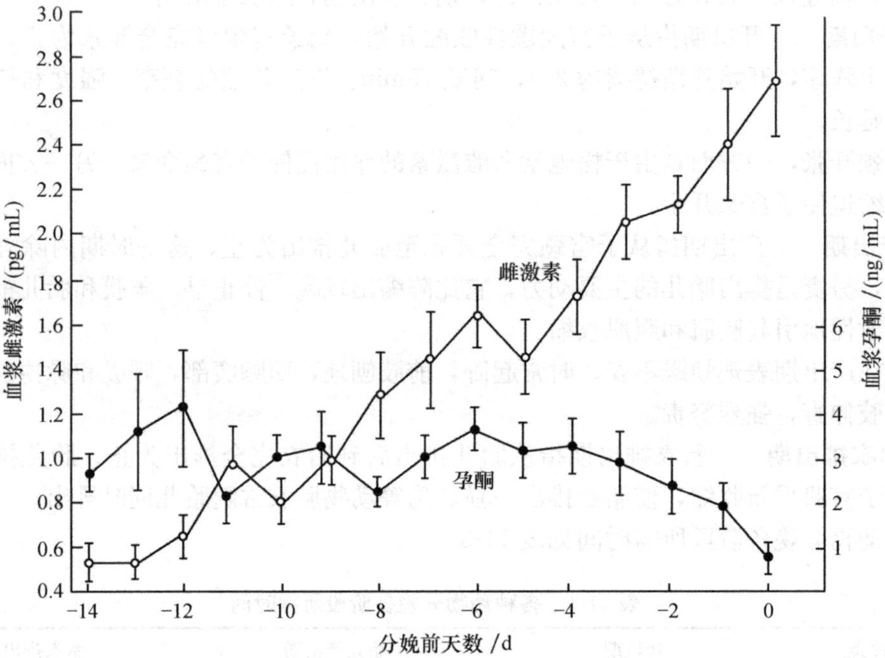

图 11-8　母牛分娩前几天雌激素和孕酮含量的变化

(2) 催产素。在分娩时催产素起重要作用。分娩时，孕酮含量低，雌激素分泌量高，可导致催产素释放，在其作用下，子宫肌收缩，促进子宫娩出胎儿。另外，子宫颈扩张以及子宫颈、阴道受到胎儿和胎囊的刺激，也可反射性地引起催产素的分泌。

(3) 前列腺素。前列腺素除具有溶黄体作用外，也可直接刺激子宫肌收缩，还能使孕酮分泌减少，刺激垂体释放催产素，这些均有利于子宫肌的收缩和胎儿的娩出。

(4) 松弛素。妊娠动物卵巢黄体、胎盘及子宫产生松弛素。松弛素能使骨盆韧带松弛，骨盆扩张，也能使雌激素作用后的子宫颈松软、产生弹性和扩张。

4. 胎儿激素的作用　一些动物胎儿的下丘脑-垂体-肾上腺轴在分娩的发动中起着非常重要的作用。实验表明，羊、猪、牛胎儿血液中的皮质醇含量在分娩前都显著增加，如切除羊胎儿的下丘脑、垂体或肾上腺则导致分娩延迟，说明胎儿皮质激素在分娩启动中发挥重要的作用。胎儿皮质激素是通过引起胎盘前列腺素、雌激素的大量分泌，间接发挥促进分娩作用的。

5. 外周神经的作用　在分娩前，当子宫颈和阴道受到胎儿前置部分的刺激时，能通过荐部脊髓反射性地引起垂体释放催产素，增强子宫收缩。子宫肌中的交感神经纤维还能提高子宫肌对催产素的敏感性，并促使子宫收缩。

第四节　泌　乳

乳腺（mammary gland）及其泌乳活动是哺乳动物最突出的形态生理特征。乳腺是类似皮脂腺和汗腺的一种皮肤腺，所有哺乳动物，不论雌雄都有乳腺，但只有雌性动物才能充分发育而具备泌乳功能。泌乳（lactation）包括乳的分泌（milk secretion）和乳的排出（milk ejection）两个独立而相互制约的过程。乳腺在初次妊娠过程中达到完全发育，在分娩后开始分泌乳汁。雌性动物在每次分娩后，乳腺持续分泌乳汁的时期称为泌乳期。各种动物的泌乳期长短不一，猪约 60d、黄牛和水牛 90～120d、乳牛约 300d。在分娩后，猪约 14d 可达到泌乳高峰、牛 21～42d，此后便逐渐下降。从乳腺停止泌乳到下次分娩为止的一段时期，称为干乳期。

一、泌乳的概念

乳腺分泌乳汁称为泌乳。乳腺的位置和数量有明显的种间差异。灵长类动物只有一对位于胸部的乳腺，牛、马、绵羊和山羊的乳腺位于腹股沟区；猪、啮齿类和食肉类动物的乳腺沿着胸腹部分布。

正常情况下，牛有 4 个功能乳头和腺体，绵羊和山羊有 2 个，每个乳头有一乳头管及隔离腺区。猪和马的每个乳头通常有 2 个乳头管，每一导管连有独立的分泌区。此外，牛可能有额外的副乳头（supernumerary teats），每一副乳头与一小腺体相联系。大约 40%的母牛可能有 1～4 个副乳头，绵羊、山羊、猪和马也有副乳头。

乳房主要有两种组织，一种是由乳腺腺泡和导管系统构成的腺体组织或实质；另一种是由结缔组织和脂肪组织构成的间质，保护和支持腺体组织。

乳房的外面被覆着柔软的皮肤，皮下有浅筋膜，其下面为深筋膜，深筋膜与结缔组织和脂肪组织包围整个乳腺。结缔组织和脂肪组织延伸至腺体内部将乳腺分为若干小叶，各小叶间的结缔组织中含有丰富的弹性纤维。

乳腺腺泡和导管系统是乳腺的基本结构（图 11-9）。腺泡是分泌乳汁的部分，由一层分泌上皮构成。每一个腺泡类似一个小囊，有一条细小的乳导管与导管系统相通，腺泡的数目决定乳腺的泌乳能力，腺泡越多，泌乳能力越强。乳导管系统由一系列复杂的管道组成，包括与腺泡腔相通的细小乳导管、中等乳导管和粗大乳导管。乳汁从腺泡分泌出来，流入与之相通的细小乳导管，经过中等乳导管，再汇入到粗大的乳导管，最后汇入乳池。位于乳房下部和乳头内储藏乳汁的较大腔道，分别称为乳腺池（gland cisterns）和乳头池（teat cisterns）。乳池经乳头末端的乳头管向外界开口，牛、羊的每个乳腺各有一个乳池，马的每个乳腺有前后两个乳池，猪、猫、狗、兔等乳池不发达或缺少。

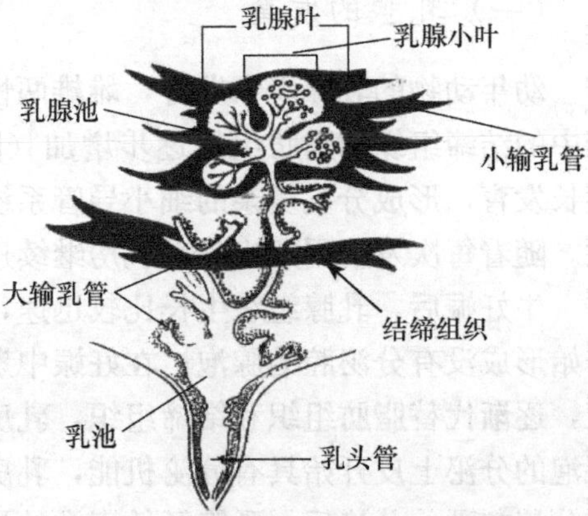

图 11-9　乳牛乳腺的容纳系统模式图

乳腺腺泡和细小乳导管的外层有一层肌上皮

细胞围绕，并相互连接成网状。当这些细胞收缩时，可使腺泡中蓄积的乳汁排出。较大的乳导管和乳池由平滑肌构成，其收缩参与乳的排出过程。乳头管周围的平滑肌纤维在乳头末端排列成环形，构成乳头括约肌，使乳头管在不排乳时保持闭锁状态。

乳腺的血液供应极为丰富，每个腺泡都被稠密的毛细血管网包围着，因此，血液可以充分将营养物质和氧带给腺泡，以供乳腺生成乳汁的需要。马、牛、羊的乳腺动脉主要来自左右阴部外动脉的分支；食肉动物和杂食动物的乳腺，其动脉除来自阴部外动脉外，还来自肋间动脉和胸外动脉的分支。

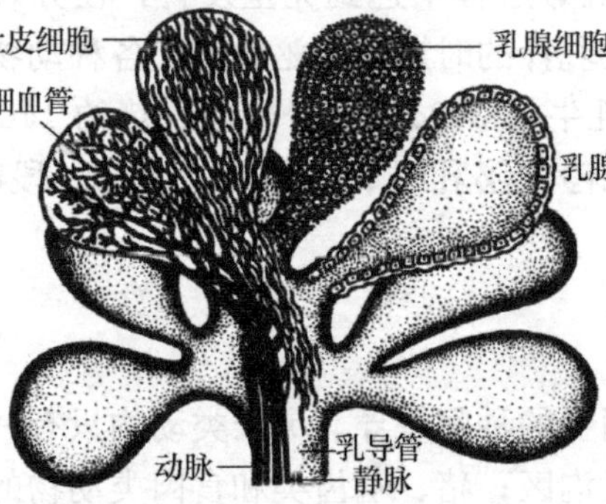

图 11-10　乳腺腺泡丛简图

乳腺中的静脉系统比动脉系统发达，静脉的总横断面比动脉大若干倍。因此血液缓慢地流过乳腺，为腺泡生成乳汁提供有利条件，乳腺中的血液主要沿着左右腹壁皮下静脉及阴部外静脉流出（图 11-10）。乳腺也有淋巴循环。

乳腺中有丰富的传入和传出神经。传入神经主要为感觉神经纤维，来自第一和第二腰神经的腹支、腹股沟神经和会阴神经。这些神经的分支进入乳腺，并在各腺泡间形成稠密的神经丛。猪、狗等的乳腺还接受肋间神经和胸外神经的分支支配。乳腺的传出神经属于交感神经，其神经纤维支配乳腺内的血管、乳池和大乳导管周围的平滑肌，兴奋时引起平滑肌收缩。乳腺内的平滑肌对肾上腺素、去甲肾上腺素极其敏感。刺激交感神经使乳腺内的血液循环量显著减少，泌乳量也相应下降，这是泌乳牛受到惊扰时泌乳量明显下降的主要原因。但是乳腺的腺泡上皮及其周围的肌上皮细胞不受神经支配。

乳腺各部分有多种内、外感受器。乳房特别是乳头皮肤及乳腺内的腺泡、血管、乳导管等处有着丰富的机械、温度感受器和化学、压力等内感受器，这些感受器对泌乳的反射性调节起着重要作用。

二、乳腺的发育及其调节

（一）乳腺的发育

幼年动物的乳腺尚未发育，雌雄两性乳腺也没有明显的差别。随着雌性动物的生长，乳腺中的结缔组织和脂肪组织逐步增加（图 11-11）。犊牛到初情期时，乳腺的导管系统开始生长发育，形成分支复杂的细小导管系统，但这时腺泡一般还没有形成，乳房的体积开始膨大。随着每次发情周期出现，乳房继续进行生长发育。

牛妊娠后，乳腺组织生长比较迅速，乳腺导管的数量继续增加，并且在每个导管的末端开始形成没有分泌腔的腺泡；在妊娠中期，腺泡渐渐出现分泌腔，腺泡和导管的体积不断增大，逐渐代替脂肪组织和结缔组织，乳房内的神经纤维和血管数量也显著增多；妊娠后期，腺泡的分泌上皮开始具有分泌机能，乳房的结构也达到了活动乳腺的标准形态；分娩前，腺泡分泌初乳；分娩后，乳腺开始正常的泌乳活动。

经过一定时期的泌乳活动后，腺泡的体积又重新逐渐缩小，分泌腔逐渐消失，与腺泡直接相连的细小乳导管重新萎缩，腺体组织被结缔组织和脂肪组织所代替，乳房体积缩小。乳腺的这种生理变化过程，称为乳腺的回缩（mammary involution）。乳腺回缩通常是在泌乳后期出现的渐进性过程，最终致使乳腺活动停止，进入干乳期。在干乳期内，奶牛的乳腺组织能最大限度地重新形成，体内的脂肪储备也可以较好地得到补充。奶牛的干乳期平均 40～60d，年轻奶牛的干乳期常需 70d 以上。奶牛一般在第 6～8 个泌乳期中，乳腺的发育达到最大程度，泌乳量也达到最高峰。以后随年龄增大，每次乳腺的发育程度逐渐减退，泌乳量也逐年降低。乳腺的生长发育呈现明显的周期性变化，这些变化与性周期中卵巢的发育和妊娠期内分泌腺的活动密切相关。

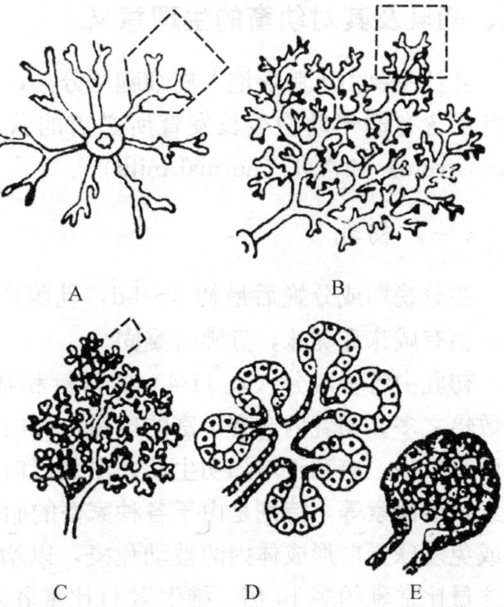

图 11-11 雌性动物不同阶段乳腺生长发育示意图

A. 未成年动物的乳腺，只有简单导管由乳头向四周辐射；B. 已成年未孕动物的乳腺，导管系统逐渐增生和扩大；C. 妊娠后的乳腺，末端形成腺泡；D. 腺泡放大；E. 分娩后腺泡上皮分泌乳汁

（二）乳腺发育的调节

乳腺发育既受内分泌腺活动的控制，又受中枢神经系统的调节。乳腺的发育和泌乳是由多种激素协同作用的结果。卵巢分泌的雌激素和黄体分泌的孕激素对乳腺的发育均有调节作用。起关键作用的是两者在乳腺发育时期的比例。例如，在雌激素和孕激素为 1：1000 的情况下，牛的乳腺能很好地发育。

在动物性成熟以前摘除卵巢后，单独注射雌激素，大多数动物只能引起乳腺中乳导管系统的生长发育，但不能引起腺泡的生长，如果再周期性地注射适量孕激素，才能引起乳腺泡的正常发育。在促进乳腺小叶-腺泡的发育上，除了雌激素和孕激素外，还需要多种腺垂体激素的存在，仅有性激素而无腺垂体分泌的催乳素，乳腺不能充分发育，两者必须协同作用，才能促进乳腺完全的生长和发育。此外生长激素、促肾上腺皮质激素和肾上腺皮质所分泌的几种激素也有助于乳腺小叶-腺泡的充分发育。通过切除兔和大鼠的脑垂体、卵巢及肾上腺的实验表明，手术后如果适当注射雌激素＋孕酮＋生长激素＋催乳素＋肾上腺皮质激素，可刺激萎缩的乳腺导管系统发育达到妊娠后期的程度。注射腺垂体激素可引起乳腺小叶-腺泡生长，如果没有腺垂体激素，单独注射皮质激素效果则很小。可见腺垂体激素在乳腺发育上的重要性。

乳腺发育除了受激素的作用外，还受神经系统的调节。刺激乳腺感受器，发出神经冲动传到中枢神经系统，通过下丘脑-垂体系统或直接支配乳腺的传出神经，调节乳腺发育。生产实践中，按摩育成母牛或妊娠母猪的乳房都能增强乳腺发育和产后的泌乳量。此外，神经系统对乳腺的营养作用也很重要。在性成熟前切断母山羊的乳腺神经，可中止乳腺发育；在妊娠期切断神经，则乳腺腺泡发育不良，不形成腺泡腔与小叶；在泌乳期切断乳腺神经，大部分腺泡处于不活动状态。

三、初乳及其对幼畜的生理意义

乳汁主要由乳腺腺泡上皮细胞所分泌，高度发育的细小乳导管也能分泌极少量的乳汁。乳汁中含有幼年动物生长发育所必需的营养物质，也是理想的营养物质。乳可分为初乳（colostrum）和常乳（normal milk）。

（一）初乳

在分娩期或分娩后最初 3～5d，乳腺产生的乳称初乳。初乳较黏稠，浅黄，如花生油样，稍有咸味和臭味，煮沸时凝固。

初乳中各种成分（表 11-4）的含量和常乳显著不同，其中干物质含量较高，可超出常乳数倍之多。初乳内含有丰富的球蛋白和白蛋白。初生的动物吸吮初乳后，蛋白质能透过肠壁而被吸收，有利于增加初生动物血浆蛋白质的浓度；初乳中含有大量的免疫抗体、酶、维生素及溶菌素等，特别是由于各种家畜的胎盘不能转送抗体，新生幼畜主要依赖初乳中的抗体或免疫球蛋白形成体内的被动免疫，以增加仔畜抗病力。初乳中的维生素 A 和维生素 C 的含量比常乳约多 10 倍，维生素 D 比常乳多 3 倍。初乳中含有较多的无机盐，其中的镁盐有轻泻作用，促进肠道排出胎粪。所以，初乳几乎是初生动物不可替代的食物。喂给初生动物以初乳，对保证初生仔畜的健康成长具有重要意义。

表 11-4　几种家畜的初乳成分　（单位：g/L）

成分	牛	猪	马	绵羊	山羊
水 分	733	693	851	588	812
脂 肪	51	72	24	177	82
乳 糖	22	24	47	22	34
蛋白质	176	188	72	201	57
无机物	10	6	6	10	9

（二）常乳

初乳期过后，乳腺所分泌的乳汁，称为常乳。常乳中的一些成分与血浆中的成分以同样的形式存在，但乳中的酪蛋白及乳糖是体内其他部位所没有的。各种动物的常乳（表 11-5）均含水、蛋白质、脂肪、糖、无机盐、酶和维生素等。蛋白质主要是酪蛋白，其次是白蛋白和球蛋白。

乳中的脂肪是油酸、软脂酸和其他低分子脂肪酸的甘油三酯。乳中还含有少量磷脂、胆固醇等类脂。

乳中的糖仅有乳糖，它能被乳酸菌分解为乳酸。

乳中的酶类很多，主要有过氧化氢酶、过氧化物酶、脱氢酶、水解酶等。

乳中还含有来自饲料的各种维生素（A、B、C、D 等）和植物性饲料中的色素（如胡萝卜素、叶黄素等）以及血液中的某些物质（抗毒素、药物等）。

乳中的无机盐主要有氯化物、磷酸盐和硫酸盐等，乳中的铁含量很少，所以哺乳的新生动物应补充少量含铁物质，否则易发生贫血。

表 11-5　各种动物常乳的化学成分　（单位：%）

成分	水	脂肪	蛋白质	乳糖	无机物
乳牛	87.2	3.8	3.5	1.8	0.7
水牛	82.2	7.3	4.5	5.2	0.8
牦牛	82.2	6.5	5.0	5.6	0.9
山羊	86.9	1.1	3.5	4.6	0.9
绵羊	82.1	6.7	5.8	4.6	0.8
骆驼	68.1	4.5	3.5	4.9	0.7
马	89.0	2.0	2.0	6.7	0.3
猪	83.1	5.6	7.1	3.1	1.1
兔	69.5	10.5	15.5	2.0	2.5

四、乳的生成过程及乳分泌的调节

（一）乳的生成过程

乳的生成过程是在乳腺腺泡和细小乳导管的分泌上皮细胞内进行的。乳腺组织的分泌细胞，从血液中摄取营养物质生成乳汁后，分泌入腺泡腔内，这一过程称为乳的分泌（milk secretion）。动物乳中成分基本包括水分、脂肪、乳糖、蛋白质、无机物。生成乳汁的各种原料都来自血液，其中球蛋白、酶、激素、维生素和无机盐等均由血液进入乳中，是乳腺分泌上皮对血浆选择性吸收和浓缩的结果；而乳中的乳蛋白、乳脂和乳糖等则是上皮细胞利用血液中的原料，经过复杂的生物合成而来的（图 11-12）。

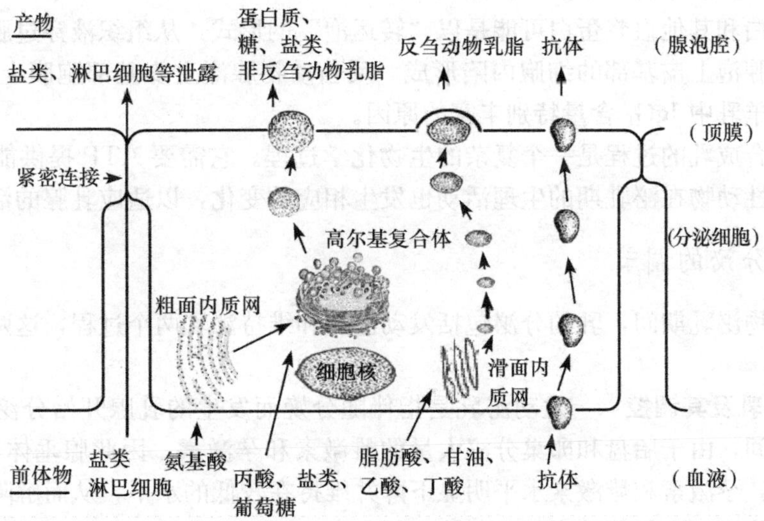

图 11-12　乳的分泌过程

1. 乳蛋白的合成　乳中的主要蛋白质（酪蛋白、β-乳球蛋白和 α-乳白蛋白）是乳腺分泌上皮的合成产物，其合成原料来自血液中的氨基酸。氨基酸由上皮细胞吸收后，被核糖体聚合成短肽链，移行至高尔基复合体。在高尔基体内的肽进一步缩合，形成各种不溶性酪蛋白颗粒以及可溶性 β-乳球蛋白。然后含有酪蛋白的颗粒由高尔基体移行至细胞表面。少量乳蛋白（占总乳蛋白5%～10%，如免疫球蛋白和血清白蛋白）可从血液中直接摄取。

2. 乳糖的合成 乳糖的主要原料是来自血液中的葡萄糖。在乳糖合成酶的催化下，一部分葡萄糖在乳腺内先转变成半乳糖，然后再与葡萄糖结合生成乳糖。乳糖合成酶有两种成分，一种是A蛋白（即半乳糖转化酶），存在于上皮细胞的高尔基体中；另一种是B蛋白（即α-乳白蛋白），在内质网形成后，移行至高尔基体，再与A蛋白结合形成复合体即乳糖合成酶。反刍动物瘤胃发酵所产生的挥发性脂肪酸中，丙酸可被用于合成乳糖。

3. 乳脂的合成 乳脂几乎完全呈现三酰甘油状态。它在上皮细胞的颗粒性内质网中形成脂肪小球。脂肪小球从细胞内排出时，由薄质膜包裹。构成三酰甘油的脂肪酸是C_4～C_{18}饱和脂肪酸以及不饱和脂肪酸——油酸。脂肪酸的比例随日粮而不同，牛和山羊乳中的C_4～C_{18}脂肪酸的前体物，一般来自三酰甘油和脂蛋白的裂解产物。而瘤胃发酵产生的乙酸和羟丁酸可在一定程度上被乳腺细胞利用，而转变为C_4～C_{18}脂肪酸，但乳腺细胞不能利用葡萄糖合成脂肪酸。三酰甘油中的甘油，主要是由葡萄糖转变而来，也可来自血液三酰甘油。

4. 免疫球蛋白的合成与分泌 在整个泌乳期中，乳中免疫球蛋白的含量变化幅度大。牛和羊初乳中的免疫球蛋白质量浓度最高可达120g/L，以后迅速下降，在泌乳高峰期的质量浓度为0.5～1.0g/L。反刍动物初乳中的免疫球蛋白是IgG，其次是IgG_2。它们都来源于血液，由腺泡上皮选择性地转运至乳中。人和家兔初乳中的免疫球蛋白主要是IgA。反刍动物的初乳中也有微量IgA。这类球蛋白并不来源于血液，而是由淋巴细胞——浆细胞在腺泡附近合成。在干乳期内，乳腺中有大量淋巴细胞和巨噬细胞浸润。其中的B淋巴细胞在受到抗原刺激后，被激活而转为浆细胞，分泌IgA。IgA不能直接进入乳中，必须先与腺上皮合成的一种特殊多肽结合，才能转移至乳中。

免疫球蛋白和其他血浆蛋白可能是以“转运泡”的形式，从组织液穿过腺泡上皮进入乳中。转运泡由腺泡上皮基部的细胞内陷形成。反刍动物腺泡上皮基部胞膜上有特殊的IgG_1受体。这是牛羊乳中IgG_1含量特别丰富的原因。

乳腺腺泡合成乳的过程是一个复杂的生物化学过程。它需要ATP提供能量和酶的催化才能完成。雌性动物在泌乳期的生理活动也发生相应的变化，以适应乳腺的活动。

（二）乳分泌的调节

在雌性动物泌乳期间，乳的分泌包括发动泌乳和维持泌乳两个过程，这两个过程均受神经-体液调节。

1. 发动泌乳及其调控 发动泌乳是指伴随分娩而发生的乳腺开始分泌大量乳汁的活动。在妊娠期间，由于胎盘和卵巢分泌大量的雌激素和孕激素，因此腺垂体不释放催乳素。而在分娩前后，孕激素和雌激素水平明显下降并维持在较低的水平，从而解除了对下丘脑和腺垂体的抑制作用，引起催乳素迅速释放，催乳素强烈促进乳的生成，起发动泌乳的主要作用（此后血中的催乳素保持一定水平，以维持泌乳），同时肾上腺皮质激素含量增加，与催乳素协同作用发动泌乳。研究表明，单独给予催乳素或肾上腺皮质激素对乳汁生成不起作用，二者共同作用才能产生乳分泌的效应。

2. 维持泌乳及其调控 发动泌乳后，乳腺能在相当长的一段时间内持续进行泌乳活动，这就是维持泌乳。乳汁分泌的维持，必须依靠下丘脑的调控及多种激素的协同作用。一定水平的催乳素、肾上腺皮质激素、生长激素、甲状腺激素是维持泌乳所必需的，此外，乳腺导管系统内压也是重要的影响因素。甲状腺激素能提高机体的新陈代谢，对乳生成有显著的促进作用；肾上腺皮质激素对机体的蛋白质、糖类、无机盐和水代谢都有显著的调节作用，因此对乳生成具有一定影响。

甲状腺和肾上腺皮质对乳生成的调节作用，分别受腺垂体的促甲状腺激素和促肾上腺皮质激素的控制。

研究表明，给泌乳奶牛注射生长激素，可使奶牛产乳量增加25%。如果不哺乳或不挤乳，由于缺乏吮乳反射的刺激，腺垂体释放的催乳素、促甲状腺激素、促肾上腺皮质激素、生长激素减少；神经垂体释放的催产素也减少，从而抑制泌乳和排乳。

奶牛一般维持泌乳期为10个月左右，如果不妊娠则泌乳期可长达2年。

五、排乳过程及其神经-体液调节

（一）排乳过程

在初生动物吮乳或挤乳之前，雌性动物乳腺泡上皮细胞生成的乳汁，连续地分泌到腺泡腔内。当腺泡腔和细小乳导管充满乳汁时，腺泡周围的肌上皮细胞和导管系统的平滑肌反射性收缩，将乳汁转移入乳导管和乳池内。乳腺的全部腺泡腔、导管、乳池构成了蓄积乳的容纳系统。

当哺乳或挤乳时，引起乳房容纳系统紧张度改变，使储积在腺泡和乳导管系统内的乳汁迅速流向乳池，这一过程称为排乳（milk ejection）。

排乳是一种复杂的反射过程。哺乳或挤乳时，刺激雌性动物乳头的感受器，反射性地引起腺泡和细小乳导管周围的肌上皮细胞收缩，腺泡乳就流入导管系统；接着大导管和乳池的平滑肌强烈收缩，乳池内压迅速升高，乳头括约肌开放，于是乳汁排出体外。在挤乳期间，乳池内压力保持较高水平，使乳汁不断流出。

最先排出的乳是乳池内的乳，当乳头括约肌开放时，乳池乳借助本身重力作用即可排出，腺泡和乳导管的乳必须依靠乳腺内肌细胞的反射性收缩才能排出。这些乳称为反射乳（reflex milk）。奶牛的乳池乳一般约占泌乳量的30%，反射乳约占泌乳量的70%。我国黄牛和水牛的乳池乳很少，甚至完全没有乳池乳。猪的乳池不发达，马的乳池也很小，挤乳或哺乳后，乳房内总有一部分残留乳。

挤乳或哺乳刺激乳房不到1min就可以引起牛的排乳反射。但猪的排乳反射需要较长时间，仔猪用鼻吻突撞母猪乳房2～3min后，才能开始排乳，并持续约1min，使仔猪获得乳汁，然后排乳突然停止。母猪排乳的突然开始和突然停止，主要因为没有发达的乳池，乳汁几乎都是积聚在腺泡腔中。

（二）排乳的神经-体液调节

排乳是高级神经中枢、下丘脑和垂体参加的复杂反射活动。

1. 排乳反射的传入途径　挤压或吮吸乳头时对乳房内外感受器的刺激，是引起排乳反射的主要非条件刺激，外界环境的各种刺激经常通过视觉、听觉、嗅觉、触觉等形成大量促进或抑制排乳的条件反射。

排乳反射是非条件反射，部分从乳房感受器开始，传入冲动经精索外神经传进脊髓后，主要通过脊髓-丘脑束传到丘脑，在丘脑的每一侧分成背、腹两个分支，在下丘脑后部汇合，最后到达下丘脑的室旁核和视上核，由此发出下丘脑-垂体束，进入神经垂体。室旁核和视上核是排乳反射的基本中枢，在大脑皮层中有相应的代表区。丘脑还可发出传入纤维，把冲动传到大脑皮质的相应代表区，再由此发出冲动、控制下丘脑的活动。乳房的传入冲动传进脊髓后，还有一部分神经纤维能与胸腰段脊髓内的植物性神经元联系，并通过交感神经，支配乳腺平滑肌的活动（图 11-13）。

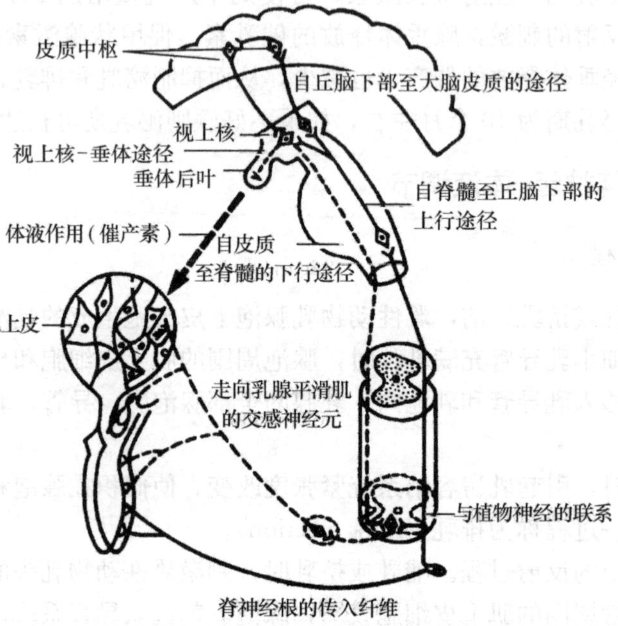

图 11-13　排乳反射的神经控制示意图

实验证明，只有乳房与中枢神经系统保持正常联系的情况下，排乳反射才能出现。切断乳腺的神经支配，或者麻醉动物，都使排乳反射消失。直接电刺激下丘脑-垂体束，能使山羊和兔大量排乳。而切断这种神经或破坏下丘脑视上核都使反射消失。吮吸乳头时，不但引起排乳反射，而且还同时引起抗利尿效应。同样，向颈动脉内注射高渗盐水，不但引起抗利尿效应，而且也引起排乳。催产素的排乳效应虽然比抗利尿激素强 5～6 倍，但后者也具有一定的排乳效应。

2. 排乳反射的传出途径　排乳反射的传出途径有两条：一条是单纯的神经途径；另一条是体液途径。神经途径主要是支配乳腺的交感神经通过精索外神经进入乳腺，直接支配乳腺大导管周围的平滑肌活动。切断山羊支配乳腺的精索外神经，并刺激它的外周端，可引起乳导管平滑肌强烈收缩。体液途径主要是通过神经垂体释放催产素，它在血液中以游离形式运输，到达乳腺后迅速从毛细血管中扩散，作用于腺泡和终末乳导管周围的肌上皮细胞引起收缩。

排乳包括两个先后出现的反射。挤乳或吸吮乳头时，大约经过 5s 的潜伏期后，就出现第一个反射，表现为乳池和大导管周围的平滑肌强烈收缩，使乳池和大导管的乳汁开始排出。这是单纯的神经性节段反射，冲动经交感神经传出，效应器是乳腺的平滑肌。20～25s 后，出现第二个反射，这时腺泡和细小乳导管周围的肌上皮收缩，排出腺泡乳。这是以催产素为媒介的神经-体液性反射。催产素在血液中的半衰期是 2～3min，由于大多数动物的乳汁主要积聚在腺泡腔中，所以神经-体液途径所引起的第二个反射有更重要的作用。事实上单独注射催产素，即使不刺激乳房，甚至切断乳房的神经支配，仍能较好地引起排乳。

在非条件排乳反射基础上，可以形成大量条件反射。挤乳的地点、时间、各种挤乳设备、挤乳操作人员等，都能成为条件刺激而形成条件性排乳反射。这些条件反射对于排乳活动有显著影响。在正确的饲养管理制度下，可形成一系列有利于排乳的条件反射。充分利用这些条件反射，常能促进排乳和增加挤乳量。相反，异常的刺激如喧扰、闲人、新挤乳员、粗暴的操作等，都将抑制排乳，使挤乳量明显下降。

3. 排乳的抑制　疼痛、不安、恐惧和其他情绪性不稳定常抑制动物排乳。抑制可通过反射中枢或者传出环节起作用。中枢的抑制性影响常起源于脑的高级部位，阻止神经垂体释放催产素。外周性抑制效应常由于交感神经系统兴奋和肾上腺髓质释放肾上腺素，导致乳房内外小动脉收缩。结果使乳房循环血量下降，不能输送足够量的催产素到达肌上皮，导致排乳抑制。

（三）乳导管系统内压与泌乳和排乳的关系

由于乳腺腺泡上皮细胞分泌的乳汁不断由腺泡腔流入乳导管系统，构成乳导管系统内压。如果分娩后的动物不哺乳或不挤乳，将引起乳导管系统内压增高，引起乳腺腺泡上皮细胞分泌的乳量减少，同时压迫血管，使乳腺的血流量也减少，乳的合成减慢，乳牛乳导管系统内压达 3.33～4.70kPa（25～35mmHg）时就会引起泌乳停止；经过哺乳或挤乳后，乳导管系统内压下降，有助于乳腺上皮细胞泌乳。因此，乳从乳腺有规律的排空是维持泌乳的必要条件。一般认为泌乳量与挤乳次数有关，高产乳牛应增加挤乳次数。

复习思考题

1. 何谓生殖？其基本过程如何？
2. 性分化的基本过程包括哪些？
3. 何谓性成熟？
4. 何谓生殖周期？如何划分？
5. 睾丸有哪些生理功能？机体是如何进行调节的？
6. 卵巢有哪些生理功能？
7. 何谓性周期？如何划分？
8. 何谓排卵？其机理如何？
9. 何谓受精？精子与卵子在受精前的准备以及受精过程如何？
10. 何谓妊娠？妊娠的建立过程如何？
11. 何谓妊娠的维持？胎盘的功能有哪些？
12. 何谓分娩？哪些因素可发动分娩？
13. 参与乳汁分泌调节的激素有哪些？
14. 试述排乳的神经-体液调节。
15. 简述初乳的成分特点及其生理作用。

主要参考文献

陈杰，朱祖康，周杰．2007．动物生理学．北京：化学工业出版社
陈守良．2005．动物生理学．3版．北京：北京大学出版社
冯浩楼．2007．生理学．北京：人民军医出版社
李国章．2007．神经生理学．北京：人民卫生出版社
柳巨雄，杨焕民．2011．动物生理学．北京：高等教育出版社
刘先国．2010．生理学．2版．北京：科学出版社
孙庆伟．2011．人体生理学．北京：中国医药科技出版社
王玢，左明雪．2009．人体及动物生理学．3版．北京：高等教育出版社
杨秀平．2005．动物生理学．北京：高等教育出版社
姚泰．2010．生理学．2版．北京：人民卫生出版社
张冬梅．2008．生理学．2版．北京：科学出版社
周定刚．2011．动物生理学．北京：中国林业出版社
朱大年．2011．生理学．7版．北京：人民卫生出版社
Andrew D，Asa G H，Blakeley C K，et al．2001．Human Physiology．London：Churchill Livingstone
Ganong W F．2001．Review of Medical Physiology．20th ed．影印版．北京：人民卫生出版社
Johnson L R．1998．Essential Medical Physiology．Philadelphia：Lippincott- Raven
Mader S S．2002．Understanding Human Anatomy and Physiology．影印版．北京：高等教育出版社
McGeomn J G．2003．Physiology．2th ed．Singapore：Elsevier Pte．Ltd
Randall D，Burggren W，Kathleen F．2002．Animal Physiology．5th ed．New York：W．H．Freeman Company
Sberwood L．2003．Human Physiology from Cell to．影印版．北京：高等教育出版社